中文版

3ds Max 一本通

优图视觉 组编 李化 等 编著

3ds

专门为零基础渴望自学成才在职场出人头地的你设计的书

机械工业出版社
CHINA MACHINE PRESS

本书是一本全面介绍使用 3ds Max 的图书。全书完全针对初学者，循序渐进，技术全面，使读者掌握所学知识，并可以得到快速的提高。

本书共有 12 章，第 1、2 章为 3ds Max 基本知识和基本操作，作为全书的铺垫。第 3 ～ 7 章讲解了建模，包括几何体建模、二维图形建模、修改器建模、多边形建模、NURBS 建模的应用。第 8 ～ 12 章讲解了 VRay 渲染器参数设置、灯光、材质和贴图、摄影机、渲染、后期处理，包括 3ds Max 制作效果图的灯光、材质、摄影机、VRay 渲染综合制作的流程。

图书在版编目（CIP）数据

3ds Max 一本通 / 优图视觉组编；李化等编著 .
-- 北京：机械工业出版社，2015.7
ISBN 978-7-111-50217-3

Ⅰ . ① 3… Ⅱ . ①优… ②李… Ⅲ . ①三维动画软件
Ⅳ . ① TP391.41

中国版本图书馆 CIP 数据核字（2015）第 100573 号

机械工业出版社（北京市百万庄大街 22 号 邮政编码 100037）
策划编辑：刘志刚　　　责任编辑：刘志刚
封面设计：张　静　　　责任校对：王洪强　　　责任印制：李　飞
北京铭成印刷有限公司印刷
2017 年 5 月第 1 版 · 第 1 次印刷
210mm × 285mm · 22印张 · 816 千字
标准书号：ISBN 978-7-111-50217-3
定价：99.00 元

凡购本书，如有缺页、倒页、脱页，由本社发行部调换

电话服务
服务咨询热线：（010）88361066
读者购书热线：（010）68326294
（010）88379203

网络服务
机工官网：www.cmpbook.com
机工官博：weibo.com/cmp1952
教育服务网：www.cmpedu.com
金书网：www.golden-book.com

前 言

3ds Max是世界范围内应用最为广泛的三维软件，其建模、灯光、材质、动画、特效、渲染等功能较为强大。3ds Max广泛应用于室内设计、工业设计、广告设计、动画设计、游戏设计等行业。本书采用Autodesk 3ds Max 2014版本制作和编写。

本书的章节合理、模式新颖、知识全面，适合新手入门学习。具体章节内容介绍如下。

第1章主要讲解了3ds Max的应用领域、新增功能、与3ds Max相关的必学知识。

第2章主要针对新手讲解了3ds Max的基本操作。

第3~7章主要讲解了5类常用的技巧及常见模型的制作方法。

第8章主要讲解了VRay渲染器的详细参数，以及测试渲染和最终渲染的推荐方案。

第9章主要讲解了多种灯光类型。主要包括光度学灯光、标准灯光、VRay灯光的使用方法。

第10章主要讲解了常用材质和贴图的知识、常用材质和贴图的设置方法。

第11章主要讲解了几种常用的摄影机的创建和使用方法。

第12章主要讲解了使用VRay渲染器综合制作完整作品的方法。

本书提供网络资源下载，编者精心准备了3ds Max快捷键索引、常用物体折射率表、效果图常用尺寸附表等，供读者使用。

本书技术实用、讲解清晰、案例精美，不仅可以作为3ds Max室内外设计、工业设计、广告设计、动画设计、游戏设计等行业的初级、中级读者学习使用，也可以作为大中专院校相关专业及3ds Max三维设计培训的教材。

本书由优图视觉策划，主要由李化、辽东学院尹青山负责编写，参与本书编写和整理的还有曹茂鹏、瞿颖健、艾飞、曹爱德、曹明、曹诗雅、曹玮、曹元钢、曹子龙、崔英迪、丁仁雯、董辅川、高歌、韩雷、鞠闯、李化、李进、李路、马啸、马扬、瞿吉业、瞿学严、瞿玉珍、孙丹、孙芳、孙雅娜、王萍、王铁成、杨建超、杨力、杨宗香、于燕香、张建霞、张玉华等同志。

由于时间仓促，加之水平有限，书中难免存在错误和不妥之处，敬请广大读者批评和指正。

编 者

目　录

本目录包含部分章节中的“FAQ 常见问题解答”“求生秘籍”“试一下”，为重点内容，请读者参考学习。

以下内容可以 从 www.jigongjianzhu.com 下载

第 1 章

3ds Max 我来啦！

本章学习要点：

3ds Max 的应用领域、新增功能

与 3ds Max 相关的必学知识

1.1 与 3ds Max 的第一次见面

3ds Max 是一款非常强大的三维软件。其建模、渲染、动画和特效等功能都非常强大。

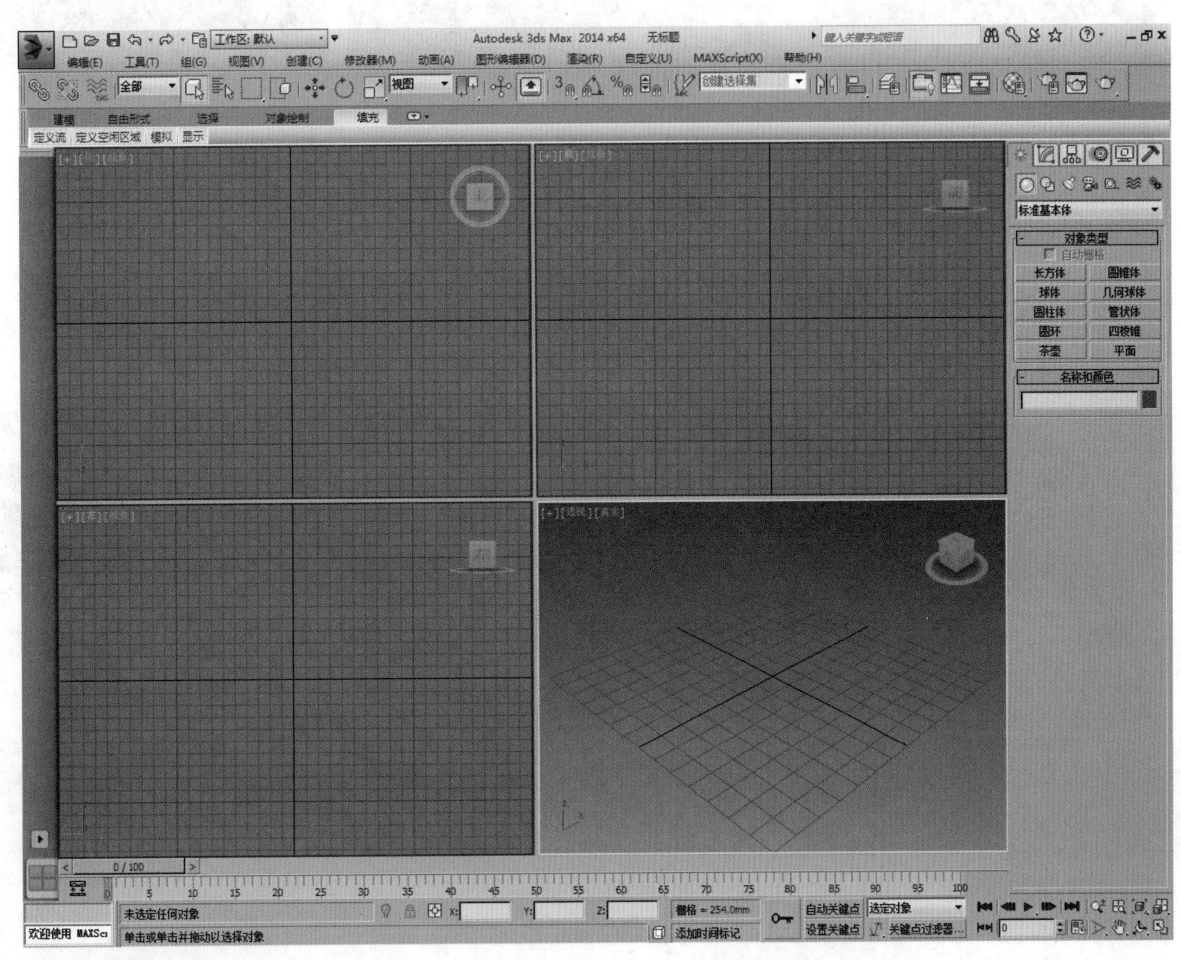

图 1-1

1.2 3ds Max 的应用领域

1.2.1 环境艺术设计

环境艺术设计的范围很广，包括家装设计、工装设计和园林景观设计等。3ds Max 在环境艺术设计中应用非常普及。图 1-2 所示为优秀的环境艺术作品。

图 1–2

1.2.2 工业设计

工业设计是指工业产品的设计，常使用 3ds Max 软件对外观及细节进行设计和表现。图 1-3 所示为优秀的工业设计作品。

图 1–3

1.2.3 游戏动画设计

游戏动画设计是近些年来非常热门的行业，并且越来越趋向于三维的游戏动画设计。3ds Max 软件可以对游戏动画的角色、道具、场景、动画和特效等进行完美的制作。图 1-4 所示为优秀的游戏动画设计作品。

图 1-4

1.2.4　影视动画设计

影视动画设计是指用计算机技术模拟虚拟的现实，这在很多影视作品中都有所体现。如今观众对 3D 电影的喜爱程度十分热烈，这当然要归功于影视作品中的三维计算机技术，模拟很多超越现实的人和物。图 1-5 所示为优秀的影视动画设计作品。

图 1-5

1.3　3ds Max 的新增功能

1.3.1　易用性方面的新功能

1. 搜索 3ds Max 命令

按【X】键之后，光标位置会出现一个对话框，如图 1-6 所示。

当输入字符串时，该对话框显示包含指定文本的命令名称列表。从该列表中选择一个操作会应用相应的命令，然后对话框将会关闭，如图 1-7 所示。

2. 增强型菜单

当把“工作区”设置为“默认使用增强型菜单”后，如图 1-8 所示。

可以看到菜单栏发生了很大的变化，更为直观了，如图 1-9 所示。

图 1-6

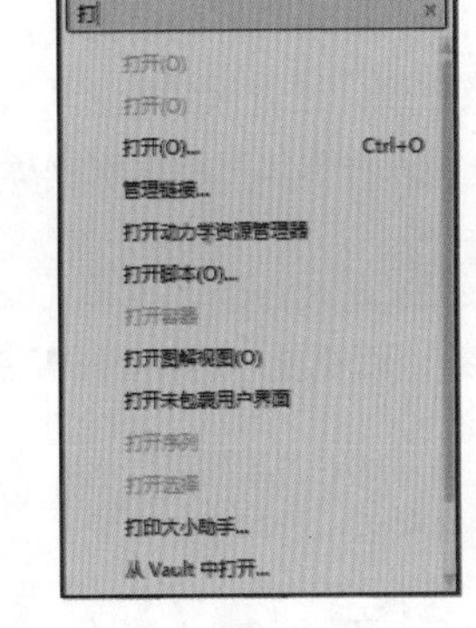

图 1-7

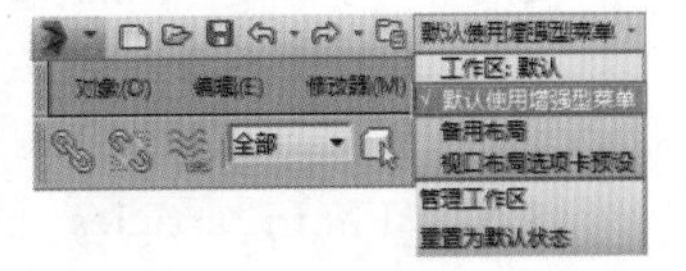

图 1-8

3. 循环活动视口

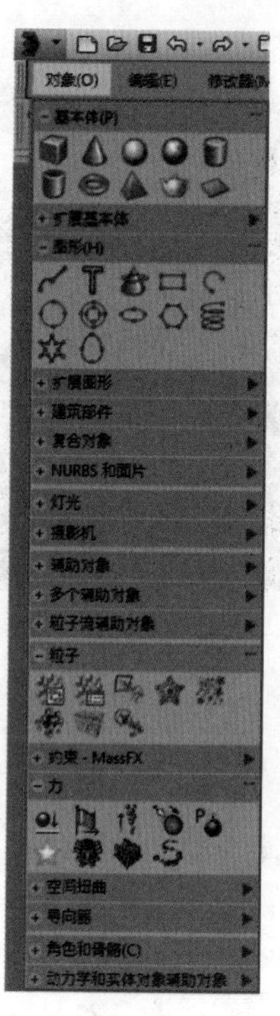

图 1–9

可以使用【 】键（Windows 徽标键）并按【Shift】键来循环活动视口，【 +Shift】键将会更改处于活动状态的视口。当一个视口最大化后，按【 +Shift】键将会显示可用的视口。反复按【 +Shift】键将会更改视口的焦点，松开这些按键时，选择的视口将变为最大化视图。

4. 鼠标和视口默认设置

某些鼠标和视口默认设置已经更改，以使 3ds Max 更易于使用；特别是选择子对象更容易。

5. 中断自动备份

当 3ds Max 保存自动备份文件时，会在提示行中显示一条相关消息。如果场景很大，并且不希望此时立即花时间来保存该文件，可以按【Esc】键停止保存。

6. “隔离”工具的更改

默认情况下，“隔离”工具不再缩放视口。使用新增强型菜单时，“隔离”将出现在“场景”菜单中。通过“场景”菜单可以选择“孤立未选择对象”以及“隔离选定对象”。

1.3.2 可靠性新特性

1. 网格检验

新的网格检查器可检查“可编辑网格”和“可编辑多边形”对象是否存在纹理通道和拓扑错误。这会减少 3ds Max 将遇到的致命错误的数量。

2.mental ray 渲染器

如果 mental ray 渲染器遇到致命错误，3ds Max 将继续运行，但要重新创建 mental ray 渲染，则需要重新启动 3ds Max。

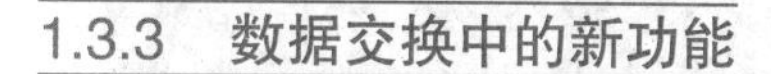

1.3.3 数据交换中的新功能

1. 文件链接管理器

当链接到包含日光系统的 Revit 或 FBX 文件时，文件链接管理器现在会提示向场景中添加曝光控制。

2.VRML 导入

可以使用 3ds Max 的 64 位版本和 32 位版本导入 VRML 文件。不再必须使用 32 位版本导入 VRML。

3. 发送到

“发送到”功能不再链接到 Autodesk Infrastructure Modeler(AIM)。

1.3.4 角色动画中的新功能

菜单栏中执行“动画 / 填充 / 填充工具”，即可出现此工具，如图 1-10 所示。

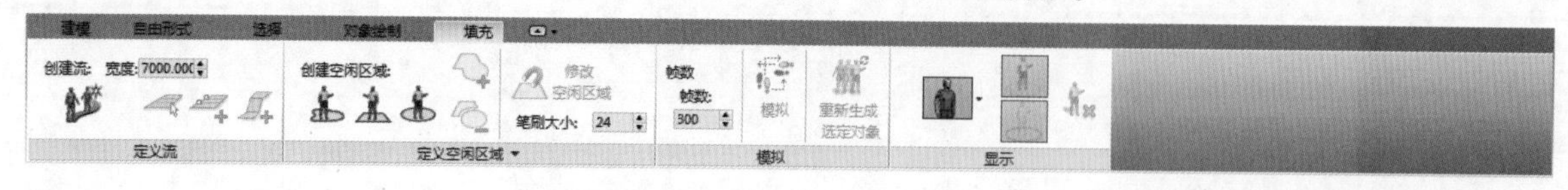

图 1–10

使用 Autodesk 3ds Max 2014 中新增的群组动画功能集，只需几个步骤即可将世界上的一切变得栩栩如生。填充可以提供对真实的人物动画的高级控制，通过该功能，可以快速轻松地在场景选定区域中生成移动或空闲的群组，以利用真实的人物活动丰富建筑演示或预先可视化电影或视频场景。

1.3.5 Hair 和 Fur 中的新功能

添加了一个新的 Scruffle 参数，以便更好地控制成束头发。

1.3.6 粒子流中的新特性

1.MassFX mParticles

使用模拟解算器 MassFX 系统全新的 mParticles 模块，创建复制现实效果的粒子模拟。

2. 高级数据操纵

使用新的高级数据操纵工具集创建自定义粒子流工具。现在，后期合成师和视觉效果编导可以创建自己的事件驱动数据操作符，并将结果保存为预设，或保存为“粒子视图”仓库中的标准操作。

3.“缓存磁盘”和“缓存选择性”

使用面向通用“粒子流”工具集的两个全新的“缓存”操作符可提高工作效率。全新的“缓存磁盘”操作符提供在硬盘上预计算并存储“粒子流”模拟的功能，从而可以更快速地进行循环访问。

1.3.7 环境中的新功能

1. 球形环境贴图

环境贴图的默认贴图模式现在为“球形贴图”。

2. 加载预设不会更改贴图模式

当加载渲染预设时，环境贴图的贴图模式不会更改。在早期版本中，它将恢复为“屏幕”，而不管以前是什么设置。

3. 曝光控制预览支持 mr 天光

用于曝光控制的预览缩略图现在可以正确显示 mr 天光。

1.3.8 材质编辑中的新增功能

在材质 / 贴图浏览器中右键单击材质或贴图时，可以将其复制到新创建的库。

1.3.9 贴图中的新特性

1. 向量贴图

使用新的向量贴图，可以加载向量图形作为纹理贴图，并按照动态分辨率对其进行渲染；无论将视图放大到什么程度，图形都将保持鲜明、清晰。

2. 法线凹凸贴图

更新了“法线凹凸”贴图以便修复导致法线凹凸贴图在 3ds Max 视口中与在其他渲染引擎中显示不同的错误。

1.3.10 摄影机中的新特性

通过新的“透视匹配”功能，可以将场景中的摄影机视图与照片或艺术背景的透视进行交互式匹配。使用该功能，可以轻松地将一个 CG 元素放置到静止帧中，合成更真实。

1.3.11 渲染中的新功能

1.NVIDIA®mentalray® 渲染器

mental ray 渲染器有一个新的易于控制的“统一采样”模式，而且渲染速度比 3ds Max 早期版本使用的多过程过滤采样快得多。

2.NVIDIA®iray® 渲染器

iray 渲染器现在支持多种在早期版本可能不会渲染的贴图。这些贴图包括“棋盘格”“颜色修正”“凹痕”“渐变”“渐变坡度”“大理石”“Perlin 大理石”“斑点”“Substance”“瓷砖”“波浪”“木材”和 mentalray 海洋明暗器。

3. 渲染模式同步

“渲染”弹出按钮现在已与“渲染设置”对话框 ➤ “渲染”按钮下拉菜单同步：更改一个控件上的渲染模式会随之更改另一个控件上的模式。

1.3.12 视口新功能

1.Nitrous 性能改进

在 3ds Max 2014 中，复杂场景、CAD 数据和变形网格的交互和播放性能有了显著提高，这要归功于新的自适应降级技术、纹理内存管理的改进、增添了并行修改器计算以及某些其他优化。

2. 支持 Direct3D 11

利用 Microsoft®DirectX®11 的强大功能，再加上 3ds Max 2014 对 DX11 明暗器新增的支持现在可以在更短的时间内创建和编辑高质量的资源和图像。

3.2D 平移和缩放

2D 平移 / 缩放工具使艺术工作者可以像平移和缩放二维图像一样平移和缩放“摄影机”“聚光灯”或“透视”视口，而不影响实际的摄影机或灯光位置。

4. 切换最大化视口

当视口最大化时，可以按【Win+Shift】键切换至另一视口。

1.3.13 文件处理中的新功能

1. 位图的自动 Gamma 校正

保存和加载图像文件时，新的“自动 Gamma”选项会检测文件类型并应用正确的 Gamma 设置。

2. 状态集

可以记录对象修改器的状态更改，这对渲染过程控制和场景管理非常有帮助。可以通过右键单击菜单控制状态集，而且“状态集”用户界面可以停靠在视口中，增加了可访问性。

3. 日志文件更新

日志文件现在包含列标题，条目包含添加条目的 3ds Max.exe 的进程和线程 ID。

1.3.14 自定义中的新特性

自定义菜单图标，可以为菜单操作选择自定义图标。此选项位于菜单窗口的右键单击菜单中的“自定义用户界面”/“菜单”面板上。

1.4 与 3ds Max 相关的必学知识

1.4.1 色彩三大元素

在深入的学习色彩之前，首先一定要了解色彩的三大元素，明度、色相、纯度。熟练的应用好色彩的三大元素，就可以快速的搭配好适合的颜色，更有利于我们制作效果图。

1. 明度

明度是眼睛对光源和物体表面的明暗程度的感觉，主要是由光线强弱决定的一种视觉经验。明度也可以简单的理解为颜色的亮度。明度越高，色彩越白越亮，反之则越暗，如图 1-11 和图 1-12 所示。

图 1–11

图 1–12

色彩的明暗程度有两种情况，同一颜色的明度变化，不同颜色的明度变化。同一色相的明度深浅变化效果如图 1-13 所示。不同的色彩也都存在明暗变化，其中黄色明度最高，紫色明度最低，红、绿、蓝和橙色的明度相近，为中间明度，如图 1-14 所示。

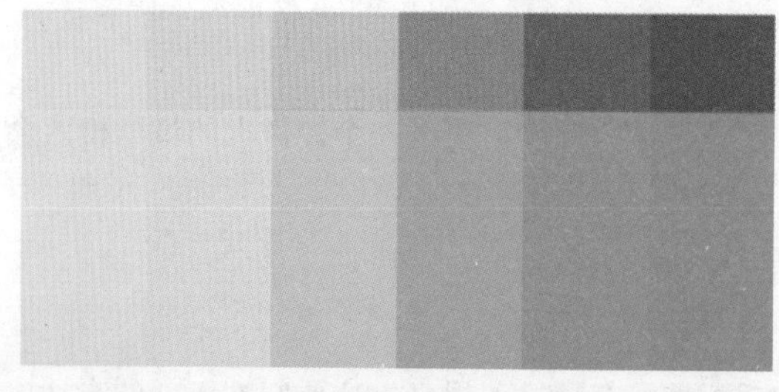

图 1–13

图 1–14

2. 色相

色相就是色彩的“相貌”，色相与色彩的明暗无关，是区别色彩的名称或种类。色相是根据该颜色光波长短划分的，只要色彩的波长相同，色相就相同，波长不同才产生色相的差别。

“红、橙、黄、绿、青、蓝、紫”是日常中最常听到的基本色，在各色中间加插一两个中间色，其头尾色相，即可制出十二种基本色相，如图 1-15 所示。

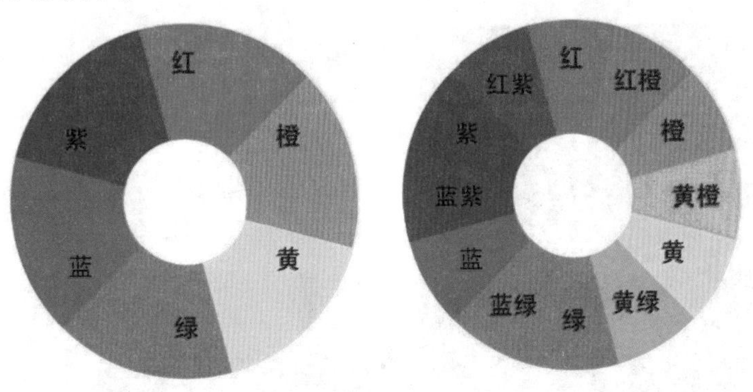

图 1–15

3. 纯度

纯度是指色彩的鲜浊程度，也就是色彩的饱和度。物体的饱和度取决于该物体表面选择性的反射能力。在同一色相中添加白色、黑色或灰色都会降低它的纯度。图 1-16 所示为有彩色与无彩色的加法。

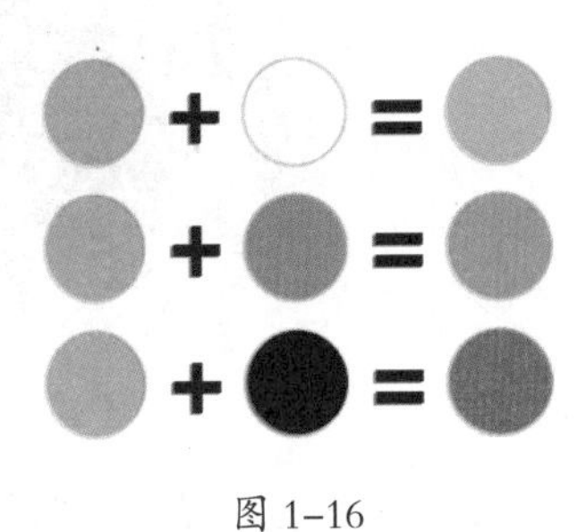

图 1–16

色彩的纯度也像明度一样有着丰富的层次，使得纯度的对比呈现出变化多样的效果。混入的黑、白、灰成分越多，则色彩的纯度越低。以红色为例，在加入白色、灰色和黑色后其纯度都会随着降低，如图 1-17 所示。

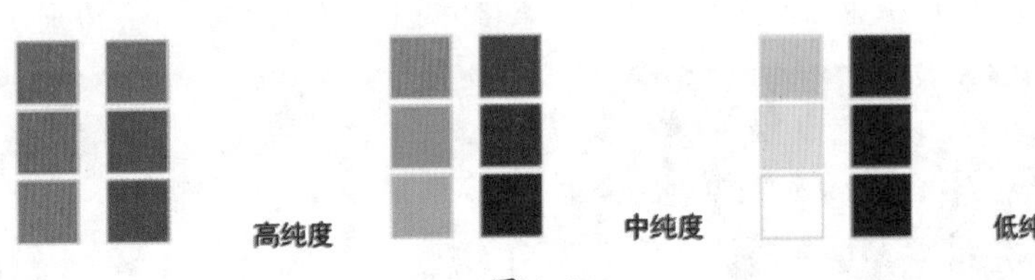

图 1–17

1.4.2　构图技巧

构图是一副作品中非常重要的知识，当然设计不应该有太多的条条框框，不一定完全遵守一些规则，但是大部分优秀作品是有很多共同点可参考的。我们首先要了解、并熟练的掌握这些技巧，然后再根据自己的想法、心得进行灵活变通，这样才会有更快的进步。

构图的技巧很多，常用的技巧有【对称构图】、【倾斜构图】、【曲线构图】、【中心构图】和【满版构图】等。

【对称构图】：一般会出现较为严谨、规矩的视觉效果。图 1-18 所示为对称的构图。

图 1–18

【倾斜构图】：是将版面中的主体进行倾斜布局。这样的布局会给人一种不稳定的感觉，但是引人注意，画面有较强的视觉冲击力。图 1-19 所示为倾斜的构图。

图 1–19

【曲线构图】：具有灵活性和流动性，在室内和建筑设计中添加曲线可以增加画面的时尚感、飘逸感、趣味性，使整个设计充满柔软的感觉。会引导人的视觉随着画面中的元素自由走向产生变化。图 1-20 所示为曲线的构图。

图 1–20

【中心构图】：是将人的视线集中到某一处，产生视觉焦点，使主体突出。图 1-21 所示为中心的构图。

图 1–21

【满版构图】：版面以图像充满整版，并根据版面需要将文字编排在版面的合适位置上。满版型版式设计层次清晰，传达信息准确明了，给人简洁大方的感觉，图 1-22 所示为满版的构图。

图 1-22

1.4.3　三维空间感

三维空间感与方向感、距离感，其实都是人们对于环境的一种感知和预测。当然三维空间感是需要培养的，建立起强大的三维空间感，对于学习 3ds Max 软件是非常有帮助的。

首先得知道 3ds Max 是包括 *X*、*Y*、*Z* 三个轴向的，这与数学中的坐标是一样的概念。在空间中首先确定 *X* 和 *Y* 轴向的长度，那么很显然会出现一个平面，如图 1-23 所示。

在平面的基础上，假如在 *Z* 轴向也有了长度，那么就会出现真正的三维效果，如图 1-24 所示。

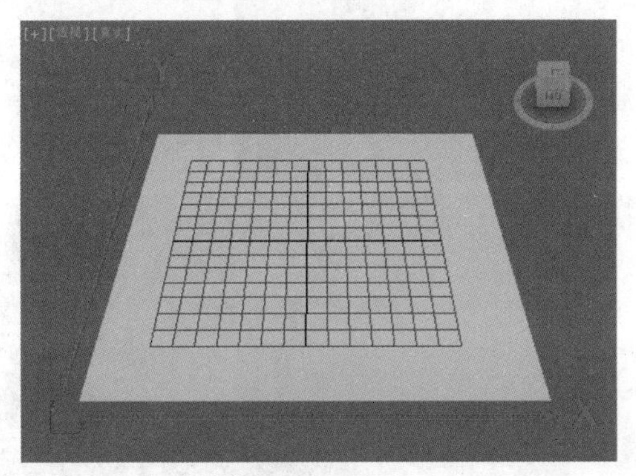

图 1-23

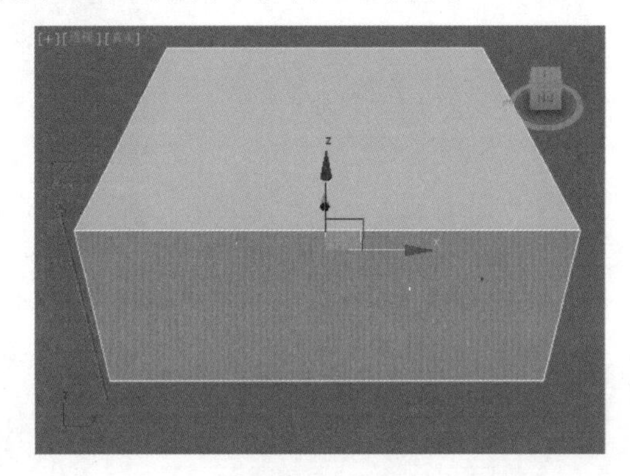

图 1-24

此时就出现了一个长方体，由于是三维的，所以在各个角度都可以进行查看，如图 1-25 所示。

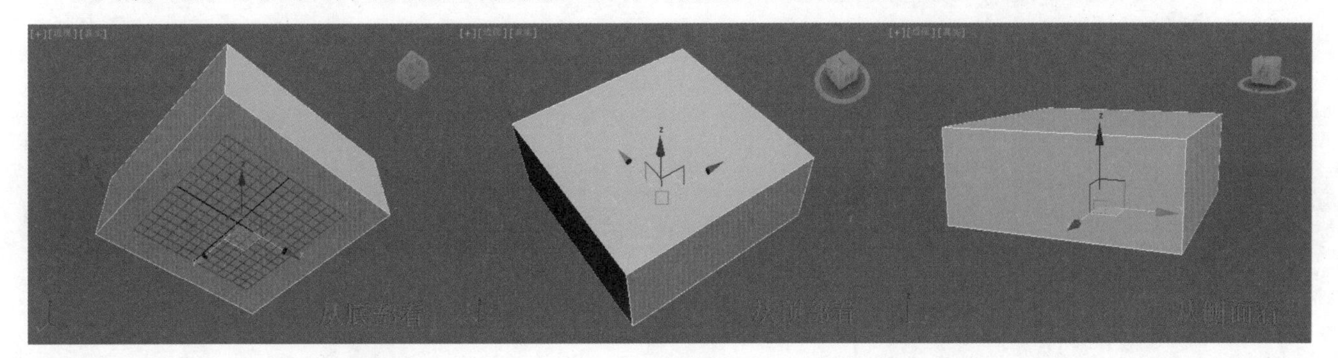

图 1-25

第 2 章 3ds Max 基本操作

本章学习要点：

熟悉 3ds Max 的操作界面

掌握 3ds Max 的常用工具

掌握 3ds Max 的基本操作

2.1 初识 3ds Max

Autodesk 3ds Max 2014 和 Autodesk 3ds Max Design 2014 提供在设计可视化、游戏、电影和电视中使用的 3D 建模、动画和渲染。图 2-1 所示为 3ds Max 制作的作品。

图 2–1

2.2 3ds Max 工作界面

安装好 3ds Max 2014 后，可以通过以下两种方法来启动 3ds Max 2014。

第 1 种：双击桌面上的快捷方式图标 3ds Max 2014 - Simplified Chinese 。

第 2 种：执行【开始 / 程序 /Autodesk/Autodesk 3ds Max 2014/3ds Max 2014-Simplified Chinese】命令，如图 2-2 所示。

当启动 3ds Max 2014 的过程中，可以观察到 3ds Max 2014 的启动画面，如图 2-3 所示。

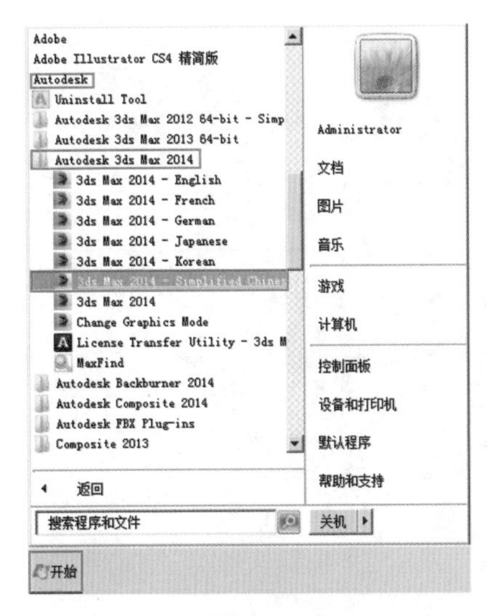

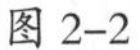
图 2-2

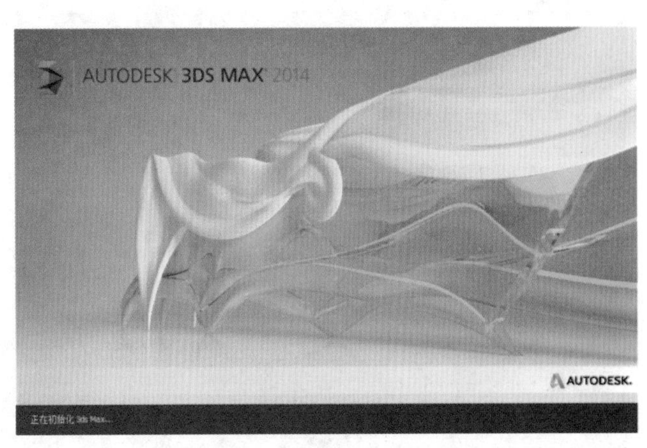

图 2-3

3ds Max 2014 的工作界面分为【标题栏】、【菜单栏】、【主工具栏】、【视口区域】、【命令】面板、【时间尺】、【状态栏】、【时间控制按钮】和【视口导航控制按钮】9 大部分，如图 2-4 所示。

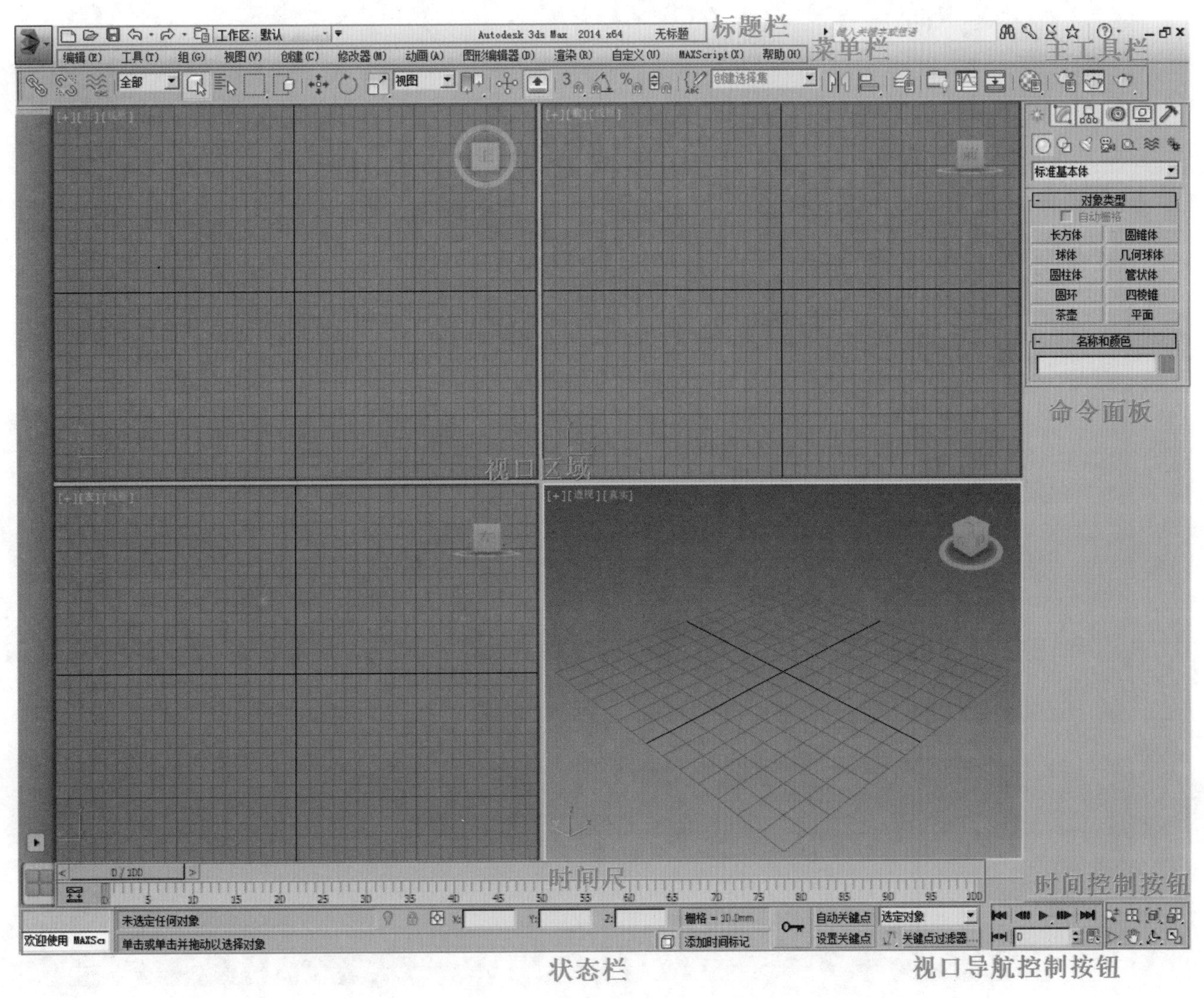

图 2-4

默认状态下3ds Max的各个界面都是保持停靠状态的,若不习惯这种方式,也可以将部分面板拖拽出来,如图2-5所示。

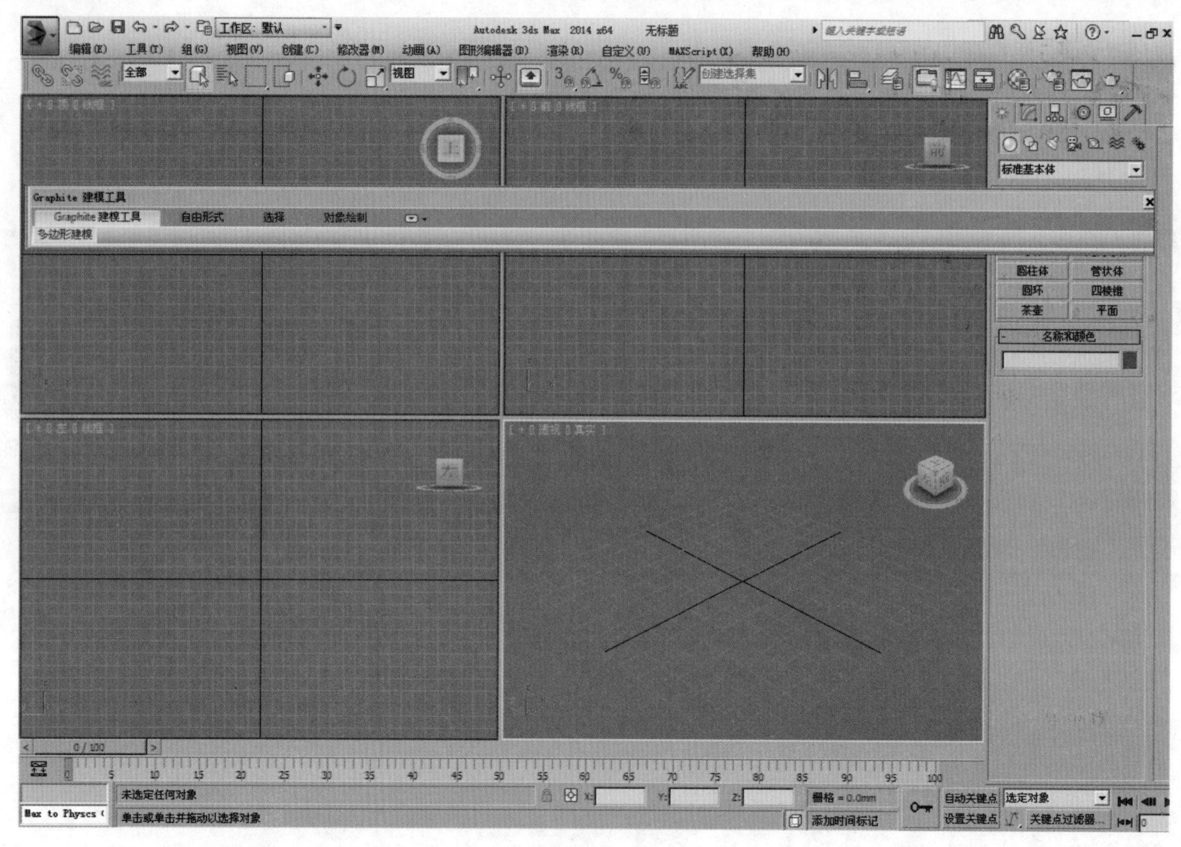

图 2–5

拖拽此时浮动的面板到窗口的边缘处，可以将其再次进行停靠，如图 2-6 所示。

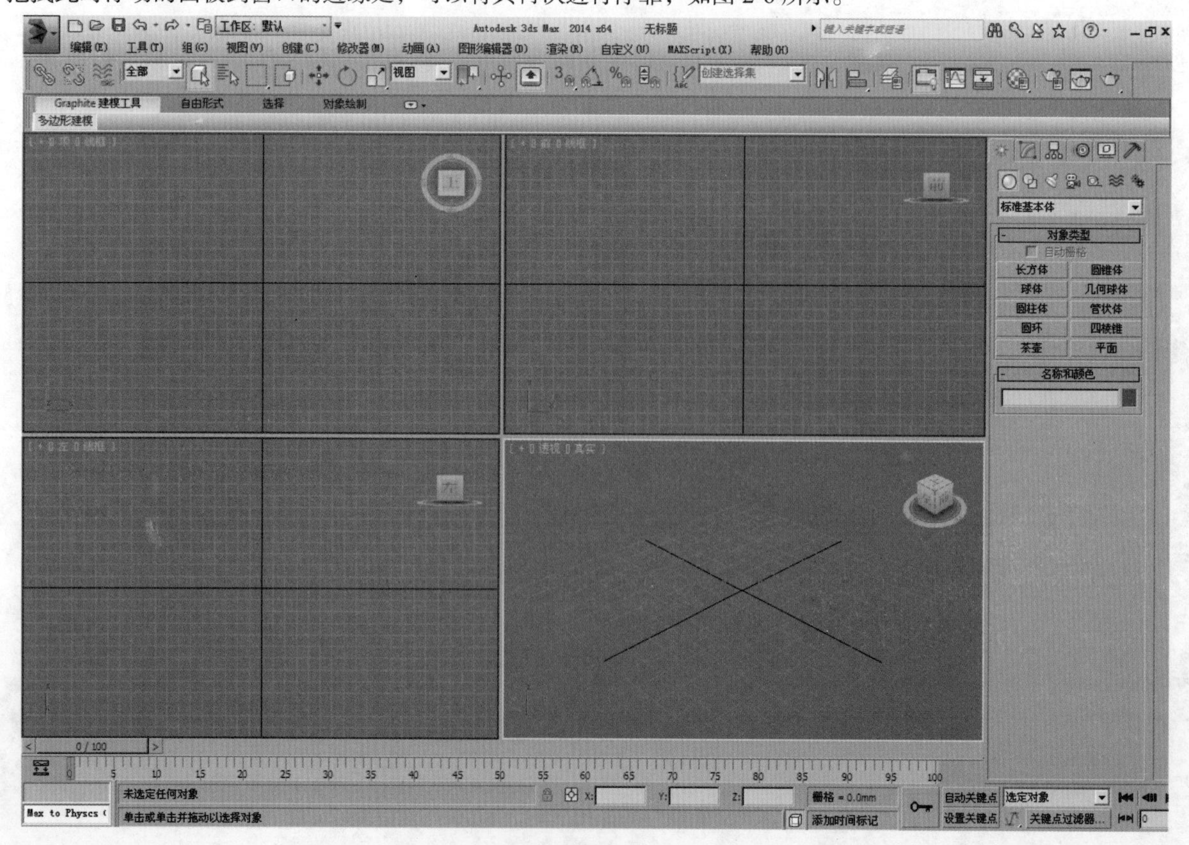

图 2–6

2.2.1　标题栏

【标题栏】主要包括 6 部分，分别为【应用程序按钮】、【快速访问工具栏】、【工作区】、【版本信息】、【文件名称】和【信息中心】，如图 2-7 所示。

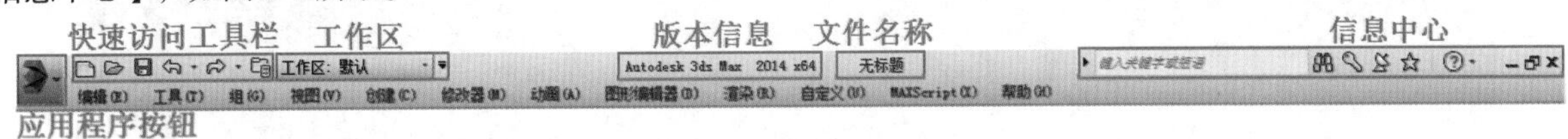

图 2–7

2.2.2　菜单栏

【菜单栏】位于工作界面的顶端，其中包含 12 个菜单，分别为【编辑】、【工具】、【组】、【视图】、【创建】、【修改器】、【动画】、【图形编辑器】、【渲染】、【自定义】、【MAXScript（MAX 脚本）】和【帮助】，如图 2-8 所示。

图 2–8

2.2.3　主工具栏

【主工具栏】是由很多个按钮组成，每个按钮都有相应的功能，比如可以通过单击【选择并移动工具】，对物体进行移动，当然主工具栏中的大部分按钮都可以在其他位置找到，如菜单栏中。熟练掌握主工具栏，会使得 3ds Max 操作更顺手、更快捷。3ds Max 2014 的主工具栏，如图 2-9 所示。

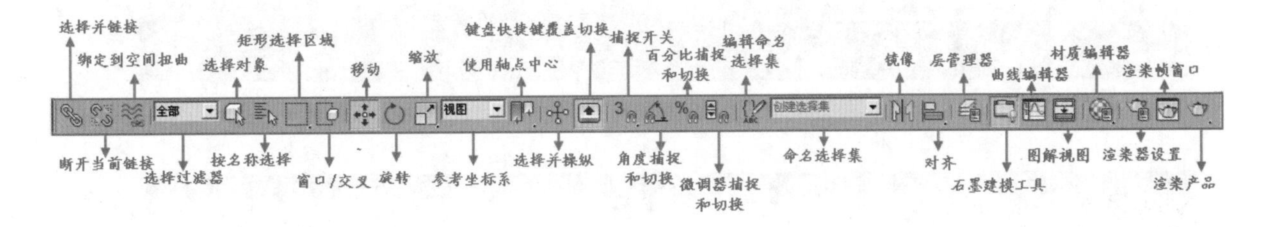

图 2–9

当鼠标左键长时间单击一个按钮时，会出现两种情况。一种是无任何反应，另外一种是会出现下拉菜单，下拉菜单中还包含其他的按钮，如图 2-10 和图 2-11 所示。

图 2–10　　　　图 2–11

2.2.4　视口区域

【视口区域】是 3ds Max 中用于实际操作的区域，默认为四视图显示，包括顶视图、左视图、前视图和透视图 4 个视图，在这些视图中可以从不同的角度对场景中的对象进行观察和编辑。每个视图的左上角都会显示视图的名称以及模型的显示方式，如图 2-12 所示。

右上角有一个导航器（不同视图显示的状态也不同），如图 2-13 所示。

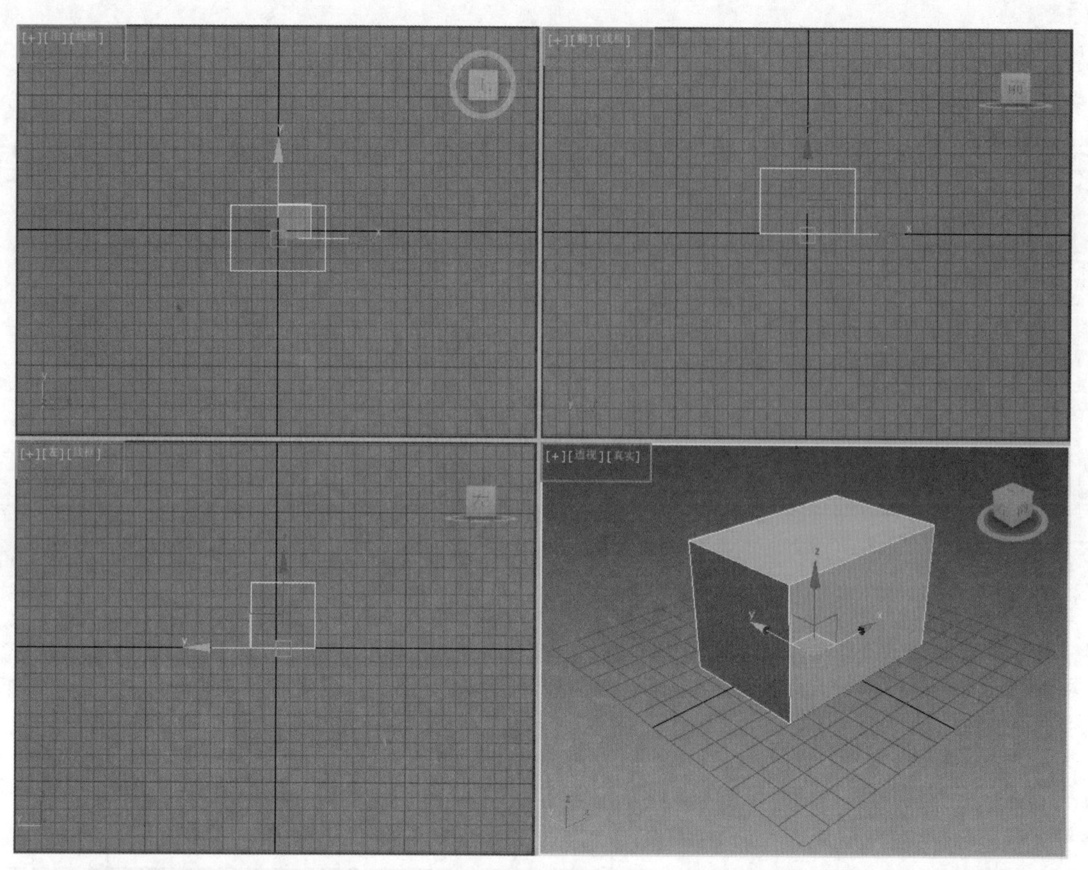

图 2-12

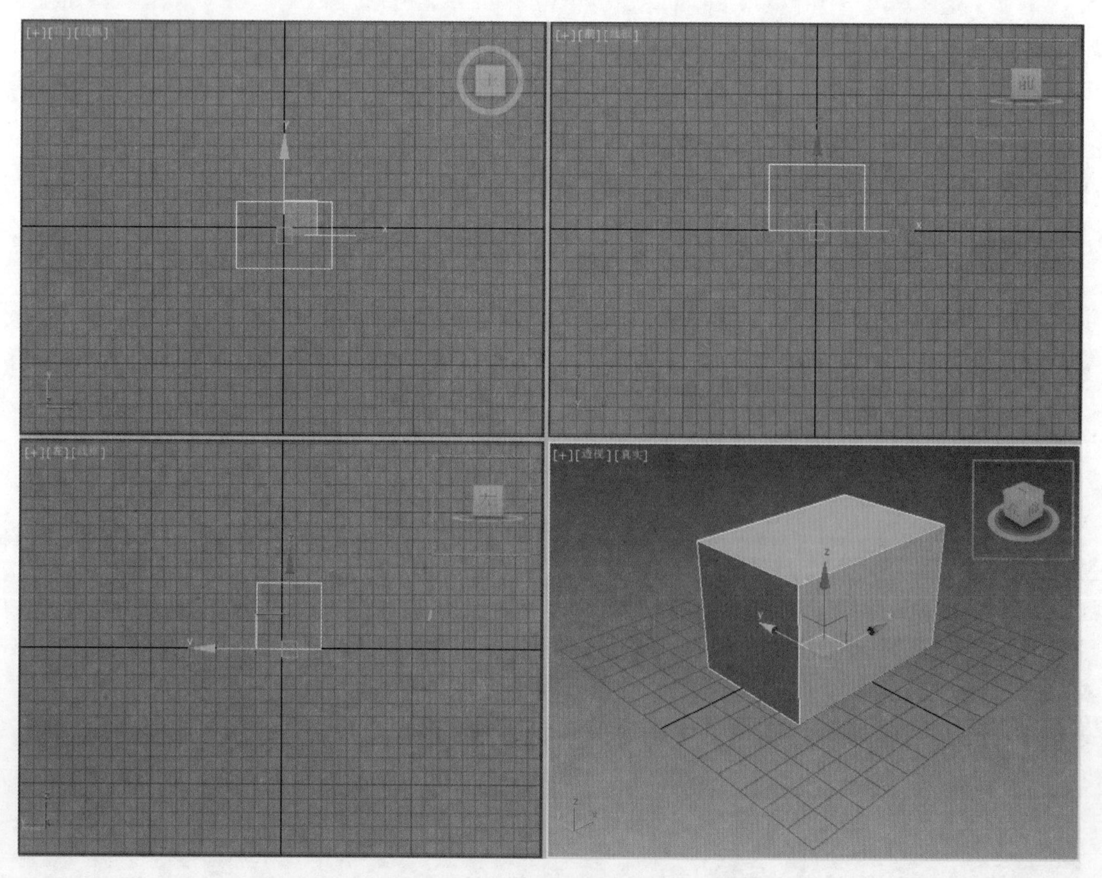

图 2-13

FAQ 常见问题解答：怎么能快速地切换视图？

常用的几种视图都有其相对应的快捷键：
顶视图的快捷键是 T 键。
底视图的快捷键是 B 键。
左视图的快捷键是 L 键。
前视图的快捷键是 F 键。
透视图的快捷键是 P 键。
摄影机视图的快捷键是 C 键。

大家都知道，在透视图中按住【Alt】键和鼠标中键，但是很多时候会不小心在其他视图（比如前视图）执行了该操作，那么前视图会变成正交视图，如图 2-14 所示。

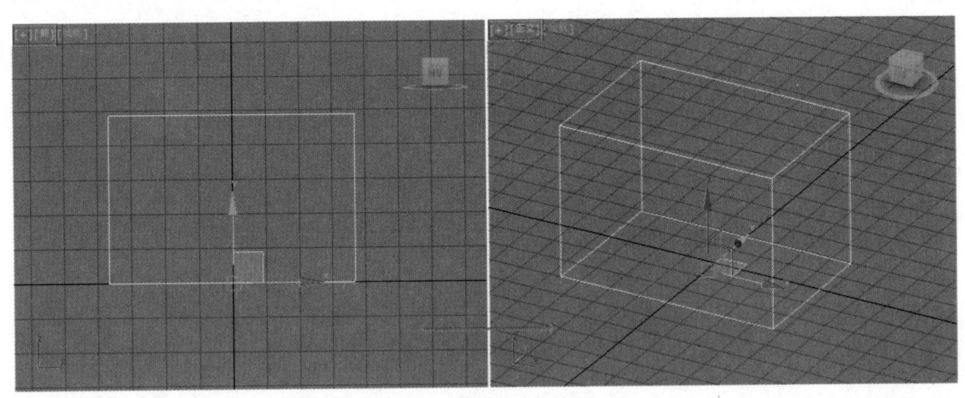
图 2–14

此时只需要执行【前视图】的快捷键【F】，即可切换回前视图，如图 2-15 所示。

当然也可以使用其他方法切换视图。在视图左上角的位置单击右键，也可以切换视图，如图 2-16 所示。

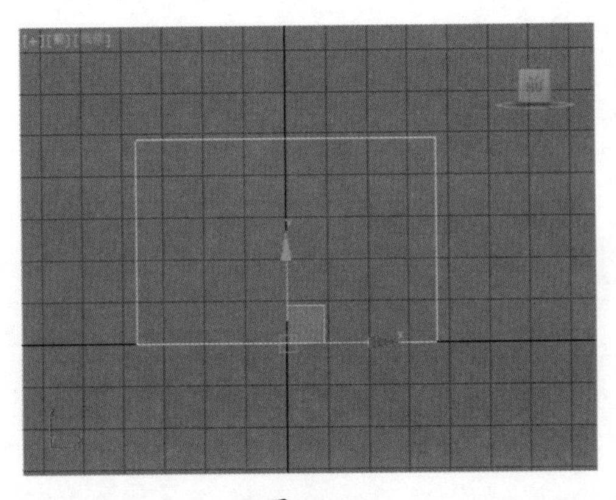
图 2–15

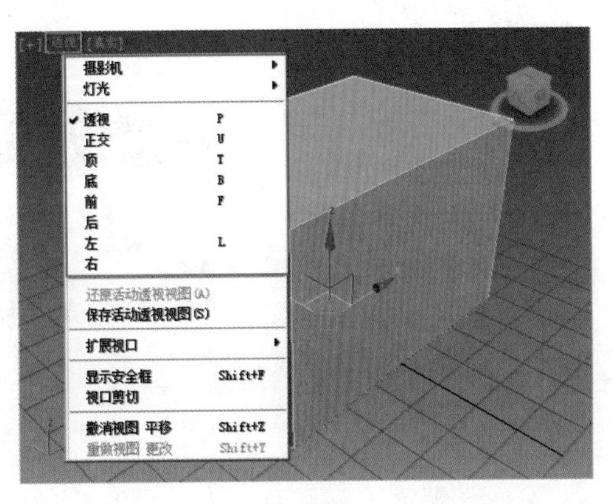

图 2–16

2.2.5　命令面板

【命令】面板是 3ds Max 最基本的面板，创建长方体、修改参数等都需要使用到该面板。【命令】面板由 6 个面板组成，分别是【创建】面板、【修改】面板、【层次】面板、【运动】面板、【显示】面板和【工具】面板，如图 2-17 所示。

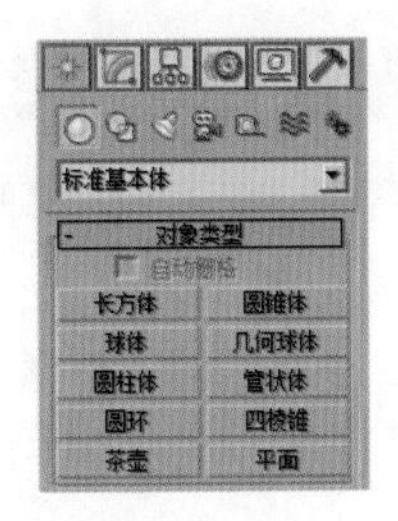

图 2–17

2.2.6 时间尺

【时间尺】包括时间线滑块和轨迹栏两大部分。时间线滑块位于视图的最下方，主要用于制定帧，默认的帧数为100帧，具体数值可以根据动画长度来进行修改。拖拽时间线滑块可以在帧之间迅速移动，单击时间线滑块向左箭头图标 < 与向右箭头图标 > 可以向前或者向后移动一帧，如图2-18所示；轨迹栏位于时间线滑块的下方，主要用于显示帧数和选定对象的关键点，在这里可以移动、复制和删除关键点以及更改关键点的属性，如图2-19所示。

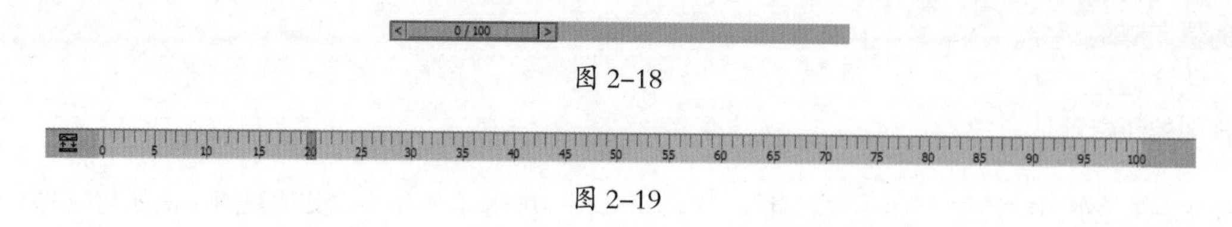

图 2-18

图 2-19

2.2.7 状态栏

【状态栏】位于轨迹栏的下方，它提供了选定对象的数目、类型、变换值和栅格数目等信息，并且状态栏可以基于当前光标位置和当前程序活动来提供动态反馈信息，如图2-20所示。

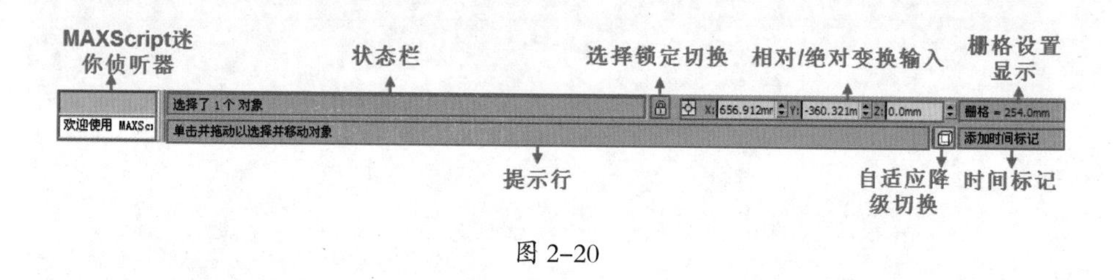

图 2-20

2.2.8 时间控制按钮

【时间控制按钮】位于状态栏的右侧，这些按钮主要用来控制动画的播放效果，包括关键点控制和时间控制等，如图2-21所示。

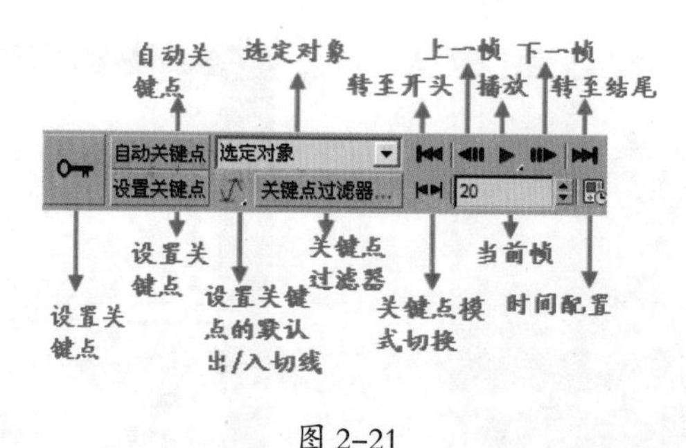

图 2-21

2.2.9 视图导航控制按钮

【视图导航控制按钮】在状态栏的最右侧，主要用来控制视图的显示和导航。使用这些按钮可以缩放、平移和旋转活动的视图，如图2-22所示。

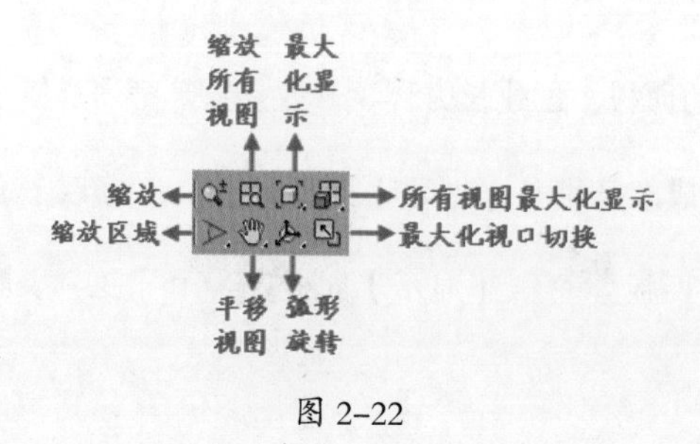

图 2-22

2.3 3ds Max 基本操作

重点 进阶案例——导入文件

场景文件	无
案例文件	进阶案例——导入外部文件 .max
视频教学	多媒体教学 /Chapter02/ 进阶案例——导入外部文件 .flv
难易指数	★☆☆☆☆
技术掌握	掌握如何导入外部文件

（1）3ds Max 中导入文件并不是导入 .max 格式的文件，而是导入比如 .3ds 格式、.obj 格式的文件。打开 3ds Max，如图 2-23 所示。

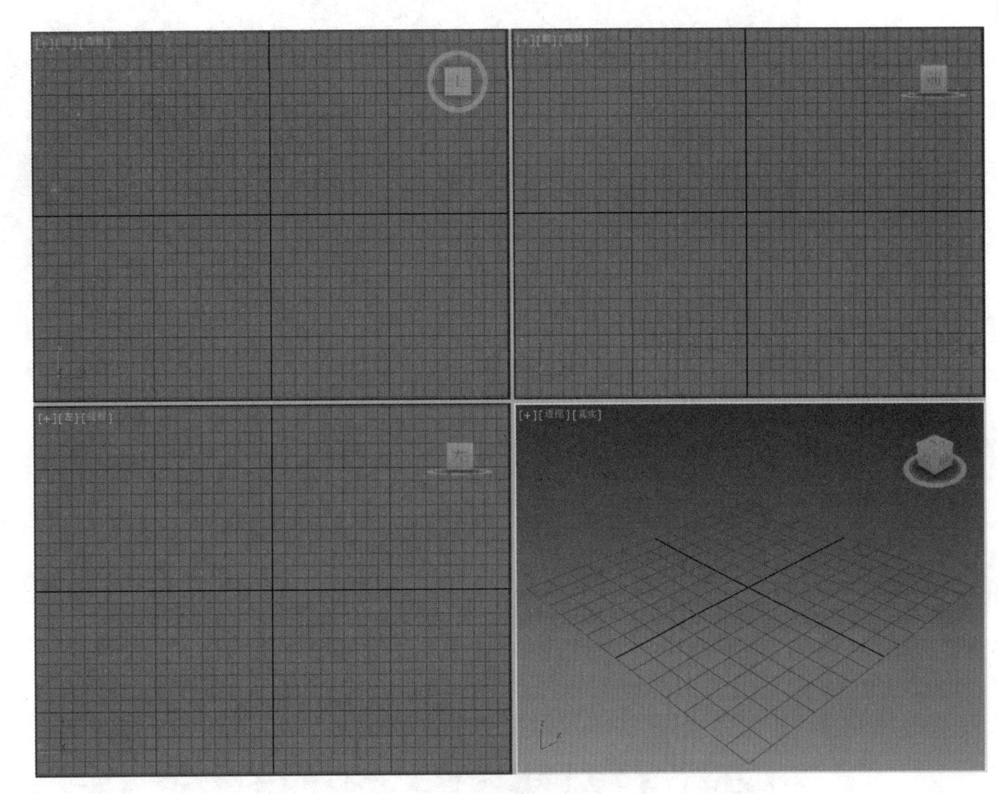

图 2–23

（2）执行 [图标] / 导入 / 导入命令，并在弹出的窗口中选择需要导入的本书配套资源中的【场景文件 / Chapter 02/01.obj】文件，如图 2-24 所示。

图 2–24

（3）此时就成功的把模型导入到 3ds Max 的场景中了，如图 2-25 所示。

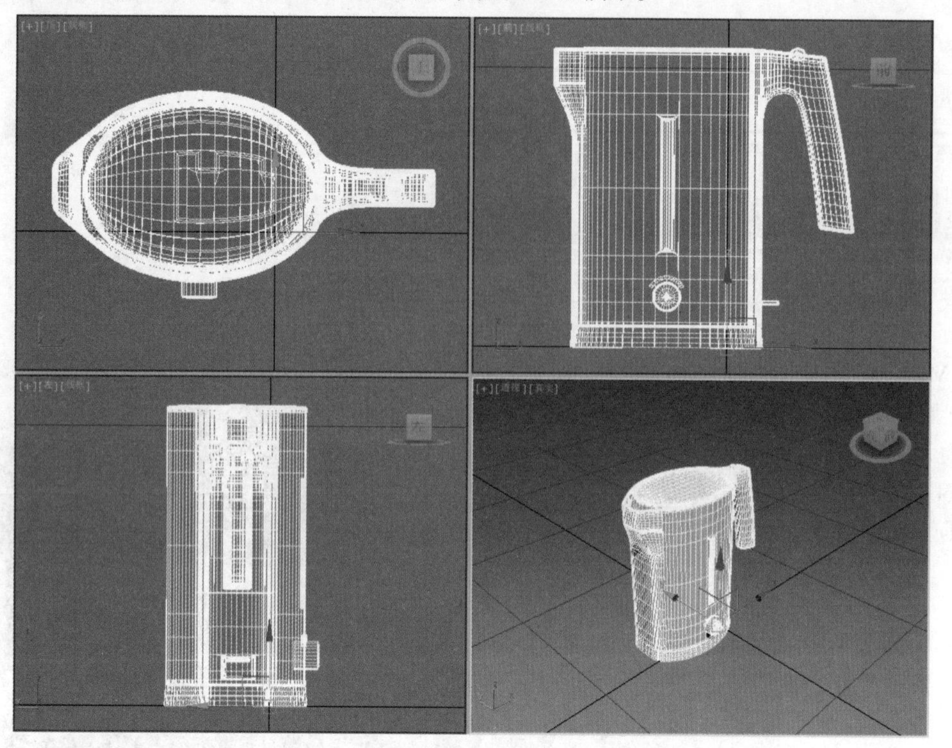

图 2–25

进阶案例 —— 导出场景对象

场景文件	02.max
案例文件	无
视频教学	多媒体教学 /Chapter02/ 进阶案例 —— 导出场景对象 .flv
难易指数	★☆☆☆☆
技术掌握	掌握如何导出场景对象

（1）打开本书配套资源中的【场景文件 /Chapter 02/02.max】文件，如图 2-26 所示。

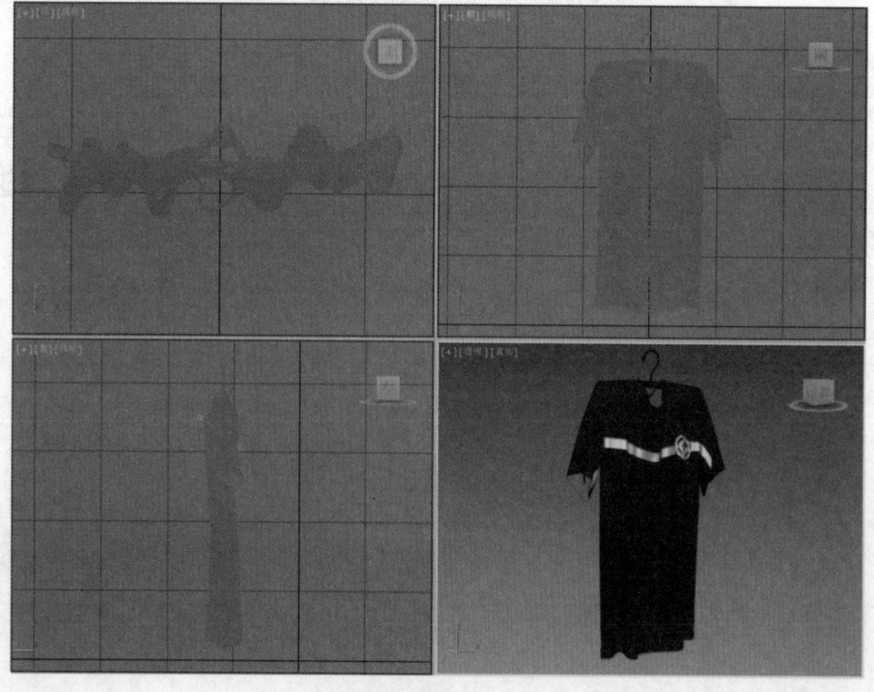

图 2–26

（2）执行 / 导出 / 导出选定对象命令，并在弹出的窗口中选择需要导出的文件夹位置，如图 2-27 所示。

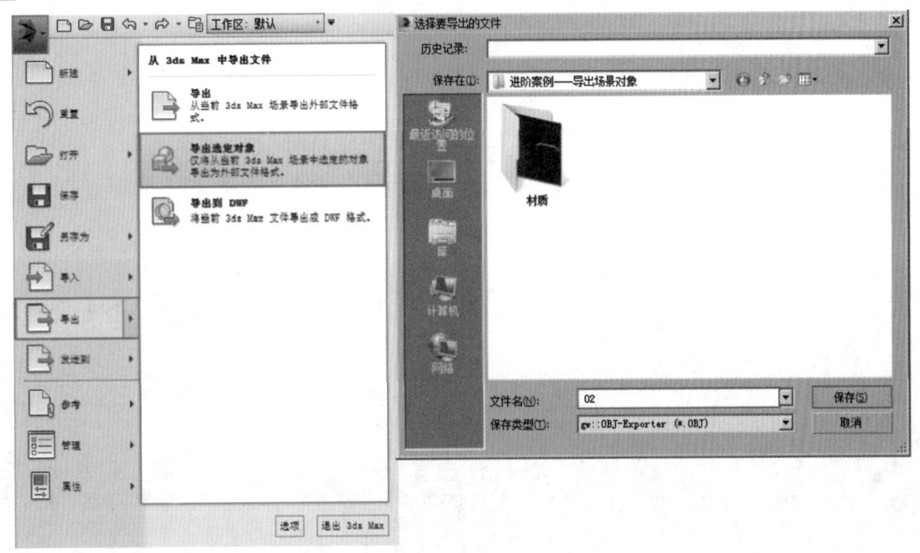

图 2–27

（3）在弹出的对话框中单击【导出】按钮，如图 2-28 所示。

（4）此时就可以看到正在执行导出的过程，如图 2-29 所示。

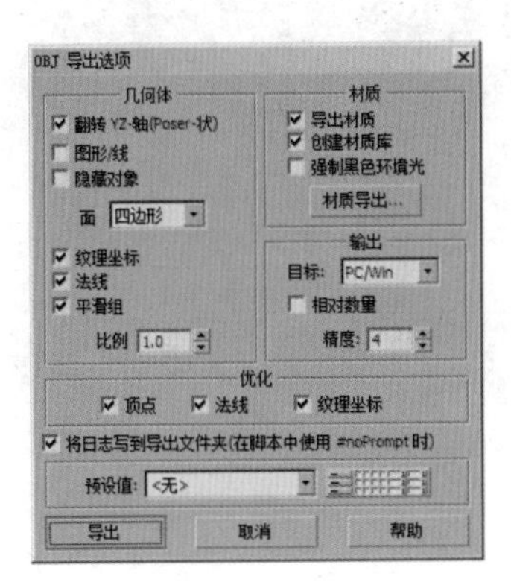

图 2–28

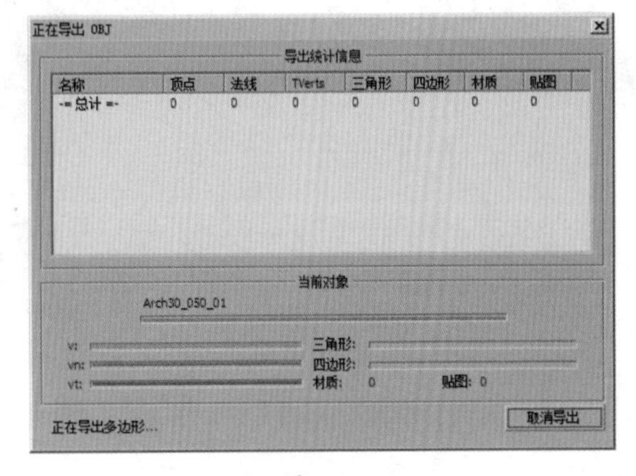

图 2–29

（5）导出完成后，在刚才设置的导出文件夹的位置下即可看到两个文件，分别为 02.obj 和 02.mlt，02.obj 是模型文件，02.mlt 是材质文件，如图 2-30 所示。

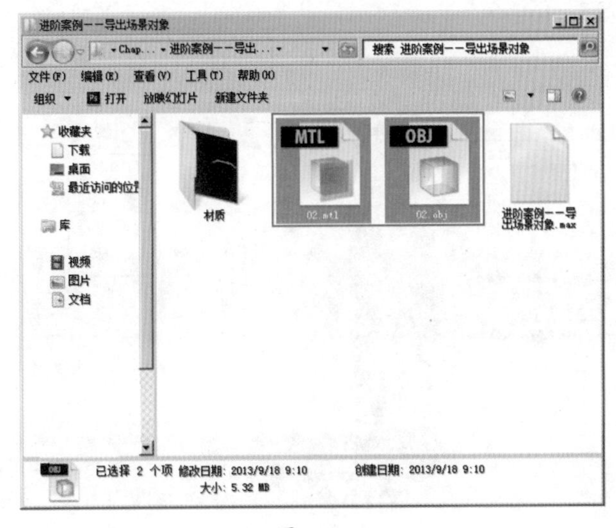

图 2–30

重点 进阶案例——合并文件

场景文件	03（1）.max 和 03（2）.max
案例文件	进阶案例——合并场景文件 .max
视频教学	多媒体教学 /Chapter02/ 进阶案例——合并场景文件 .flv
难易指数	★☆☆☆☆
技术掌握	掌握如何合并外部场景文件

（1）打开本书配套资源中的【场景文件 /Chapter 02/03（A）.max】文件，如图 2-31 所示。

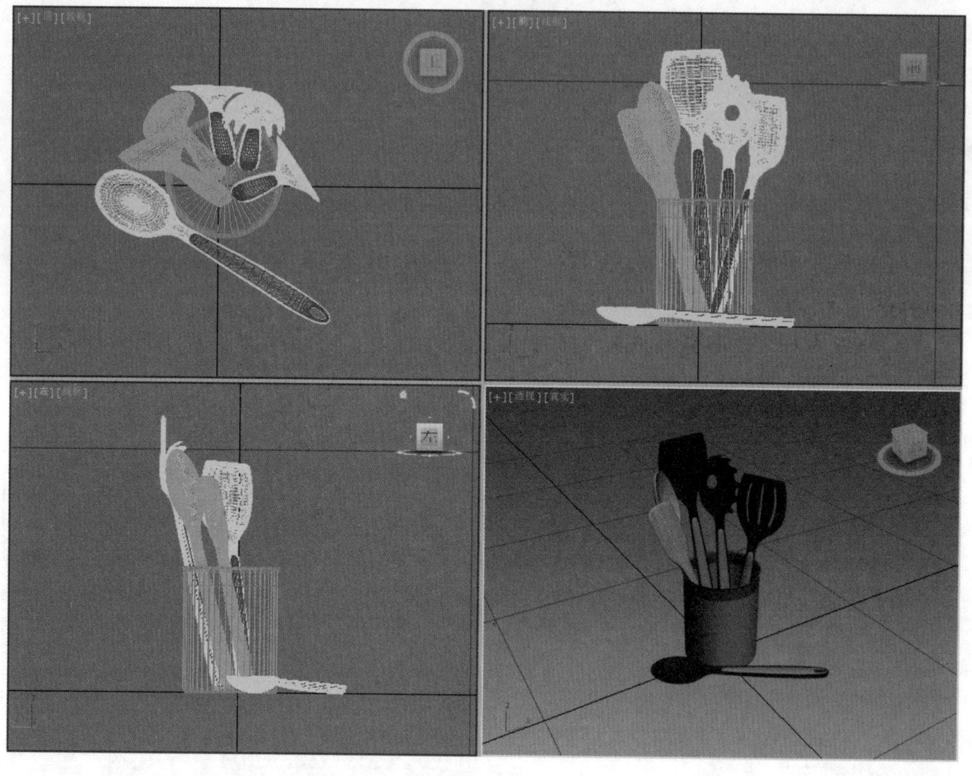

图 2-31

（2）执行 / 导入 / 合并命令，并在弹出的窗口中选择需要合并的本书配套资源中的【场景文件 /Chapter 02/03（B）.max】文件，如图 2-32 所示。

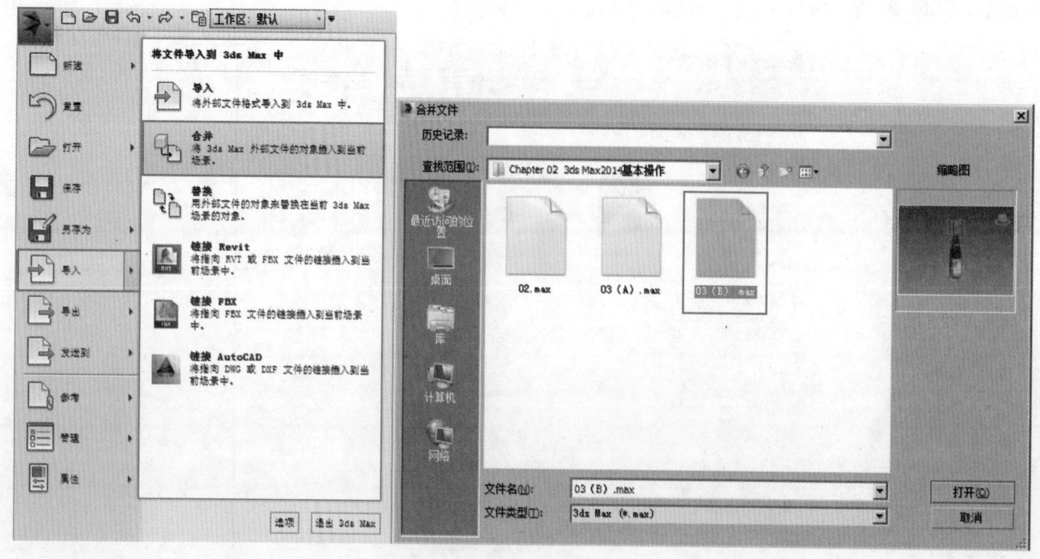

图 2-32

（3）在弹出的窗口中选择需要合并的文件名称，单击【确定】按钮，如图 2-33 所示。

（4）此时酒瓶模型就被合并到现在的场景中了，如图 2-34 所示。

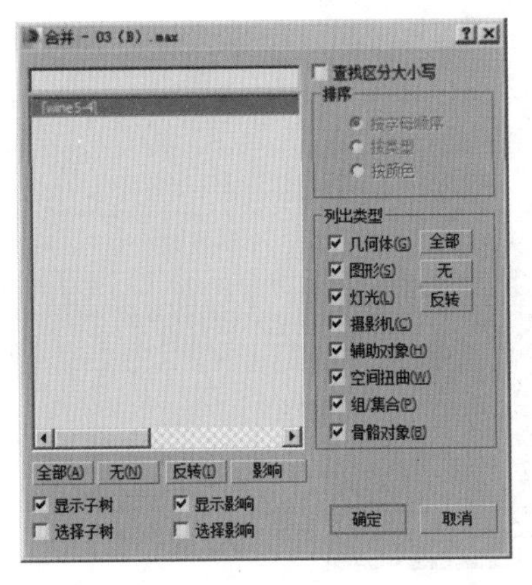

图 2-33

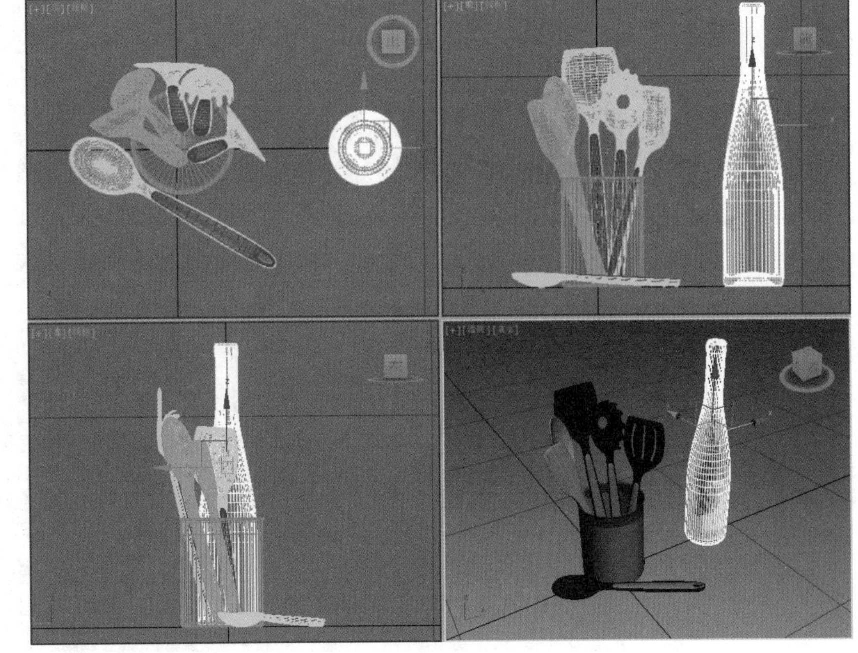

图 2-34

重点 进阶案例——使用过滤器选择场景中的灯光

场景文件	04.max
案例文件	无
视频教学	多媒体教学 /Chapter02/ 进阶案例——使用过滤器选择场景中的灯光 .flv
难易指数	★☆☆☆☆
技术掌握	掌握如何使用过滤器选择对象

（1）打开本书配套资源中的【场景文件 /Chapter 02/04.max】文件，如图 2-35 所示。

（2）在主工具栏中找到过滤器选项，并将其设置为【L- 灯光】类型，如图 2-36 所示。

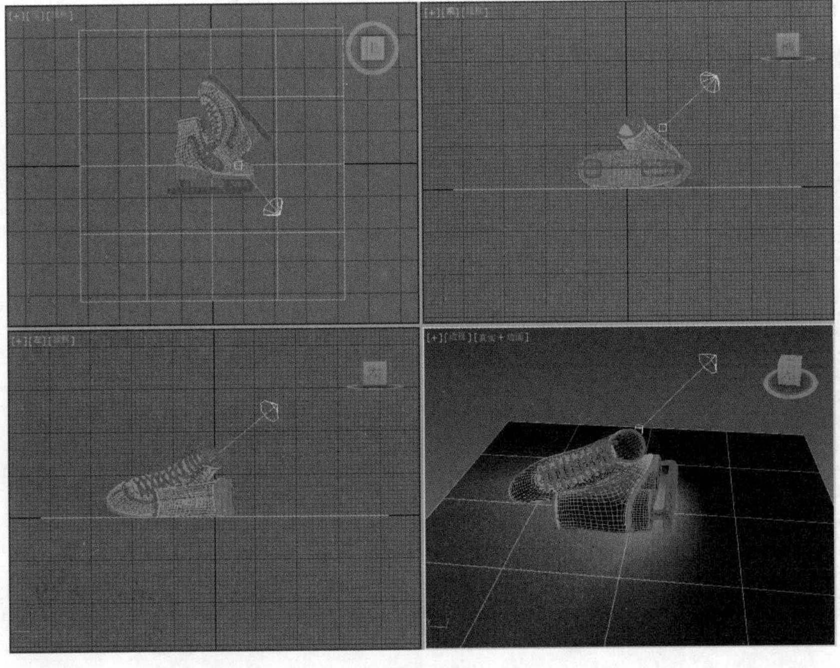

图 2-35

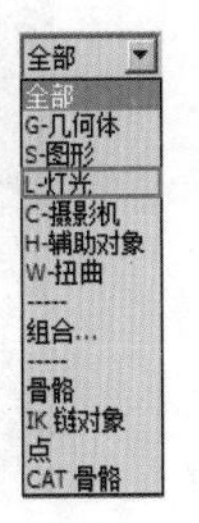

图 2-36

（3）此时无论在场景中如何选择，只能选择到灯光，这样就避免了选择到其他类型的对象了，选择起来更准确、更便捷，如图 2-37 所示。

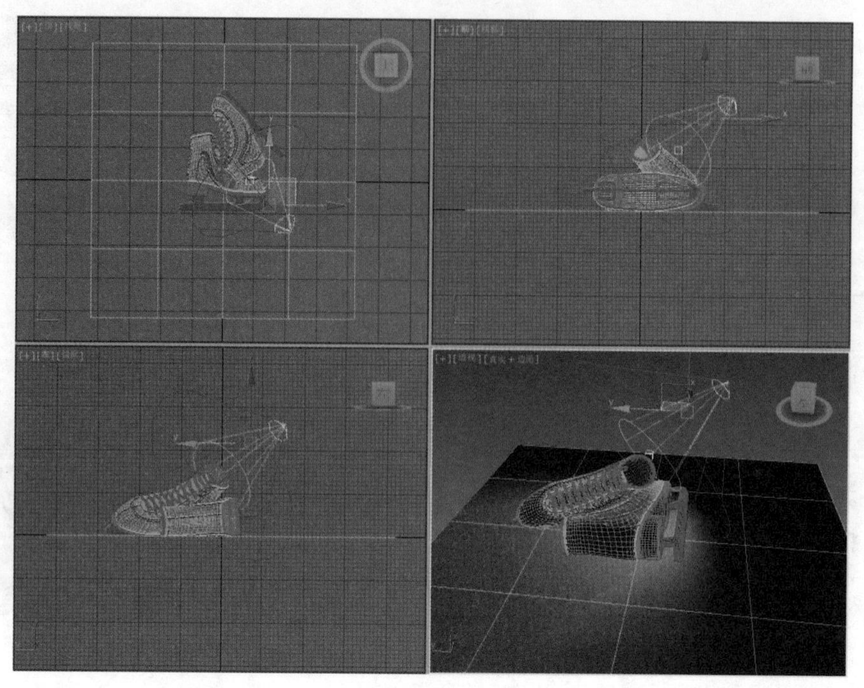

图 2–37

重点 进阶案例 —— 使用套索选择区域工具选择对象

场景文件	05.max
案例文件	无
视频教学	多媒体教学 /Chapter02/ 进阶案例 —— 使用套索选择区域工具选择对象 .flv
难易指数	★☆☆☆☆
技术掌握	掌握如何使用【套索选择区域】工具选择场景中的对象

操作步骤

（1）打开本书配套资源中的【场景文件 /Chapter 02/05.max】文件，如图 2-38 所示。

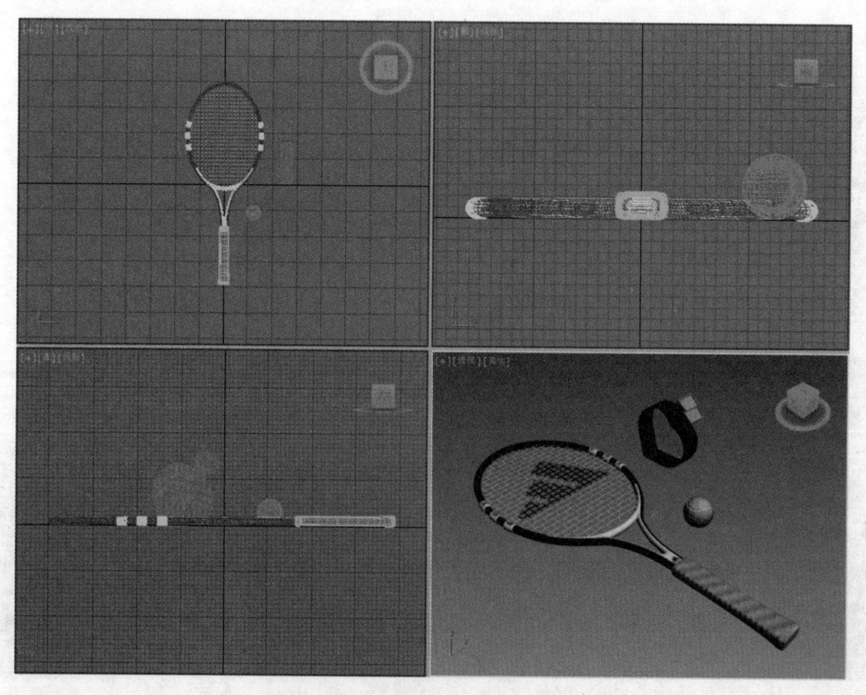

图 2–38

（2）在主工具栏中找到选择区域选项，并将其设置为【套索选择区域】类型，如图 2-39 所示。

（3）此时单击鼠标左键并拖拽即可绘制出需要的选择区域，非常方便、精准。如图 2-40 所示比如绘制出一个区域。

（4）绘制完成后，可以看到成功的选择了右侧的两个模型，如图 2-41 所示。

图 2-39

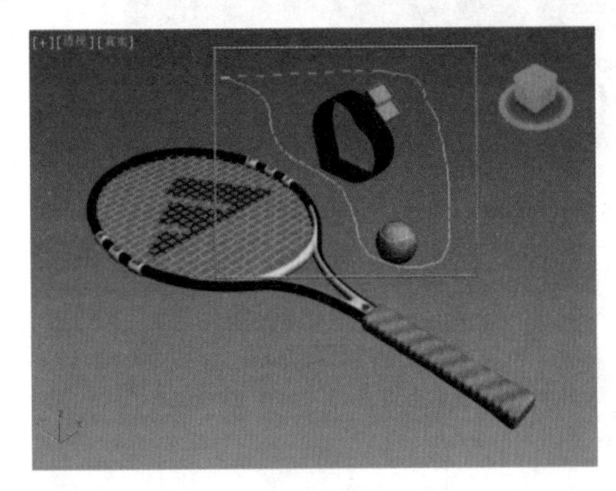

图 2-40

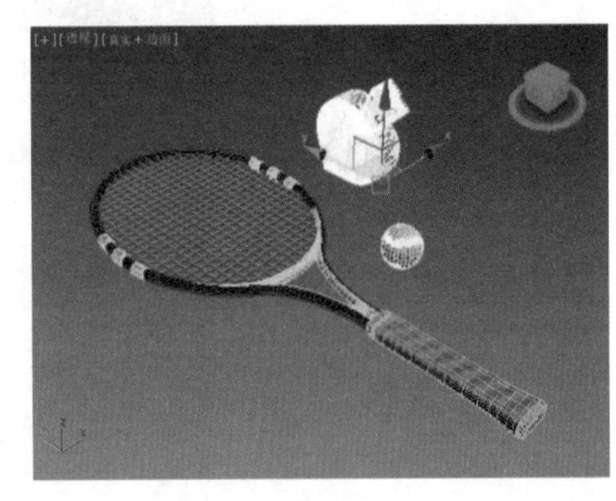

图 2-41

进阶案例 —— 使用选择并移动工具复制模型

场景文件	06.max
案例文件	进阶案例 —— 使用选择并移动工具复制模型 .max
视频教学	多媒体教学 /Chapter02/ 进阶案例 —— 使用选择并移动工具复制模型 .flv
难易指数	★☆☆☆☆
技术掌握	掌握移动复制功能的运用

（1）打开本书配套资源中的【场景文件 /Chapter 02/06.max】文件，如图 2-42 所示。

（2）使用【选择并移动】工具选择毛巾模型，如图 2-43 所示。

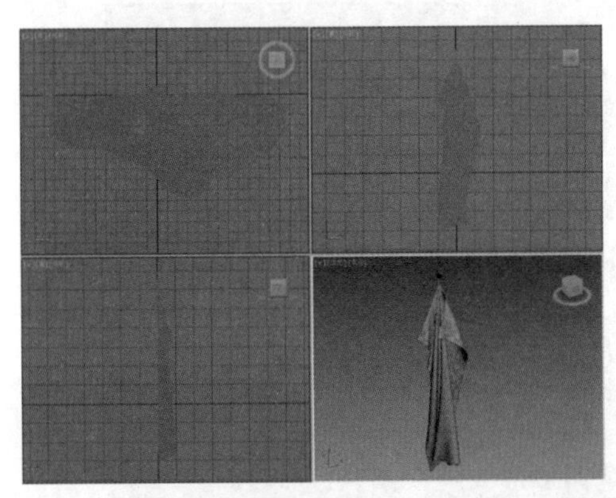

图 2-42

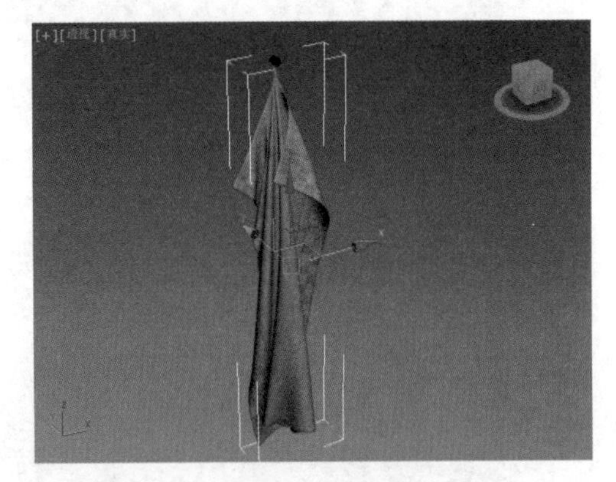

图 2-43

（3）按住【Shift】键，并使用选择并移动工具，沿 X 轴向右侧进行复制。在弹出的【克隆选项】对话框中，设置【对象】为实例，【副本数】为 3，如图 2-44 所示。

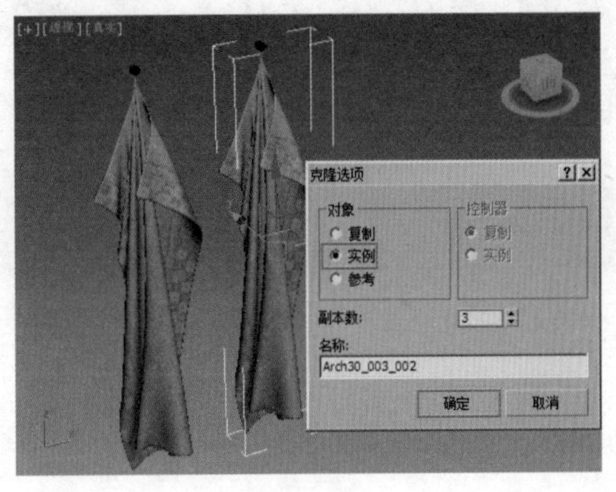

图 2-44

（4）由于复制了 3 个毛巾模型，加上之前的 1 个模型，最终得到了 4 个毛巾，如图 2-45 所示。

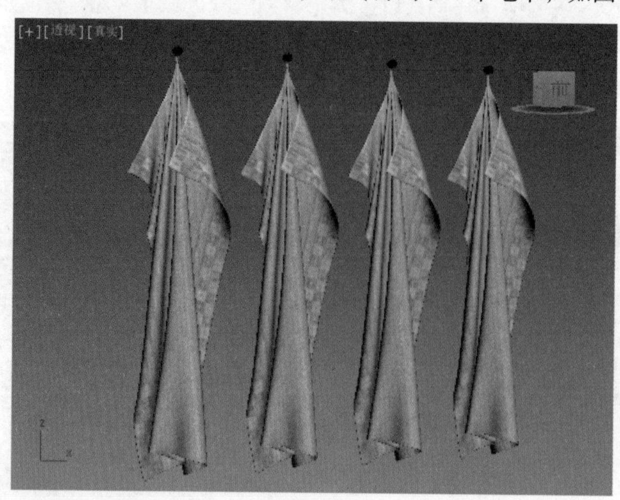

图 2-45

重点 进阶案例 —— 使用选择并缩放工具缩放模型

场景文件	07.max
案例文件	进阶案例 —— 使用选择并缩放工具缩放模型 .max
视频教学	多媒体教学 /Chapter02/ 进阶案例 —— 使用选择并缩放工具缩放模型 .flv
难易指数	★☆☆☆☆
技术掌握	掌握如何使用选择并缩放工具

（1）打开本书配套资源中的【场景文件 /Chapter 02/07.max】文件，如图 2-46 所示。

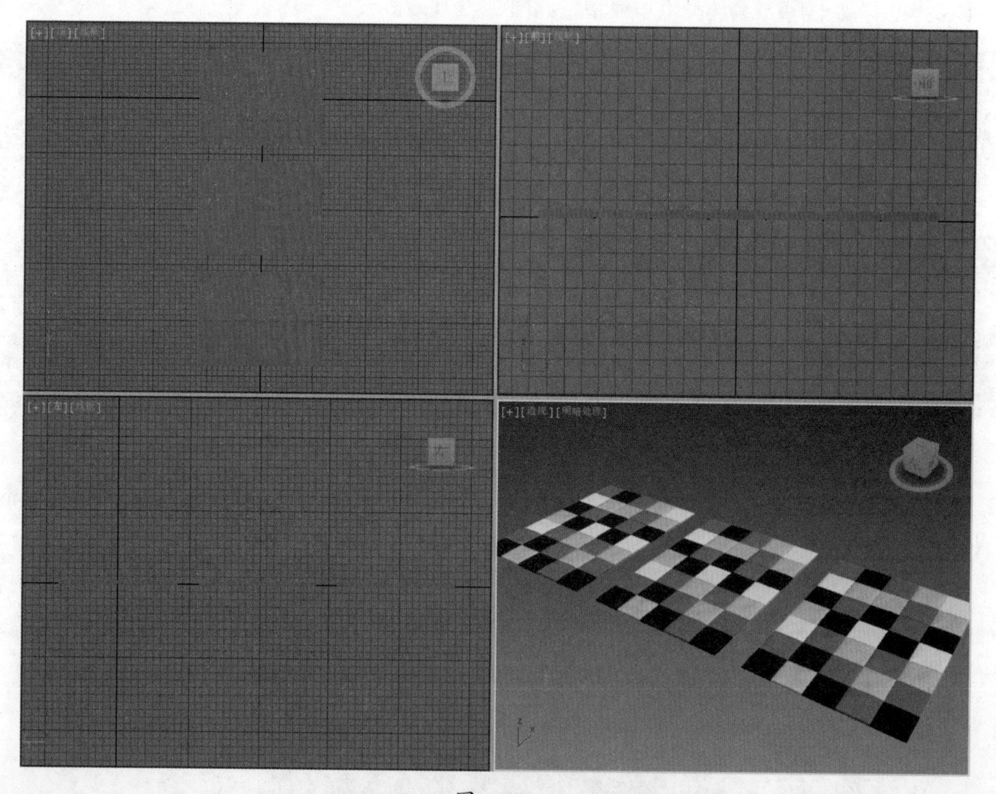

图 2-46

（2）单击【选择并均匀缩放】工具，并单击中间的地毯模型，此时将鼠标移动到坐标的中间，当看到三个轴向都变为黄色时，表面可以沿 X、Y、Z 三个轴向缩放，此时单击鼠标左键并进行向内拖拽，可以看到模型向内均匀进行了缩放，如图 2-47 所示。

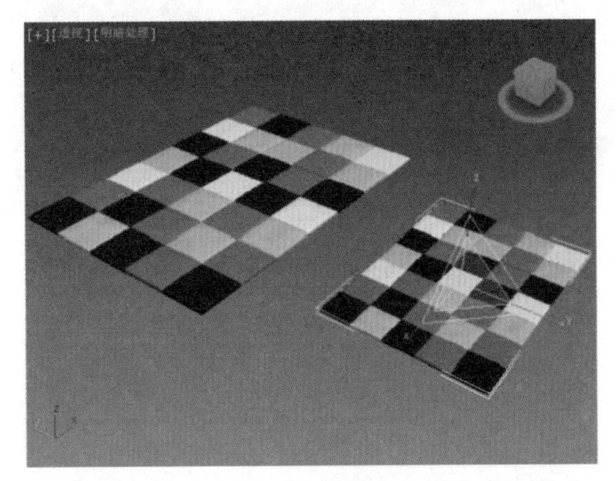

图 2–47

（3）单击【选择并均匀缩放】工具，并单击右侧的地毯模型，此时将鼠标移动到坐标的附近，当看到上方 Z 轴向变为黄色时，表面可以沿 Z 轴向缩放，此时单击鼠标左键并进行向上拖拽，可以看到模型向上进行了缩放，如图 2-48 所示。

图 2–48

（4）最终的三组地毯模型效果，如图 2-49 所示。

图 2–49

第 3 章 几何体建模

本章学习要点：

创建面板
几何基本体建模
复合对象建模
建筑对象建模
VRay 对象

3.1 了解建模

3.1.1 建模的概念

建模简单来说就是建立模型的过程，在 3ds Max 中可以利用多种技巧对模型进行建立，根据不同的模型可以选择不同的建模方式，如几何体建模、复合对象建模、样条线建模、修改器建模、网格建模、NURBS 建模和多边形建模等。图 3-1 所示为优秀的模型。

图 3–1

3.1.2 动手学：建模四大步骤

一般来说制作模型大致分为四大步骤，分别是确定建模方式、建立基础模型、细化模型和完成模型。

（1）确定建模方式。这是最关键的，避免后面走弯路。比如我们选择使用多边形建模制作底部，使用样条线 + 修改器建模制作顶部，如图 3-2 所示。

图 3-2

（2）建立基础模型。使用车削修改器将模型的大致效果制作出来，如图 3-3 所示。

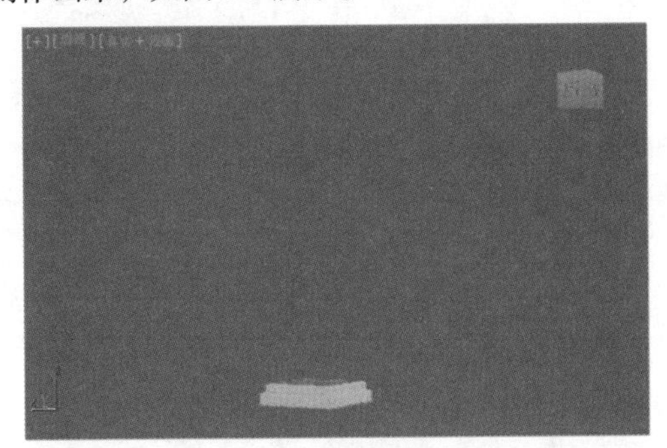

图 3-3

（3）细化模型。使用多边形建模将模型进行深入制作，如图 3-4 所示。

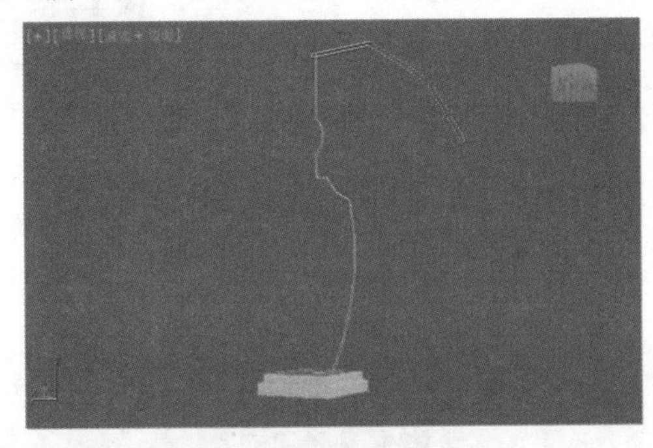

图 3-4

（4）完成模型。完成模型的制作，如图 3-5 所示。

图 3-5

3.2 熟悉创建面板

创建模型、灯光、摄影机等对象都需要在【创建面板】下进行操作。【创建面板】包括 7 个类型，分别为几何体、图形、灯光、摄影机、辅助对象、空间扭曲对象和系统，如图 3-6 所示。

图 3-6

【创建面板】的类型详解如下：

- 几何体：几何体是最基本的模型类型。其中包括多种类型，如长方体、球体等。
- 图形：图形是二维的线。包括样条线和 NURBS 曲线。其中包括多种类型。
- 灯光：灯光可以照亮场景，并且可以增加其逼真感。灯光种类很多，可模拟现实世界中不同类型的灯光。
- 摄影机：摄影机对象提供场景的视图，可以对摄影机位置设置动画。
- 辅助对象：辅助对象有助于构建场景。
- 空间扭曲对象：空间扭曲在围绕其他对象的空间中产生各种不同的扭曲效果。
- 系统：系统将对象、控制器和层次组合在一起，提供与某种行为关联的几何体。

在建模中常用的两个类型是【几何体】和【图形】，如图 3-7 所示。

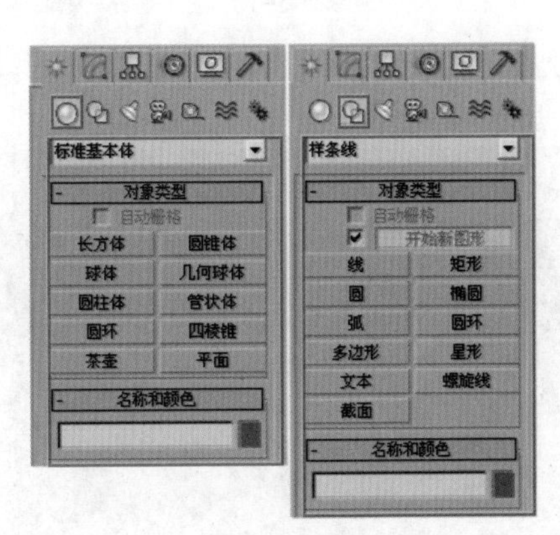

图 3-7

※求生秘籍——技巧提示：创建模型的次序

3ds Max 新手往往对于界面较为陌生，创建模型时无从下手，不知道单击哪些按钮。首先要明确做什么，比如要创建一个【长方体】，那么就需要按照图中 1、2、3、4 的次序进行单击，然后再进行创建，如图 3-8 所示。

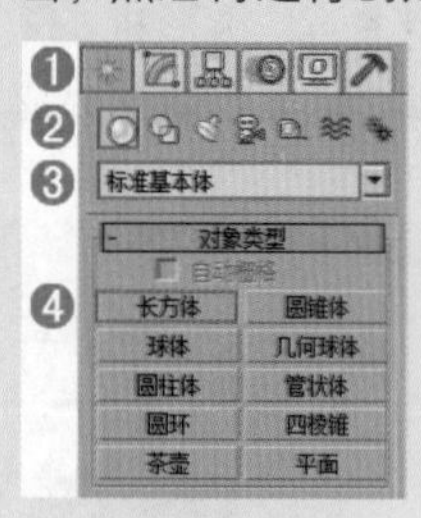

图 3-8

试一下：创建一个长方体

（1）单击 （创建）|（几何体）| 标准基本体 | 长方体 按钮，如图 3-9 所示。

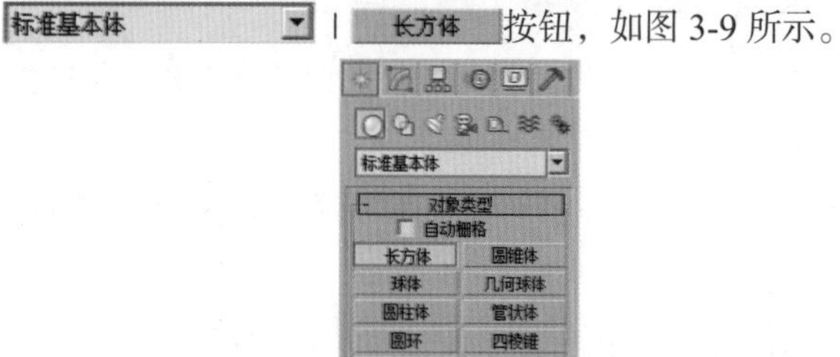

图 3-9

（2）此时单击鼠标左键进行拖拽，定义长方体底部的大小，如图 3-10 所示。

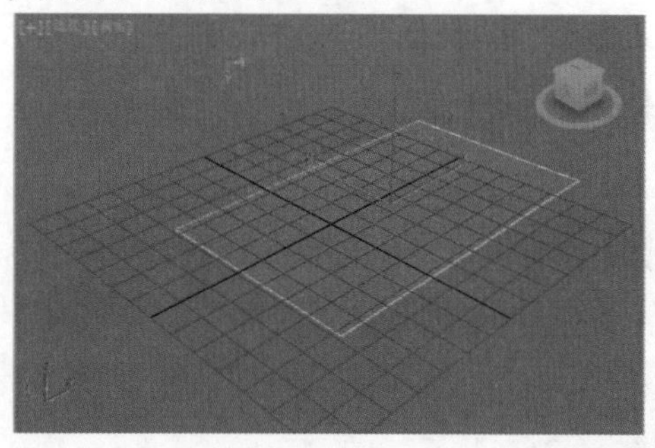

图 3-10

（3）松开鼠标左键并进行拖拽，定义长方体的高度，如图 3-11 所示。

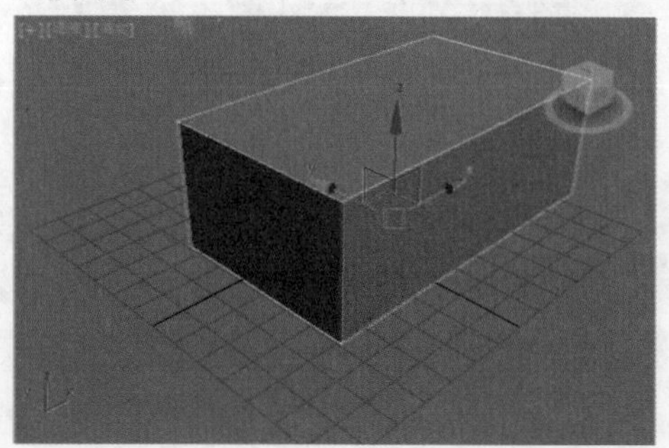

图 3-11

FAQ 常见问题解答：为什么创建不出长方体？

创建长方体一共需要单击 2 次鼠标左键。第一次单击鼠标左键并拖拽可以确定出长方体的长度和宽度，松开鼠标左键并拖拽可以确定长方体的高度，第二次单击鼠标左键是完成创建。

3.3 创建几何基本体

在几何基本体下面一共包括 14 种类型，分别为标准基本体、扩展基本体、复合对象、粒子系统、面片栅格、NURBS 曲面、实体对象、门、窗、mental ray、AEC 扩展、动力学对象、楼梯和 VRay，如图 3-12 所示。

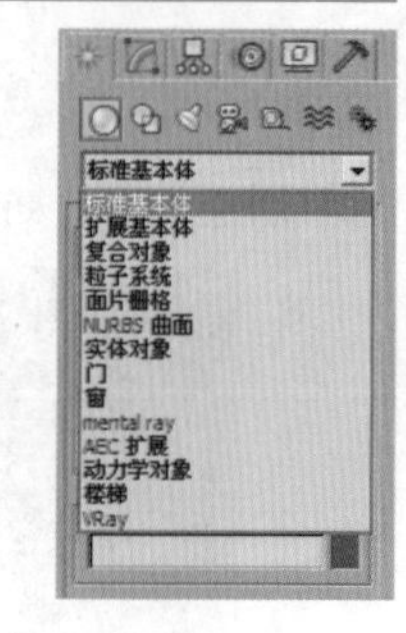

图 3-12

3.3.1 标准基本体

标准基本体是 3ds Max 中最常用的基本模型，如长方体、球体、圆柱体等。在 3ds Max 中，可以使用单个基本体对很多这样的对象建模。还可以将基本体结合到更复杂的对象中，并使用修改器进一步进行优化。10 种标准基本体，如图 3-13 所示。

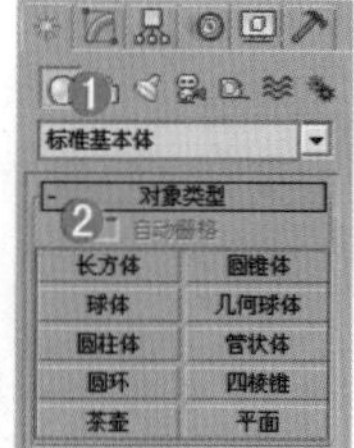

图 3-13

图 3-14 所示为标准基本体制作的作品。

图 3-14

（1）【长方体】是最常用的标准基本体。使用【长方体】可以制作长度、宽度、高度不同的长方体。长方体的参数比较简单，包括【长度】、【高度】和【宽度】以及相对应的【长度分段】、【宽度分段】和【高度分段】，如图 3-15 所示。

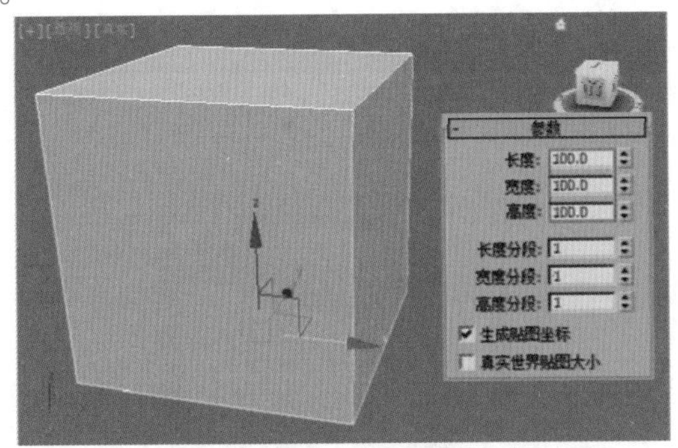

图 3–15

（2）【圆锥体】可以产生直立或倒立的圆锥体，也可以得到圆锥体上的某一部分，如图 3-16 所示。

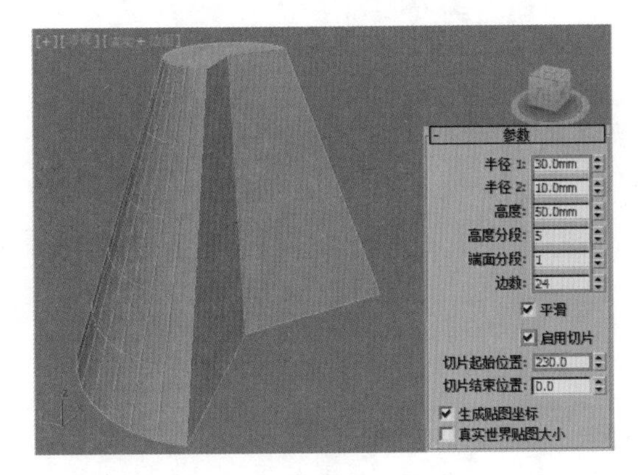

图 3–16

（3）【球体】可以制作球体、半球体或球体的其他部分。可以使用【切片】进行修改，如图 3-17 所示。

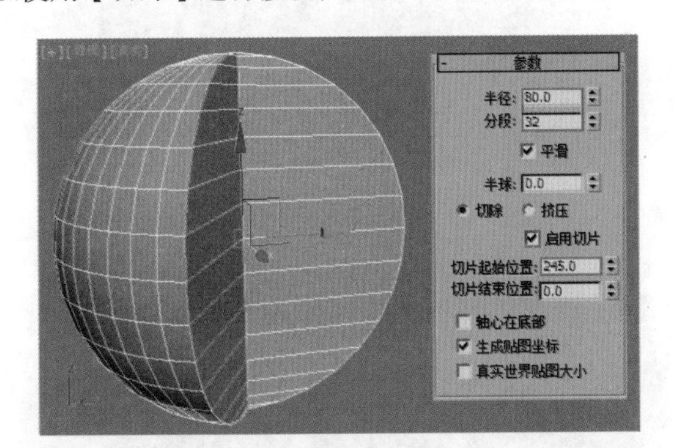

图 3–17

（4）【几何球体】可以创建四面体、八面体、二十面体，如图 3-18 所示。

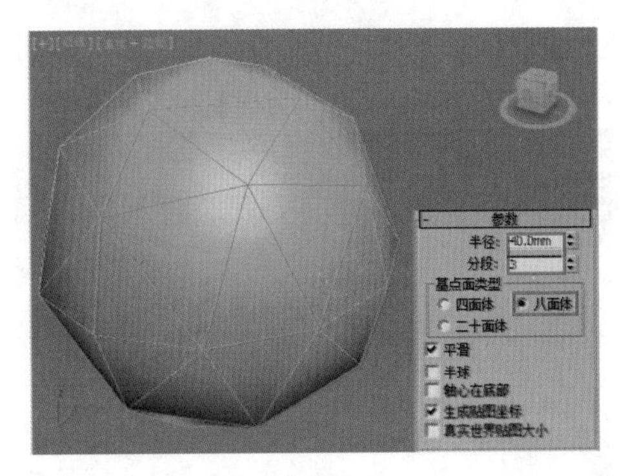

图 3–18

（5）【圆柱体】可以创建完整或部分圆柱体。勾选【启用切片】后，可以设置部分圆柱体，如图 3-19 所示。

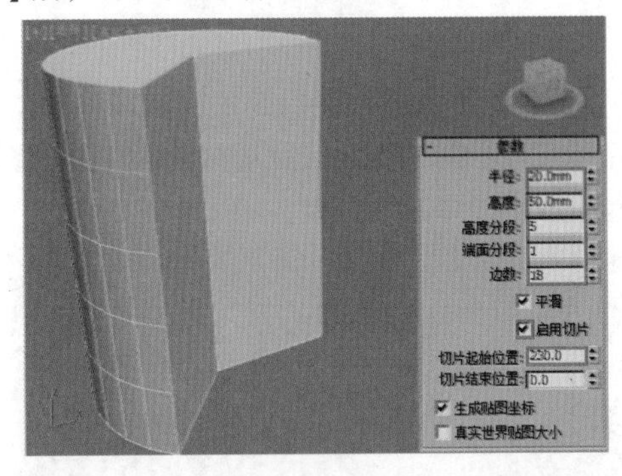

图 3–19

（6）【管状体】可以创建圆形和棱柱管道，管状体类似于中空的圆柱体，如图 3-20 所示。

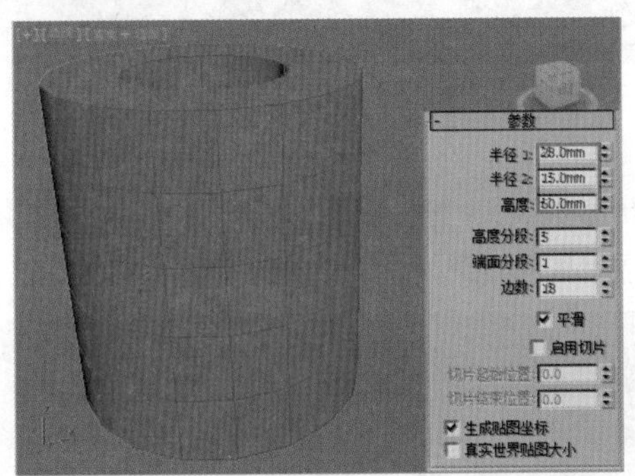

图 3–20

（7）【圆环】可以创建一个圆环或具有圆形横截面的环。可以将平滑选项与旋转和扭曲设置组合使用，以创建复杂的变体，如图 3-21 所示。

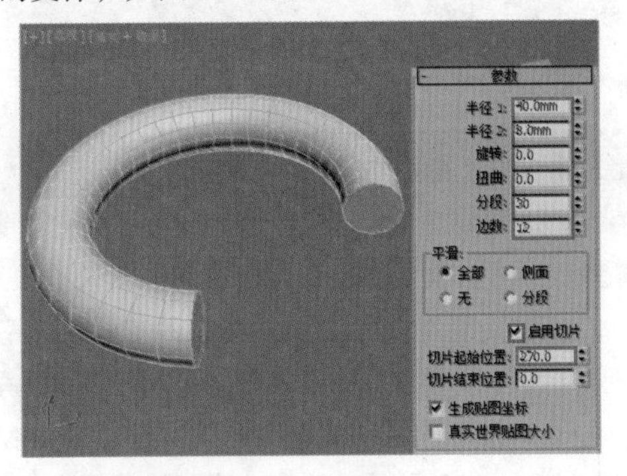

图 3–21

第3章

（8）【四棱锥】可以创建方形或矩形底部和三角形侧面，如图 3-22 所示。

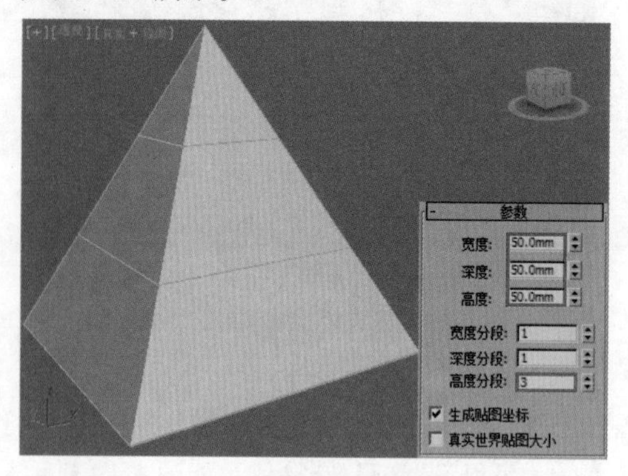

图 3-22

（9）【茶壶】是经常使用到的模型，可以快捷地创建出一个精度较低的茶壶，但是其参数可以在【修改】面板中进行修改，如图 3-23 所示。

图 3-23

（10）【平面】与【长方体】不同，【平面】没有高度，该工具常用来放置到模型下方作为平面，如图 3-24 所示。

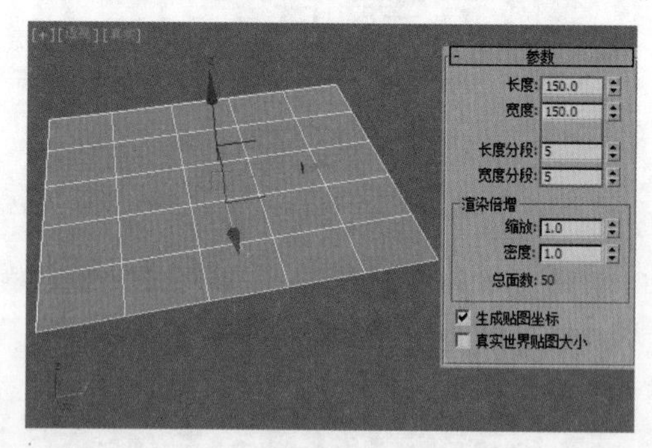

图 3-24

求生秘籍 —— 软件技能：单位设置

3ds Max 单位设置是在建模之前需要提前设置的，比如需要制作室内模型，那么可以将系统单位设置为【毫米】，比如需要制作室外大型场景，那么可以将系统单位设置为【米】。这么做的目的是为了创建的模型更加准确。一般来说只需要设置一次，下次开启 3ds Max 时会自动设置为上次的单位，因此一般不用重复进行设置。

重点 进阶案例 —— 使用长方体制作简易茶几

场景文件	无
案例文件	进阶案例 —— 使用长方体制作简易茶几 .max
视频教学	多媒体教学 /Chapter03/ 进阶案例 —— 使用长方体制作简易茶几 .flv
难易指数	★★☆☆☆
技术掌握	掌握【长方体】工具

本例就来学习使用标准基本体下的【长方体】工具来完成模型的制作，最终渲染和线框效果如图 3-25 所示。

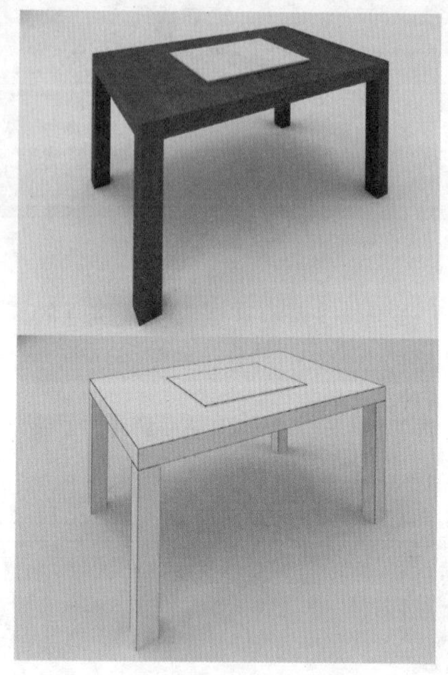

图 3-25

建模思路

01 使用长方体制作简易茶几模型（1）

02 使用长方体制作简易茶几模型（2）

简易茶几建模流程图，如图 3-26 所示。

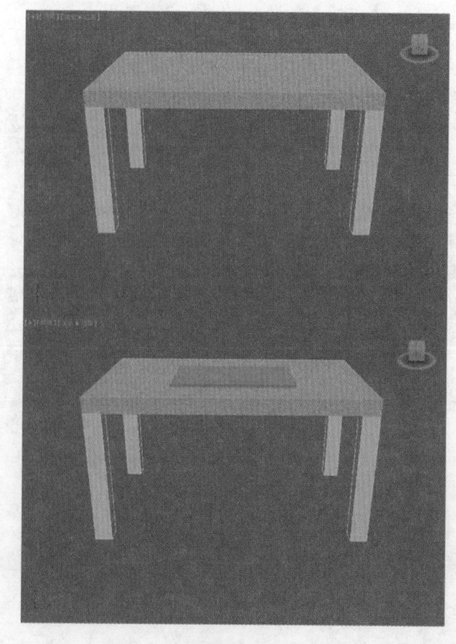

图 3-26

制作步骤

1. 使用长方体制作简易茶几模型（1）

（1）启动 3ds Max 2014 中文版，单击菜单栏中的【自定义】|【单位设置】命令，此时将弹出【单位设置】对话框，将【显示单位比例】和【系统单位比例】设置为【毫米】，如图 3-27 所示。

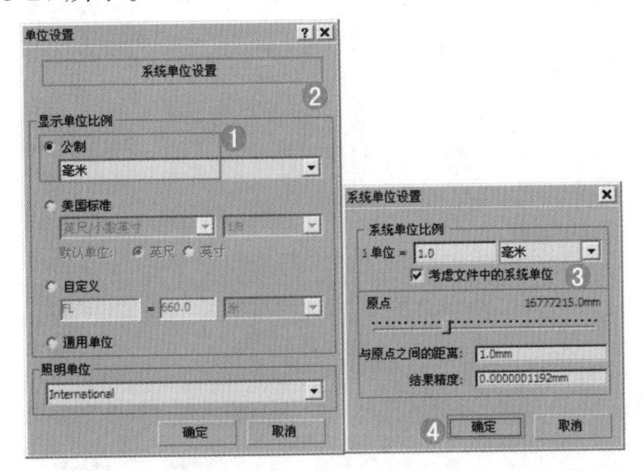

图 3-27

（2）单击（创建）|（几何体）| 长方体 按钮，在顶视图中拖拽并创建一个长方体，在【修改面板】下设置【长度】为 220.0mm，【宽度】为 330.0mm，【高度】为 18.0mm，如图 3-28 所示。

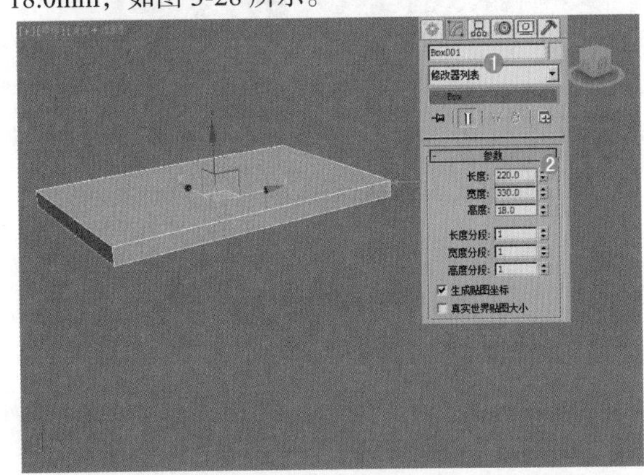

图 3-28

（3）在顶视图中拖拽并创建一个长方体，在【修改面板】下设置【长度】为 20.0mm，【宽度】为 20.0mm，【高度】为 153.299mm，如图 3-29 所示。

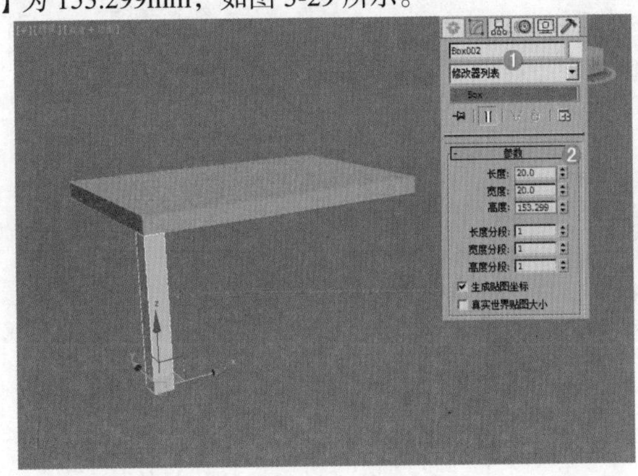

图 3-29

（4）选择上一步创建的长方体，使用（选择并移动）工具，按住【Shift】键进行复制，在弹出的【克隆选项】对话框中选择【复制】，此时场景效果如图 3-30 所示。用同样的方法复制出其他的长方体，如图 3-31 所示。

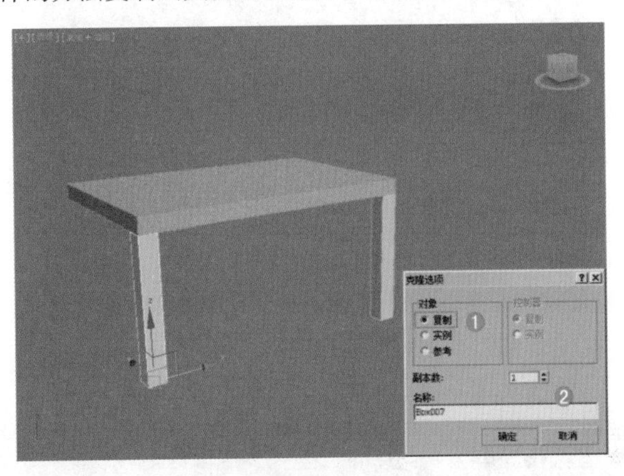

图 3-30

图 3-31

2. 使用长方体制作简易茶几模型（2）

（1）单击（创建）|（几何体）| 长方体 按钮，在顶视图中拖拽并创建一个长方体，在【修改面板】下设置【长度】为 115.0mm，【宽度】为 150.0mm，【高度】为 20.0mm，如图 3-32 所示。

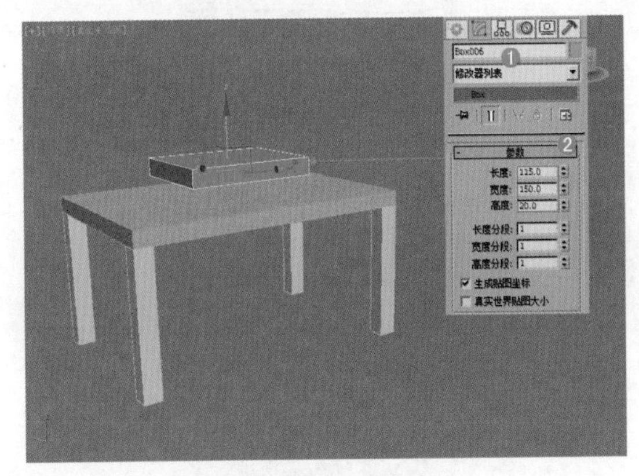

图 3-32

（2）将上一步制作的模型移动到茶几中间的位置，最终模型如图 3-33 所示。

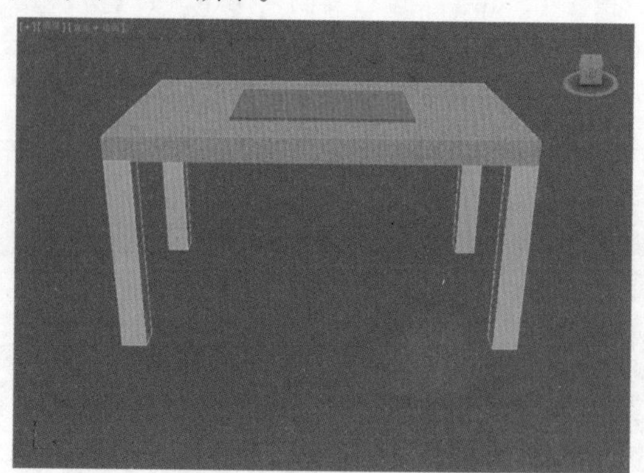

图 3-33

※求生秘籍 —— 技巧提示：复制物体的方法

在 3ds Max 中可以通过选择模型，按住【Shift】键进行拖拽复制出模型，当然这种方法会使用到【选择并移动】工具，那么读者朋友可以思考一下，是否可以进行旋转复制呢？其实也是可以的，只需要选择模型，执行【选择并旋转】工具，为了更准确可以打开【角度捕捉切换】工具，按住【Shift】键进行旋转复制。

重点 进阶案例 —— 使用切角长方体制作画框

场景文件	无
案例文件	进阶案例 —— 使用切角长方体制作画框 .max
视频教学	多媒体教学 /Chapter03/ 进阶案例 —— 使用切角长方体制作画框 .flv
难易指数	★★☆☆☆
技术掌握	掌握【切角长方体】工具、【平面】工具和【编辑多边形】命令的运用

本例就来学习使用扩展基本体下的【切角长方体】工具、【平面】工具和修改面板下的【编辑多边形】命令来完成模型的制作，最终渲染和线框效果如图 3-34 所示。

图 3-34

建模思路

01 使用切角长方体制作画框模型

02 使用平面、编辑多边形制作画框模型

画框建模流程图，如图 3-35 所示。

图 3-35

制作步骤

1. 使用切角长方体制作模型

（1）单击（创建）|（几何体）|扩展基本体 | 切角长方体按钮，在顶视图中拖拽并创建一个切角长方体，在【修改面板】下，设置【长度】为 20.0mm，【宽度】为 270.0mm，【高度】为 6.0mm，【圆角】为 2.0mm，【圆角分段】为 6，如图 3-36 所示。

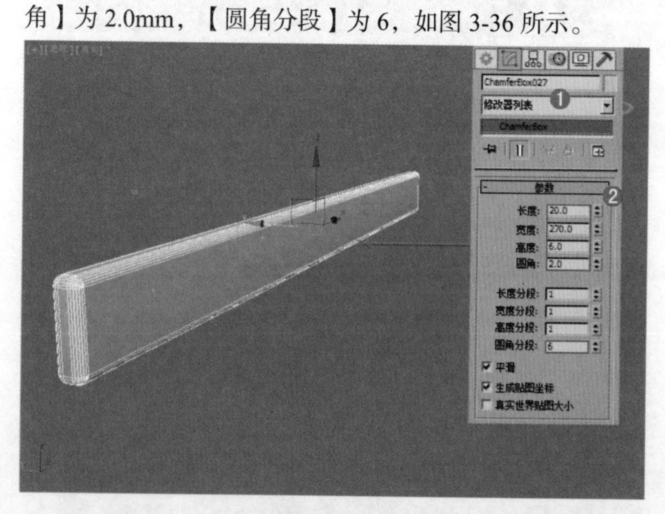

图 3-36

（2）选择上一步创建的切角长方体，使用（选择并移动）工具，按住【Shift】键进行复制，在弹出的【克隆选项】对话框中选择【复制】，此时场景，如图 3-37 所示。

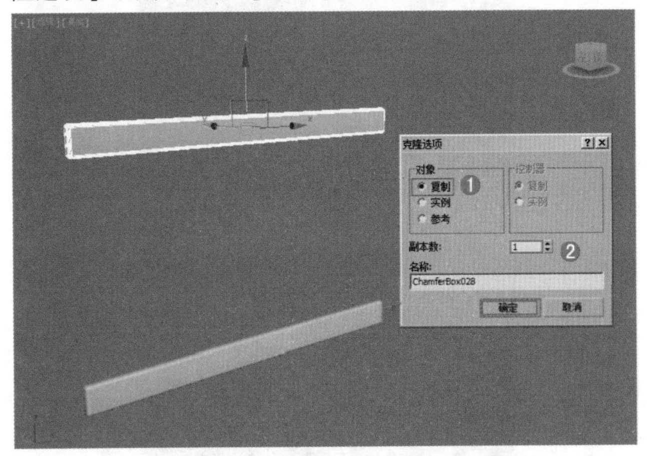

图 3–37

（3）在顶视图中拖拽并创建一个切角长方体，在【修改面板】下，设置【长度】为 20.0mm，【宽度】为 180.0mm，【高度】为 6.0mm，【圆角】为 2.0mm，【圆角分段】为 6，如图 3-38 所示。

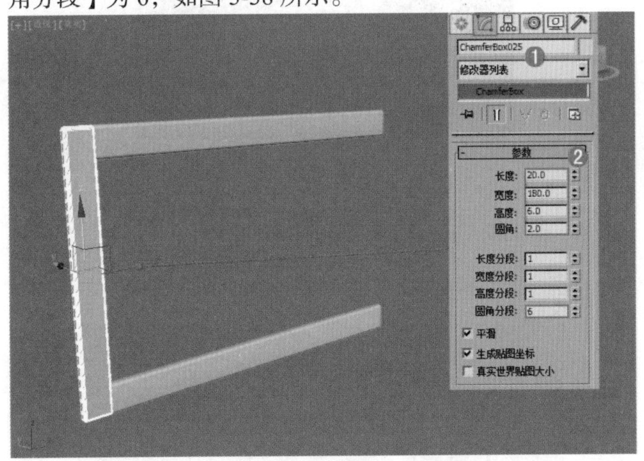

图 3–38

（4）选择上一步创建的切角长方体，使用（选择并移动）工具，按住【Shift】键进行复制，在弹出的【克隆选项】对话框中选择【复制】，此时场景，如图 3-39 所示。

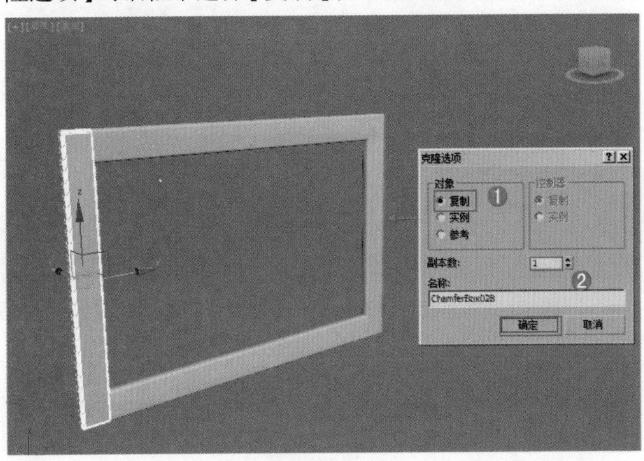

图 3–39

2．使用平面编辑多边形制作画框模型

（1）单击（创建）|（几何体）| 平面 按钮，在前视图中拖拽并创建一个平面，在【修改面板】下设置【长度】为 154.805mm，【宽度】为 244.156mm，如图 3-40 所示。

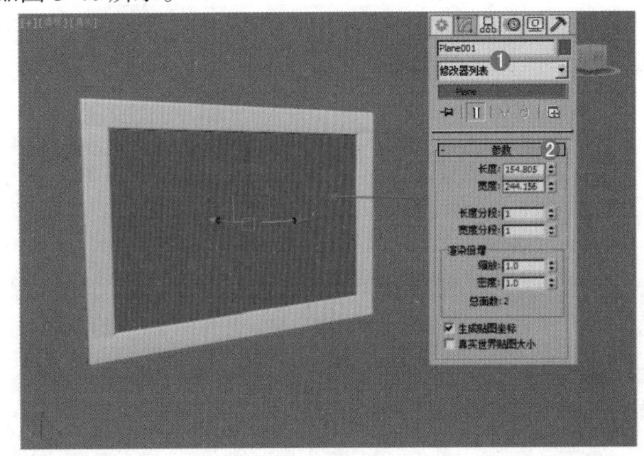

图 3–40

（2）选择平面，在【修改器列表】中加载【编辑多边形】，进入【多边形】级别，选择如图 3-41 所示的多边形。单击 插入 按钮后面的【设置】按钮，并设置【插入类型】为按多边形，【数量】为 30.0mm，如图 3-42 所示。

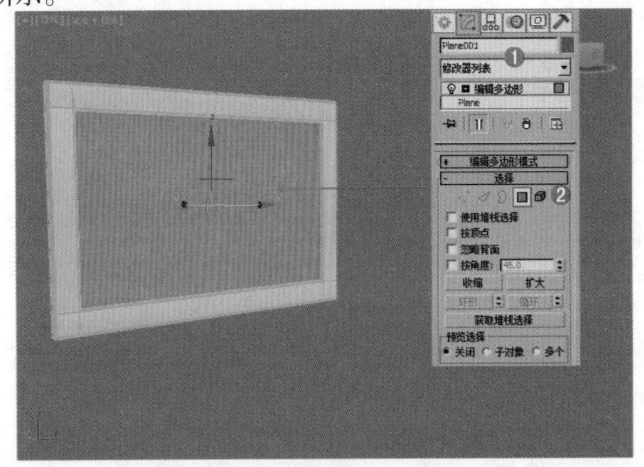

图 3–41

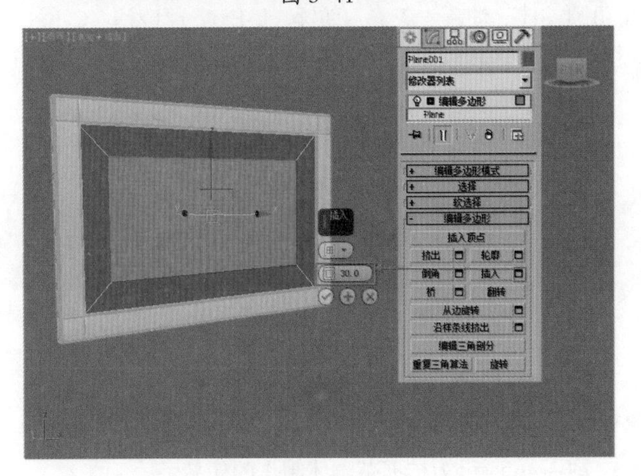

图 3–42

（3）选择如图 3-43 所示的多边形，在【编辑多边形】命令下，展开【编辑几何体】卷展栏，单击【分离】，在弹出的对话框中，单击【确定】按钮，这时选择的多边形已经分离出来，为了区分出来，为其换个颜色，最终模型效果如图 3-44 所示。

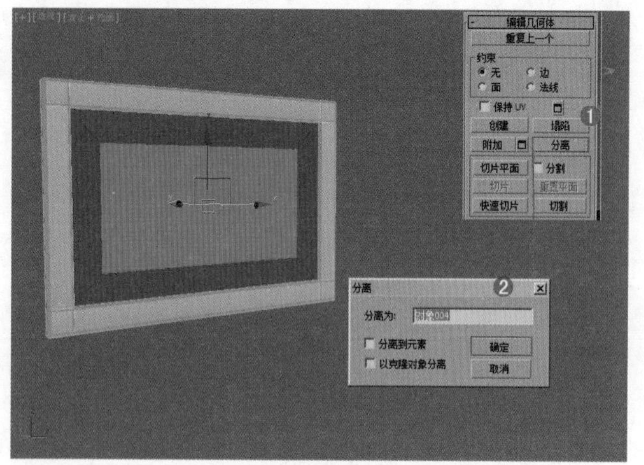

图 3–43

图 3–44

3.3.2 扩展基本体

扩展基本体是 3ds Max Design 复杂基本体的集合。其中包括 13 种对象类型，分别是异面体、环形结、切角长方体、切角圆柱体、油罐、胶囊、纺锤、L-Ext、球棱柱、C-Ext、环形波、棱柱和软管，如图 3-45 所示。

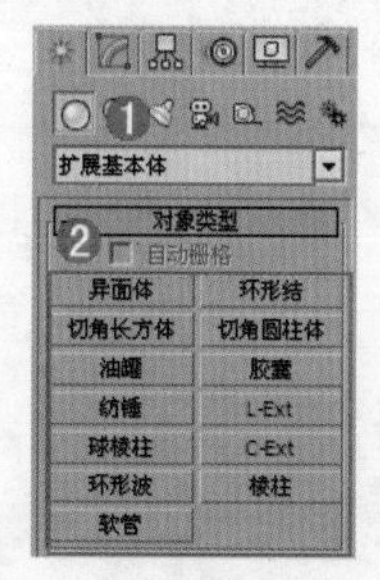

图 3–45

图 3-46 所示为扩展基本体制作的作品。

图 3–46

（1）【异面体】：可以创建出多面体的对象，如图 3-47 所示。

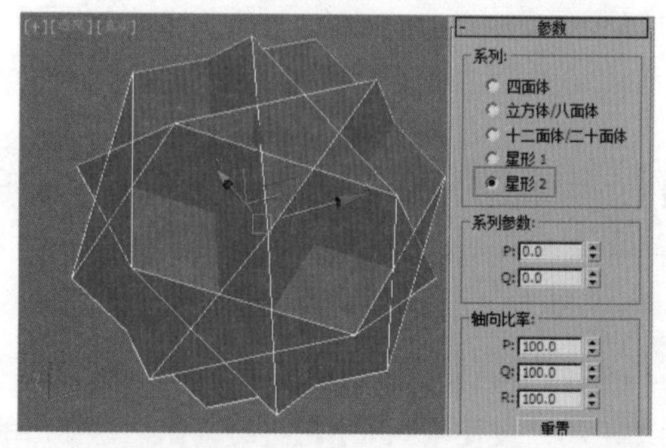

图 3–47

（2）【切角长方体】：可以创建具有倒角或圆形边的长方体，如图 3-48 所示。

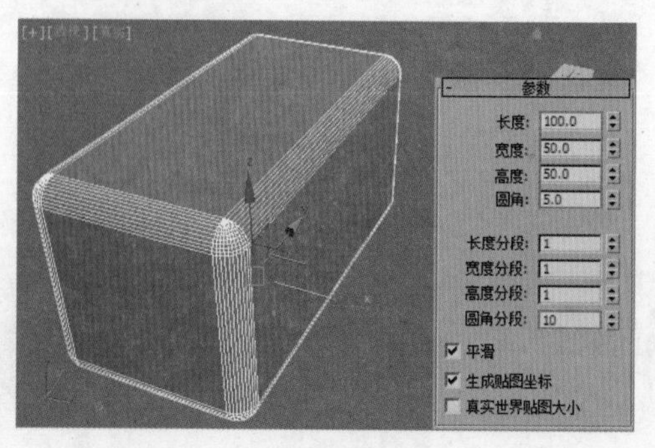

图 3–48

（3）【切角圆柱体】：可以创建具有倒角或圆形封口边的圆柱体，如图 3-49 所示。

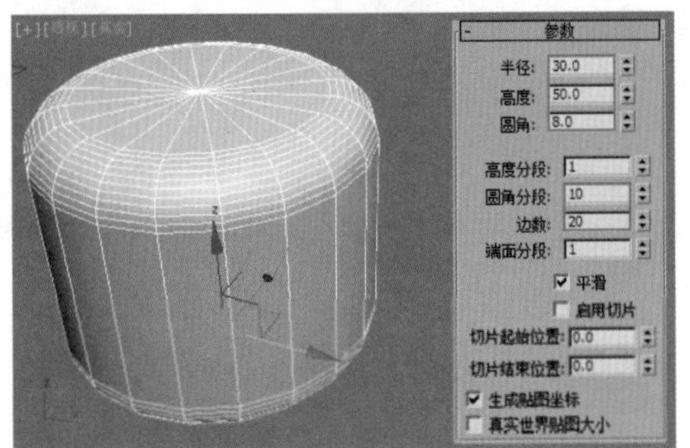

图 3–49

（4）【油罐】：可以创建带有凸面封口的圆柱体，如图 3-50 所示。

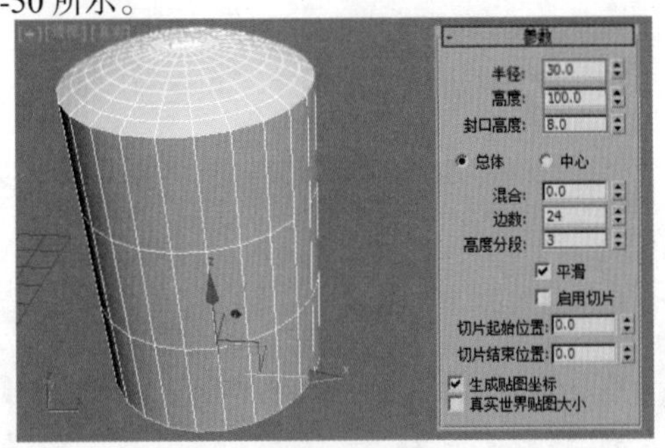

图 3–50

（5）【胶囊】：可以创建带有半球状封口的圆柱体，如图 3-51 所示。

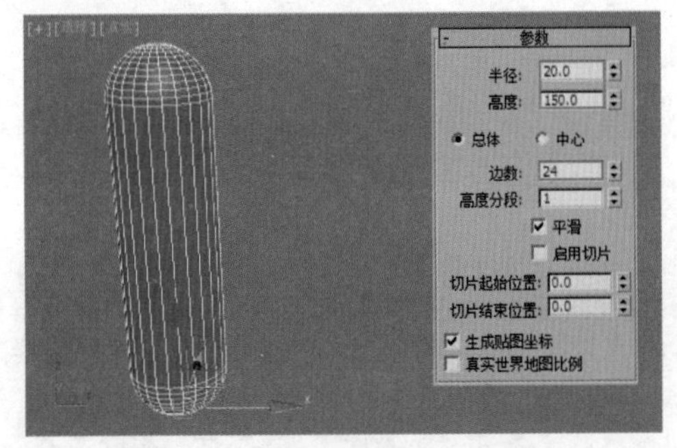

图 3–51

（6）【纺锤】：可以创建带有圆锥形封口的圆柱体，如图 3-52 所示。

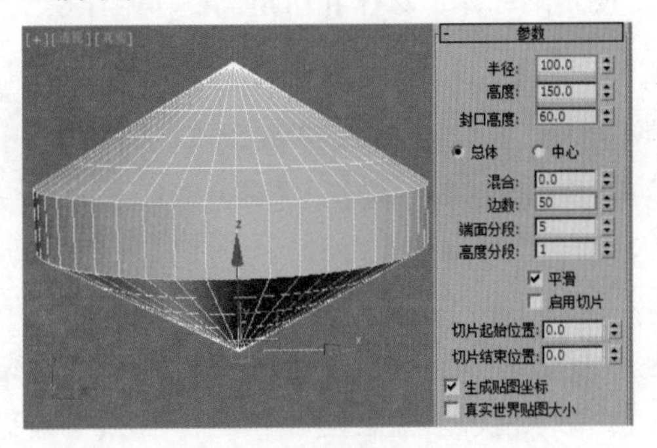

图 3–52

（7）【L-Ext】：可以创建挤出的 L 形对象，如图 3-53 所示。

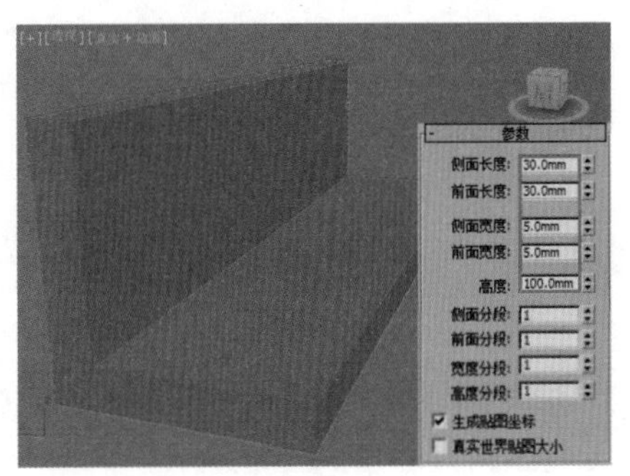

图 3–53

（8）【球棱柱】：可以创建可选的圆角面边创建挤出的规则面多边形，如图 3-54 所示。

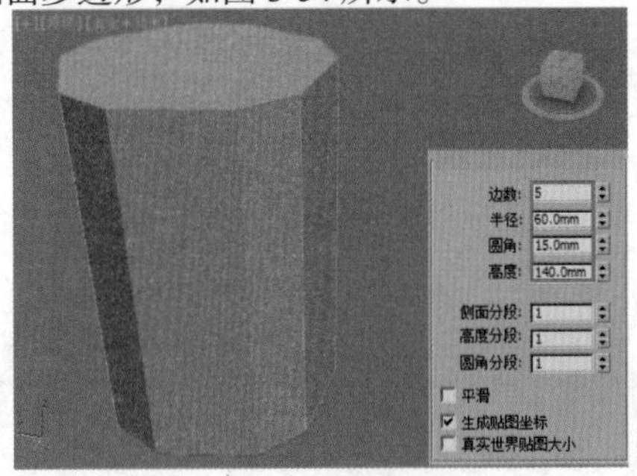

图 3–54

（9）【C-Ext】：可以创建挤出的 C 形对象，如图 3-55 所示。

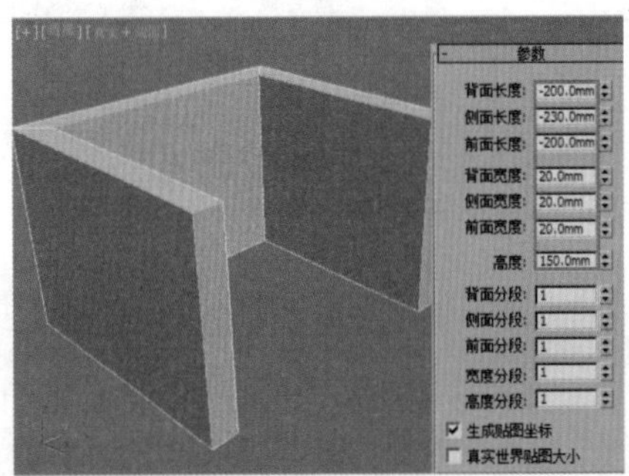

图 3–55

（10）【棱柱】：可以创建带有独立分段面的三面棱柱，如图 3-56 所示。

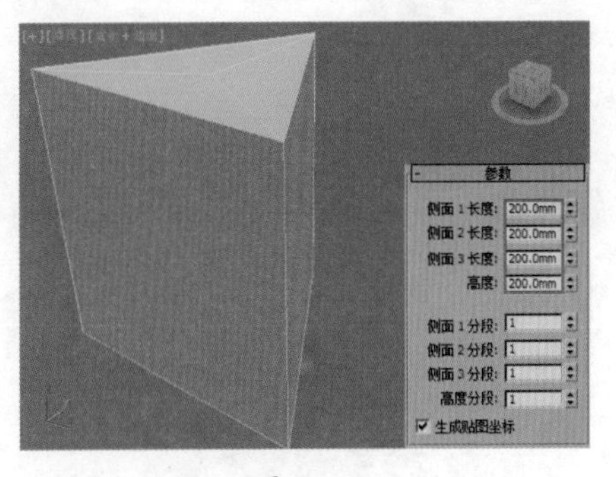

图 3–56

（11）【环形波】：可以创建出环形波状的模型，不太常用，如图 3-57 所示。

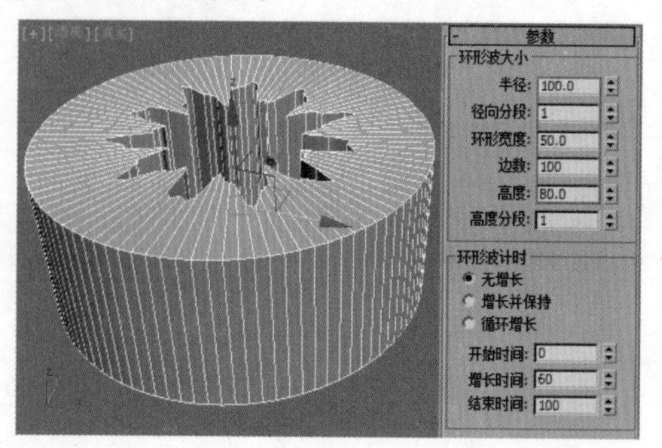

图 3–57

（12）【软管】：可以制作软管模型，如饮料吸管，如图 3-58 所示。

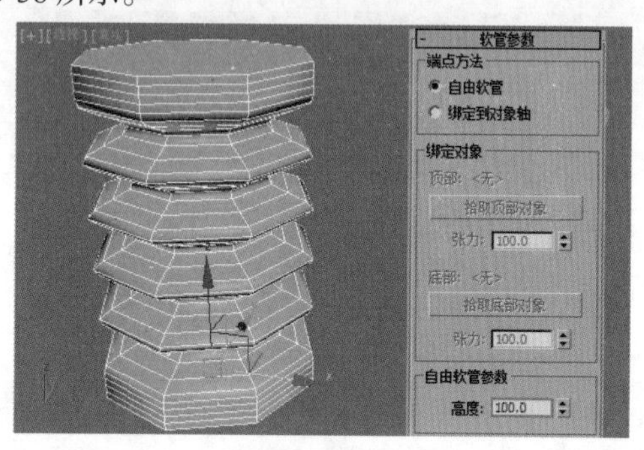

图 3–58

重点 综合案例——使用圆柱体、球体、切角圆柱体制作台灯

场景文件	无
案例文件	综合案例——使用圆柱体、球体、切角圆柱体制作台灯 .max
视频教学	多媒体教学 /Chapter03/ 综合案例——使用圆柱体、球体、切角圆柱体制作台灯 .flv
难易指数	★★☆☆☆
技术掌握	掌握【圆柱体】工具、【球体】工具和【切角圆柱体】工具及【FFD3*3*3】命令的运用

本例就来学习使用标准基本体下的【圆柱体】、【球体】和【切角圆柱体】来完成模型的制作，最终渲染和线框效果，如图 3-59 所示。

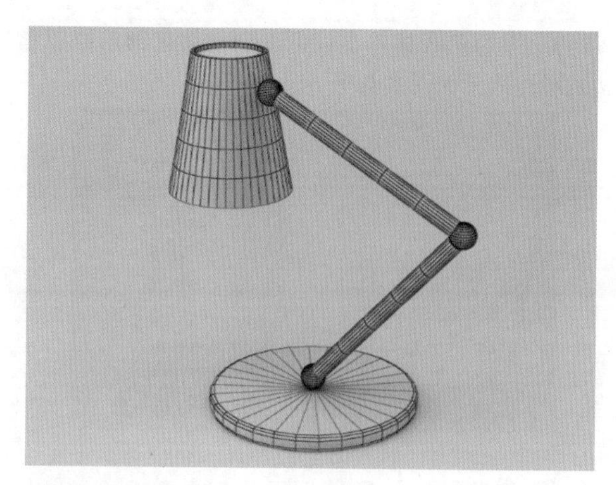

图 3–59

建模思路

01 STEP 使用圆柱体、球体和切角圆柱体制作模型

02 STEP 使用圆柱体和 FFD3*3*3 命令制作模型

台灯建模流程图，如图 3-60 所示。

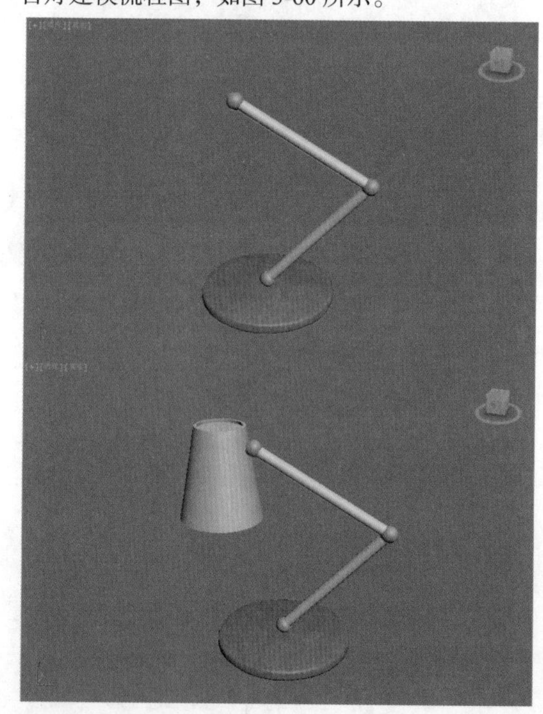

图 3–60

制作步骤

1. 使用圆柱体、球体和切角圆柱体制作模型

（1）单击 （创建）| （几何体）| 扩展基本体 | 切角圆柱体 按钮，在顶视图中拖拽并创建一个切角圆柱体，接着在【修改面板】下，设置【半径】为 50.0mm，【高度】为 8.0mm，【圆角】为 2.0mm，【圆角分段】为 2mm，【边数】为 30，如图 3-61 所示。

（2）单击 （创建）| （几何体）| 球体 按钮，在顶视图中拖拽并创建一个球体，在【修改面板】下设置【半径】为 6.0mm，【分段】为 32，如图 3-62 所示。

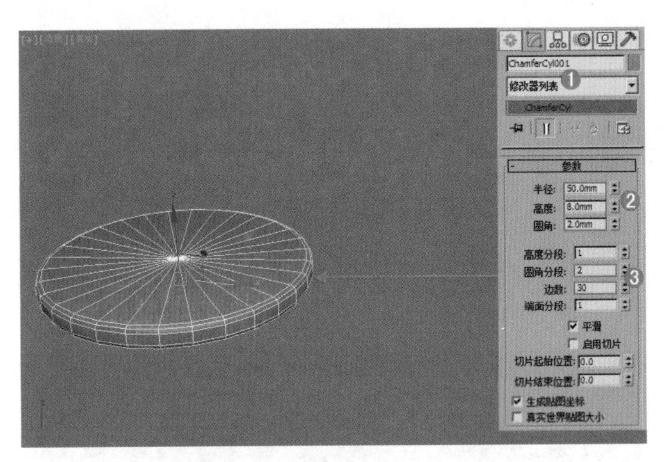

图 3–61

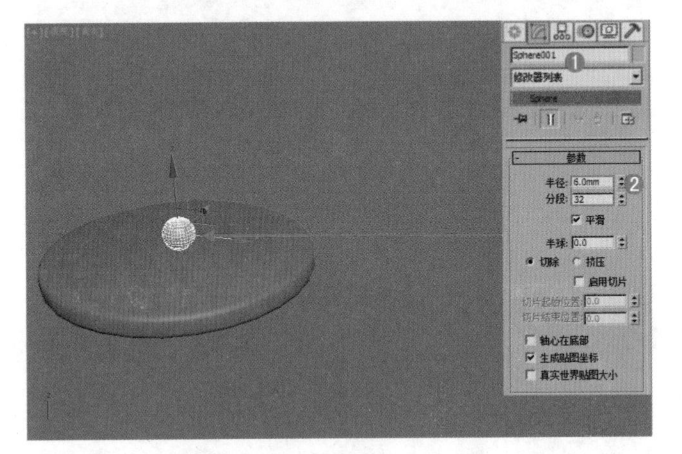

图 3–62

（3）单击 （创建）| （几何体）| 圆柱体 按钮，在顶视图中拖拽创建一个圆柱体，在【修改面板】下设置【半径】为 4.0mm，【高度】为 100.0mm，如图 3-63 所示。

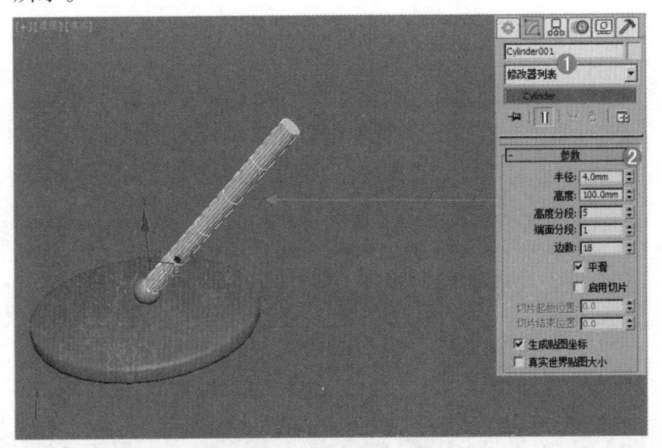

图 3–63

（4）选择已创建的球体，使用 （选择并移动）工具，按住【Shift】键进行复制，在弹出的【克隆选项】对话框中选择【复制】，此时场景效果，如图 3-64 所示。

（5）选择已创建的球体和圆柱体，使用 （选择并移动）工具，按住【Shift】键进行复制，在弹出的【克隆选项】对话框中选择【复制】，此时场景效果，如图 3-65 所示。

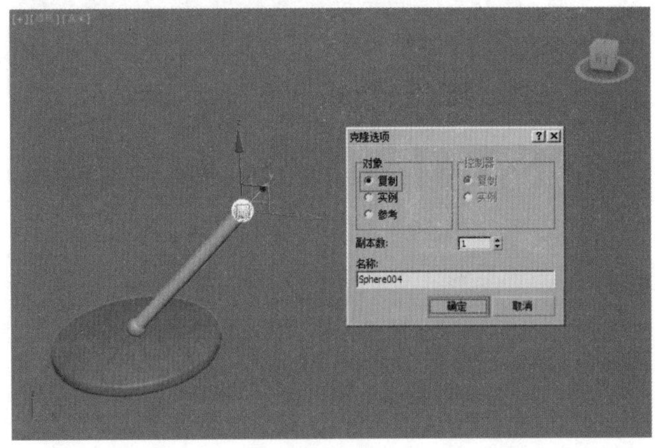

图 3–64

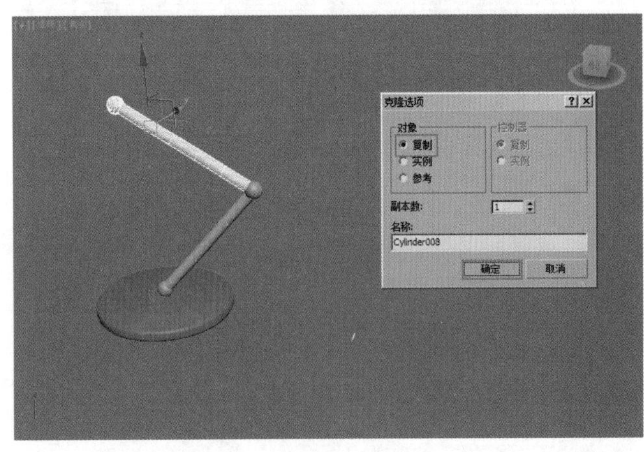

图 3–65

2. 使用圆柱体和 FFD3*3*3 命令制作模型

（1）单击 （创建）| （几何体）| 圆柱体 按钮，在顶视图中拖拽创建一个圆柱体，在【修改面板】下设置【半径】为 18.0mm，【高度】为 65.0mm，【边数】为 45，如图 3-66 所示。

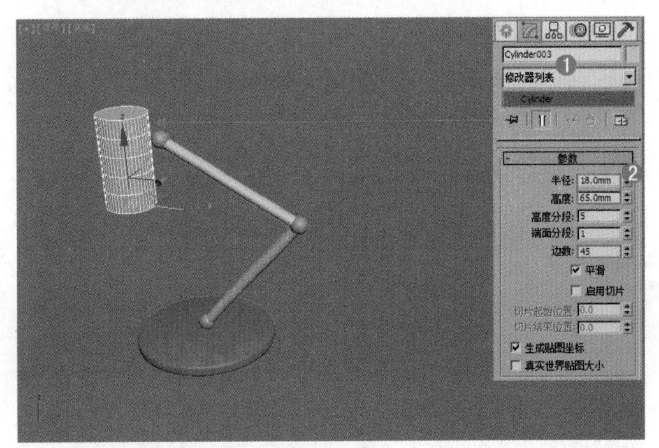

图 3–66

（2）选择上一步创建的圆柱体，单击右键，选择【转换为】/【转换为可编辑多边形】选项，如图 3-67 所示。

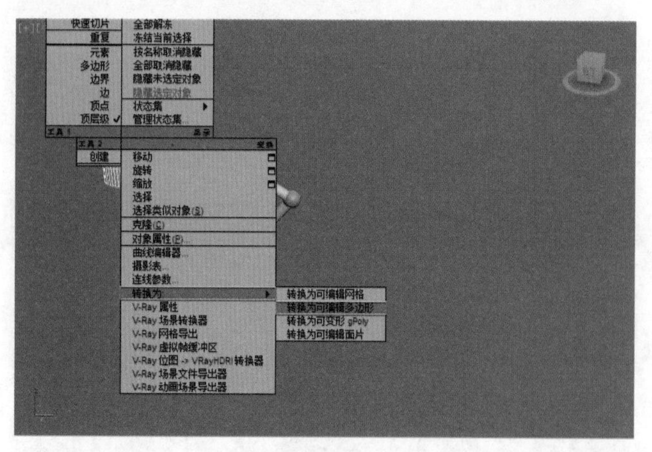

图 3–67

（3）选择圆柱体，在【修改器列表】中加载【编辑多边形】命令，进入【多边形】级别，选择如图 3-68 所示的两个多边形（需要选择与这个多边形相对的一个多边形，在图中看不到）。单击 插入 按钮后面的【设置】按钮，设置【插入类型】为按多边形，【数量】为 2mm，如图 3-69 所示。

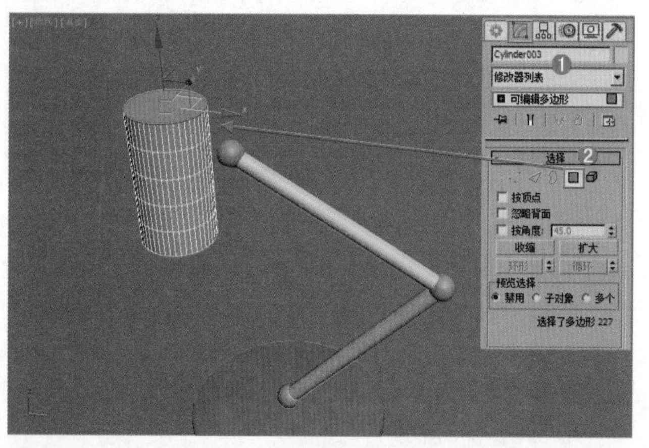

图 3–68

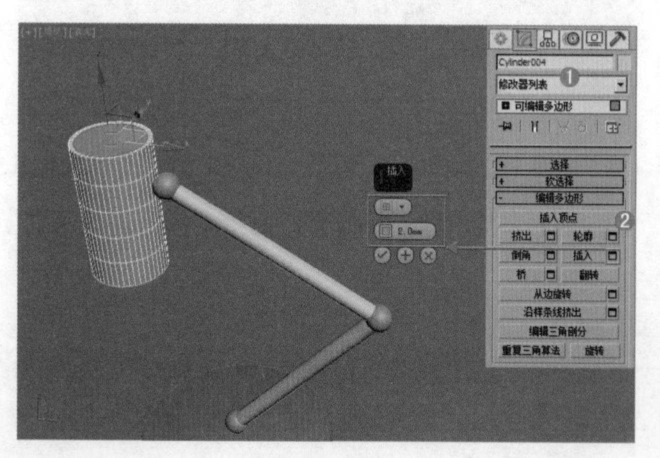

图 3–69

（4）进入【多边形】级别，在透视图中选择如图 3-70 所示的多边形，单击 挤出 按钮后面的【设置】按钮，设置【高度】为 – 2mm，如图 3-71 所示。

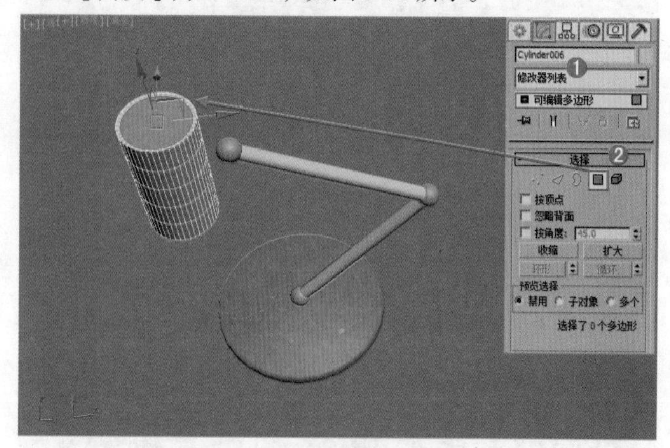

图 3–70

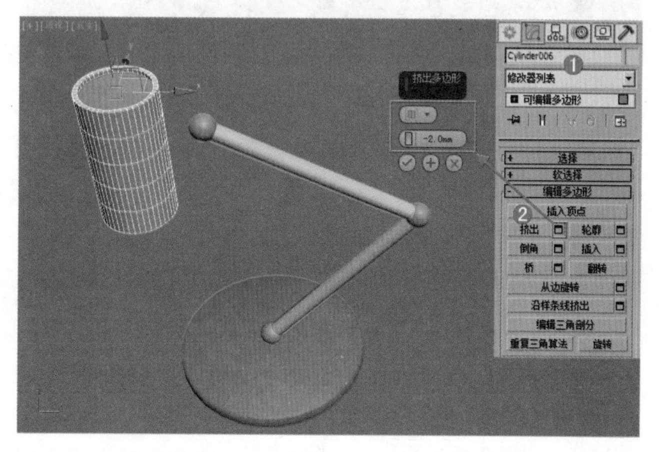

图 3–71

（5）进入【多边形】级别，在透视图中选择如图 3-72 所示的多边形，单击 挤出 按钮后面的【设置】按钮，设置【高度】为 – 60mm，如图 3-73 所示。

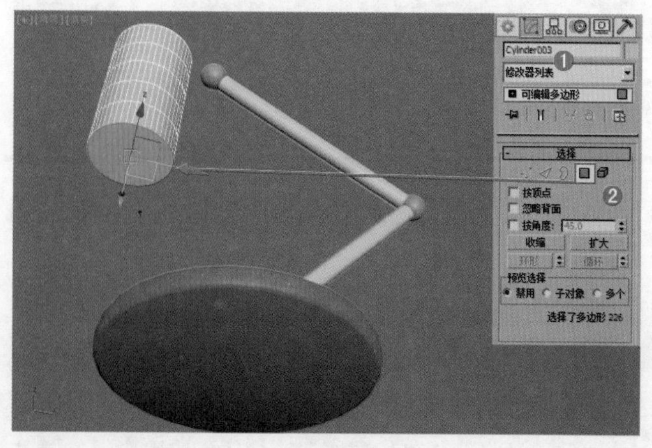

图 3–72

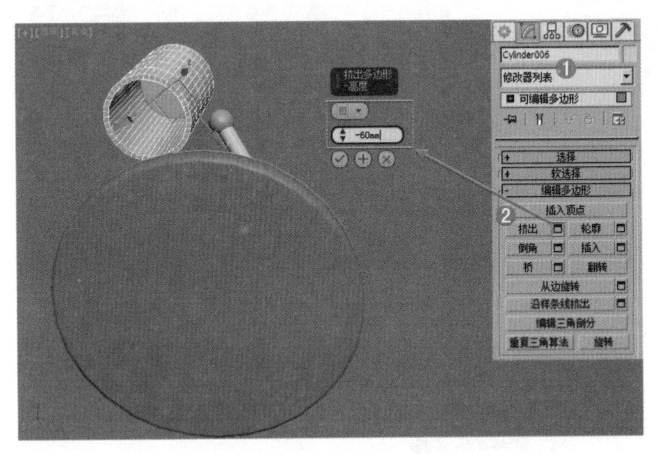

图 3-73

（6）选择上一步的模型，并在【修改器列表】中加载【FFD3*3*3】命令修改器，进入【控制点】级别，使用【选择并移动】工具，调节控制点的位置，如图 3-74 所示。

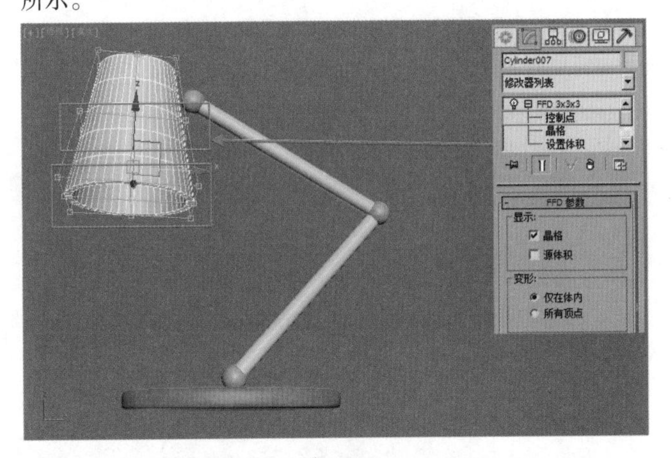

图 3-74

（7）模型最终效果如图 3-75 所示。

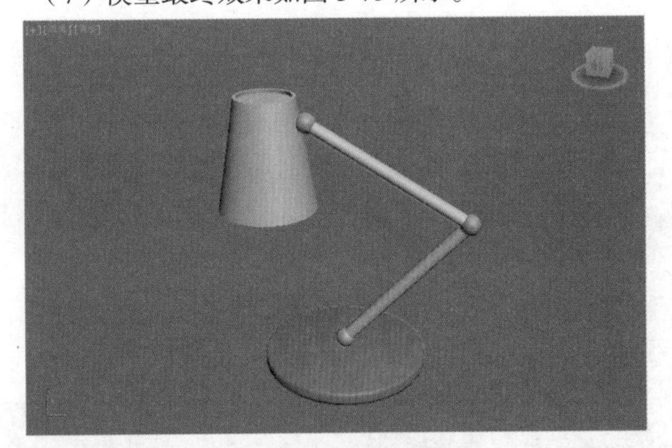

图 3-75

3.4　创建复合对象

【复合对象】是一种特殊的建模方式，属于几何体建模，可以快速的制作出特殊的复杂模型，当然这种建模方式并不适合所有的模型。【复合对象】包含 12 种类型，分别是【变形】、【散布】、【一致】、【连接】、【水滴网格】、【图形合并】、【布尔】、【地形】、【放样】、【网格化】、【ProBoolean】和【ProCutter】，如图 3-76 所示。

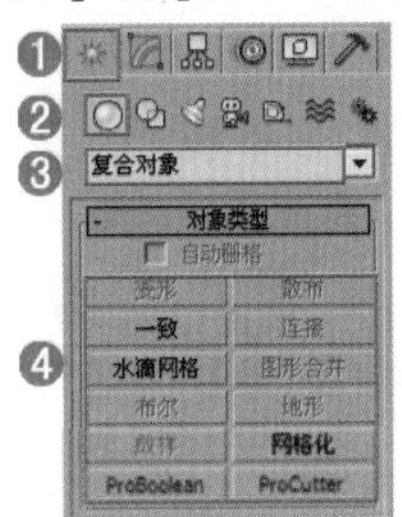

图 3-76

- 变形：可以通过两个或多个物体间的形状来制作动画。
- 一致：可以将一个物体的顶点投射到另一个物体上，使被投射的物体产生变形。
- 水滴网格：是一种实体球，它将近距离的水滴网格融合到一起，用来模拟液体。
- 布尔：运用布尔运算方法对物体进行运算。
- 放样：可以将二维的图形转化为三维物体。
- 散布：可以将对象散布在对象的表面，也可以将对象散布在指定的物体上。
- 连接：可以将两个物体连接成一个物体，同时也可以通过参数来控制这个物体的形状。
- 图形合并：可以将二维造型融合到三维网格物体上，还可以通过不同的参数来切掉三维网格物体的内部或外部对象。
- 地形：可以将一个或多个二维图形变成一个平面。
- 网格化：一般情况下都配合粒子系统一起使用。
- ProBoolean：可以将大量功能添加到传统的 3ds Max 布尔对象中。
- ProCutter：可以执行特殊的布尔运算，主要目的是分裂或细分体积。

3.4.1　图形合并

【图形合并】工具可以将图形快速的添加到三维模型表面。其参数设置面板，如图 3-77 所示。

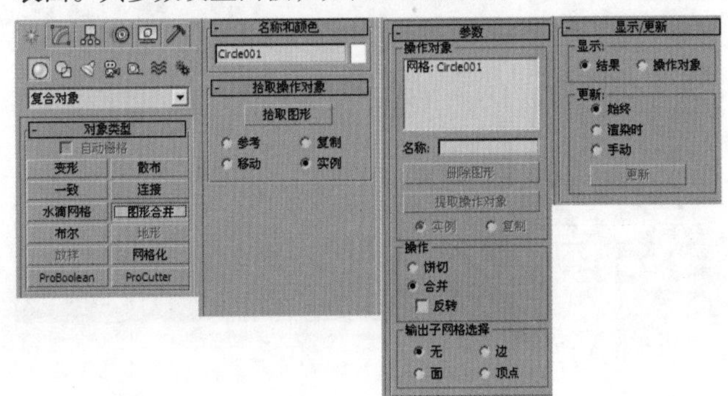

图 3-77

- 拾取图形：单击该按钮，然后单击要嵌入网格对象中的图形。

- 参考 / 复制 / 移动 / 实例：指定如何将图形传输到复合对象中。
- 【操作对象】列表：在复合对象中列出所有操作对象。
- 删除图形：从复合对象中删除选中图形。
- 提取操作对象：提取选中操作对象的副本或实例。在列表窗中选择操作对象使此按钮可用。
- 实例 / 复制：指定如何提取操作对象。可以作为实例或副本进行提取。
- 饼切：切去网格对象曲面外部的图形。
- 合并：将图形与网格对象曲面合并。
- 反转：反转【饼切】或【合并】效果。
- 更新：当选中除【始终】之外的任一选项时更新显示。

试一下：图形合并的简单用法

（1）创建图形和球体，并选择图形，如图 3-78 所示。

图 3–78

（2）单击【创建 / 几何体 / 复合对象 / 图形合并 / 拾取图形】，单击球体，如图 3-79 所示。

（3）最终得到了模型。模型表面带有刚才的图形结构线，如图 3-80 所示。

图 3–79

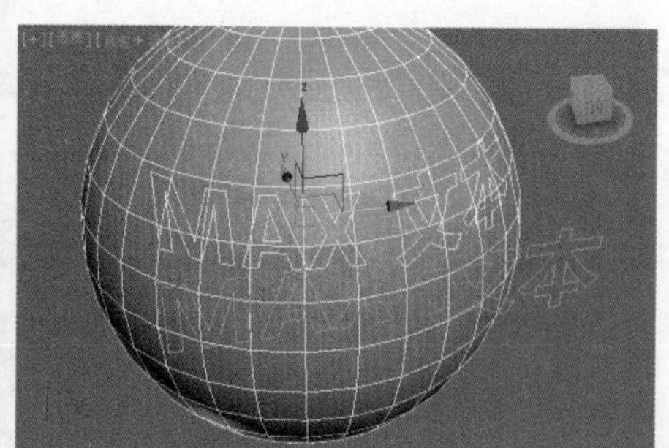

图 3–80

3.4.2 布尔

【布尔】通过对两个以上的物体进行并集、差集、交集运算，从而得到新的模型效果。布尔提供了 5 种运算方式，分别是【并集】、【交集】、【差集（A-B）】、【差集（B-A）】和【切割】。其参数设置面板，如图 3-81 所示。

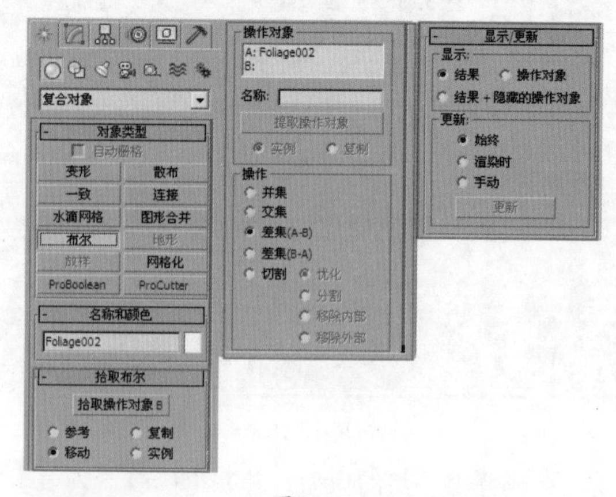

图 3–81

试一下：布尔工具制作的不同模型效果

（1）比如创建一个球体，一个长方体，如图 3-82 所示。

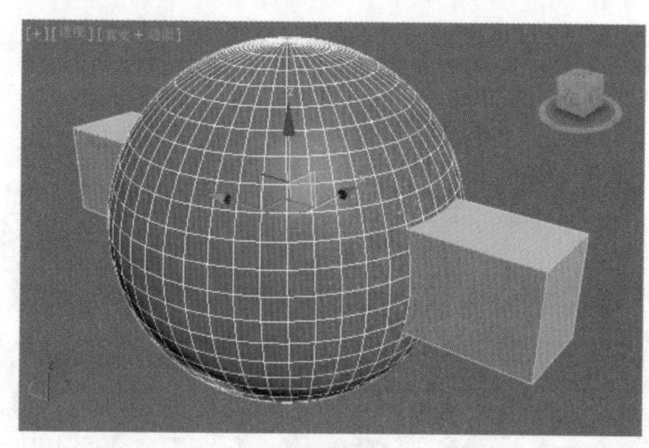

图 3–82

（2）要考虑先选择哪个模型，比如先选择球体。执行【创建 / 几何体 / 复合对象 / 布尔 / 拾取操作对象 B】，并选择【差集（A-B）】，单击长方体，如图 3-83 所示。此时出现的模型效果，如图 3-84 所示。

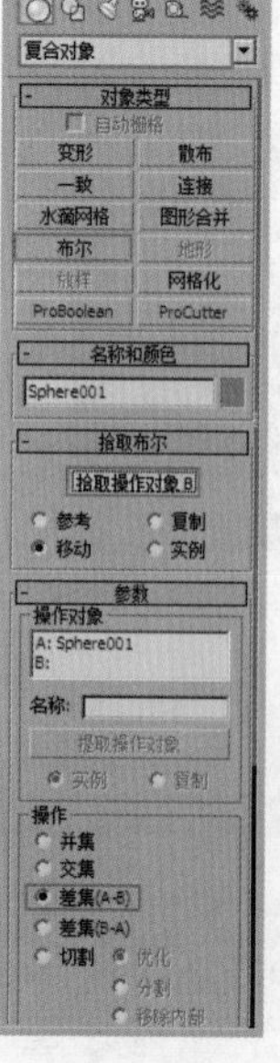

图 3–83

图 3–84

（3）如果选择【并集】，如图 3-85 所示。最终的模型效果，如图 3-86 所示。

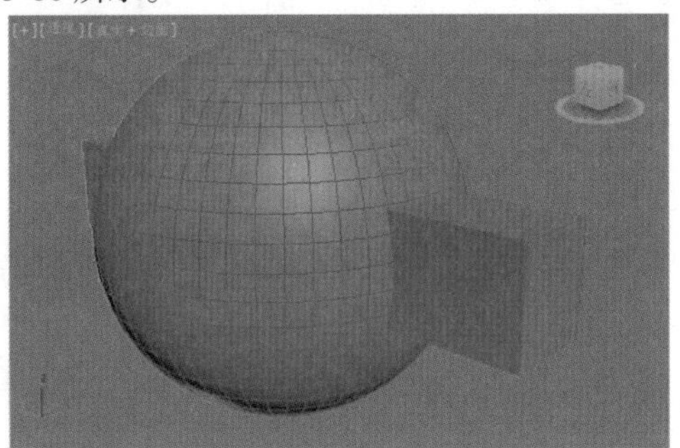

图 3–85　　　　图 3–86

（4）如果选择【交集】，如图 3-87 所示。最终的模型效果，如图 3-88 所示。

图 3–87　　　　图 3–88

（5）如果选择【差集（B-A）】，如图 3-89 所示。最终的模型效果，如图 3-90 所示。

图 3–89　　　　图 3–90

重点 进阶案例——使用布尔运算制作蔬菜刨丝器

场景文件	无
案例文件	进阶案例——使用布尔运算制作蔬菜刨丝器 .max
视频教学	多媒体教学 /Chapter03/ 进阶案例——使用布尔运算制作蔬菜刨丝器 .flv
难易指数	★★☆☆☆
技术掌握	掌握【布尔】运算的应用

本例就来学习使用样条线下的【线】、标准基本体下的【圆柱体】和复合对象下的【布尔】运算来完成模型的制作，最终渲染和线框效果，如图 3-91 所示。

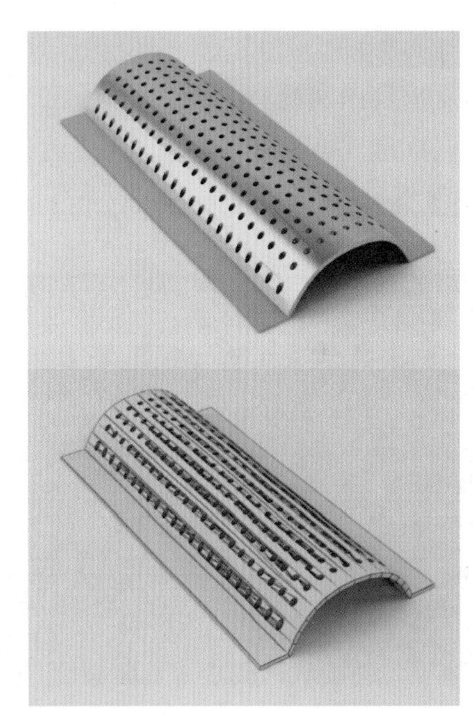

图 3–91

建模思路

01 STEP 使用线制作模型

02 STEP 使用圆柱体和布尔运算制作模型

蔬菜刨丝器建模流程图如图 3-92 所示。

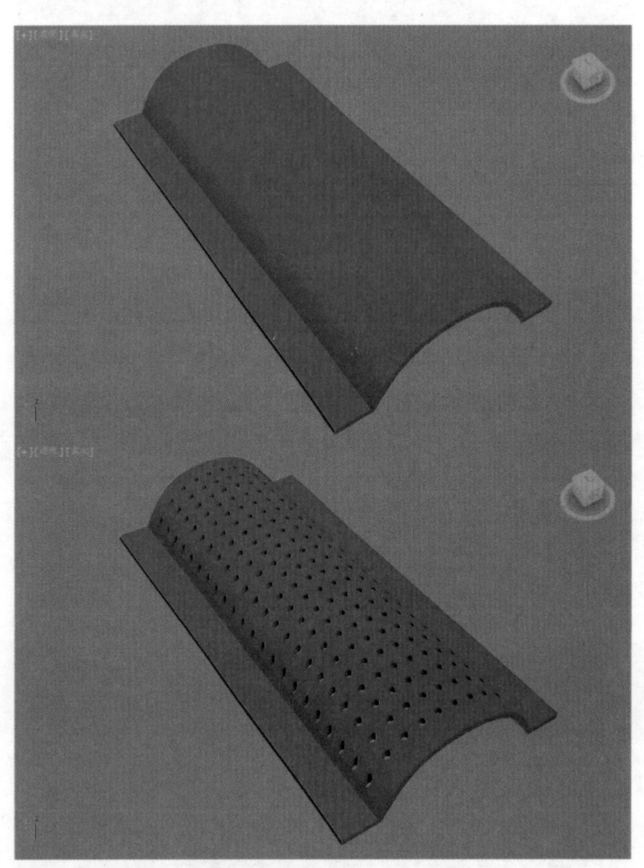

图 3–92

制作步骤

1. 使用线制作模型

（1）单击 （创建）|（图形）| 线 按钮，在前视图中绘制出如图 3-93 所示的样条线。

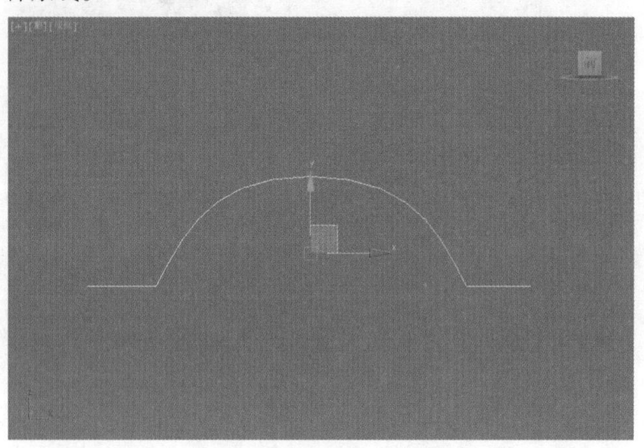

图 3-93

（2）选择绘制出的图形，在【修改面板】下加载【挤出】命令修改器，设置【数量】为 400.0mm，如图 3-94 所示。

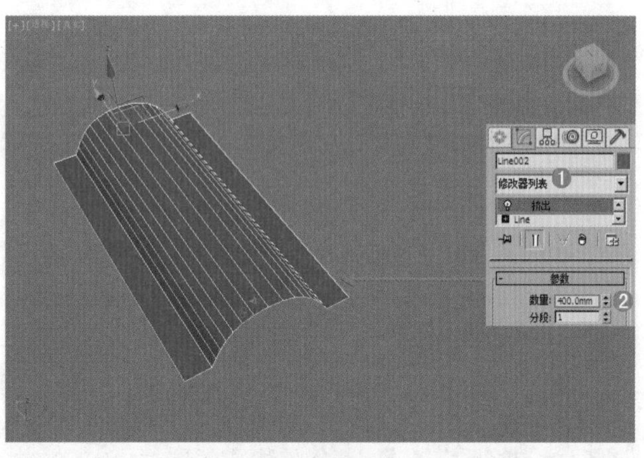

图 3-94

（3）在【修改面板】下加载【壳】命令修改器，设置【内部量】为 3.0mm，外部量为 2.0mm，如图 3-95 所示。

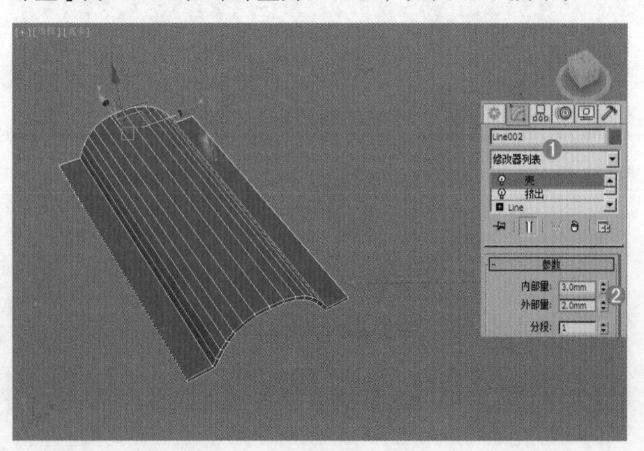

图 3-95

2. 使用圆柱体和布尔运算制作模型

（1）单击 （创建）|（几何体）| 圆柱体 按钮，在顶视图中拖拽创建一个圆柱体，在【修改面板】下设置【半径】为 3.0mm，【高度】为 50.0mm，如图 3-96 所示。

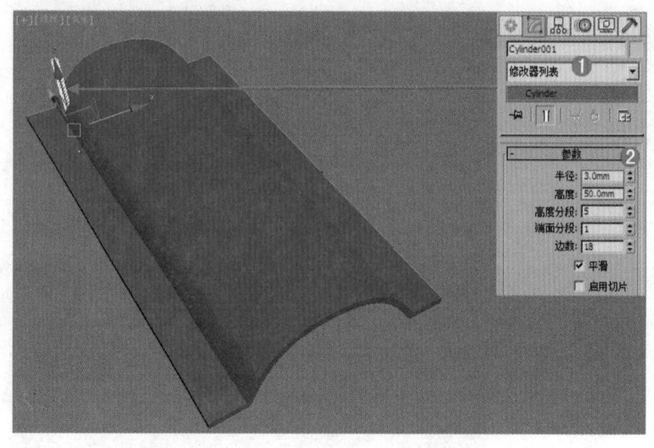

图 3-96

（2）选择上一步中的圆柱体，使用 （选择并移动）工具，按住【Shift】键进行复制，在弹出的【克隆选项】对话框中选择【复制】，设置【副本数】为 21，此时场景效果如图 3-97 所示。

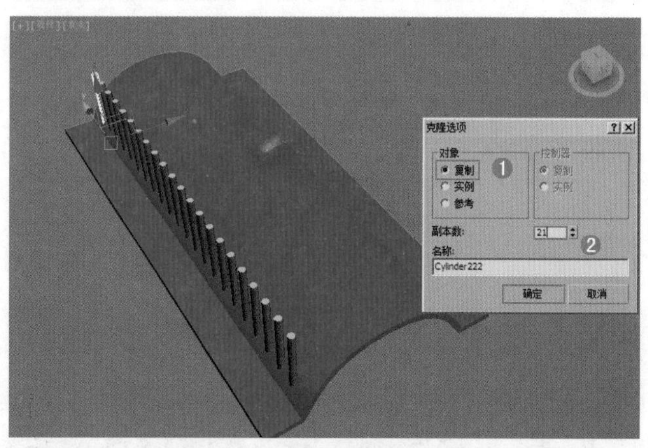

图 3-97

（3）选择所有圆柱体，使用 （选择并移动）工具，按住【Shift】键进行复制，在弹出的【克隆选项】对话框中选择【复制】，设置【副本数】为 9，此时场景效果如图 3-98 所示。

（4）选择所有圆柱体，在 【实用程序】面板下单击【塌陷】，展开【塌陷】卷展栏，单击【塌陷选定对象】，使所有的圆柱体成为一个整体，如图 3-99 所示。

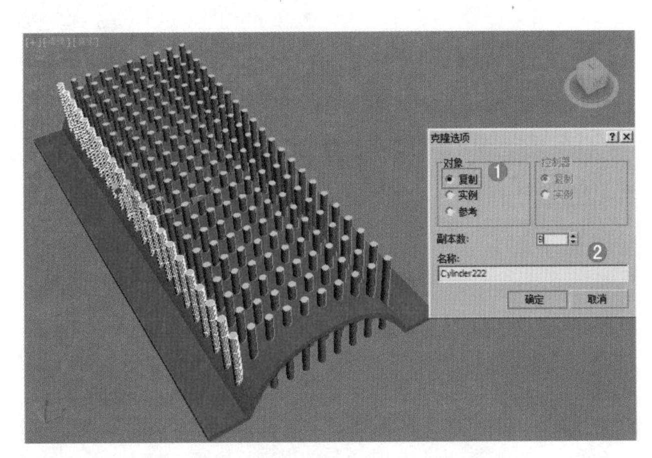

图 3–98

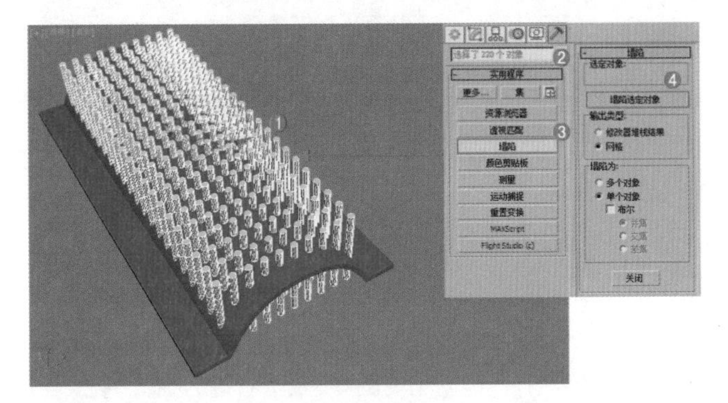

图 3–99

求生秘籍 —— 技巧提示：塌陷的目的

这个步骤非常关键，选择很多个独立的模型，执行【塌陷】命令，可以将所有选择的模型变为一个整体，这样后面执行【布尔】时就非常方便了。

（5）选择蔬菜刨丝器模型，单击 （创建）| （几何体）|【复合对象】|【布尔】按钮，选择【差集（A-B）】选项，单击 拾取操作对象 B 按钮，单击圆柱体，如图 3-100 所示。

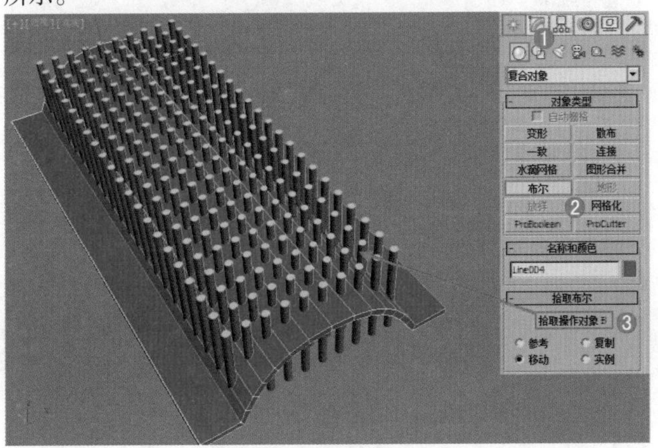

图 3–100

（6）执行【布尔】运算后的效果及最终建模效果，如图 3-101 所示。

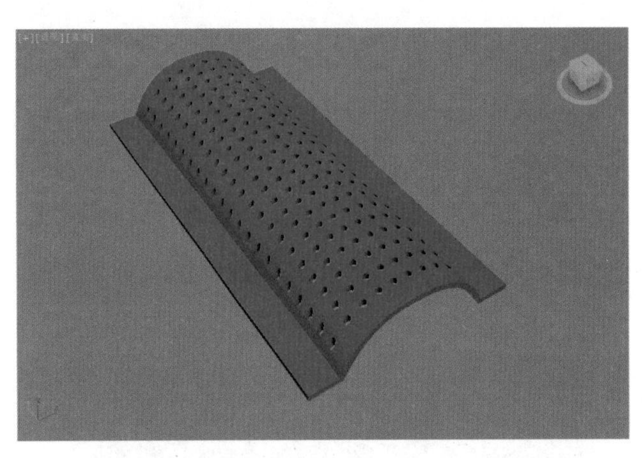

图 3–101

3.4.3　散布

【散布】可以将一个物体以一定的规则分布于另外一个物体表面。可以用来制作很多模型，比如花环、地毯边缘、漫山遍野的花朵等。图 3-102 所示为参数设置面板。

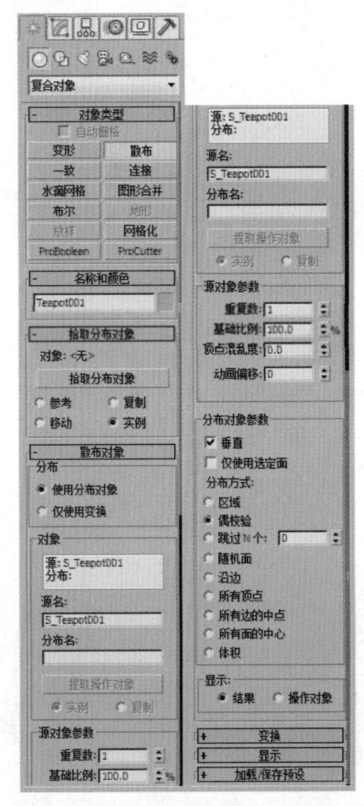

图 3–102

进阶案例 —— 使用散布制作花环

场景文件	无
案例文件	进阶案例 —— 使用散布制作花环 .max
视频教学	多媒体教学 /Chapter03/ 进阶案例 —— 使用散布制作花环 .flv
难易指数	★★☆☆☆
技术掌握	掌握【圆环】、【平面】和【散布】工具及【可编辑多边形】和【FFD3*3*3】命令的运用

本例就来学习使用标准基本体下的【圆环】工具、【平面】工具、复合对象下的【散布】工具、修改面板下【可

编辑多边形】和【FFD3*3*3】命令来完成模型的制作，最终渲染和线框效果如图 3-103 所示。

图 3-103

建模思路

01 使用圆环、可编辑多边形制作花环模型

02 使用平面、FFD3*3*3、散布制作花环模型

花环建模流程图，如图 3-104 所示。

图 3-104

制作步骤

1. 使用圆环、可编辑多边形制作花环模型

（1）单击 （创建）| （几何体）| 圆环 按钮，在前视图中拖拽并创建一个圆环，在【修改面板】下设置【半径 1】为 110.0mm，【半径 2】为 25.0mm，【分段】为 55，【边数】为 30，如图 3-105 所示。

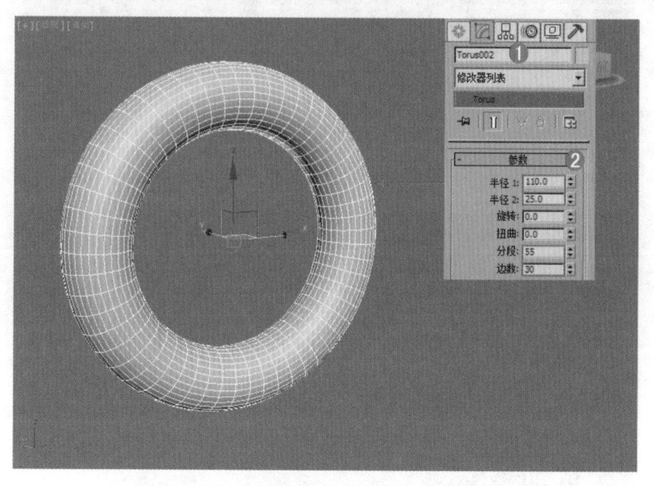

图 3-105

（2）选择上一步创建的圆环，单击右键，选择【转换为】/【转换为可编辑多边形】选项，如图 3-106 所示。

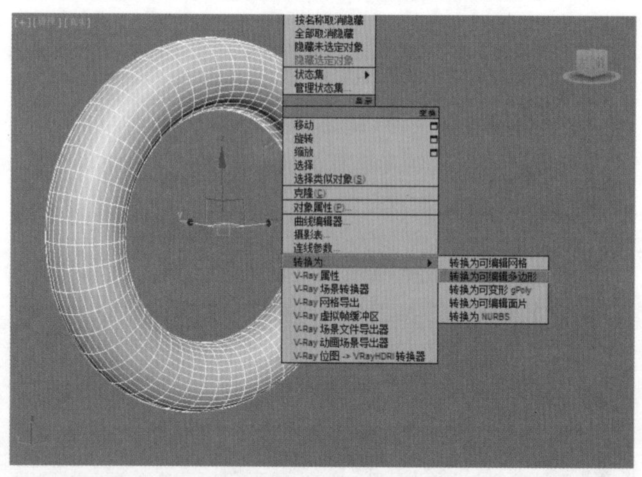

图 3-106

（3）选择圆环，在修改面板下，进入【边】 级别，选择如图 3-107 所示的边。展开【编辑边】卷展栏，单击【利用所选内容创建图形】，在弹出的对话框中选择【平滑】，单击【确定】按钮，如图 3-108 所示。

（4）单击圆环向后移动，并删除，如图 3-109 所示。单击创建后的图形，进入修改面板，展开【渲染】卷展栏，勾选【在渲染中启用】和【在视口中启用】选项，并勾选【径向】选项，设置【厚度】为 1.0mm，【边】为 9，创建后的图形，如图 3-110 所示。

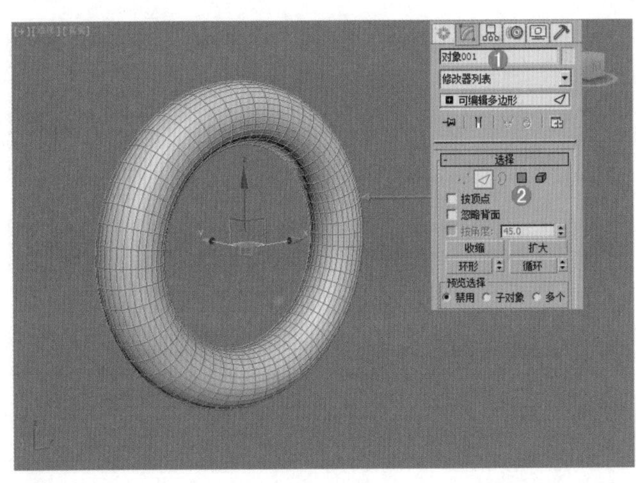

图 3-107

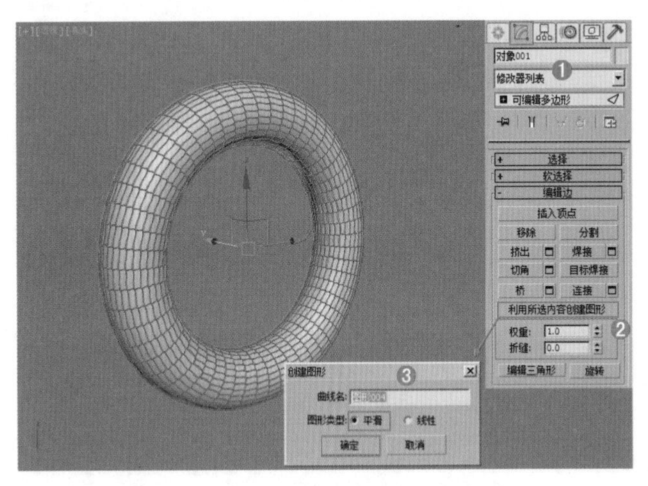

图 3-108

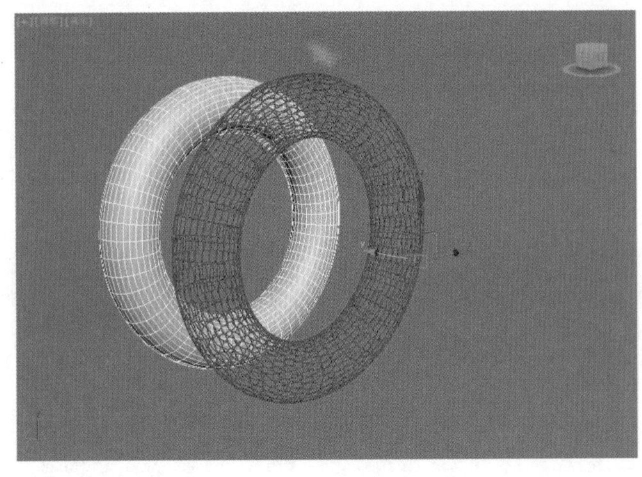

图 3-109

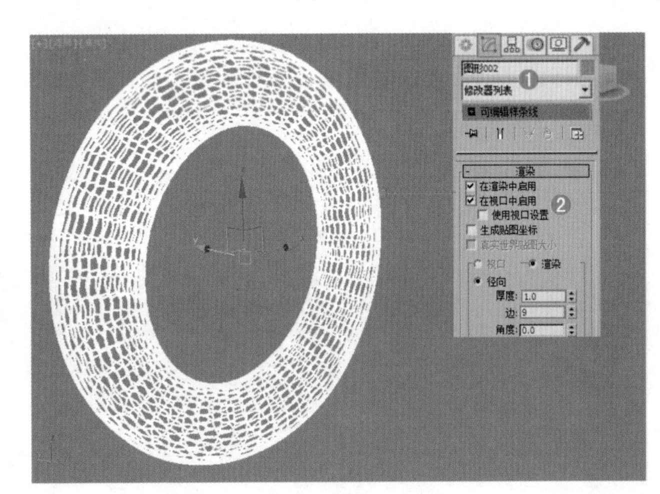

图 3-110

2. 使用平面、FFD3*3*3、散步制作花环模型

（1）单击 （创建）| （几何体）| 平面 按钮，在顶视图中拖拽并创建一个平面，在【修改面板】下设置【长度】为 15.0mm，【宽度】为 16.0mm，【长度分段】为 8，【宽度分段】为 8，如图 3-111 所示。

（2）选择上一步的模型，并在【修改器列表】中加载【FFD3*3*3】命令修改器，进入【控制点】级别，使用【选择并移动】工具 ，在顶视图调节控制点的位置，如图 3-112 和图 3-113 所示。

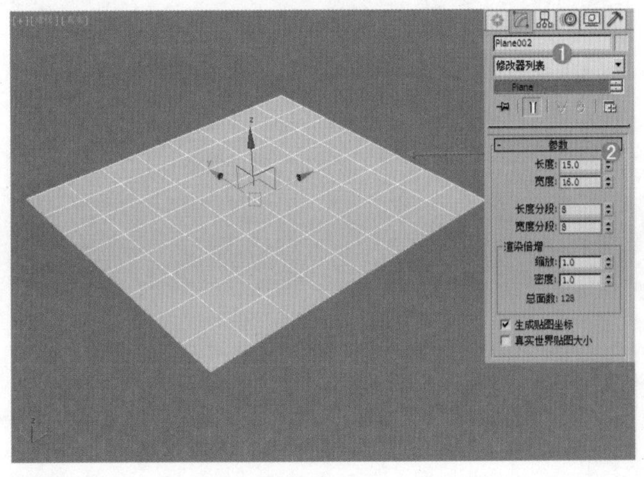

图 3-111

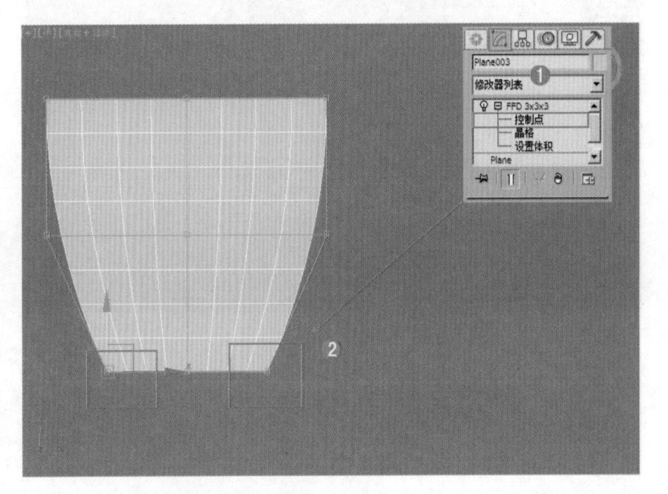

图 3-112

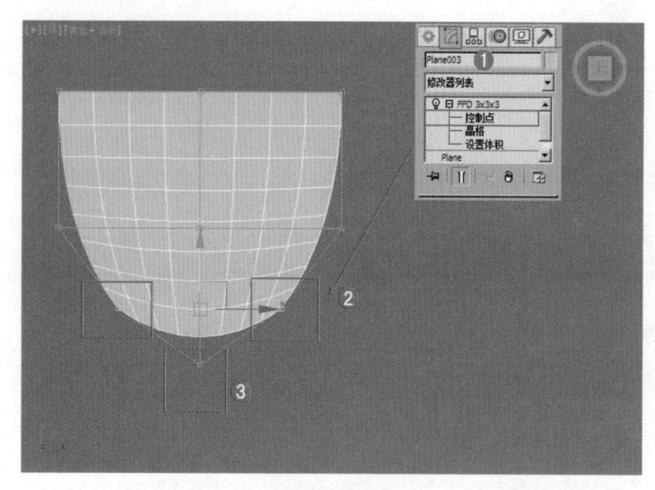

图 3–113

（3）使用【选择并移动】工具，在顶视图调节控制点的位置，如图 3-114 所示。在前视图调节控制点的位置，如图 3-115 所示。

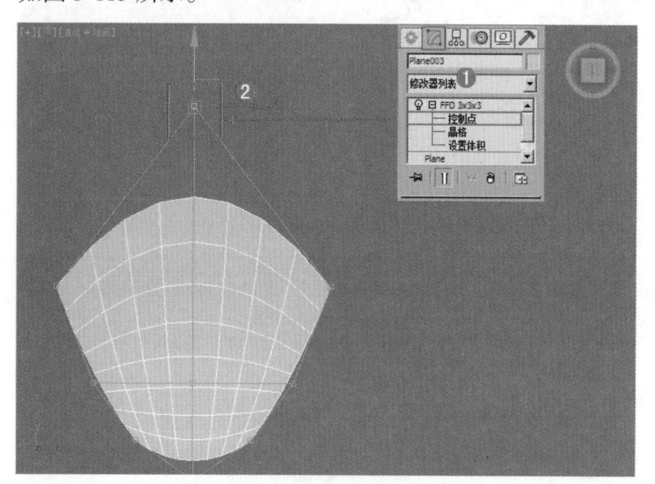

图 3–114

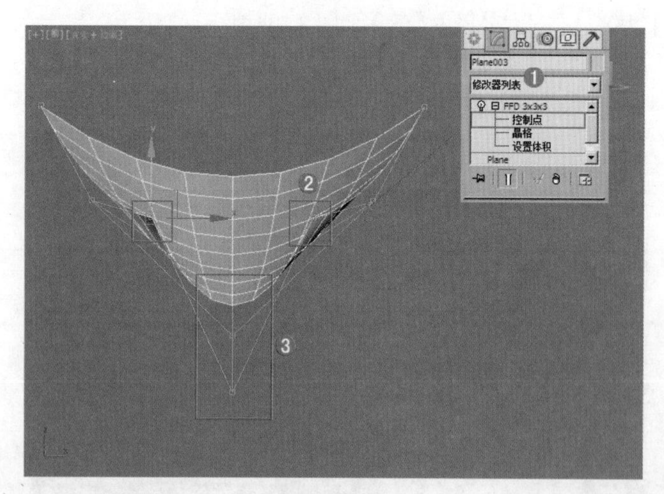

图 3–115

（4）使用【选择并移动】工具，在透视图调节控制点的位置，如图 3-116 所示。最终花瓣效果如图 3-117 所示。

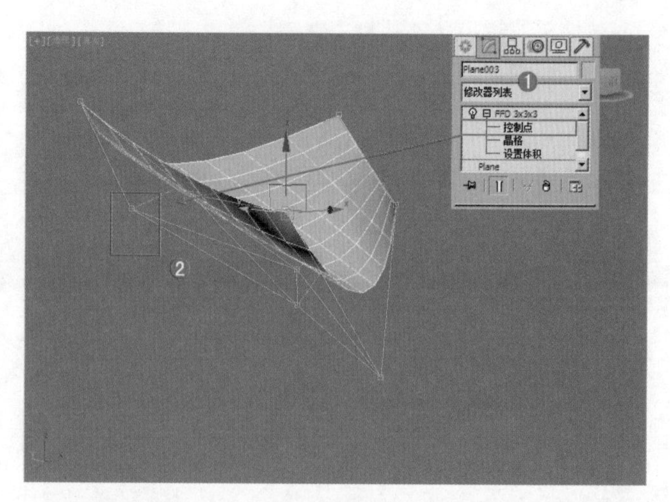

图 3–116

图 3–117

（5）选择上一步创建的模型，单击（创建）|（几何体）| 复合对象 | 散布按钮，单击拾取分布对象下的【拾取分布对象】，拾取已创建的【圆环】模型，在散布对象下设置【重复数】为 720，如图 3-118 所示。最终花环效果如图 3-119 所示。

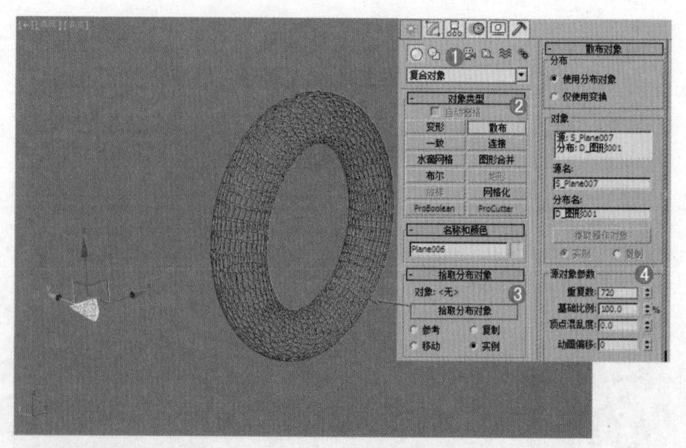

图 3–118

图 3-119

3.4.4　放样

【放样】工具非常强大，可以使用 2 条样条线，快速制作出三维的模型效果。原理很简单，可以理解为使用顶视图、剖面图可以制作出三维模型。【放样】是一种特殊的建模方法，能快速地创建出多种模型，如画框、石膏线、顶棚、踢脚线等，如图 3-120 所示。其参数设置面板，如图 3-121 所示。

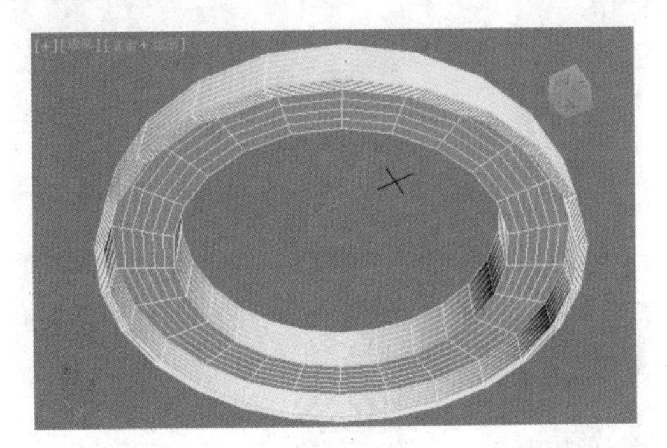

图 3-120

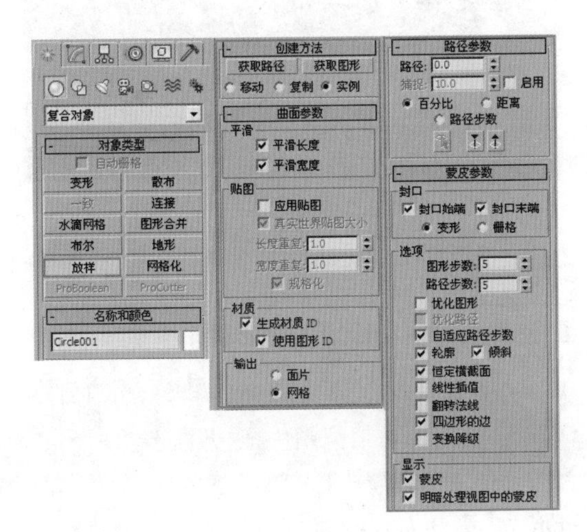

图 3-121

FAQ 常见问题解答：为什么创建的放样物体感觉不太对？

使用 2 条线可以快速制作出放样的物体，但是制作出来以后可能会发现模型不太正确，此时可以选择放样后的模型，并单击修改，选择【图形】级别，并选择模型的【图形】，如图 3-122 所示。

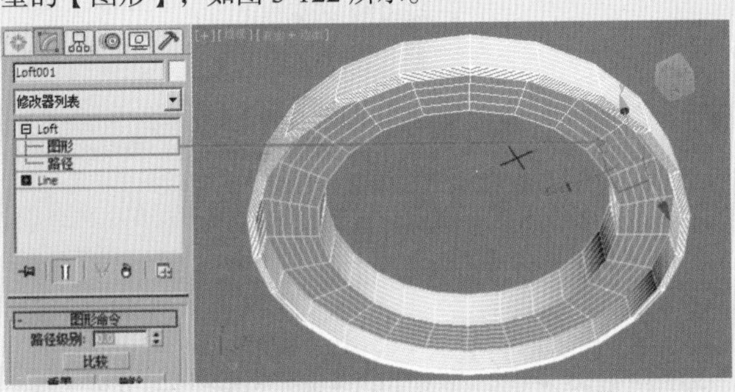

图 3-122

使用【选择并旋转】工具，打开【角度捕捉切换】工具，并进行合理的旋转，即可得到自己需要的模型，如图 3-123 所示。

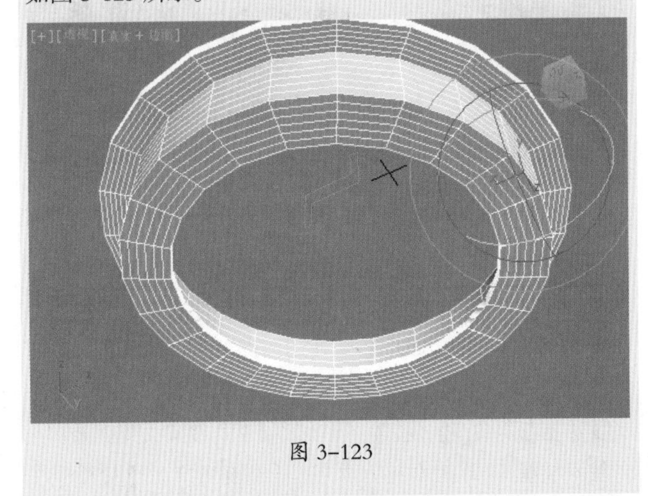

图 3-123

试一下：使用 2 条线进行放样

（1）创建 1 条曲线和 1 条闭合线，如图 3-124 所示。

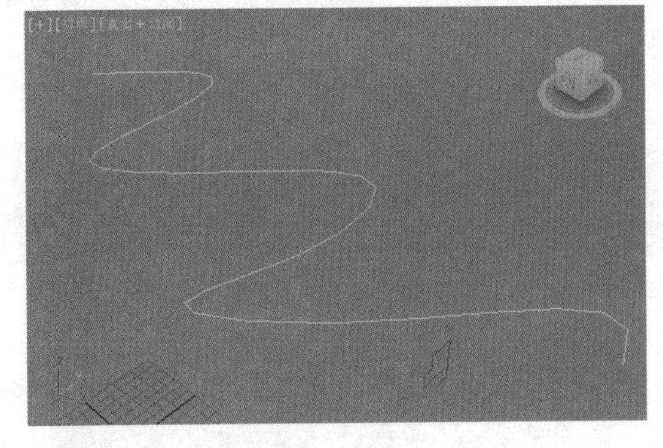

图 3-124

（2）选择曲线，并执行【创建 / 几何体 / 复合对象 / 放样 / 获取图形】，再单击闭合线，如图 3-125 所示。

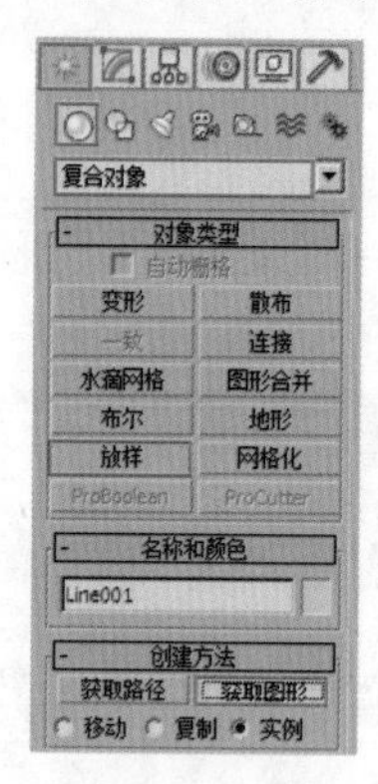

图 3-125

（3）最终得到了三维的模型，如图 3-126 所示。

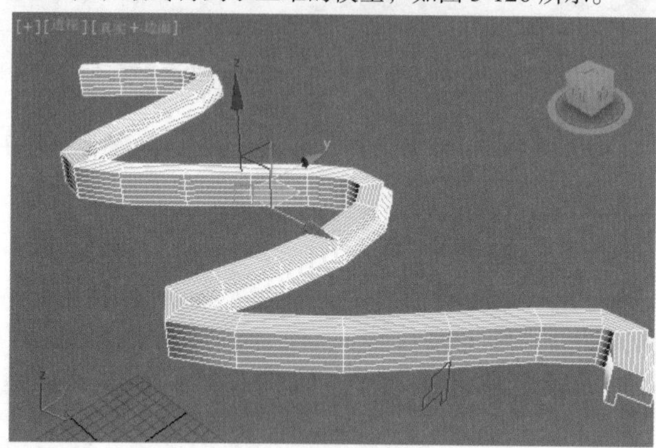

图 3-126

重点 进阶案例 —— 使用放样制作石膏线顶棚

场景文件	无
案例文件	进阶案例 —— 使用放样制作石膏线顶棚 .max
视频教学	多媒体教学 /Chapter03/ 进阶案例 —— 使用放样制作石膏线顶棚 .flv
难易指数	★★☆☆☆
技术掌握	掌握【长方体】、【样条线】、【放样】工具和【编辑多边形】命令的运用

本例就来学习标准基本体下的【长方体】、【样条线】工具、复合对象下的【放样】工具和修改面板下的【编辑多边形】命令来完成模型的制作，最终渲染和线框效果如图 3-127 所示。

图 3-127

建模思路

01 STEP 使用长方体和编辑多边形制作模型

02 STEP 使用样条线和放样工具制作模型

石膏线顶棚建模流程图如图 3-128 所示。

图 3-128

制作步骤

1. 使用长方体和编辑多边形制作模型

（1）单击 （创建）| （几何体）| 长方体 按钮，在顶视图中拖拽并创建一个长方体，在【修改面板】下设置【长度】为 520.0mm，【宽度】为 430.0mm，【高度】为 420.0mm，如图 3-129 所示。

（2）选择长方体，并在【修改器列表】中加载【编辑多边形】命令，进入【多边形】 级别，选择如图 3-130 所示的多边形。按【Delete】键删除选择的多边形，如图 3-131 所示。

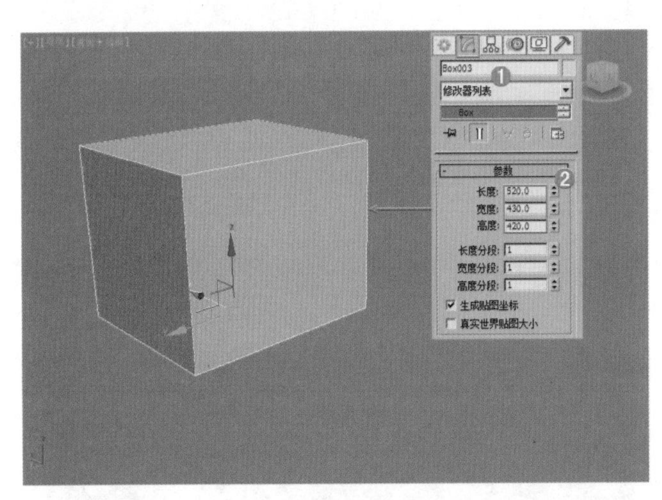
图 3-129

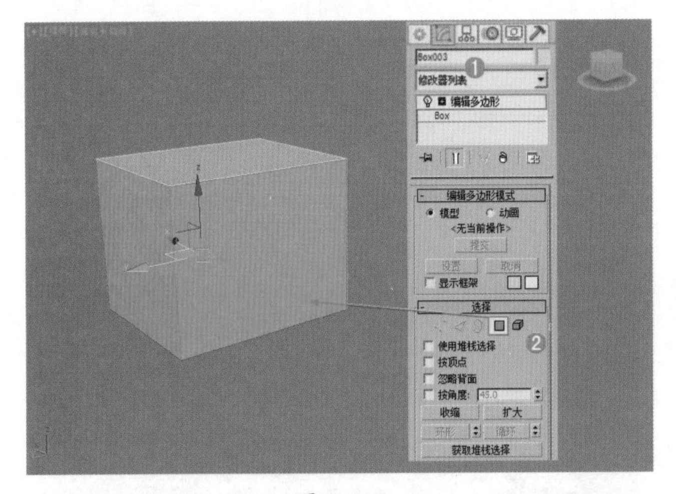
图 3-130

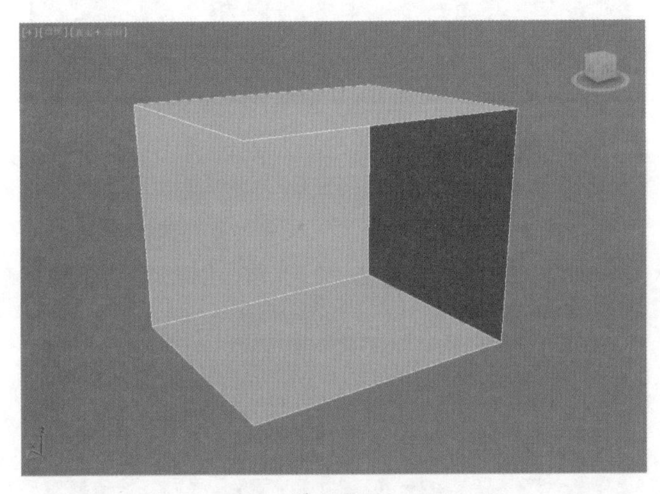
图 3-131

（3）单击 （创建）| （几何体）| 长方体 按钮，在顶视图中拖拽并创建一个长方体，在【修改面板】下设置【长度】为520.0mm，【宽度】为430.0mm，【高度】为39.0mm，如图3-132所示。

（4）选择长方体，并在【修改器列表】中加载【编辑多边形】命令，进入【多边形】 级别，选择如图3-133所示的多边形。单击 插入 按钮后面的【设置】按钮，并设置【插入类型】为【按多边形】，【数量】为90.0，如图3-134所示。

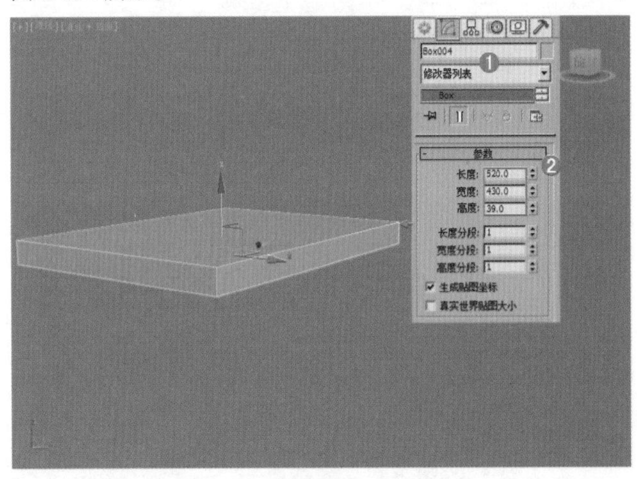
图 3-132

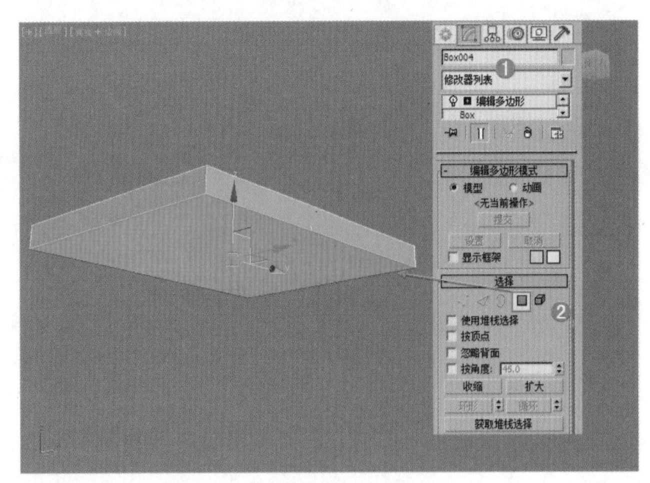
图 3-133

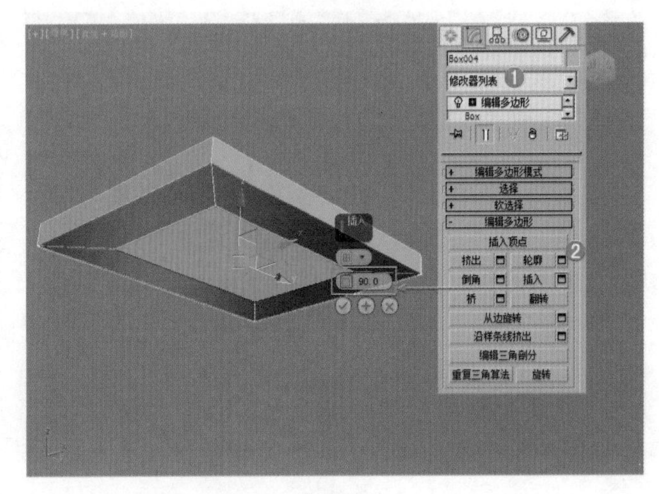
图 3-134

（5）进入【多边形】 级别，在透视图中选择如图3-135所示的多边形，单击 挤出 按钮后面的【设置】

按钮，并设置【高度】为 – 23mm，如图 3-136 所示。

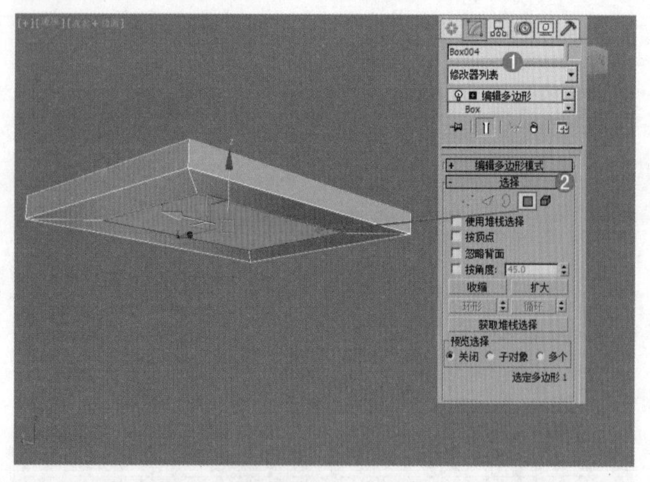

图 3–135

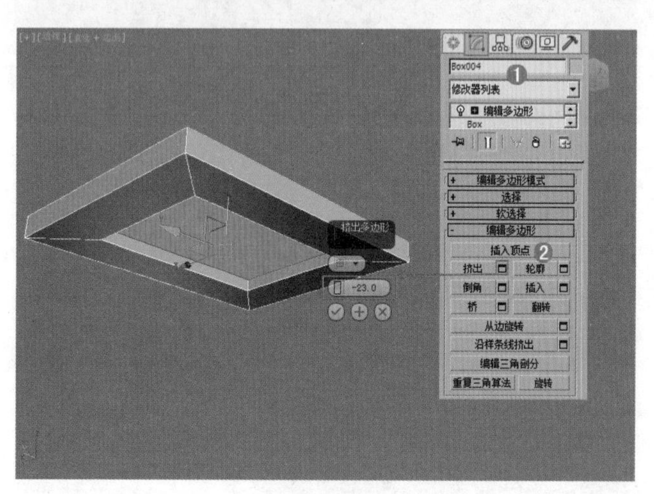

图 3–136

（6）将上一步制作的模型移动到如图 3-137 所示的位置。

图 3–137

2. 使用样条线和放样工具制作模型

（1）单击 （创建）| （图形）| 样条线 | 线 按钮，在顶视图中绘制一条样条线，如图 3-138 所示。

图 3–138

（2）单击 （创建）| （图形）| 样条线 | 线 按钮，在前视图中绘制图形，如图 3-139 所示。

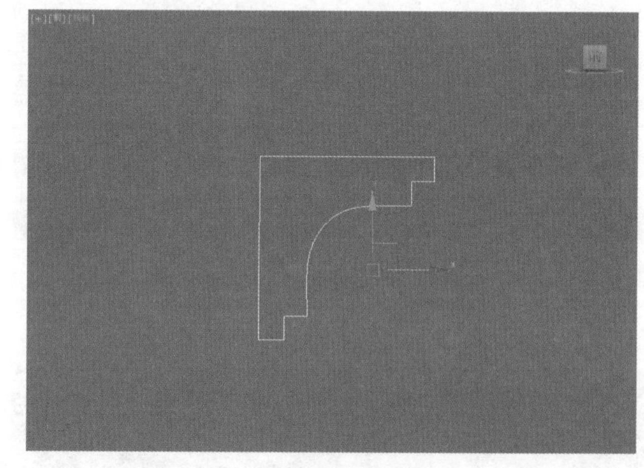

图 3–139

（3）选择上一步创建的图形，单击 （创建）| （几何体）| 复合对象 | 放样 按钮，单击创建方法下的【获取路径】，拾取已创建的【样条线】，如图 3-140 所示。

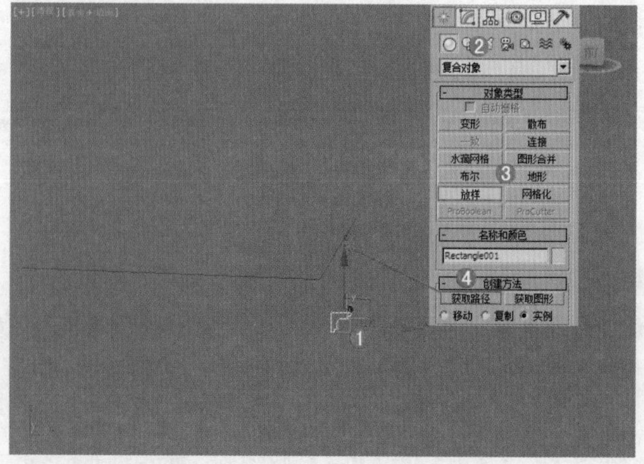

图 3–140

（4）放样后的模型效果如图 3-141 所示。

图 3-141

（5）用同样的方法制作出另一个石膏顶棚，最终模型效果如图 3-142 所示。

图 3-142

3.5　创建建筑对象

3.5.1　AEC 扩展

【AEC 扩展】专门用在建筑、工程和构造等领域，使用【AEC 扩展】对象可以提高创建场景的效率。【AEC 扩展】对象包括【植物】、【栏杆】和【墙】3 种类型，如图 3-143 所示。

图 3-143

1. 植物

使用 植物 工具可以快速地创建出系统内置的植物模型。植物的创建方法很简单，首先将【几何体】类型切换为 AEC 扩展类型，单击 植物 按钮，在【收藏的植物】卷展栏中选择树种，在视图中拖拽鼠标就可以创建出相应的植物，如图 3-144 所示。植物参数如图 3-145 所示。

图 3-144

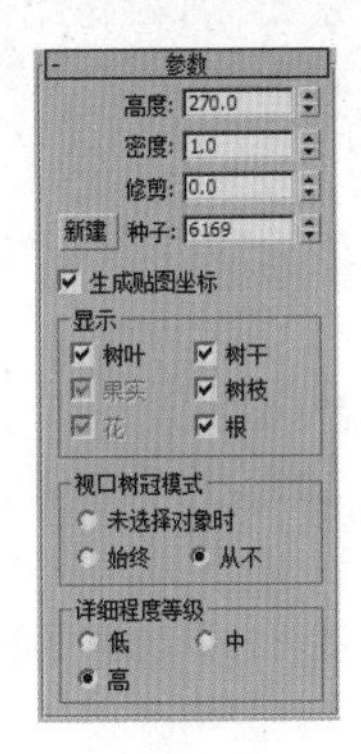

图 3-145

- 高度：控制植物的近似高度，这个高度不一定是实际高度，它只是一个近似值。
- 密度：控制植物叶子和花朵的数量。值为 1.0 表示植物具有完整的叶子和花朵；值为 5.0 表示植物具有 1/2 的叶子和花朵；值为 0.0 表示植物没有叶子和花朵。
- 修剪：只适用于具有树枝的植物，可以用来删除与构造平面平行的不可见平面下的树枝。值为 0.0 表示不进行修剪；值为 1.0 表示尽可能修剪植物上的所有树枝。

求生秘籍 —— 技巧提示：植物的修剪参数

3ds Max 从植物上修剪植物取决于植物的种类，如果是树干，则永不进行修剪。

- 新建：显示当前植物的随机变体，其旁边是【种子】的显示数值。
- 生成贴图坐标：对植物应用默认的贴图坐标。
- 显示：该选项组中的参数主要用来控制植物的树叶、果实、花、树干、树枝和根的显示情况，勾选相应选项后，与其对应的对象就会在视图中显示出来。
    - 视口树冠模式：该选项组用于设置树冠在视口中的显示模式。
    - 未选择对象时：当没有选择任何对象时以树冠模式

显示植物。

◦ 始终：始终以树冠模式显示植物。

◦ 从不：从不以树冠模式显示植物，但是会显示植物的所有特性。

求生秘籍 —— 技巧提示：流畅显示和完全显示植物

为了节省计算机的资源，使得在对植物操作时比较流畅，可以选择【未选择对象时】或【始终】方式，计算机配置较高的情况下可以选择【从不】方式，如图 3–146 所示。

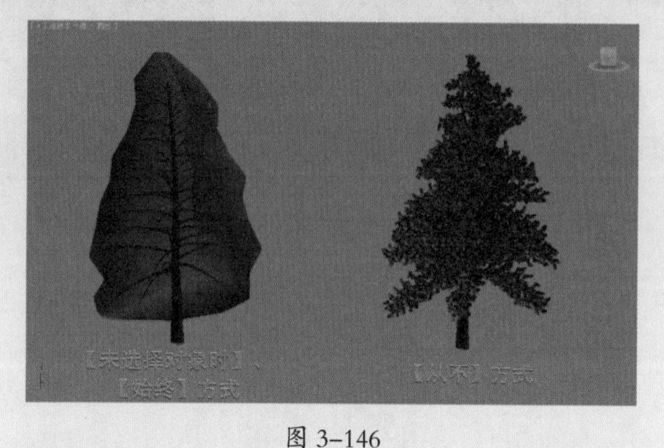

图 3–146

- 详细程度等级：该选项组中的参数用于设置植物的渲染细腻程度。
  - ◦ 低：这种级别用来渲染植物的树冠。
  - ◦ 中：这种级别用来渲染减少了面的植物。
  - ◦ 高：这种级别用来渲染植物的所有面。

重点 进阶案例 —— 使用植物制作美洲榆树

场景文件	无
案例文件	进阶案例 —— 使用植物制作美洲榆树 .max
视频教学	多媒体教学 /Chapter03/ 进阶案例 —— 使用植物制作美洲榆树 .flv
难易指数	★★☆☆☆
技术掌握	掌握【植物】工具和【选择并移动】工具的运用

本例就来学习使用标准基本体下的【植物】工具来完成模型的制作，最终渲染和线框效果如图 3-147 所示。

图 3–147

制作步骤

美洲榆树建模流程图，如图 3-148 所示。

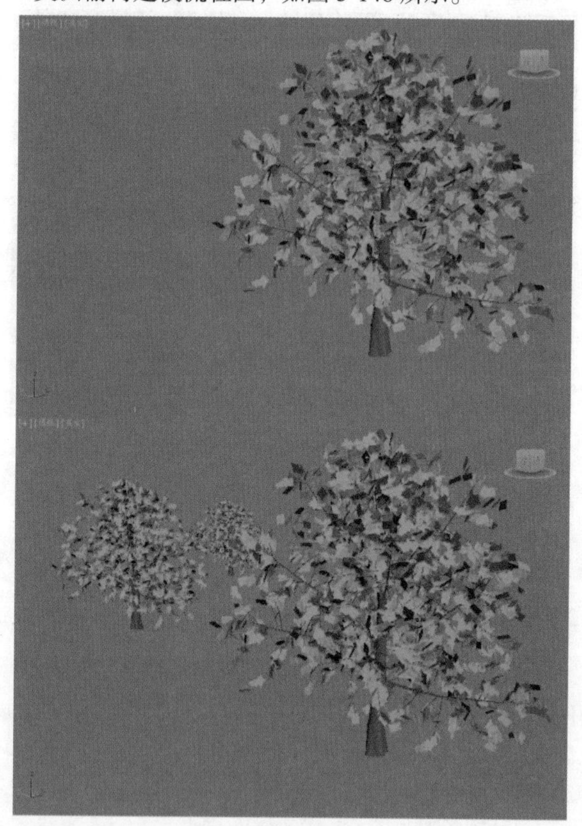

图 3–148

（1）单击 （创建）|（几何体）| AEC 扩展 | 植物 | （美洲榆）按钮，在顶视图中拖拽创建一个植物，在【修改面板】下设置【种子】为 12263674，如图 3-149 所示。

（2）选择上一步创建的模型，使用 （选择并移动）工具，按住【Shift】键进行复制，随机复制出若干个模型，如图 3-150 所示。

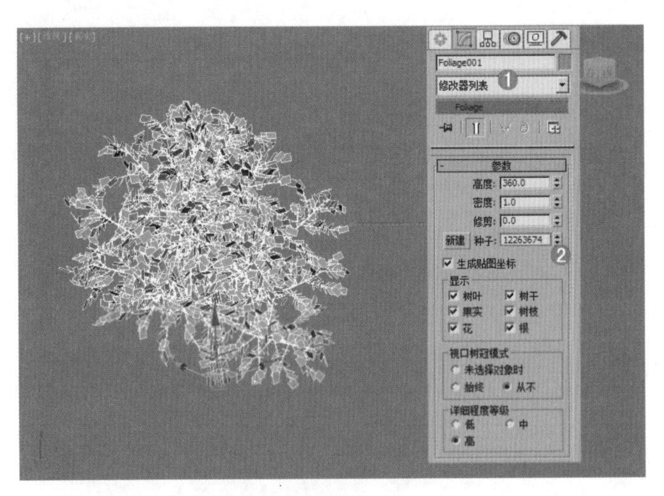

图 3-149

图 3-150

（3）模型最终效果如图 3-151 所示。

图 3-151

2. 栏杆

【栏杆】对象的组件包括栏杆、立柱和栅栏。可用于制作栏杆效果。图 3-152 所示为栏杆制作的模型。

栏杆的创建方法比较简单，将【几何体】类型切换为【AEC 扩展】类型，单击 栏杆 按钮，在视图中拖拽鼠标即可创建出栏杆，如图 3-153 所示。栏杆的参数分为【栏杆】、【立柱】和【栅栏】3 个卷展栏，如图 3-154 所示。

图 3-152

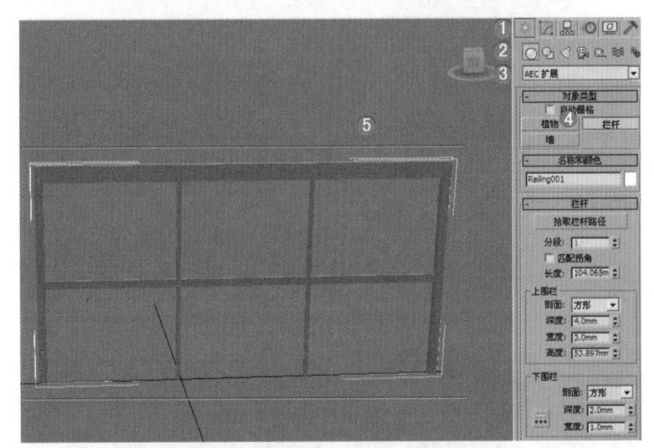

图 3-153

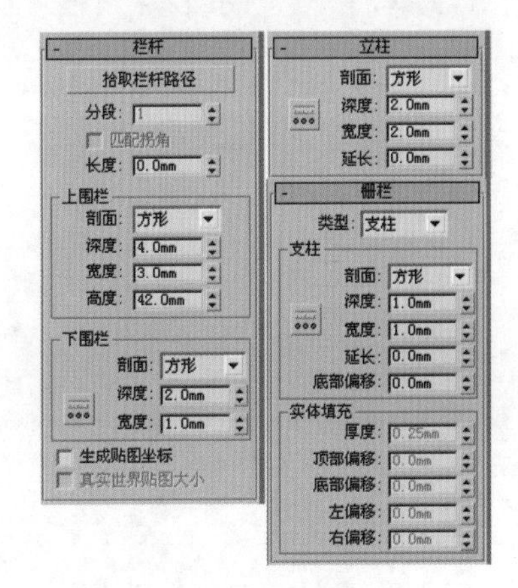

图 3-154

3. 墙

使用【墙】工具可以在视图中单击鼠标左键，快速的创建出墙的模型，如图 3-155 所示。

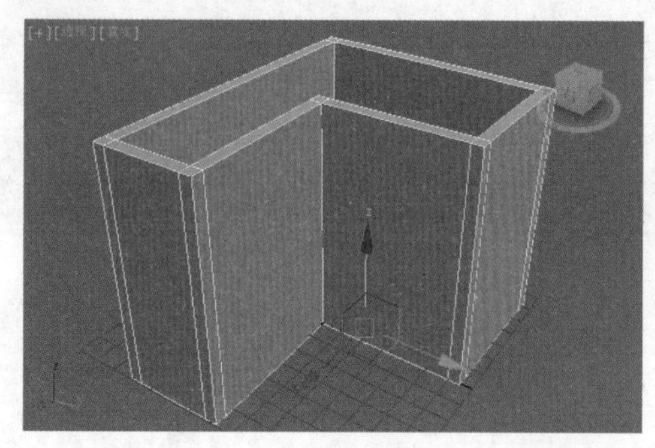

图 3-155

3.5.2 楼梯

【楼梯】在 3ds Max 2014 提供了 4 种内置的参数化楼梯模型，分别是【直线楼梯】、【L 型楼梯】、【U 型楼梯】和【螺旋楼梯】。4 种楼梯的类型，如图 3-156 所示。以上 4 种楼梯都包括【参数】卷展栏、【支撑梁】卷展栏、【栏杆】卷展栏和【侧弦】卷展栏，而【螺旋楼梯】还包括【中柱】卷展栏，如图 3-157 所示。

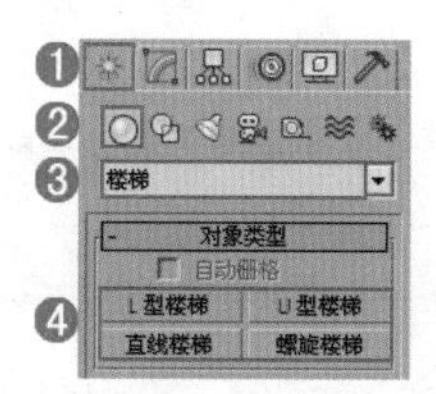

图 3-156

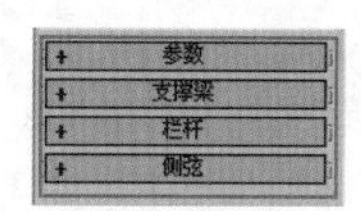

图 3-157

【直线楼梯】、【L 型楼梯】、【U 型楼梯】和【螺旋楼梯】的参数设置面板，如图 3-158 所示。

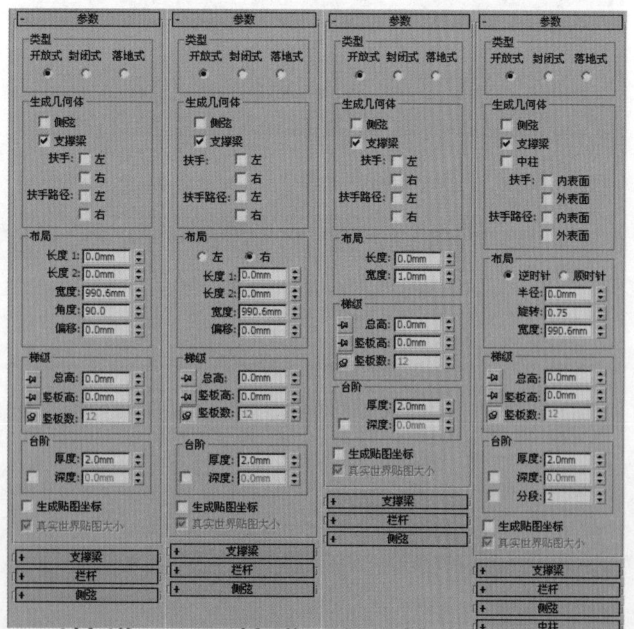

图 3-158

综合案例 —— 楼梯

场景文件	无
案例文件	综合案例 —— 楼梯 .max
视频教学	多媒体教学 /Chapter03/ 综合案例 —— 楼梯 .flv
难易指数	★★☆☆☆
技术掌握	掌握【U 型楼梯】和【平面】工具、【编辑多边形】和【晶格】命令的运用

本例就来学习内置几何体建模下的【U 型楼梯】工具、标准几何体下的【平面】工具，创建面板下的【编辑多边形】和【晶格】命令来完成模型的制作，最终渲染和线框效果如图 3-159 所示。

图 3-159

建模思路

01 使用 U 型楼梯制作模型

02 使用平面、编辑多边形、晶格制作模型

楼梯建模流程图如图 3-160 所示。

图 3-160

制作步骤

1. 使用 U 型楼梯制作模型

单击（创建）|（几何体）|楼梯|U型楼梯按钮，在顶视图中拖拽创建，确认直线楼梯处于选择状态，在【修改面板】下设置【类型】为开放式，勾选扶手【左】，扶手【右】，在【布局】选项组下勾选【右】，设置【长度】为 117.449mm，【宽度】为 103.937mm，在【梯级】选项组下设置【总高】为 138.583，【竖板高】为 11.549mm，在【栏杆】选项组下设置【高度】为 41.093mm，【偏移】为 4.459mm，【分段】为 6，【半径】为 2.0，如图 3-161 所示。

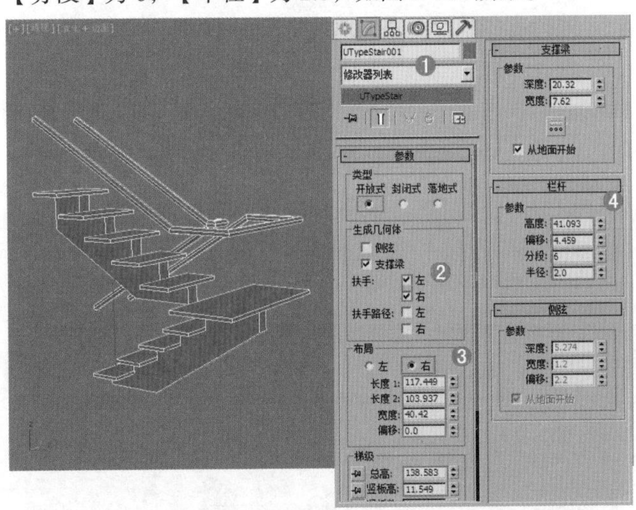

图 3-161

2. 使用平面、编辑多边形、晶格制作模型

（1）单击（创建）|（几何体）|平面按钮，在前视图中拖拽并创建一个平面，在【修改面板】下设置【长度】为 42.0mm，【宽度】为 37.0mm，【长度分段】为 18，【宽度分段】为 18，如图 3-162 所示。

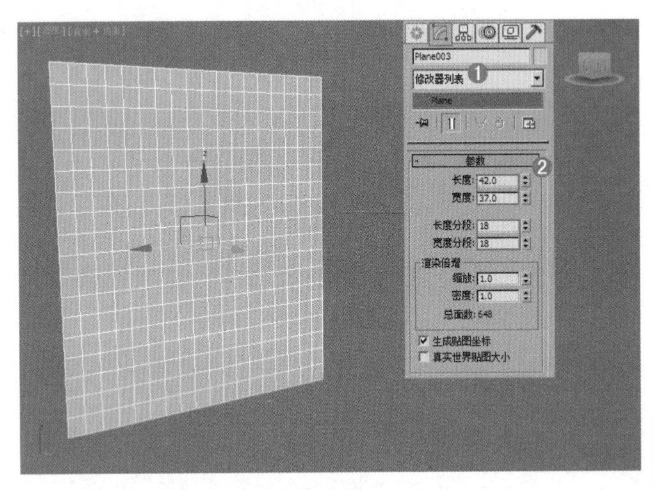

图 3-162

（2）选择平面，在修改面板下，进入【边】级别，选择如图 3-163 所示的边。展开【编辑边】卷展栏，单击【创建图形】后面的按钮，在弹出的对话框中选择【线性】，单击【确定】按钮，如图 3-164 所示。

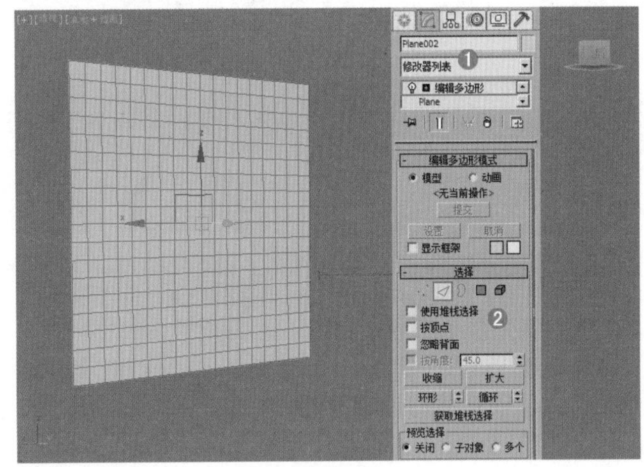

图 3-163

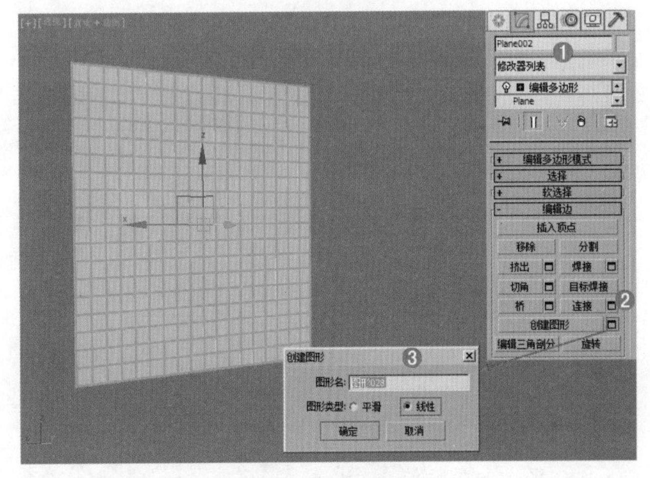

图 3-164

（3）单击平面向后移动，并删除，如图 3-165 所示。单击创建后的图形，进入修改面板，展开【渲染】卷展栏，勾选【在渲染中启用】和【在视口中启用】选项，勾选【径向】选项，设置【厚度】为0.2mm，创建后的图形如图3-166所示。

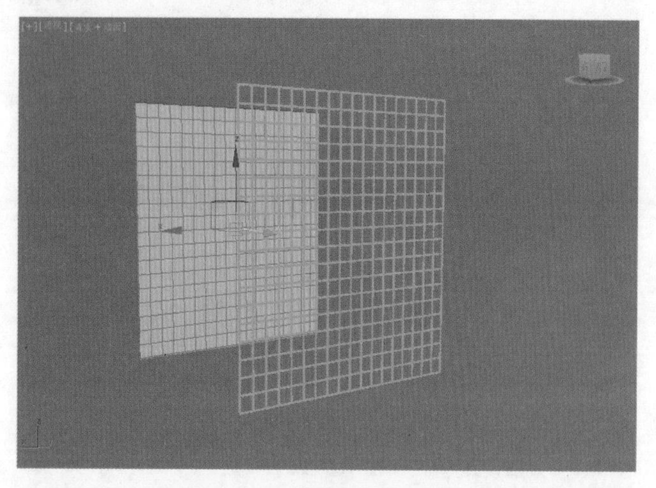

图 3–165

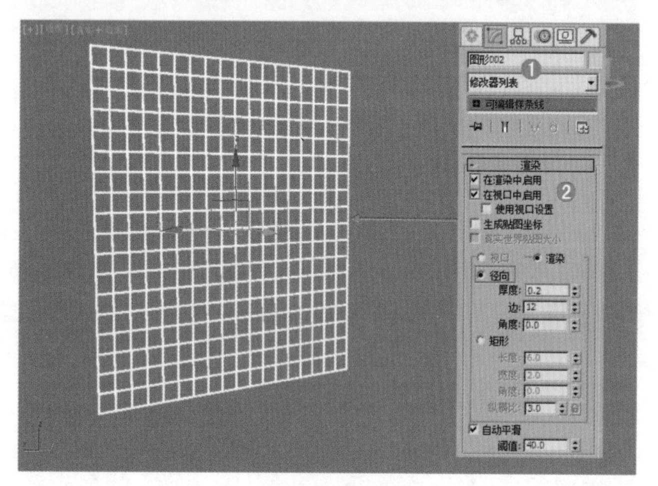

图 3–166

（4）在前视图中拖拽并创建一个平面，在【修改面板】下设置【长度】为42.0mm，【宽度】为37.0mm，【长度分段】为18，【宽度分段】为18，如图3-167所示。

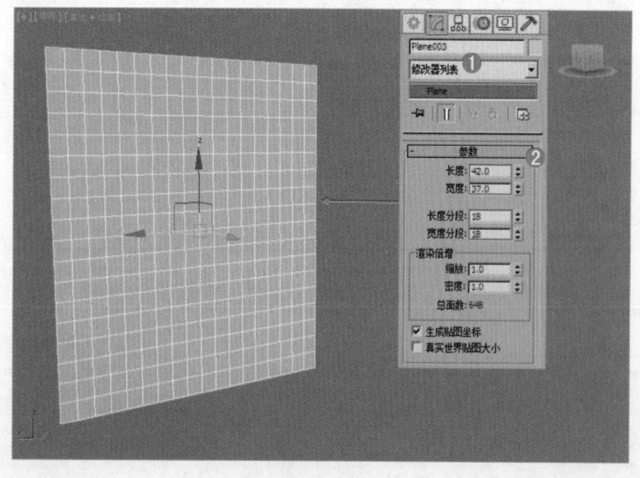

图 3–167

（5）选择上一步创建的模型，在修改面板下加载【晶格】命令，在参数卷展栏下勾选【仅来自顶点的节点】选项，在节点选项组下勾选【八面体】选项，设置【半径】为1.0，如图3-168所示。将制作后的两个模型移动在一起，制作出楼梯围栏，如图3-169所示。

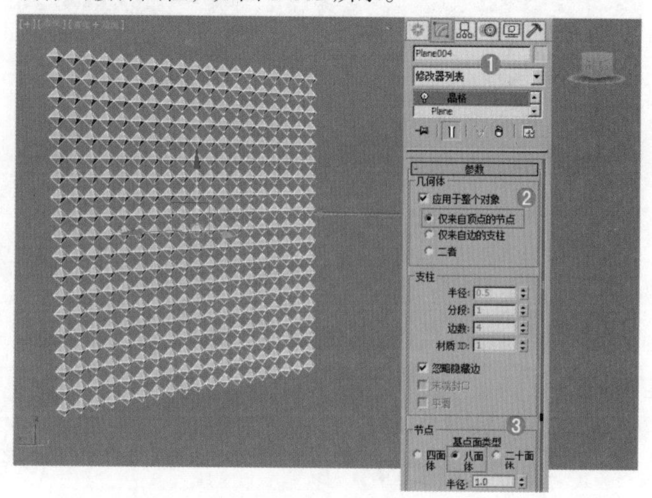

图 3–168

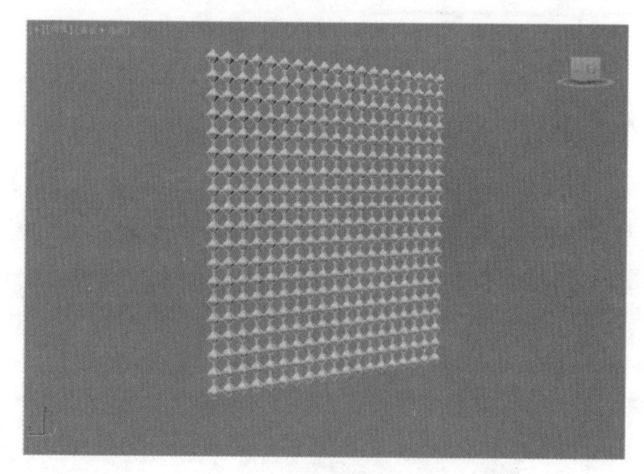

图 3–169

（6）将围栏放置到楼梯上，如图3-170所示。选择围栏模型，使用（选择并移动）工具，按住【Shift】键进行复制，在弹出的【克隆选项】对话框中选择【复制】，设置【副本数】为1，单击【确定】按钮，多余的部分，进入【编辑多边形】命令的【点级别】下删除即可，如图3-171所示。

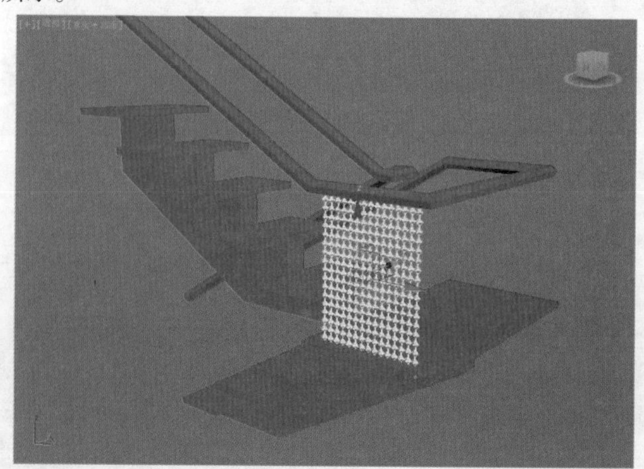

图 3–170

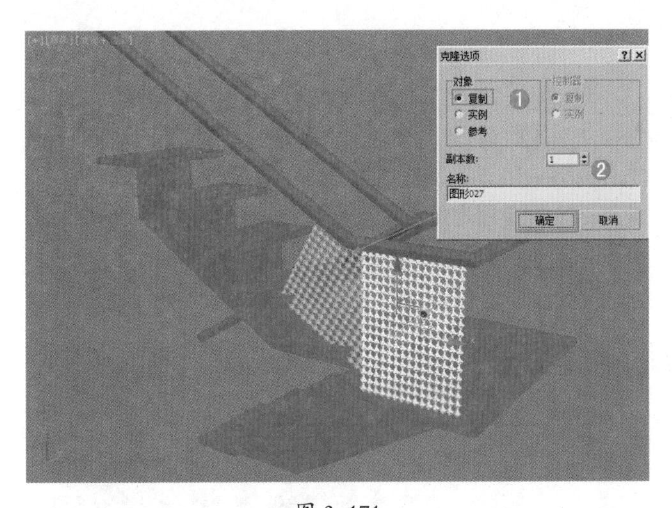

图 3-171

（7）用同样的方法复制其他的围栏，如图 3-172 所示。

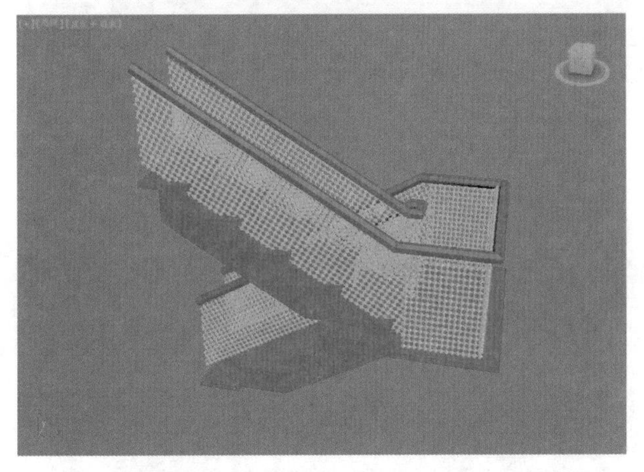

图 3-172

（8）单击（创建）|（几何体）| 长方体 按钮，在顶视图中拖拽并创建一个长方体，在【修改面板】下设置【长度】为 2.5mm，【宽度】为 2.5mm，【高度】为 39.5mm，如图 3-173 所示。

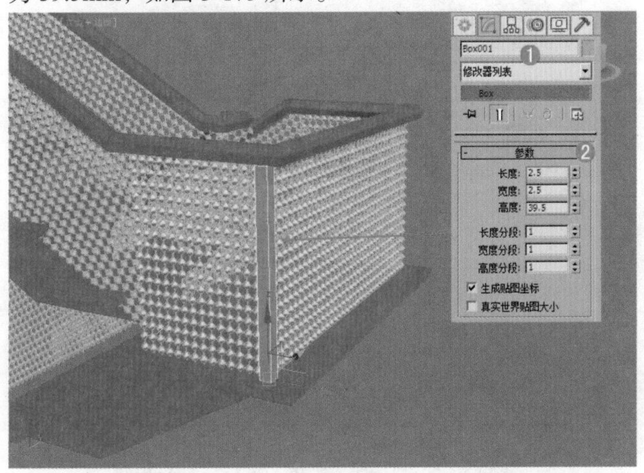

图 3-173

（9）选择上一步创建的模型，使用（选择并移动）工具，按住【Shift】键进行复制，在弹出的【克隆选项】对话框中选择【复制】，设置【副本数】为 1，单击【确定】按钮，并将其摆放到如图 3-174 所示的位置。用同样的方法复制出其他的长方体，如图 3-175 所示。

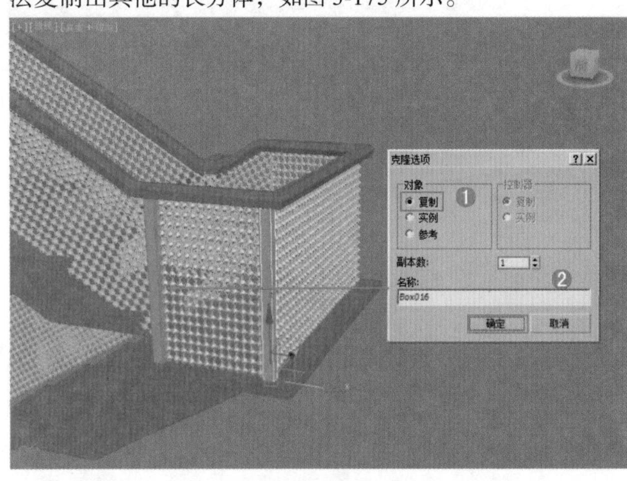

图 3-174

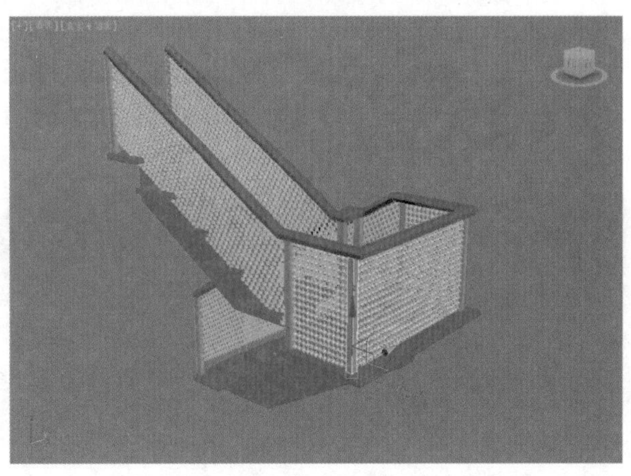

图 3-175

（10）在顶视图中拖拽并创建一个长方体，在【修改面板】下设置【长度】为 10.0mm，【宽度】为 100.0mm，【高度】为 7.0mm，如图 3-176 所示。选择上一步的模型，在【修改器列表】中加载【FFD2*2*2】命令修改器，进入【控制点】级别，使用【选择并移动】工具，在透视图调节控制点的位置，如图 3-177 所示。

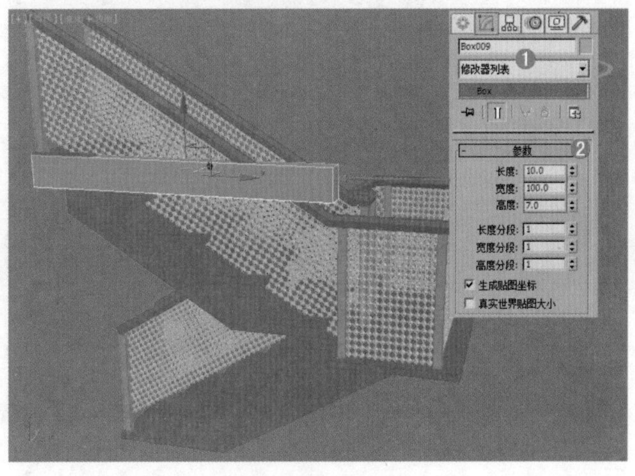

图 3-176

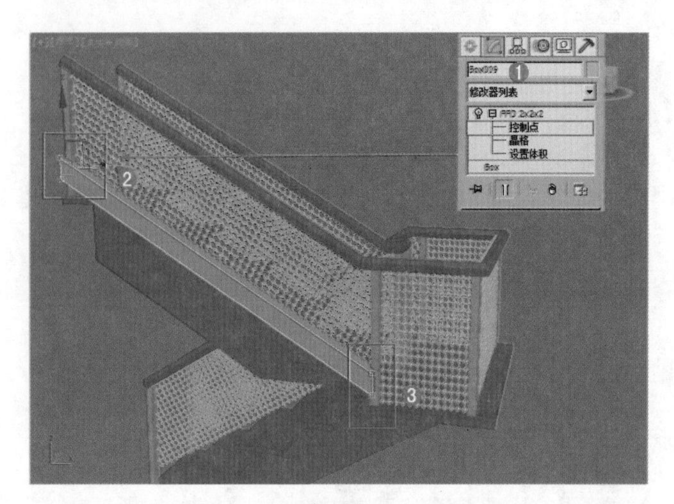

图 3-177

（11）选择上一步的模型，使用 （选择并移动）工具，按住【Shift】键进行复制，在弹出的【克隆选项】对话框中选择【复制】，设置【副本数】为 1，单击【确定】按钮，此时场景效果如图 3-178 所示。用同样的方法复制出其他的长方体，如图 3-179 所示。

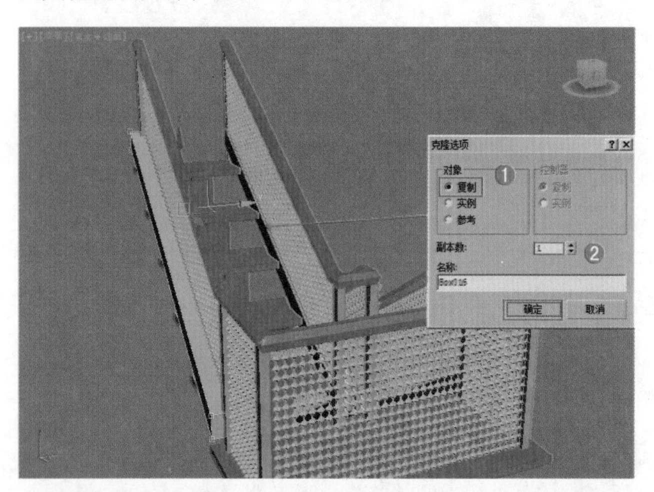

图 3-178

图 3-179

3.5.3 门

3ds Max 2014 中提供了 3 种内置的门模型，分别是【枢轴门】、【推拉门】和【折叠门】。【枢轴门】是在一侧装有铰链的门；【推拉门】有一半是固定的，另一半可以推拉；【折叠门】的铰链装在中间以及侧端，就像壁橱门一样。

3 种门的类型，如图 3-180 所示。这 3 种门在参数上大部分都是相同的，下面先对这 3 种门的相同参数进行讲解，如图 3-181 所示。

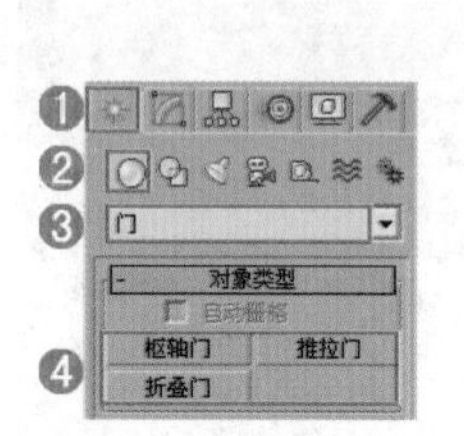

图 3-180

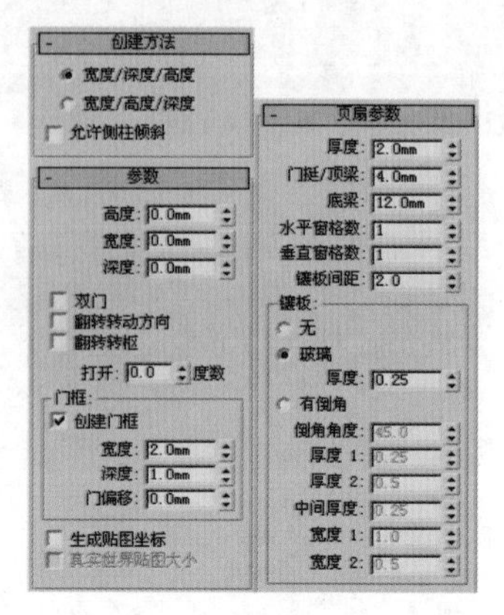

图 3-181

【枢轴门】：可以制作出普通的门，如图 3-182 所示。

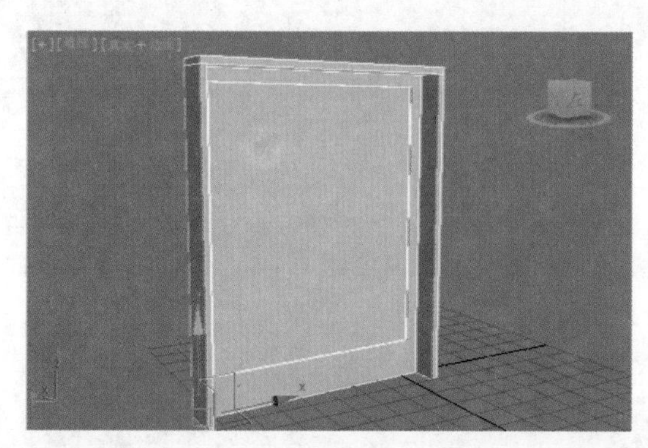
图 3-182

【推拉门】：可以制作出左右推拉的门，如图 3-183 所示。

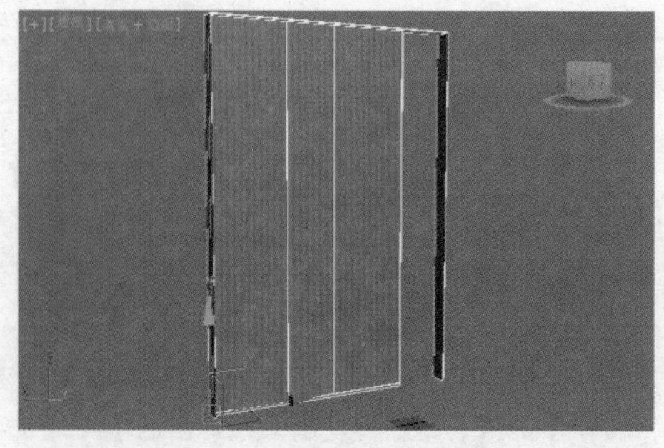
图 3-183

【折叠门】：可以制作出折叠效果的门，如图 3-184 所示。

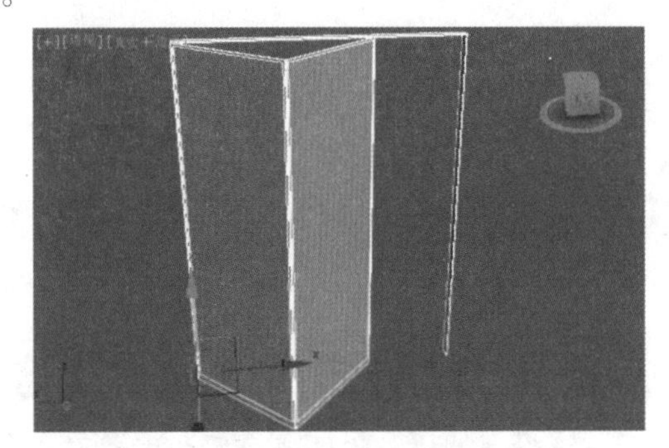

图 3–184

3.5.4　窗

3ds Max 2014 中提供了 6 种内置的窗户模型，分别为【遮篷式窗】、【平开窗】、【固定窗】、【旋开窗】、【伸出式窗】和【推拉窗】，使用这些内置的窗户模型可以快速地创建出所需要的窗户。6 种窗的类型，如图 3-185 所示。

图 3–185

【遮篷式窗】：有一扇通过铰链与其顶部相连的窗框。

【平开窗】：有一到两扇像门一样的窗框，它们可以向内或向外转动。

【固定窗】：是固定的，不能打开，如图 3-186 所示。

图 3–186

【旋开窗】：轴垂直或水平位于其窗框的中心。

【伸出式窗】：有三扇窗框，其中两扇窗框打开时像反向的遮篷。

【推拉窗】：有两扇窗框，其中一扇窗框可以沿着垂直或水平方向滑动，如图 3-187 所示。

图 3–187

3.6　创建 VRay 对象

安装好 VRay 渲染器之后，在【创建】面板的几何体类型列表中就会出现 VRay。VRay 物体包括【VR 代理】、【VR 毛皮】、【VR 平面】和【VR 球体】4 种，如图 3-188 所示。

图 3–188

技术专题——加载 VRay 渲染器

按【F10】键打开【渲染设置】对话框，单击【公用】选项卡，展开【指定渲染器】卷展栏，单击第 1 个【选择渲染器】按钮 ...，在弹出的对话框中选择渲染器为 V-Ray Adv 2.40.03（本书的 VRay 渲染器均采用 V-Ray Adv 2.40.03 版本），如图 3-189 所示。

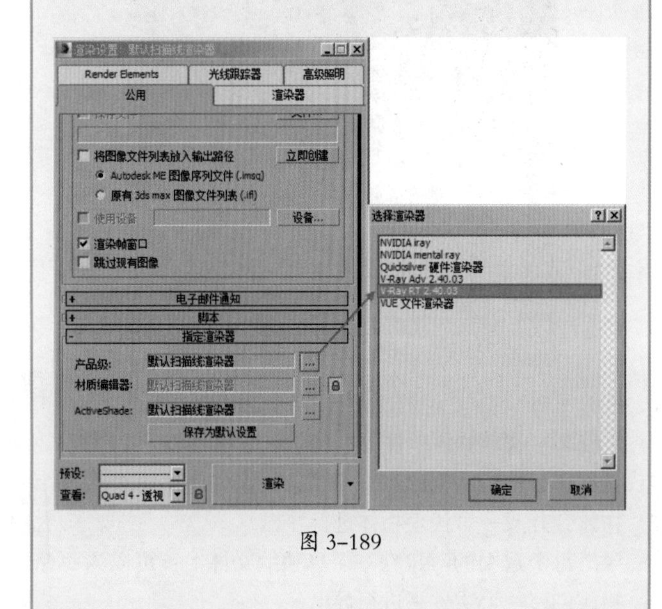

图 3–189

3.6.1　VR 代理

【VR 代理】物体在渲染时可以从硬盘中将文件（外部）导入到场景中的【VR 代理】网格内，场景中的代理物体的网格是一个低面物体，可以节省大量的内存以及显示内存，其使用方法是在物体上单击鼠标右键，在弹出的菜单中选择【VRay 网格导出】命令，在弹出的【VRay 网格导出】对话框中进行相应设置即可（该对话框主要用来保存 VRay 网格代理物体的路径），如图 3-190 所示。图 3-191 所示为制作的效果。

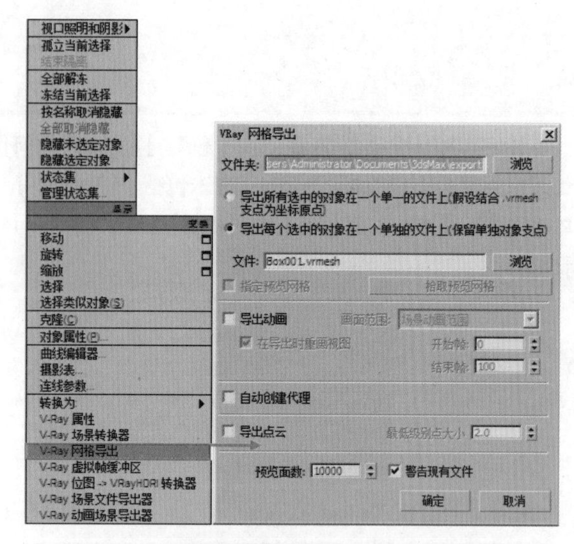

图 3-190

图 3-191

- 文件夹：代理物体所保存的路径。
- 导出所有选中的对象在一个单一的文件上：可以将多个物体合并成一个代理物体进行导出。
- 导出每个选中的对象在一个单独的文件上：可以为每个物体创建一个文件来进行导出。
- 自动创建代理：是否自动完成代理物体的创建和导入，源物体将被删除。如果没有勾选该选项，则需要增加一个步骤，就是在 VRay 物体中选择 VR_ 代理物体，从网格文件中选择已导出的代理物体来实现代理物体的导入。

3.6.2 VR 毛皮

【VR 毛皮】可以模拟毛发效果，一般用于制作地毯、皮草、毛巾、草地、动物毛发等，如图 3-192 所示，其参

图 3-192

图 3-193

数设置面板，如图 3-193 所示。

重点 进阶案例 —— 使用 VR 毛皮制作地毯

场景文件	无
案例文件	进阶案例 —— 使用 VR 毛皮制作地毯 .max
视频教学	多媒体教学 /Chapter03/ 进阶案例 —— 使用 VR 毛皮制作地毯 .flv
难易指数	★★☆☆☆
技术掌握	掌握【VR 毛皮】工具

本例就来学习使用标准基本体下的【长方体】和 VRay 下的【VR 毛皮】工具来完成模型的制作，最终渲染和线框效果如图 3-194 所示。

图 3–194

建模思路

01 使用长方体制作模型

02 使用 VR 毛皮制作模型

地毯建模流程图，如图 3-195 所示。

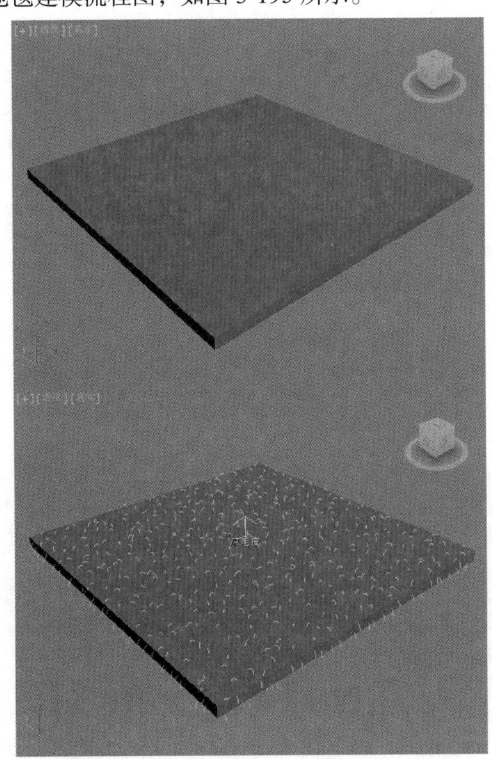

图 3–195

制作步骤

1. 使用长方体制作模型

单击（创建）|（几何体）| 长方体 按钮，在顶视图中拖拽并创建一个长方体，在【修改面板】下设置【长度】为 300.0mm，【宽度】为 300.0mm，【高度】为 10.0mm，【长度分段】为 15，【宽度分段】为 15，如图 3-196 所示。

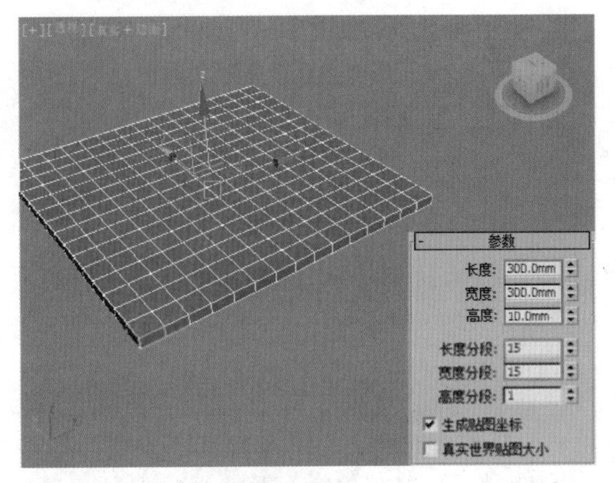

图 3–196

2. 使用 VR 毛皮制作模型

（1）选择上一步创建的长方体，单击（创建）|（几何体）| VRay | VR毛皮 按钮，使长方体赋予上 VR 毛皮，如图 3-197 所示。

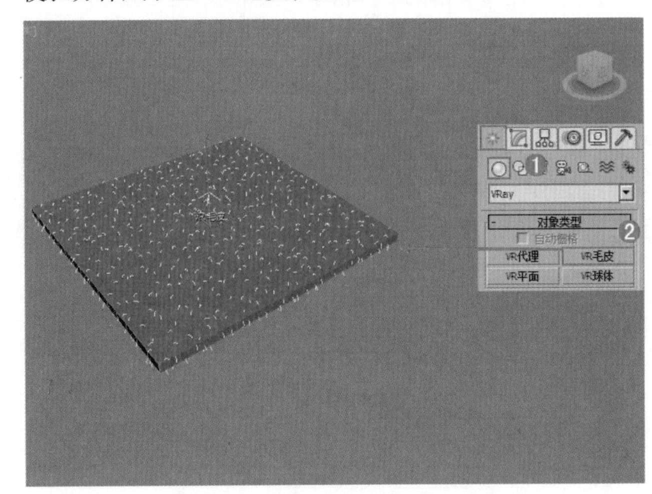

图 3–197

（2）单击修改面板，展开【参数】卷展栏，设置【长度】为 6.0mm，【厚度】为 0.3mm，【重力】为 – 3.0mm，【弯曲】为 1.1，【锥度】为 0.2，如图 3-198 所示。

图 3–198

（3）最终模型效果如图 3-199 所示。

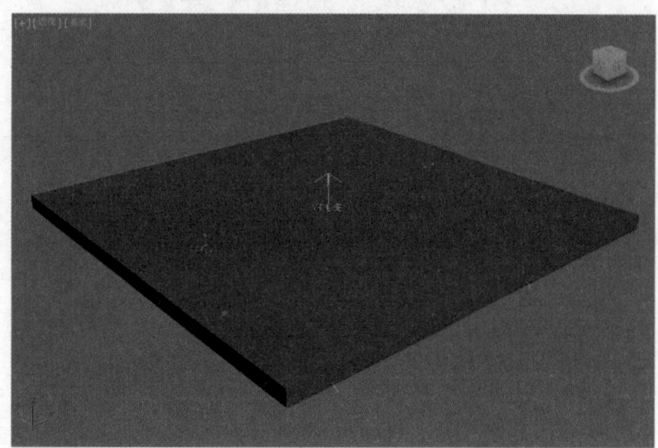

图 3-199

3.6.3　VR 平面

【VR 平面】可以用来模拟无限长、无限宽的平面。没有任何参数，如图 3-200 所示。效果如图 3-201 所示。

图 3-200

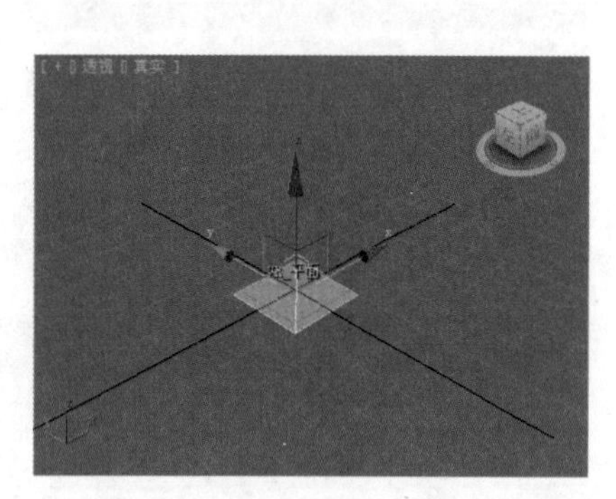

图 3-201

3.6.4　VR 球体

【VR 球体】可以模拟球体的效果，并且可以设置半径的数值，如图 3-202 所示。效果如图 3-203 所示。

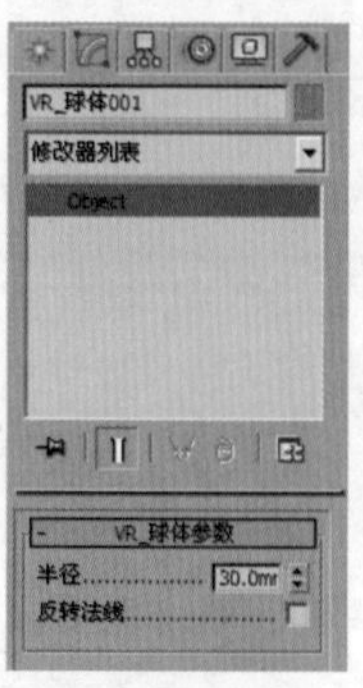
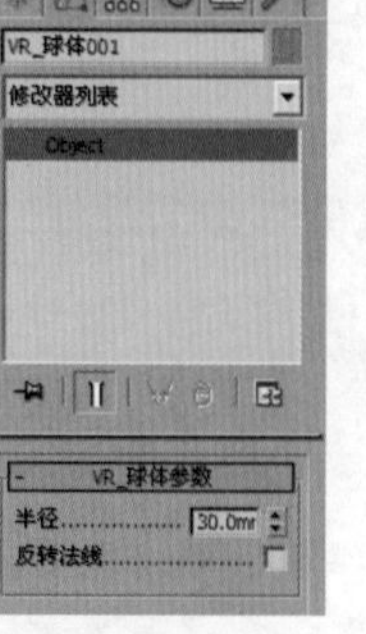

图 3-202

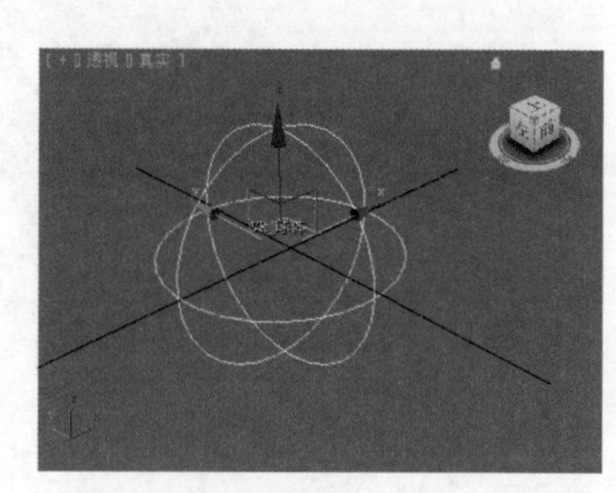

图 3-203

第 4 章
二维图形建模

重点知识掌握：

样条线的创建
NURBS 曲线的创建
扩展样条线的创建
编辑样条线的方法

图形是一个由一条或多条曲线或直线组成的对象。3ds Max 中的图形包括样条线、NURBS 曲线和扩展样条线，如图 4-1 所示。

图 4–1

4.1　样条线

样条线由于其灵活性、快速性，深受用户喜欢。使用样条线可以创建出很多线性的模型，如凳子、椅子等，如图 4-2 所示。

图 4–2

在【创建】面板中单击【图形】按钮，设置【图形类型】为样条线，这里有 12 种样条线，分别是【线】、【矩形】、【圆】、【椭圆】、【弧】、

【圆环】、【多边形】、【星形】、【文本】、【螺旋线】、【卵形】和【截面】，如图 4-3 所示。

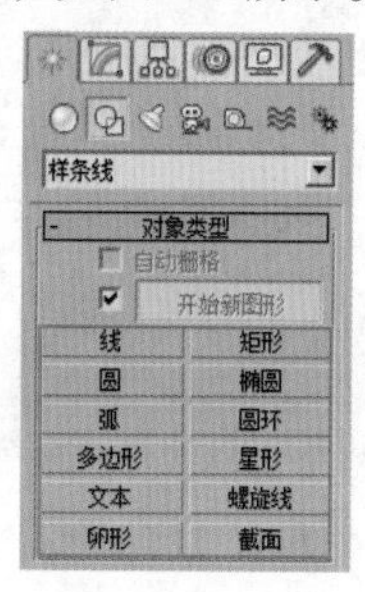

图 4–3

试一下：创建多条线

在创建样条线时，如果需要多次创建多条线，那么勾选【开始新图形】前面的选项，如图 4-4 所示。此时多次创建样条线，会发现每次创建的样条线是独立的，如图 4-5 所示。

图 4–4

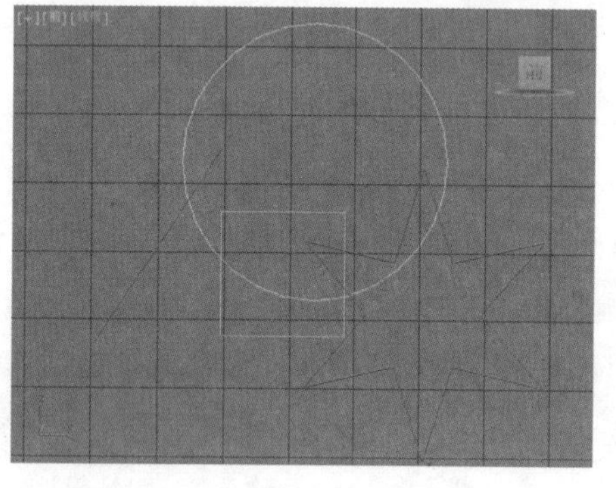

图 4–5

试一下：创建一条线

在创建样条线时，如果需要多次创建一条线，取消勾选【开始新图形】前面的选项，如图 4-6 所示。此时多次创建样条线，会发现每次创建的样条线都是一条，如图 4-7 所示。

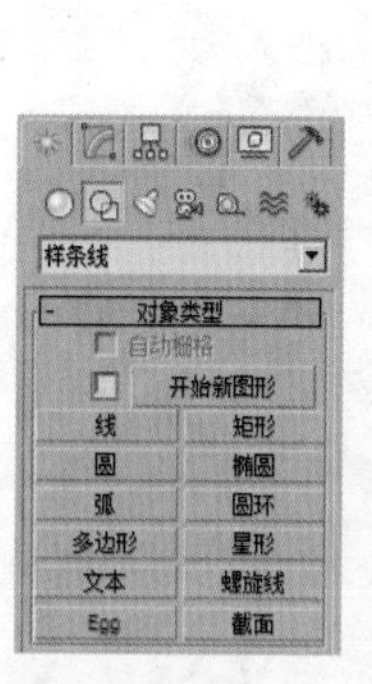

图 4–6

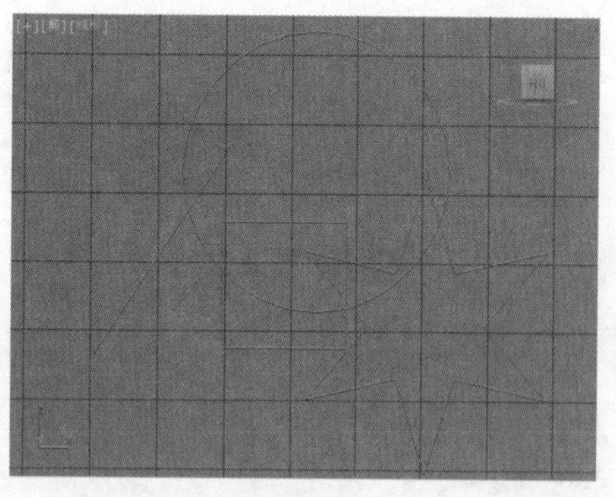

图 4–7

4.1.1 线

线的参数包括 5 个卷展栏，分别是【渲染】卷展栏、【插值】卷展栏、【选择】卷展栏、【软选择】卷展栏和【几何体】卷展栏，如图 4-8 所示。图 4-9 所示为线的效果。

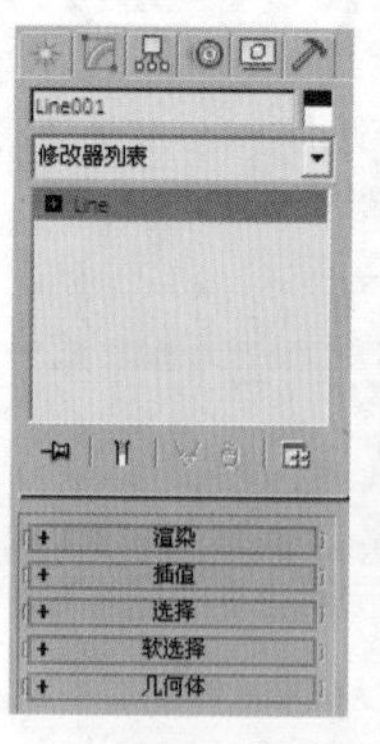

图 4–8

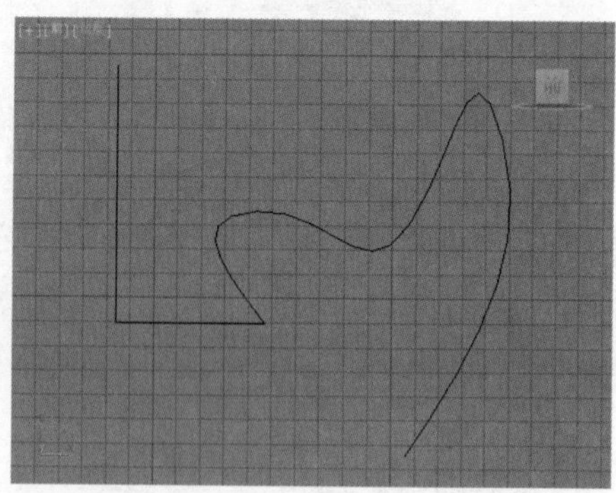

图 4–9

FAQ 常见问题解答：怎么创建垂直水平的线，怎么创建曲线?

在创建线时，按住【Shift】键的同时，单击鼠标左键，可创建垂直水平的线，如图 4-10 所示。

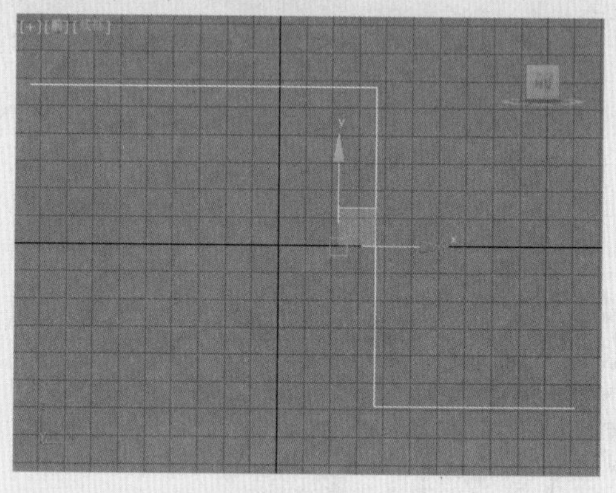

图 4–10

在创建线时，单击鼠标左键并进行拖拽，即可创建曲线，如图 4-11 所示。

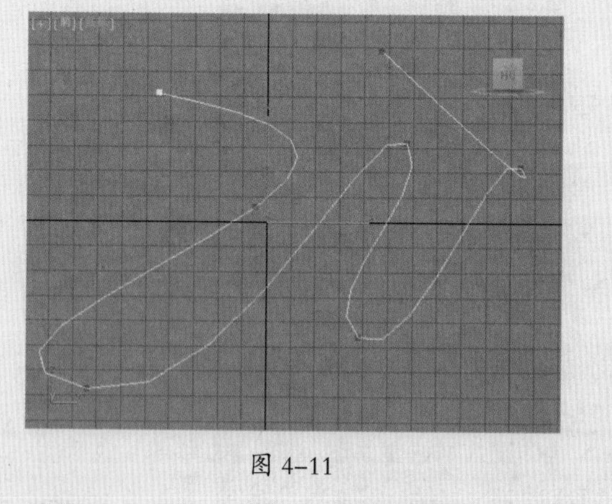

图 4–11

1. 渲染

【渲染】卷展栏可以控制线是否渲染为三维效果，如图 4-12 所示。

- 在渲染中启用：勾选该选项才能渲染出样条线。
- 在视口中启用：勾选该选项后，样条线会以三维的效果显示在视图中。图 4-13 所示为勾选该选项前后的对比效果。
- 使用视口设置：该选项只有在开启【在视口中启用】选项时才可用。

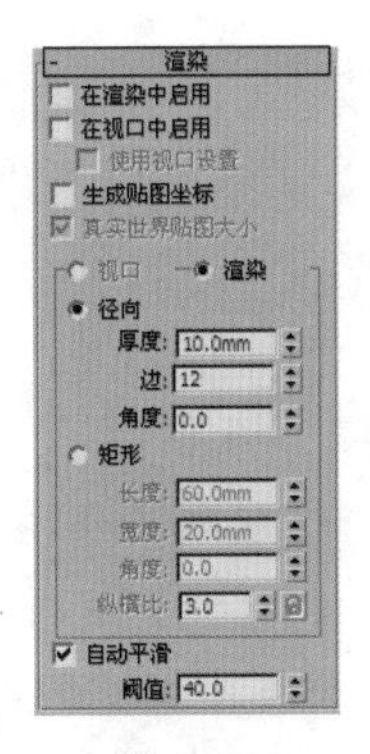

图 4–12

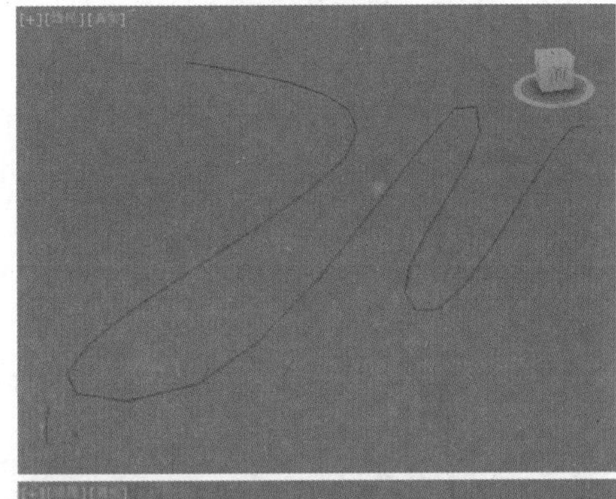

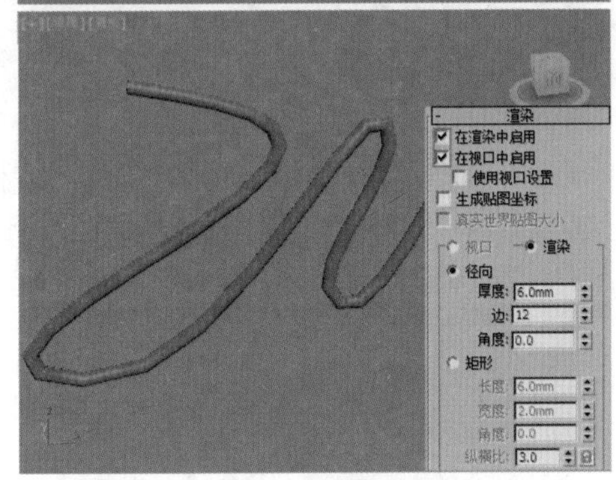

图 4–13

- 生成贴图坐标：控制是否应用贴图坐标。
- 真实世界贴图大小：控制应用于对象的纹理贴图材质所使用的缩放方法。
- 视口 / 渲染：当勾选【在视口中启用】选项时，样条线将显示在视图中；当同时勾选【在视口中启用】和【渲染】选项时，样条线在视图中和渲染中都可以显示出来。
- 径向：将三维效果显示为圆柱形。
- 矩形：将三维效果显示为矩形。
- 自动平滑：启用该选项可以激活下面的【阈值】选项，调整【阈值】数值可以自动平滑样条线。

2. 插值

展开【插值】卷展栏，如图 4-14 所示。

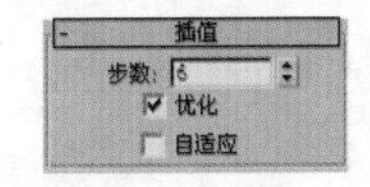

图 4–14

- 步数：可以手动设置每条样条线的步数。
- 优化：启用该选项后，可以从样条线的直线线段中删除不需要的步数。
- 自适应：启用该选项后，系统会自适应设置样条线的步数，平滑曲线。

3. 选择

展开【选择】卷展栏，如图 4-15 所示。

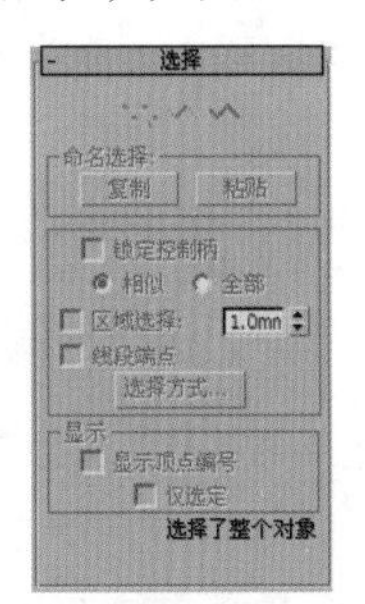

图 4–15

- 顶点：定义点和曲线切线。
- 分段：连接顶点。
- 样条线：一个或多个相连线段的组合。
- 复制：将命名选择放置到复制缓冲区。
- 粘贴：从复制缓冲区中粘贴命名选择。
- 锁定控制柄：每次只能变换一个顶点的切线控制柄，即使选择了多个顶点。
- 相似：拖动传入向量的控制柄时，所选顶点的所有传入向量将同时移动。
- 全部：移动的任何控制柄将影响选择中的所有控制柄，无论它们是否已断裂。
- 区域选择：允许自动选择所单击顶点的特定半径中的所有顶点。
- 线段端点：通过单击线段选择顶点。
- 选择方式：选择所选样条线或线段上的顶点。
- 显示顶点编号：勾选后，将在所选样条线的顶点旁边显示出顶点编号。
- 仅选定：启用后，仅在所选顶点旁边显示顶点编号。

4. 软选择

展开【软选择】卷展栏，如图 4-16 所示。

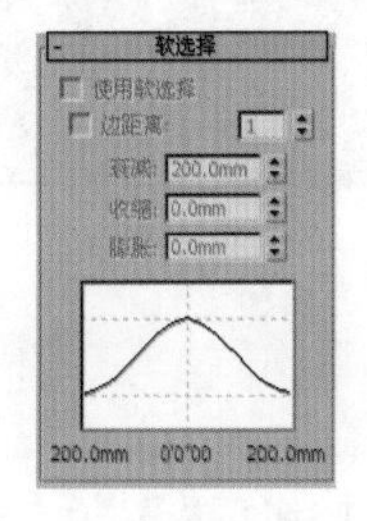

图 4–16

- 使用软选择：在可编辑对象或【编辑】修改器的子对象层级上影响【移动】、【旋转】和【缩放】功能的操作。
- 边距离：启用该选项后，将软选择限制到指定的面数，该选择在进行选择的区域和软选择的最大范围之间。

- 衰减：用以定义影响区域的距离，它是用当前单位表示的从中心到球体的边的距离。
- 收缩：沿着垂直轴提高并降低曲线的顶点。
- 膨胀：沿着垂直轴展开和收缩曲线。

5. 几何体

展开【几何体】卷展栏，如图 4-17 所示。

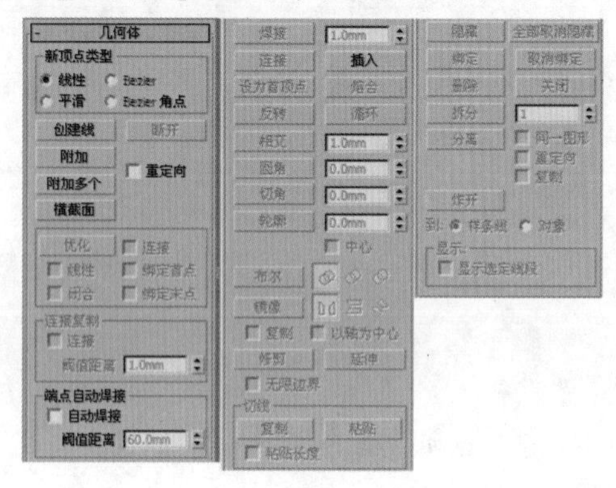

图 4-17

- 创建线：向所选对象添加更多样条线。
- 断开：在选定的一个或多个顶点拆分样条线，如图 4-18 所示。

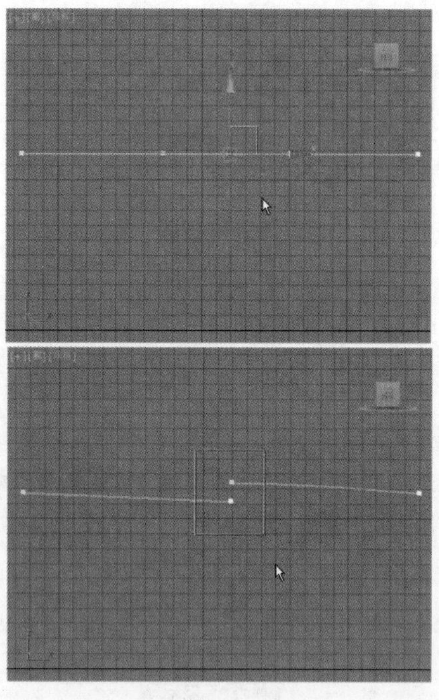

图 4-18

- 附加：可以单击该选项后，在视图中单击多条样条线，使其附加变为一条。
- 附加多个：单击此按钮可以显示【附加多个】列表，在列表中可以选择需要附加的某些线。
- 横截面：在横截面形状外面创建样条线框架。
- 优化：选择该工具后，可以在线上单击鼠标左键添加点，如图 4-19 所示。

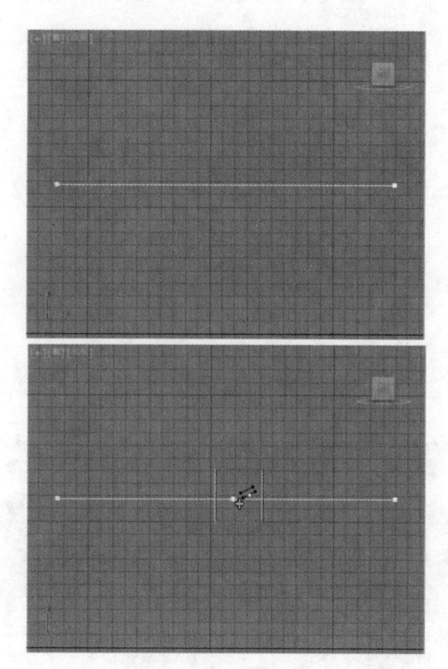

图 4-19

- 连接：启用时，通过连接新顶点创建一个新的样条线子对象。
- 自动焊接：启用【自动焊接】后，会自动焊接在一定阈值距离范围内的顶点。
- 阈值：阈值距离微调器是一个近似设置，用于控制在自动焊接顶点之前，两个顶点接近的程度。
- 焊接：将两个端点顶点或同一样条线中的两个相邻顶点转化为一个顶点，如图 4-20 所示。

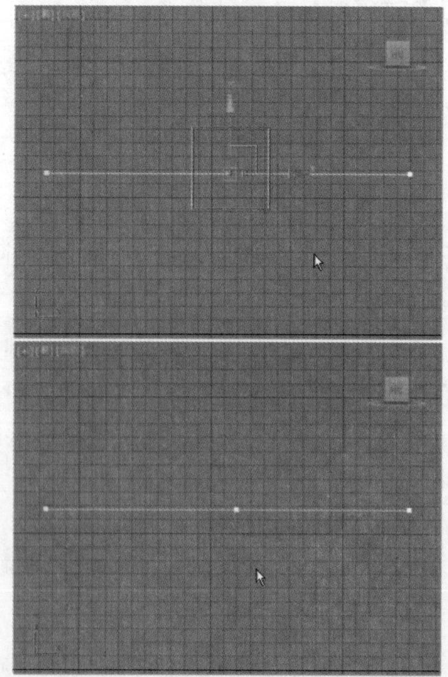

图 4-20

- 连接：连接两个端点顶点以生成一个线性线段，而无论端点顶点的切线值是多少。
- 设为首顶点：指定所选形状中的哪个顶点是第一个顶点。
- 熔合：将所有选定顶点移至它们的平均中心位置。

- 反转：单击该选项可以将选择的样条线进行反转。
- 循环：单击该选项可以进行选择循环的顶点。
- 圆：选择连续的重叠顶点。
- 相交：在属于同一个样条线对象的两个样条线的相交处添加顶点。
- 圆角：允许在线段会合的地方设置圆角，添加新的控制点，如图 4-21 所示。

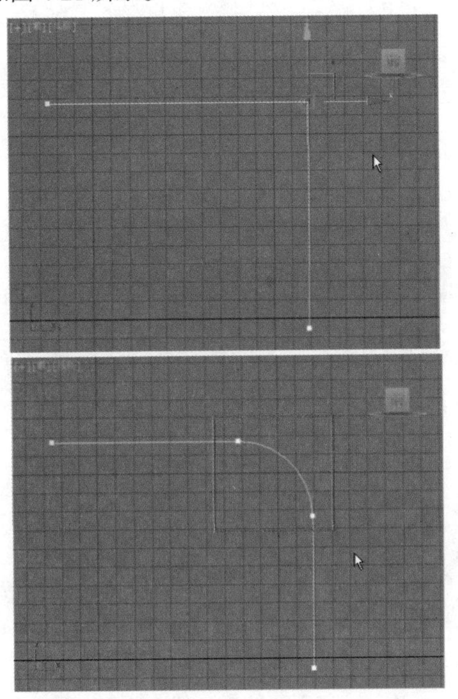

图 4–21

- 切角：允许使用【切角】功能设置形状角部的倒角，如图 4-22 所示。

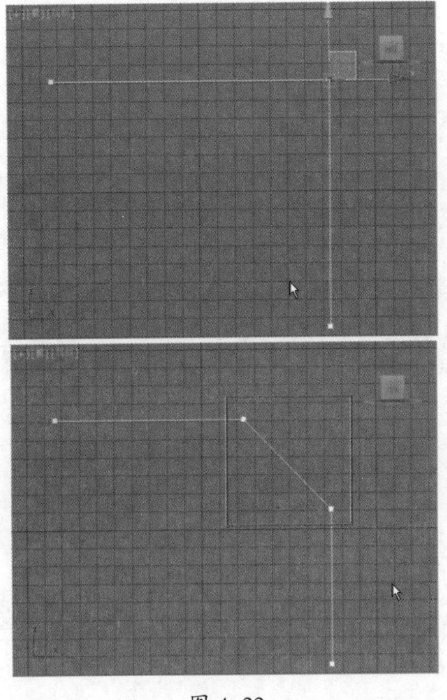

图 4–22

- 复制：启用此按钮，选择一个控制柄。此操作将把所选控制柄切线复制到缓冲区。
- 粘贴：启用此按钮，单击一个控制柄。此操作将把控制柄切线粘贴到所选顶点。
- 粘贴长度：启用此按钮后，会复制控制柄长度。
- 隐藏：隐藏所选顶点和任何相连的线段。
- 全部取消隐藏：显示任何隐藏的子对象。
- 绑定：允许创建绑定顶点。
- 取消绑定：允许断开绑定顶点与所附加线段的连接。
- 删除：选择顶点，并单击该工具可以将顶点进行删除，并且图形自动进行调整形状。
- 显示选定线段：启用后，顶点子对象层级的任何所选线段将高亮显示为红色。

重点 进阶案例 —— 使用样条线制作凳子

场景文件	无
案例文件	进阶案例 —— 使用样条线制作凳子 .max
视频教学	多媒体教学 /Chapter04/ 进阶案例 —— 使用样条线制作凳子 .flv
难易指数	★★☆☆☆
技术掌握	掌握【线】、【圆环】工具和【阵列】命令的运用

本例就来学习样条线下的【线】工具、标准基本体下的【圆环】工具、工具下的【阵列】命令来完成模型的制作，最终渲染和线框效果如图 4-23 所示。

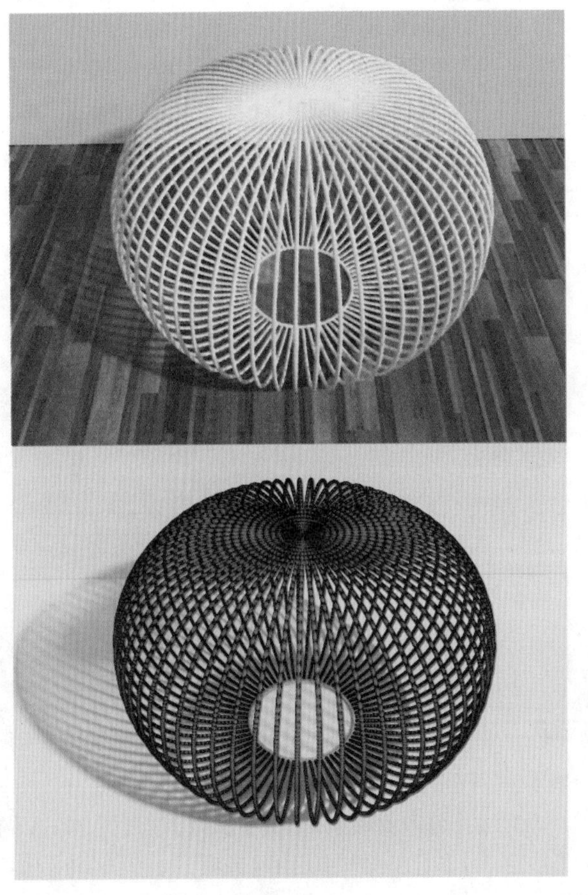

图 4–23

建模思路

01 使用线制作模型

02 使用圆环、阵列制作模型

凳子建模流程图如图 4-24 所示。

图 4-24

制作步骤

1. 使用线制作模型

（1）启动 3ds Max 2014 中文版，单击菜单栏中的【自定义】|【单位设置】命令，弹出【单位设置】对话框，将【显示单位比例】和【系统单位比例】设置为毫米，如图 4-25 所示。

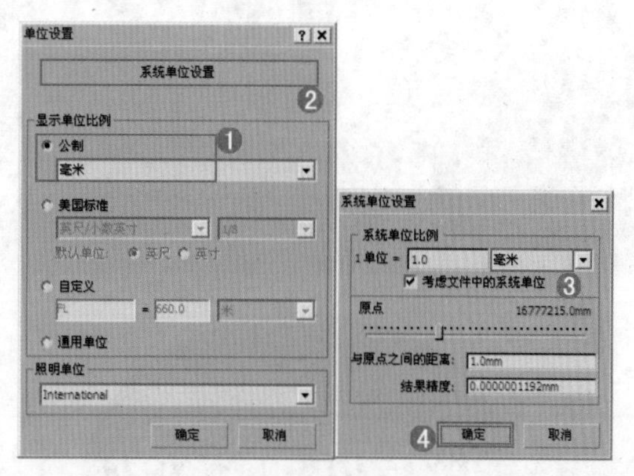

图 4-25

（2）单击（创建）|（图形）| 样条线 | 线 按钮，在左视图中创建如图 4-26 所示的样条线。

（3）在【修改面板】下展开【渲染】卷展栏，勾选【在渲染中启用】和【在视口中启用】选项，勾选【径向】选项，设置【厚度】为 3.0mm，最终模型效果如图 4-27 所示。

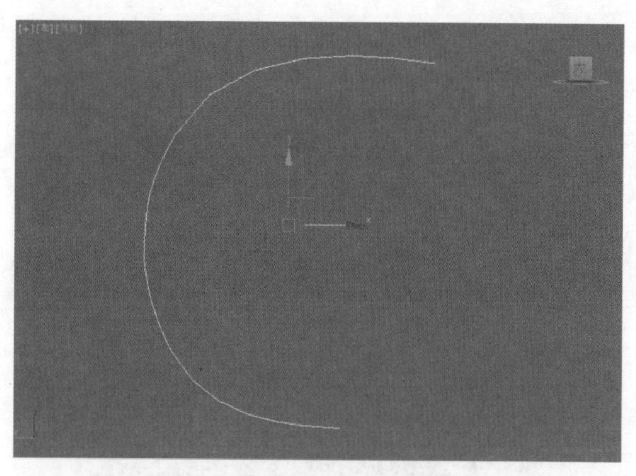

图 4-26

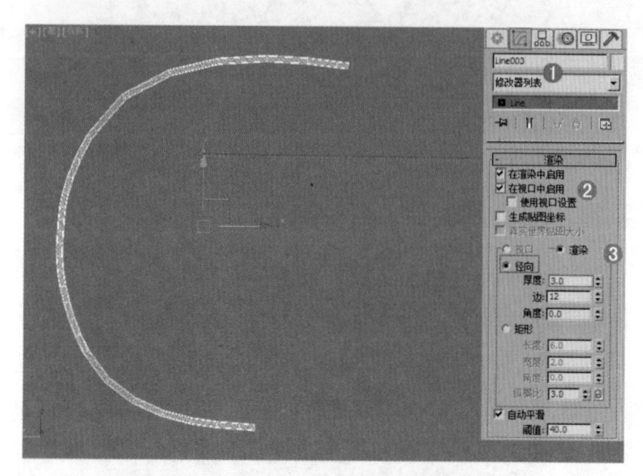

图 4-27

（4）选择上一步创建的样条线，在修改面板下加载【网格平滑】命令，在【细分量】卷展栏下，设置【迭代次数】为 2，如图 4-28 所示。

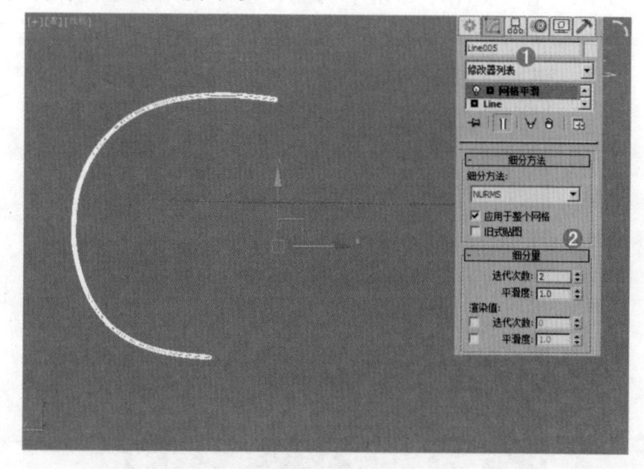

图 4-28

2. 使用圆环、阵列制作模型

（1）单击【层级】面板按钮，单击 仅影响轴 按钮，将坐标轴移动到如图 4-29 所示的位置。移动坐标轴后，再单击一下【仅影响轴】按钮，退出层级模式。

（2）单击【工具】命令，在列表中选择【阵列】，如图 4-30 所示。

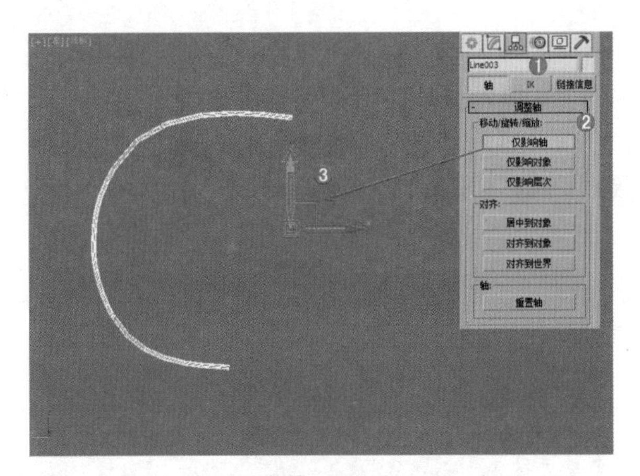

图 4-29

图 4-30

（3）切换到顶视图，在【阵列】对话框中，单击【预览】按钮，单击【旋转】后面的 > 按钮，设置【Z 轴】为 360°，设置【数量】为 65，单击【确定】按钮，如图 4-31 所示。

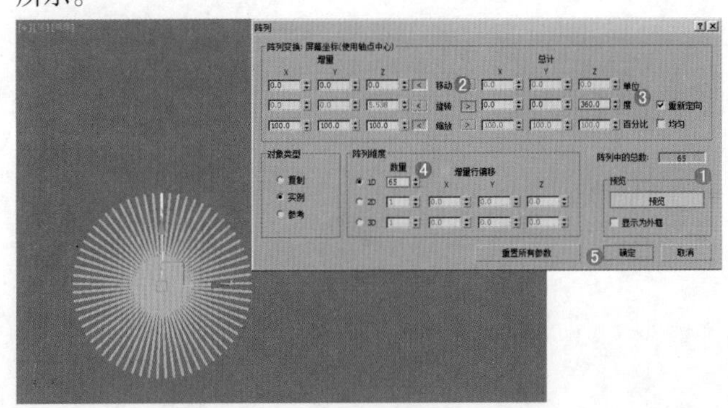

图 4-31

（4）切换到透视图，阵列后的效果如图 4-32 所示。

（5）单击（创建）|（几何体）| 圆环 按钮，在顶视图中拖拽并创建一个圆环，接着在【修改面板】下设置【半径 1】为 43.0mm，【半径 2】为 1.6mm，【分段】为 50，【边数】为 12，如图 4-33 所示。

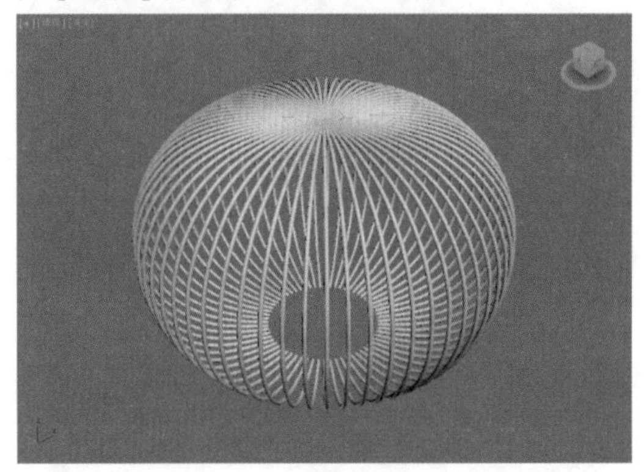

图 4-32

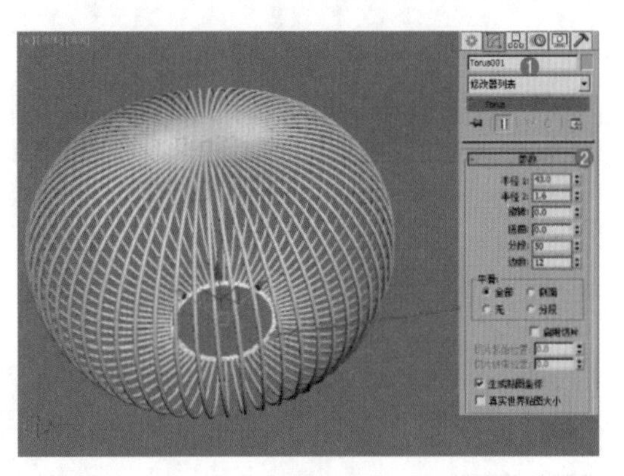

图 4-33

（6）最终模型效果如图 4-34 所示。

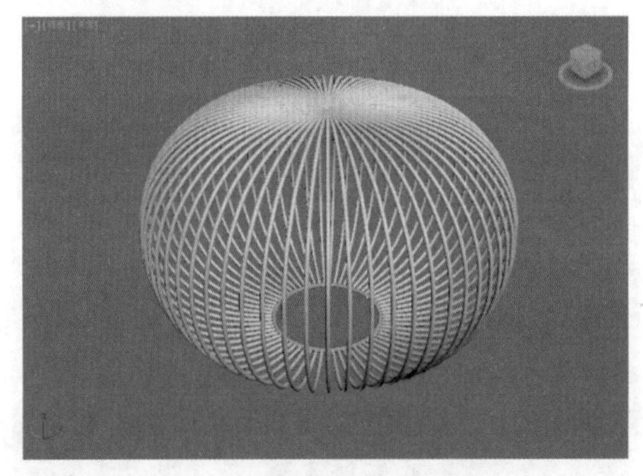

图 4-34

重点 进阶案例——使用线制作时尚钟表

场景文件	无
案例文件	进阶案例——使用线制作时尚钟表 .max
视频教学	多媒体教学 /Chapter04/ 进阶案例——使用线制作时尚钟表 .flv
难易指数	★★☆☆☆
技术掌握	掌握【线】、【长方体】、【圆柱体】工具和【阵列】、【挤出】命令的运用

本例就来学习样条线下的【线】工具、标准基本体下的【长方体】、【圆柱体】工具、工具下的【阵列】命令和修改面板下的【挤出】命令来完成模型的制作，最终渲染和线框效果如图 4-35 所示。

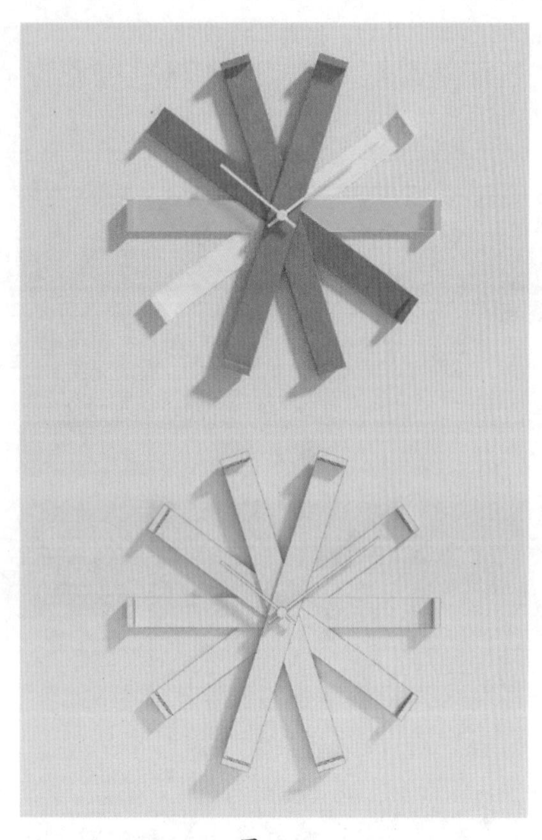

图 4–35

建模思路

01 使用线、挤出和阵列制作模型

02 使用长方体、圆柱体制作模型

时尚钟表建模流程图，如图 4-36 所示。

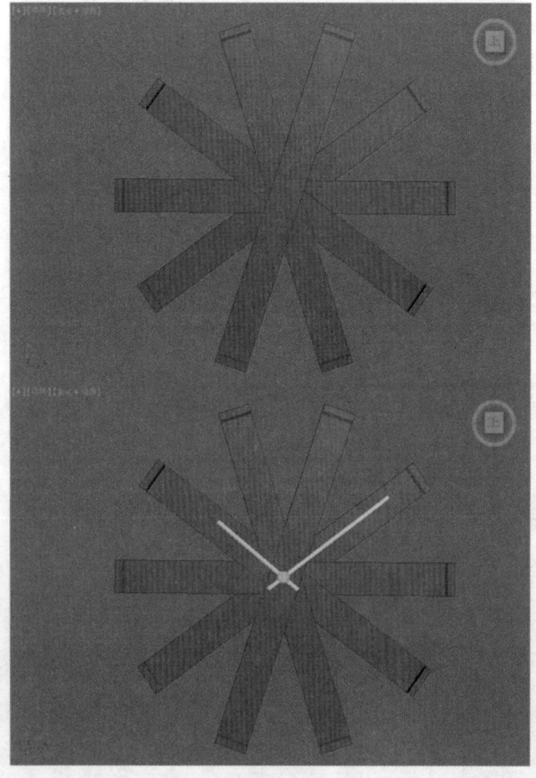

图 4–36

制作步骤

1. 使用线、挤出和阵列制作模型

（1）单击（创建）|（图形）|样条线|线按钮，在前视图中创建如图 4-37 所示的样条线。

图 4–37

（2）选择上一步创建的图形，在【修改器列表】中加载【挤出】命令，在【参数】卷展栏下，设置【数量】为 28mm，如图 4-38 所示。

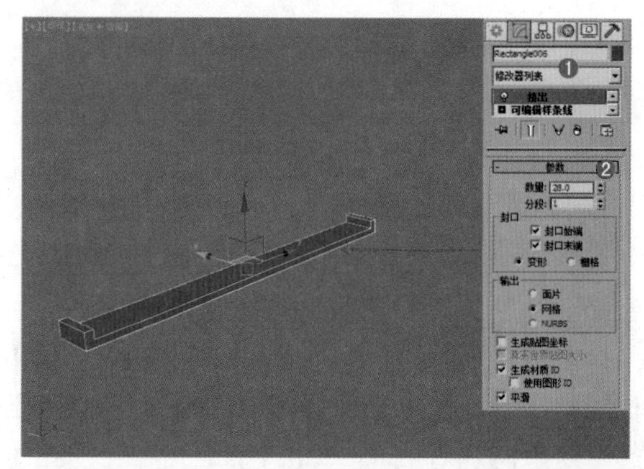

图 4–38

（3）单击【工具】命令，在列表中选择【阵列】，如图 4-39 所示。

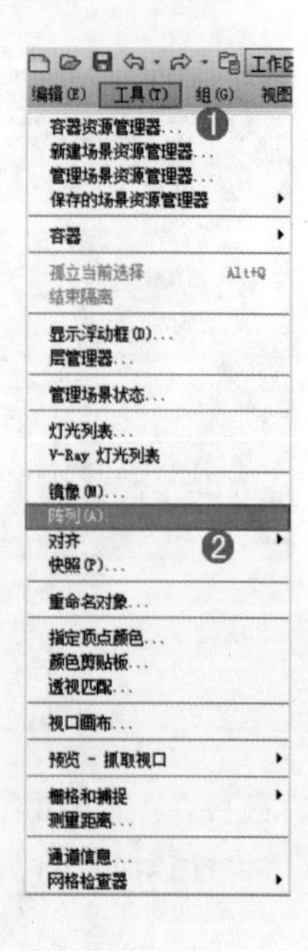

图 4–39

（4）切换到顶视图，在【阵列】对话框中，单击【预览】按钮，单击【旋转】后面的 > 按钮，设置【Z 轴】为 360°，设置【数量】为 10，单击【确定】按钮，如图 4-40 所示。

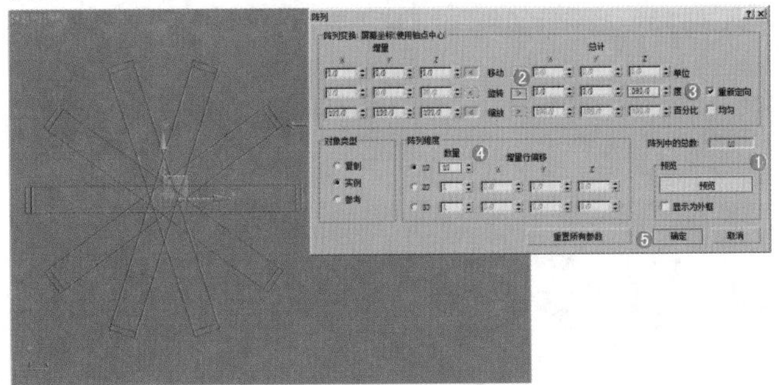

图 4-40

（5）切换到透视图，阵列后的效果如图 4-41 所示。

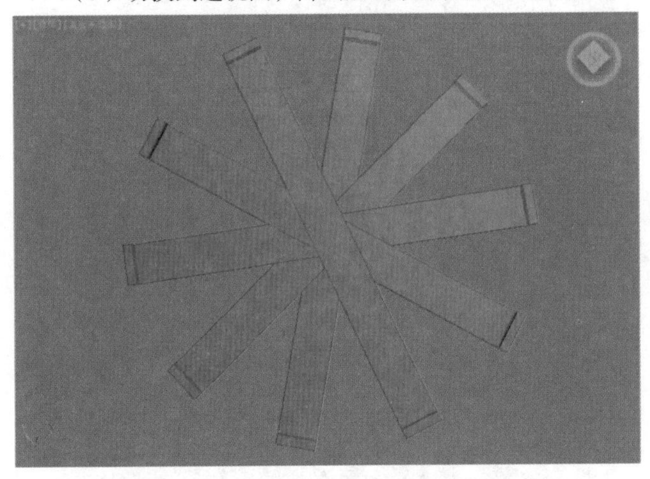

图 4-41

2. 使用长方体、圆柱体制作模型

（1）单击 （创建）|（几何体）| 圆柱体 按钮，在顶视图中拖拽创建一个圆柱体，在【修改面板】下设置【半径】为 5.0mm，【高度】为 10.0mm，如图 4-42 所示。

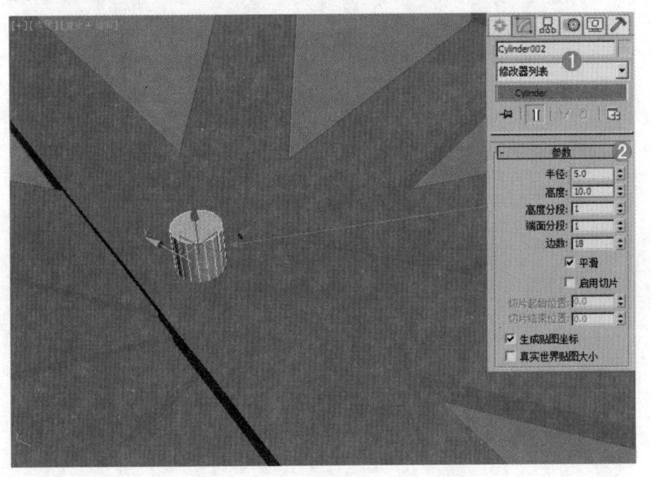

图 4-42

（2）单击 （创建）|（几何体）| 长方体 按钮，在顶视图中拖拽并创建一个长方体，在【修改面板】下设置【长度】为 130.0mm，【宽度】为 3.0mm，【高度】为 2.0mm，如图 4-43 所示。

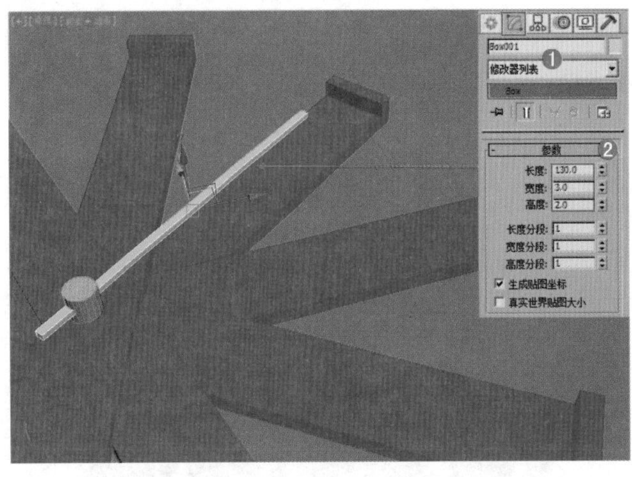

图 4-43

（3）在顶视图中拖拽并创建一个长方体，在【修改面板】下设置【长度】为 90.0mm，【宽度】为 3.0mm，【高度】为 2.0mm，如图 4-44 所示。

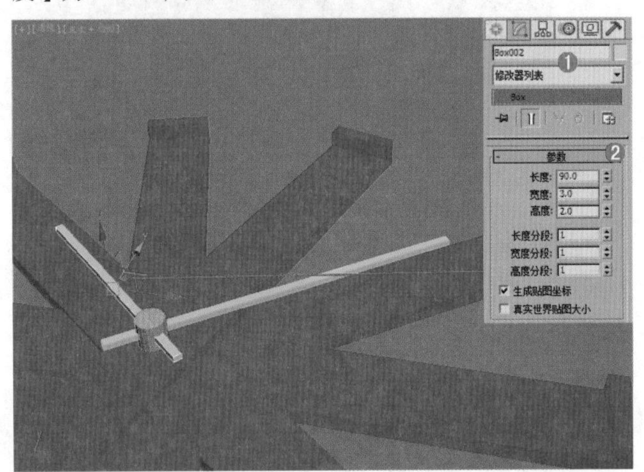

图 4-44

（4）最终模型效果如图 4-45 所示。

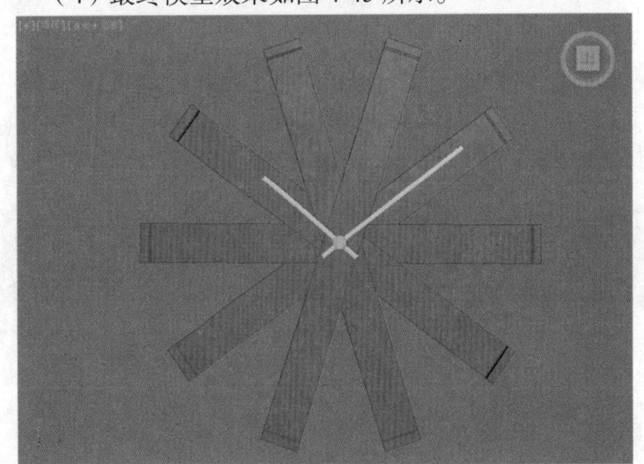

图 4-45

4.1.2 矩形

使用【矩形】可以创建正方形或矩形的样条线。【矩形】的参数包括【渲染】、【插值】和【参数】3 个卷展栏，如图 4-46 所示。创建的矩形样条线，如图 4-47 所示。

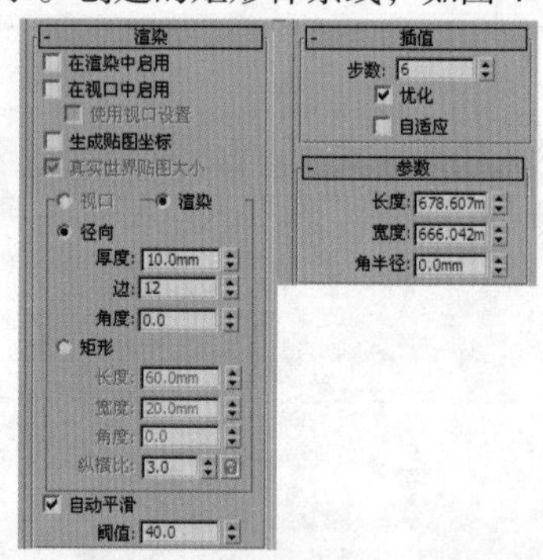

图 4-46

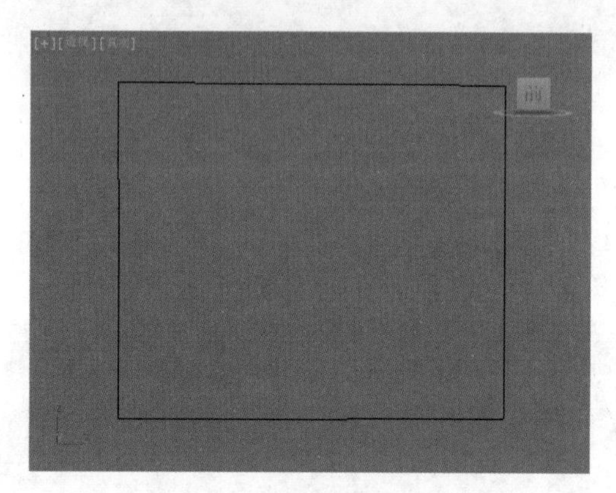

图 4-47

重点 进阶案例 —— 使用线和矩形制作书架

场景文件	无
案例文件	进阶案例 —— 使用线和矩形制作书架 .max
视频教学	多媒体教学 /Chapter04/ 进阶案例 —— 使用线和矩形制作书架 .flv
难易指数	★★☆☆☆
技术掌握	掌握【线】、【矩形】工具和【挤出】命令

本例就来学习使用样条线下的【线】、【矩形】工具和【挤出】命令来完成模型的制作，最终渲染和线框效果如图 4-48 所示。

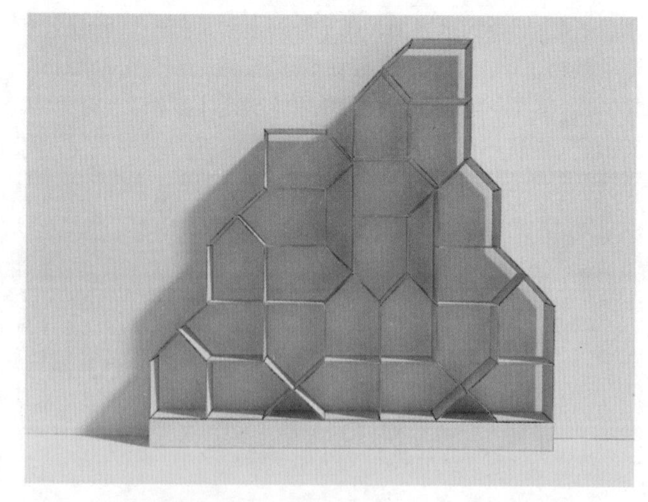

图 4-48

建模思路

01 STEP 使用矩形和挤出制作模型

02 STEP 使用线制作模型

装饰建模流程图如图 4-49 所示。

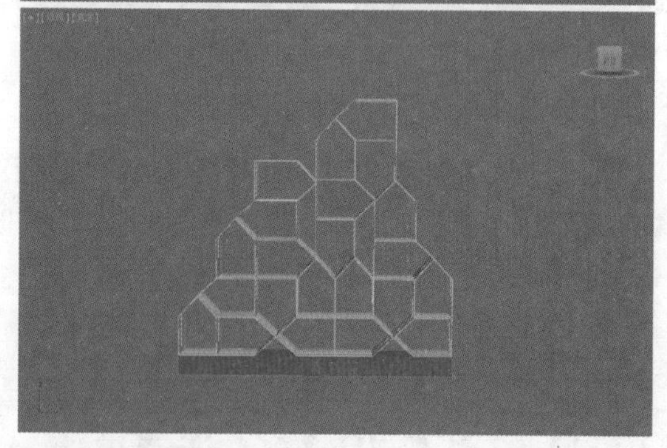

图 4-49

制作步骤

1. 使用矩形和挤出制作模型

（1）单击（创建）|（图形）| 样条线 | 矩形 按钮，在前视图中创建一个矩形，在修改面板下设置【长度】为 41.0mm，【宽度】为 432.0mm，如图 4-50 所示。

（2）选择上一步创建的样条线，为其加载【挤出】修改器命令。在修改面板下展开【参数】卷展栏下设置【数量】为 30.0mm，如图 4-51 所示。

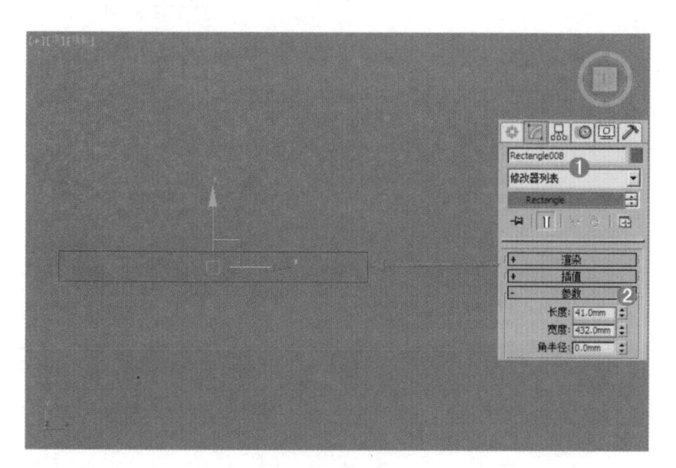

图 4-50

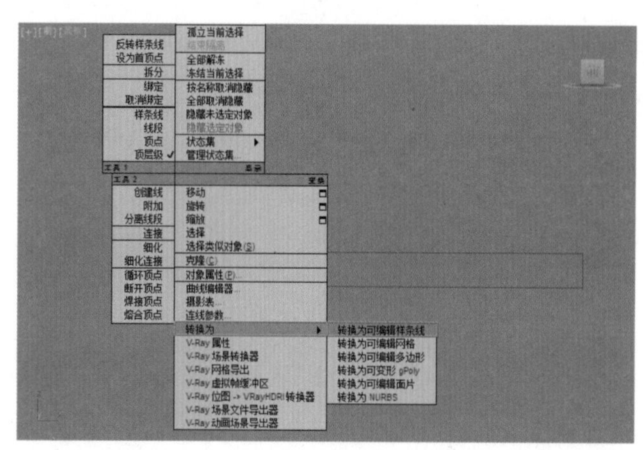

图 4-53

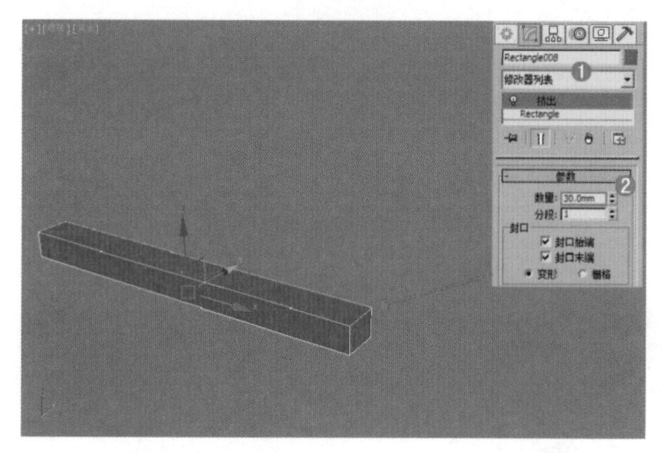

图 4-51

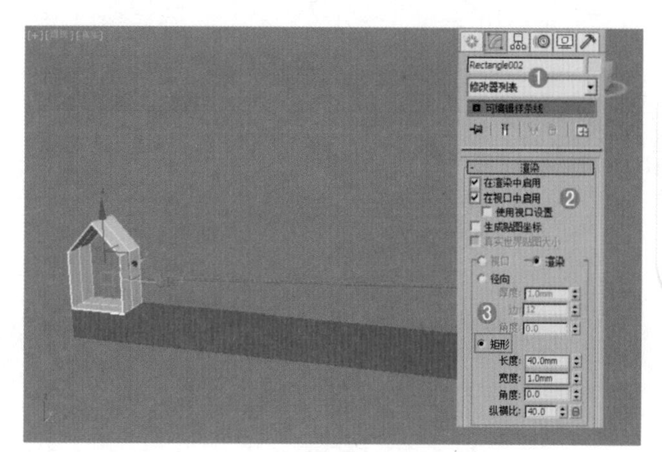

图 4-54

2. 使用线制作模型

（1）单击 （创建）|（图形）| 样条线 | 线 按钮，在前视图中创建如图 4-52 所示的样条线。

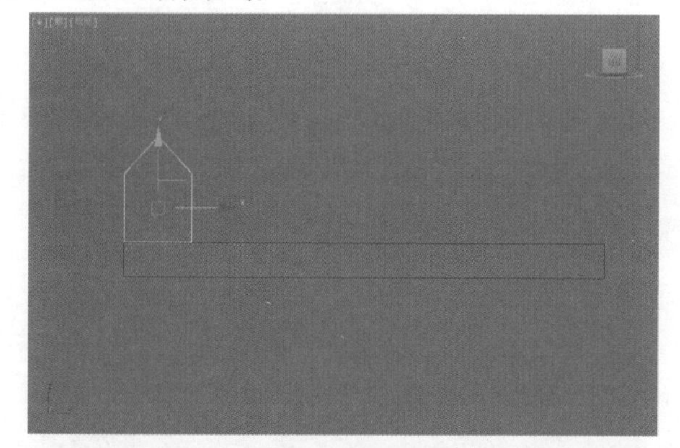

图 4-52

（2）选择模型，单击右键，在弹出的对话框中选择【转换为】选项，单击【转换为可编辑样条线】选项，如图 4-53 所示。

（3）在【修改面板】下展开【渲染】卷展栏，勾选【在渲染中启用】和【在视口中启用】选项，勾选【矩形】选项，设置【长度】为 40.0mm，宽度为 1.0mm，如图 4-54 所示。

（4）选择上一步创建的模型，使用 （选择并移动）工具，按住【Shift】键进行复制，在弹出的【克隆选项】对话框中选择【复制】，使用 （选择并移动）工具和 （选择并旋转）工具摆放位置，如图 4-55 所示。

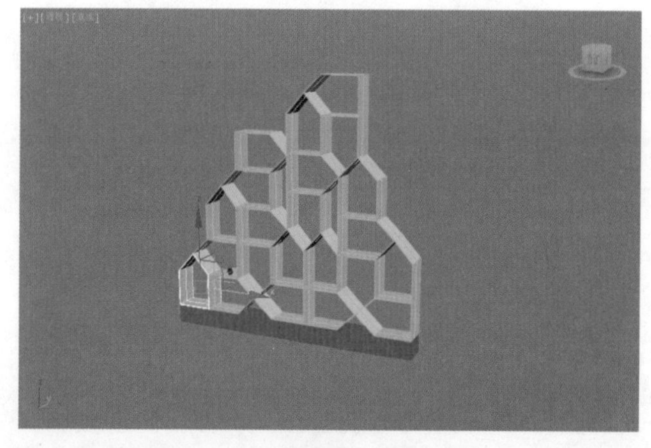

图 4-55

（5）最终模型效果如图 4-56 所示。

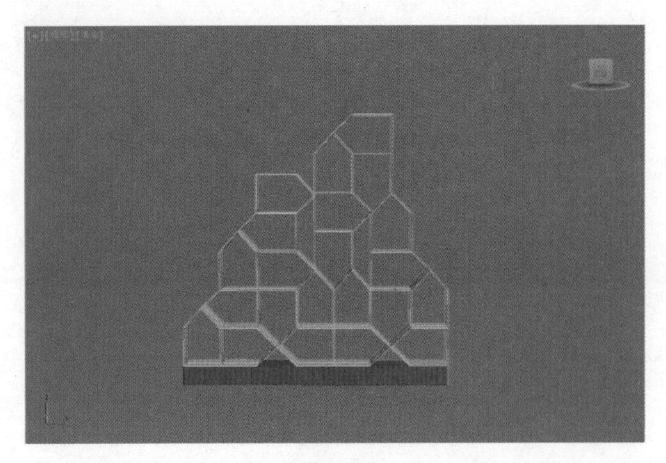

图 4-56

4.1.3 圆

使用【圆】来创建由四个顶点组成的闭合圆形样条线。【圆】的参数包括【渲染】、【插值】和【参数】3个卷展栏，如图 4-57 所示。圆的效果，如图 4-58 所示。

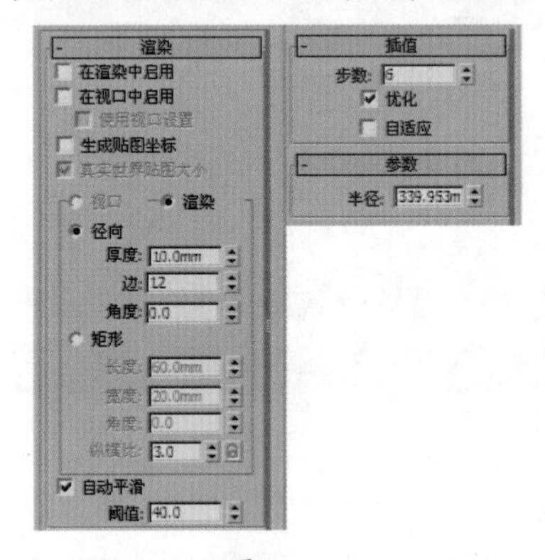

图 4-57

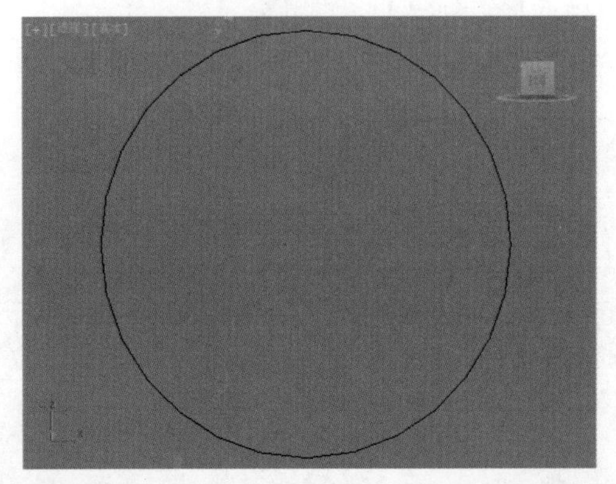

图 4-58

重点 进阶案例 —— 使用圆和线制作圆桌

场景文件	无
案例文件	进阶案例 —— 使用圆和线制作圆桌 .max
视频教学	多媒体教学 /Chapter04/ 进阶案例 —— 使用圆和线制作圆桌 .flv
难易指数	★★☆☆☆
技术掌握	掌握【线】和【圆】工具

本例就来学习使用样条线下的【线】和【圆】工具来完成模型的制作，最终渲染和线框效果如图 4-59 所示。

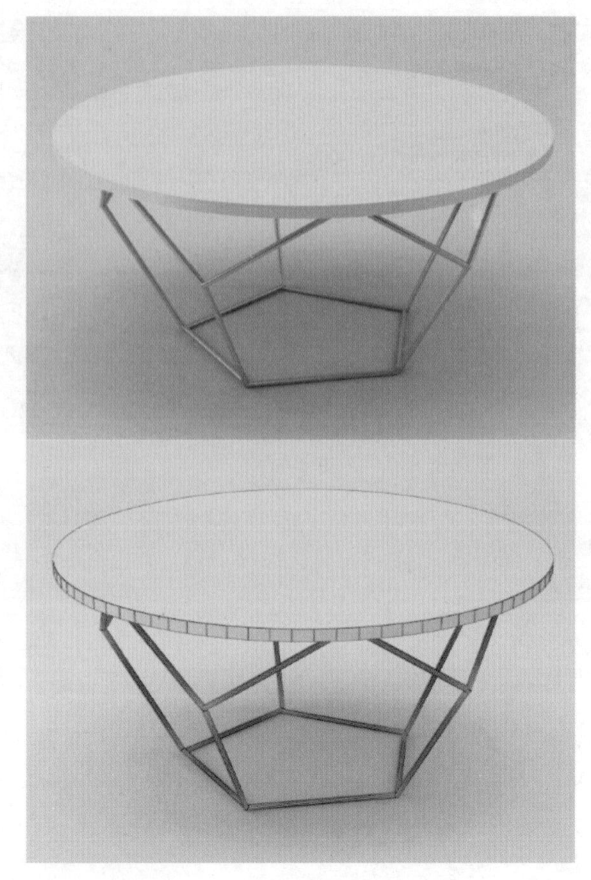

图 4-59

建模思路

01 STEP 使用圆和挤出修改器制作圆形模型

02 STEP 使用线制作底部支撑模型

圆桌建模流程图如图 4-60 所示。

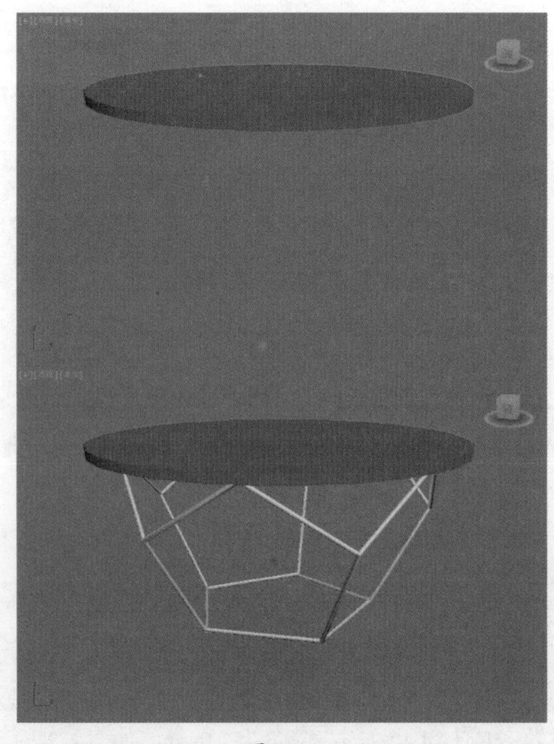

图 4-60

制作步骤

1. 使用圆和挤出修改器制作模型

（1）单击（创建）|（图形）|样条线 | 圆 按钮，在前视图中创建如图 4-61 所示的圆。

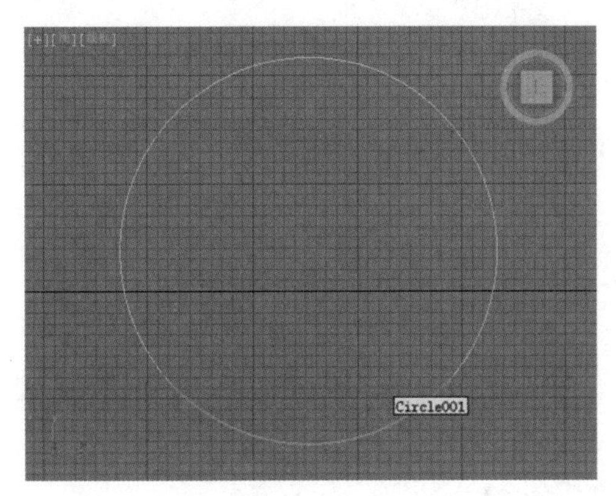

图 4-61

（2）单击【修改】按钮，设置【步数】为 20，【半径】为 180.0mm，如图 4-62 所示。

（3）单击【修改】按钮，为其添加【挤出】修改器，设置【数量】为 8.0mm，如图 4-63 所示。

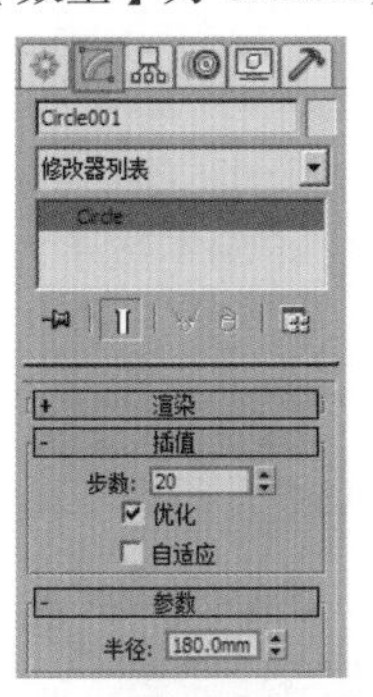

图 4-62

图 4-63

（4）此时效果如图 4-64 所示。

图 4-64

2. 使用线制作底部支撑模型

（1）单击（创建）|（图形）|样条线 | 线 按钮，在前视图中创建一个图形，如图 4-65 所示。

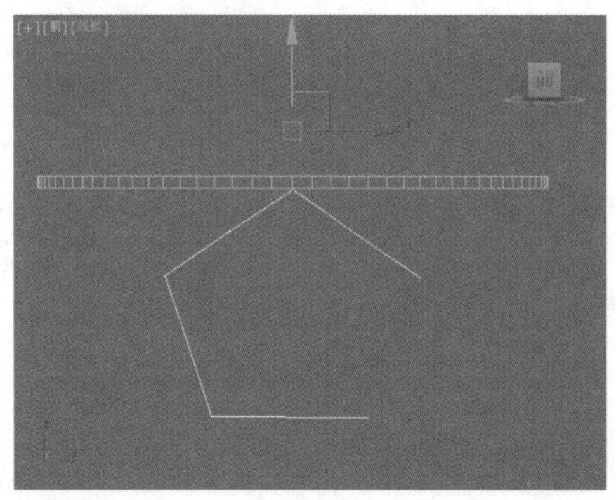

图 4-65

（2）在【修改面板】下展开【渲染】卷展栏，勾选【在渲染中启用】和【在视口中启用】选项，勾选【径向】选项，设置【厚度】为 4.0mm，使用（选择并旋转）工具调节模型角度，最终模型效果如图 4-66 所示。

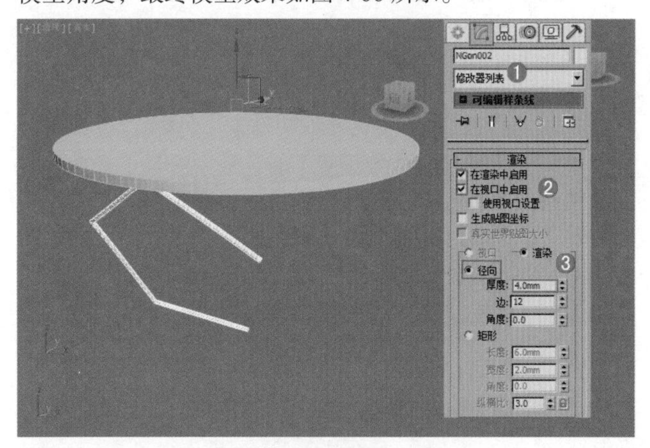

图 4-66

（3）选择刚才创建的线，单击【修改】，单击 仅影响轴 按钮，并将轴心移动到物体的正中心，如图 4-67 所示。

（4）此时再次单击 仅影响轴 按钮，代表完成了轴心的移动。

求生秘籍 —— 软件技能：为什么使用【仅影响轴】

默认情况下物体的中心在物体本身的中心，但是有的时候（比如要创建本案例的桌子腿）桌子腿的中心应该在桌子的中心，而不是桌子腿的中心，那么就需要将物体的轴心进行位置的调整，就需要应用到【仅影响轴】这个工具了。这是非常重要的工具，需要熟练掌握。

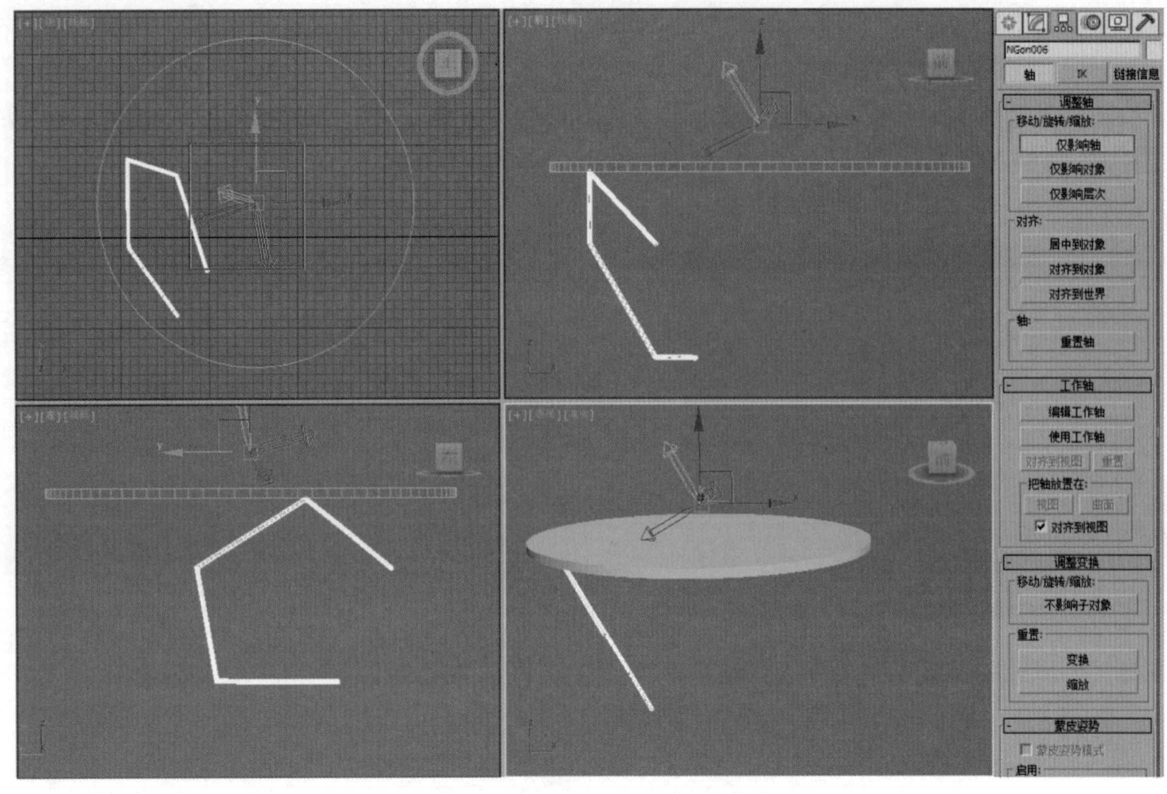

图 4-67

（5）单击打开【角度捕捉切换】工具，右键单击该工具，在【栅格和捕捉设置】对话框中设置【选项】下面的【角度】为 2.0，如图 4-68 所示。

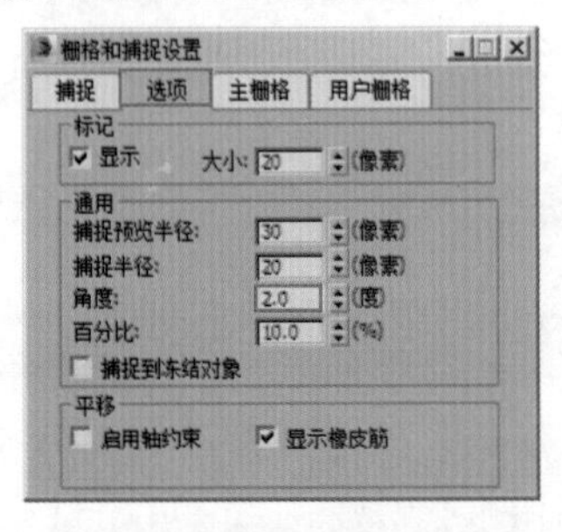

图 4-68

求生秘籍——技巧提示：旋转复制时怎么正确计算应该复制多少度

首先要知道旋转一周是 360°，那么我们需要计算下面 3 个问题：

①复制几个：那么比如该案例中我们需要最终制作 5 个桌子腿，因此需要复制 4 个桌子腿。

②复制多少度：既然一共要制作 5 个桌子腿，那么 360°/5=72°。

③角度捕捉切换设置的角度为多少：既然算出来是 72°，那么就可以将角度捕捉切换的数值设置为 2 或 4 或 6 都可以。

（6）选择上一步创建的模型，使用（选择并旋转）工具，按住【Shift】键进行旋转 72° 复制，在【克隆选项】对话框中设置【对象】为实例，设置【副本数】为 4，如图 4-69 所示。

（7）复制后的效果如图 4-70 所示。

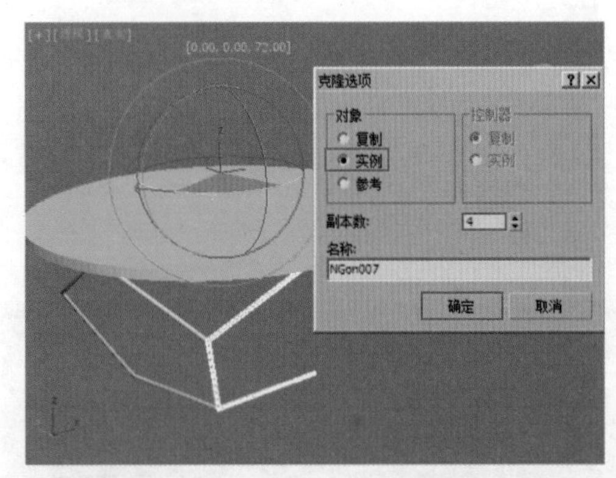

图 4-69

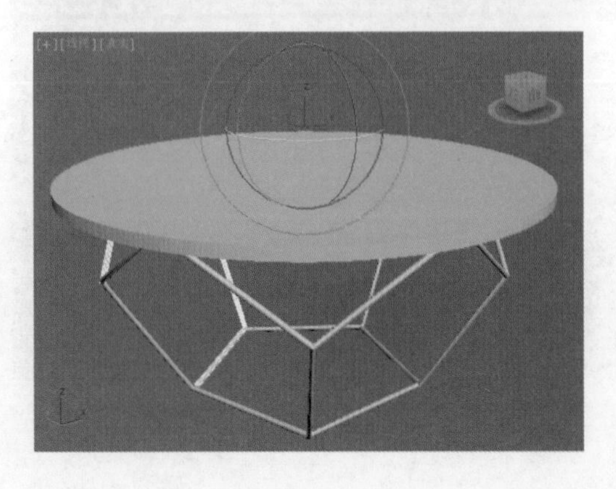

图 4-70

（8）最终模型效果如图 4-71 所示。

图 4–71

进阶案例——使用矩形和圆制作茶几

场景文件	无
案例文件	进阶案例——使用矩形和圆制作茶几 .max
视频教学	多媒体教学 /Chapter04/ 进阶案例——使用矩形和圆制作茶几 .flv
难易指数	★★☆☆☆
技术掌握	掌握【矩形】和【圆】工具及【阵列】、【倒角】和【FFD4*4*4】命令的运用

本例就来学习样条线下的【矩形】和【圆】工具、工具下的【阵列】命令、修改面板下的【倒角】和【FFD4*4*4】命令来完成模型的制作，最终渲染和线框效果如图 4-72 所示。

图 4–72

建模思路

01 使用圆、倒角制作模型

02 使用矩形、FFD4*4*4 和阵列制作模型

茶几建模流程图如图 4-73 所示。

图 4–73

制作步骤

1. 使用圆、倒角制作模型

（1）单击（创建）|（图形）|样条线 |圆按钮，在顶视图中创建一个圆图形。展开【参数】卷展栏，设置【半径】为 105mm，如图 4-74 所示。

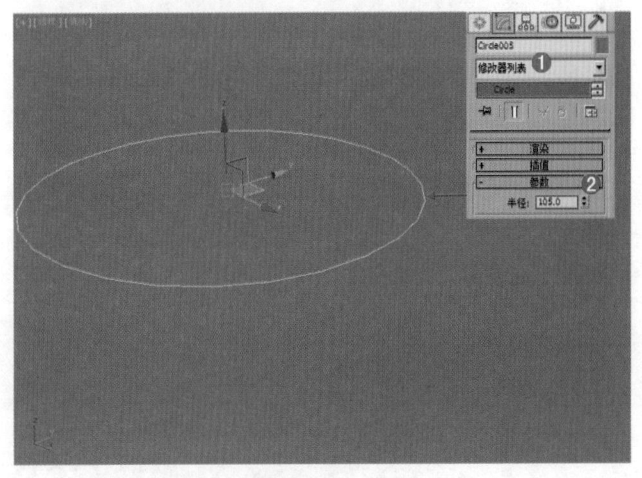

图 4–74

（2）选择上一步创建的图形，在【修改器列表】中加载【倒角】命令，在【倒角值】卷展栏下，设置【级别 1】的【高度】为 3.0、【轮廓】为 0.4。勾选【级别 2】的【高

度】为 3.0、【轮廓】为 1.0，如图 4-75 所示。

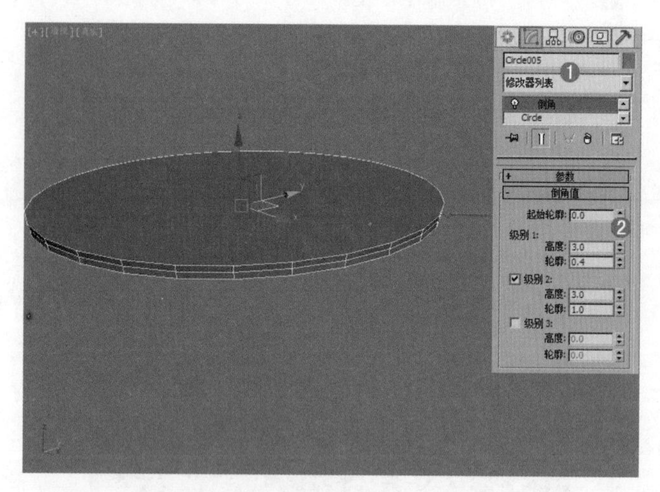

图 4–75

（3）选择上一步创建的模型，在修改面板下，进入【边】级别，选择如图 4-76 所示的边。单击 切角 按钮后面的【设置】按钮，设置【切角数量】为 3.0，【切角分段】为 4，如图 4-77 所示。

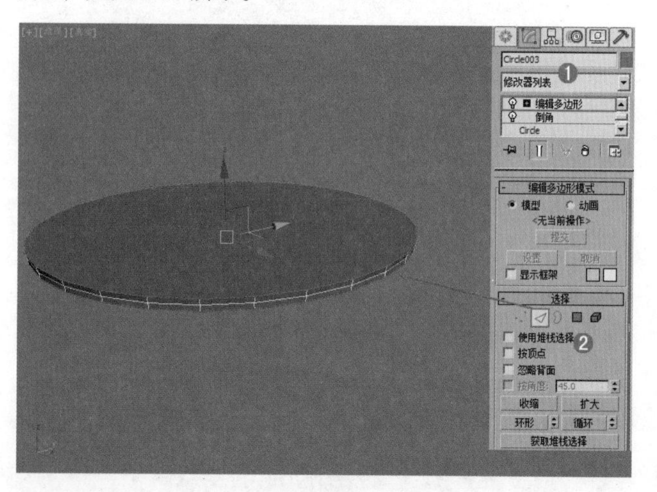

图 4–76

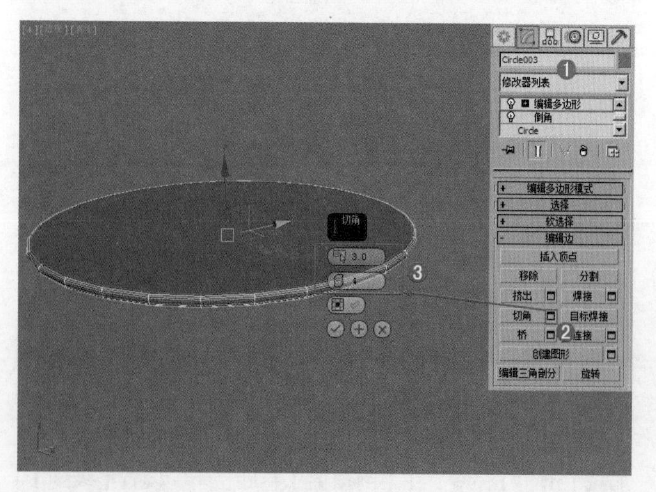

图 4–77

（4）选择上一步的模型，在修改面板下加载【网格平滑】命令，在【细分量】卷展栏下，设置【迭代次数】为 2，如图 4-78 所示。

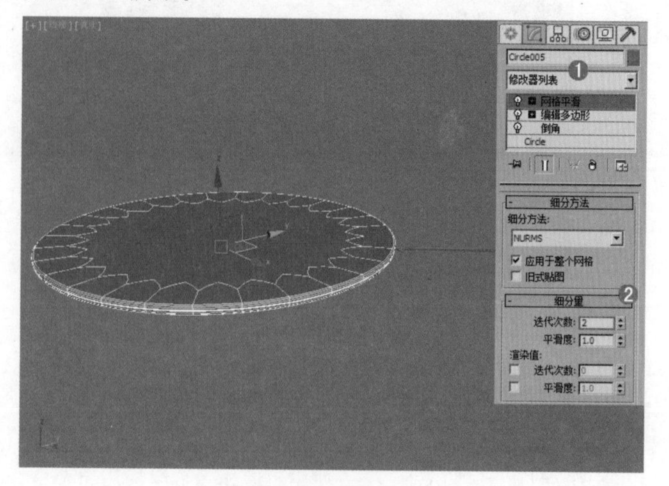

图 4–78

2. 使用矩形、FFD4*4*4 和阵列制作模型

（1）单击 （创建）|（图形）| 样条线 | 矩形 按钮，在前视图中创建一个矩形图形。展开【参数】卷展栏，设置【长度】为 112.016mm，【宽度】为 17.515mm，如图 4-79 所示。

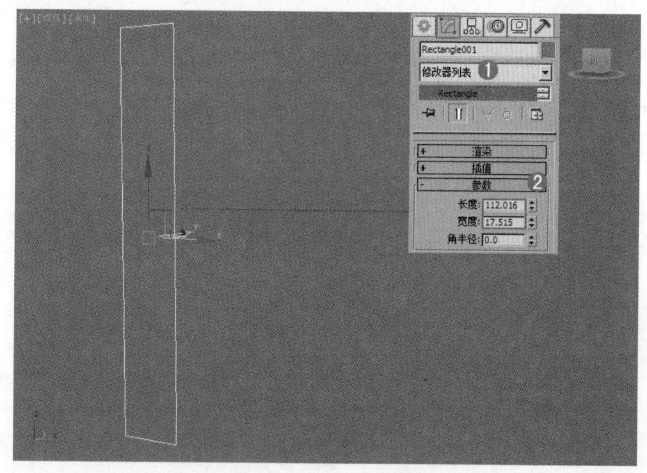

图 4–79

（2）在【修改面板】下展开【渲染】卷展栏，勾选【在渲染中启用】和【在视口中启用】选项，勾选【矩形】选项，设置【长度】为 2.0mm，【宽度】为 2.0mm，最终模型效果如图 4-80 所示。

（3）选择上一步的模型，在【修改器列表】中加载【编辑样条线】命令，进入【顶点】级别，选择如图 4-81 所示的顶点。单击 圆角 按钮，设置【数量】为 8，如图 4-82 所示。

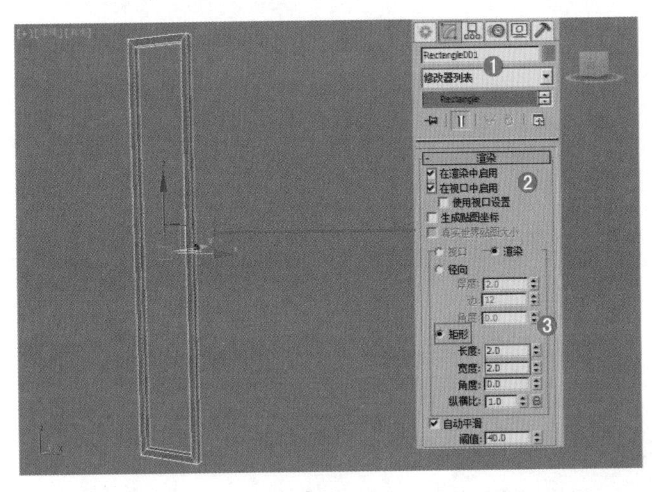

图 4–80

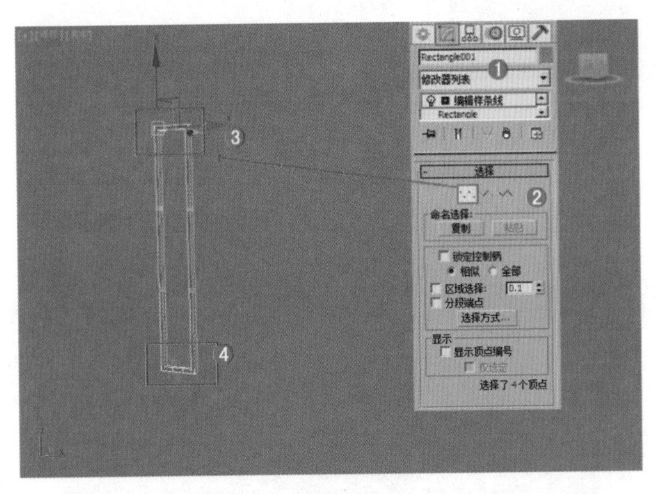

图 4–81

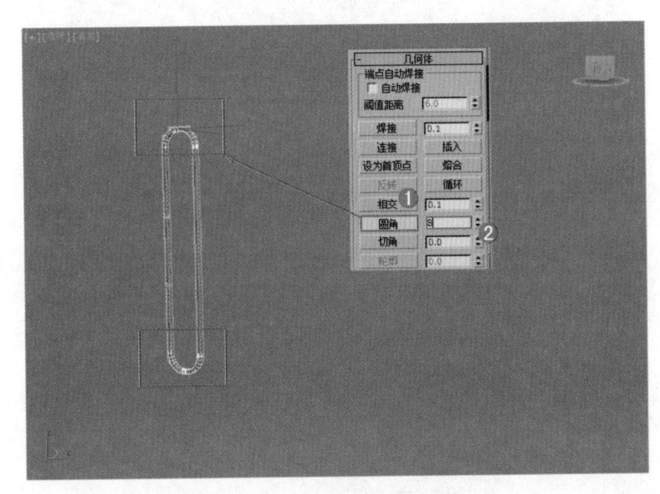

图 4–82

（4）选择上一步的模型，在【修改器列表】中加载【FFD4*4*4】命令修改器，进入【控制点】级别，使用【选择并移动】工具，在透视图调节控制点的位置，如图 4-83 所示。

（5）单击【层级】面板按钮，单击【仅影响轴】按钮，将坐标轴移动到如图 4-84 所示的位置。移动坐标轴后，再单击一下【仅影响轴】按钮，退出层级模式。

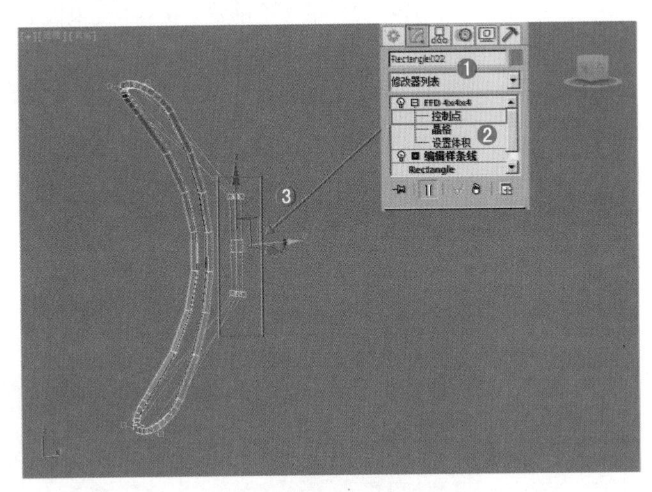

图 4–83

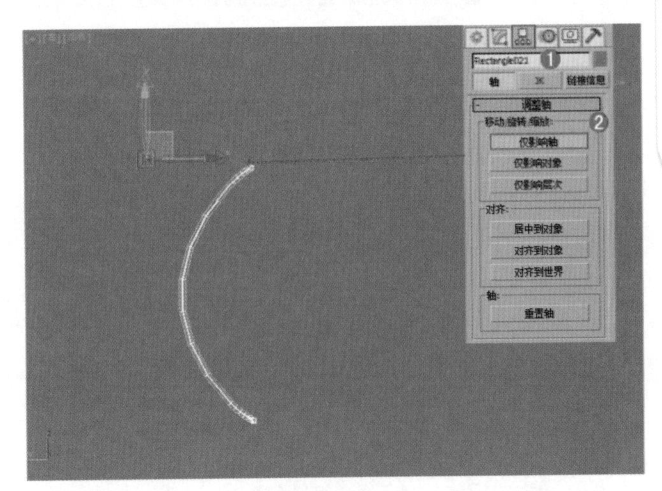

图 4–84

（6）单击【工具】命令，在列表中选择【阵列】，如图 4-85 所示。

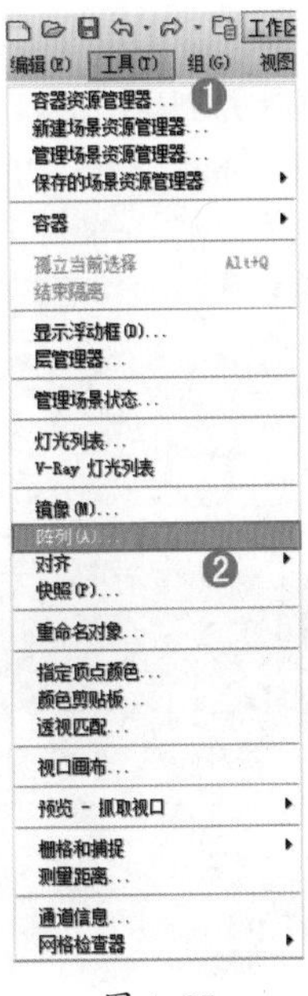

图 4–85

（7）切换到顶视图，在【阵列】对话框中，单击【预览】按钮，单击【旋转】后面的 > 按钮，设置【Z 轴】为 360°，设置【数量】为 17，单击【确定】按钮，如图 4-86 所示。

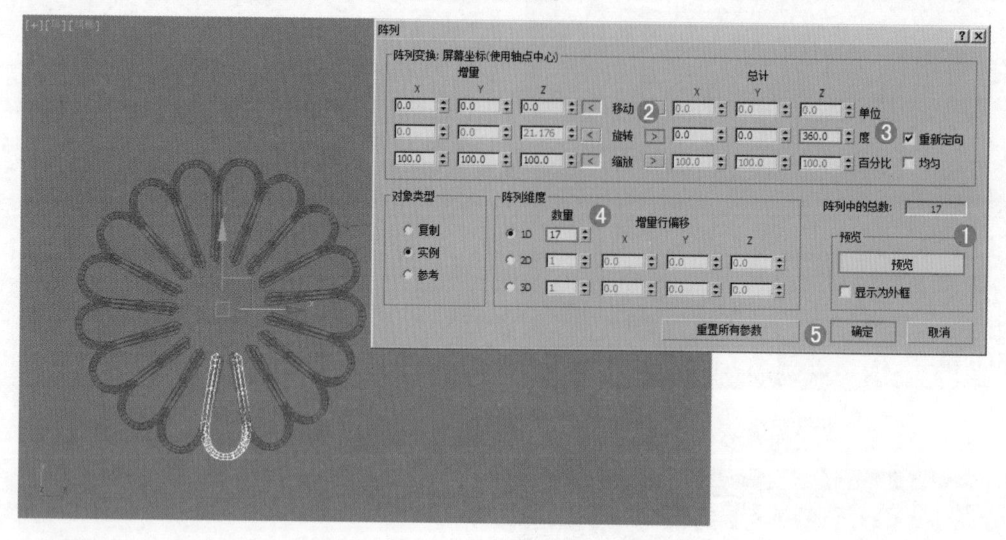

图 4-86

（8）切换到透视图，阵列后的效果如图 4-87 所示。

图 4-87

（9）单击（创建）|（几何体）| 圆环 按钮，在顶视图中拖拽并创建一个圆环，在【修改面板】下设置【半径 1】为 19.0mm，【半径 2】为 2.0mm，【分段】为 35，【边数】为 12，如图 4-88 所示。

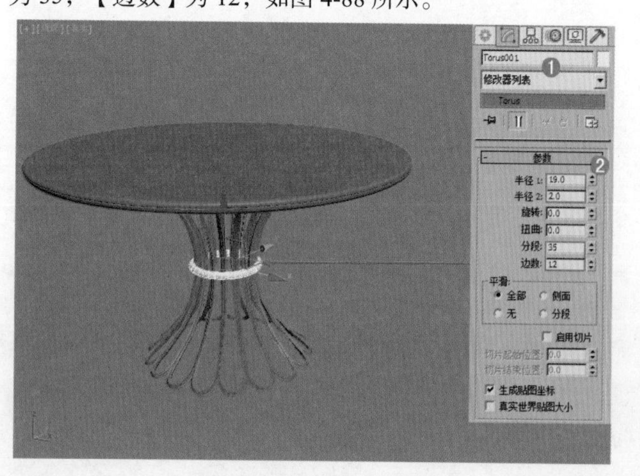

图 4-88

（10）最终模型效果如图 4-89 所示。

图 4-89

4.1.4 椭圆

使用【椭圆】可以创建椭圆形和圆形样条线。其参数设置面板如图 4-90 所示。椭圆的效果如图 4-91 所示。

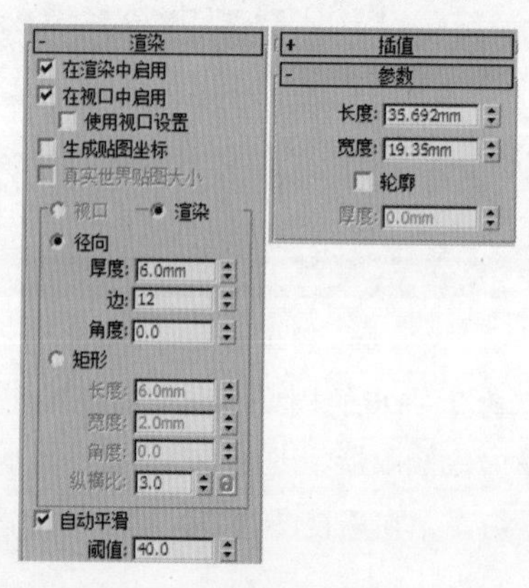

图 4-90

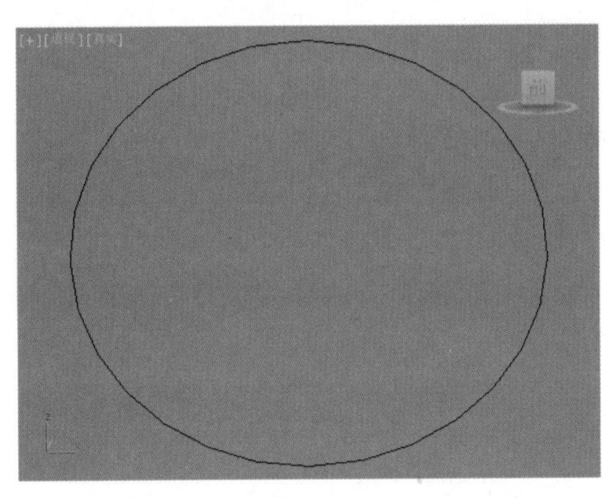

图 4–91

4.1.5　弧

使用【弧形】来创建由四个顶点组成的打开和闭合圆形弧形。【弧形】的参数包括【渲染】、【插值】和【参数】3 个卷展栏，如图 4-92 所示。弧的效果如图 4-93 所示。

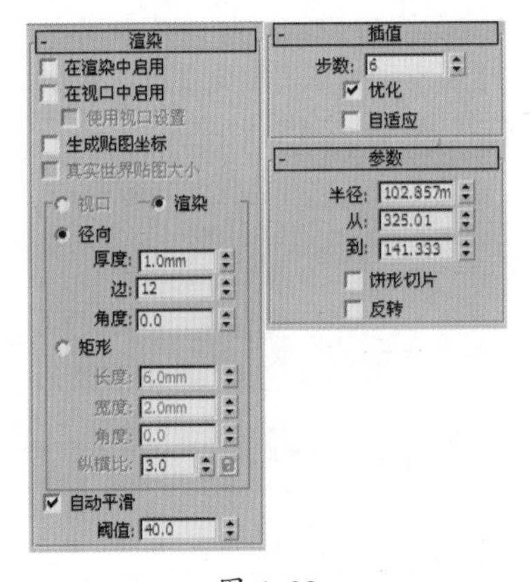

图 4–92

图 4–93

4.1.6　圆环

使用【圆环】可以通过两个同心圆创建封闭的形状。每个圆都由四个顶点组成。其参数设置面板如图 4-94 所示。圆环效果如图 4-95 所示。

图 4–94

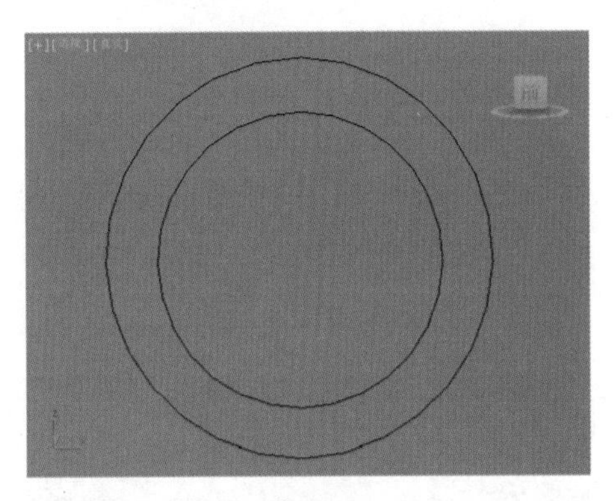

图 4–95

4.1.7　多边形

使用【多边形】可以创建具有任意面数或顶点数的闭合平面或圆形样条线。【多边形】的参数包括【渲染】、【插值】和【参数】3 个卷展栏，如图 4-96 所示。多边形效果如图 4-97 所示。

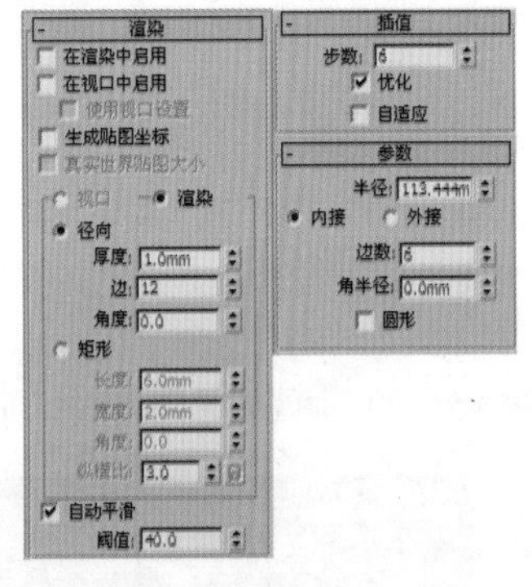

图 4–96

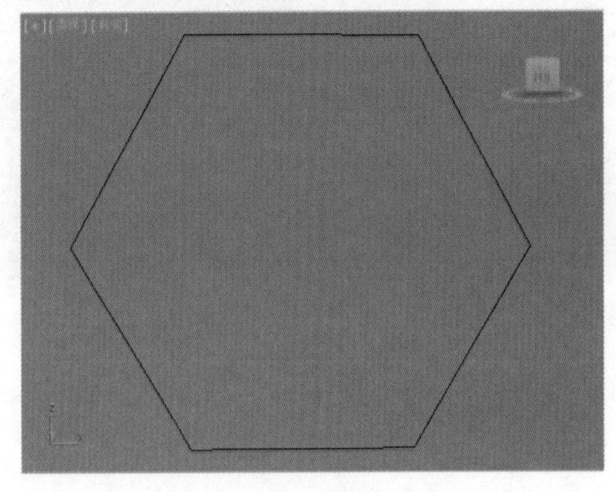

图 4–97

4.1.8 星形

使用【星形】可以创建具有很多点的闭合星形样条线。星形样条线使用两个半径来设置外点和内谷之间的距离。【星形】的参数包括【渲染】、【插值】和【参数】3 个卷展栏，如图 4-98 所示。星形的效果如图 4-99 所示。

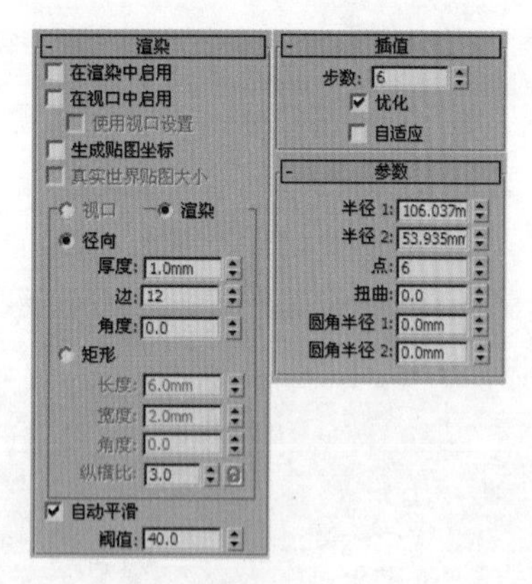

图 4–98

图 4–99

4.1.9 文本

使用【文本样条线】可以很方便地在视图中创建出文字模型，并且可以更改字体类型和字体大小，其参数设置面板如图 4-100 所示。文本效果如图 4-101 所示。

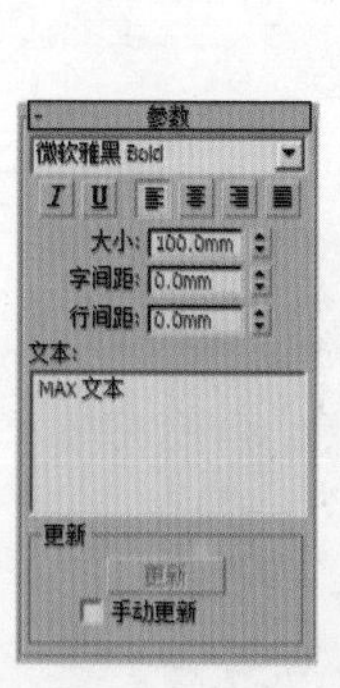

图 4–100

图 4–101

- 【斜体样式】按钮 *I*：单击该按钮可以将文件切换为斜体文本。
- 【下划线样式】按钮 U：单击该按钮可以将文本切换为下划线文本。
- 【左对齐】按钮：单击该按钮可以将文本对齐到边界框的左侧。
- 【居中】按钮：单击该按钮可以将文本对齐到边界框的中心。
- 【右对齐】按钮：单击该按钮可以将文本对齐到边界框的右侧。
- 【对正】按钮：分隔所有文本行以填充边界框的范围。
- 大小：设置文本高度，默认值为 100mm。
- 字间距：设置文字间的间距。
- 行间距：调整字行间的间距。
- 文本：在此可以输入文字，若要输入多行文字，可以按【Enter】键切换到下一行。

4.1.10 螺旋线

使用【螺旋线】可以创建开口平面或 3D 螺旋线或螺旋。【螺旋线】的参数包括【渲染】和【参数】2 个卷展栏，如图 4-102 所示。螺旋线效果如图 4-103 所示。

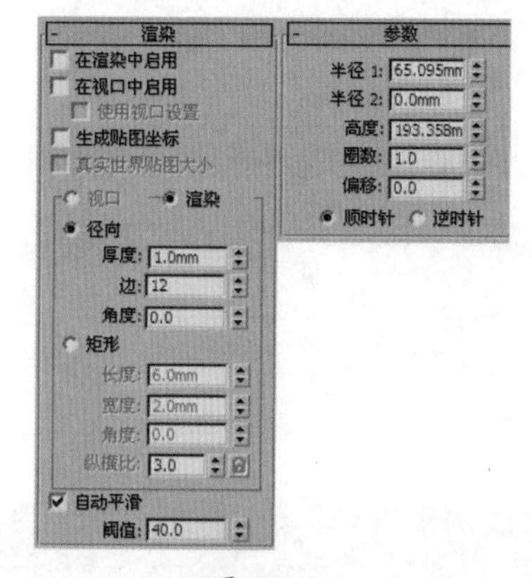

图 4–102

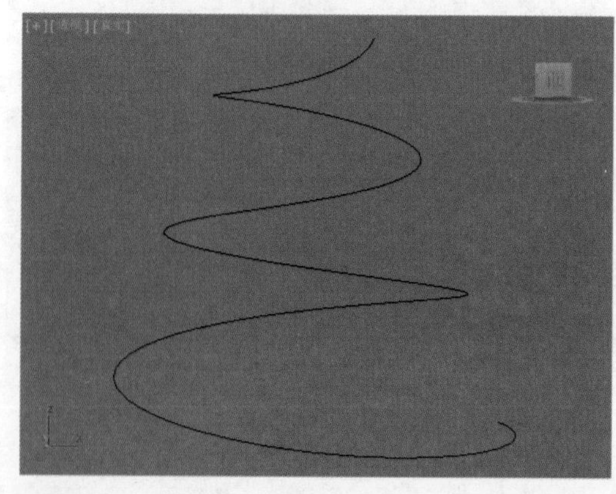

图 4–103

4.1.11 卵形

卵形图形是只有一条对称轴的椭圆形。其参数设置面板如图 4-104 所示。卵形效果如图 4-105 所示。

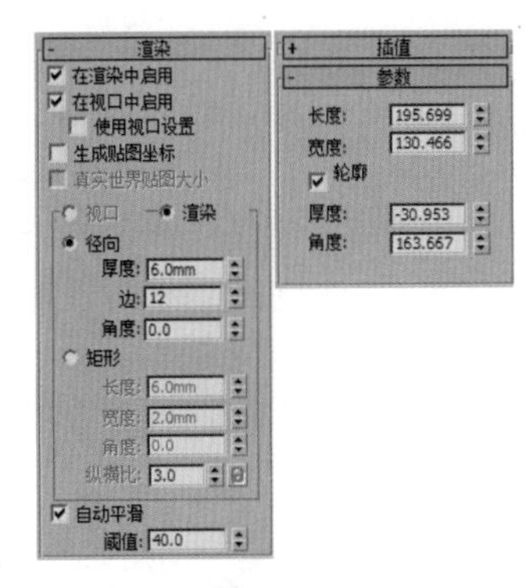

图 4–104

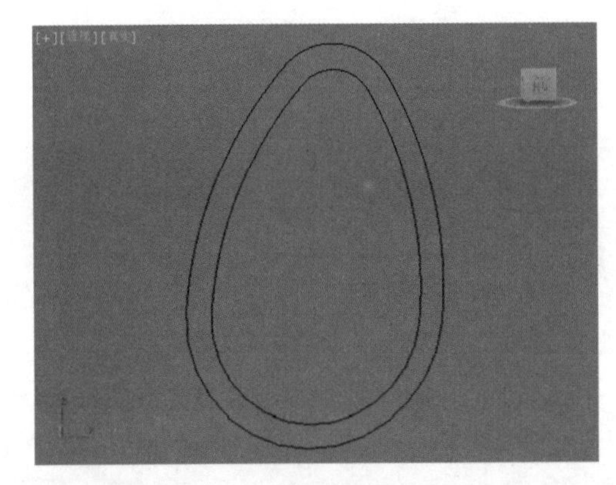

图 4–105

4.1.12　截面

截面是一种特殊类型的样条线，可以通过网格对象基于横截面切片生成图形。其参数设置面板如图 4-106 所示。截面效果如图 4-107 所示。

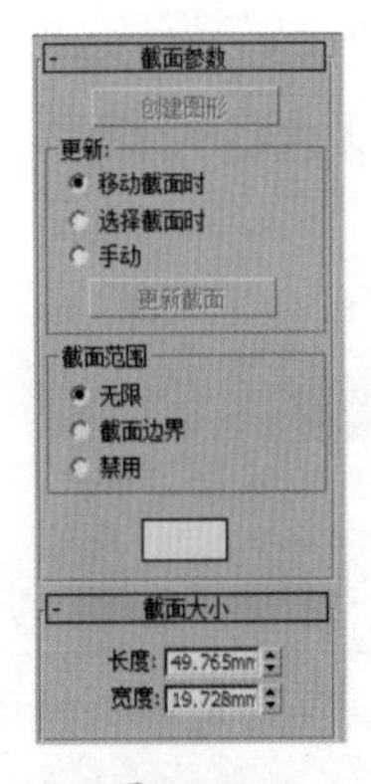

图 4–106

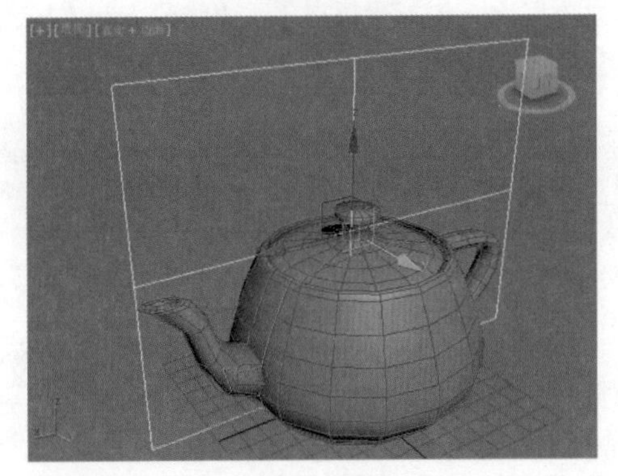

图 4–107

4.2　扩展样条线

【扩展样条线】共有 5 种类型，分别是【墙矩形】、【通道】、【角度】、【T 形】和【宽法兰】，如图 4-108 所示。

图 4–108

4.2.1　墙矩形

使用【墙矩形】可以通过两个同心矩形创建封闭的形状。每个矩形都由四个顶点组成。【墙矩形】的参数包括【渲染】、【插值】和【参数】3 个卷展栏，如图 4-109 所示。效果如图 4-110 所示。

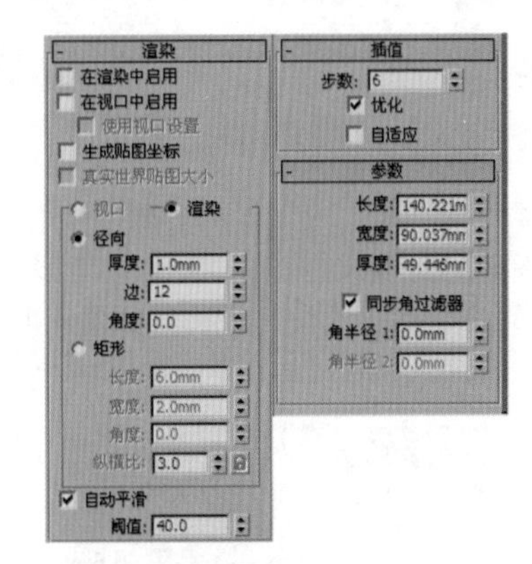

图 4–109

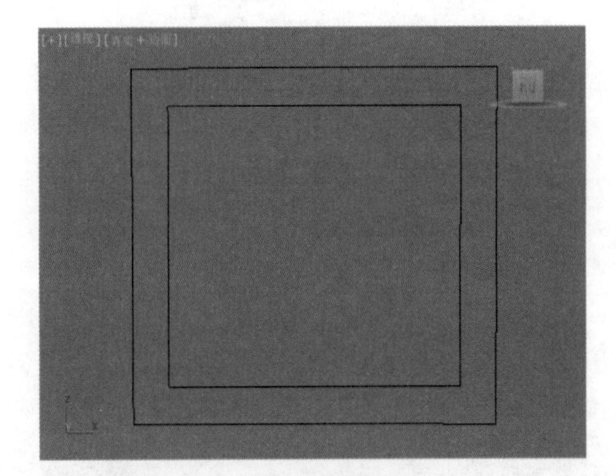

图 4–110

4.2.2　角度

使用【角度】创建一个闭合的形状为“L”的样条线。【角度】的参数包括【渲染】、【插值】和【参数】3 个卷展栏，如图 4-111 所示。效果如图 4-112 所示。

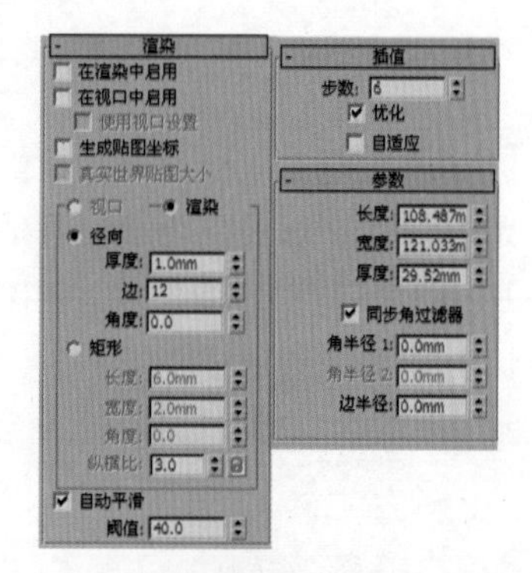

图 4-111

图 4-112

4.2.3 宽法兰

使用【宽法兰】创建一个闭合的形状为“I”的样条线。【宽法兰】的参数包括【渲染】、【插值】和【参数】3个卷展栏，如图 4-113 所示。效果如图 4-114 所示。

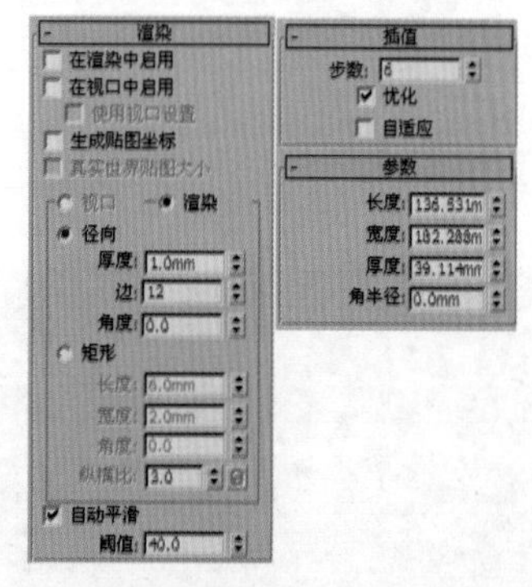

图 4-113

图 4-114

4.3 编辑样条线

3ds Max 2014 提供了很多种二维图形，但是也不能满足创建复杂模型的需求，因此就需要对样条线的形状进行修改，并且由于绘制出来的样条线都是参数化物体，只能对参数进行调整，所以这就需要将样条线转换为可编辑样条线。

4.3.1 试一下：将线转换成可编辑样条线

（1）选择二维图形，单击鼠标右键，在弹出的菜单中选择【转换为】/【转换为可编辑样条线】命令，如图 4-115 所示。

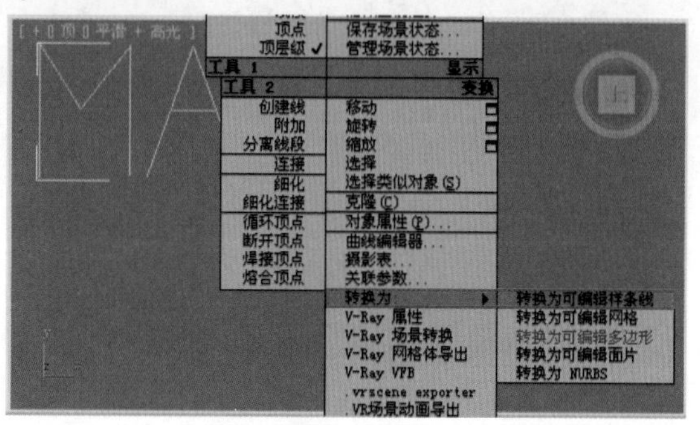

图 4-115

（2）也可以选择二维图形，在【修改器列表】中加载一个【编辑样条线】修改器，如图 4-116 所示。

图 4-116

4.3.2 试一下：调节可编辑样条线

（1）将样条线转换为可编辑样条线后，在修改器堆栈中单击【可编辑样条线】前面的■按钮，可以展开样条线的子对象层次，包括【顶点】、【线段】和【样条线】，如图 4-117 所示。

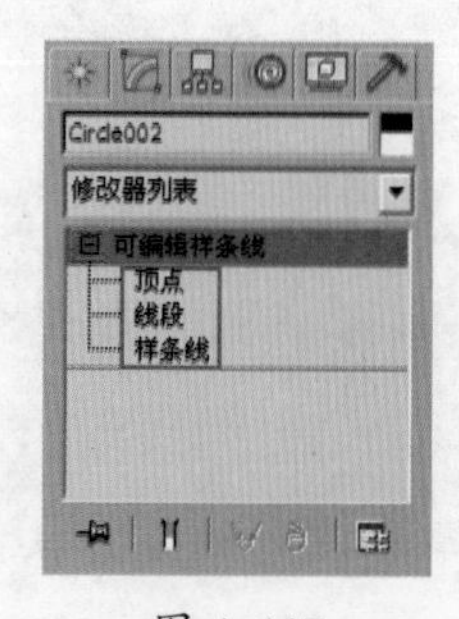

图 4-117

（2）通过【顶点】、【线段】和【样条线】子对象层级可以分别对【顶点】、线段和样条线进行编辑。下面以【顶点】层级为例来讲解可编辑样条线的调节方法，选择【顶点】层级后，在视图中就会出现图形的可控制点，如图 4-118 所示。

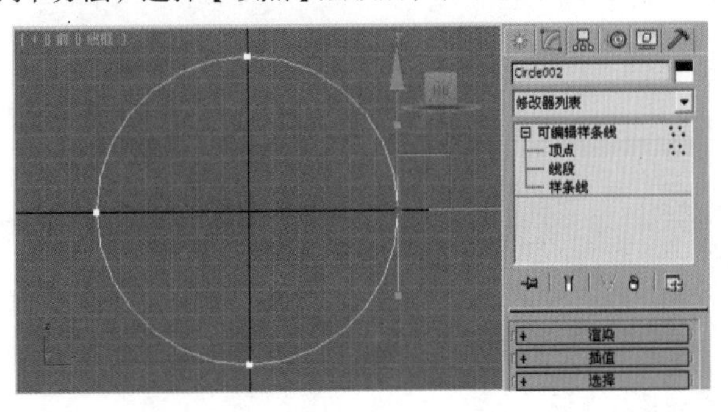

图 4-118

（3）使用【选择并移动】工具、【选择并旋转】工具和【选择并均匀缩放】工具可以对顶点进行移动、旋转和缩放调整，如图 4-119 所示。

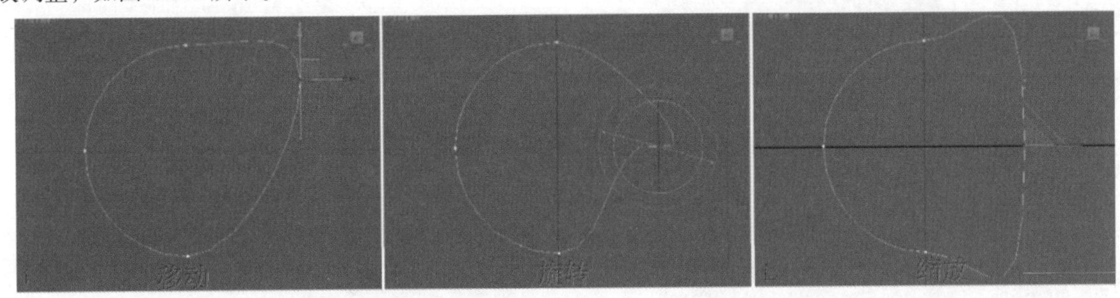

图 4-119

（4）顶点的类型有 4 种，分别是【Bezier 角点】、【Bezier】、【角点】和【平滑】，可以通过四元菜单中的命令来转换顶点类型，其操作方法就是在顶点上单击鼠标右键，在弹出的菜单中选择相应的类型即可，如图 4-120 所示。图 4-121 所示是这 4 种不同类型的顶点。

Bezier 角点
Bezier ✓
角点
平滑

图 4-120

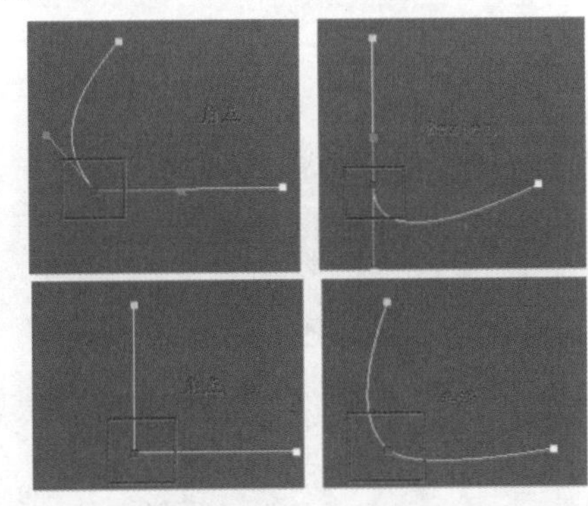

图 4-121

重点 进阶案例——使用样条线制作椅子

场景文件	无
案例文件	进阶案例——使用样条线制作椅子.max
视频教学	多媒体教学/Chapter04/进阶案例——使用样条线制作椅子.flv
难易指数	★★☆☆☆
技术掌握	掌握【圆】、【弧】、【线】工具和【挤出】命令的运用

本例就来学习样条线下的【圆】、【弧】、【线】工具和修改面板下的【挤出】命令来完成模型的制作，最终渲染和线框效果如图 4-122 所示。

图 4-122

建模思路

01 STEP 使用圆、挤出制作模型

02 STEP 使用弧、线制作模型

椅子建模流程图如图 4-123 所示。

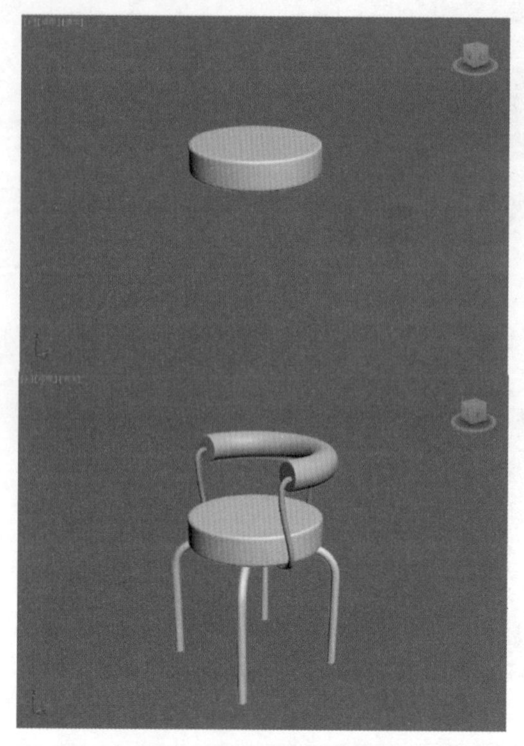

图 4-123

制作步骤

1. 使用圆、挤出制作模型

（1）单击 （创建）|（图形）| 样条线 | 圆 按钮，在顶视图中创建一个圆图形。展开【参数】卷展栏，设置【半径】为 120mm，如图 4-124 所示。

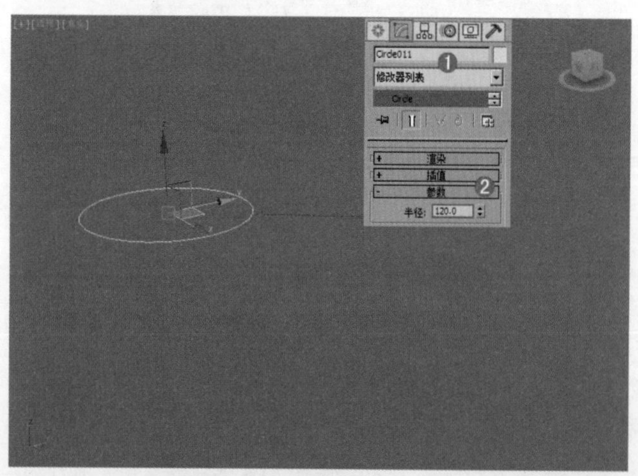

图 4-124

（2）选择上一步创建的图形，在【修改器列表】中加载【挤出】命令，在【参数】卷展栏下，设置【数量】为 50.0，如图 4-125 所示。

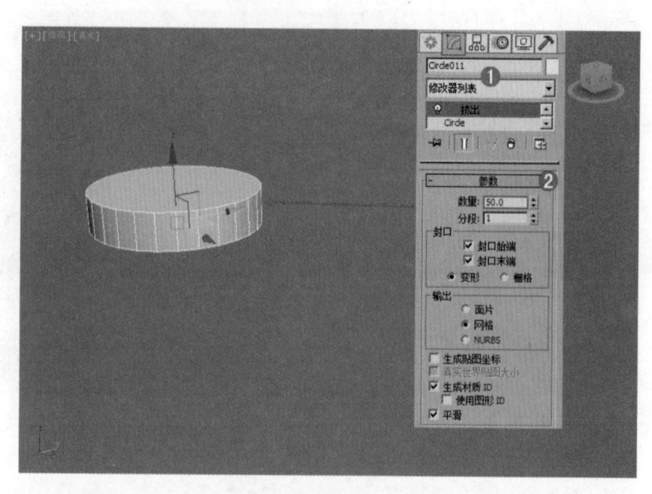

图 4-125

（3）选择上一步创建的模型，在修改面板下，进入【边】级别，选择如图 4-126 所示的边。单击 切角 按钮后面的【设置】按钮，设置【切角数量】为 6.0，【切角分段】为 5，如图 4-127 所示。

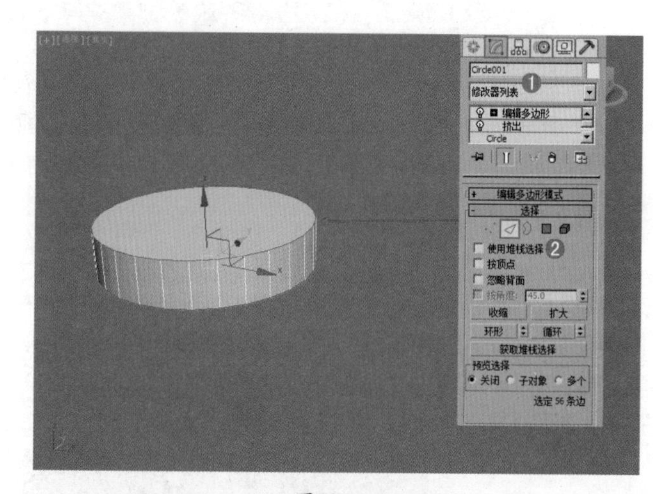

图 4-126

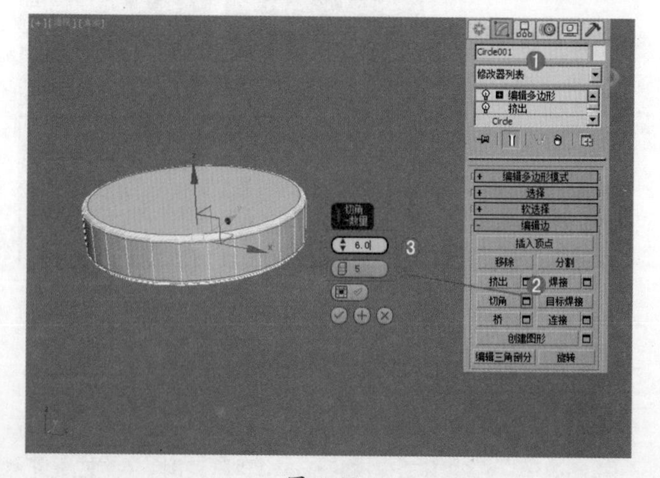

图 4-127

（4）选择上一步的模型，在修改面板下加载【网格平滑】命令，在【细分量】卷展栏下，设置【迭代次数】为 2，如图 4-128 所示。

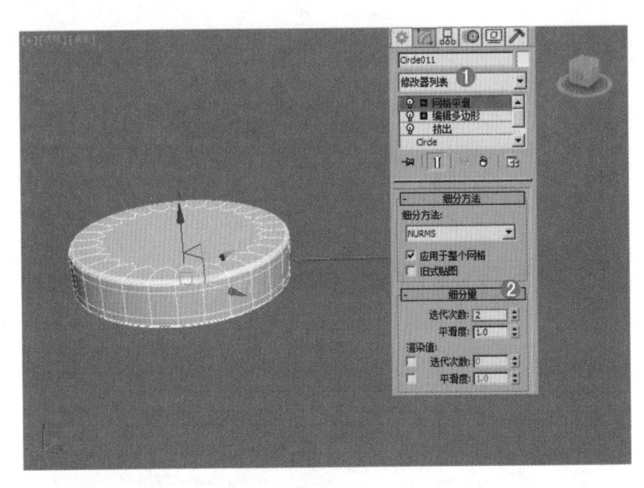

图 4–128

2. 使用弧、线制作模型

（1）单击（创建）|（图形）|样条线 | 弧 按钮，在顶视图中创建一个弧图形。展开【参数】卷展栏，设置【半径】为 120.0mm，【从】为 350.0，【到】为 190.0，如图 4-129 所示。

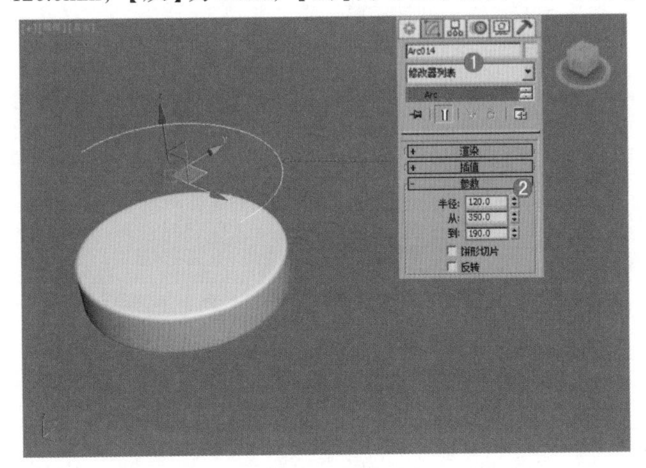

图 4–129

（2）在【修改面板】下展开【渲染】卷展栏，勾选【在渲染中启用】和【在视口中启用】选项，勾选【径向】选项，设置【厚度】为 50.0mm，模型效果如图 4-130 所示。

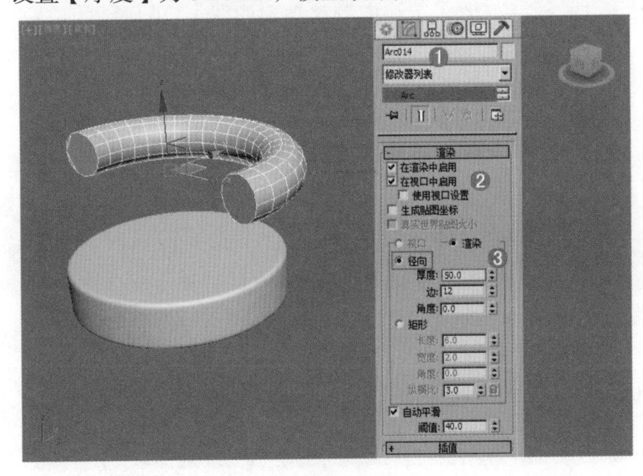

图 4–130

（3）选择上一步创建的模型，在修改面板下，进入【边】级别，选择如图 4-131 所示的边。单击 切角 按钮后面的【设置】按钮，设置【切角数量】为 3，【切角分段】为 5，如图 4-132 所示。

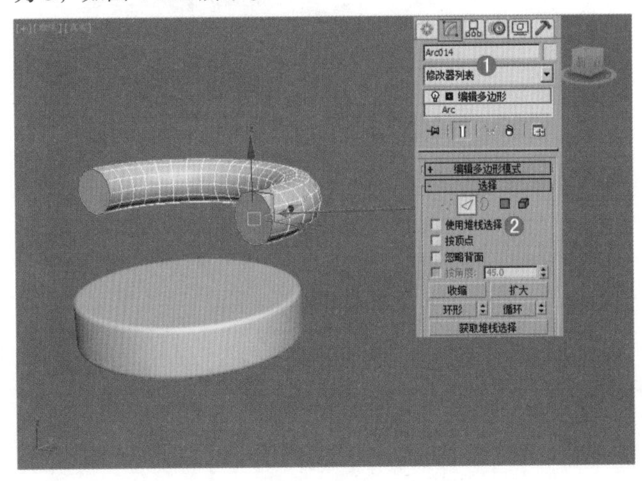

图 4–131

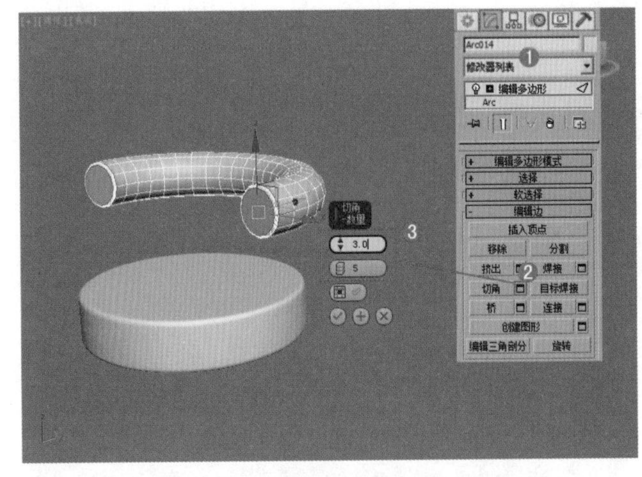

图 4–132

（4）选择上一步的模型，在修改面板下加载【网格平滑】命令，在【细分量】卷展栏下，设置【迭代次数】为 2，如图 4-133 所示。

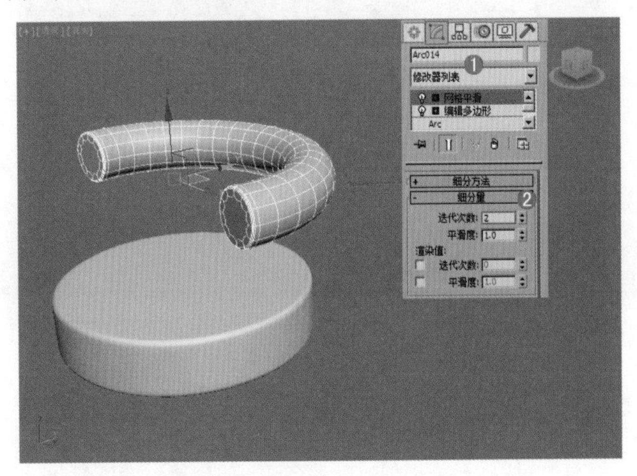

图 4–133

（5）单击 （创建）|（图形）| 样条线 | 线 （线）按钮，在透视图中创建如图 4-134 所示的样条线。

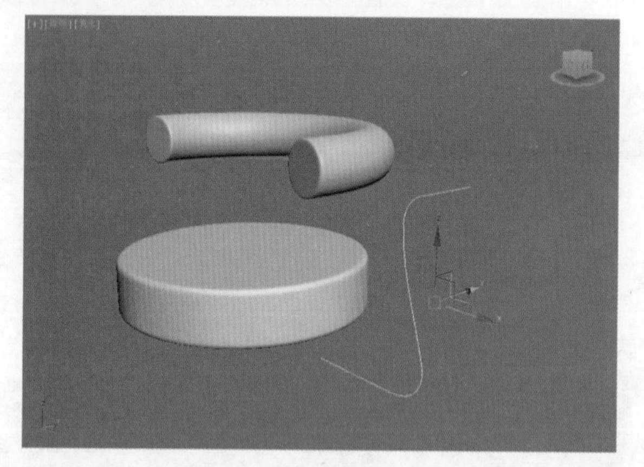

图 4–134

（6）在【修改面板】下展开【渲染】卷展栏，勾选【在渲染中启用】和【在视口中启用】，勾选【径向】选项，设置【厚度】为 9mm，模型效果如图 4-135 所示。使用 （选择并移动）工具，将模型移动到如图 4-136 所示的位置。

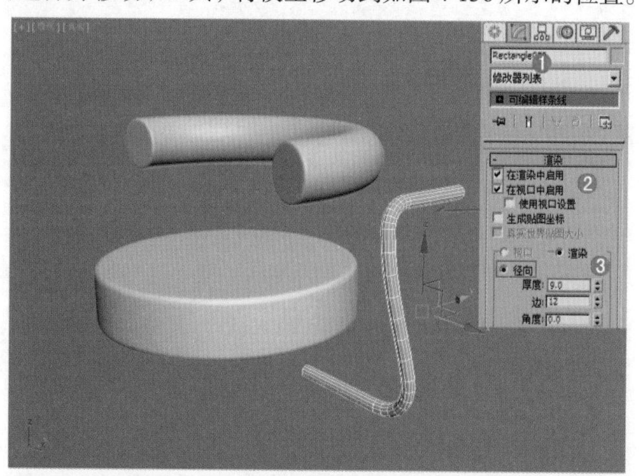

图 4–135

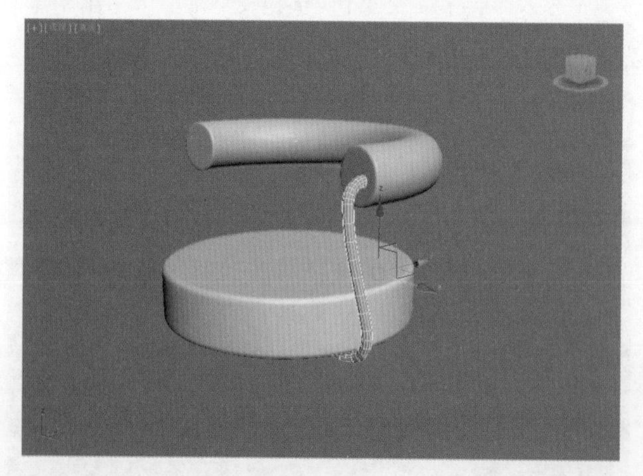

图 4–136

（7）选择上一步创建的样条线，使用 （选择并移动）工具，按住【Shift】键进行复制，在弹出的【克隆选项】对话框中选择【复制】，设置【副本数】为 1，单击【确定】按钮，如图 4-137 所示。

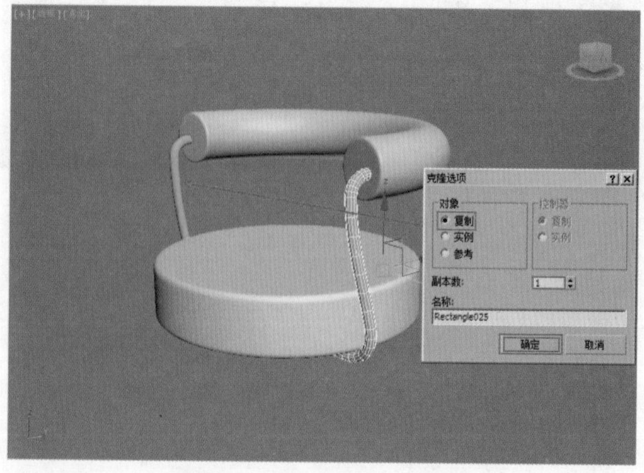

图 4–137

（8）单击 （创建）|（图形）| 样条线 | 线 按钮，在左视图中创建如图 4-138 所示的样条线。

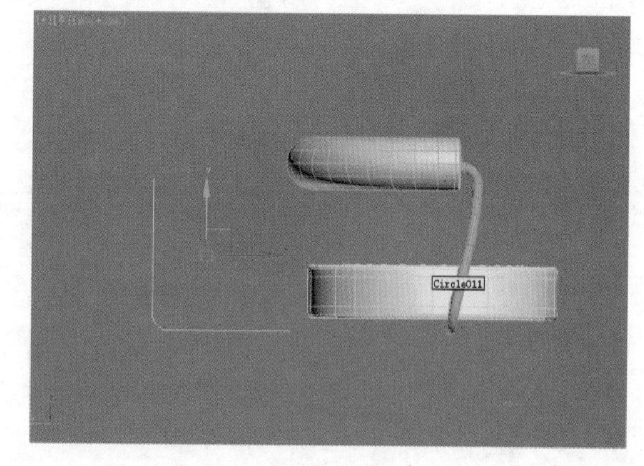

图 4–138

（9）在【修改面板】下展开【渲染】卷展栏，勾选【在渲染中启用】和【在视口中启用】，勾选【径向】选项，设置【厚度】为 9.0mm，模型效果如图 4-139 所示。使用 （选择并移动）工具将模型移动到如图 4-140 所示的位置。

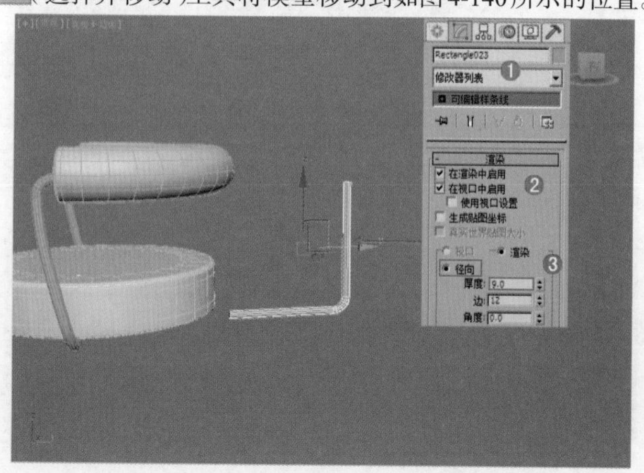

图 4–139

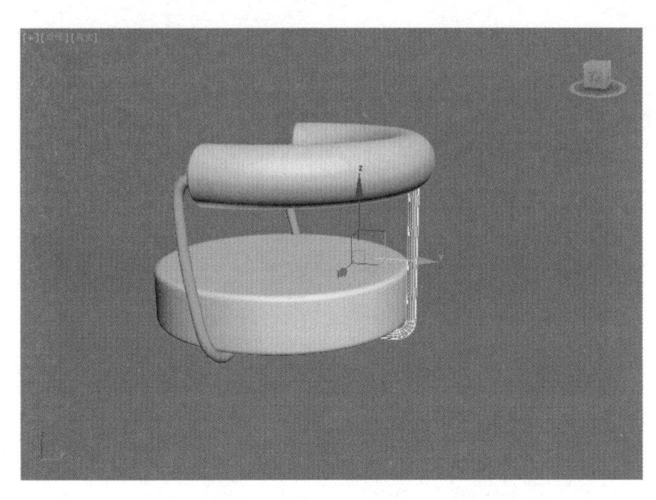

图 4–140

（10）单击（创建）|（图形）|样条线|线按钮，在左视图中创建如图 4-141 所示的样条线。

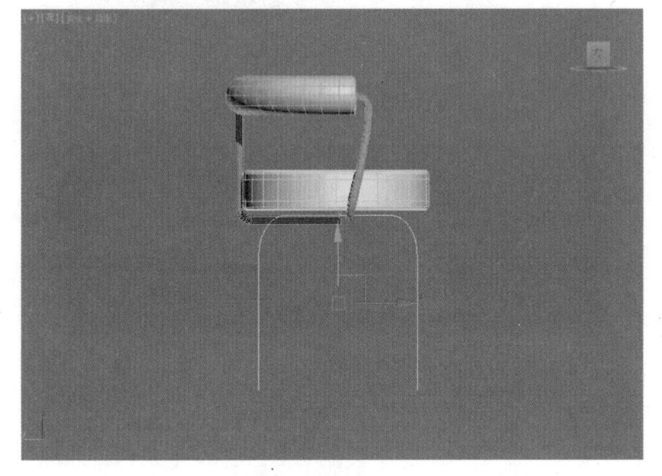

图 4–141

（11）在【修改面板】下展开【渲染】卷展栏，勾选【在渲染中启用】和【在视口中启用】选项，勾选【径向】选项，设置【厚度】为 15mm，模型效果如图 4-142 所示。

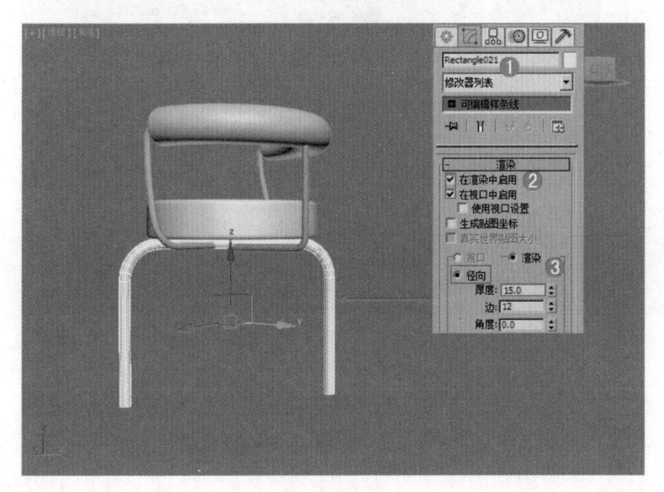

图 4–142

（12）单击工具栏中的【角度捕捉切换】按钮，在弹出的对话框中设置【角度】为 90°。如图 4-143 所示。使用（选择并旋转）工具，按住【Shift】键进行复制，在弹出的【克隆选项】对话框中选择【复制】，设置【副本数】为 1，单击【确定】按钮，如图 4-144 所示。

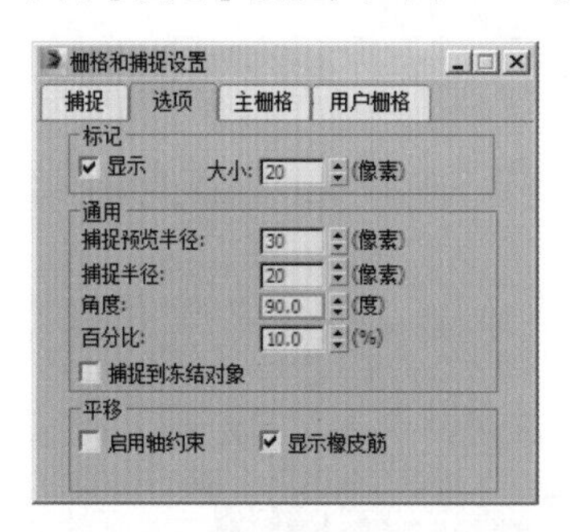

图 4–143

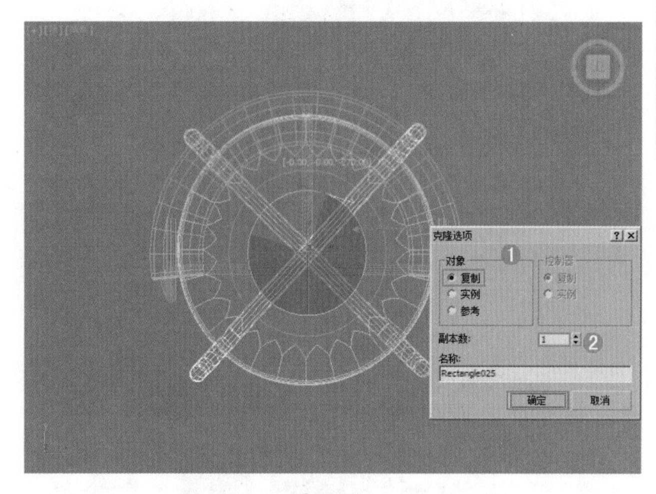

图 4–144

（13）最终模型效果如图 4-145 所示。

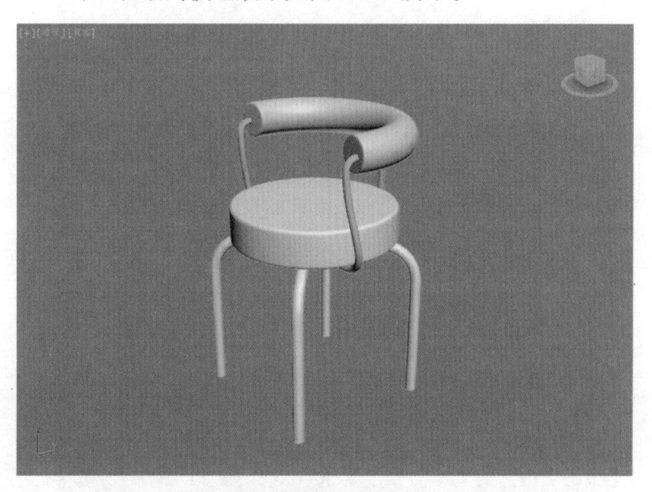

图 4–145

重点 综合案例——使用线和圆制作吊灯

场景文件	无
案例文件	综合案例——使用线和圆制作吊灯 .max
视频教学	多媒体教学 /Chapter04/ 综合案例——使用线和圆制作吊灯 .flv
难易指数	★★☆☆☆
技术掌握	掌握【线】、【圆】工具和【车削】命令

本例就来学习使用样条线下的【线】、【圆】工具和【车削】命令来完成模型的制作，最终渲染和线框效果如图 4-146 所示。

图 4–146

建模思路

01 STEP 使用样条线、圆和车削制作模型

02 STEP 使用样条线和车削制作模型

吊灯建模流程图如图 4-147 所示。

图 4–147

制作步骤

1. 使用样条线、圆和车削制作模型

（1）单击（创建）|（图形）| 样条线 | 线 按钮，在前视图中创建如图 4-148 所示的样条线。

图 4–148

（2）选择上一步创建的图形，在【修改面板】下加载【车削】命令修改器。展开【参数】卷展栏，设置【度数】为 360.0，【分段】为 40，设置【对齐】为最小，如图 4-149 所示。

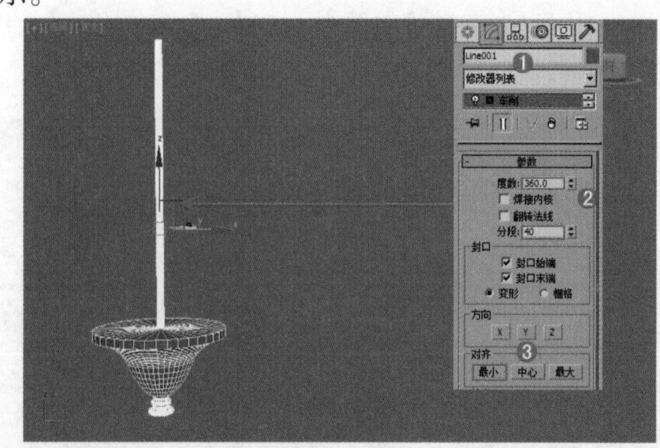

图 4–149

（3）单击（创建）|（图形）| 样条线 | 圆 按钮，在前视图中创建一个圆图形。展开【参数】卷展栏，设置【半径】为 10mm，如图 4-150 所示。

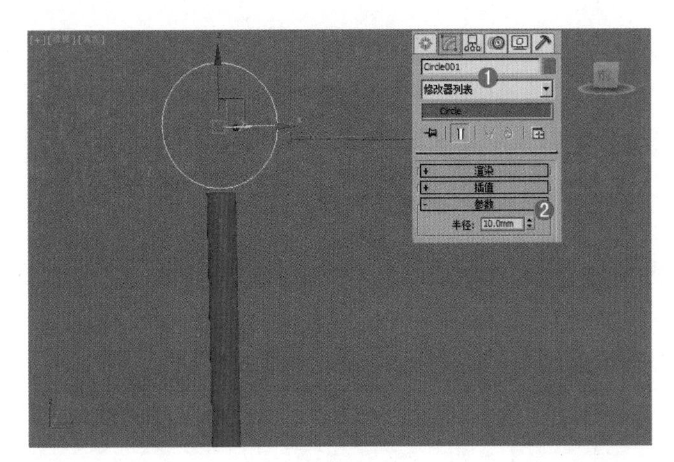

图 4–150

（4）在【修改面板】下展开【渲染】卷展栏，勾选【在渲染中启用】和【在视口中启用】选项，勾选【径向】选项，设置【厚度】为 2.0mm，如图 4-151 所示。

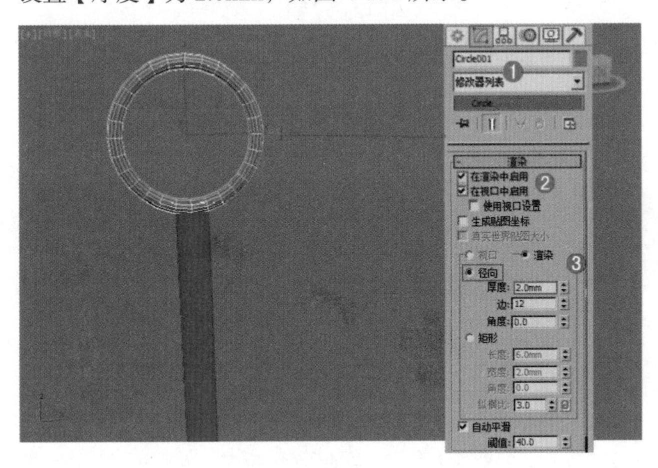

图 4–151

（5）单击（创建）|（图形）| 样条线 | 线 按钮，在前视图中创建如图 4-152 所示的样条线。

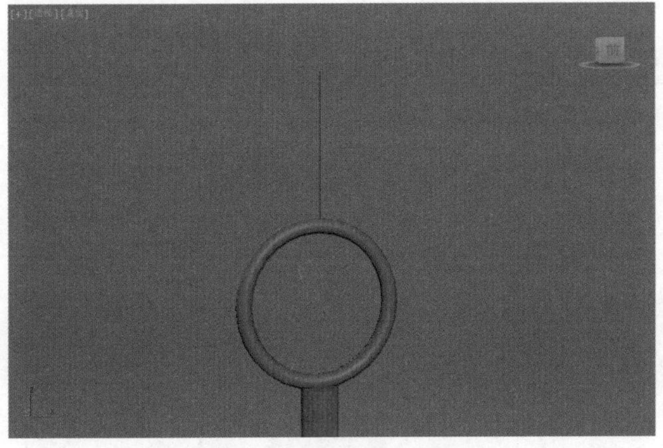

图 4–152

（6）在【修改面板】下展开【渲染】卷展栏，勾选【在渲染中启用】和【在视口中启用】选项，勾选【径向】选项，设置【厚度】为 1.0mm，如图 4-153 所示。

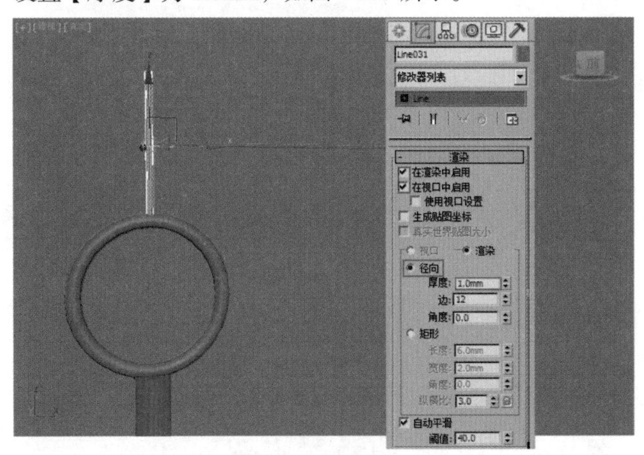

图 4–153

（7）选择已创建好的圆和线模型，使用（选择并移动）工具，按住【Shift】键进行复制，在弹出的【克隆选项】对话框中选择【复制】，如图 4-154 所示。

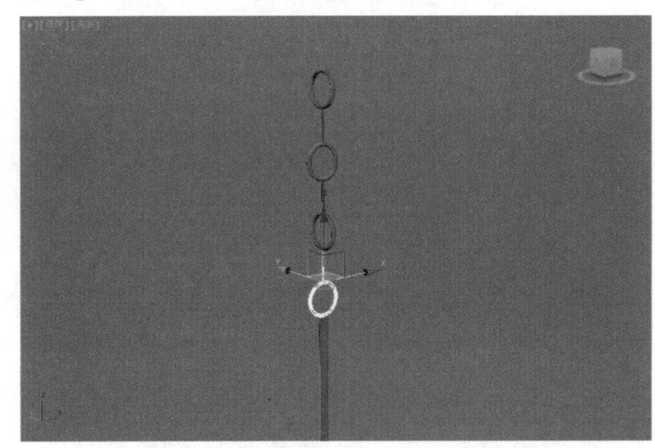

图 4–154

2. 使用样条线和车削制作模型

（1）单击（创建）|（图形）| 样条线 | 线 按钮，在前视图中创建如图 4-155 所示的样条线。

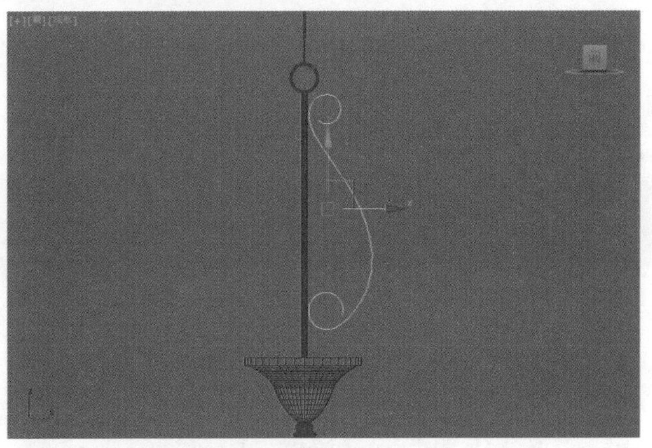

图 4–155

（2）在修改面板下，进入【Line】下的【样条线】级别，在 轮廓 按钮后面输入 1mm，按【Enter】键结束，如图 4-156 所示。

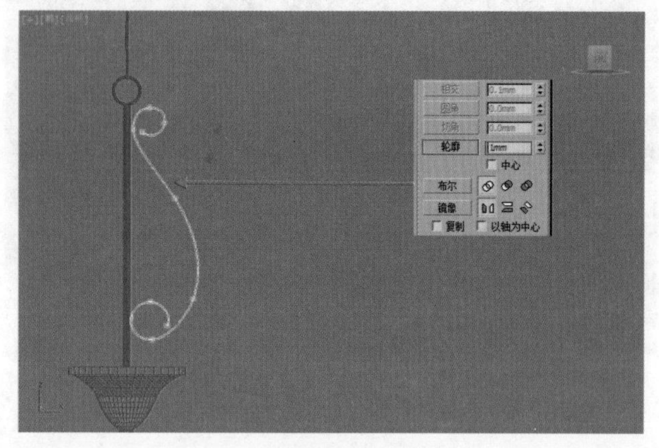

图 4-156

（3）选择上一步创建的样条线，加载【挤出】修改器命令。在修改面板下展开【参数】卷展栏下设置【数量】为 8.0mm，如图 4-157 所示。

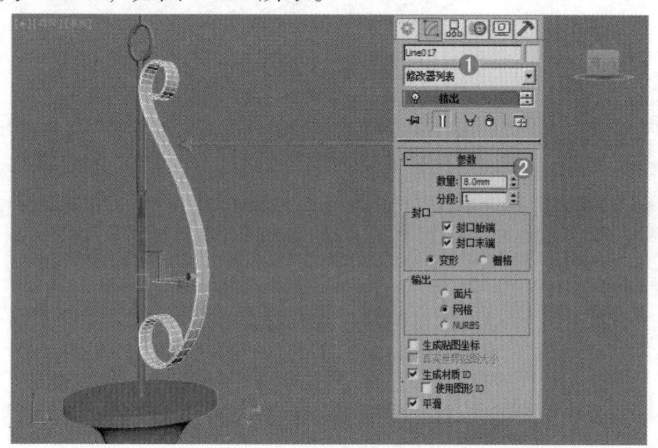

图 4-157

（4）选择上一步创建的模型，使用（选择并移动）工具，按住【Shift】键进行复制，在弹出的【克隆选项】对话框中选择【复制】，设置【副本数】为 4，使用（选择并移动）工具和（选择并旋转）工具摆放位置，如图 4-158 所示。

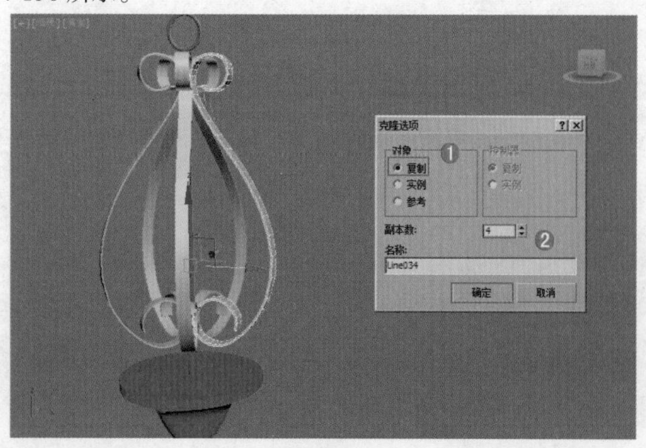

图 4-158

（5）单击（创建）|（图形）| 样条线 | 线 按钮，在前视图中创建如图 4-159 所示的样条线。

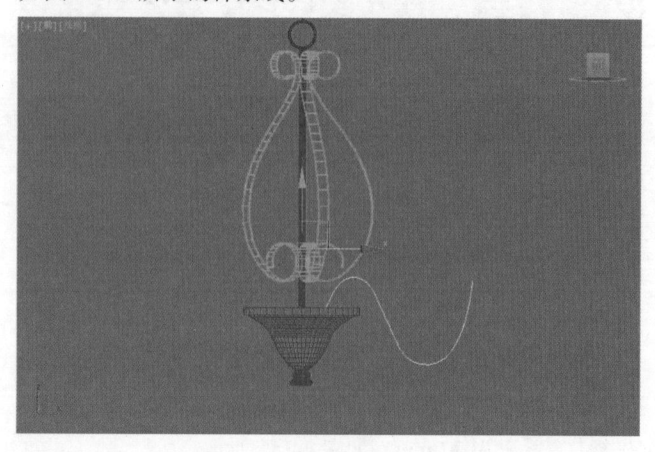

图 4-159

（6）在【修改面板】下展开【渲染】卷展栏，勾选【在渲染中启用】和【在视口中启用】选项，勾选【径向】选项，设置【厚度】为 3.0mm，如图 4-160 所示。

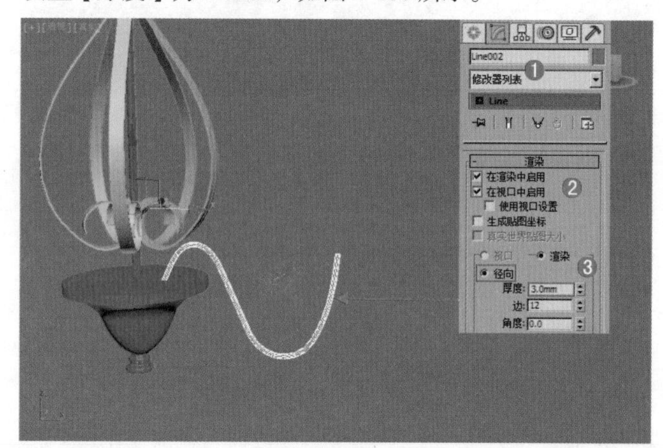

图 4-160

（7）单击（创建）|（图形）| 样条线 | 线 按钮，在前视图中创建如图 4-161 所示的样条线。

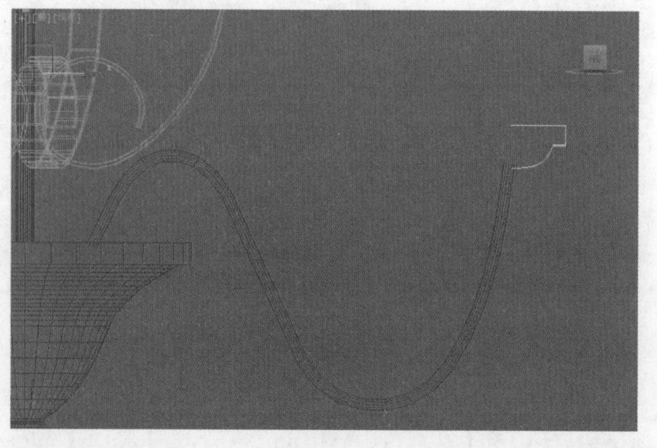

图 4-161

（8）选择上一步创建的图形，在【修改面板】下加载【车削】命令修改器。展开【参数】卷展栏，设置【度数】为 360.0，【分段】为 40，并设置【对齐】为最小，如图 4-162 所示。

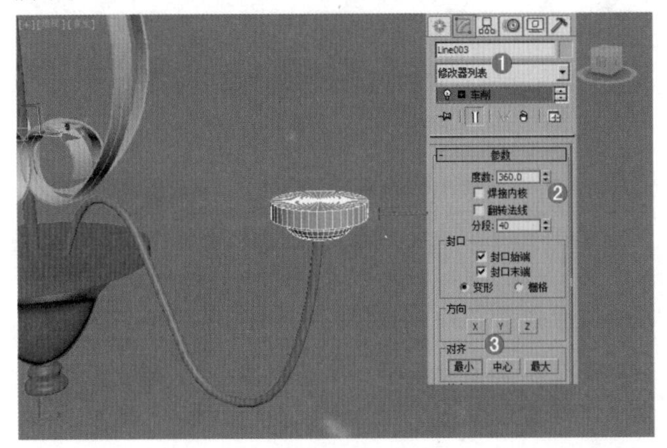

图 4–162

求生秘籍 —— 技巧提示：二维图形建模总与修改器结合到一起

通常情况下【二维图形建模】经常会与【修改器】结合到一起，创建线并加载相应的修改器，使其快速的转换为三维模型。这个方法的具体操作会在后面的修改器章节中进行详细的讲解。

（9）单击（创建）|（图形）| 样条线 | 线 按钮，在前视图中创建如图 4-163 所示的样条线。

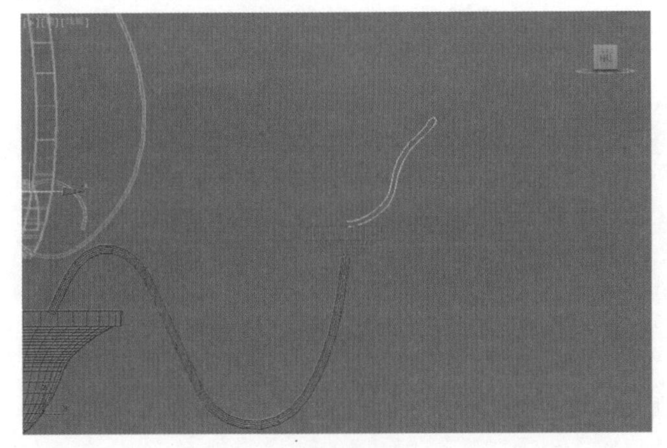

图 4–163

（10）选择上一步创建的图形，在【修改面板】下加载【车削】命令修改器。展开【参数】卷展栏，设置【度数】为 360.0，【分段】为 40，设置【对齐】为最小，如图 4-164 所示。

（11）单击（创建）|（图形）| 样条线 | 线 按钮，在前视图中创建如图 4-165 所示的样条线。

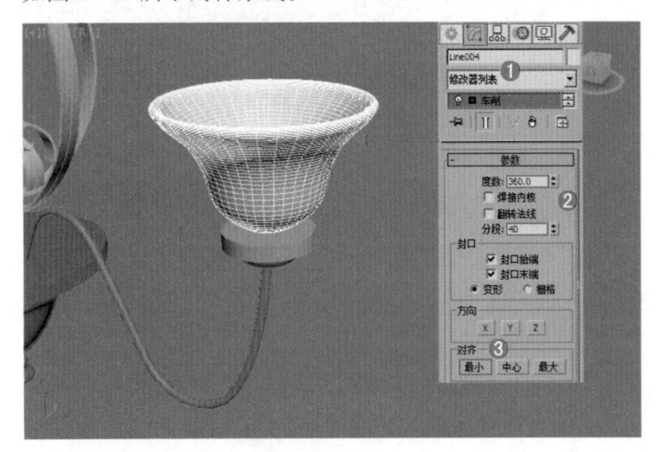

图 4–164

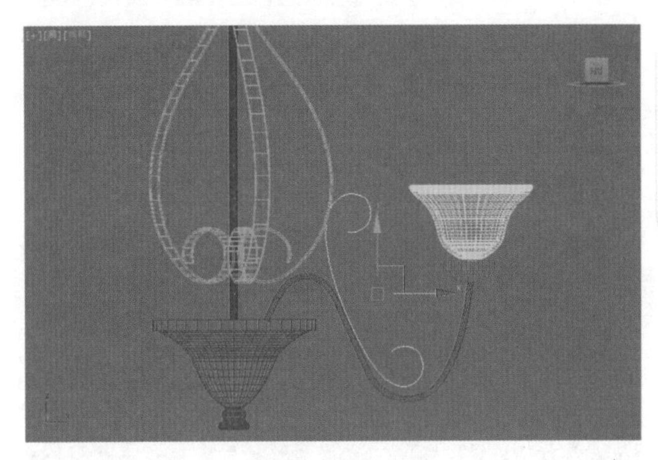

图 4–165

（12）在修改面板下，进入【Line】下的【样条线】级别，在 轮廓 按钮后面输入 1mm，按【Enter】键结束，如图 4-166 所示。

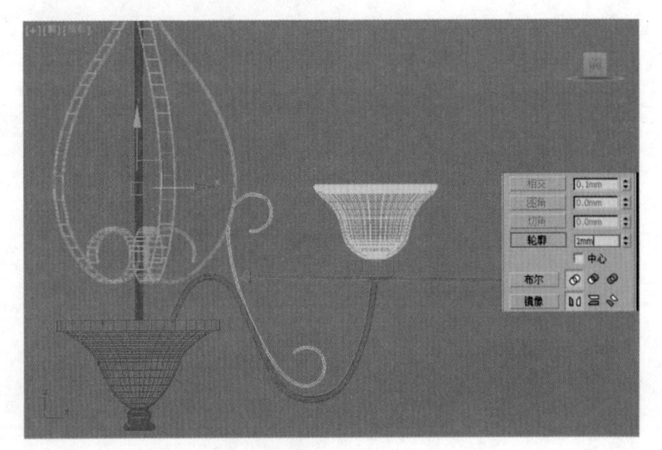

图 4–166

（13）选择上一步创建的样条线，加载【挤出】修改器命令。在修改面板下展开【参数】卷展栏下设置【数量】为 8.0mm，如图 4-167 所示。

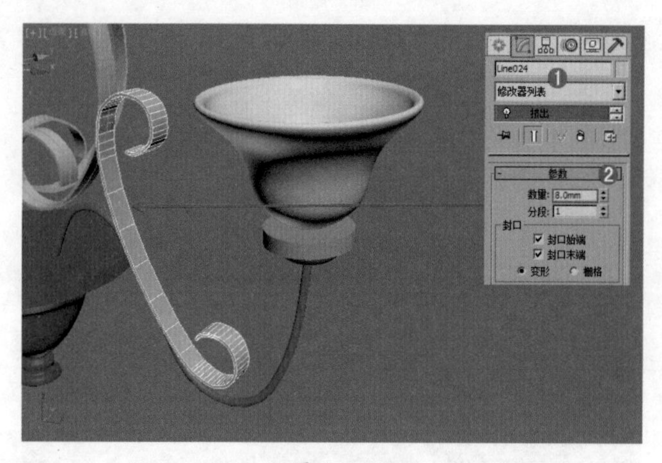

图 4-167

（14）选择上一步创建的模型，使用（选择并移动）工具，按住【Shift】键进行复制，在弹出的【克隆选项】对话框中选择【复制】，设置【副本数】为 4，使用（选择并移动）工具和（选择并旋转）工具摆放位置，如图 4-168 所示。

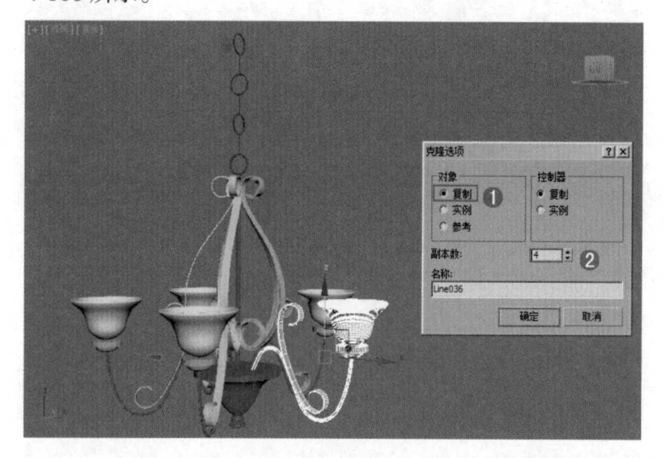

图 4-168

（15）最终模型效果如图 4-169 所示。

图 4-169

第 5 章 修改器建模

重点知识掌握：

修改器的概念
常用修改器的种类及参数
使用修改器制作模型

5.1 认识修改器

5.1.1 修改器的概念

【修改器堆栈】（简称为【堆栈】）是【修改】面板上的列表。它包含有累积历史记录，上面有选定的对象，以及应用于它的所有修改器。图 5-1 所示为使用修改器堆栈制作的模型。

图 5–1

5.1.2 修改器面板的参数

单击【修改】，再单击 修改器列表 的下拉按钮，在出现的下拉列表中选择需要的修改器，即可完成添加，当然可以多次添加相同或不同的修改器，如图 5-2 所示。

图 5–2

- 【锁定堆栈】按钮：激活该按钮可将堆栈和【修改】面板的所有控件锁定到选定对象的堆栈中。
- 【显示最终结果】按钮：激活该按钮后，会在选定的对象上显示整个堆栈的效果。

- 【使唯一】按钮：激活该按钮可将关联的对象修改成独立对象，这样可以对选择集中的对象单独进行编辑。
- 【从堆栈中移除修改器】按钮：单击该按钮可删除当前修改器。

FAQ 常见问题解答：为什么删除修改器却把模型也删除了？

如果想要删除某个修改器，不可以在选中某个修改器后按【Delete】键，那样会删除对象本身。只需单击【从堆栈中移除修改器】按钮，即可删除该修改器。

- 【配置修改器集】按钮：单击该按钮可弹出一个菜单，该菜单中的命令主要用于配置在【修改】面板中如何显示和选择修改器。

5.1.3 试一下：为对象加载修改器

（1）创建一个模型，比如圆柱体，如图 5-3 所示。

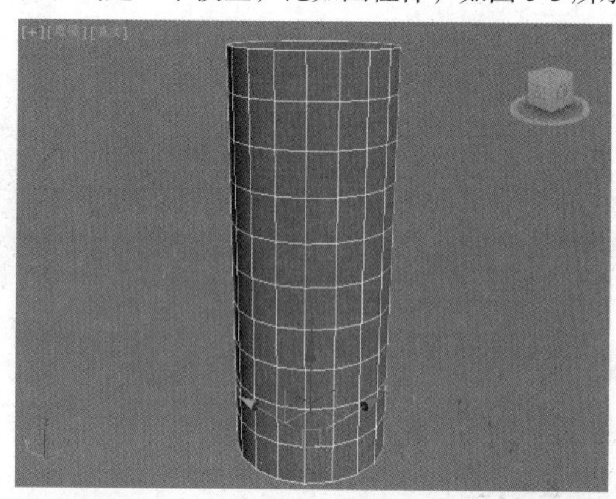

图 5-3

（2）选择模型，单击【修改】按钮为其添加【晶格】修改器，设置相应的参数，如图 5-4 所示。

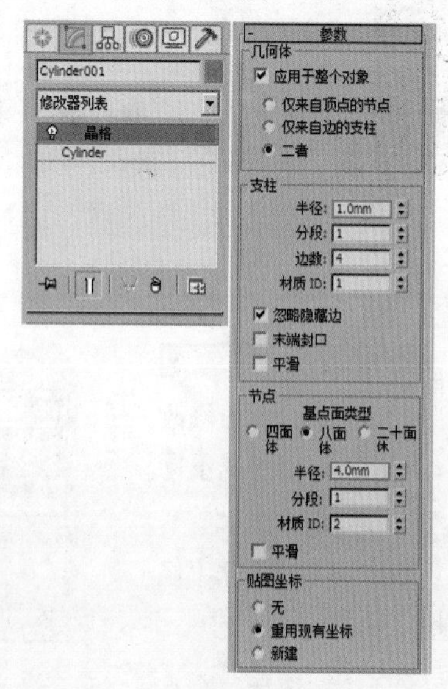

图 5-4

（3）此时可以得到一个带有晶格效果的模型，如图 5-5 所示。

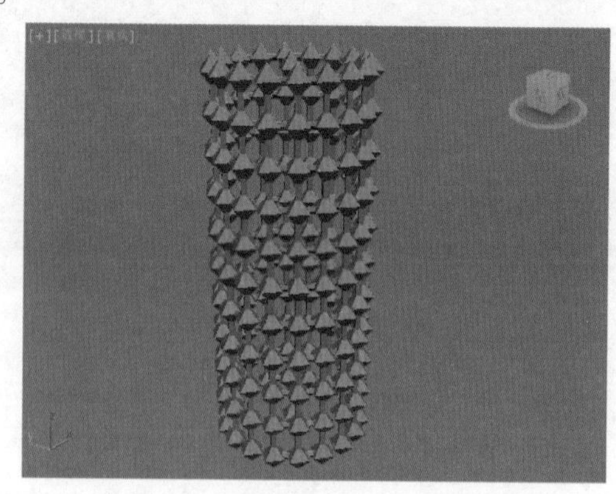

图 5-5

5.1.4 编辑修改器

在修改器堆栈上单击右键会弹出一个修改器堆栈菜单，这个菜单中的命令可以用来编辑修改器，如图 5-6 所示。

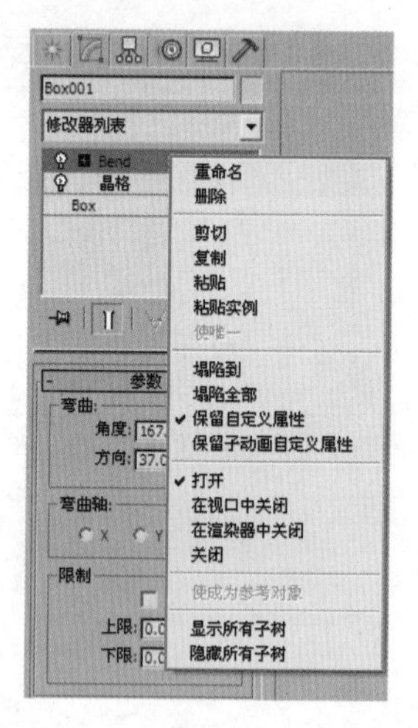

图 5-6

5.1.5 修改器的类型

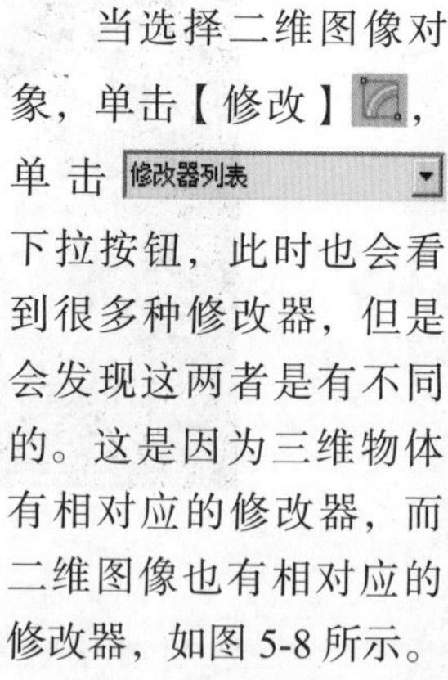

选择三维模型对象，单击【修改】，单击 修改器列表 的下拉按钮，此时会看到很多种修改器，如图 5-7 所示。

当选择二维图像对象，单击【修改】，单击 修改器列表 下拉按钮，此时也会看到很多种修改器，但是会发现这两者是有不同的。这是因为三维物体有相对应的修改器，而二维图像也有相对应的修改器，如图 5-8 所示。

修改器类型很多，若安装了部分插件，修改器可能会相应的增加。这些修改器被放置在几个不同类型的修改器集合中，分别为【转化修改器】、【世界空间修改器】和【对象空间修改器】，如图 5-9 所示。

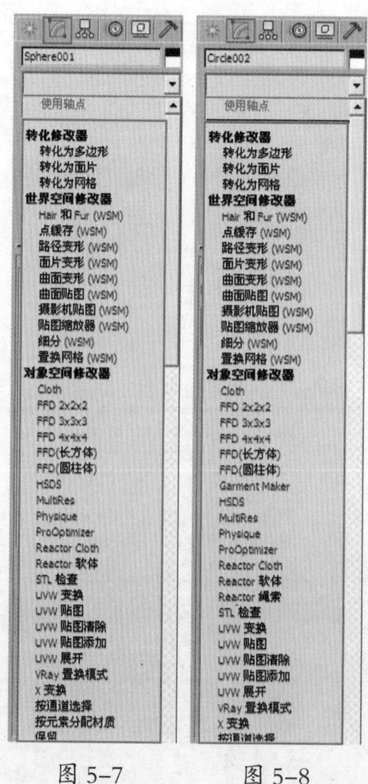

图 5-7　　图 5-8

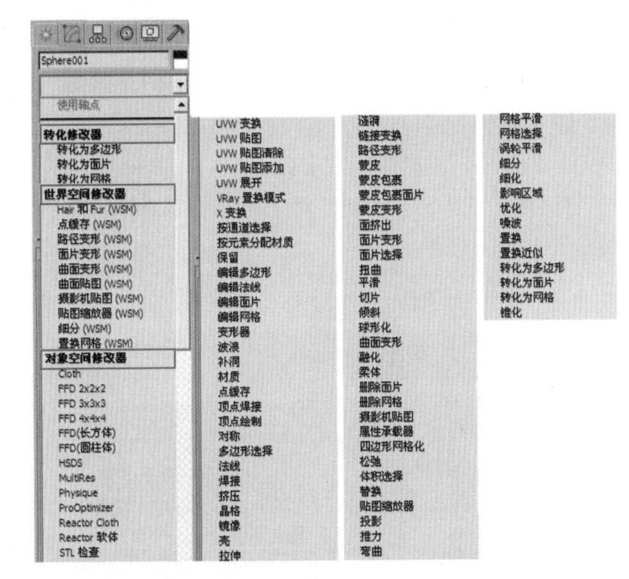

图 5–9

1.【转化修改器】

- 【转化为多边形】：转化为多边形修改器允许在修改器堆栈中应用对象转化。
- 【转化为面片】：转换为面片修改器允许在修改器堆栈中应用对象转化。
- 【转化为网格】：转换为网格修改器允许在修改器堆栈中应用对象转化。

2.【世界空间修改器】

- 【Hair 和 Fur（WSM）】：用于为物体添加毛发。
- 【点缓存（WSM）】：使用该修改器可将修改器动画存储到磁盘中，然后使用磁盘文件中的信息来播放动画。
- 【路径变形（WSM）】：可根据图形、样条线或 NURBS 曲线路径将对象进行变形。
- 【面片变形（WSM）】：可根据面片将对象进行变形。
- 【曲面变形（WSM）】：其工作方式与路径变形（WSM）修改器相同，只是它使用 NURBS 点或 CV 曲面来进行变形。
- 【曲面贴图（WSM）】：将贴图指定给 NURBS 曲面，并将其投射到修改的对象上。
- 【摄影机贴图（WSM）】：使摄影机将 UVW 贴图坐标应用于对象。
- 【贴图缩放器（WSM）】：用于调整贴图的大小并保持贴图的比例。
- 【细分（WSM）】：提供用于光能传递创建网格的一种算法，光能传递的对象要尽可能接近等边三角形。
- 【置换网格（WSM）】：用于查看置换贴图的效果。

5.2　针对二维对象的修改器

3ds Max 中的修改器很多，但是不同的对象有不同的修改器类型，比如某些修改器是针对二维图形的，而有一些修改器是针对三维模型的。

5.2.1　【挤出】修改器

【挤出】修改器将深度添加到图形中，并使其成为一个参数对象。其参数设置面板如图 5-10 所示。图 5-11 所示为使用样条线并加载【挤出】修改器制作的三维模型效果。

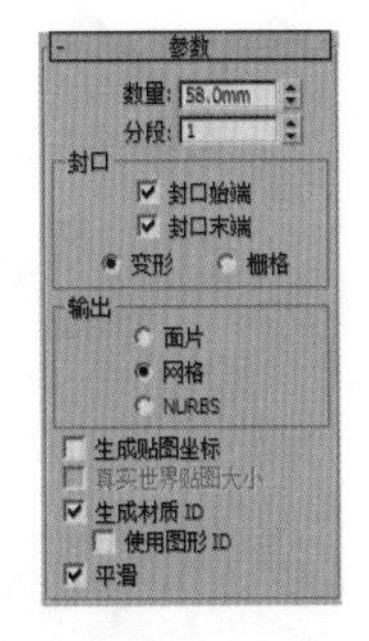

图 5–10

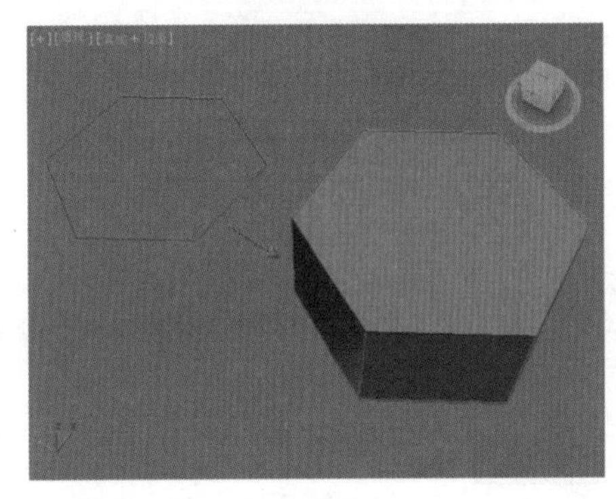

图 5–11

- 数量：设置挤出的深度。
- 分段：指定将要在挤出对象中创建线段的数目。
- 封口始端：在挤出对象始端生成一个平面。
- 封口末端：在挤出对象末端生成一个平面。
- 生成贴图坐标：将贴图坐标应用到挤出对象中。
- 真实世界贴图大小：控制应用于该对象的纹理贴图材质所使用的缩放方法。
- 生成材质 ID：将不同的材质 ID 指定给挤出对象侧面与封口。
- 使用图形 ID：将材质 ID 指定给在挤出产生的样条线中的线段，或指定给在 NURBS 挤出产生的曲线子对象。
- 平滑：将平滑应用于挤出图形。

重点 进阶案例——使用【挤出】修改器制作钟表

场景文件	无
案例文件	进阶案例——使用【挤出】修改器制作钟表.max
视频教学	多媒体教学/Chapter05/进阶案例——使用【挤出】修改器制作钟表.flv
难易指数	★★☆☆☆
技术掌握	掌握【圆环】、【圆】、【矩形】工具、【阵列】和【挤出】命令的运用

本例就来学习样条线下的【圆环】、【圆】、【矩形】工具、工具下的【阵列】命令和【修改】面板下的【挤出】

命令来完成模型的制作，最终渲染和线框效果如图 5-12 所示。

图 5–12

建模思路

01 STEP 使用【圆环】、【圆】和【挤出】制作模型

02 STEP 使用【矩形】、【阵列】和【挤出】制作模型

钟表建模流程图如图 5-13 所示。

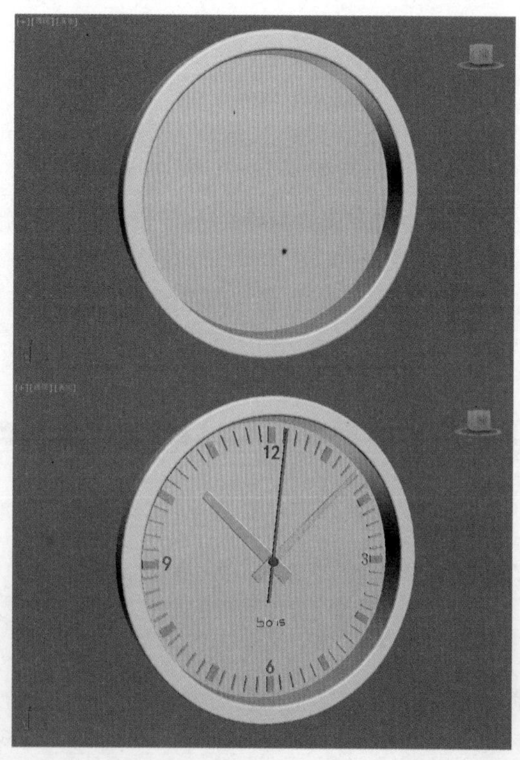

图 5–13

制作步骤

1. 使用【圆环】、【圆】和【挤出】制作模型

（1）启动 3dsMax2014 中文版，单击菜单栏中的【自定义】|【单位设置】命令，弹出【单位设置】对话框，将【显示单位比例】和【系统单位比例】设置为毫米，如图 5-14 所示。

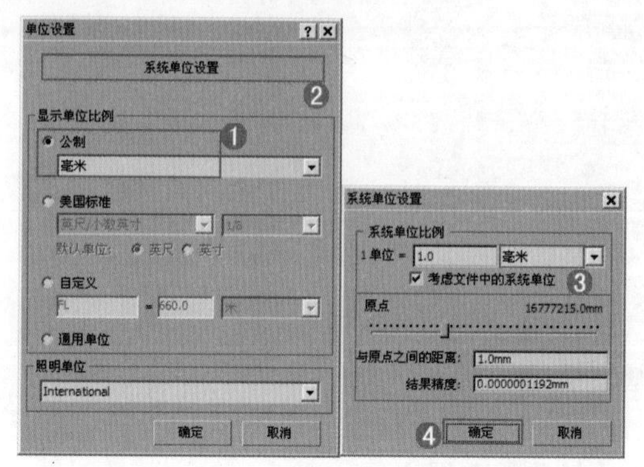

图 5–14

（2）单击 （创建）|（图形）| 样条线 | 圆环 按钮，在前视图中创建一个圆环。展开【参数】卷展栏，设置【半径 1】为 100.0mm，【半径 2】为 88.0mm，如图 5-15 所示。

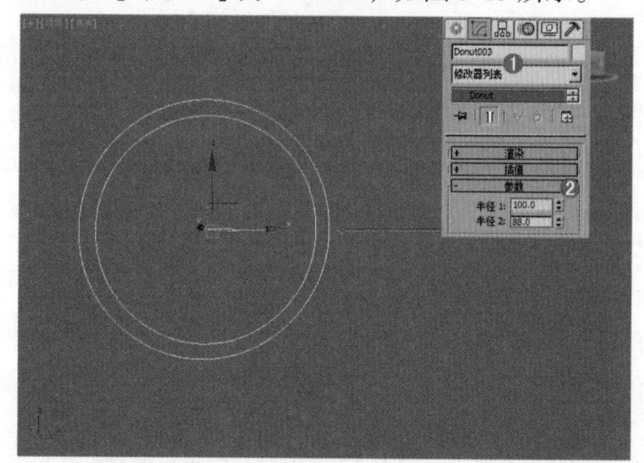

图 5–15

（3）选择上一步创建的图形，在【修改器列表】中加载【挤出】命令，在【参数】卷展栏下，设置【数量】为 25.0mm，如图 5-16 所示。

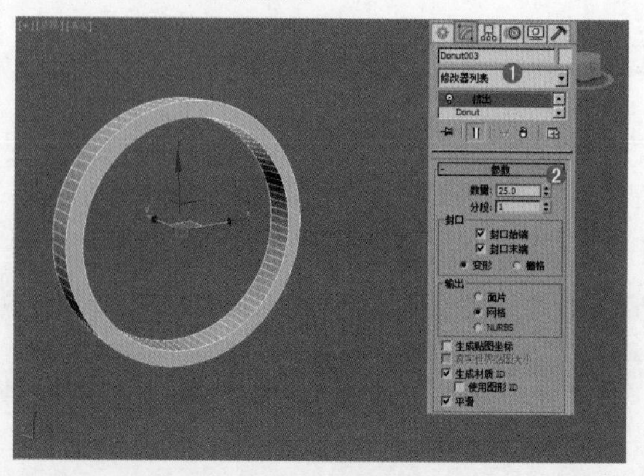

图 5–16

（4）选择上一步创建的模型，在【修改器列表】中加载【编辑多边形】命令，进入【边】级别，选择如图 5-17 所示的边。单击 切角 按钮后面的【设置】按钮，设置【切角数量】为 2，【切角分段】为 5，如图 5-18 所示。

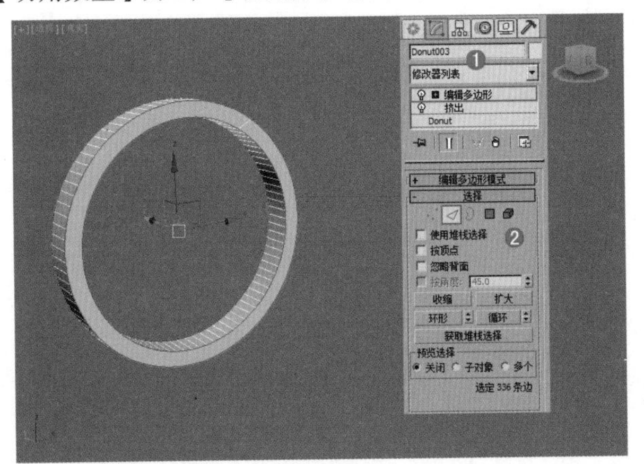

图 5–17

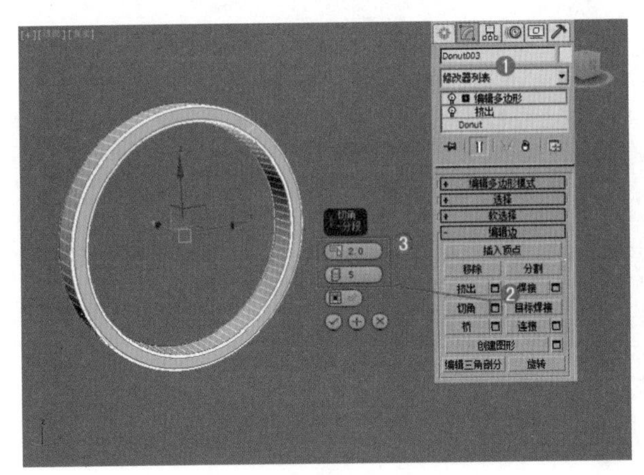

图 5–18

（5）单击（创建）|（图形）| 样条线 | 圆 按钮，在前视图中创建一个圆。展开【参数】卷展栏，设置【半径】为 90.0mm，如图 5-19 所示。

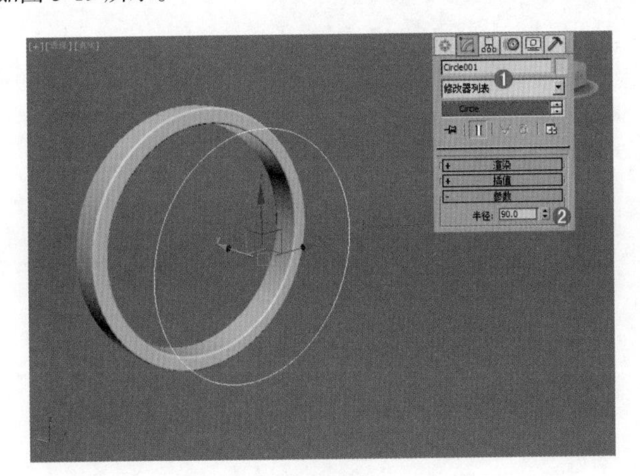

图 5–19

（6）选择上一步创建的图形，在【修改器列表】中加载【挤出】命令，在【参数】卷展栏下，设置【数量】为 2.0，如图 5-20 所示。

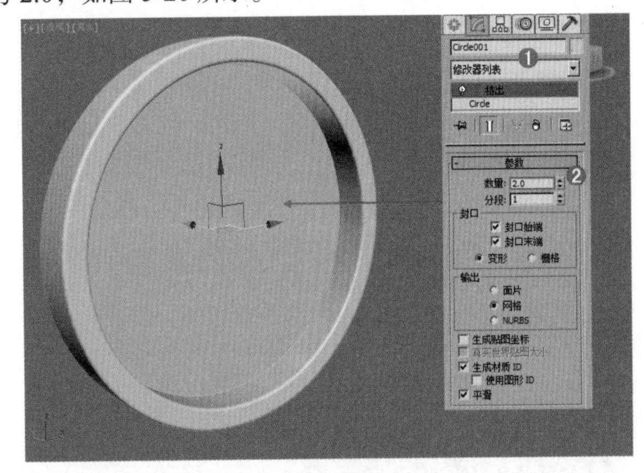

图 5–20

2. 使用【矩形】、【阵列】和【挤出】制作模型

（1）单击（创建）|（图形）| 样条线 | 矩形 按钮，在前视图中创建一个矩形。展开【参数】卷展栏，设置【长度】为 10.0mm，【宽度】为 5.0mm，如图 5-21 所示。

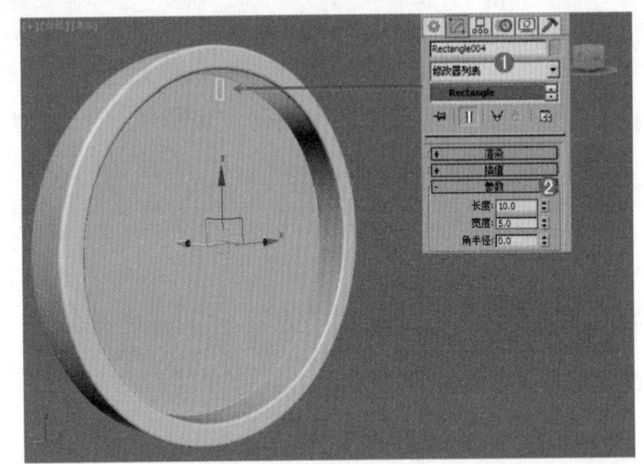

图 5–21

（2）选择上一步创建的图形，在【修改器列表】中加载【挤出】命令，在【参数】卷展栏下，设置【数量】为 2.0，如图 5-22 所示。

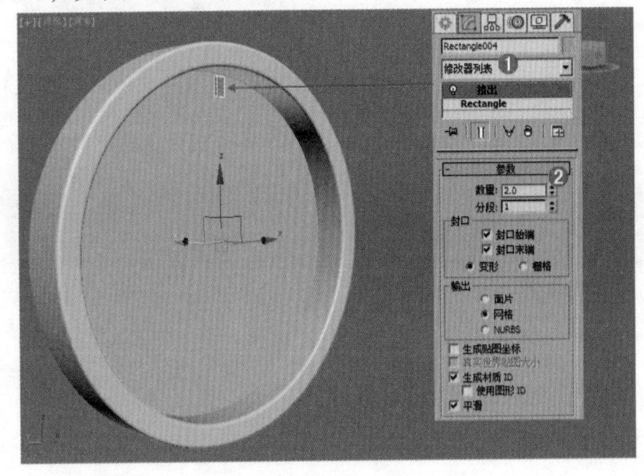

图 5–22

（3）切换到前视图，单击【层级】面板按钮，单击【仅影响轴】按钮，将坐标轴移动到如图 5-23 所示的位置。移动坐标轴后，再单击一下【仅影响轴】按钮，退出层级模式。

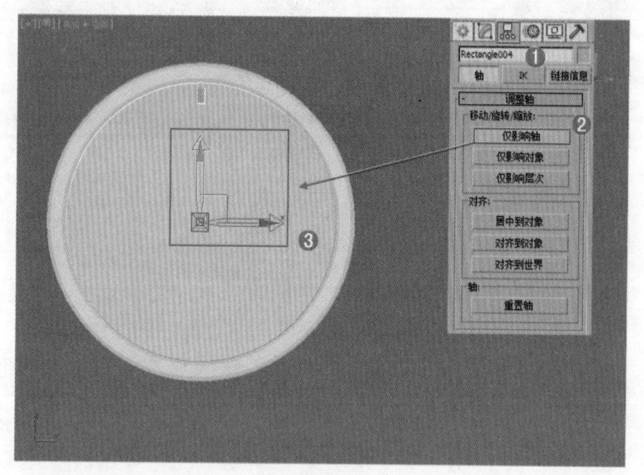

图 5-23

（4）单击【工具】命令，在列表中选择【阵列】，如图 5-24 所示。

（5）在【阵列】对话框中，单击【预览】按钮，单击【旋转】后面的按钮，设置【z 轴】为 360°，设置【数量】为 12，单击【确定】按钮，如图 5-25 所示。用同样的方法制作出如图 5-26 所示的模型。

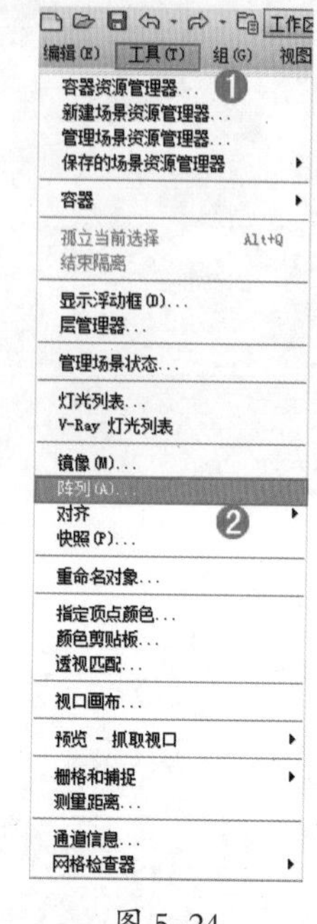

图 5-24

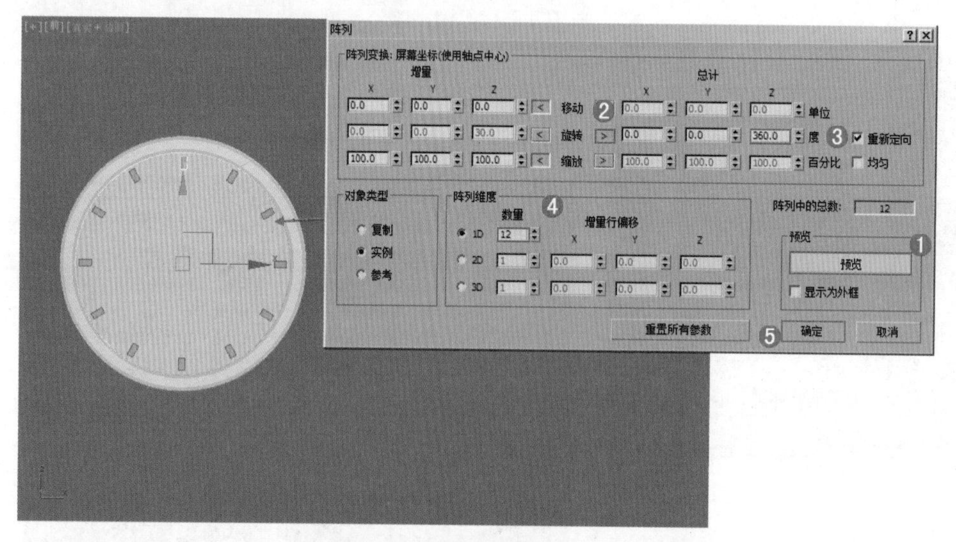

图 5-25

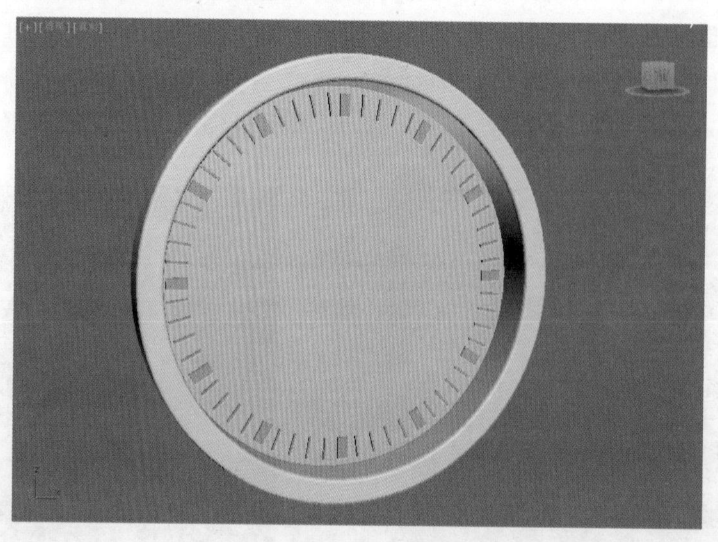

图 5-26

（6）单击 （创建）|（图形）| 样条线 | 文本 （文本）按钮，在前视图中创建一个文本图形。展开【参数】卷展栏，设置【文本】为 12.0mm，【大小】为 12.0，【字体】为黑体，如图 5-27 所示。

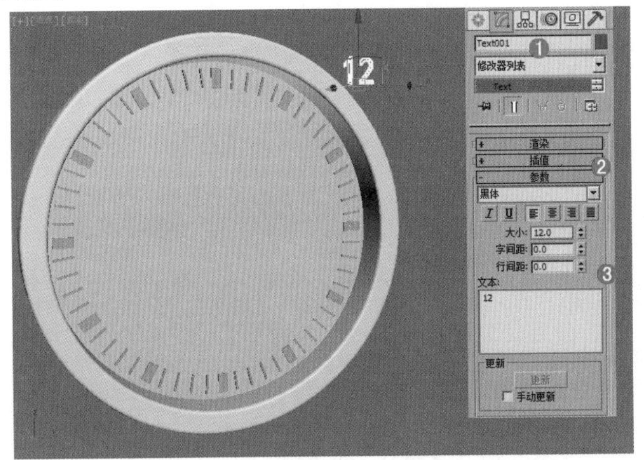

图 5–27

（7）选择上一步创建的图形，在【修改器列表】中加载【挤出】命令，在【参数】卷展栏下，设置【数量】为 2.0，如图 5-28 所示。用同样的方法制作出其他的文本类模型，如图 5-29 所示。

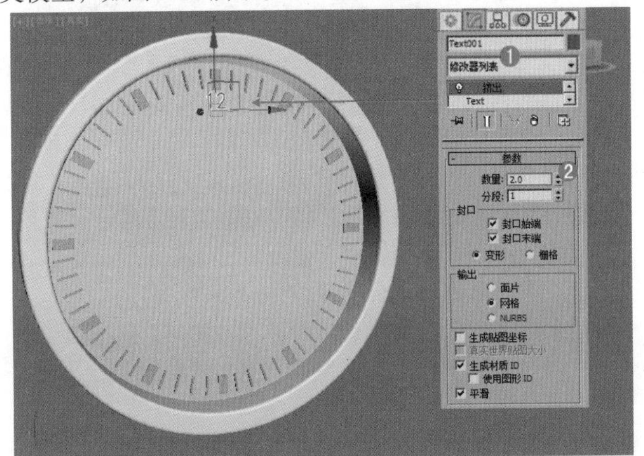

图 5–28

图 5–29

（8）单击 （创建）|（几何体）| 扩展基本体 | 切角圆柱体 按钮，在前视图中拖拽并创建一个切角圆柱体，在【修改面板】下，设置【半径】为 3.0mm，【高度】为 8.0mm，【圆角】为 0.5mm，【圆角分段】为 5，【边数】为 20，如图 5-30 所示。

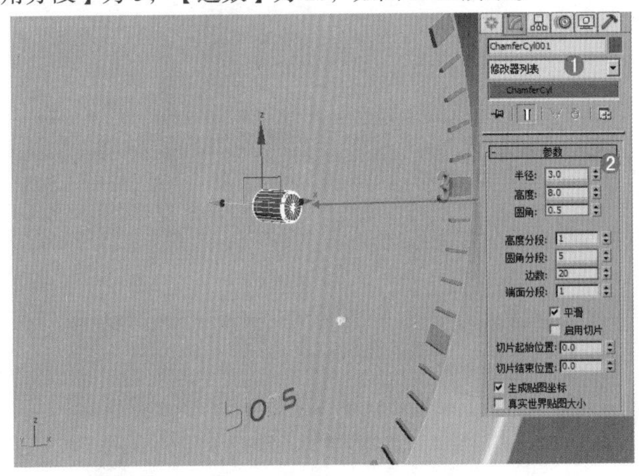

图 5–30

（9）单击 （创建）|（图形）| 样条线 | 矩形 按钮，在前视图中创建一个矩形。展开【参数】卷展栏，设置【长度】为 100.0mm，【宽度】为 3.0mm，如图 5-31 所示。

图 5–31

（10）选择上一步创建的图形，在【修改器列表】中加载【编辑样条线】命令，进入【顶点】 级别，选择如图 5-32 所示的点。使用 （选择并移动）工具将两个点分别向里移动，如图 5-33 所示。

（11）选择上一步的图形，在【修改器列表】中加载【挤出】命令，在【参数】卷展栏下，设置【数量】为 1.5，如图 5-34 所示。用同样的方法制作出剩余的模型，最终模型效果如图 5-35 所示。

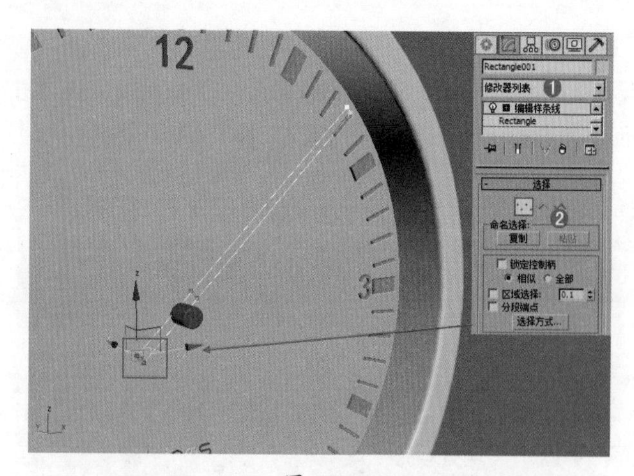

图 5–32

图 5–33

图 5–34

图 5–35

5.2.2 【倒角】修改器

【倒角】修改器将图形挤出为 3D 对象并在边缘应用倒圆或倒角。其参数设置面板如图 5-36 所示。与【挤出】修改器类似，【倒角】修改器也可以制作出三维的效果，并且可以模拟出边缘的坡度效果，如图 5-37 所示。

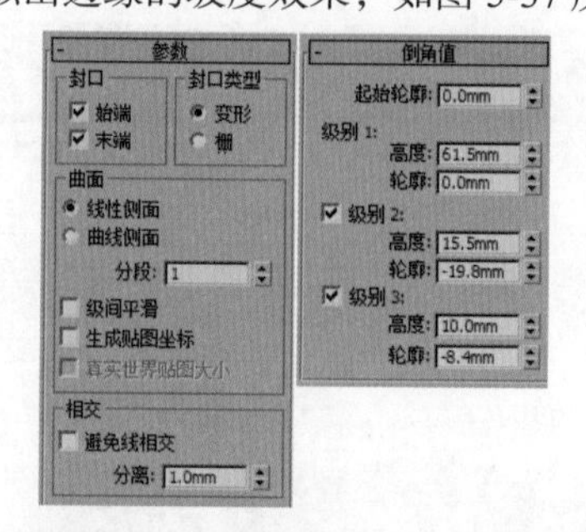

图 5–36

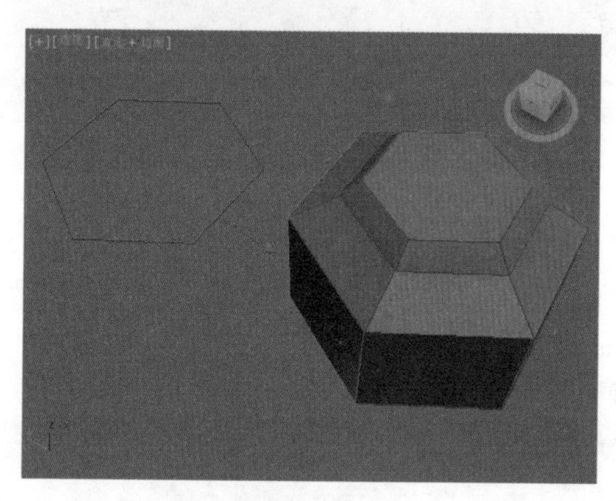

图 5–37

- 始端：用对象的最低局部 Z 值（底部）对末端进行封口。禁用此项后，底部为打开状态。
- 末端：用对象的最高局部 Z 值（底部）对末端进行封口。禁用此项后，底部不再打开。
- 变形：为变形创建适合的封口面。
- 栅：在栅格图案中创建封口面。
- 线性侧面：激活此项后，级别之间的分段插值会沿着一条直线。
- 曲线侧面：激活此项后，级别之间的分段插值会沿着一条 Bezier 曲线。对于可见曲率，会将多个分段与曲线侧面搭配使用。
- 分段：在每个级别之间设置中级分段的数量。
- 级间平滑：控制是否将平滑组应用于倒角对象侧面。封口会使用与侧面不同的平滑组。
- 避免线相交：防止轮廓彼此相交。它通过在轮廓中插入额外的顶点并用一条平直的线段覆盖锐角来实现。
- 分离：设置边之间所保持的距离。最小值为 0.01。
- 起始轮廓：设置轮廓从原始图形的偏移距离。非零设置会改变原始图形的大小。
- 级别 1：包含两个参数，它们表示起始级别的改变。
- 高度：设置级别 1 在起始级别之上的距离。
- 轮廓：设置级别 2 的轮廓到设置级别 1 的轮廓偏移距离。

FAQ 常见问题解答：为什么二维图形加载【挤出】和【倒角】修改器后，效果不正确？

【挤出】和【倒角】修改器是针对二维图形而言，是最为常用的修改器，可以快速地使模型变为三维效果，但需要特别注意的是二维的图形一定要闭合的，否则效果是不一样的。

下面可以看一下没有闭合的图形 + 挤出修改器的效果，如图 5-38 和图 5-39 所示。

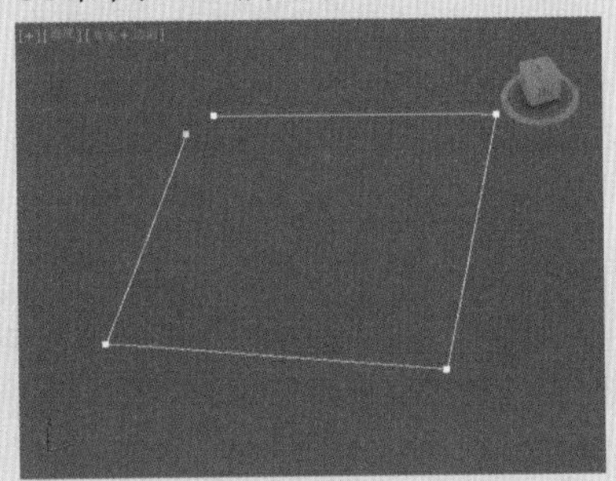

图 5-38

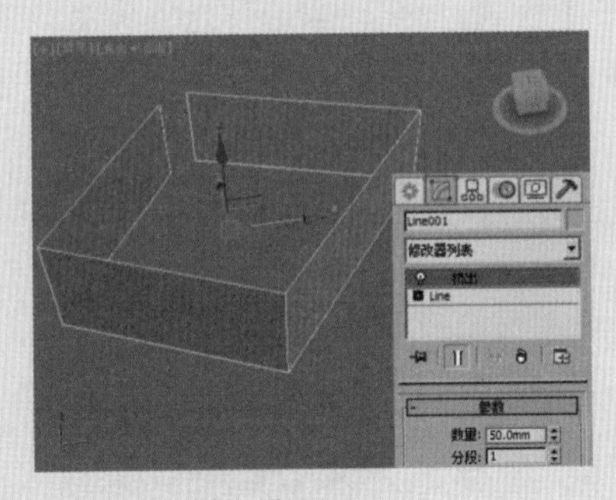

图 5-39

下面可以看一下闭合的图形 + 挤出修改器的效果，如图 5-40 和图 5-41 所示。

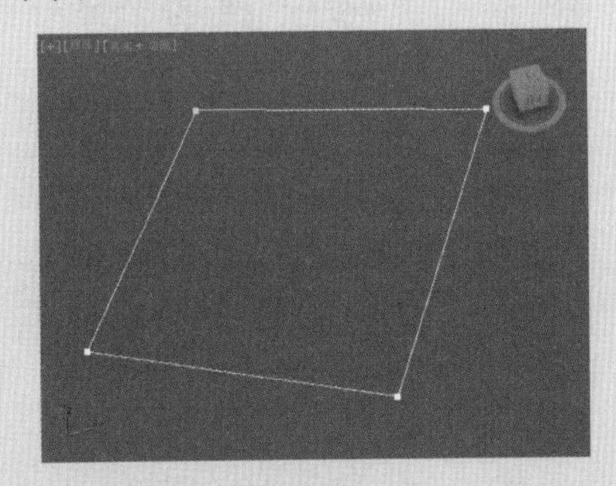

图 5-40

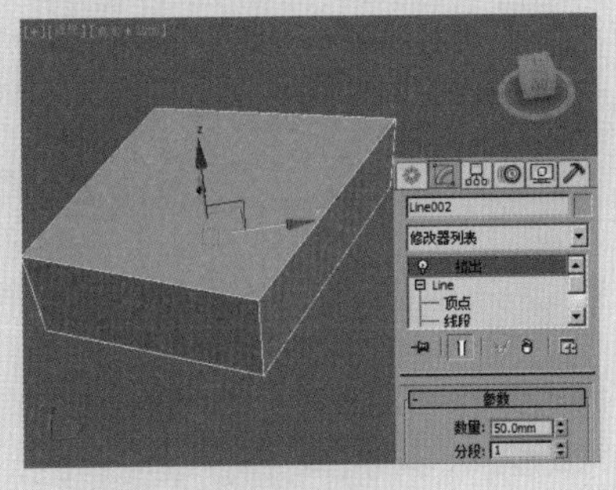

图 5-41

5.2.3　【倒角剖面】修改器

【倒角剖面】修改器使用另一个图形路径作为【倒角截剖面】来挤出一个图形。它是倒角修改器的一种变量，如图 5-42 所示。图 5-43 所示为使用【倒角剖面】修改器制作三维模型的流程图。

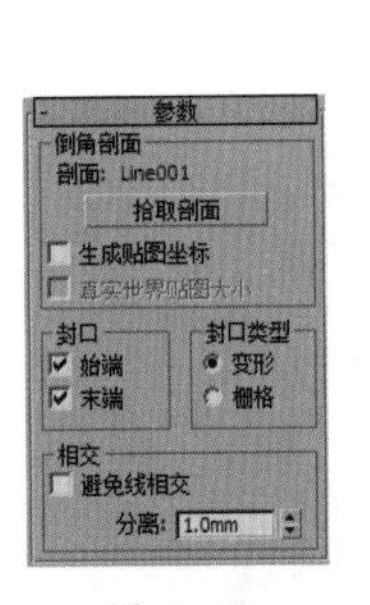

图 5-42

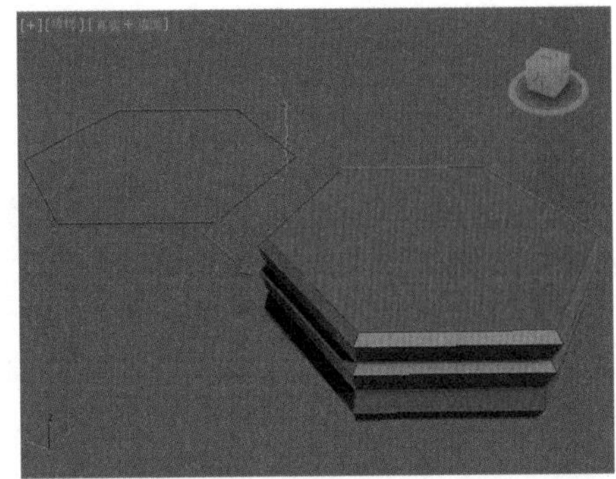

图 5-43

拾取剖面：选中一个图形或 NURBS 曲线来用于剖面路径。

5.2.4　【车削】修改器

【车削】修改器可以通过绕轴旋转一个图形或 NURBS 曲线来创建 3D 对象。其参数设置面板如图 5-44 所示。如图 5-45 所示，使用一条线，加载【车削】修改器，制作出三维模型。

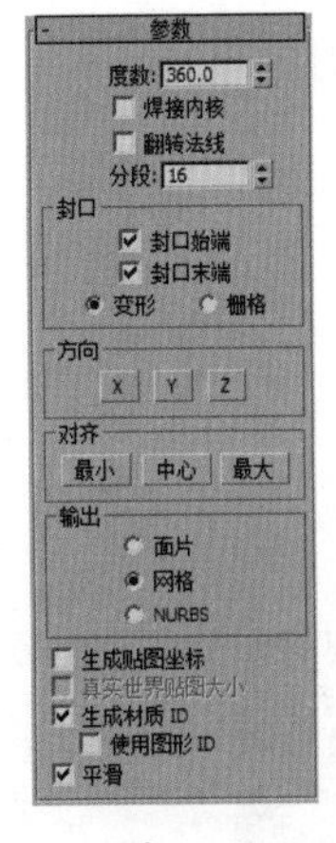

图 5-44

图 5-45

- 度数：确定对象绕轴旋转多少度（范围 0~360，默认值是 360）。
- 焊接内核：通过将旋转轴中的顶点焊接来简化网格。如果要创建一个变形目标，禁用此选项。
- 翻转法线：依赖图形上顶点的方向和旋转方向，旋转对象可能会内部外翻。
- 分段：在起始点之间，确定在曲面上创建多少插补线段。
- X/Y/Z：相对对象轴点，设置轴的旋转方向。
- 最小 / 中心 / 最大：将旋转轴与图形的最小、中心或最大范围对齐。

重点 进阶案例——使用【车削】修改器制作盘子

场景文件	无
案例文件	进阶案例——使用车削修改器制作盘子.max
视频教学	多媒体教学/Chapter05/进阶案例——使用车削修改器制作盘子.flv
难易指数	★★☆☆☆
技术掌握	掌握【线】工具和【车削】修改器的运用

本例就来学习使用样条线下的【线】工具和【车削】修改器来完成模型的制作，最终渲染和线框效果如图5-46所示。

图5-46

建模思路

01 STEP 使用线制作盘子轮廓

02 STEP 使用【车削】修改器制作盘子模型

盘子建模流程图如图5-47所示。

图5-47

制作步骤

1. 使用线制作盘子轮廓

单击（创建）|（图形）| 样条线 | 线 按钮，在前视图中创建如图5-48所示的样条线。

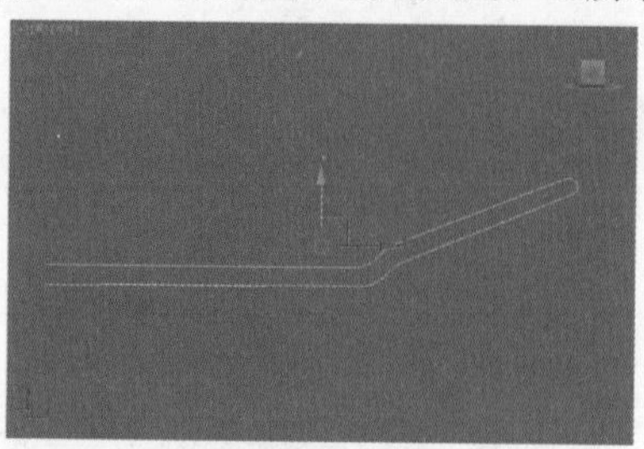

图5-48

※求生秘籍——技巧提示：使用线+【车削】修改器建模时，对齐方式要选对

样条线+【车削】修改器可以创建出三维的模型效果，但是需要注意选择合适的【对齐】方式，一般来说需要选择【最小】方式，如图5-49所示。

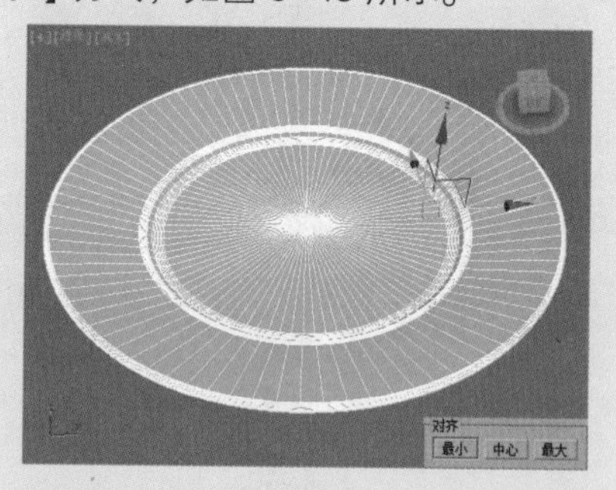

图5-49

当选择【中心】方式时，效果如图5-50所示。

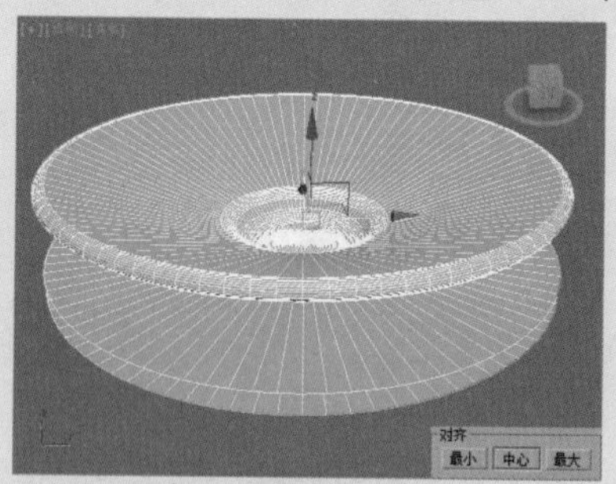

图5-50

当选择【最大】方式时，效果如图5-51所示。

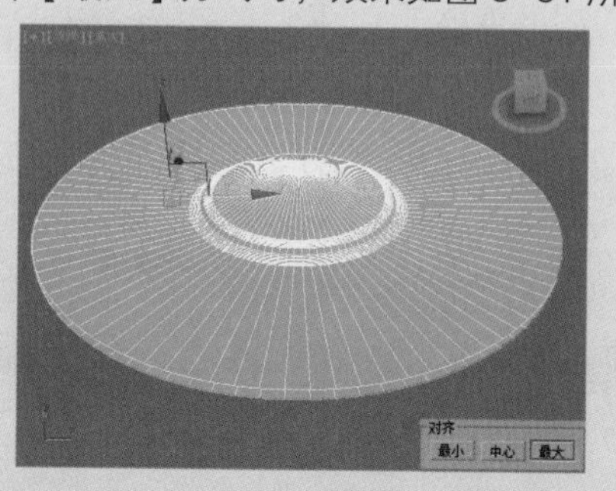

图5-51

2. 使用【车削】修改器制作盘子模型

（1）选择上一步创建的图形，在【修改面板】下加载【车削】命令修改器，展开【参数】卷展栏，设置【度数】为 360.0，【分段】为 90，并设置【对齐】为最小，如图 5-52 所示。

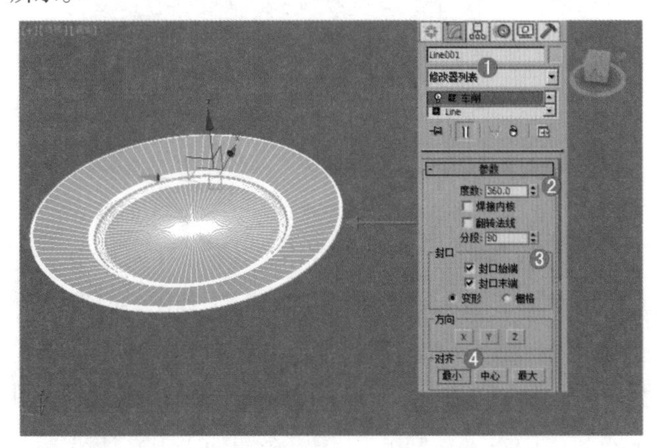

图 5-52

（2）选择上一步创建的模型，使用 （选择并移动）工具，按住【Shift】键进行复制，在弹出的【克隆选项】对话框中选择【复制】，设置【副本数】为 5，使用 （选择并移动）工具、 （选择并均匀缩放）工具和 （选择并旋转）工具摆放位置，如图 5-53 所示。

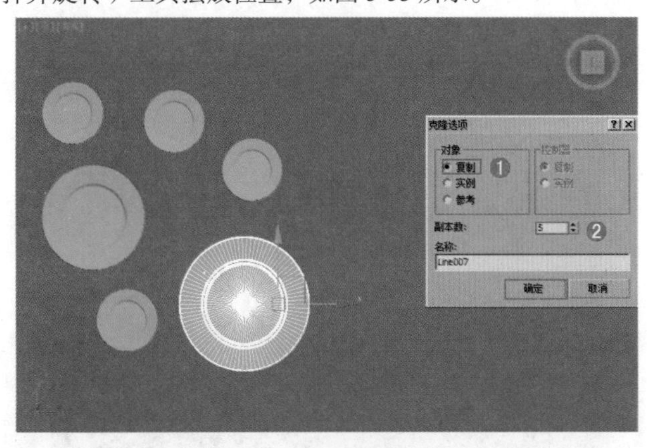

图 5-53

（3）最终模型效果如图 5-54 所示。

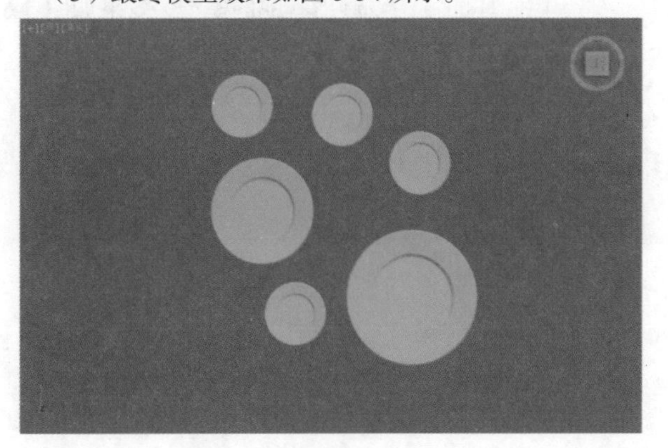

图 5-54

重点 进阶案例——使用【车削】修改器制作吊灯

场景文件	无
案例文件	进阶案例——使用车削修改器制作吊灯 .max
视频教学	多媒体教学 /Chapter05/ 进阶案例——使用车削修改器制作吊灯 .flv
难易指数	★★☆☆☆
技术掌握	掌握【矩形】、【多边形】工具和【挤出】、【车削】命令的运用

本例就来学习样条线下的【矩形】、【多边形】工具和【挤出】、【车削】命令来完成模型的制作，最终渲染和线框效果如图 5-55 所示。

图 5-55

建模思路

01 STEP 使用【矩形】、【多边形】、【挤出】和【车削】制作模型

02 STEP 使用线和车削制作模型

吊灯建模流程图如图 5-56 所示。

图 5-56

第5章

制作步骤

1. 使用【矩形】、【多边形】、【挤出】和【车削】制作模型

（1）单击（创建）|（图形）|样条线 | 矩形按钮，在前视图中创建一个矩形。展开【参数】卷展栏，设置【长度】为 12.0mm，【宽度】为 5.0mm，如图 5-57 所示。

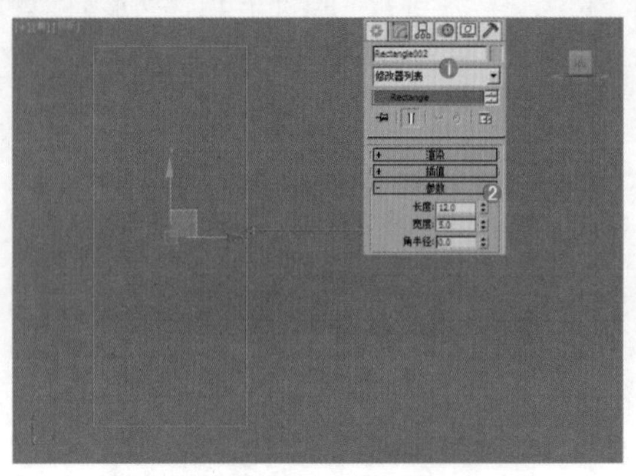

图 5-57

（2）在【修改面板】下展开【渲染】卷展栏，勾选【在渲染中启用】和【在视口中启用】选项，勾选【矩形】选项，设置【长度】为 1.0mm，【宽度】为 1.0mm，如图 5-58 所示。

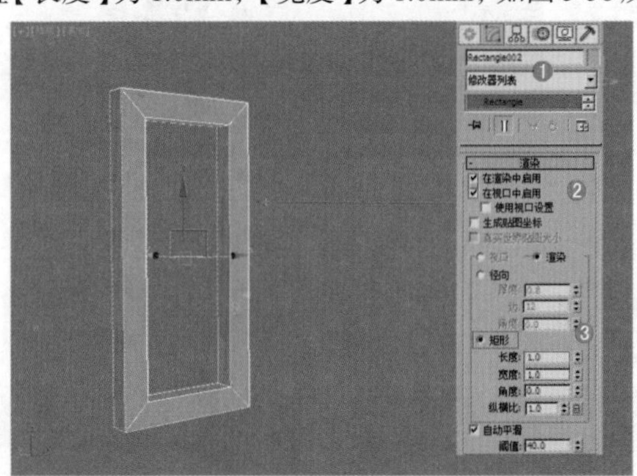

图 5-58

（3）选择上一步的模型，在【修改器列表】中加载【编辑样条线】命令，进入【顶点】级别，选择如图 5-59 所示的顶点。单击 圆角 按钮，设置【数量】为 1，如图 5-60 所示。

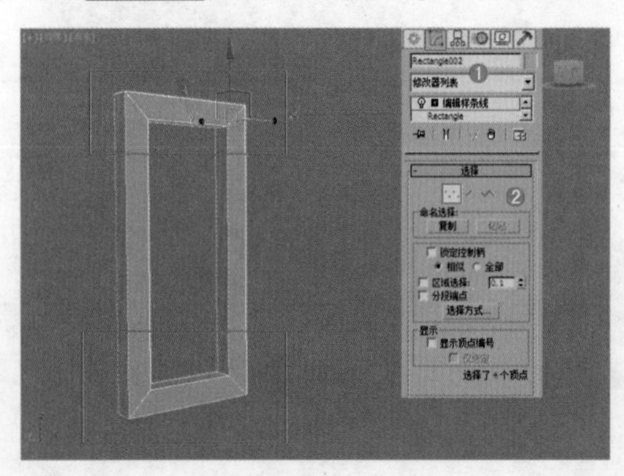

图 5-59

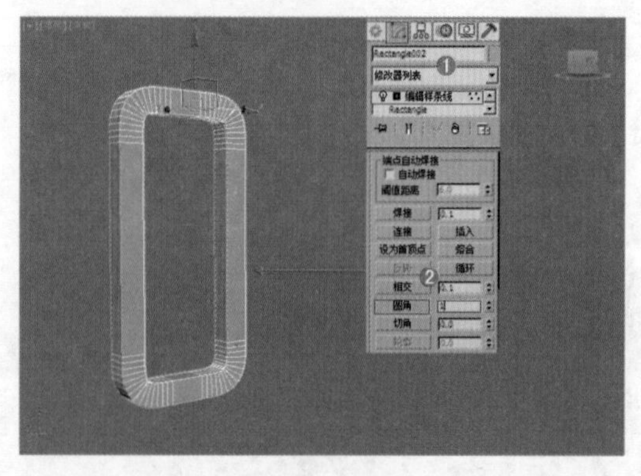

图 5-60

（4）单击工具栏中的【角度捕捉切换】按钮，在弹出的对话框中设置【角度】为 90°，如图 5-61 所示。使用（选择并旋转）工具，按住【Shift】键进行复制，在弹出的【克隆选项】对话框中选择【复制】，设置【副本数】为 1，单击【确定】按钮，效果如图 5-62 所示。

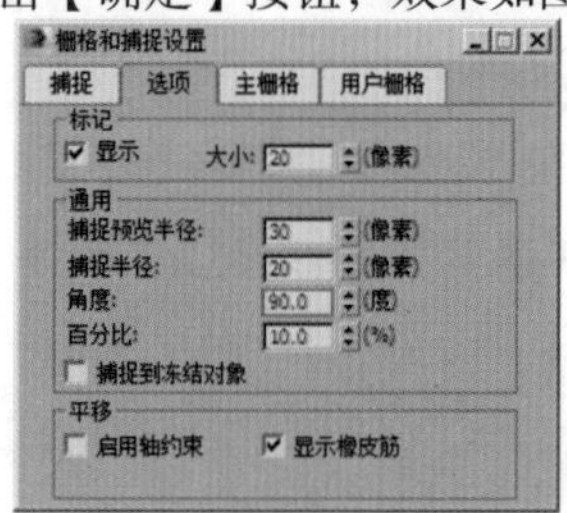

图 5-61

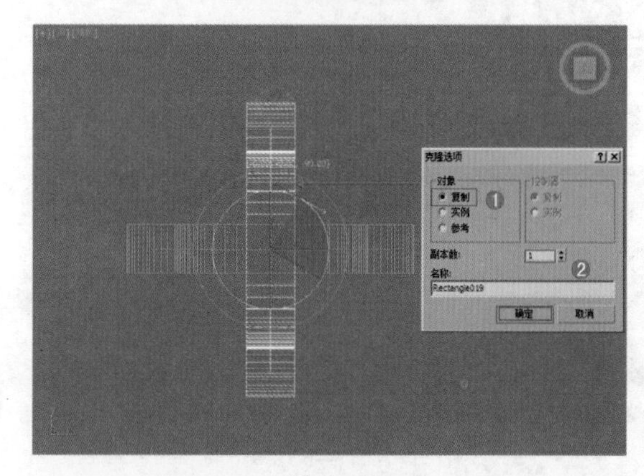

图 5-62

（5）用同样的方法复制出其他的模型，效果如图 5-63 所示。

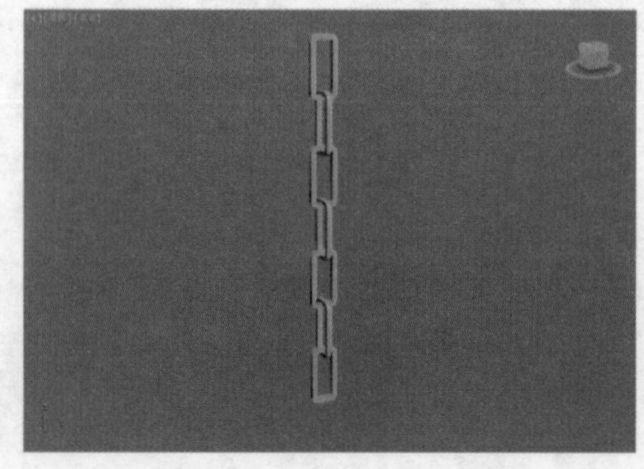

图 5-63

（6）单击（创建）|（图形）| 样条线 | 矩形 按钮，在左视图中创建一个矩形图形。展开【参数】卷展栏，设置【长度】为 16.404mm，【宽度】为 12.073mm，如图 5-64 所示。

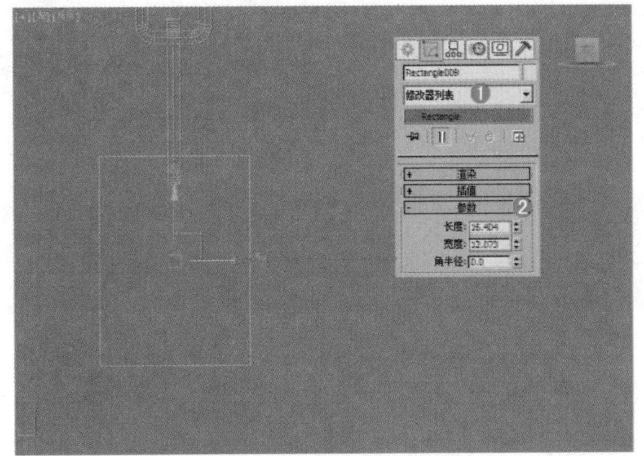

图 5–64

（7）在【修改面板】下展开【渲染】卷展栏，勾选【在渲染中启用】和【在视口中启用】选项，勾选【矩形】选项，设置【长度】为 1.0mm，【宽度】为 2.5mm，模型效果如图 5-65 所示。

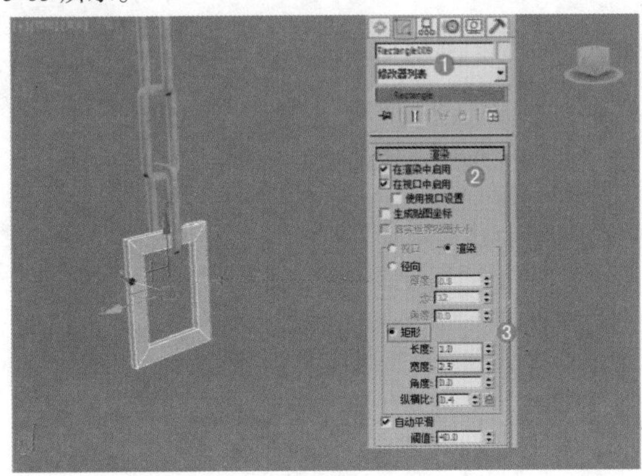

图 5–65

（8）单击（创建）|（几何体）| 圆柱体 按钮，在顶视图中拖拽创建一个圆柱体，在【修改面板】下设置【半径】为 2.0mm，【高度】为 3.0mm，如图 5-66 所示。

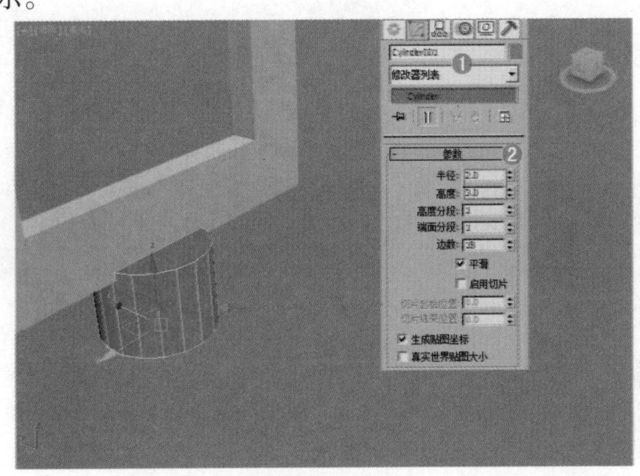

图 5–66

（9）单击（创建）|（图形）| 样条线 | 多边形 按钮，在顶视图中创建一个多边形图形。展开【参数】卷展栏，设置【半径】为 10.0mm，勾选【内接】选项，【边数】为 8，如图 5-67 所示。

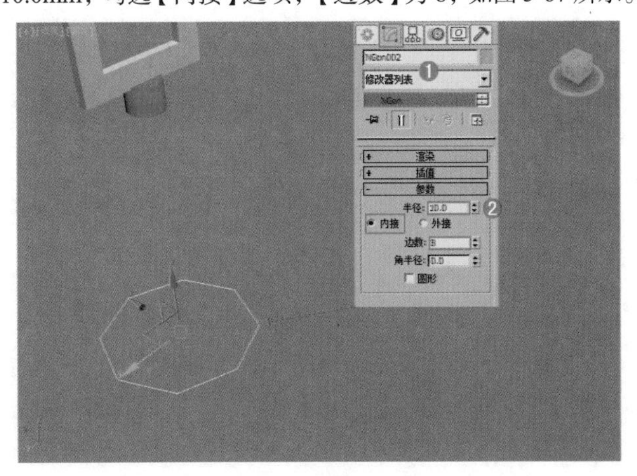

图 5–67

（10）选择上一步创建的图形，在【修改器列表】中加载【挤出】命令，在【参数】卷展栏下，设置【数量】为 30.0，如图 5-68 所示。

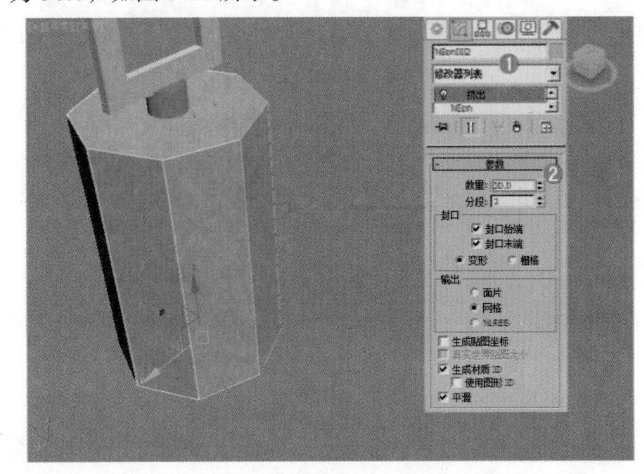

图 5–68

（11）选择上一步的模型，单击右键，选择【转换为】/【转换为可编辑多边形】，如图 5-69 所示。

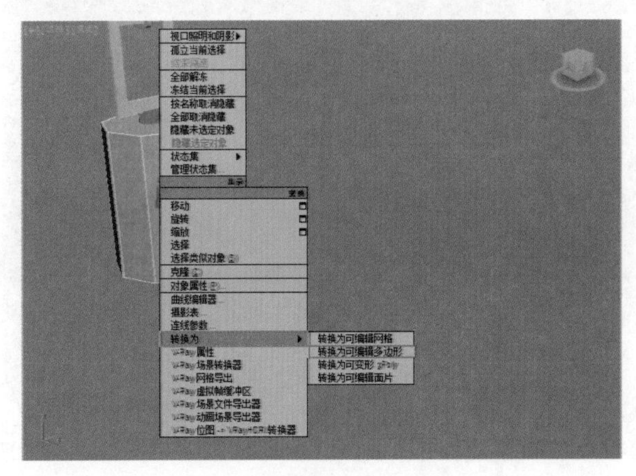

图 5–69

（12）选择上一步创建的模型，在修改面板下，进入【边】级别，选择如图 5-70 所示的边。单击 连接 按钮后面的【设置】按钮，设置【分段】为 10，【收缩】为 0，【滑块】为 0，如图 5-71 所示。

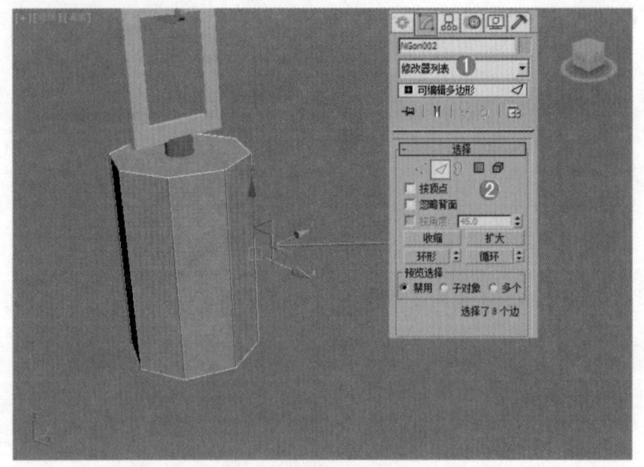

图 5-70

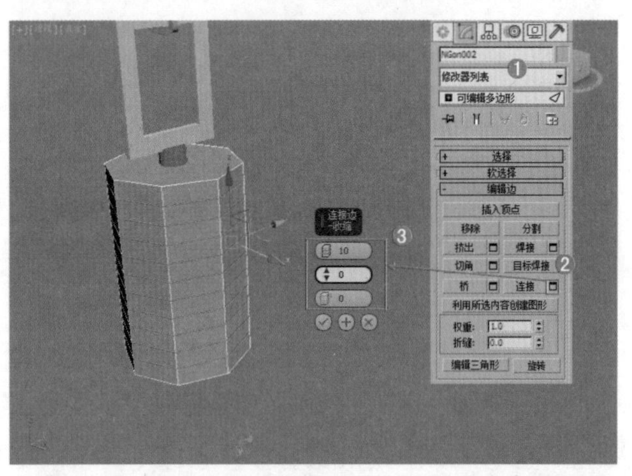

图 5-71

（13）选择上一步的模型，在【修改器列表】中加载【FFD444】修改器，进入【控制点】级别，使用【选择并移动】工具，在前视图调节控制点的位置，如图 5-72 和图 5-73 所示。

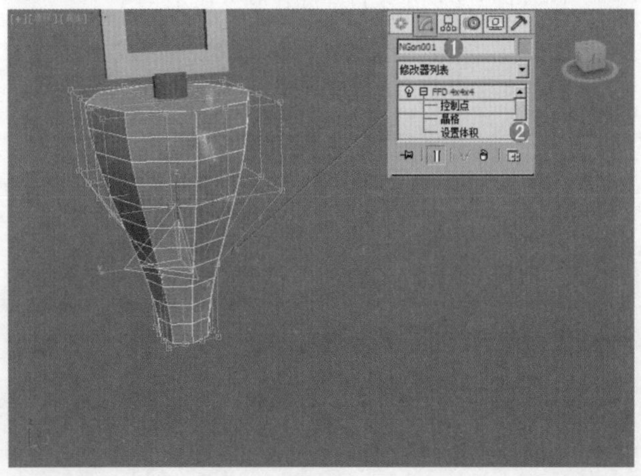

图 5-72

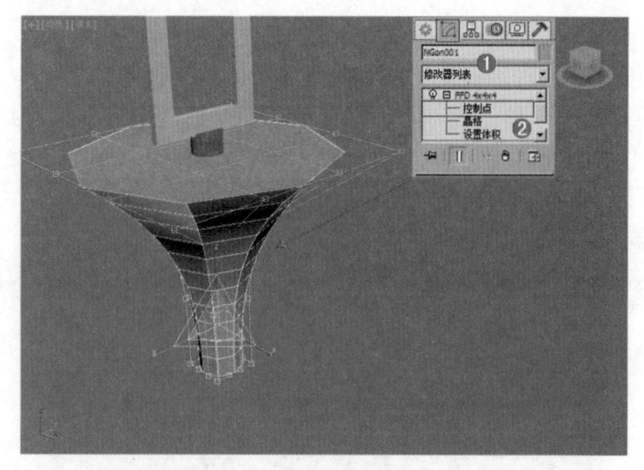

图 5-73

（14）选择上一步的模型，使用（选择并缩放）工具，按住【Shift】键进行复制，在弹出的【克隆选项】对话框中选择【复制】选项，设置【副本数】为 1，使用【选择并移动】工具将其向下移动到如图 5-74 所示的位置。

图 5-74

（15）单击（创建）|（图形）| 样条线 | 多边形（多边形）按钮，在顶视图中创建一个多边形图形。展开【参数】卷展栏，设置【半径】为 15.0mm，勾选【内接】，【边数】为 8，如图 5-75 所示。

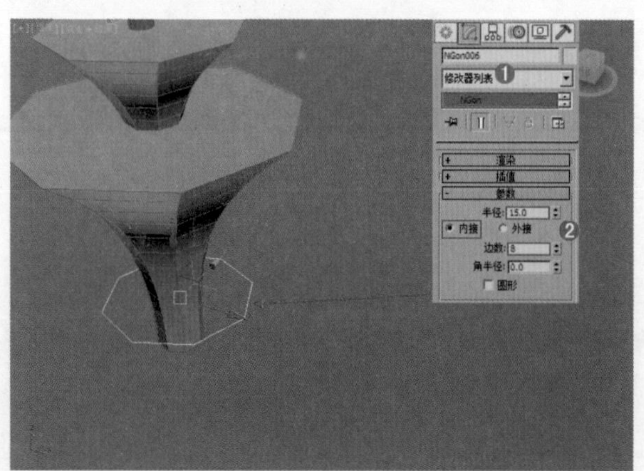

图 5-75

（16）选择上一步创建的图形，在【修改器列表】中加载【挤出】命令，在【参数】卷展栏下，设置【数量】为 2.0mm，如图 5-76 所示。

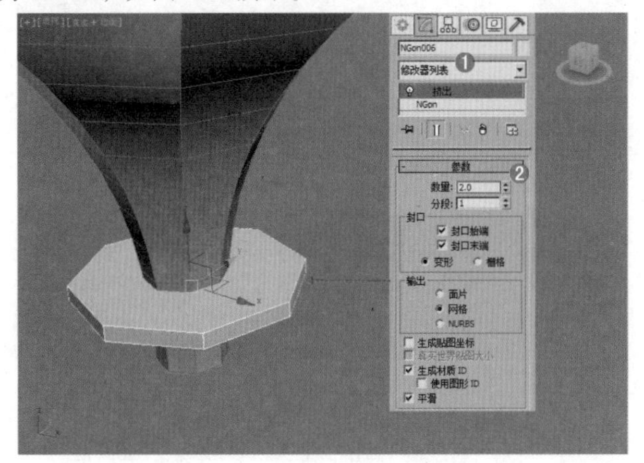

图 5–76

（17）选择上一步的模型，单击右键，选择【转换为】/【转换为可编辑多边形】，如图 5-77 所示。

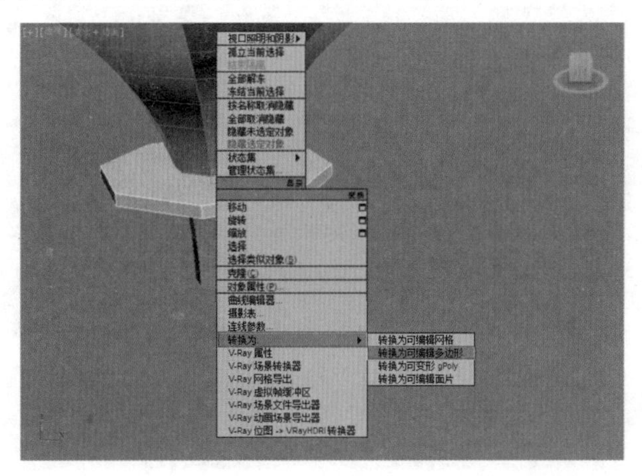

图 5–77

（18）选择上一步创建的模型，在修改面板下，进入【边】级别，选择如图 5-78 所示的边。单击 切角 按钮后面的【设置】按钮，设置【切角数量】为 0.2，【切角分段】为 5，如图 5-79 所示。

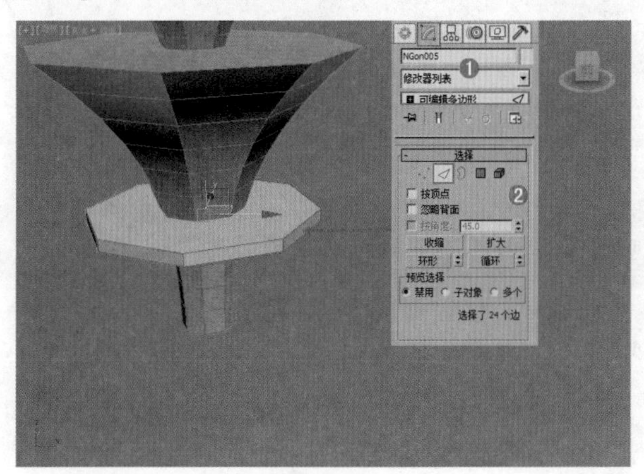

图 5–78

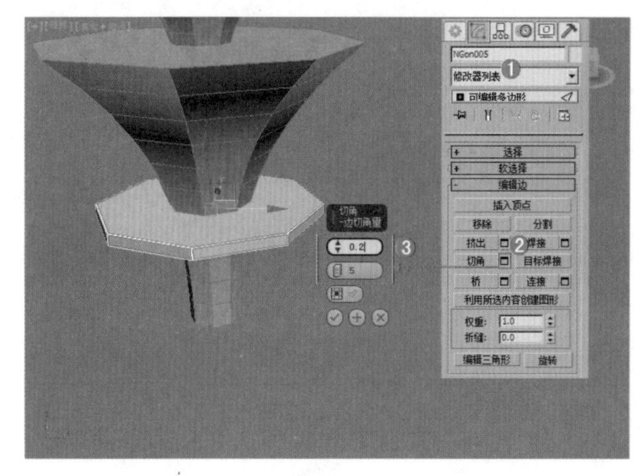

图 5–79

（19）选择上一步的模型，在【修改器列表】中加载【编辑多边形】命令，进入【多边形】级别，选择如图 5-80 所示的多边形。单击 插入 按钮后面的【设置】按钮，并设置【插入类型】为按多边形，【数量】为 1.0，如图 5-81 所示。

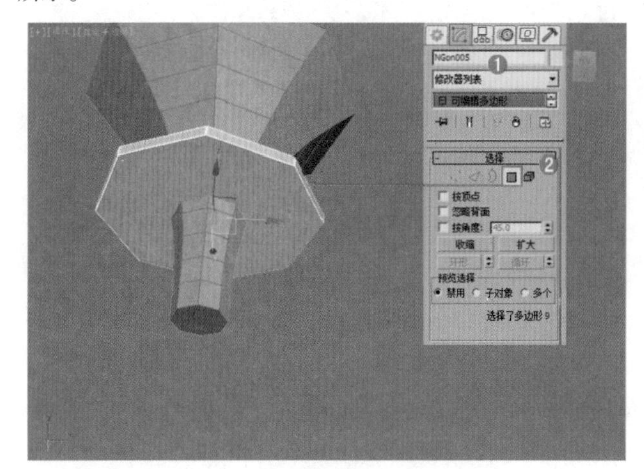

图 5–80

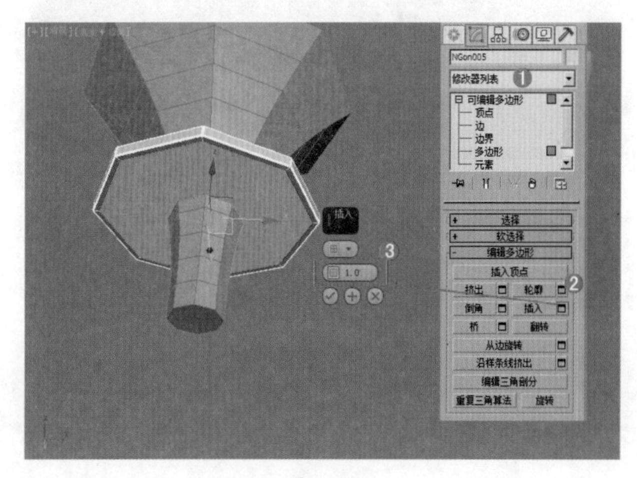

图 5–81

（20）进入【多边形】级别，在透视图中选择如图 5-82 所示的多边形，单击 挤出 按钮后面的【设置】按钮，设置【高度】为 5.0mm，如图 5-83 所示。

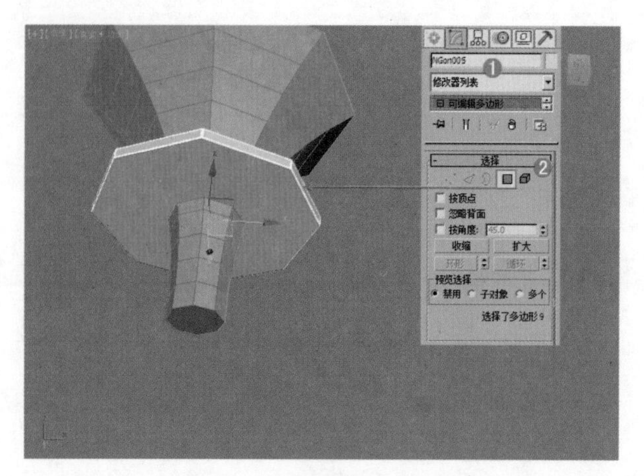

图 5-82

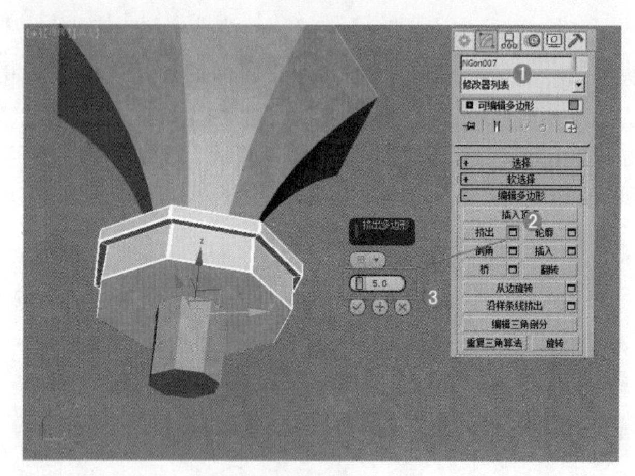

图 5-83

2. 使用线和车削制作模型

（1）单击（创建）|（图形）|样条线 | 线（线）按钮，在前视图中创建如图 5-84 所示的样条线。

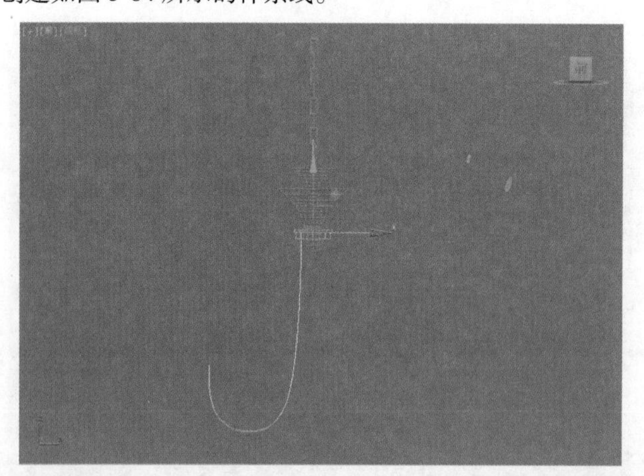

图 5-84

（2）在【修改面板】下展开【渲染】卷展栏，勾选【在渲染中启用】和【在视口中启用】选项，勾选【矩形】选项，设置【长度】为 6.0mm，【宽度】为 2.0mm，模型效果如图 5-85 所示。

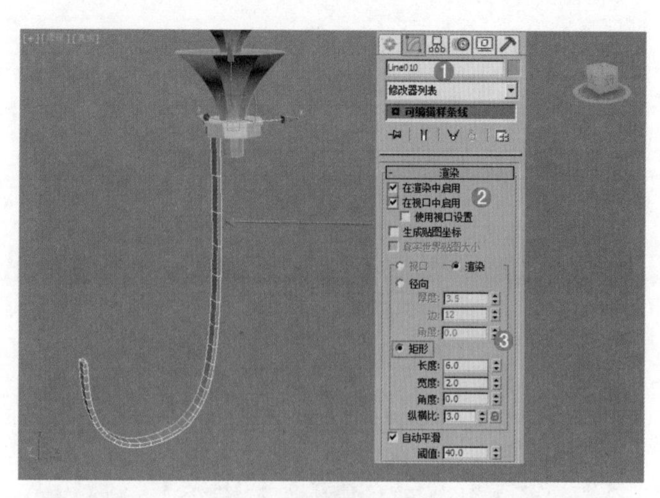

图 5-85

（3）单击（创建）|（图形）|样条线 | 线按钮，在前视图中创建如图 5-86 所示的样条线。

图 5-86

（4）选择上一步创建的图形，在【修改面板】下加载【车削】修改器，展开【参数】卷展栏，设置【度数】为 360.0°，设置【对齐】为最小，如图 5-87 所示。

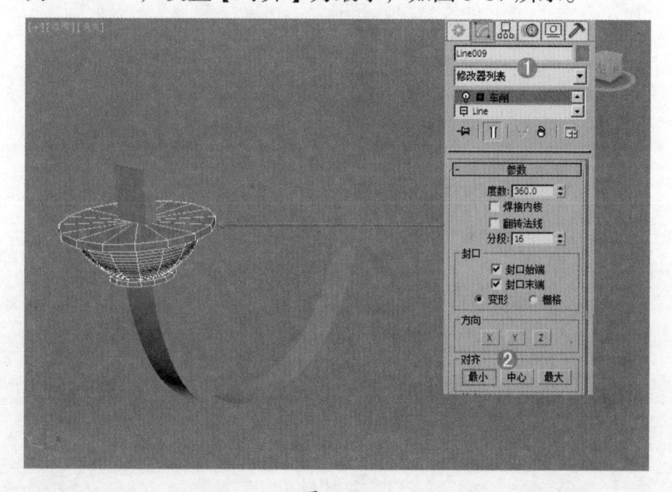

图 5-87

（5）单击（创建）|（几何体）| 圆柱体 按钮，在前视图中拖拽创建一个圆柱体，在【修改面板】下设置【半径】为 3.5mm，【高度】为 25.0mm，如图 5-88 所示。

（6）切换到顶视图，单击【层级】面板按钮，单击 仅影响轴 按钮，将坐标轴移动到如图 5-89 所示的位置。

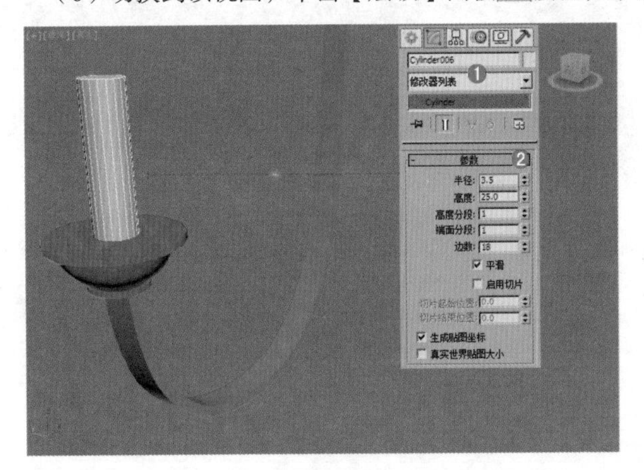

图 5-88

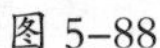

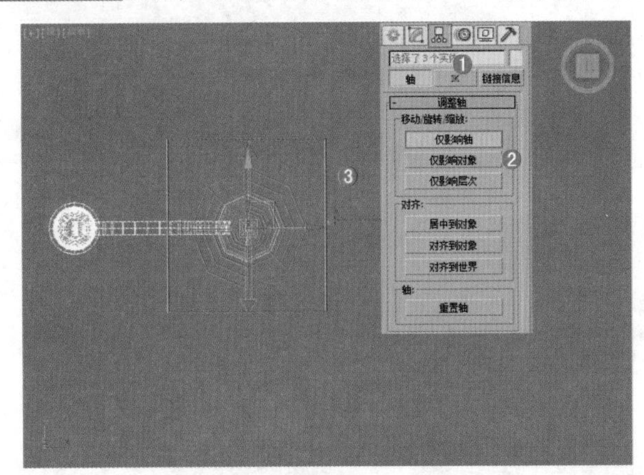

图 5-89

（7）单击【工具】命令，在列表中选择【阵列】，如图 5-90 所示。

（8）在【阵列】对话框中，单击【预览】按钮，单击【旋转】后面的 > 按钮，设置【z 轴】为 360.0°，设置【数量】为 8，单击【确定】按钮，如图 5-91 所示。

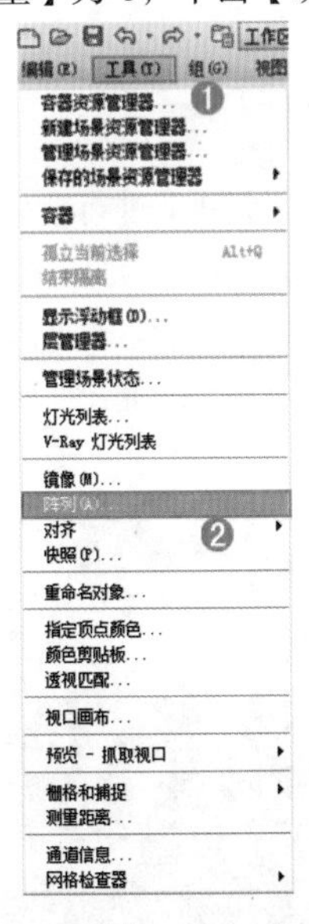

图 5-90

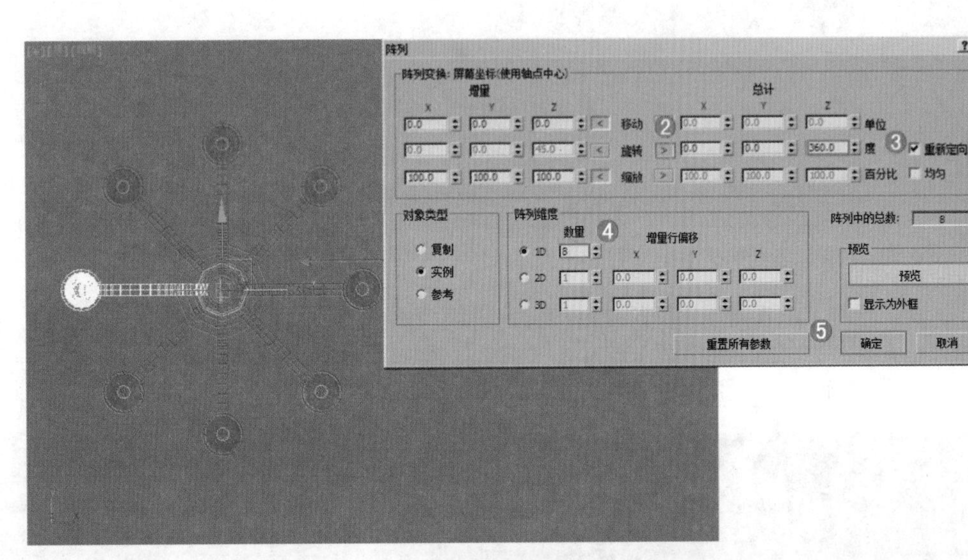

图 5-91

（9）单击（创建）|（图形）| 样条线 | 矩形（矩形）按钮，在左视图中创建一个矩形图形。展开【参数】卷展栏，设置【长度】为 7.5mm，【宽度】为 2.0mm，如图 5-92 所示。

（10）选择上一步创建的图形，在【修改面板】下加载【车削】修改器，展开【参数】卷展栏，设置【度数】为 360.0，设置【对齐】为最小，如图 5-93 所示。

（11）单击（创建）|（图形）| 样条线 | 矩形 按钮，在左视图中创建一个矩形图形。展开【参数】卷展栏，设置【长度】为 55.0mm，【宽度】为 2.0mm，如图 5-94 所示。

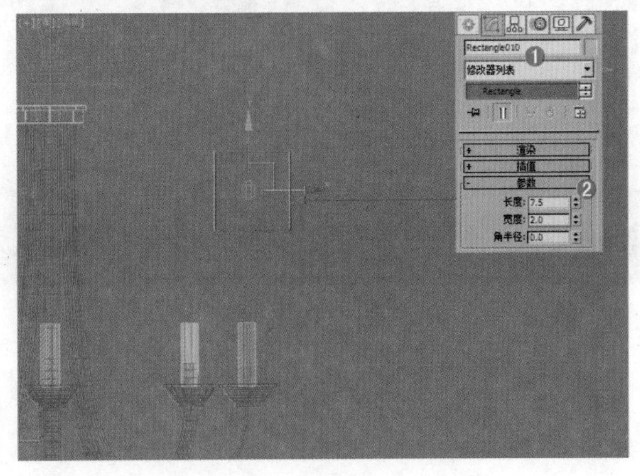

图 5-92

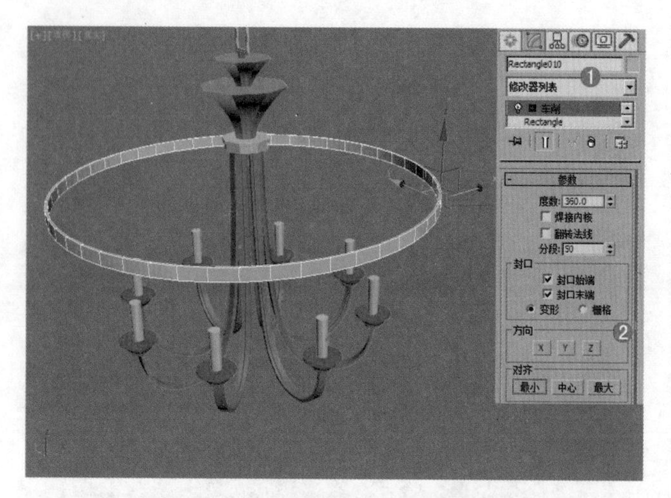

图 5-93

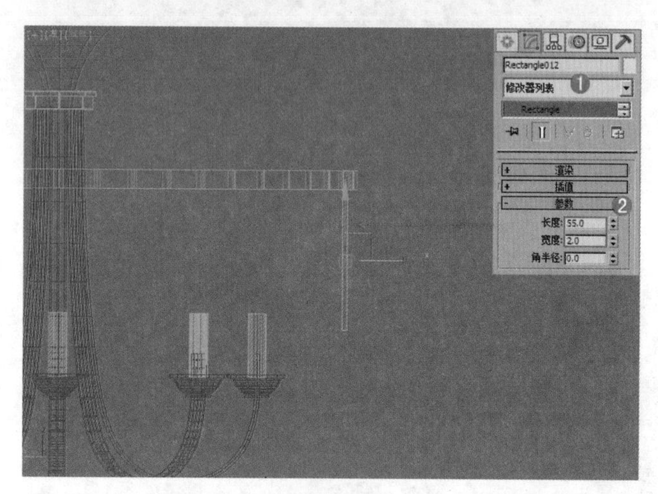

图 5-94

（12）选择上一步创建的图形，在【修改面板】下加载【车削】修改器，展开【参数】卷展栏，设置【度数】为 360.0，设置【对齐】为最小，如图 5-95 所示。

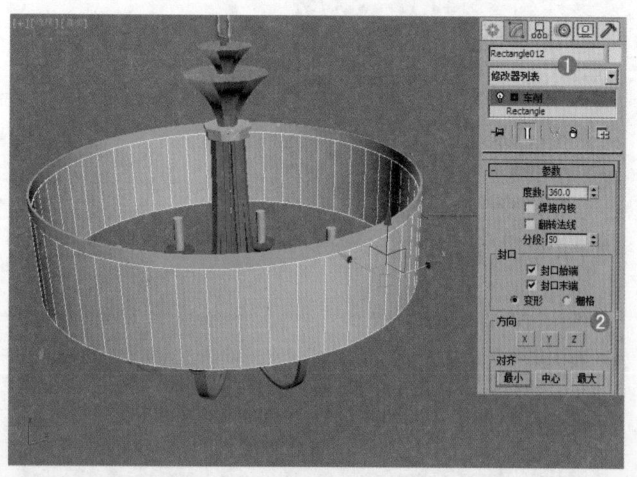

图 5-95

（13）用同样的方法制作出其他的部分，最终模型效果如图 5-96 所示。

图 5-96

5.3　针对三维对象的修改器

针对三维对象的修改器种类非常多，也是学习 3ds Max 修改器知识中的重点。熟练的掌握三维对象修改器的添加和设置，对快速建模是非常有必要的。

5.3.1　【弯曲】修改器

【弯曲】修改器可以将物体在任意 3 个轴上进行弯曲处理，可以调节弯曲的角度和方向，以及限制对象在一定区域内的弯曲程度。其参数设置面板如图 5-97 所示。【弯曲】修改器可以模拟出三维模型的弯曲变化效果，如图 5-98 所示。

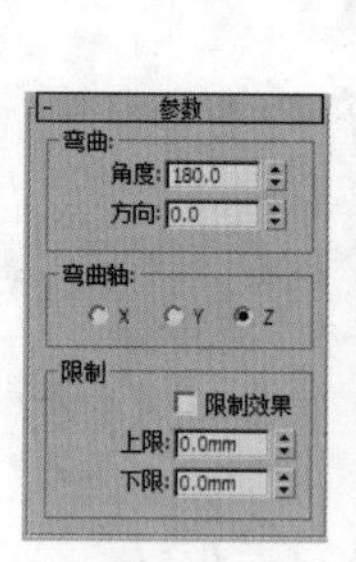

图 5-97

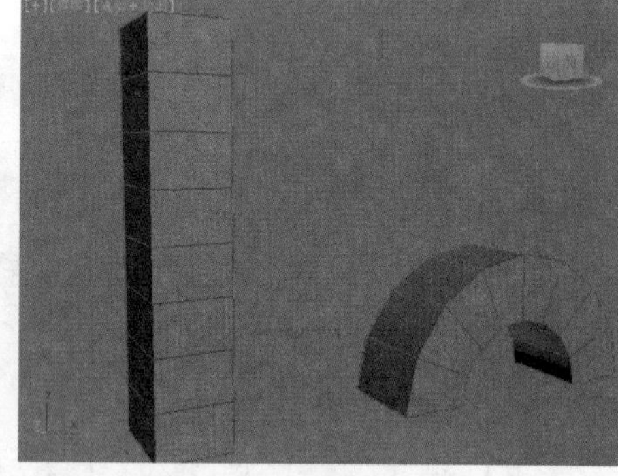

图 5-98

- 角度：从顶点平面设置要弯曲的角度。
- 方向：设置弯曲相对于水平面的方向。
- 限制效果：将限制约束应用于弯曲效果。默认设置为禁用状态。
- 上限：以世界单位设置上部边界，此边界位于弯曲中心点上方，超出此边界弯曲不再影响几何体。
- 下限：以世界单位设置下部边界，此边界位于弯曲中心点下方，超出此边界弯曲不再影响几何体。

5.3.2 【扭曲】修改器

【扭曲】修改器可在对象的几何体中心进行旋转，使其产生扭曲的特殊效果。其参数设置面板与【弯曲】修改器参数设置面板基本相同，如图 5-99 所示。图 5-100 所示为模型加载【扭曲】修改器制作出的模型扭曲效果。

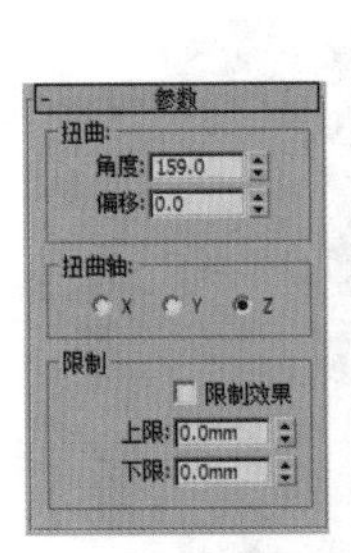

图 5-99

图 5-100

- 角度：确定围绕垂直轴扭曲的量。
- 偏移：使扭曲旋转在对象的任意末端聚团。

5.3.3 【FFD】修改器

【FFD】修改器即自由变形修改器。这种修改器使用晶格框包围住选中的几何体，然后通过调整晶格的控制点来改变封闭几何体的形状。其参数设置面板如图 5-101 所示。图 5-102 所示为模型加载【FFD】修改器制作出的模型变化的效果。

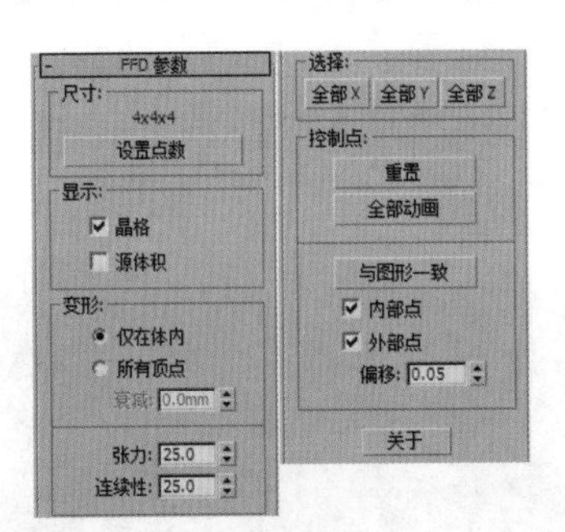

图 5-101

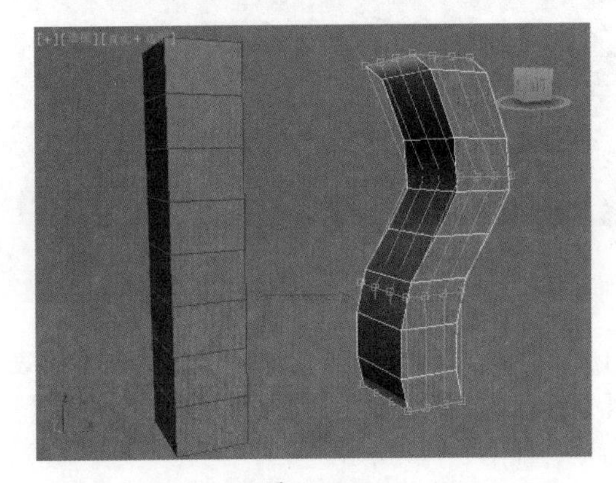

图 5-102

- 晶格：将绘制连接控制点的线条以形成栅格。
- 源体积：控制点和晶格会以未修改的状态显示。
- 衰减：它决定着 FFD 效果减为零时离晶格的距离。仅用于选择“所有顶点”时。
- 张力 / 连续性：调整变形样条线的张力和连续性。
- 重置：将所有控制点返回到它们的原始位置。
- 全部动画：将“点”控制器指定给所有控制点，这样它们在“轨迹视图”中立即可见。
- 与图形一致：在对象中心控制点位置之间沿直线延长线，将每一个 FFD 控制点移到修改对象的交叉点上，这将增加一个由“偏移”微调器指定的偏移距离。
- 内部点：仅控制受“与图形一致”影响的对象内部点。
- 外部点：仅控制受“与图形一致”影响的对象外部点。
- 偏移：受“与图形一致”影响的控制点偏移对象曲面的距离。
- 关于：显示版权和许可信息对话框。

FAQ 常见问题解答：为什么有时候加载了 FFD 修改器，并调整控制点，但是效果却不正确？

【FFD 修改器】、【弯曲修改器】和【扭曲修改器】有一个共同的特点，那就是【分段】参数的设置比较重要。而默认创建模型时，【分段】的参数可能为 1，那么加载这些修改器后，当然可能发生问题，比如为长方体加载【弯曲】修改器，如图 5-103 所示。当设置【高度分段】为 1 时，【弯曲】后的效果可能不是需要的，如图 5-104 所示。

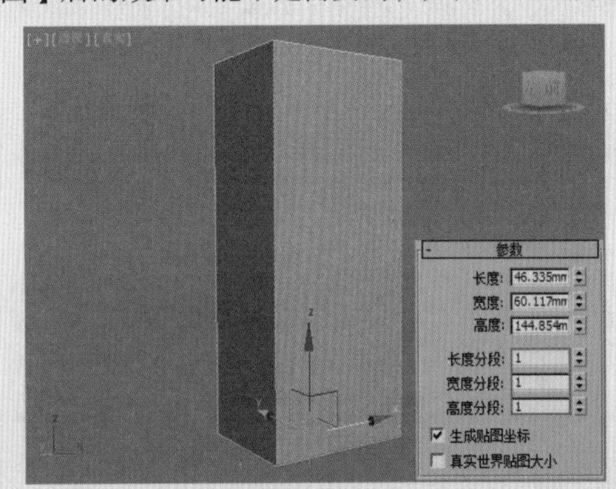

图 5-103

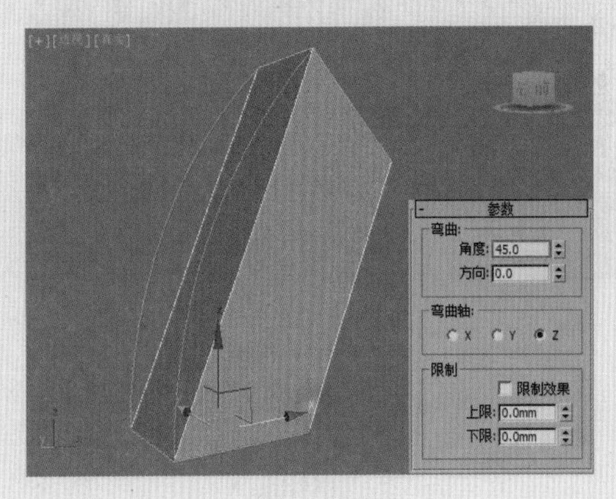

图 5-104

当设置【高度分段】为 10 时，【弯曲】后的效果就正确了，如图 5-105 所示。

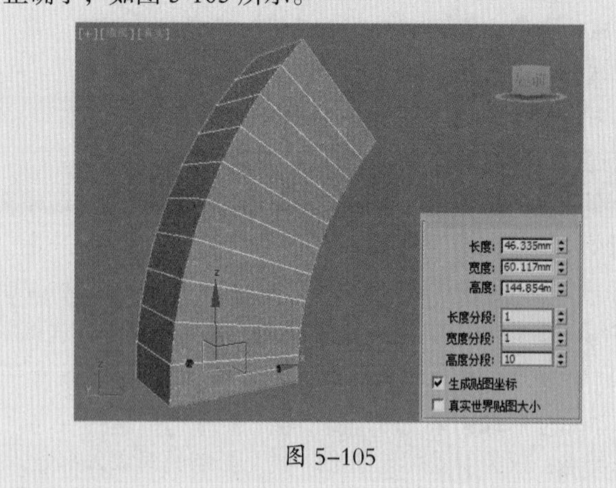

图 5-105

重点 进阶案例——使用【FFD】修改器制作窗帘

场景文件	无
案例文件	进阶案例——使用 FFD 修改器制作窗帘 .max
视频教学	多媒体教学 /Chapter05/ 进阶案例——使用 FFD 修改器制作窗帘 .flv
难易指数	★★☆☆☆
技术掌握	掌握【线】工具、【挤出】和【FFD4*4*4】命令的运用

本例就来学习样条线下的【线】工具、修改面板下的【挤出】、【FFD4*4*4】命令来完成模型的制作，最终渲染和线框效果如图 5-106 所示。

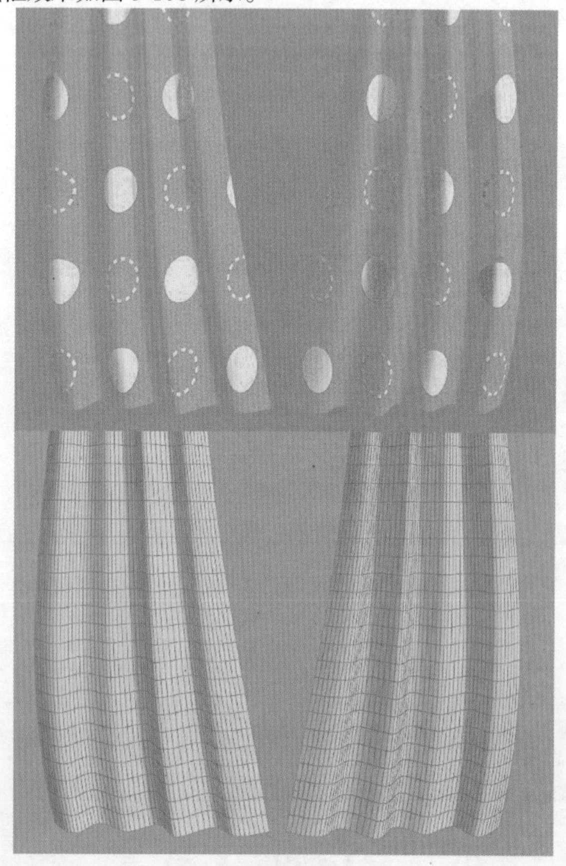

图 5-106

建模思路

01 STEP 使用线、挤出制作模型

02 STEP 使用 FFD4*4*4 制作模型

窗帘建模流程图如图 5-107 所示。

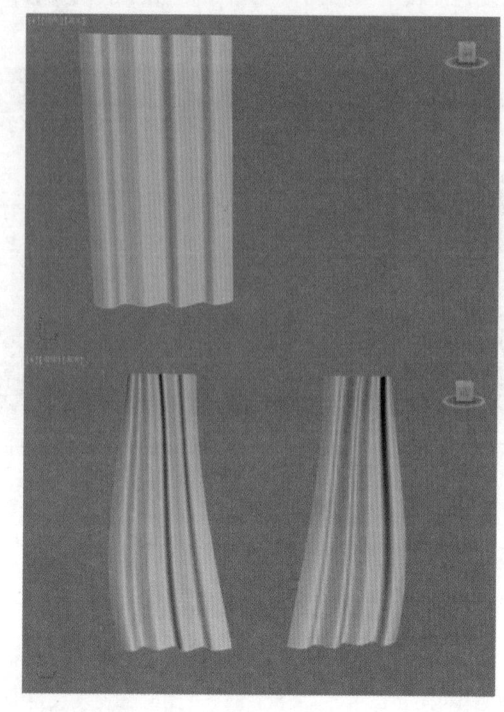

图 5-107

制作步骤

1. 使用【线】、【挤出】制作模型

（1）单击 （创建）| （图形）| 样条线 | 线 按钮，在顶视图中创建如图 5-108 所示的样条线。

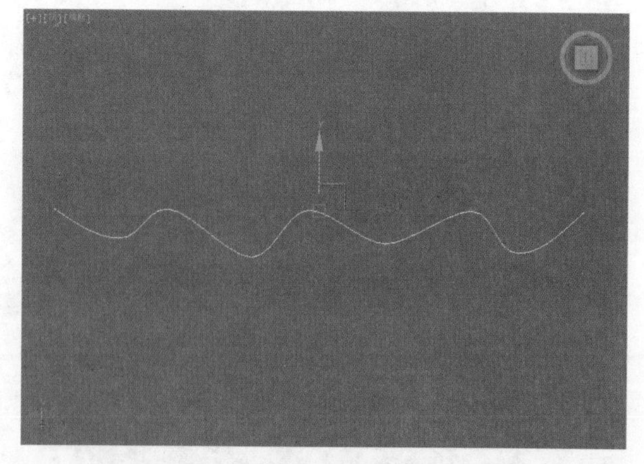

图 5-108

（2）选择上一步创建的图形，在【修改器列表】中加载【挤出】修改器，在【参数】卷展栏下，设置【数量】为 1300.0，如图 5-109 所示。

（3）选择上一步的模型，单击右键，选择【转换为】/【转换为可编辑多边形】，如图 5-110 所示。

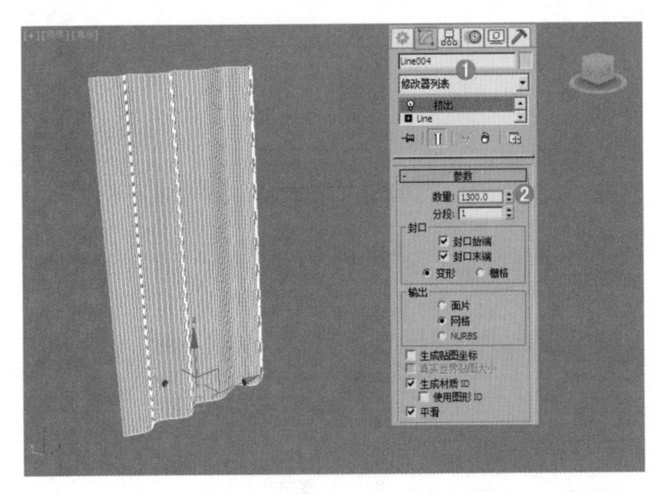

图 5-109

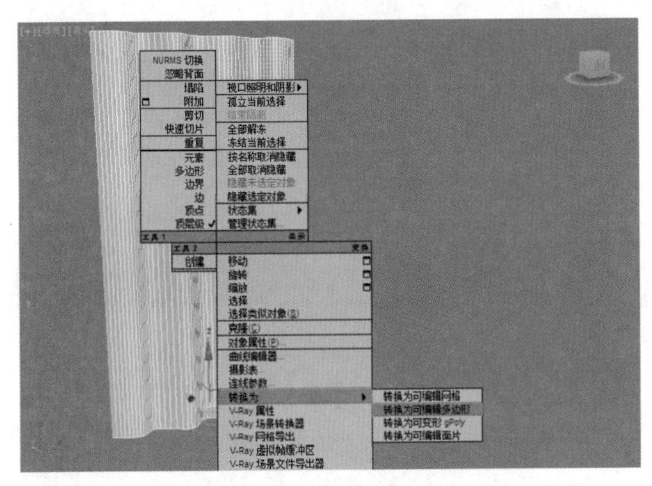

图 5-110

（4）选择上一步创建的模型，在修改面板下，进入【边】级别，选择如图 5-111 所示的边。单击 连接 按钮后面的【设置】按钮，设置【分段】为 30，【收缩】为 0，【滑块】为 0，如图 5-112 所示。

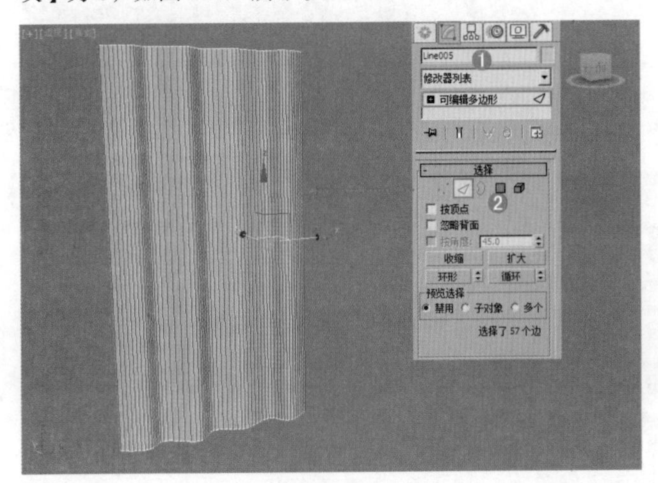

图 5-111

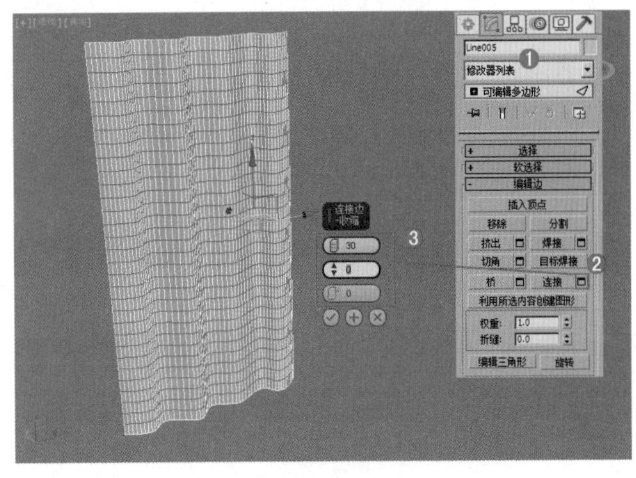

图 5-112

2. 使用【FFD4*4*4】制作模型

（1）选择上一步的模型，并在【修改器列表】中加载【FFD4*4*4】修改器，进入【控制点】级别，使用【选择并移动】工具，在前视图调节控制点的位置，如图 5-113 和图 5-114 所示。

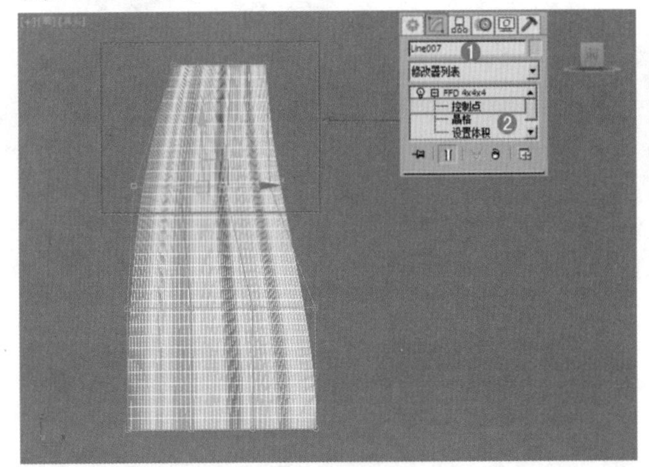

图 5-113

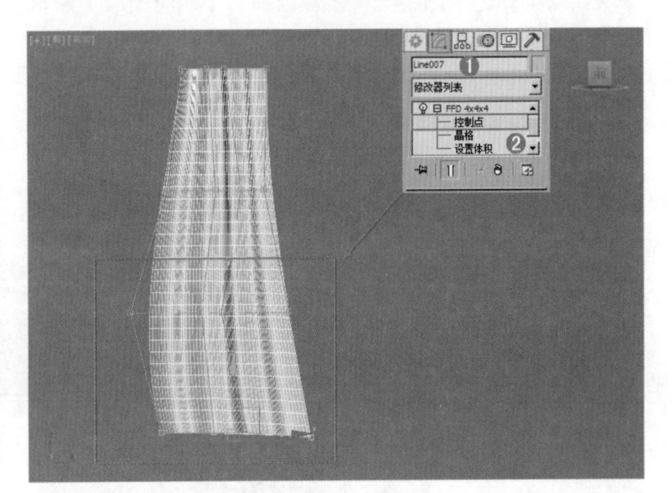

图 5-114

（2）切换到透视图，调整点后的效果，如图 5-115 所示。

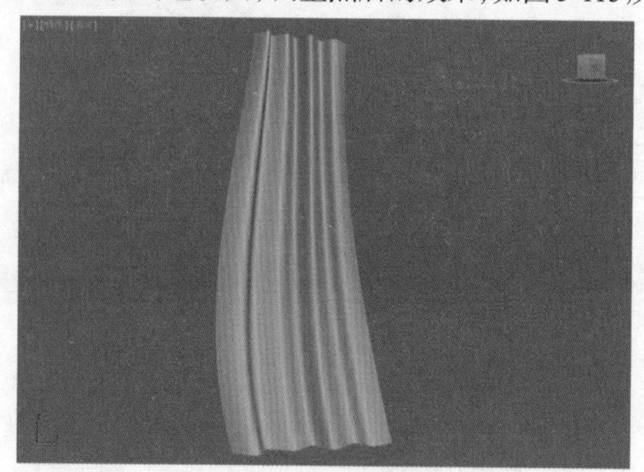

图 5–115

（3）用同样的方法制作出另一扇窗帘，最终效果如图 5-116 所示。

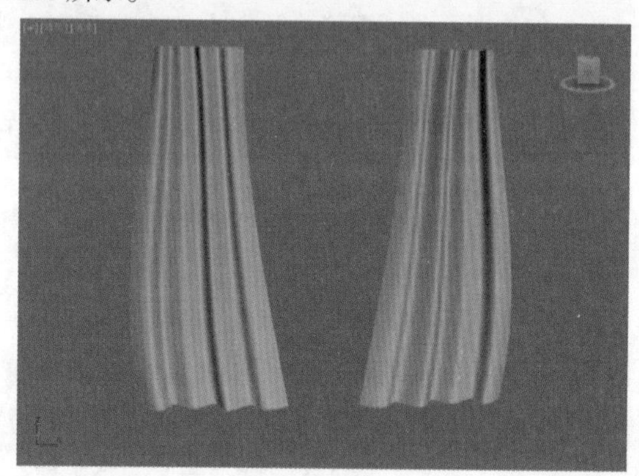

图 5–116

5.3.4 【平滑】、【网格平滑】、【涡轮平滑】修改器

平滑修改器主要包括【平滑】修改器、【网格平滑】修改器和【涡轮平滑】修改器。这 3 个修改器都可以用于平滑几何体，但是在平滑效果和可调性上有所差别。对于相同物体来说，【平滑】修改器的参数比较简单，但是平滑的程度不强；【网格平滑】修改器与【涡轮平滑】修改器使用方法比较相似，但是后者能够更快并更有效率地利用内存。

其参数设置面板，如图 5-117 所示。图 5-118 所示为模型加载【平滑】修改器前后对比效果。

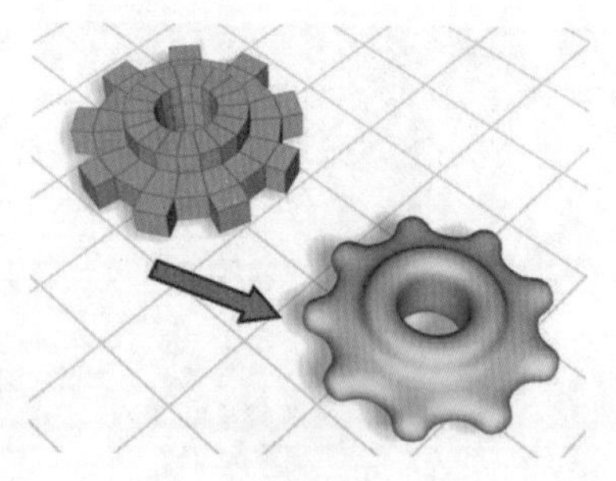

图 5–118

5.3.5 【晶格】修改器

【晶格】修改器可以将图形的线段或边转化为圆柱形结构，并在顶点上产生可选择的关节多面体，多用来制作水晶灯模型、医用分子结构模型等。其参数设置面板，如图 5-119 所示。图 5-120 所示为模型加载【晶格】修改器制作出的模型晶格的效果图。

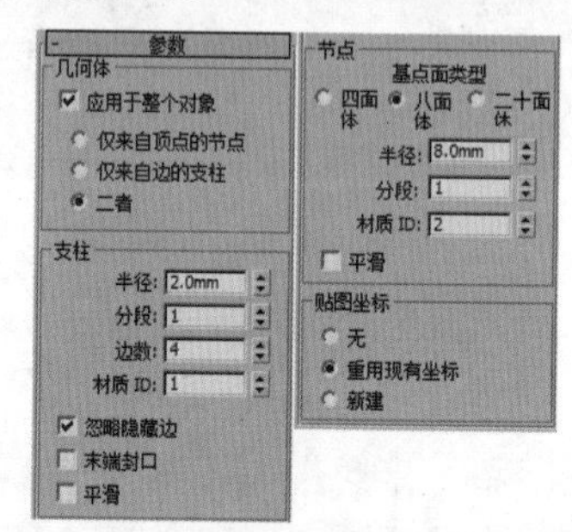

图 5–119

图 5–120

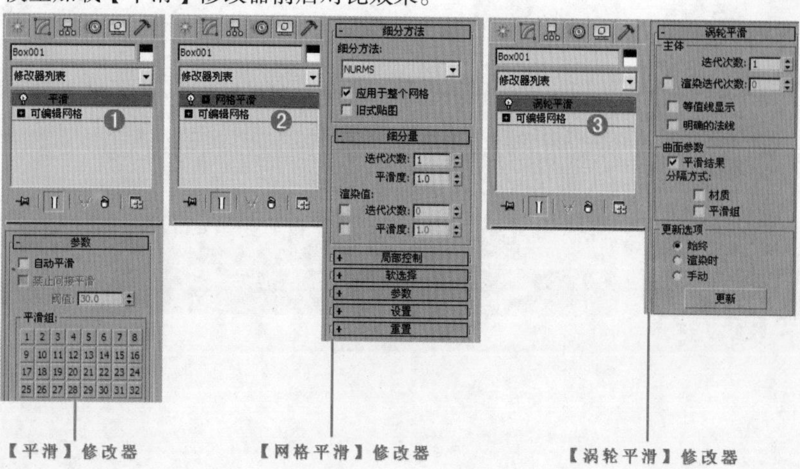

图 5–117

- 应用于整个对象：将“晶格”应用到对象的所有边或线段上。
- 半径：指定结构半径。
- 分段：指定沿结构的分段数目。当需要使用后续修改器将结构或变形或扭曲时，增加此值。
- 边数：指定结构周界的边数目。
- 基点面类型：指定用于关节的多面体类型。

重点 进阶案例——使用【晶格】修改器制作吊灯

场景文件	无
案例文件	进阶案例——使用【晶格】修改器制作吊灯.max
视频教学	多媒体教学 /Chapter05/ 进阶案例——使用晶格修改器制作吊灯.flv
难易指数	★★☆☆☆
技术掌握	掌握【线】、【圆】、【圆柱体】工具和【晶格】、【阵列】、【倒角】命令的运用

本例就来学习样条线下【线】和【圆】的工具、标准基本体下的【圆柱体】工具、工具下的【阵列】命令和修改面板下的【晶格】和【倒角】命令来完成模型的制作，最终渲染和线框效果如图 5-121 所示。

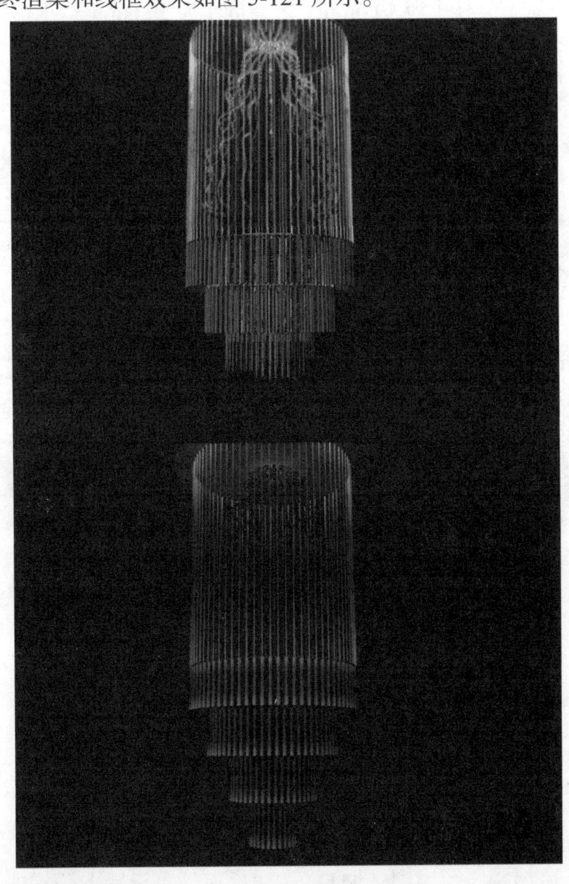

图 5-121

建模思路

01 使用圆、线、车削和倒角制作模型

02 使用圆柱体、晶格和阵列制作模型

吊灯建模流程图如图 5-122 所示。

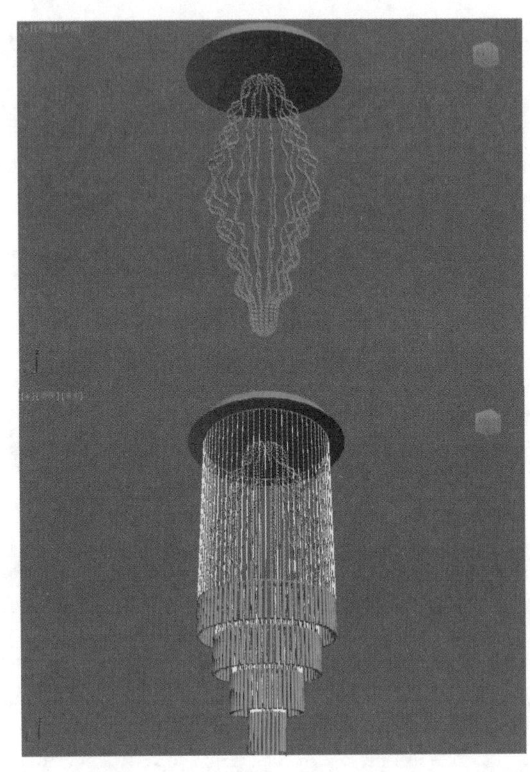

图 5-122

制作步骤

1. 使用【圆】、【线】、【车削】和【倒角】制作模型

（1）单击（创建）|（图形）|样条线|圆按钮，在顶视图中创建一个圆图形。展开【参数】卷展栏，设置【半径】为 50.0mm，如图 5-123 所示。

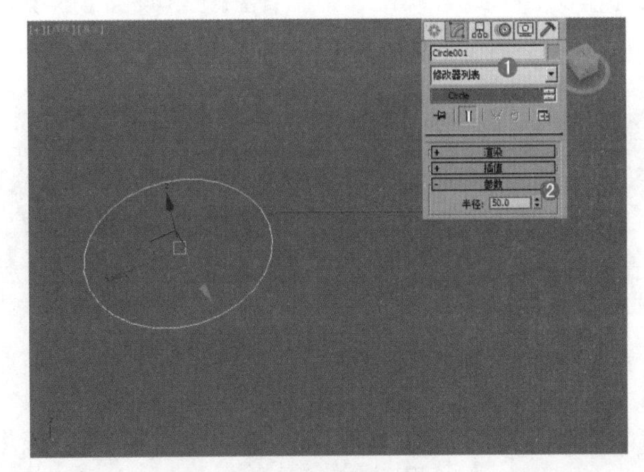

图 5-123

（2）选择上一步创建的图形，在【修改器列表】中加载【倒角】修改器，在【倒角值】卷展栏下，设置【高度】为 10.0mm，【轮廓】为 – 7.0mm，如图 5-124 所示。

（3）单击（创建）|（图形）|样条线|线按钮，在前视图中创建如图 5-125 所示的样条线。

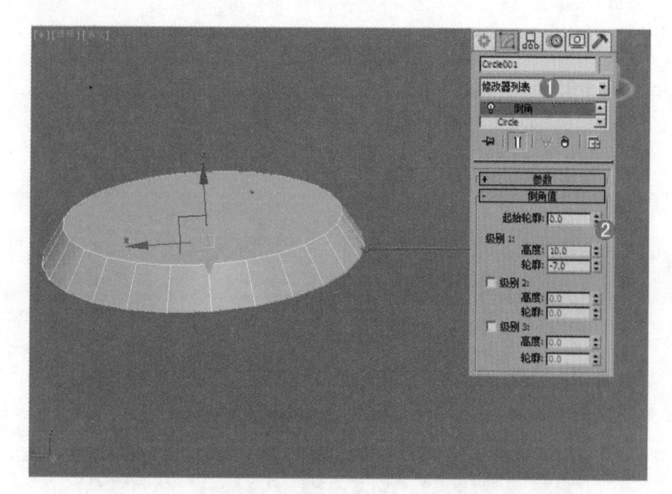

图 5-124

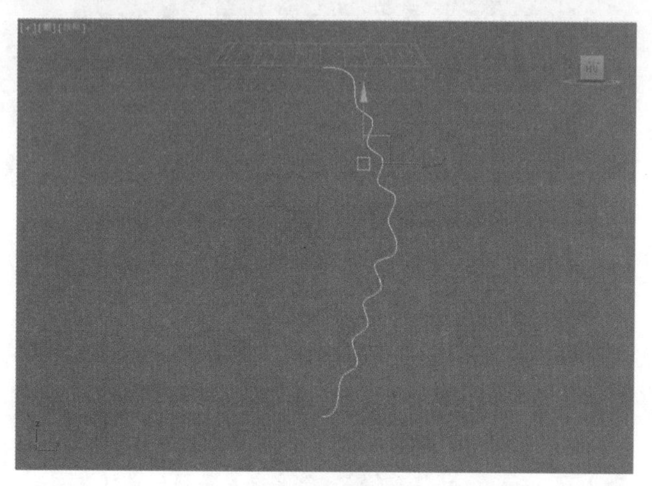

图 5-125

（4）选择上一步创建的图形，在【修改面板】下加载【车削】修改器，展开【参数】卷展栏，设置【度数】为 360.0，设置【对齐】为最小，如图 5-126 所示。

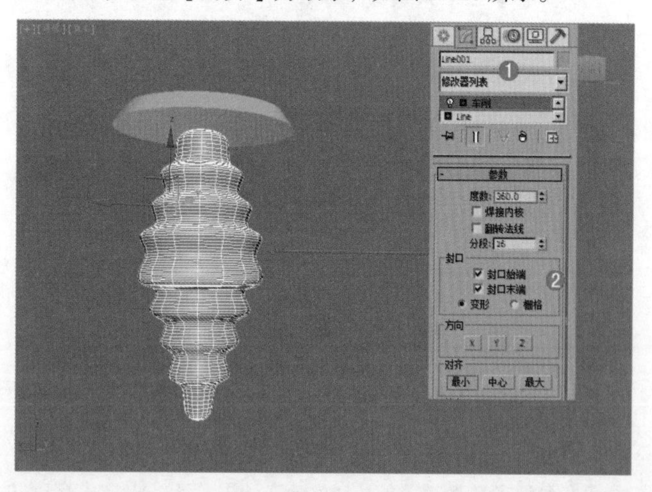

图 5-126

（5）选择上一步的模型，在【修改面板】下加载【晶格】修改器，展开【参数】卷展栏，勾选【仅来自顶点的节点】选项，勾选【八面体】选项，设置【半径】为 1.0mm，如图 5-127 所示。

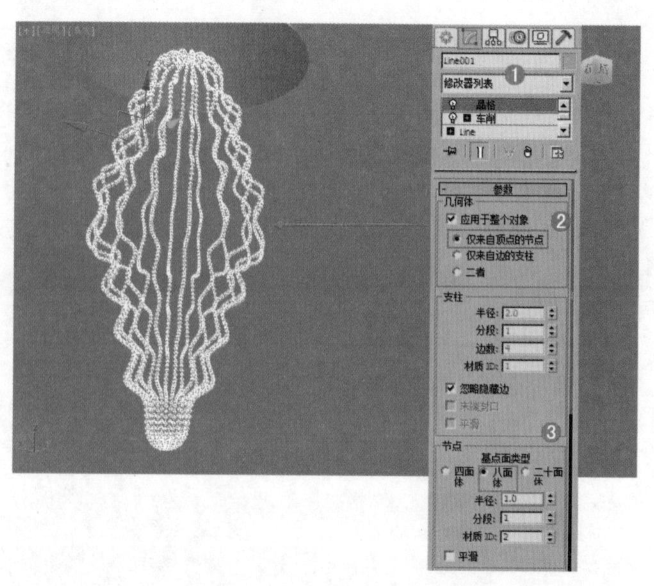

图 5-127

2. 使用【圆柱体】、【晶格】和【阵列】制作模型

（1）单击（创建）|（几何体）| 圆柱体 按钮，在顶视图中拖拽创建一个圆柱体，在【修改面板】下设置【半径】为 40.0mm，【高度】为 100.0mm，【边数】为 75，如图 5-128 所示。

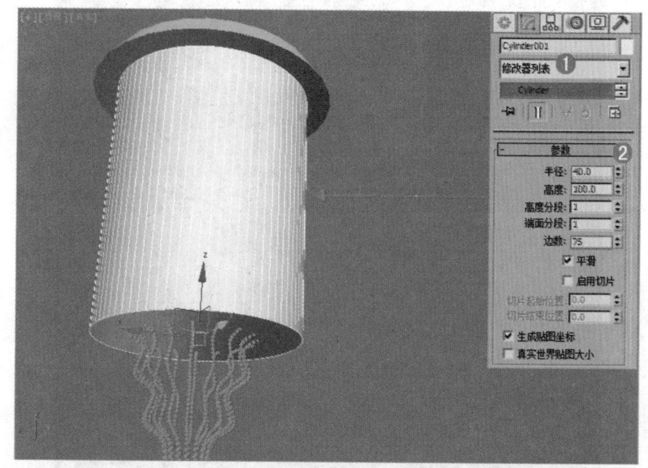

图 5-128

（2）选择上一步创建的模型，在【修改器列表】中加载【编辑多边形】命令，进入【多边形】级别，选择如图 5-129 所示的多边形。单击 插入 按钮后面的【设置】按钮，设置【插入类型】为按多边形，【数量】为 10.0，如图 5-130 所示。

（3）进入【多边形】级别，在透视图中选择如图 5-131 所示的多边形，单击 挤出 按钮后面的【设置】按钮，设置【高度】为 20.0mm，如图 5-132 所示。

（4）选择上一步的模型，进入【多边形】级别，选择如图 5-133 所示的多边形。单击 插入 按钮后面的【设置】按钮，设置【插入类型】为按多边形，【数量】为 10.0，如图 5-134 所示。

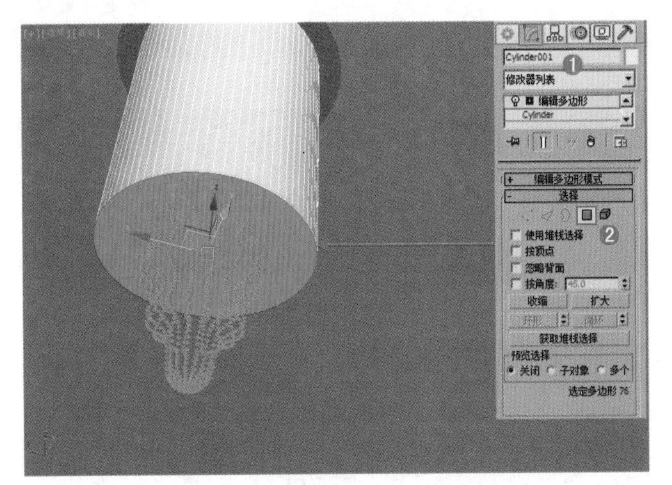

图 5-129

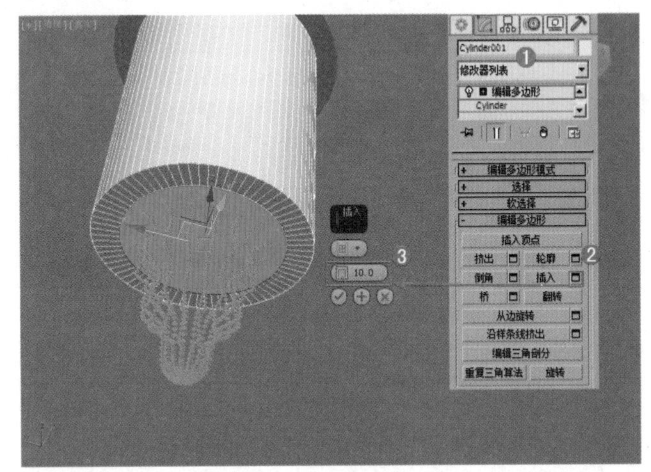

图 5-130

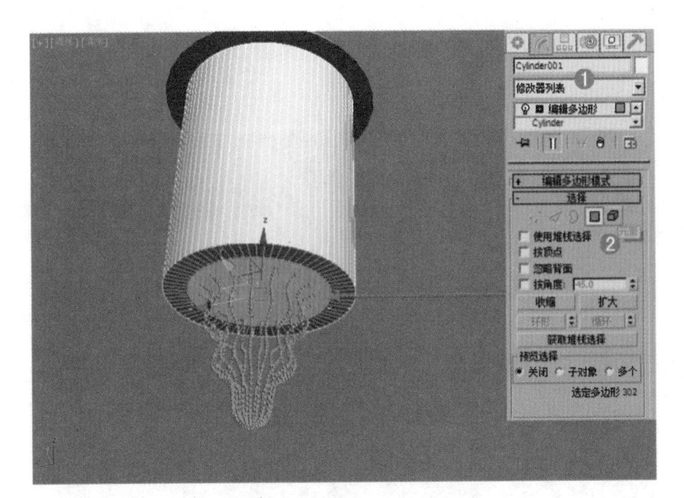

图 5-131

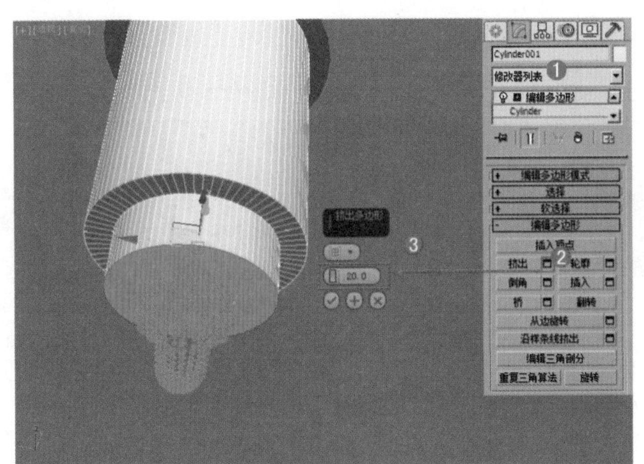

图 5-132

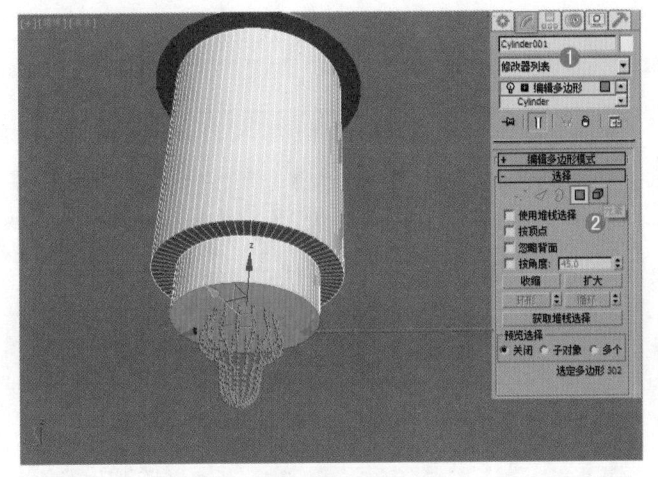

图 5-133

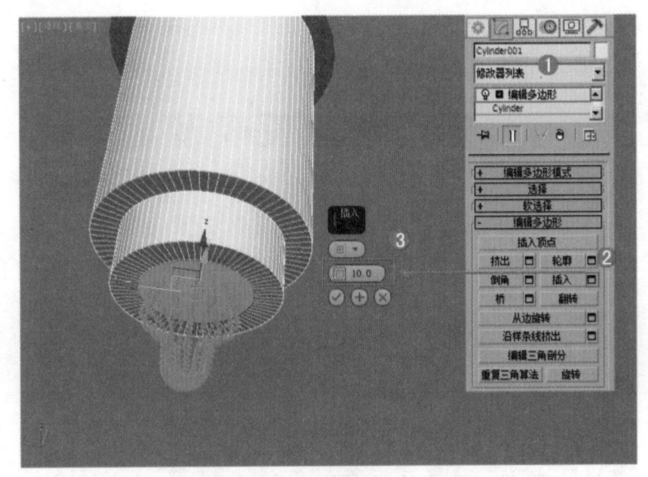

图 5-134

（5）进入【多边形】级别，在透视图中选择如图 5-135 所示的多边形，单击 挤出 按钮后面的【设置】按钮，设置【高度】为 20.0mm，如图 5-136 所示。

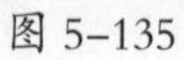

图 5–135

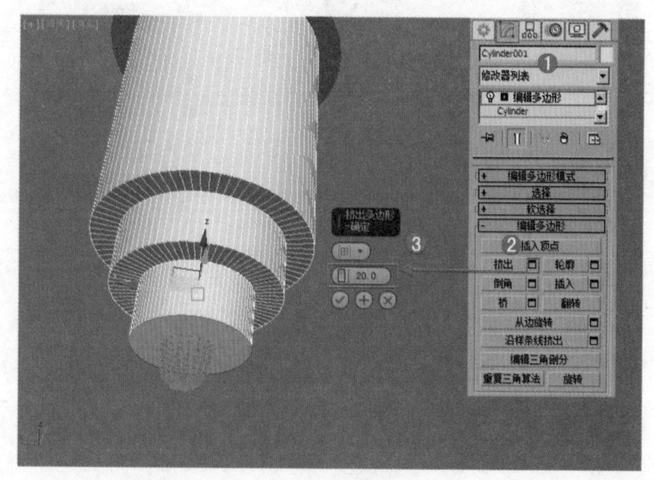

图 5–136

（6）选择上一步的模型，进入【多边形】级别，选择如图 5-137 所示的多边形。单击 插入 按钮后面的【设置】按钮，设置【插入类型】为按多边形，【数量】为 10.0，如图 5-138 所示。

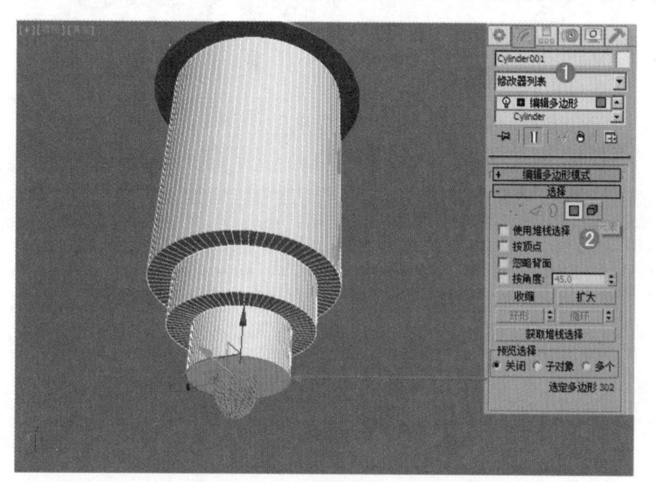

图 5–137

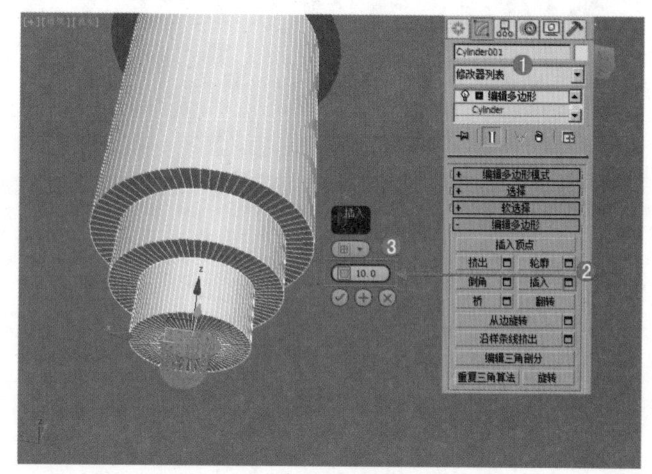

图 5–138

（7）进入【多边形】级别，在透视图中选择如图 5-139 所示的多边形，单击 挤出 按钮后面的【设置】按钮，设置【高度】为 20.0mm，如图 5-140 所示。

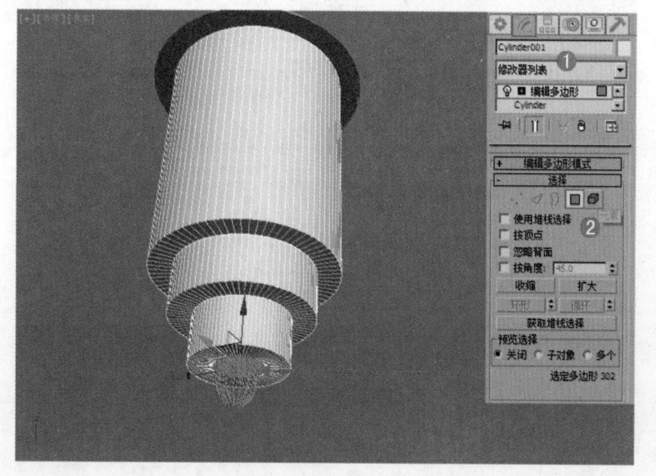

图 5–139

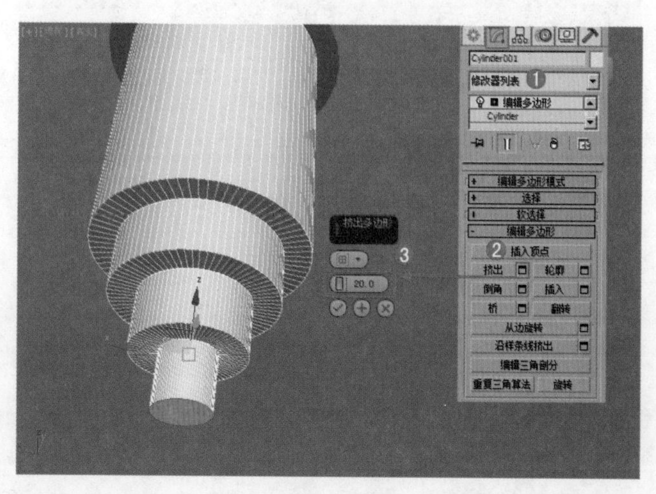

图 5–140

（8）选择上一步的模型，在【修改面板】下加载【晶格】修改器，展开【参数】卷展栏，勾选【仅来自边的支柱】选项，设置【半径】为 0.3mm，【分段】为 1，【边数】为 4，如图 5-141 所示。

（9）单击（创建）|（几何体）| 圆柱体 按钮，在顶视图中拖拽创建一个圆柱体，在【修改面板】下设置【半径】为 1.0mm，【高度】为 20.0mm，如图 5-142 所示。

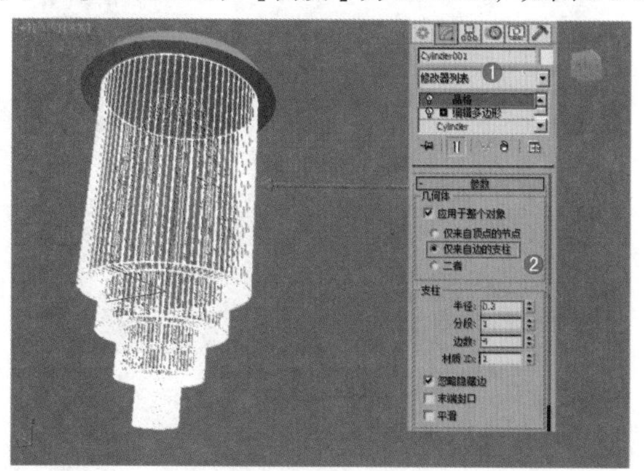

图 5–141

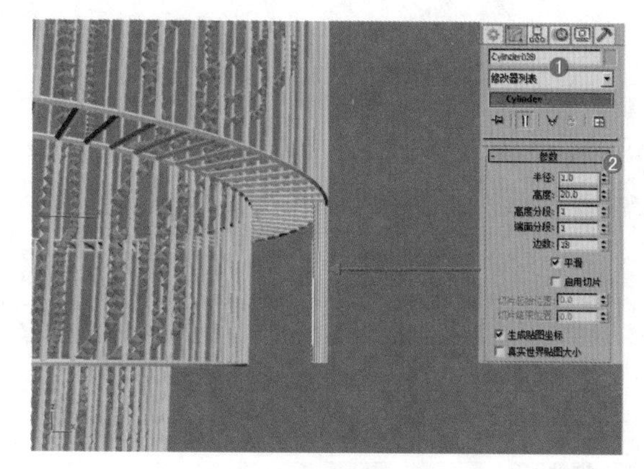

图 5–142

（10）切换到顶视图，单击【层级】面板按钮，单击【仅影响轴】按钮，将坐标轴移动到如图 5-143 所示的位置。移动坐标轴后，再单击一下【仅影响轴】按钮，退出层级模式。

（11）单击【工具】命令，在列表中选择【阵列】，如图 5-144 所示。

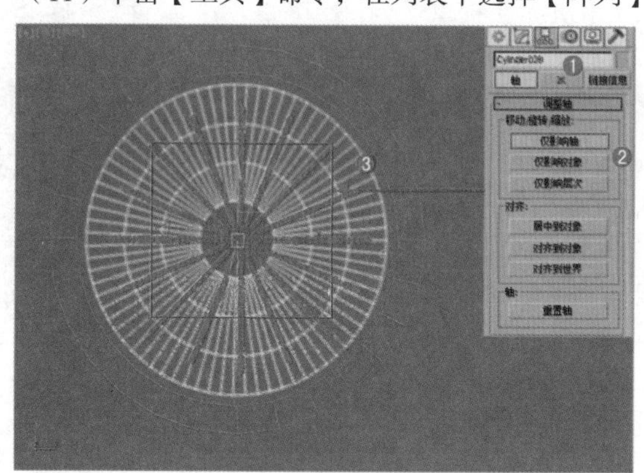

图 5–143

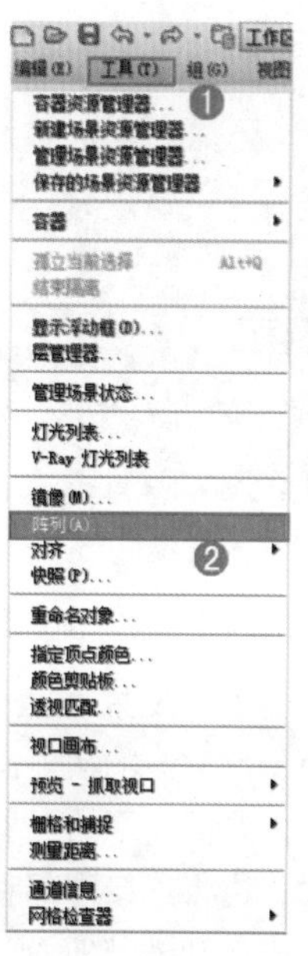

图 5–144

（12）在【阵列】对话框中，单击【预览】按钮，单击【旋转】后面的按钮，设置【Z 轴】为 360.0°，设置【数量】为 75，单击【确定】按钮，如图 5-145 所示。阵列后的效果如图 5-146 所示。

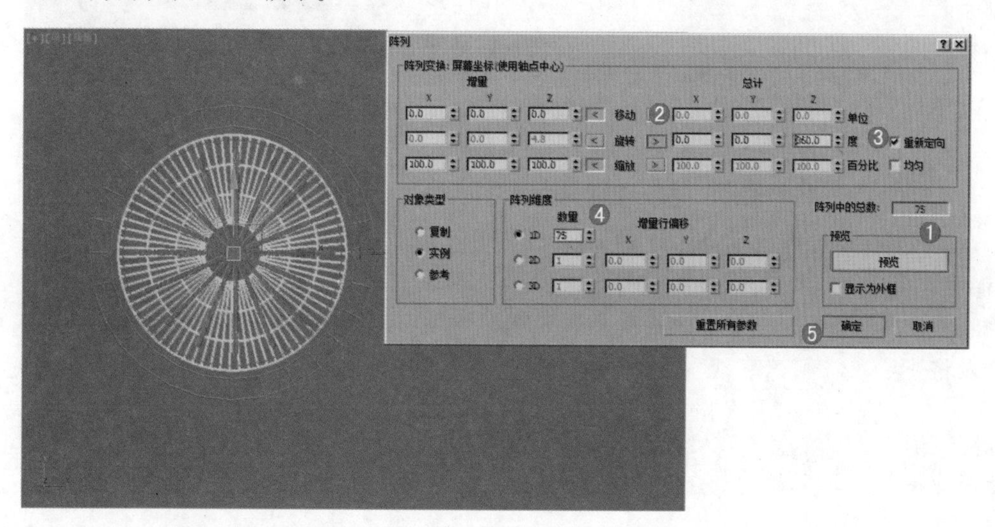

图 5–145

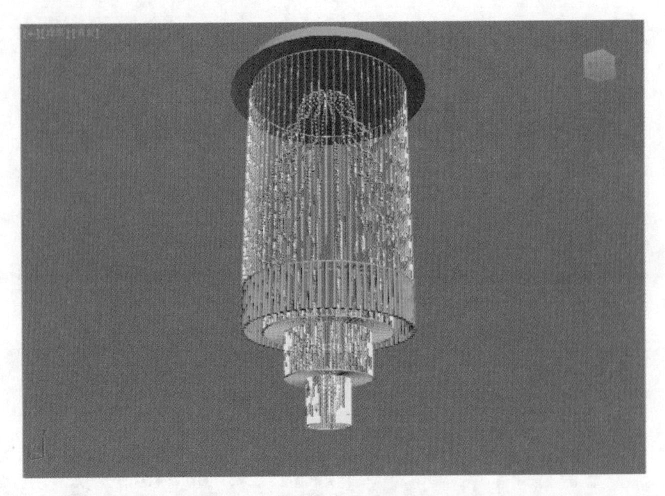

图 5-146

（13）用同样的方法制作出剩余的模型，最终效果如图 5-147 所示。

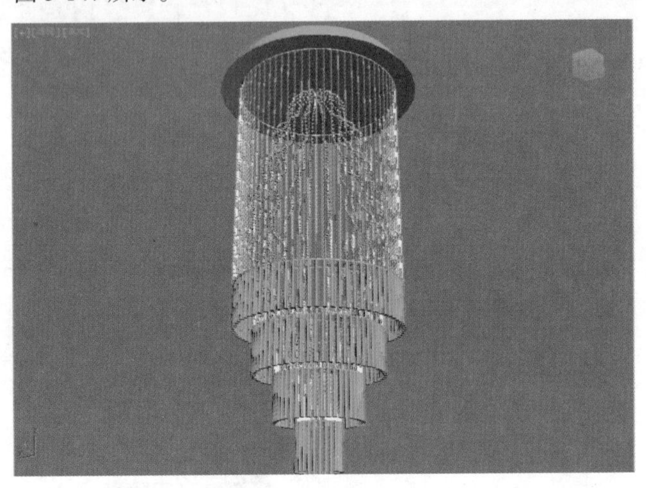

图 5-147

5.3.6 【壳】修改器

【壳】修改器通过添加一组朝向现有面相反方向的额外面，而产生厚度，无论曲面在原始对象中的任何地方消失，边将连接内部和外部曲面。可以为内部和外部曲面、边的特性、材质 ID 以及边的贴图类型指定偏移距离。

其参数设置面板如图 5-148 所示。图 5-149 所示为加载【壳】修改器前后的对比效果。

- 内部量 / 外部量：以 3ds Max 通用单位表示的距离，按此距离从原始位置将内部曲面向内移动以及将外部曲面向外移动。
- 倒角边：启用该选项后，并指定“倒角样条线”，3ds Max 会使用样条线定义边的剖面和分辨率。

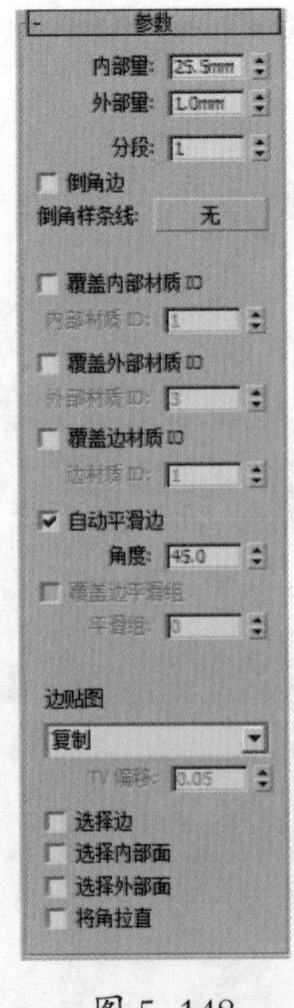

图 5-148

- 倒角样条线：单击此按钮，然后选择打开样条线定义边的形状和分辨率。

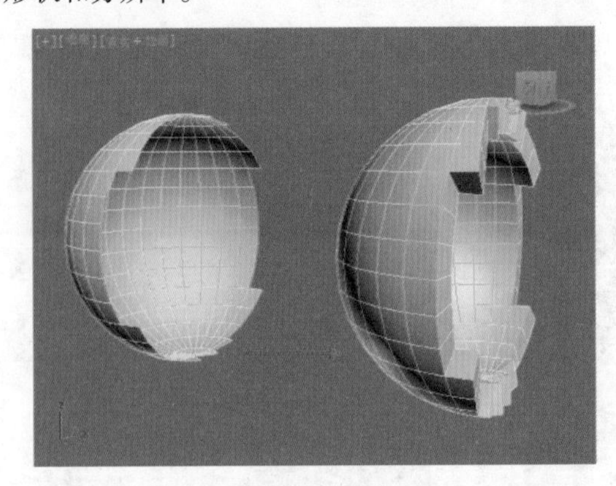

图 5-149

5.3.7 【编辑多边形】和【编辑网格】修改器

【编辑多边形】修改器为选定的对象（顶点、边、边界、多边形和元素）提供显式编辑工具。【编辑多边形】修改器包括基础【可编辑多边形】对象的大多数功能，但【顶点颜色】信息、【细分曲面】卷展栏、【权重和折逢】设置和【细分置换】卷展栏除外。其参数设置面板如图 5-150 所示。

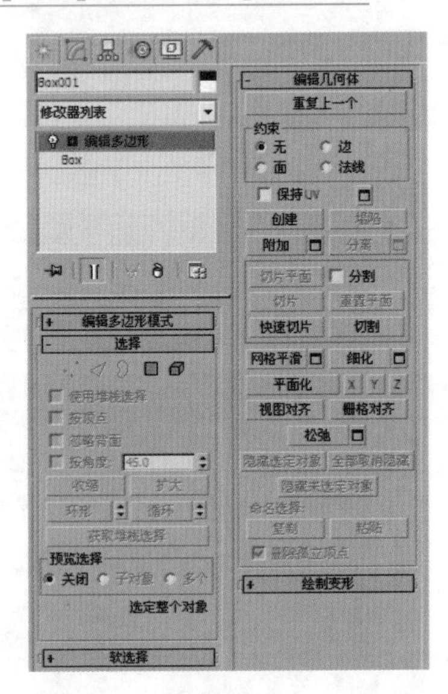

图 5-150

【编辑网格】修改器为选定的对象（顶点、边和面 / 多边形 / 元素）提供显式编辑工具。【编辑网格】修改器与基础可编辑网格对象的所有功能相匹配，只是不能在【编辑网格】设置子对象动画。其参数设置面板如图 5-151 所示。

图 5-151

5.3.8　【UVW 贴图】修改器

通过将贴图坐标应用于对象，【UVW 贴图】修改器控制在对象曲面上如何显示贴图材质和程序材质。贴图坐标指定如何将位图投影到对象上。UVW 坐标系与 XYZ 坐标系相似。位图的 U 和 V 轴对应于 X 和 Y 轴。对应于 Z 轴的 W 轴一般仅用于程序贴图。可在【材质编辑器】中将位图坐标系切换到 VW 或 WU，在这些情况下，位图被旋转和投影，以使其与该曲面垂直。

其参数设置面板如图 5-152 所示。通过变换 UVW 贴图 Gizmo（对称轴）可以产生不同的贴图效果，如图 5-153 所示。

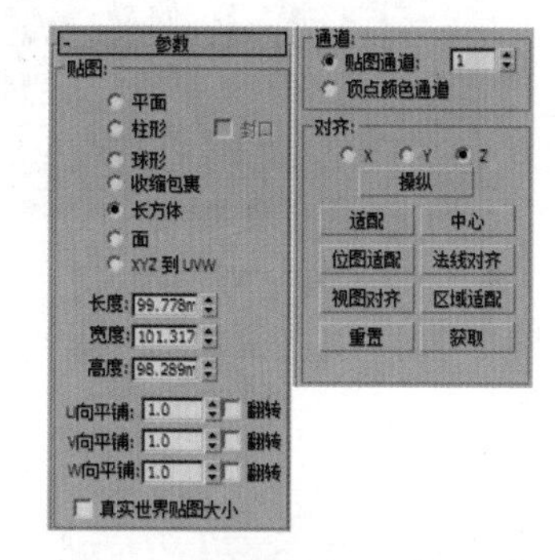

图 5-152

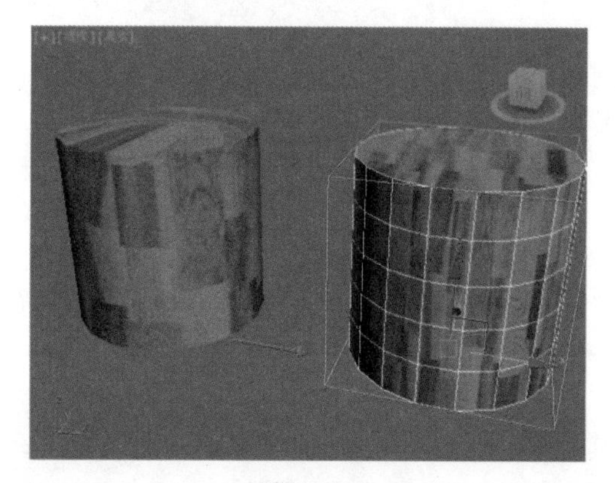

图 5-153

- 平面：从对象上的一个平面投影贴图，在某种程度上类似于投影幻灯片，如图 5-154 所示。

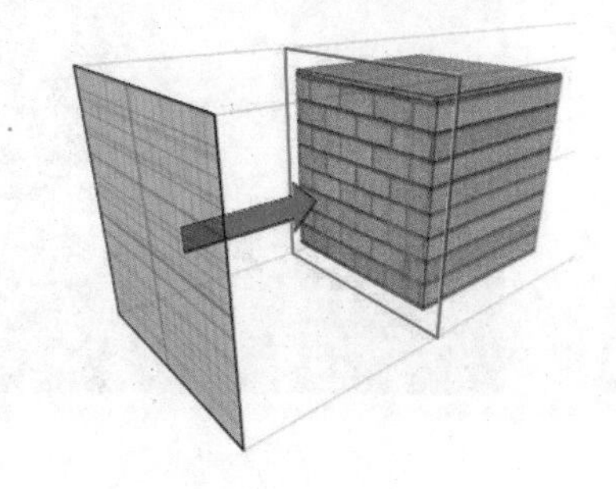

图 5-154

- 柱形：从圆柱体投影贴图，使用它包裹对象。位图接合处的缝是可见的，除非使用无缝贴图。圆柱形投影用于基本形状为圆柱形的对象，如图 5-155 所示。

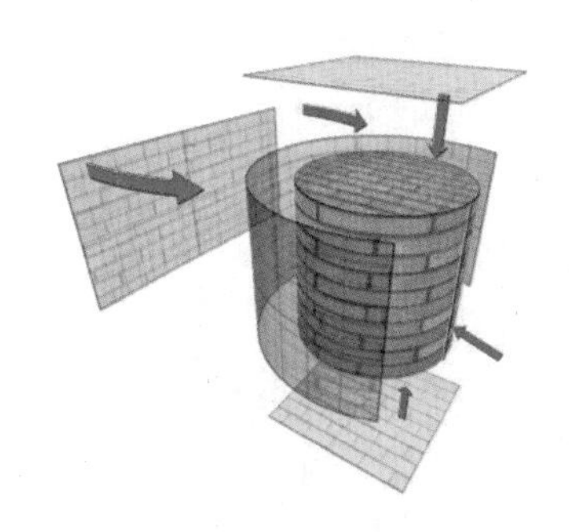

图 5-155

- 封口：对圆柱体封口应用平面贴图坐标。
- 球形：通过从球体投影贴图来包围对象，如图 5-156 所示。

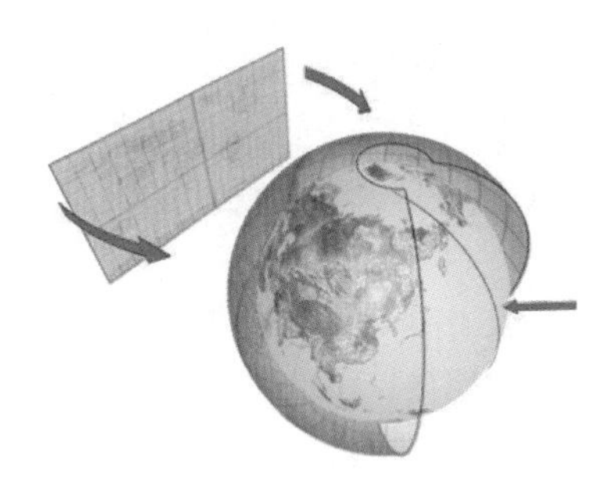

图 5-156

- 收缩包裹：使用球形贴图，但是它会截去贴图的各个角，然后在一个单独极点将它们全部结合在一起，仅创建一个奇点，如图 5-157 所示。

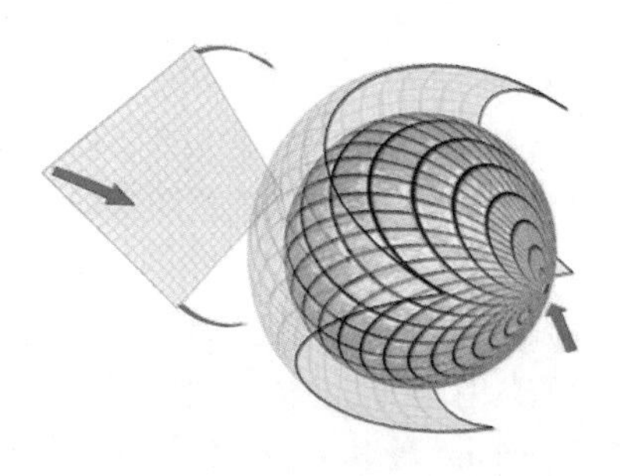

图 5-157

- 长方体：从长方体的六个侧面投影贴图。每个侧面投影为一个平面贴图，且表面上的效果取决于曲面法线，如图 5-158 所示。

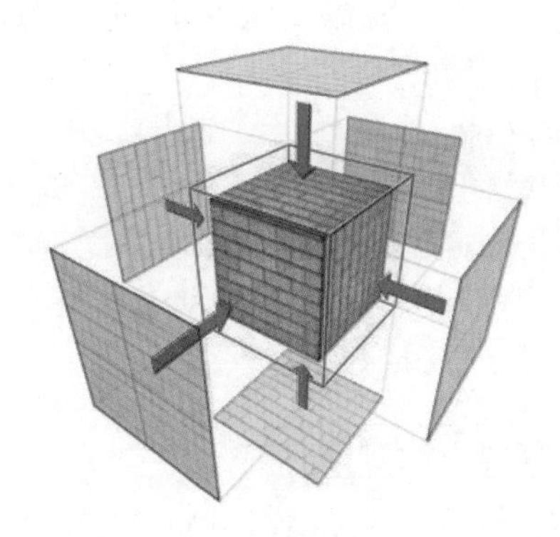

图 5-158

第 5 章

- 面：对对象的每个面应用贴图副本。使用完整矩形贴图来贴图共享隐藏边的成对面，如图 5-159 所示。

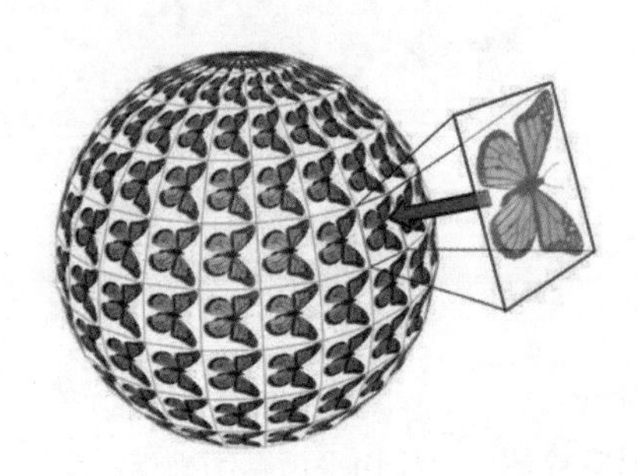

图 5-159

- XYZ 到 UVW：将 3D 程序坐标贴图到 UVW 坐标。
- 长度、宽度、高度：指定“UVW 贴图”Gizmo 的尺寸。在应用修改器时，贴图图标的默认缩放由对象的最大尺寸定义。
- U 向平铺、V 向平铺、W 向平铺：用于指定 UVW 贴图的尺寸以便平铺图像。这些是浮点值，可设置动画以便随时间移动贴图的平铺。
- 翻转：绕给定轴反转图像。
- 贴图通道：设置贴图通道。【UVW 贴图】修改器默认通道 1，因此贴图以默认方式工作，除非显式更改为其他通道。
- 顶点颜色通道：通过选择此选项，可将通道定义为顶点颜色通道。
- X/Y/Z：选择其中之一，可翻转贴图 Gizmo 的对齐。每项指定 Gizmo 的哪个轴与对象的局部 Z 轴对齐。
- 操纵：启用时，Gizmo 出现在能改变视口中的参数的对象上。
- 适配：将 Gizmo 适配到对象的范围并使其居中，以使其锁定到对象的范围。
- 中心：移动 Gizmo，使其中心与对象的中心一致。
- 位图适配：显示标准的位图文件浏览器，可以拾取图像。
- 法线对齐：单击并在要应用修改器的对象曲面上拖动。
- 视图对齐：将贴图 Gizmo 重定向为面向活动视口。图标大小不变。
- 区域适配：激活一个模式，从中可在视口中拖动以定义贴图 Gizmo 的区域。
- 重置：删除控制 Gizmo 的当前控制器，并插入使用“拟合”功能初始化的新控制器。
- 获取：在拾取对象以从中获得 UVW 时，从其他对象有效复制 UVW 坐标，一个对话框会提示选择是以绝对方式还是相对方式完成获得。

5.3.9 【对称】修改器

【对称】修改器可以快速的创建出模型的另外一部分，因此在制作角色模型、人物模型、家具模型等对称模型时，可以制作模型的一半，并使用【对称】修改器制作另外一半。

其参数设置面板如图 5-160 所示。图 5-161 所示为模型加载【对称】修改器前后对比效果。

- X、Y、Z：指定执行对称所围绕的轴。可以在选中轴的同时在视口中观察效果。

图 5-160　　图 5-161

- 翻转：如果想要翻转对称效果的方向请启用翻转。默认设置为禁用状态。
- 沿镜像轴切片：启用“沿镜像轴切片”使镜像 Gizmo 在定位于网格边界内部时作为一个切片平面。
- 焊接缝：启用“焊接缝”确保沿镜像轴的顶点在阈值以内时会自动焊接。
- 阈值：阈值设置的值代表顶点在自动焊接起来之前的接近程度。

5.3.10 【细化】修改器

【细化】修改器会对当前选择的曲面进行细分。它在渲染曲面时特别有用，并为其他修改器创建附加的网格分辨率。如果子对象选择拒绝了堆栈，那么整个对象会被细化。

其参数设置面板如图 5-162 所示。图 5-163 所示为模型加载【细化】修改器前后对比效果。

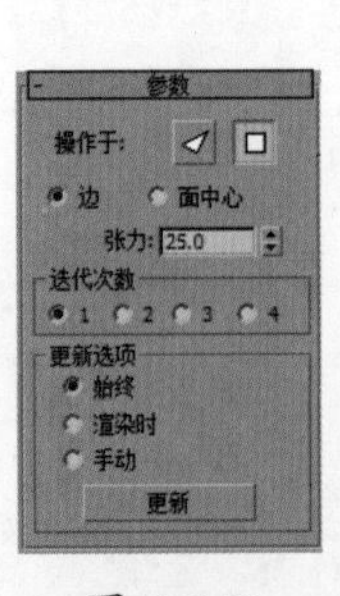

图 5-162　　图 5-163

- 面：将选择作为三角形面集来处理。
- 多边形：拆分多边形面。
- 边：从面或多边形的中心到每条边的中点进行细分。应用于三角面时，也会将与选中曲面共享边的非选中曲面进行细分。

- 面中心：从面或多边形的中心到角顶点进行细分。
- 张力：决定新曲面在经过边缘细分后是平面、凹面还是凸面。
- 迭代次数：应用细分的次数。

5.3.11　【优化】修改器

【优化】修改器可以减少模型的面和顶点的数目，大大节省了计算机占用的资源，使得操作起来更流畅。

其参数设置面板如图 5-164 所示。图 5-165 所示为模型加载【优化】修改器前后对比效果。

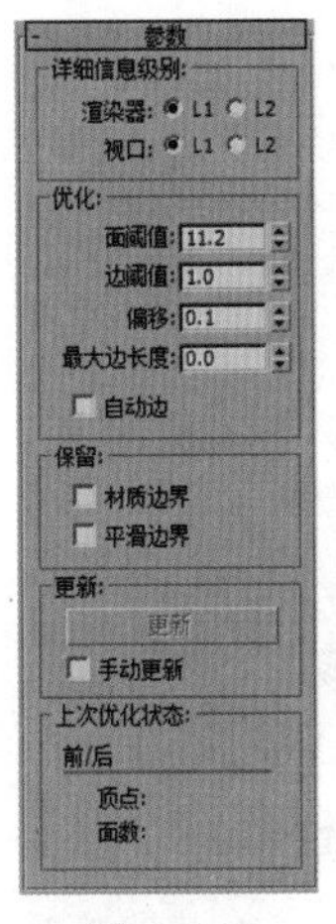

图 5-164

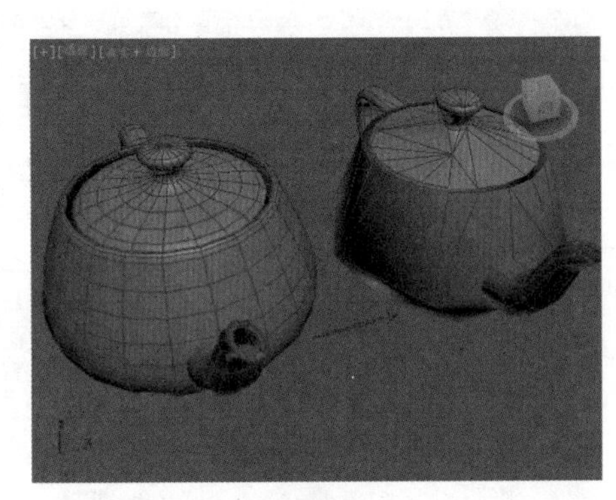

图 5-165

- 渲染器 L1、L2：设置默认扫描线渲染器的显示级别。使用“视口 L1、L2”来更改保存的优化级别。
- 视口 L1、L2：同时为视口和渲染器设置优化级别。该选项同时切换视口的显示级别。
- 面阈值：设置用于决定哪些面会塌陷的阈值角度。
- 边阈值：为开放边（只绑定了一个面的边）设置不同的阈值角度。较低的值保留开放边。
- 偏移：帮助减少优化过程中产生的细长三角形或退化三角形，它们会导致渲染缺陷。
- 最大边长度：指定最大长度，超出该值的边在优化时无法拉伸。
- 自动边：随着优化启用和禁用边。
- 材质边界：保留跨越材质边界的面塌陷。默认设置为禁用状态。
- 平滑边界：优化对象并保持其平滑。

5.3.12　【融化】修改器

【融化】修改器可以将实际融化效果应用到所有类型的对象上，包括可编辑面片和 NURBS 对象，同样也包括传递到堆栈的子对象选择。选项包括边的下沉、融化时的扩张以及可自定义的物质集合，这些物质的范围包括从坚固的塑料表面到在其自身上塌陷的冻胶类型。其参数设置面板如图 5-166 所示。图 5-167 所示为模型加载【融化】修改器前后对比效果。

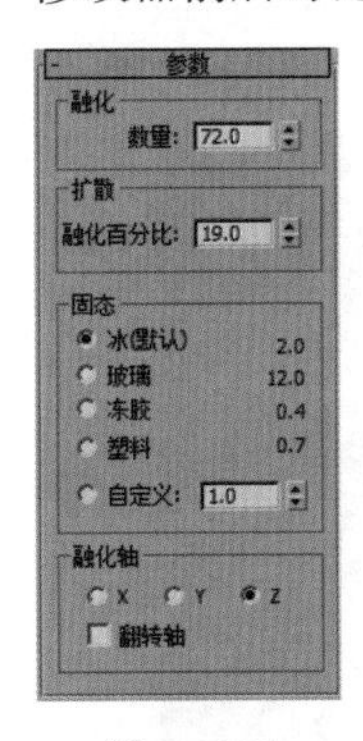

图 5-166

图 5-167

- 数量：指定“衰退”程度，或者应用于 Gizmo 上的融化效果，从而影响对象。
- 融化百分比：该数值控制融化的扩散程度。
- 固态：控制融化的类型，如冰、玻璃、冻胶、塑料，当然也可以自定义融化的类型。

重点 综合案例——使用【弯曲】、【FFD】、网格平滑修改器制作沙发

场景文件	无
案例文件	综合案例——使用弯曲、FFD、网格平滑修改器制作沙发 .max
视频教学	多媒体教学 /Chapter05/ 综合案例——使用弯曲、FFD、网格平滑修改器制作沙发 .flv
难易指数	★★☆☆☆
技术掌握	掌握【切角圆柱体】工具、【切角长方体】工具、【线】工具和【弯曲】、【FFD4*4*4】修改器的运用

本例就来学习使用扩展基本体下【切角圆柱体】工具、【切角长方体】工具、【线】工具和【弯曲】、【FFD4*4*4】修改器来完成模型的制作，最终渲染和线框效果如图 5-168 所示。

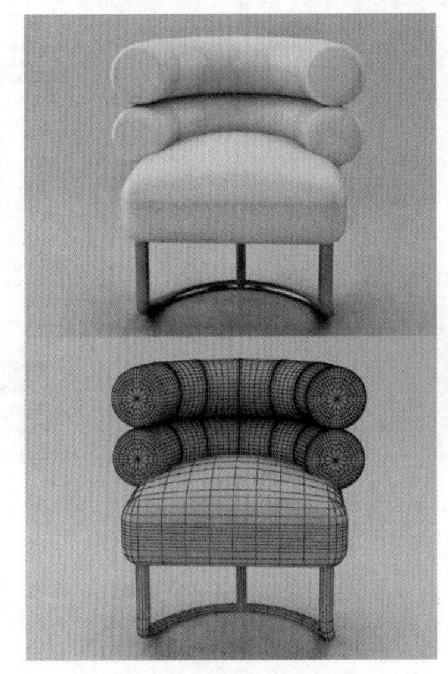

图 5-168

建模思路

01 使用切角圆柱体制作模型

02 使用切角长方体、FFD4*4*4 和线制作模型

沙发建模流程如图 5-169 所示。

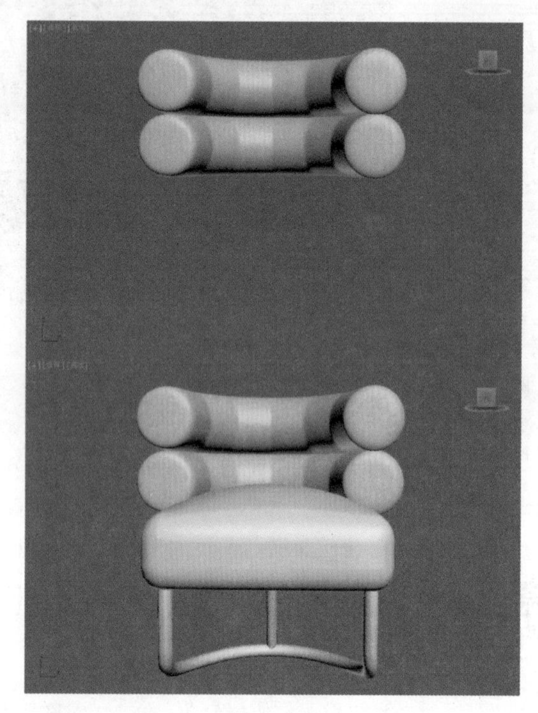

图 5-169

制作步骤

1. 使用切角圆柱体制作模型

（1）单击（创建）|（几何体）| 扩展基本体 | 切角圆柱体 按钮，在顶视图中拖拽创建一个切角圆柱体，在【修改面板】下设置【半径】为 400.0mm，【高度】为 4000.0mm，【圆角】为 60.0mm，【高度分段】为 6，如图 5-170 所示。

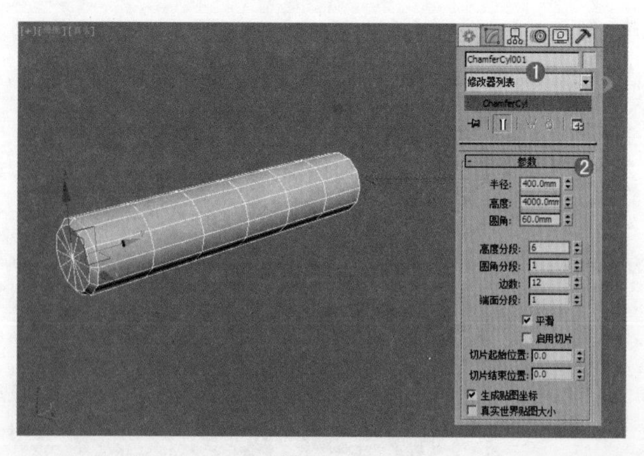

图 5-170

（2）选择上一步创建的切角圆柱体，为其加载【弯曲】修改器命令。在【参数】卷展栏下设置【角度】为 180.0°，勾选【Z】轴向，如图 5-171 所示。

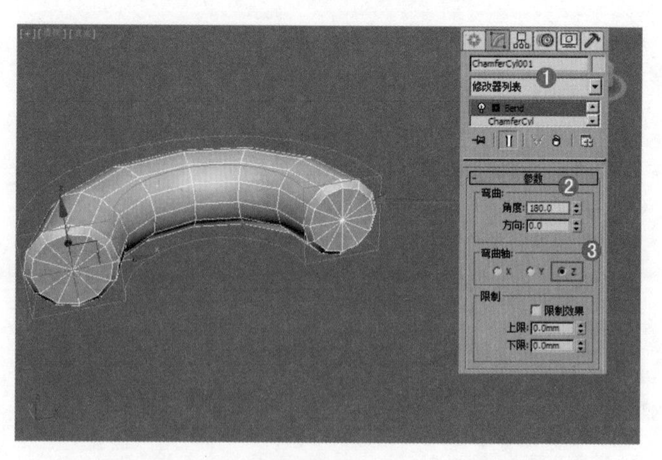

图 5-171

（3）选择模型，单击右键，在弹出的对话框中选择【转换为】/【转换为可编辑多边形】，如图 5-172 所示。

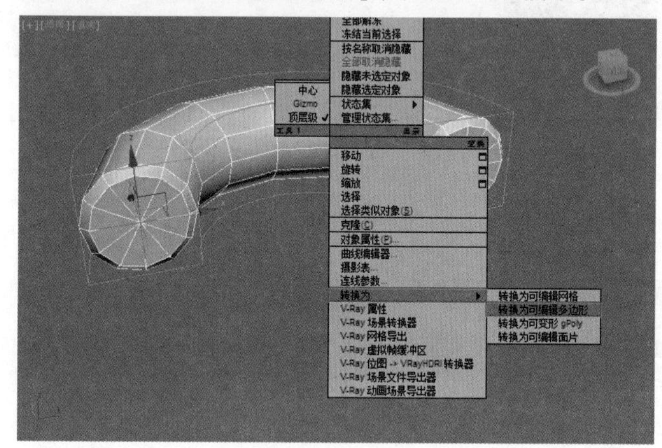

图 5-172

（4）选择模型，进入【边】级别，选择如图 5-173 所示的边。单击 连接 按钮后面的【设置】按钮，设置【滑块】为 - 93，如图 5-174 所示。

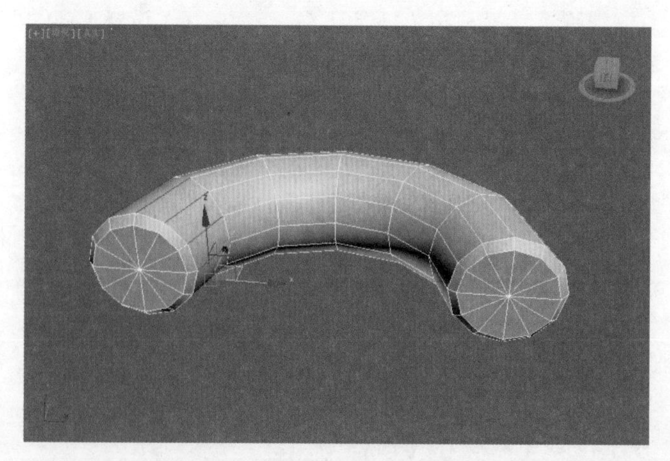

图 5-173

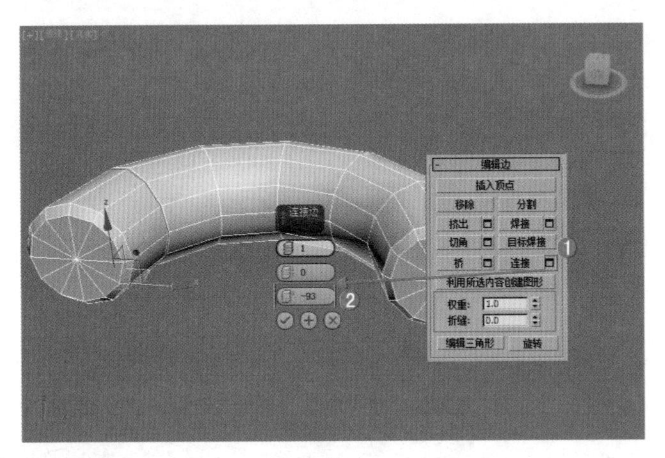

图 5-174

（5）选择模型，进入【边】◁级别，选择如图 5-175 所示的边。单击 连接 按钮后面的【设置】按钮■，并设置【滑块】为 93，如图 5-176 所示。

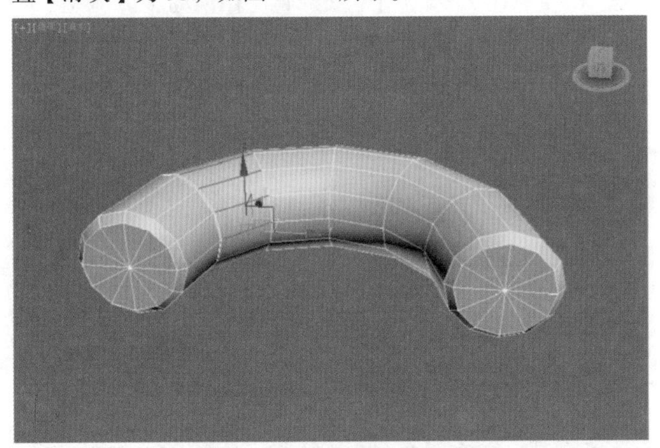

图 5-175

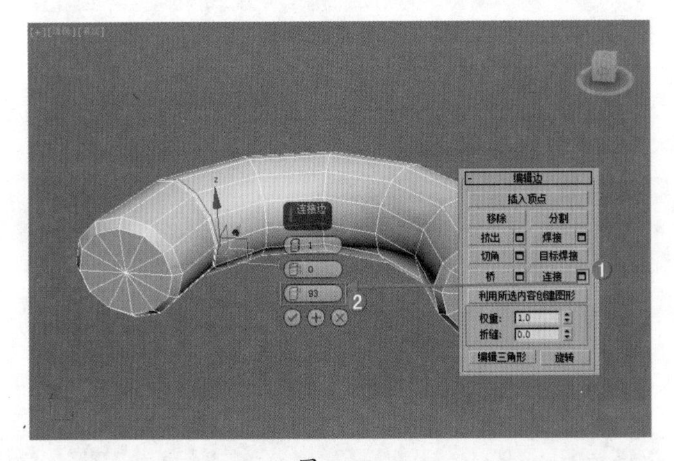

图 5-176

（6）以此类推，最后连接后的模型如图 5-177 所示。

（7）选择上一步创建的图形，在【修改面板】下加载【网格平滑】修改器，效果如图 5-178 所示。

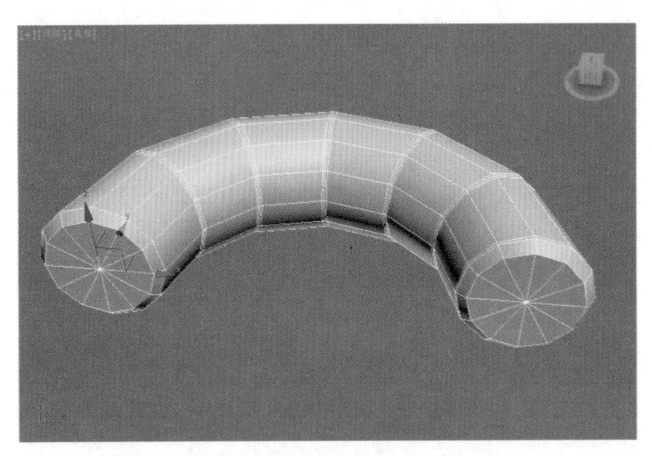

图 5-177

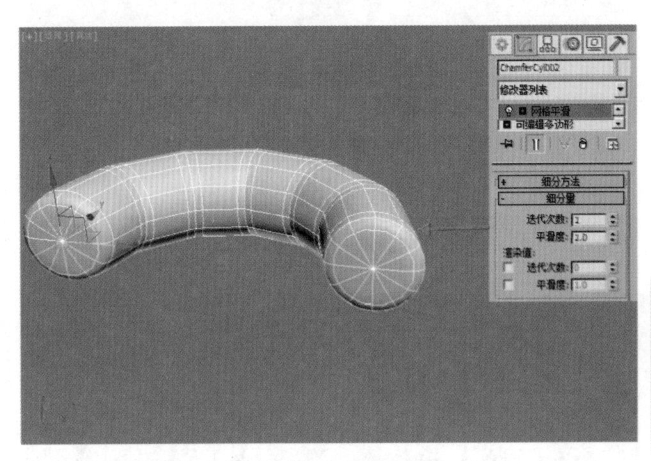

图 5-178

（8）选择已创建的模型，使用 ✥（选择并移动）工具，按住【Shift】键进行复制，在弹出的【克隆选项】对话框中选择【复制】选项，如图 5-179 所示。

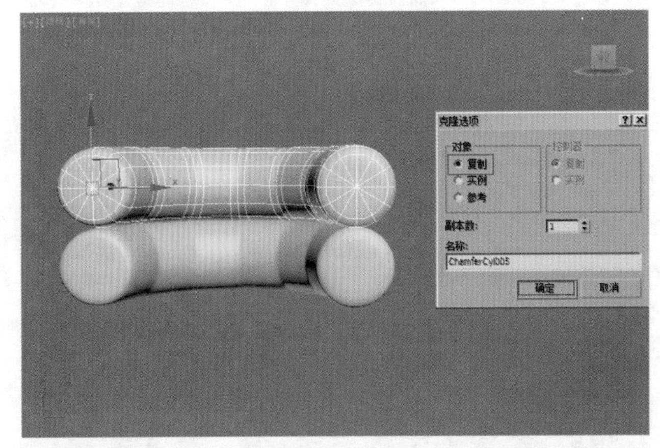

图 5-179

2. 使用切角长方体、FFD4*4*4 和线制作模型

（1）单击 ✱（创建）| ○（几何体）| 扩展基本体 | 切角长方体 按钮，在顶视图中拖拽创建一个切角长方体，在【修改面板】下设置【长度】为 2500.0mm，【宽度】为 2800.0mm，【高度】为 800.0mm，【圆角】为 240.0mm，【长度分段】为 8，【宽

度分段】为 8，【高度分段】为 8，【圆角分段】为 4，如图 5-180 所示。

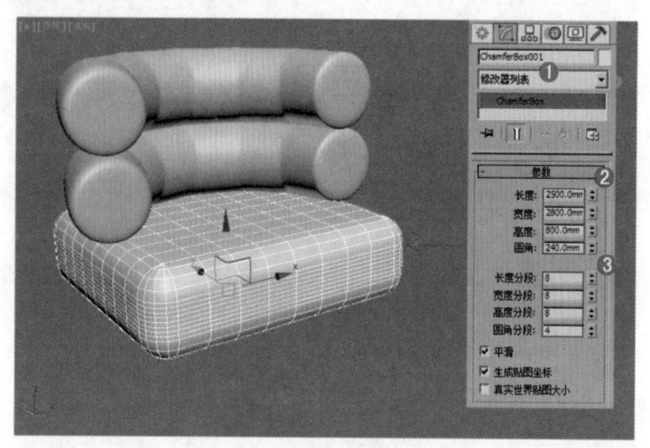

图 5-180

（2）选择上一步创建的模型，为其加载【FFD4*4*4】修改器。进入【控制点】级别，调整点的位置如图 5-181 所示。

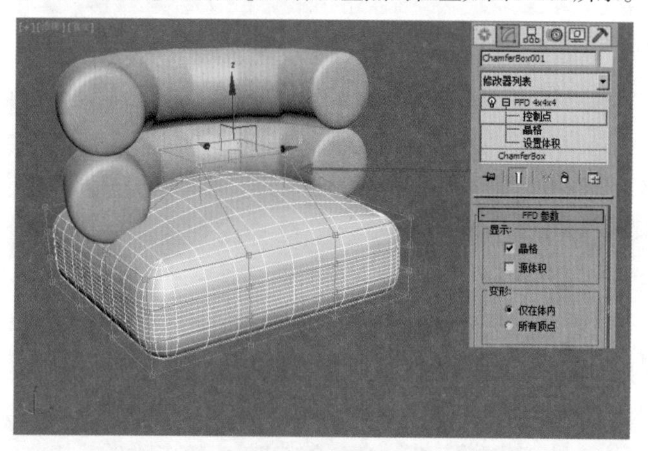

图 5-181

（3）单击（创建）|（图形）|样条线 | 线 按钮，在前视图中创建如图 5-182 所示的样条线。

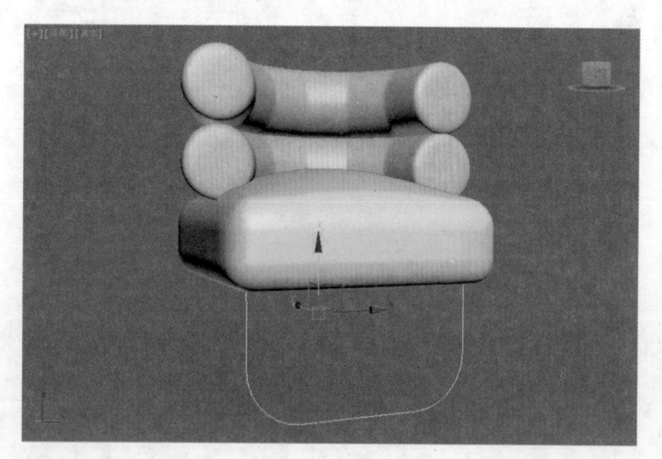

图 5-182

（4）选择模型，单击右键，在弹出的对话框中选择【转换为】/【转换为可编辑样条线】，如图 5-183 所示。

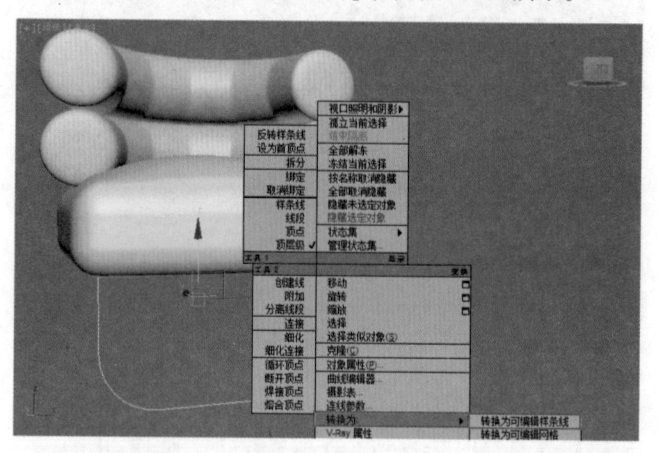

图 5-183

（5）在【修改面板】下展开【渲染】卷展栏，勾选【在渲染中启用】和【在视口中启用】选项，勾选【径向】选项，设置【厚度】为 170.0mm，如图 5-184 所示。

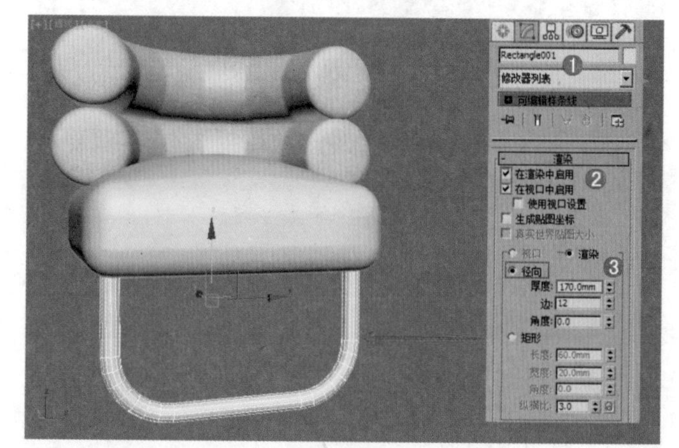

图 5-184

（6）选择模型，为其加载【FFD4*4*4】修改器。进入【控制点】级别，调整点的位置如图 5-185 所示。

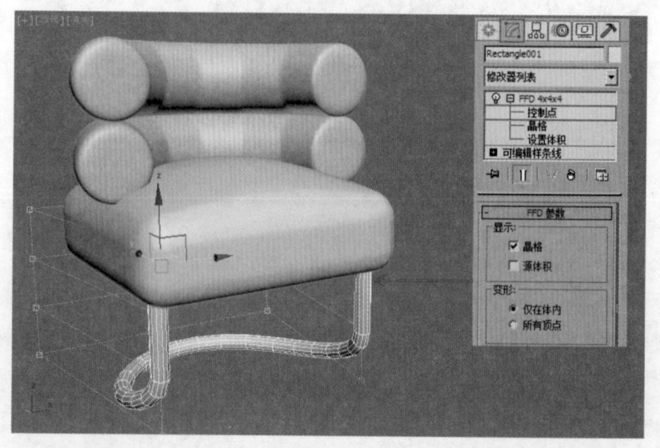

图 5-185

（7）单击 （创建） |（图形）| 样条线 | 线 按钮，在前视图中创建如图 5-186 所示的样条线。

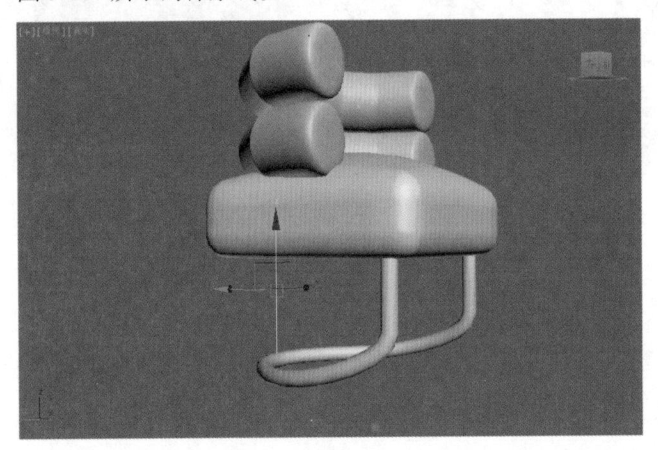

图 5-186

（8）在【修改面板】下展开【渲染】卷展栏，勾选【在渲染中启用】和【在视口中启用】选项，勾选【径向】选项，设置【厚度】为 150.0mm，如图 5-187 所示。

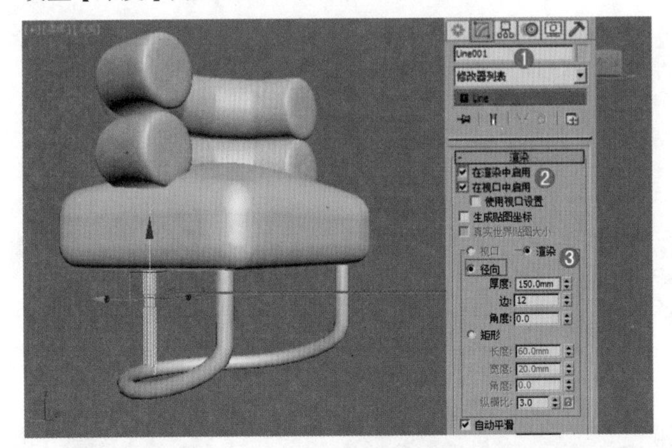

图 5-187

（9）最终模型如图 5-188 所示。

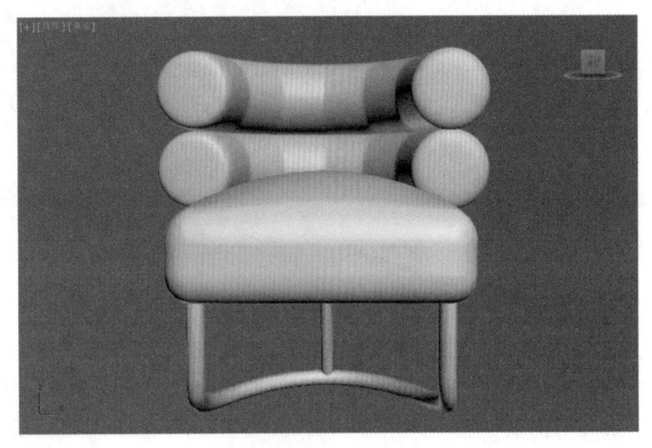

图 5-188

第 6 章

多边形建模

本章学习要点：

掌握多边形建模的基本工具

掌握多边形建模的应用

掌握石墨建模工具的使用

6.1 认识多边形建模

6.1.1 多边形建模的概念

多边形建模是一种高级的建模方式，几乎任何的模型都可以使用多边形建模的方法进行制作。由于其功能的强大，因此其参数非常多、知识点比较琐碎，一定要由主到次、循序渐进的学习，多练习、举一反三，使用多种不同的方法制作同一个模型，这样更容易掌握多边形建模。图 6-1 所示为优秀的多边形建模作品。

图 6–1

6.1.2 将模型转化为多边形

（1）在 3dsMax 中自带了很多种基本模型，比如圆环，如图 6-2 所示。创建一个圆环后，单击【修改】，可以修改其【半径 1】、【半径 2】和【旋转】等很多参数，但是这些参数只是修改了圆环的基本属性，如图 6-3 所示。

（2）那么怎么才能修改更多的参数呢，比如修改顶点、多边形等，这就用到了多边形建模。因此选择模型，单击右键，执行【转换为】/【转换为可编辑多边形】，如图 6-4 所示。

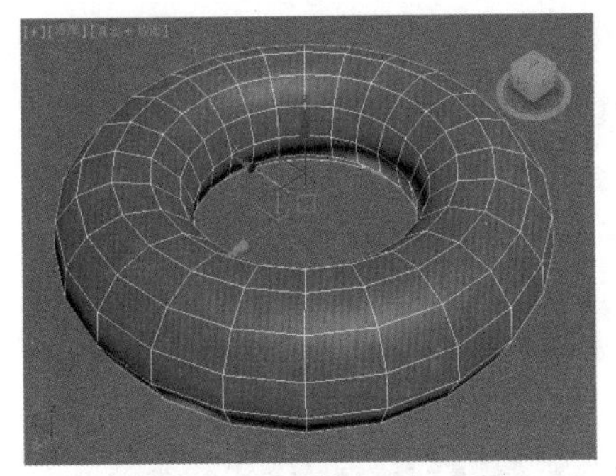

图 6-2

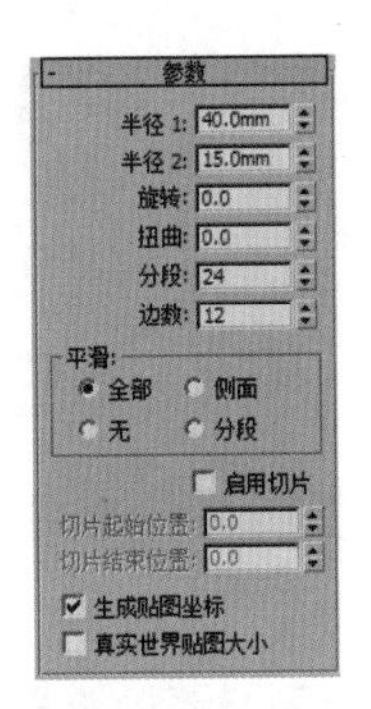

图 6-3

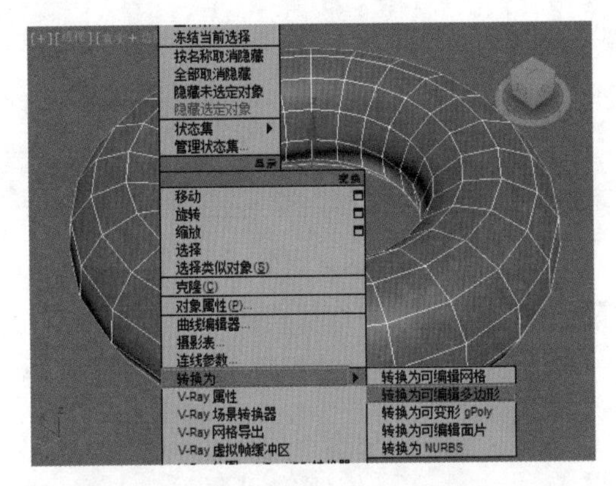

图 6-4

（3）此时即可对模型进行更多的处理了，如图 6-5 所示。

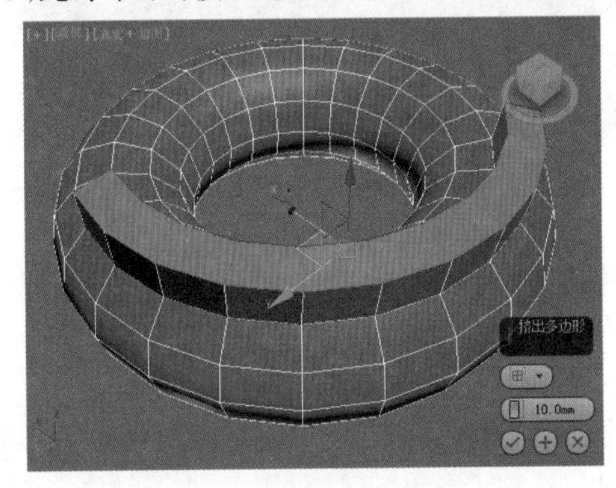

图 6-5

6.1.3 试一下：将模型转化为多边形对象

选择物体，并单击鼠标右键，在弹出的菜单中执行【转换为】/【转换为可编辑多边形】，如图 6-6 所示。

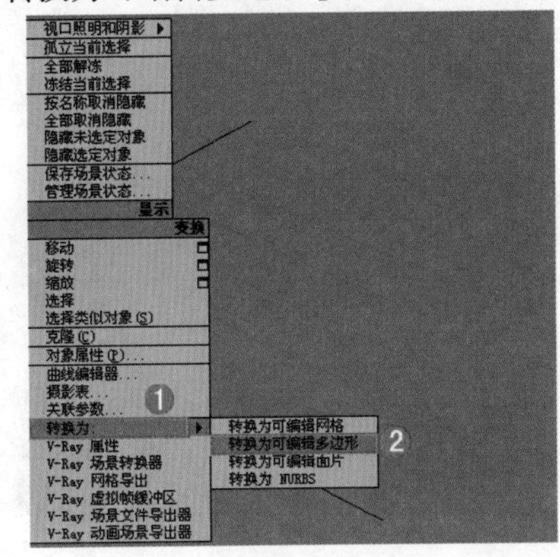

图 6-6

也可以选择物体，在 Graphite 建模工具 工具栏中单击 多边形建模 按钮，在弹出的菜单中执行【转化为多边形】，如图 6-7 所示。

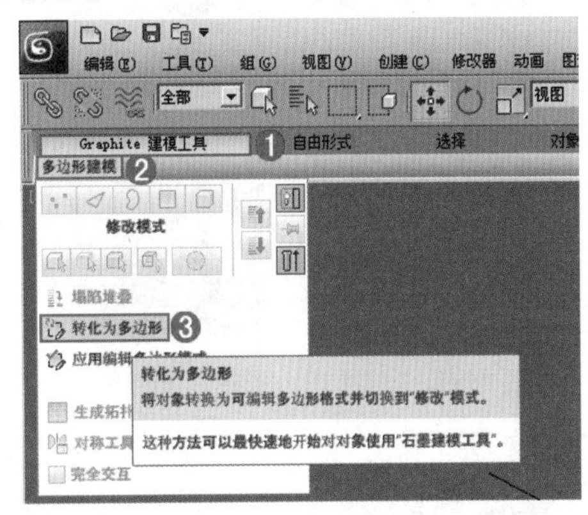

图 6-7

6.1.4 编辑多边形的参数详解

模型转换为可编辑多边形后，可以看到分为【顶点】、【边】、【边界】、【多边形】和【元素】5 种子对象，如图 6-8 所示。

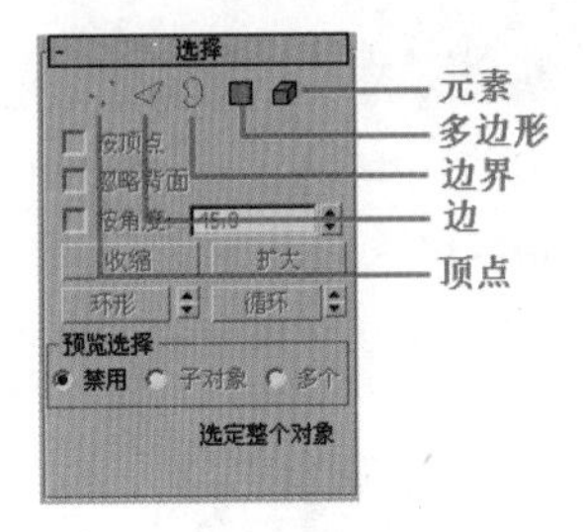

图 6-8

多边形参数设置面板中包括 6 个卷展栏，如图 6-9 所示，分别是【选择】卷展栏、【软选择】卷展栏、【编辑几何体】卷展栏、【细分曲面】卷展栏、【细分置换】卷展栏和【绘制变形】卷展栏，如图 6-10~ 图 6-15 所示。

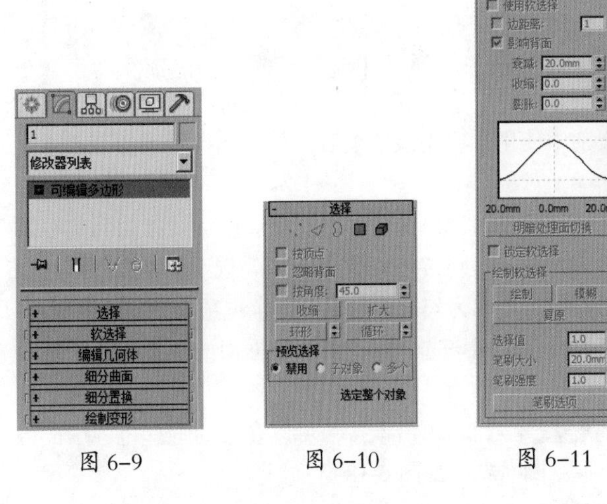

图 6-9　　图 6-10　　图 6-11

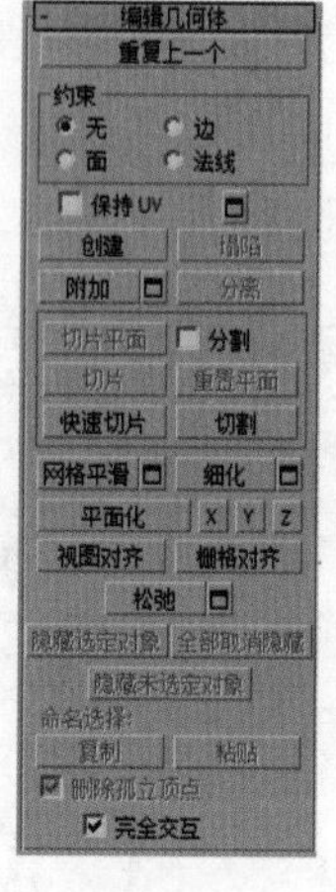

图 6-12

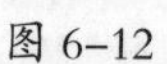

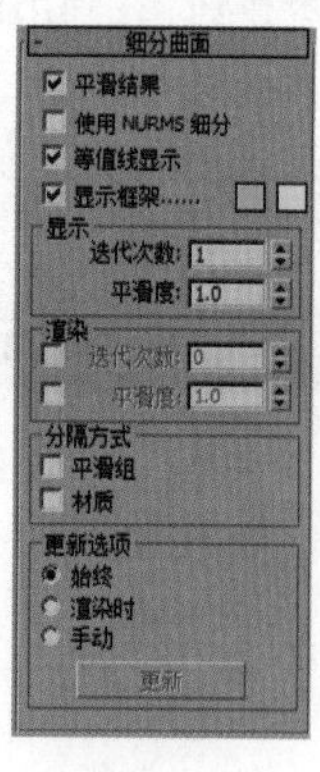

图 6-13

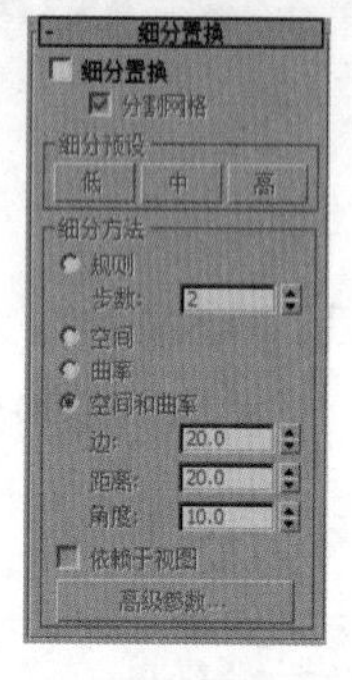

图 6-14

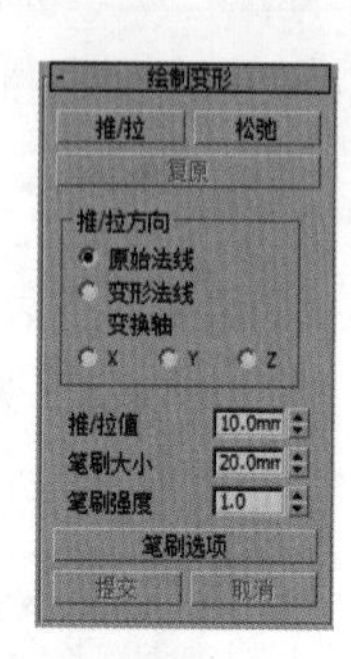

图 6-15

1.【选择】卷展栏

【选择】卷展栏中的参数主要用来选择对象和子对象，如图 6-16 所示。

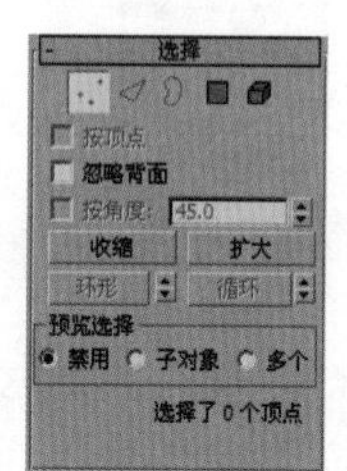

图 6-16

- 次物体级别：包括【顶点】、【边】、【边界】、【多边形】和【元素】5 种级别。
- 按顶点：除了【顶点】级别外，该选项可以在其他 4 种级别中使用。启用该选项后，只有选择所用的顶点才能选择子对象。
- 忽略背面：勾选该选项后，只能选中法线指向当前视图的子对象。图 6-17 所示左侧为未勾选【忽略背面】选项的效果，右侧为勾选【忽略背面】选项的效果。
- 按角度：启用该选项后，可以根据面的转折度数来选择子对象。
- 收缩按钮：单击该按钮可以在当前选择范围中向内减少一圈对象，如图 6-18 所示。
- 扩大按钮：与【收缩】相反，单击该按钮可以在当前选择范围中向外增加一圈对象，如图 6-19 所示。

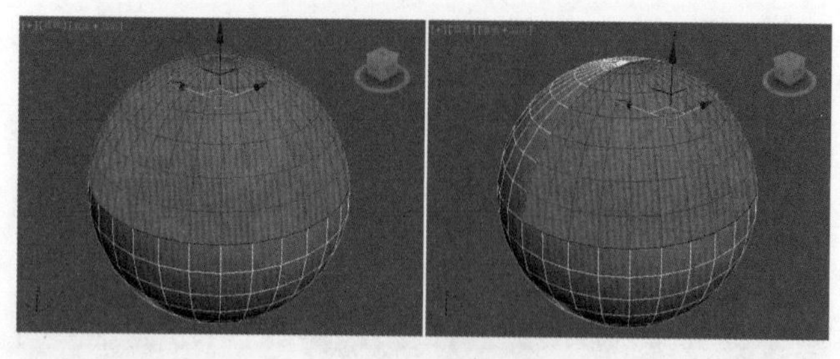

图 6-17

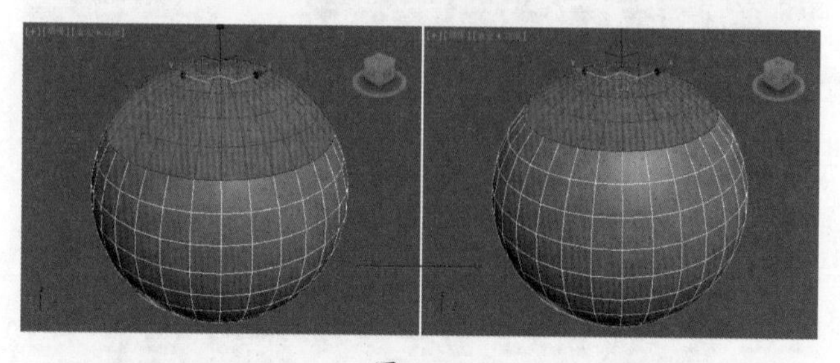

图 6-18

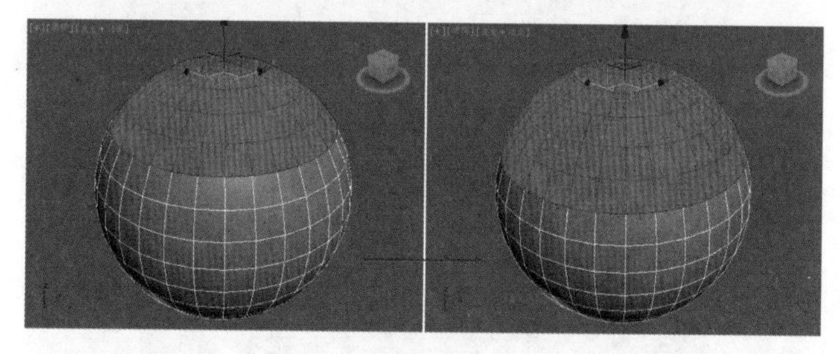

图 6-19

- 环形按钮：该按钮只能在【边】和【边界】级别中使用。在选中一部分子对象后单击该按钮可以自动选择平行于当前对象的其他对象。
- 循环按钮：该按钮只能在【边】和【边界】级别中使用。在选中一部分子对象后单击该按钮可以自动选择与当前对象在同一曲线上的其他对象。
- 预览选择：选择对象之前，通过这里的选项可以预览鼠标滑过位置的子对象，有【禁用】、【子对象】和【多个】3 个选项可供选择。

2.【软选择】卷展栏

【软选择】是以选中的子对象为中心向四周扩散，可以通过控制【衰减】、【收缩】和【膨胀】的数值来控制所选子对象区域的大小及对子对象控制力的强弱，并且【软选择】卷展栏还包括了绘制软选择的工具，这部分与【绘制变形】卷展栏的用法很相似，如图 6-20 所示。图 6-21 所示为勾选【使用软选择】选项，并选择多边形的效果。

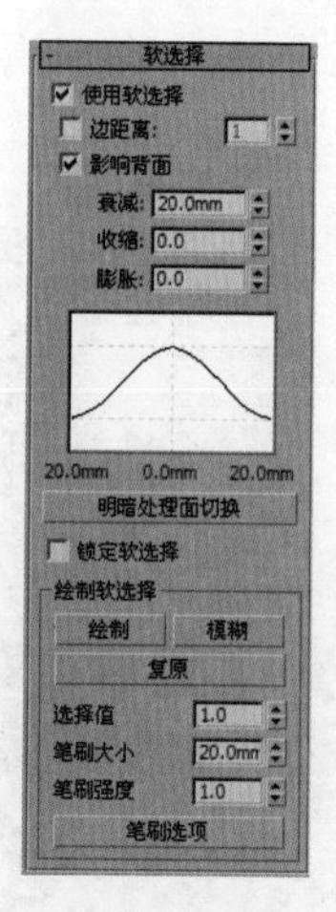

图 6-20

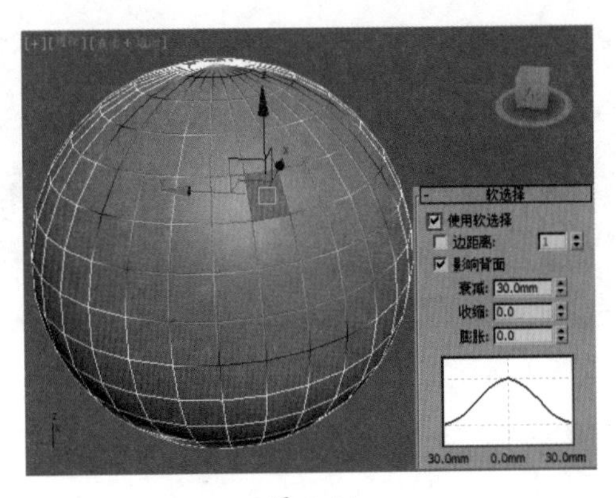

图 6-21

3.【编辑几何体】卷展栏

【编辑几何体】卷展栏中提供了多种用于编辑多边形的工具，这些工具在所有次物体级别下都可用，如图 6-22 所示。

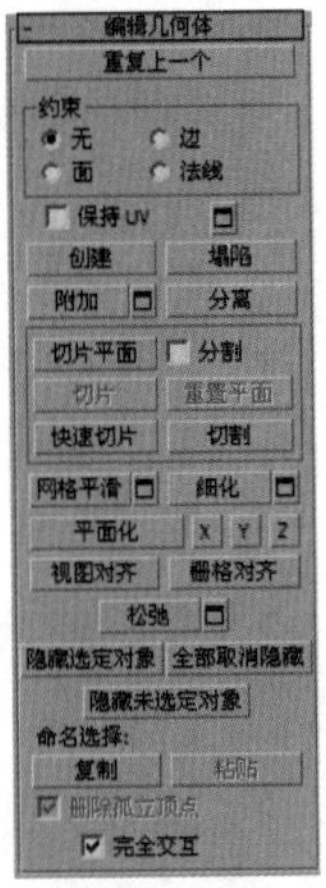

- 重复上一个按钮：单击该按钮可以重复使用上一次使用的命令。
- 约束：使用现有的几何体来约束子对象的变换效果，共有【无】、【边】、【面】和【法线】4 种方式可供选择。
- 保持 UV：启用该选项后，可以在编辑子对象的同时不影响该对象的 UV 贴图。

图 6-22

- 创建按钮：创建新的几何体。
- 塌陷按钮：这个工具类似于焊接工具，但是不需要设置【阈值】参数就可以直接塌陷在一起。
- 附加按钮：可以将场景中的其他对象附加到选定的可编辑多边形中。
- 分离按钮：将选定的子对象作为单独的对象或元素分离出来。
- 切片平面按钮：可以沿某一平面分开网格对象。
- 分割：启用该选项后，可以通过快速切片工具和切割工具在划分边的位置处创建出两个顶点集合。
- 切片按钮：可以在切片平面位置处执行切割操作。
- 重置平面按钮：将执行过【切片】的平面恢复到之前的状态。
- 快速切片按钮：可以将对象进行快速切片，切片线沿着对象表面，所以可以更加准确地进行切片，如图 6-23 所示。

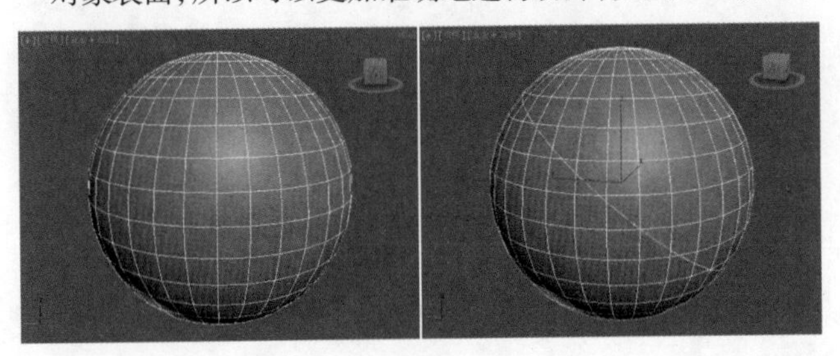

图 6-23

- 切割按钮：可以在一个或多个多边形上创建出新的边，如图 6-24 所示。

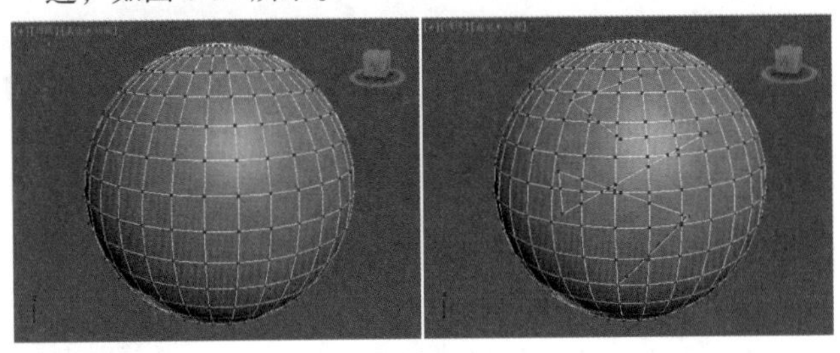

图 6-24

- 网格平滑按钮：使选定的对象产生平滑效果。
- 细化按钮：增加局部网格的密度，从而方便处理对象的细节。
- 平面化按钮：强制所有选定的子对象成为共面。
- 视图对齐按钮：使对象中的所有顶点与活动视图所在的平面对齐。
- 栅格对齐按钮：使选定对象中的所有顶点与活动视图所在的平面对齐。
- 松弛按钮：使当前选定的对象产生松弛现象。
- 隐藏选定对象按钮：隐藏所选定的子对象。
- 全部取消隐藏按钮：将所有的隐藏对象还原为可见对象。
- 隐藏未选定对象按钮：隐藏未选定的任何子对象。
- 命名选择：用于复制和粘贴子对象的命名选择集。
- 删除孤立顶点：启用该选项后，选择连续子对象时会删除孤立顶点。
- 完全交互：启用该选项后，如果更改数值，将直接在视图中显示最终的结果。

4.【细分曲面】卷展栏

【细分曲面】卷展栏中的参数可以将细分效果应用于多边形对象，以便可以对分辨率较低的【框架】网格进行操作，同时还可以查看更为平滑的细分结果，如图 6-25 所示。

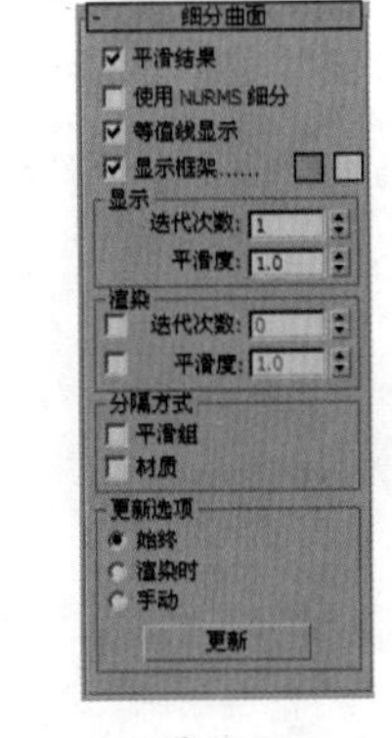

图 6-25

- 平滑结果：对所有的多边形应用相同的平滑组。
- 使用 NURMS 细分：通过 NURMS 方法应用平滑效果。
- 等值线显示：启用该选项后，只显示等值线。
- 显示框架：在修改或细分之前，切换可编辑多边形对象的两种颜色线框的显示方式。
- 显示：包含【迭代次数】和【平滑度】两个选项。
- 迭代次数：用于控制平滑多边形对象时所用的迭代次数。
- 平滑度：用于控制多边形的平滑程度。
- 渲染：用于控制渲染时的迭代次数与平滑度。
- 分隔方式：包括【平滑组】和【材质】两个选项。

- 更新选项：如果平滑对象的复杂度对于自动更新太高，设置手动或渲染时的更新选项。

5.【细分置换】卷展栏

【细分置换】卷展栏中的参数主要用于细分可编辑的多边形，其中包括【细分预设】和【细分方法】等，如图 6-26 所示。

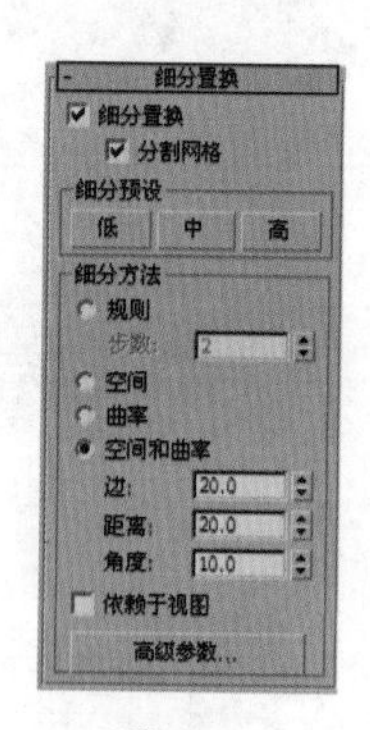

图 6-26

6.【绘制变形】卷展栏

【绘制变形】卷展栏可以对物体上的子对象进行推、拉操作，或者在对象曲面上拖拽鼠标来影响顶点，如图 6-27 所示。在对象层级中，【绘制变形】可以影响选定对象中的所有顶点；在子对象层级中，【绘制变形】仅影响所选定的顶点。图 6-28 所示为在球体上绘制的效果。

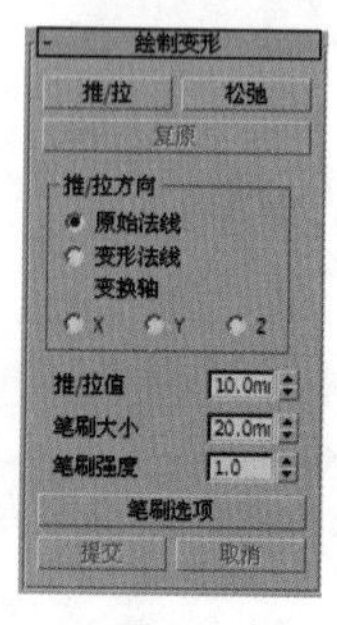

图 6-27

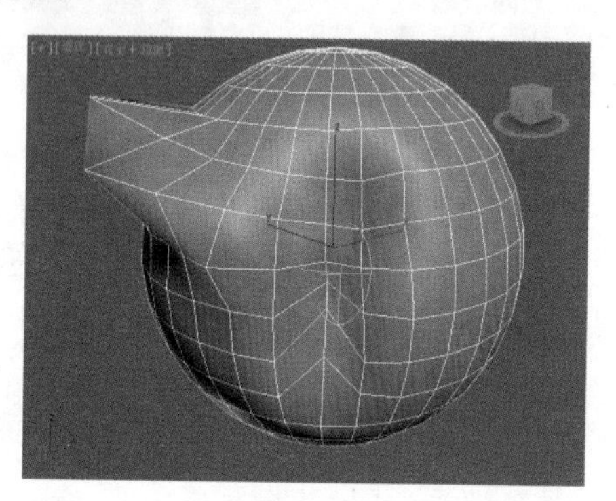

图 6-28

7.【编辑顶点】卷展栏

进入可编辑多边形的【顶点】级别，在【修改面板】中会增加【编辑顶点】卷展栏，该卷展栏可以用来处理关于点的所有操作，如图 6-29 所示。

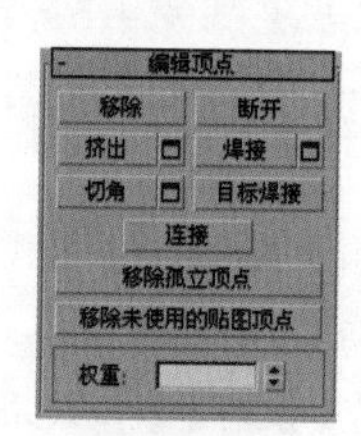

图 6-29

- 移除：该选项可以将顶点进行移除处理。
- 断开：选择顶点，并单击该选项后可以将顶点断开，变为多个顶点。
- 挤出：使用该工具可以将顶点，向往后向内进行挤出，使其产生锥形的效果。
- 焊接：两个或多个顶点在一定的距离范围内，可以使用该选项进行焊接，焊接为一个顶点。图 6-30 所示为使用【焊接】制作的效果。
- 切角：使用该选项可以将顶点切角为三角形的面效果。

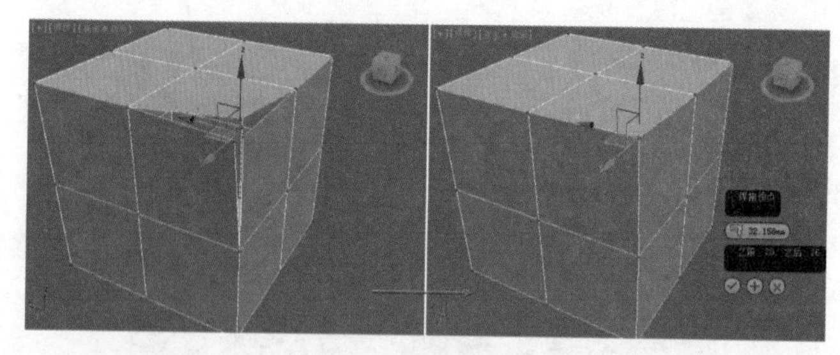

图 6-30

- 目标焊接：选择一个顶点后，使用该工具可以将其焊接到相邻的目标顶点。
- 连接：在选中的对角顶点之间创建新的边。
- 移除孤立顶点：删除不属于任何多边形的所有顶点。
- 移除未使用的贴图顶点：该选项可以将未使用的顶点进行自动删除。
- 权重：设置选定顶点的权重，供 NURMS 细分选项和【网格平滑】修改器使用。

8.【编辑边】卷展栏

进入可编辑多边形的【边】级别，在【修改】面板中会增加【编辑边】卷展栏，该卷展栏可以用来处理关于边的所有操作，如图 6-31 所示。

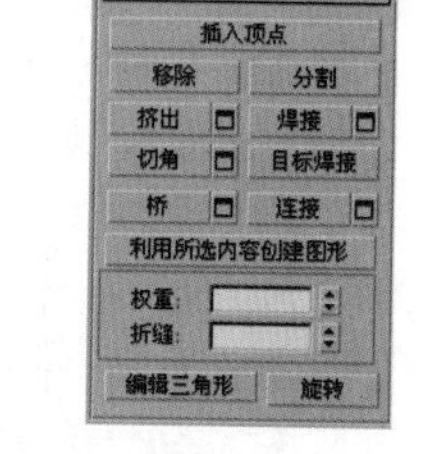

图 6-31

- 插入顶点：可以手动在选择的边上任意添加顶点。
- 移除：选择边以后，单击该按钮或按【Backspace】键可以移除边。如果按【Delete】键，将删除边以及与边连接的面。
- 分割：沿着选定边分割网格。对网格中心的单条边应用时，不会起任何作用。
- 挤出：可以在视图中挤出边，是最常使用的工具，需要熟练掌握。图 6-32 所示为使用【挤出】制作的效果。

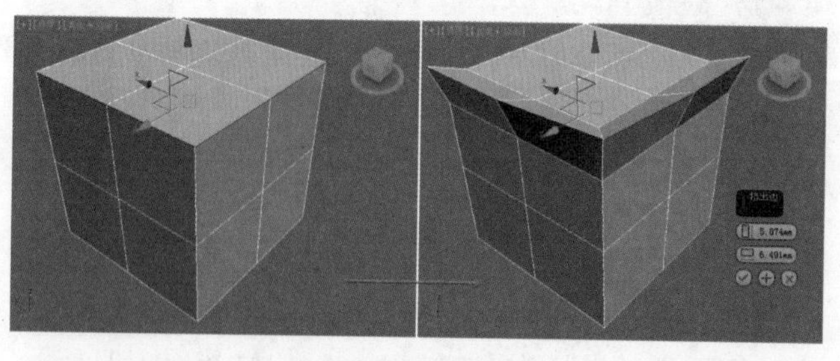

图 6-32

- 焊接：组合“焊接边”对话框指定的“焊接阈值”范围内的选定边。只能焊接仅附着一个多边形的边，也就是边界上的边。
- 切角：可以将选择的边进行切角处理产生平行的多条边。切角是最常使用的工具，需要熟练掌握。图 6-33 所示为使用【切角】制作的效果。
- 目标焊接：用于选择边并将其焊接到目标边。只能焊接仅附着一个多边形的边，也就是边界上的边。图 6-34 所示为使用【目标焊接】制作的效果。

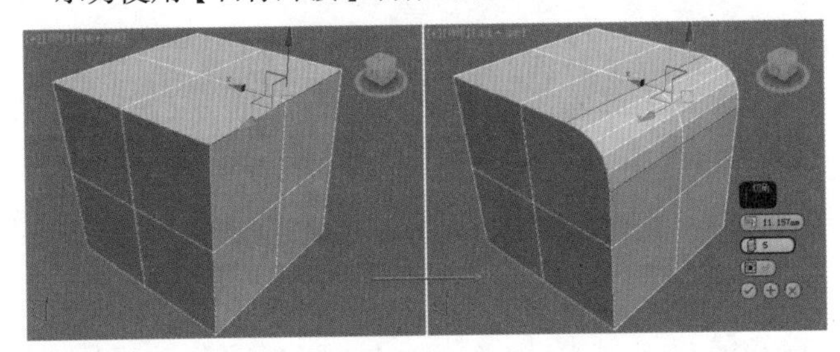

图 6–33

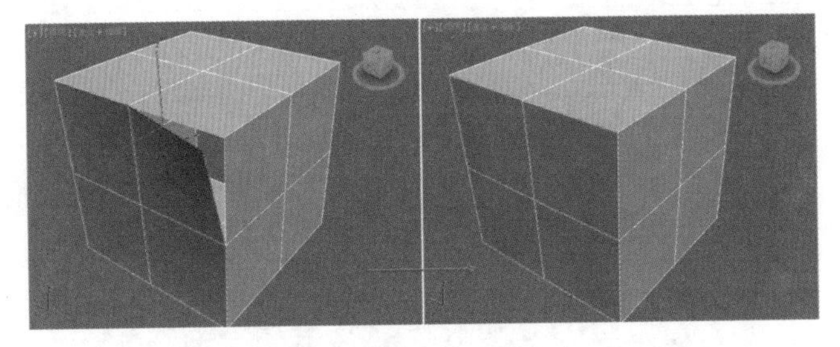

图 6–34

- 桥：可以连接对象的边，但只能连接边界边，也就是只在一侧有多边形的边。
- 连接：可以选择平行的多条边，并使用该工具产生垂直的边。连接是最常使用的工具，需要熟练掌握。图 6-35 所示为使用【连接】制作的效果。

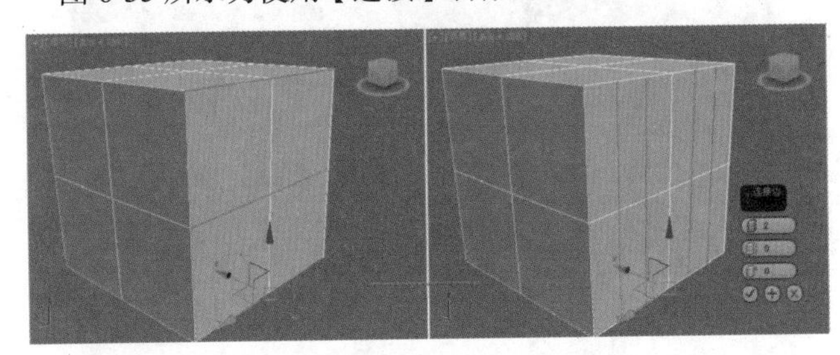

图 6–35

- 利用所选内容创建图形：可以将选定的边创建为样条线图形。
- 权重：设置选定边的权重，供 NURMS 细分选项和【网格平滑】修改器使用。
- 折缝：指定对选定边或边执行的折缝操作量，供 NURMS 细分选项和【网格平滑】修改器使用。
- 编辑三角形：用于修改绘制内边或对角线时多边形细分为三角形的方式。
- 旋转：用于通过单击对角线修改多边形细分为三角形的方式。使用该工具时，对角线可以在线框和边面视图中显示为虚线。

9.【编辑多边形】卷展栏

进入可编辑多边形的■级别，在【修改】面板中会增加【编辑多边形】卷展栏，该卷展栏可以用来处理关于多边形的所有操作，如图 6-36 所示。

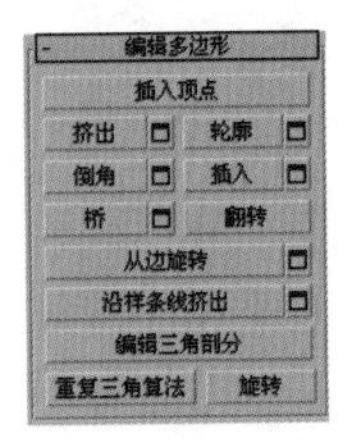

图 6–36

- 插入顶点：可以手动在选择的多边形上任意添加顶点。
- 挤出：挤出工具可以将选择的多边形进行挤出效果处理。组、局部法线、按多边形三种方式，效果各不相同。图 6-37 所示为使用【挤出】制作的效果。

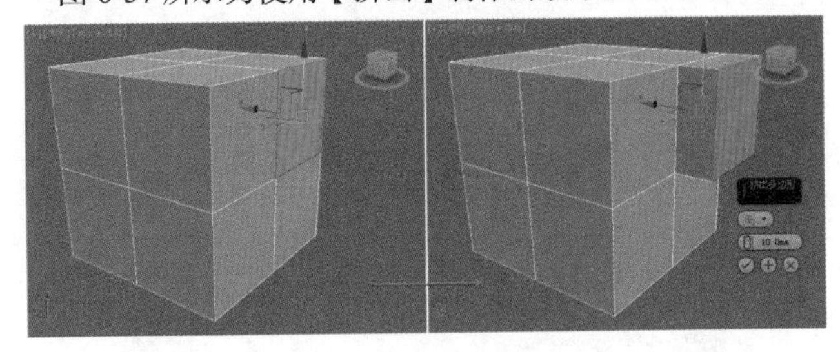

图 6–37

- 轮廓：用于增加或减小每组连续的选定多边形的外边。
- 倒角：与挤出比较类似，但是比挤出更为复杂，可以挤出多边形、也可以向内和外缩放多边形。图 6-38 所示为使用【倒角】制作的效果。

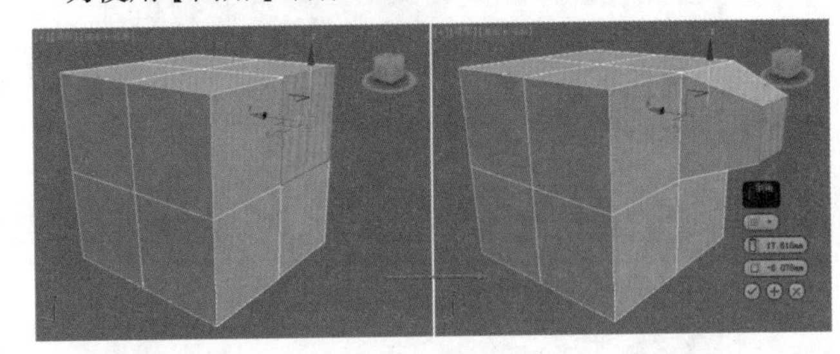

图 6–38

- 插入：使用该选项可以制作出插入一个新多边形的效果，插入是最常使用的工具，需要熟练掌握。图 6-39 所示为使用【插入】制作的效果。

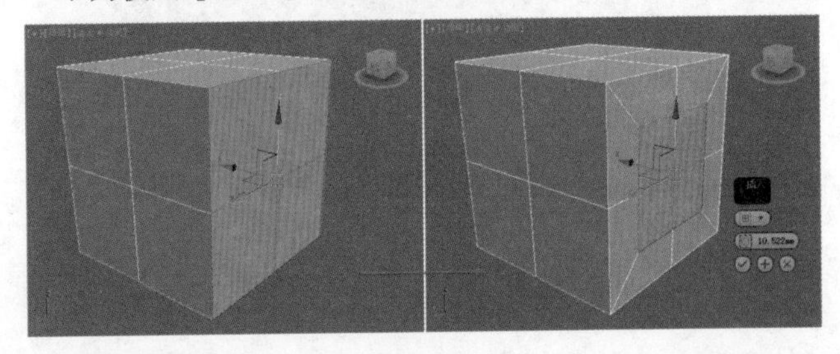

图 6–39

- 桥：选择模型正反两面相对的两个多边形，并使用该工具可以制作出镂空的效果。
- 翻转：反转选定多边形的法线方向，从而使其面向用户的正面。

- 从边旋转：选择多边形后，使用该工具可以沿着垂直方向拖动任何边，旋转选定多边形。
- 沿样条线挤出：沿样条线挤出当前选定的多边形。
- 编辑三角剖分：通过绘制内边修改多边形细分为三角形的方式。
- 重复三角算法：在当前选定的一个或多个多边形上执行最佳三角剖分。
- 旋转：使用该工具可以修改多边形细分为三角形的方式。

求生秘籍 —— 技巧提示：模型的半透明显示

在制作模型时由于模型是三维的，所以很多时候观看起来不方便，因此可以把模型半透明显示。选择模型执行快捷键【Alt+X】，如图 6-40 所示模型变为半透明显示。

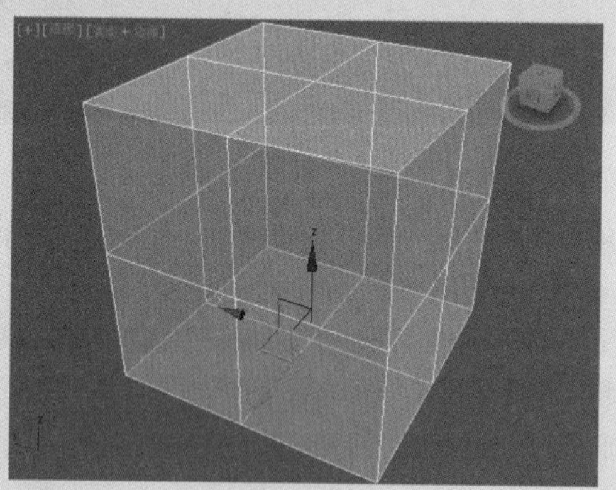

图 6-40

再次选择模型执行快捷键【Alt+X】，如图 6-41 所示模型重新变为实体显示。

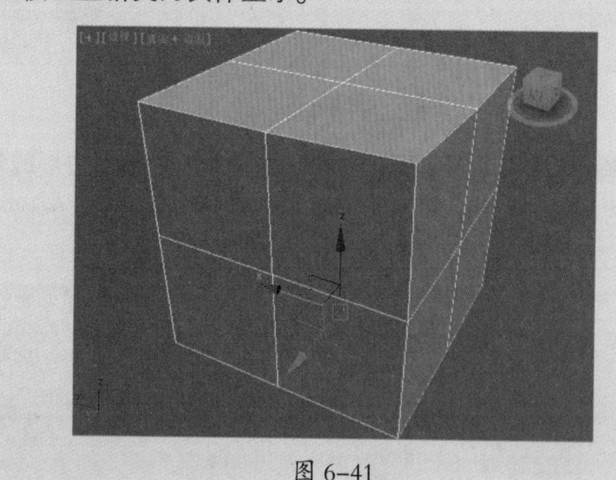

图 6-41

6.2 多边形建模经典实例

重点 进阶案例 —— 多边形建模制作创意茶几

场景文件	无
案例文件	进阶案例 —— 多边形建模制作创意茶几 .max
视频教学	多媒体教学 /Chapter06/ 进阶案例 —— 多边形建模制作创意茶几 .flv
难易指数	★★★★☆
技术掌握	掌握【长方体】、【可编辑多边形】和【切割】命令的运用

本例就来学习使用标准基本体下的【长方体】、【可编辑多边形】和【切割】命令来完成模型的制作，最终渲染和线框效果如图 6-42 所示。

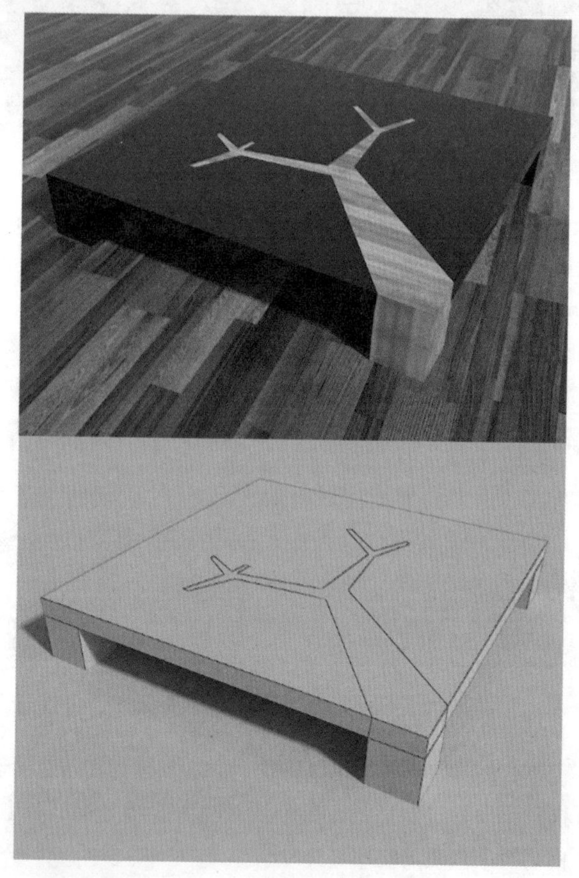

图 6-42

建模思路

01 使用长方体和可编辑多边形制作模型

02 使用切割制作模型

创意茶几流程图，如图 6-43 所示。

制作步骤

1. 使用长方体和可编辑多边形制作模型

（1）单击（创建）|（几何体）| 长方体 按钮，在顶视图中拖拽并创建一个长方体，在【修改面板】下设置【长度】为 2000.0mm，【宽度】为 2000.0mm，【高度】为 100.0mm，如图 6-44 所示。

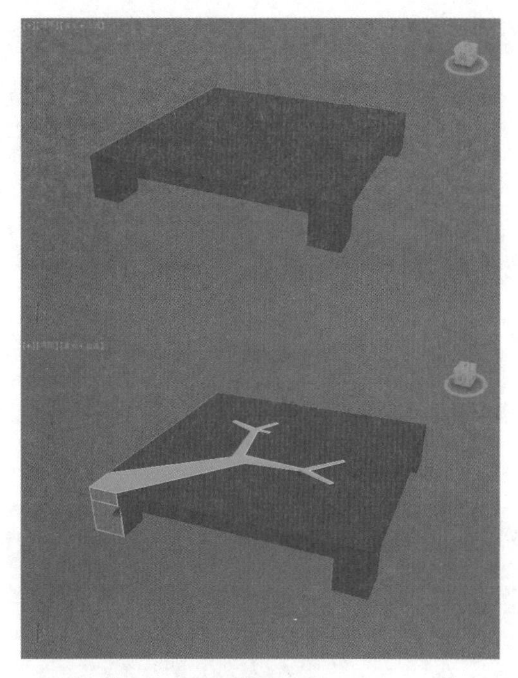

图 6-43

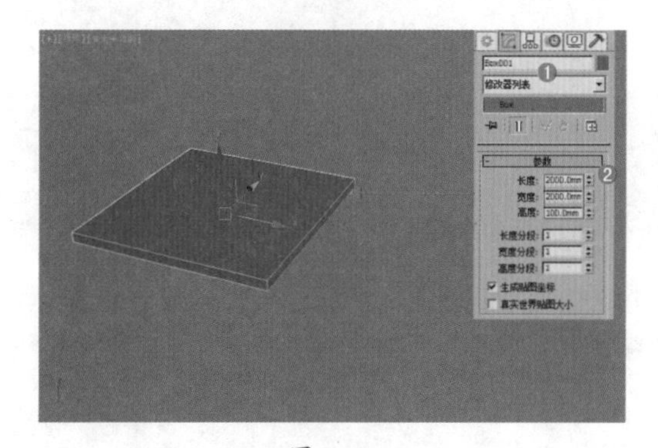

图 6-44

（2）选择模型，单击右键，在弹出的对话框中执行【转换为 / 转换为可编辑多边形】命令，如图 6-45 所示。

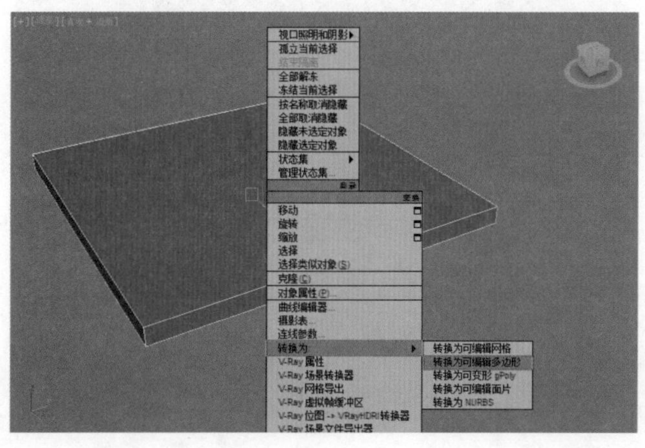

图 6-45

（3）在【边】级别下，选择如图 6-46 所示的边。单击 连接 按钮后面的【设置】按钮，设置【分段】为 2，【收缩】为 70，如图 6-47 所示。

图 6-46

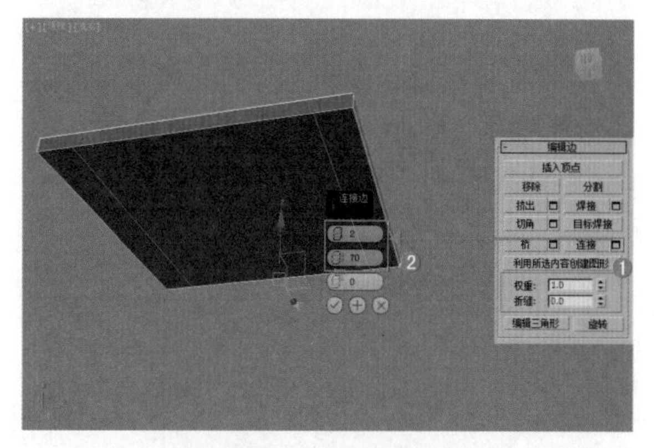

图 6-47

（4）在【边】级别下，选择如图 6-48 所示的边。单击 连接 按钮后面的【设置】按钮，设置【分段】为 2，【收缩】为 70，如图 6-49 所示。

图 6-48

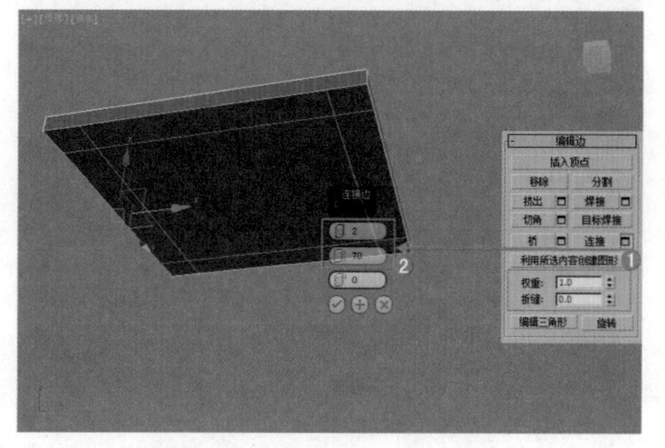

图 6-49

（5）进入【多边形】■级别，在透视图中选择如图 6-50 所示的多边形，单击 挤出 按钮后面的【设置】按钮■，设置【高度】为 240.0mm，如图 6-51 所示。

图 6–50

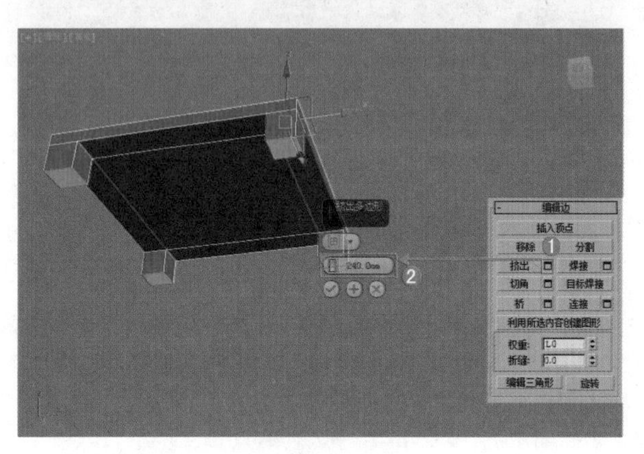

图 6–51

2. 使用切割制作模型

（1）在【修改面板】下，展开【编辑几何体】卷展栏，单击 切割 按钮，在模型上描绘如图 6-52 所示的图形。

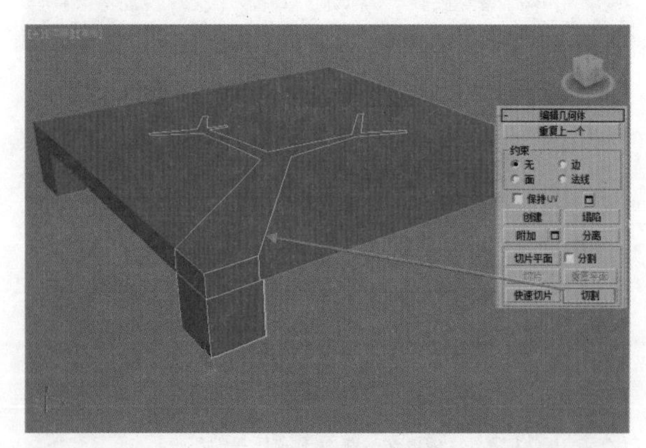

图 6–52

（2）进入【多边形】■级别，在透视图中选择如图 6-53 所示的多边形，单击 分离 按钮，勾选【以克隆对象分离】选项，如图 6-54 所示。

（3）最终模型效果如图 6-55 所示。

图 6–53

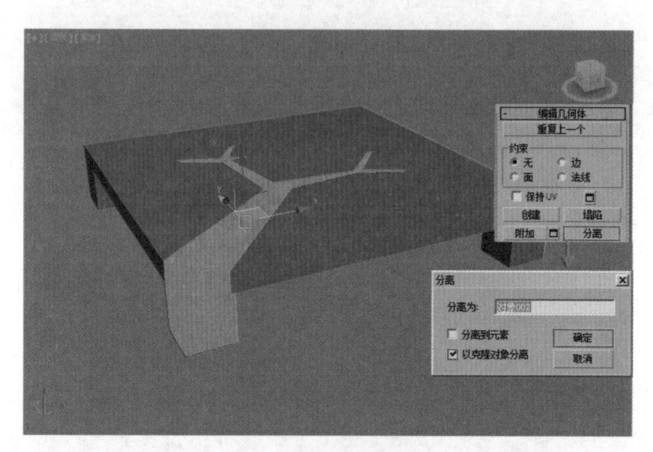

图 6–54

图 6–55

重点 进阶案例——多边形建模制作简约靠椅

场景文件	无
案例文件	进阶案例——多边形建模制作简约靠椅 .max
视频教学	多媒体教学 /Chapter06/ 进阶案例——多边形建模制作简约靠椅 .flv
难易指数	★★★★☆
技术掌握	掌握【长方体】、【FFD4*4*4】和【样条线】命令的运用

本例就来学习使用标准基本体下的【长方体】、【FFD4*4*4】和【样条线】命令来完成模型的制作，最终渲染和线框效果如图 6-56 所示。

图 6–56

建模思路

01 使用长方体和 FFD4*4*4 制作模型

02 使用样条线制作模型

靠椅流程图如图 6-57 所示。

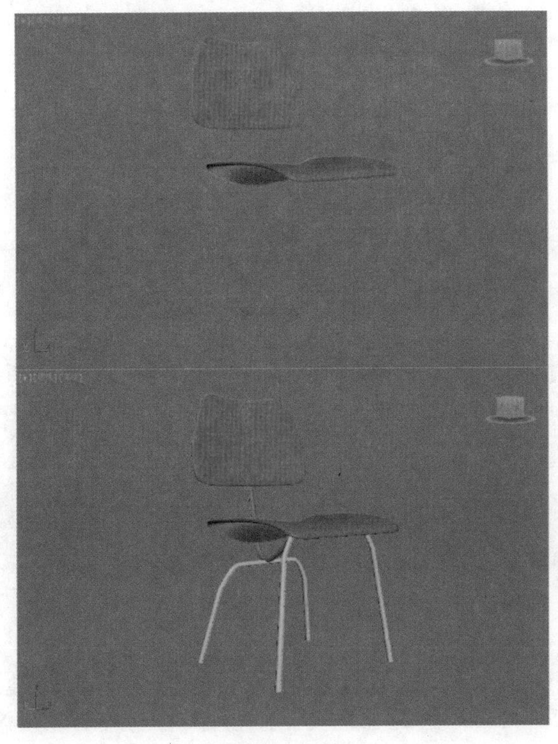

图 6–57

制作步骤

1. 使用长方体和 FFD4*4*4 制作模型

（1）单击 （创建）| （几何体）| 长方体 按钮，在顶视图中拖拽并创建一个长方体，在【修改面板】下设置【长度】为 400.0mm，【宽度】为 600.0mm，【高度】为 25.0mm，【长度分段】为 5，【宽度分段】为 5，【高度分段】为 2，如图 6-58 所示。

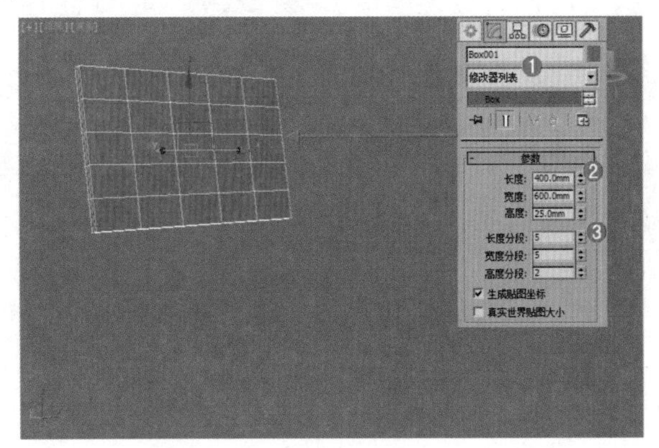

图 6–58

（2）选择上一步创建的模型，加载【FFD4*4*4】修改器，进入【控制点】级别，调整点的位置如图 6-59 所示。

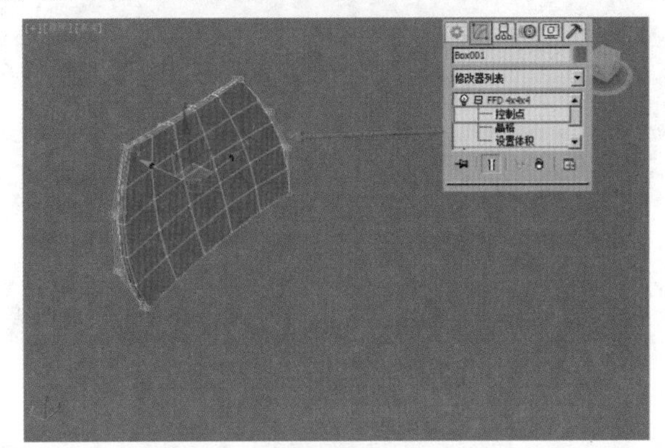

图 6–59

（3）选择上一步的模型，加载【网格平滑】修改器，设置【迭代次数】为 3，如图 6-60 所示。

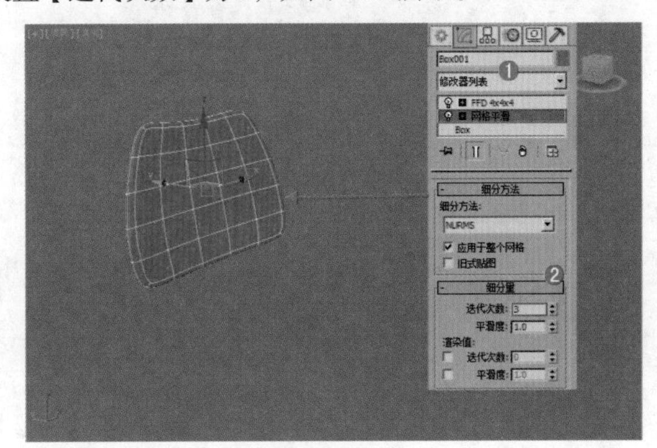

图 6–60

（4）单击 （创建）| （几何体）| 长方体 按钮，在顶视图中拖拽并创建一个长方体，在【修改面板】

下设置【长度】为 600.0mm，【宽度】为 600.0mm，【高度】为 25.0mm，【长度分段】为 5，【宽度分段】为 5，【高度分段】为 2，如图 6-61 所示。

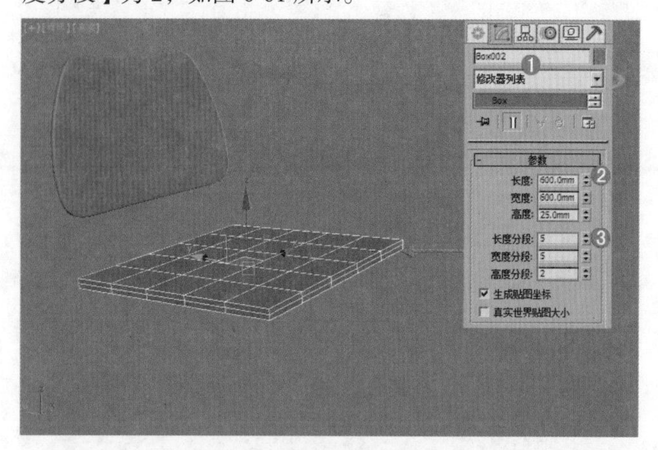

图 6–61

（5）选择上一步创建的模型，加载【FFD4*4*4】修改器，进入【控制点】级别，调整点的位置如图 6-62 所示。

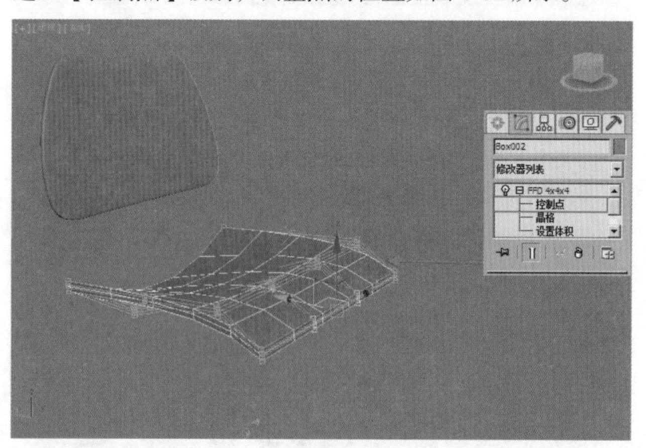

图 6–62

（6）选择上一步的模型，加载【网格平滑】修改器，设置【迭代次数】为 3，如图 6-63 所示。

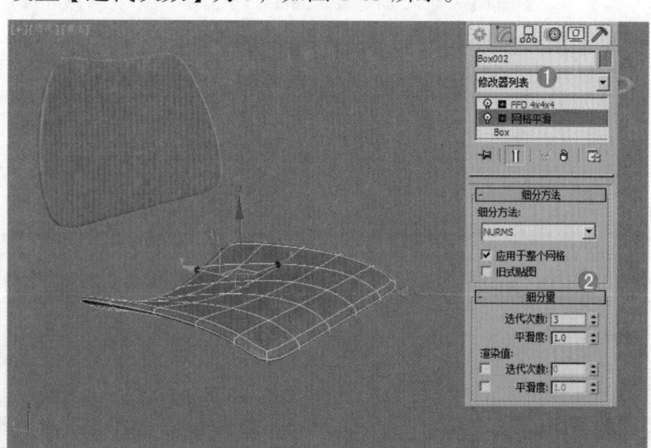

图 6–63

2. 使用样条线制作模型

（1）单击（创建）|（图形）|样条线 | 线 按钮，在左视图中创建如图 6-64 所示的样条线。

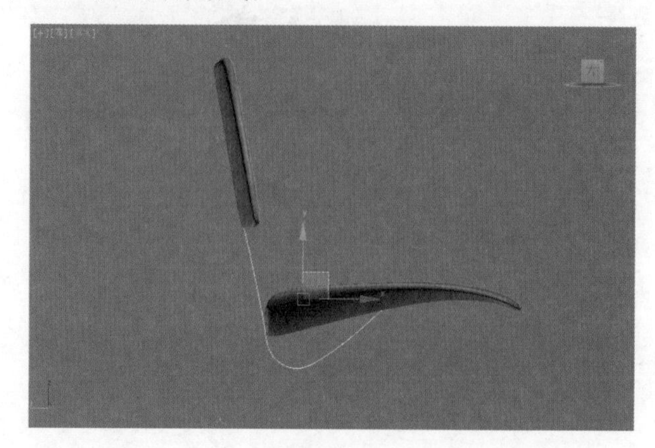

图 6–64

（2）在【修改面板】下展开【渲染】卷展栏，勾选【在渲染中启用】和【在视口中启用】选项，勾选【径向】选项，设置【厚度】为 20.0mm，如图 6-65 所示。

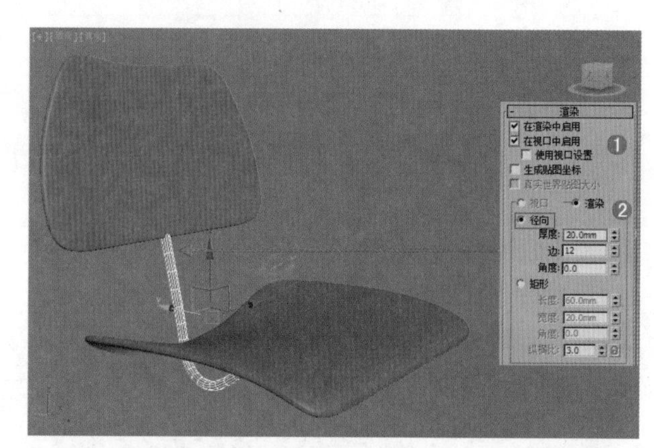

图 6–65

（3）单击（创建）|（图形）|样条线 | 线 按钮，在前视图中创建如图 6-66 所示的样条线。

图 6–66

（4）选择上一步创建的样条线，单击右键执行【转换为 / 转换为可编辑样条线】命令，如图 6-67 所示。

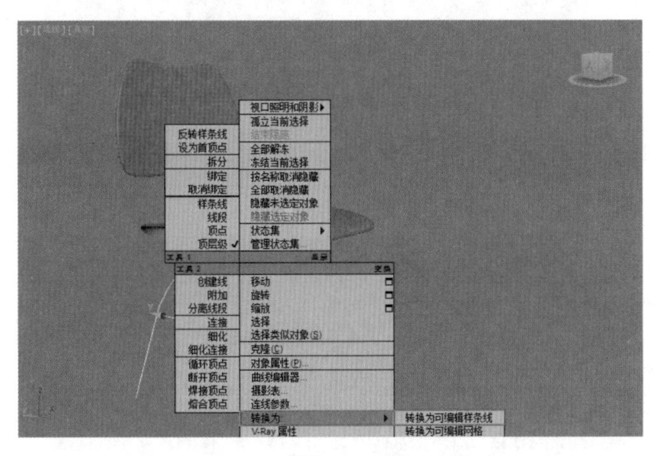

图 6–67

（5）在【修改面板】下展开【渲染】卷展栏，勾选【在渲染中启用】和【在视口中启用】选项，勾选【径向】选项，设置【厚度】为 20.0mm，如图 6-68 所示。

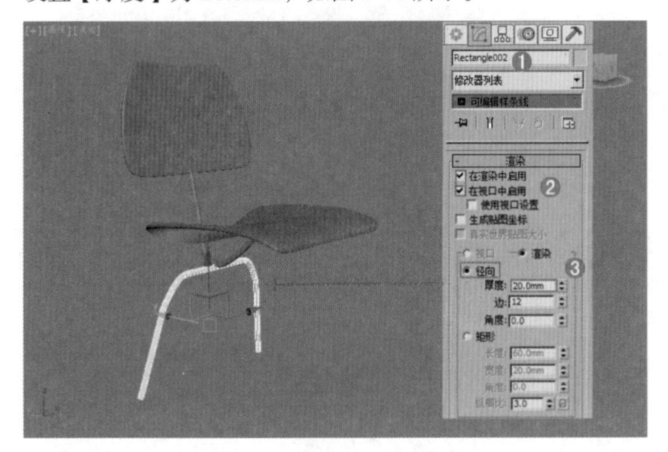

图 6–68

（6）单击 （创建）|（图形）| 样条线 | 线 按钮，在前视图中创建如图 6-69 所示的样条线。

图 6–69

（7）选择上一步创建的样条线，单击右键执行【转换为 / 转换为可编辑样条线】命令，如图 6-70 所示。

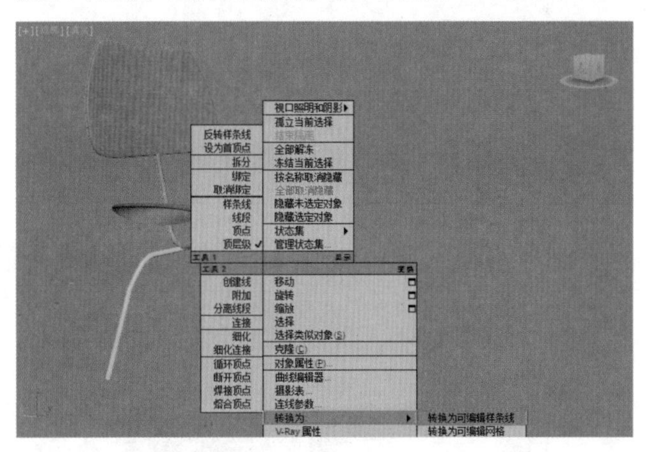

图 6–70

（8）在【修改面板】下展开【渲染】卷展栏，勾选【在渲染中启用】和【在视口中启用】选项，勾选【径向】选项，设置【厚度】为 20.0mm，如图 6-71 所示。

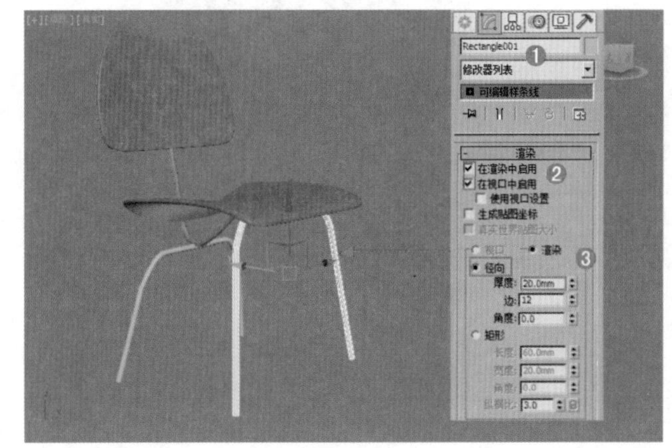

图 6–71

（9）最终模型效果如图 6-72 所示。

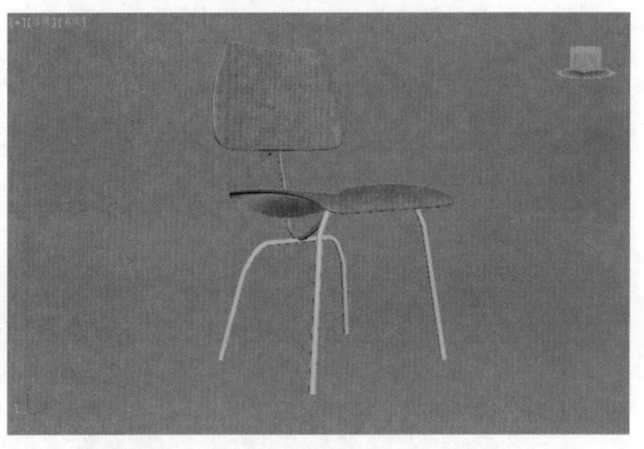

图 6–72

重点 进阶案例——多边形建模制作柜子

场景文件	无
案例文件	进阶案例——多边形建模制作柜子 .max
视频教学	多媒体教学 /Chapter06/ 进阶案例——多边形建模制作柜子 .flv
难易指数	★★★★☆
技术掌握	掌握【长方体】工具和【编辑多边形】命令的运用

本例就来学习使用标准基本体下的【长方体】工具和修改面板下的【编辑多边形】命令来完成模型的制作，最终渲染和线框效果如图 6-73 所示。

图 6-73

建模思路

01 使用长方体和编辑多边形制作模型

02 使用长方体和编辑多边形制作模型

柜子流程图如图 6-74 所示。

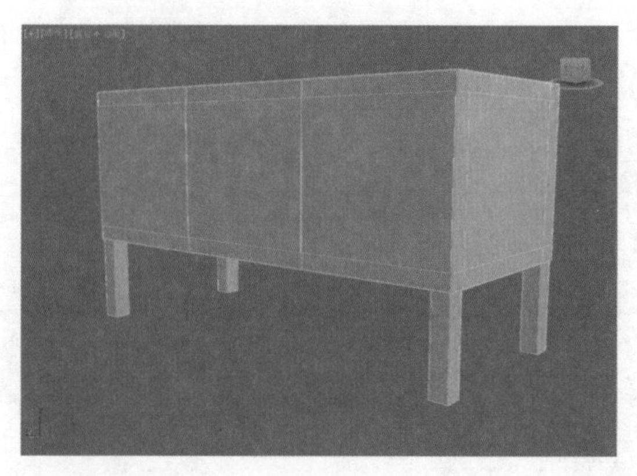

图 6-74

制作步骤

1. 使用长方体和编辑多边形制作模型（1）

（1）单击 （创建）| （几何体）| 长方体 按钮，在顶视图中拖拽并创建一个长方体，设置【长度】为 180.0mm，【宽度】为 420.0mm，【高度】为 150.0mm，如图 6-75 所示。

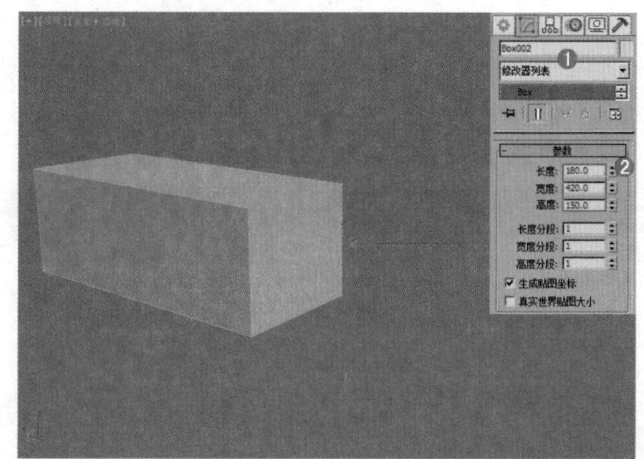

图 6-75

（2）选择上一步创建的模型，在【修改器列表】中加载【编辑多边形】命令，进入【边】 级别，选择如图 6-76 所示的边。单击 连接 按钮后面的【设置】按钮 ，设置【分段】为 2，【收缩】为 76，如图 6-77 所示。

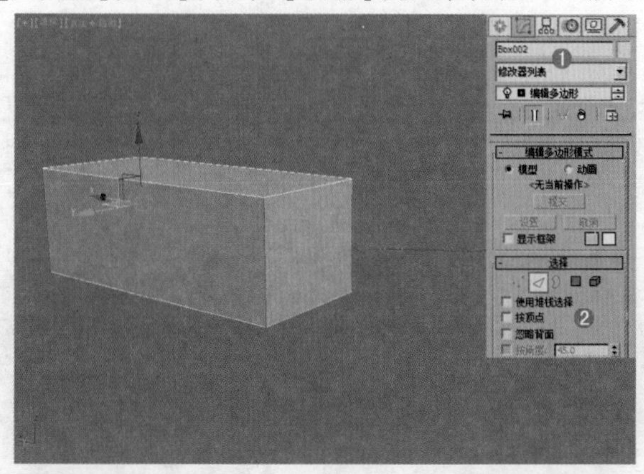

图 6-76

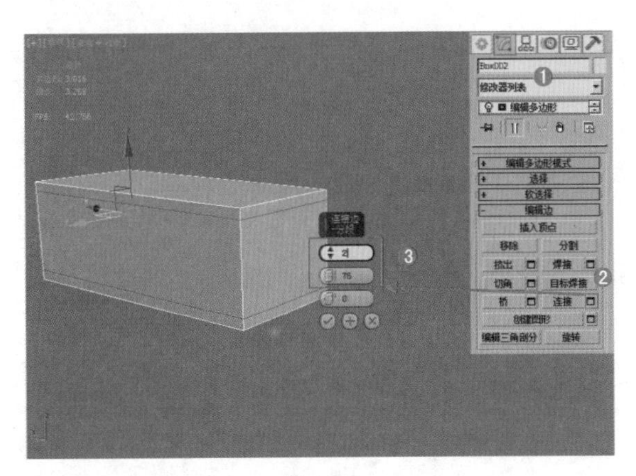

图 6–77

（3）选择上一步的模型，进入【边】级别，选择如图 6-78 所示的边。单击 连接 按钮后面的【设置】按钮，设置【分段】为 4，【收缩】为 98，如图 6-79 所示。

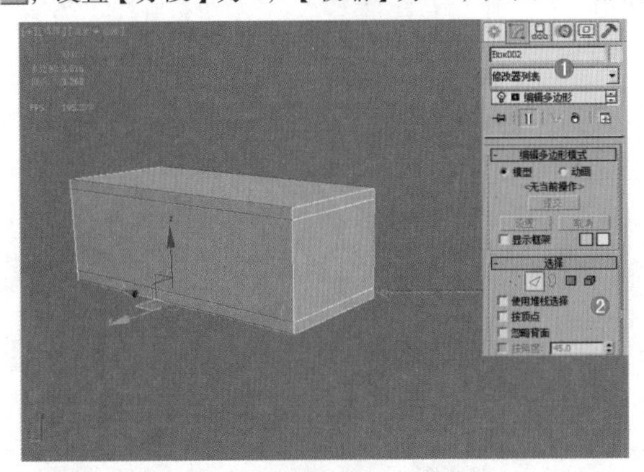

图 6–78

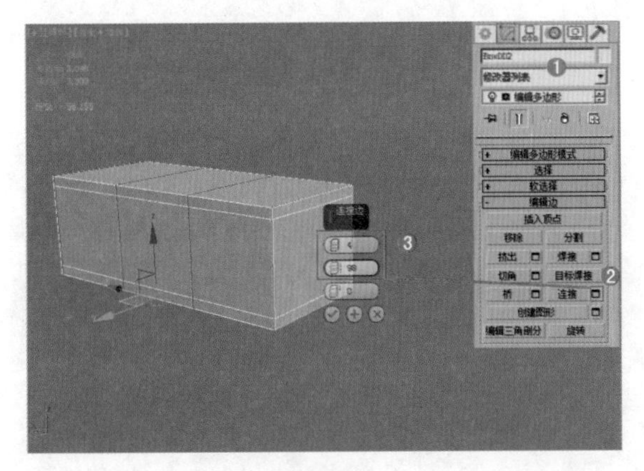

图 6–79

（4）选择上一步的模型，进入【边】级别，选择如图 6-80 所示的边。单击 连接 按钮后面的【设置】按钮，设置【分段】为 1，【收缩】为 0，【滑块】为 98，如图 6-81 所示。

（5）选择上一步的模型，进入【边】级别，选择如图 6-82 所示的边。单击 连接 按钮后面的【设置】按钮，设置【分段】为 1，【收缩】为 0，【滑块】为 98，如图 6-83 所示。

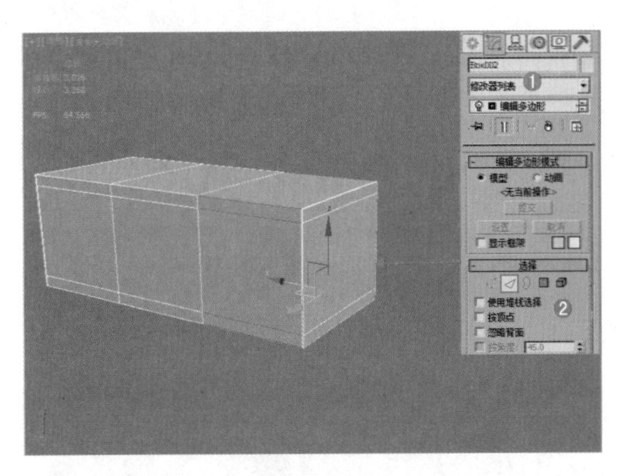

图 6–80

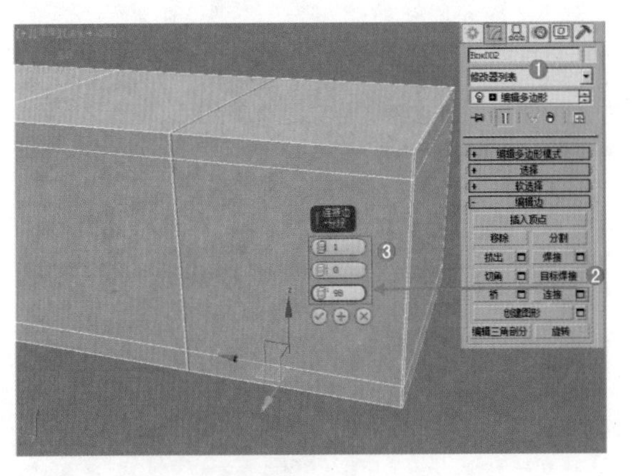

图 6–81

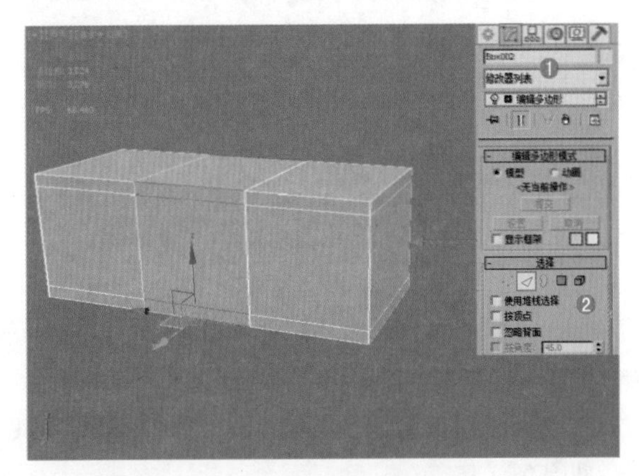

图 6–82

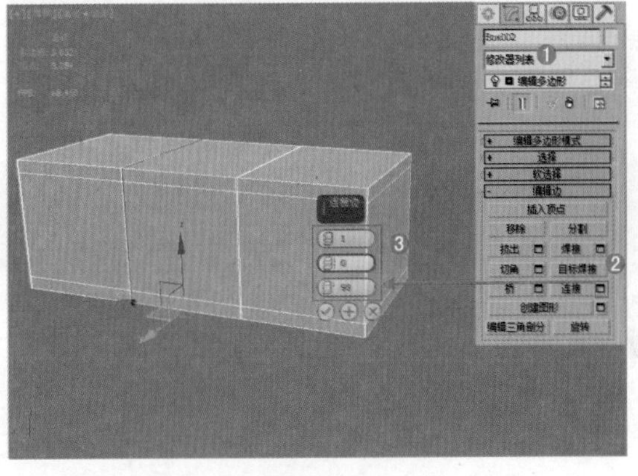

图 6–83

（6）选择上一步的模型，进入【边】级别，选择如图 6-84 所示的边。单击 连接 按钮后面的【设置】按钮，设置【分段】为 2，【收缩】为 75，【滑块】为 1，如图 6-85 所示。

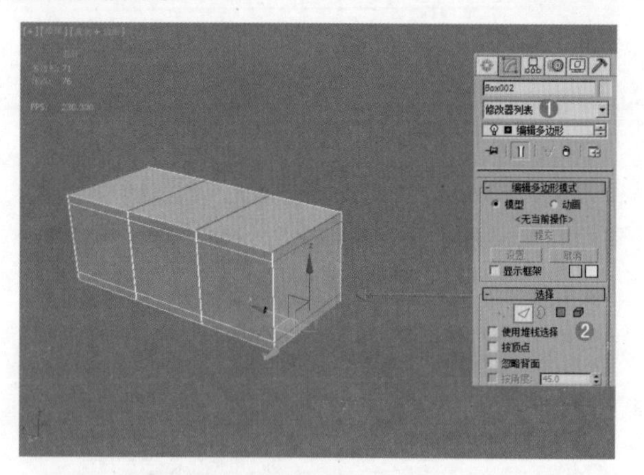

图 6-84

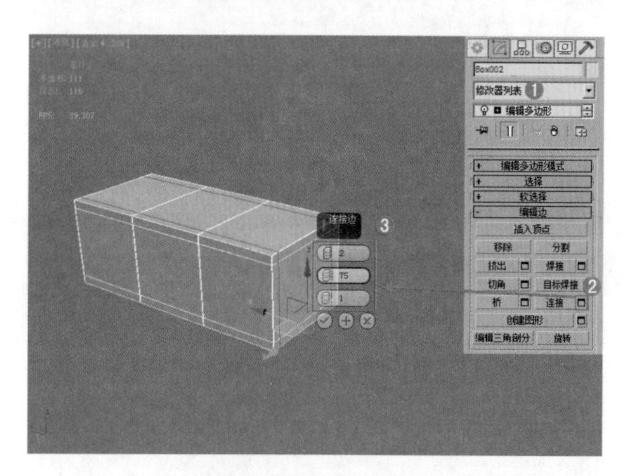

图 6-85

（7）选择上一步的长方体，进入【多边形】级别，在透视图中选择如图 6-86 所示的多边形，单击 分离 按钮后面的【设置】按钮，在弹出的对话框中单击【确定】按钮，如图 6-87 所示。

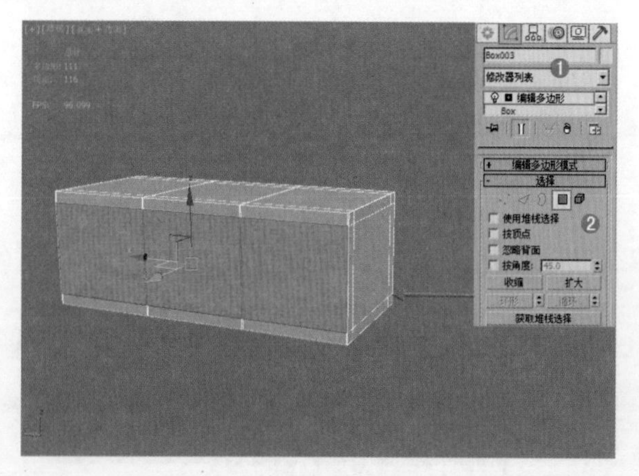

图 6-86

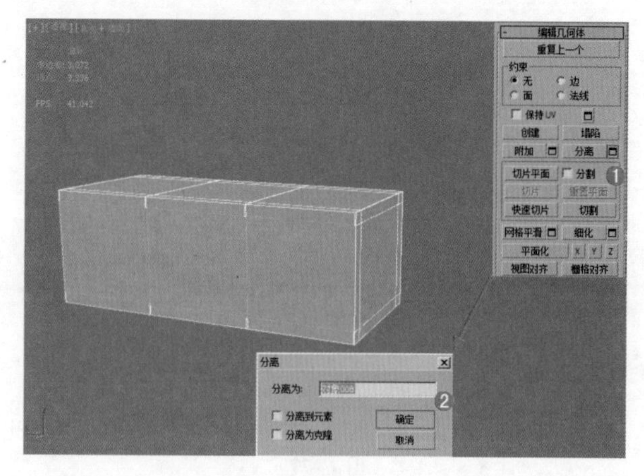

图 6-87

（8）选择上一步创建的模型，进入【边】级别，选择如图 6-88 所示的边。单击 切角 按钮后面的【设置】按钮，设置【切角数量】为 1，【切角分段】为 8，如图 6-89 所示。

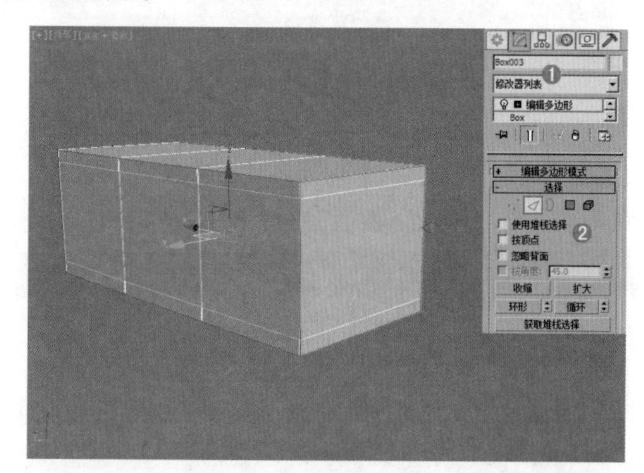

图 6-88

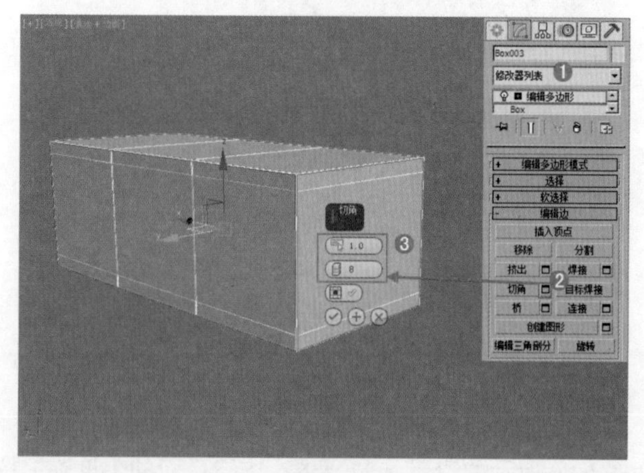

图 6-89

（9）选择上一步的模型，进入【边】级别，选择如图 6-90 所示长方体底部的边。单击 连接 按钮后面的【设置】按钮，设置【分段】为 2，【收缩】为 75，如图 6-91 所示。

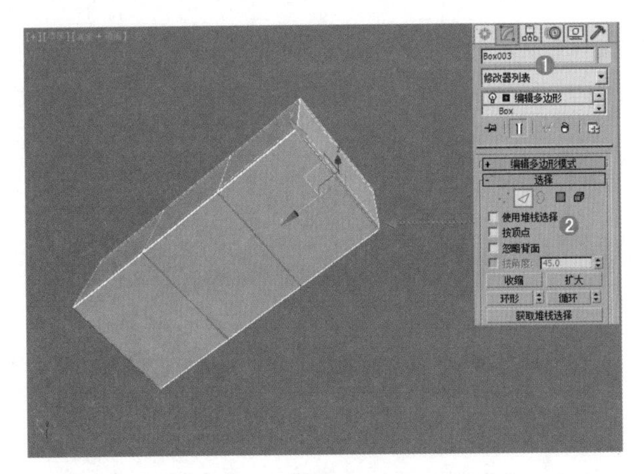

图 6–90

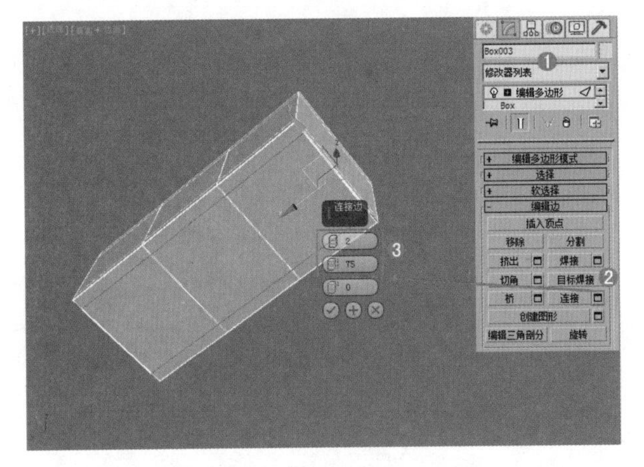

图 6–91

2. 使用长方体和编辑多边形制作模型（2）

（1）选择上一步的模型，进入【边】级别，选择如图 6-92 所示长方体底部的边。单击 连接 按钮后面的【设置】按钮，设置【分段】为 1，【收缩】为 0，【滑块】为 – 75，如图 6-93 所示。

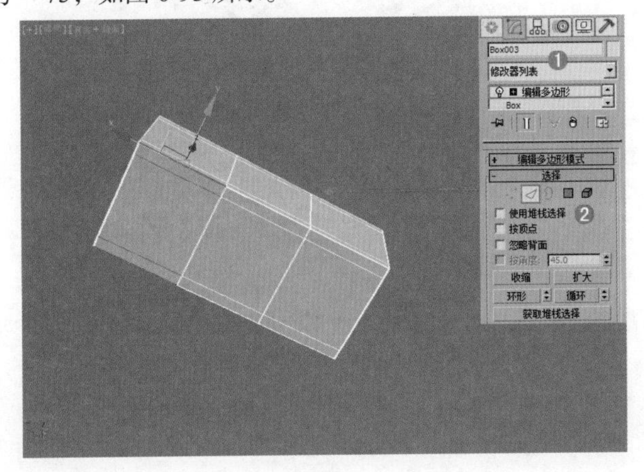

图 6–92

（2）进入【边】级别，选择如图 6-94 所示长方体底部的边。单击 连接 按钮后面的【设置】按钮，设置【分段】为 1，【收缩】为 0，【滑块】为 – 75，如图 6-95 所示。

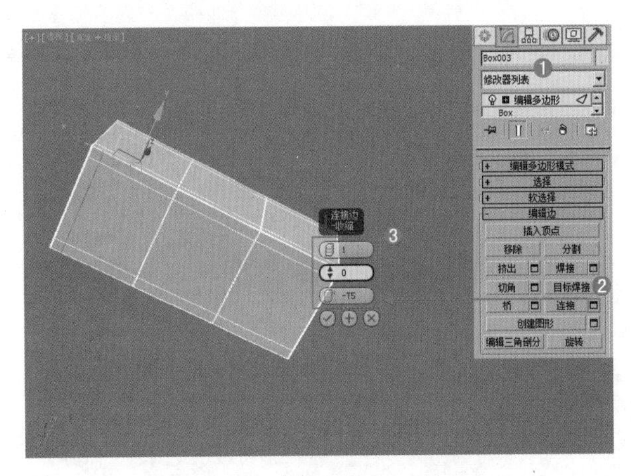

图 6–93

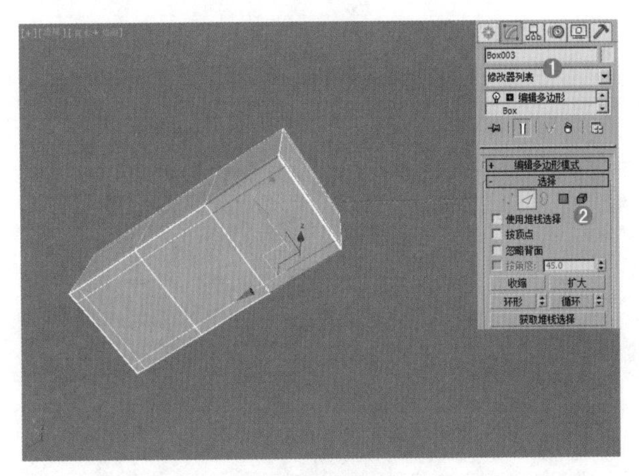

图 6–94

第 6 章

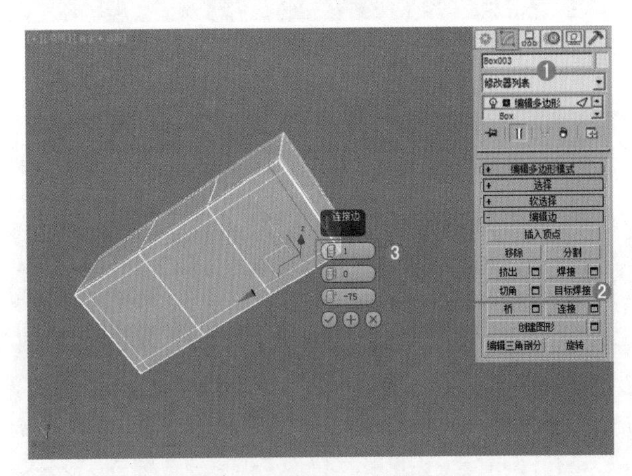

图 6–95

（3）进入【多边形】级别，在透视图中选择如图 6-96 所示的多边形，单击 挤出 按钮后面的【设置】按钮，设置【高度】为 80.0mm，如图 6-97 所示。

（4）最终模型效果如图 6-98 所示。

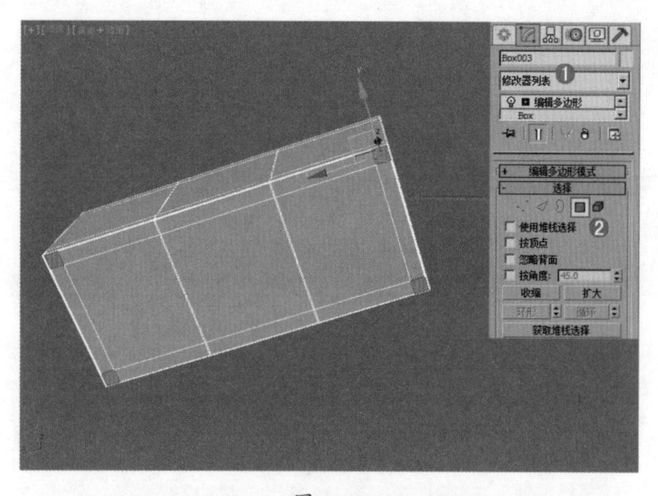

图 6-96

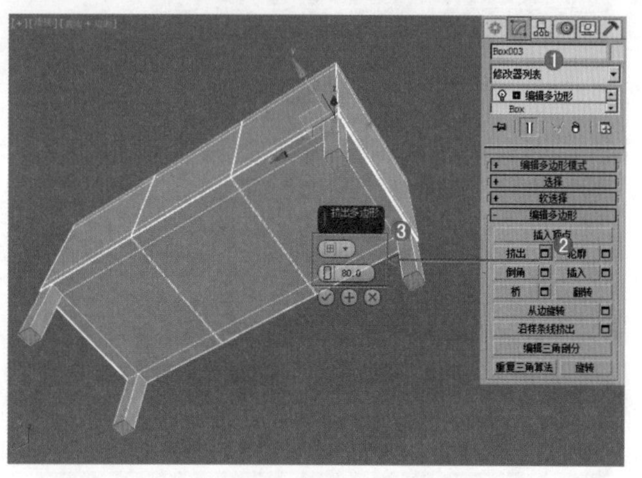

图 6-97

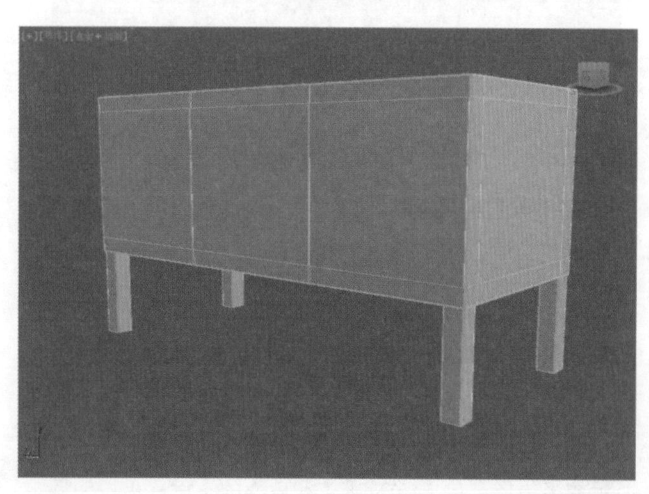

图 6-98

重点 进阶案例——多边形建模制作脚凳

场景文件	无
案例文件	进阶案例——多边形建模制作脚凳 .max
视频教学	多媒体教学 /Chapter06/ 进阶案例——多边形建模制作脚凳 .flv
难易指数	★★★★☆
技术掌握	掌握【长方体】、【球体】、【线】工具和【挤出】、【FFD4*4*4】、【编辑多边形】、【间隔工具】命令的运用

本例就来学习使用标准基本体下的【长方体】、【球体】工具、样条线下的【线】工具、修改面板下的【挤出】、【FFD4*4*4】和【编辑多边形】命令和工具下的【间隔工具】命令来完成模型的制作，最终渲染和线框效果如图 6-99 所示。

图 6-99

建模思路

01 使用长方体、编辑多边形、球体、FFD4*4*4 和间隔工具制作模型

02 使用线、挤出和 FFD2*2*2 制作模型

脚凳流程图如图 6-100 所示。

制作步骤

1. 使用长方体、编辑多边形、球体、FFD4*4*4 和间隔工具制作模型

（1）单击（创建）|（几何体）| 长方体 按钮，在顶视图中拖拽并创建一个长方体，设置【长度】

为 160.0mm，【 宽 度 】 为 240.0mm，【 高 度 】 为 50.0mm，【长度分段】为 3，【宽度分段】为 3，【高度分段】为 2，如图 6-101 所示。

图 6–100

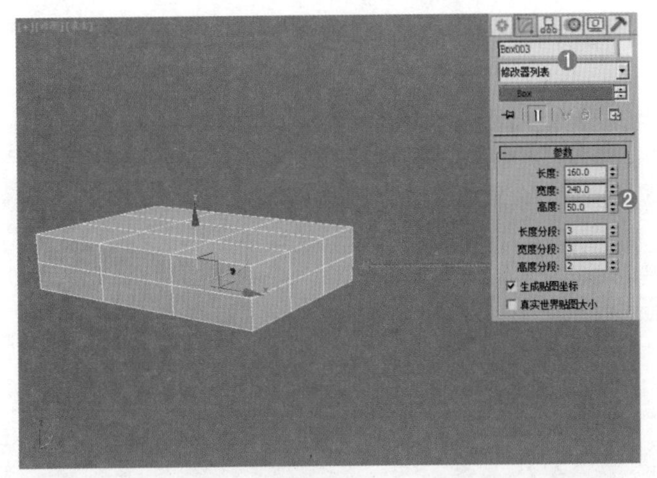

图 6–101

（2）选择上一步创建的模型，在【修改器列表】中加载【编辑多边形】命令，进入【边】级别，选择如图 6-102 所示的边。单击 切角 按钮后面的【设置】按钮，设置【切角数量】为 8，【切角分段】为 8，如图 6-103 所示。

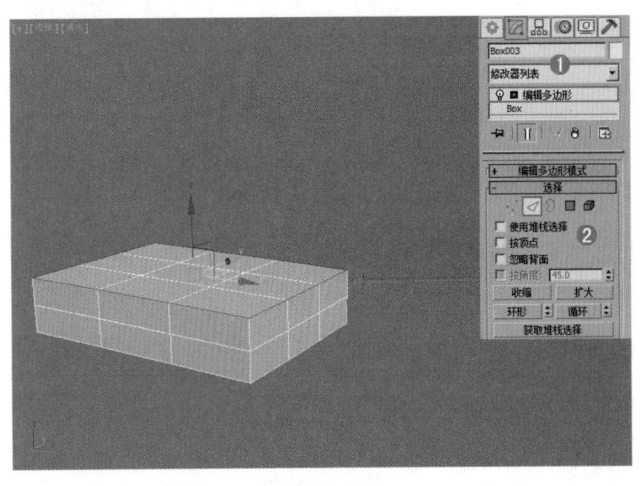

图 6–102

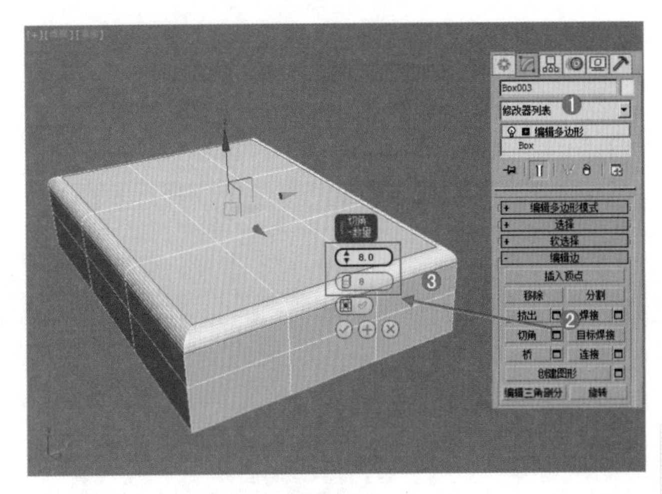

图 6–103

（3）选择上一步的模型，进入【边】级别，选择如图 6-104 所示的边。单击 切角 按钮后面的【设置】按钮，设置【切角数量】为 4，【切角分段】为 4，如图 6-105 所示。

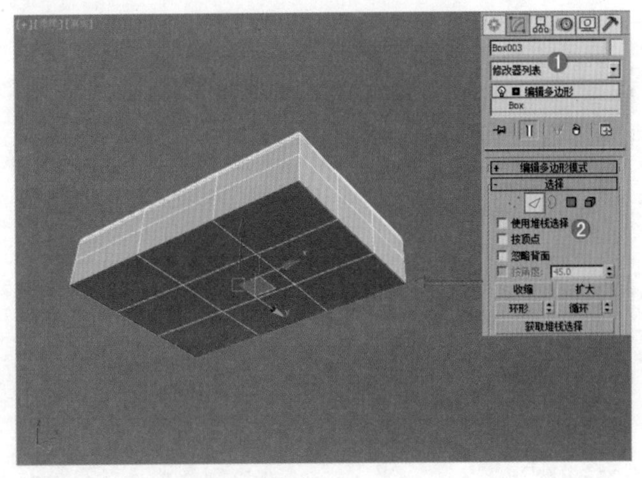

图 6–104

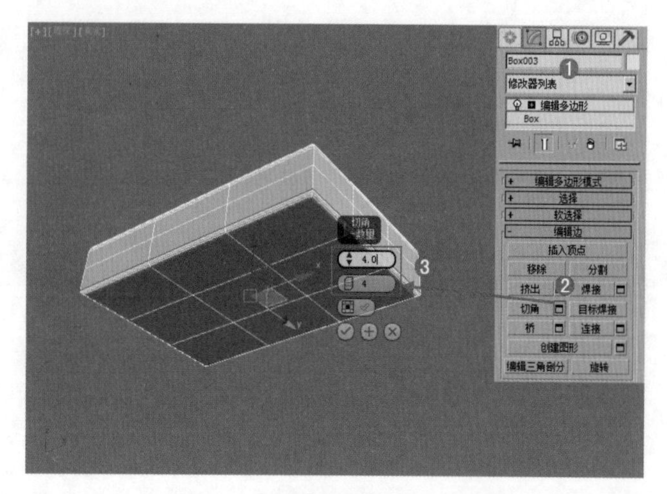

图 6–105

（4）选择上一步的模型，进入【边】级别，选择如图 6-106 所示长方体底部的边。单击 连接 按钮后面的【设置】按钮，设置【分段】为 1，【收缩】为 0，【滑块】为 74，如图 6-107 所示。

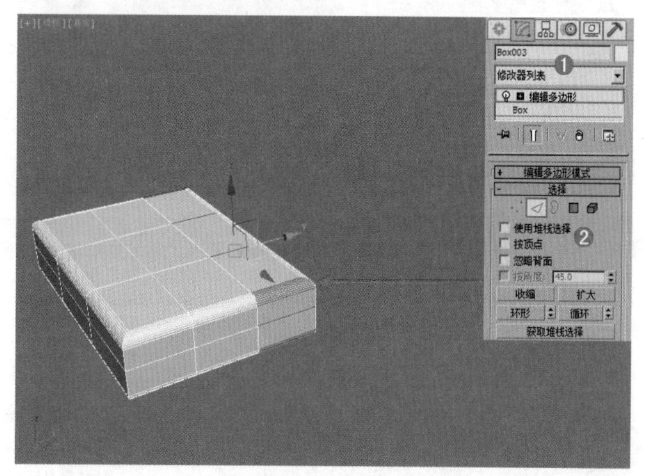

图 6–106

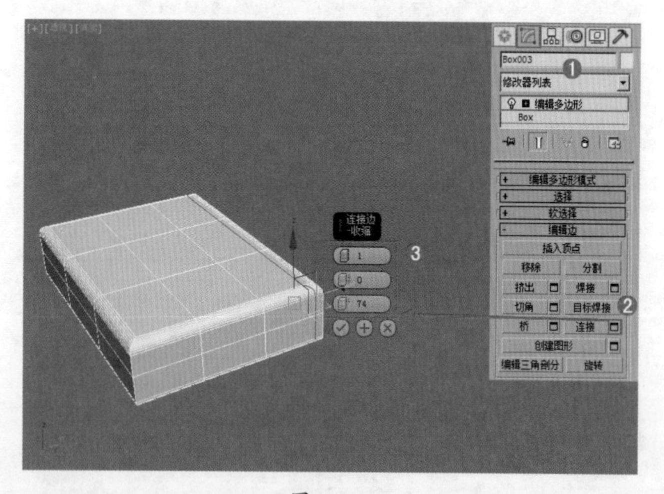

图 6–107

（5）选择上一步的模型，进入【边】级别，选择如图 6-108 所示长方体底部的边。单击 连接 按钮后面的【设置】按钮，设置【分段】为 1，【收缩】为 0，【滑块】为 – 74，如图 6-109 所示。

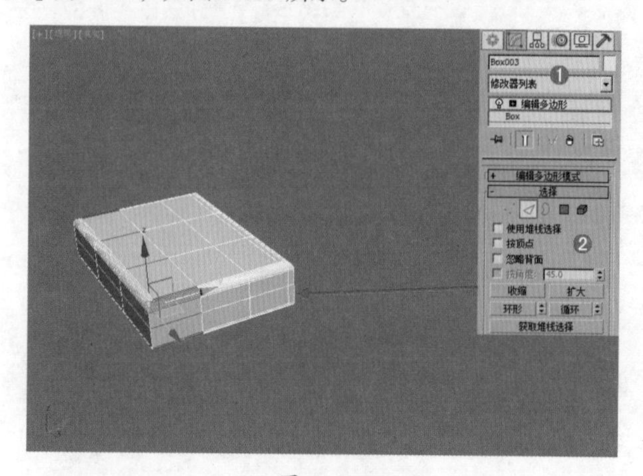

图 6–108

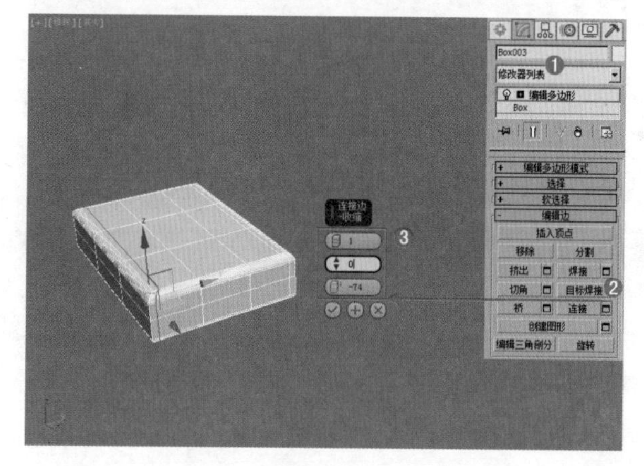

图 6–109

（6）选择上一步的模型，进入【边】级别，选择如图 6-110 所示长方体底部的边。单击 连接 按钮后面的【设置】按钮，设置【分段】为 1，【收缩】为 0，【滑块】为 20，如图 6-111 所示。

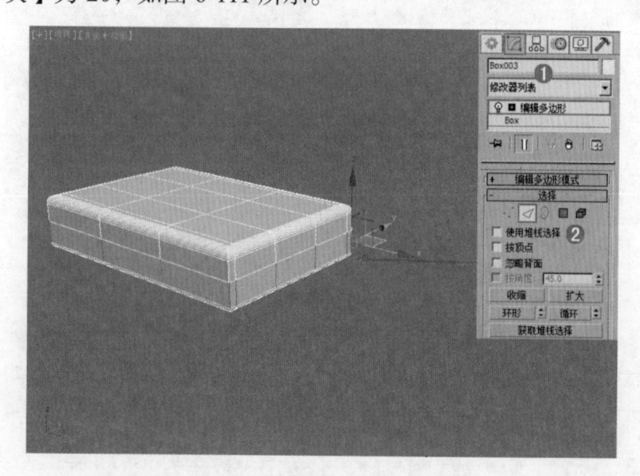

图 6–110

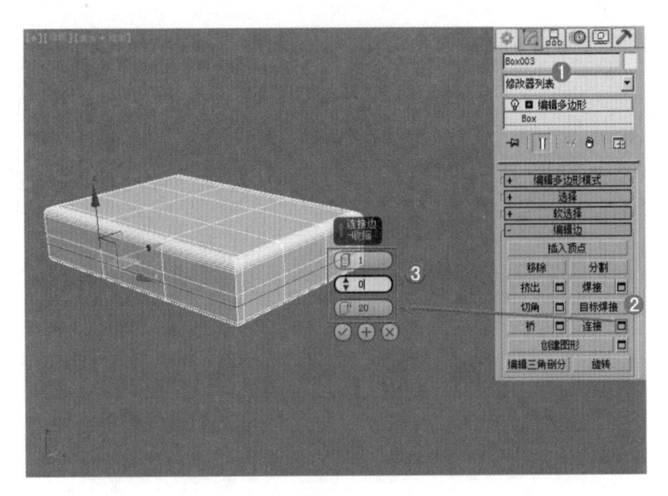

图 6-111

（7）进入【多边形】■级别，在透视图中选择如图 6-112 所示的多边形，单击 倒角 按钮后面的【设置】按钮■，设置【高度】为 – 1.0mm，【轮廓】为 – 3.0，如图 6-113 所示。

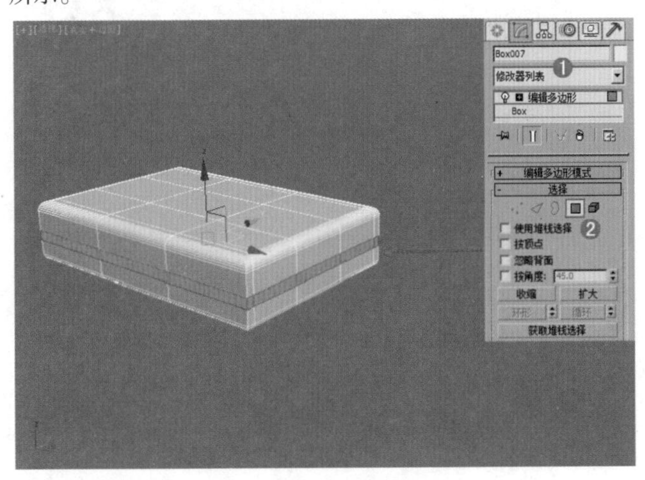

图 6-112

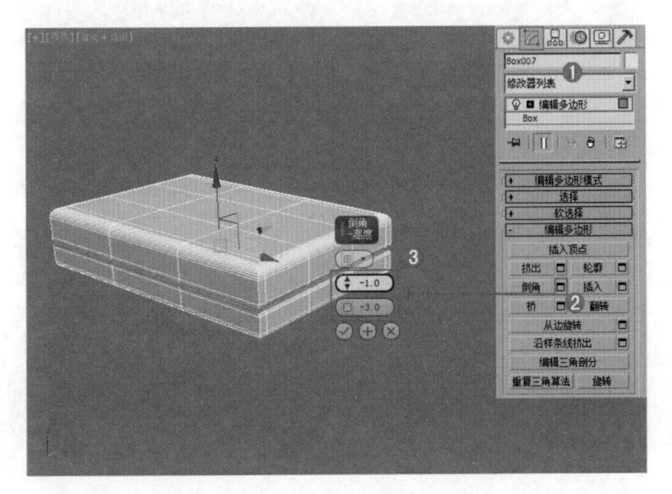

图 6-113

（8）选择上一步的模型，在【修改面板】下加载【网格平滑】命令，在【细分量】卷展栏下，设置【迭代次数】为 2，如图 6-114 所示。

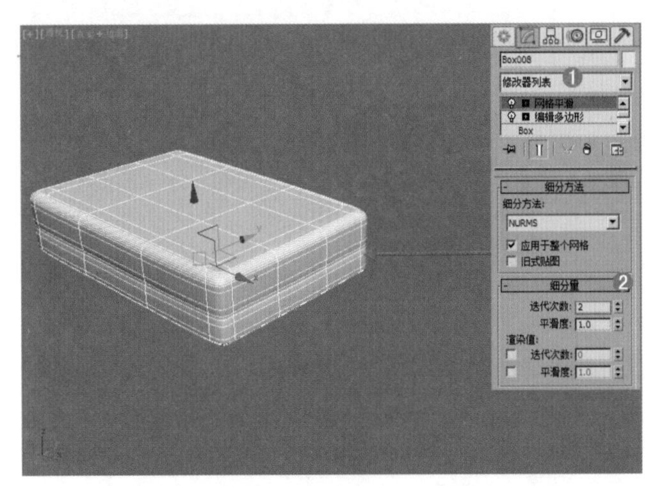

图 6-114

（9）单击（创建）|（几何体）| 球体 按钮，在顶视图中拖拽并创建一个球体，在【修改面板】下设置【半径】为 2.0mm，【分段】为 32，如图 6-115 所示。

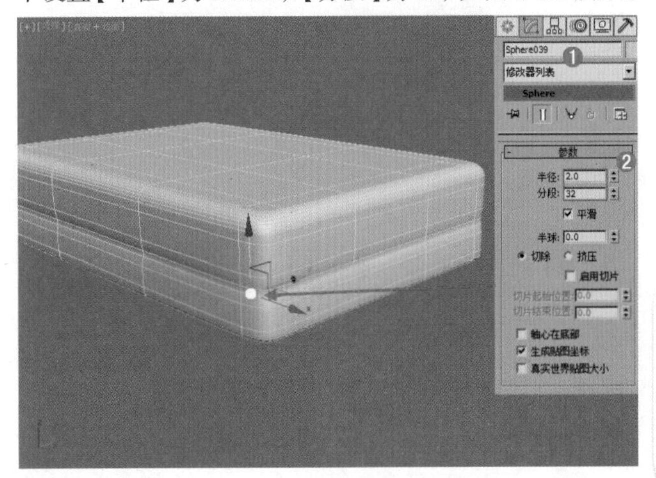

图 6-115

（10）单击（创建）|（图形）| 样条线 | 矩形 按钮，在顶视图中创建一个矩形图形。展开【参数】卷展栏，设置【长度】为 160.0mm，【宽度】为 240.0mm，如图 6-116 所示。

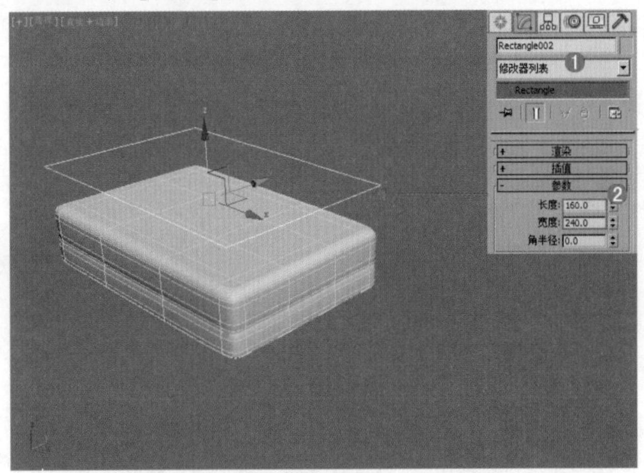

图 6-116

（11）将上一步创建的矩形图形，使用 （选择并移动）工具将图形移动到如图 6-117 所示的位置，选择球体。

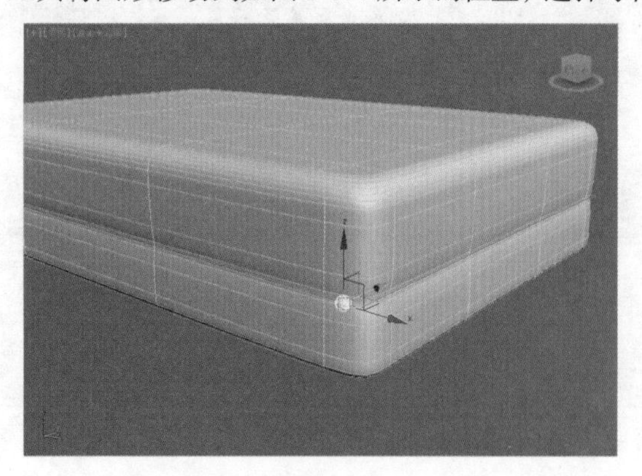

图 6–117

（12）单击【工具】命令，在列表中选择【对齐】，选择【间隔工具】，如图 6-118 所示。

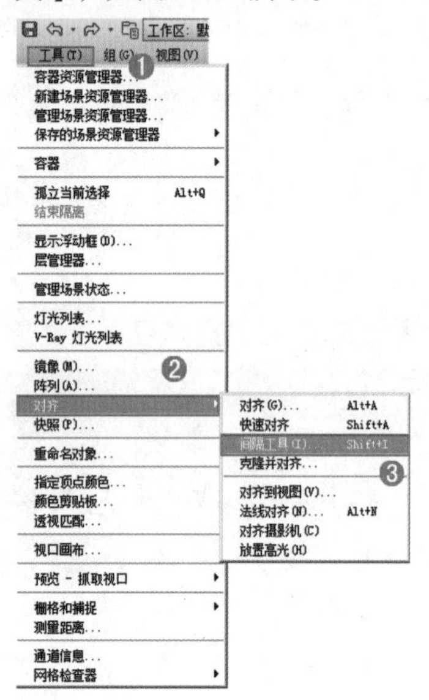

图 6–118

（13）在弹出的对话框中，单击【拾取路径】按钮，拾取已创建的矩形，设置【计数】为 127，单击【应用】按钮，单击【关闭】，如图 6-119 所示。

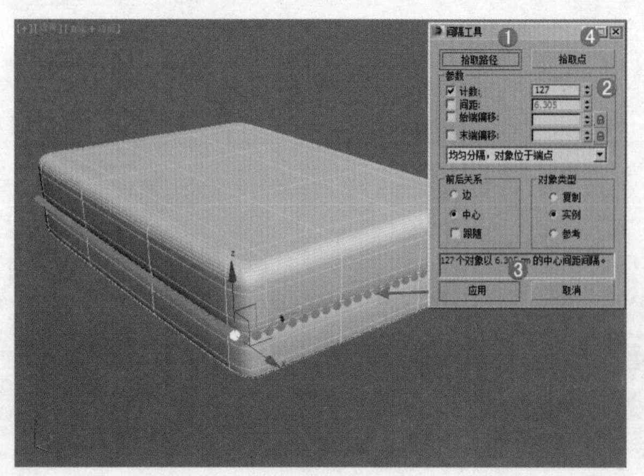

图 6–119

（14）选择四个角的【球体】和【矩形】，选中并删除，如图 6-120 和图 6-121 所示。

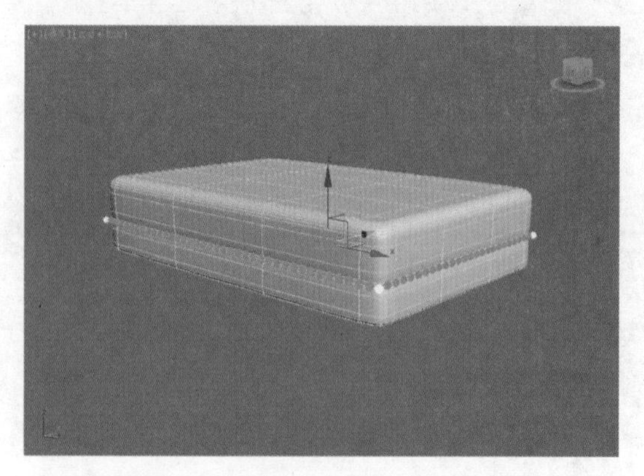

图 6–120

图 6–121

（15）选择所有球体，使用 （选择并移动）工具，按住【Shift】键进行复制，在弹出的【克隆选项】对话框中选择【复制】，设置【副本数】为 1，单击【确定】按钮，如图 6-122 所示。

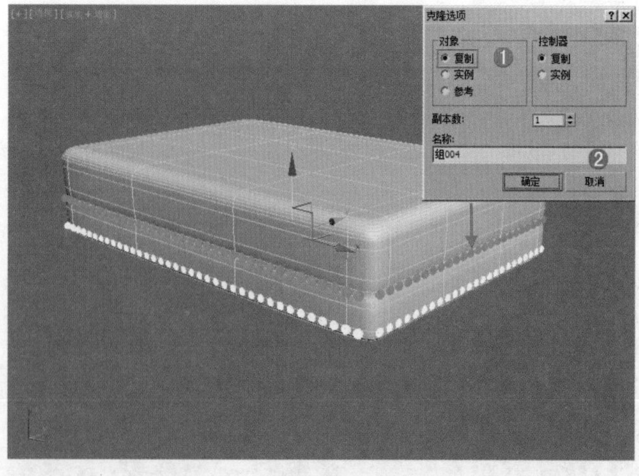

图 6–122

（16）选择长方体模型，在【修改器列表】中加载【FFD4*4*4】修改器，进入【控制点】级别，使用【选择并移动】 工具，在透视图调节控制点的位置，如图 6-123 所示。

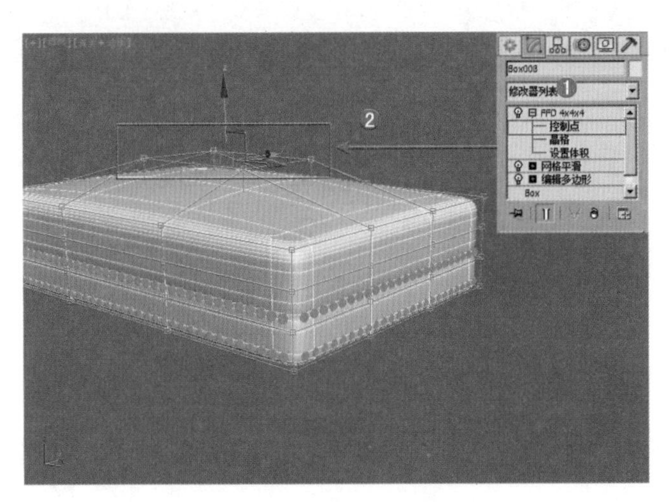

图 6–123

2. 使用线、挤出和 FFD2*2*2 制作模型

（1）单击 （创建）|（图形）| 样条线 | 线 按钮，在顶视图中创建如图 6-124 所示的样条线。

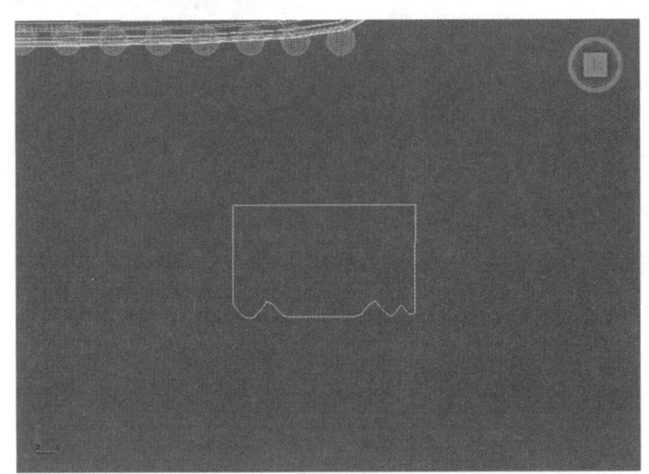

图 6–124

（2）选择上一步创建的图形，在【修改器列表】中加载【挤出】命令，在【参数】卷展栏下，设置【数量】为 180.0，如图 6-125 所示。

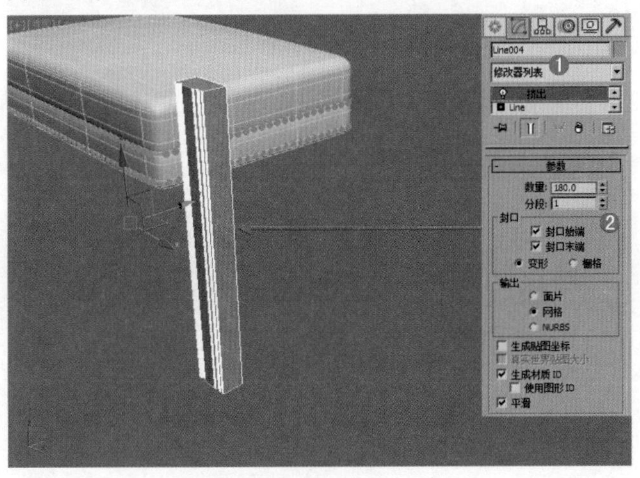

图 6–125

（3）选择上一步创建的模型，在【修改器列表】中加载【FFD2*2*2】修改器，进入【控制点】级别，使用【选择并移动】 工具，在前视图调节控制点的位置，如图 6-126 所示。

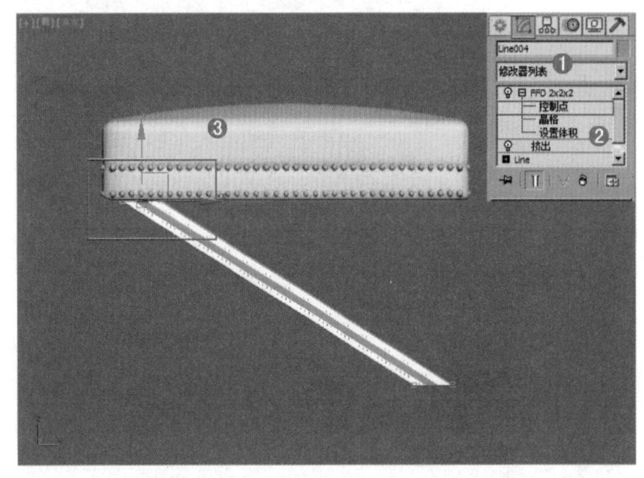

图 6–126

（4）单击工具栏中的 （镜像）按钮，在弹出的对话框中，设置【镜像轴】为 X，【偏移】为 – 38.696，在【克隆当前选择】下，勾选【复制】选项，单击【确定】按钮，如图 6-127 所示。

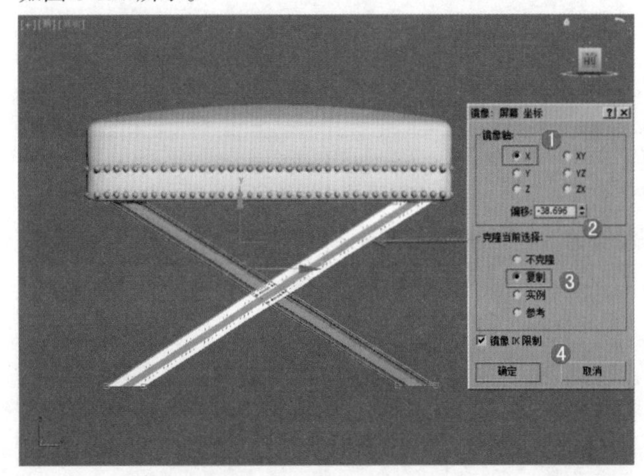

图 6–127

（5）单击 （创建）|（几何体）| 长方体 按钮，在顶视图中拖拽并创建一个长方体，在【修改面板】下设置【长度】为 10.0mm，【宽度】为 130.0mm，【高度】为 8.0mm，如图 6-128 所示。

（6）选择上一步创建的模型，使用 （选择并移动）工具，按住【Shift】键进行复制，在弹出的【克隆选项】对话框中选择【复制】选项，设置【副本数】为 1，单击【确定】按钮，效果如图 6-129 所示。

（7）用同样的方法复制出其他的模型，最终模型效果如图 6-130 所示。

第 6 章

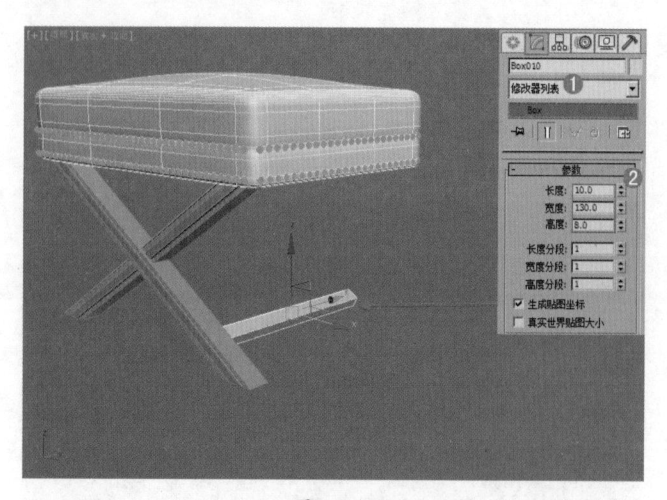

图 6-128

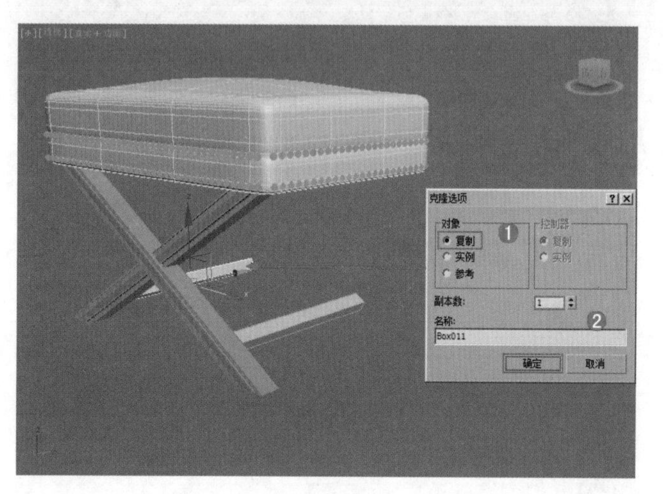

图 6-129

图 6-130

重点 进阶案例——多边形建模制作镜子

场景文件	无
案例文件	进阶案例——多边形建模制作镜子.max
视频教学	多媒体教学/Chapter06/进阶案例——多边形建模制作镜子.flv
难易指数	★★★★☆
技术掌握	掌握【圆环】、【平面】、【圆】工具和【挤出】、【编辑多边形】、【对称】、【壳】、【阵列】命令的运用

本例就来学习使用标准基本体下的【圆环】、【平面】工具、样条线下的【圆】工具、修改面板下的【挤出】、【编辑多边形】、【对称】、【壳】命令和工具下的【阵列】命令来完成模型的制作，最终渲染和线框效果如图 6-131 所示。

图 6-131

建模思路

01 STEP 使用圆、圆环和挤出制作模型

02 STEP 使用平面、编辑多边形、对称、壳和阵列制作模型

镜子流程图如图 6-132 所示。

制作步骤

1. 使用圆、圆环和挤出制作模型

（1）单击 （创建）| （图形）| 样条线 | 圆 按钮，在前视图中创建一个圆形，设置【半径】为 140.0mm，如图 6-133 所示。

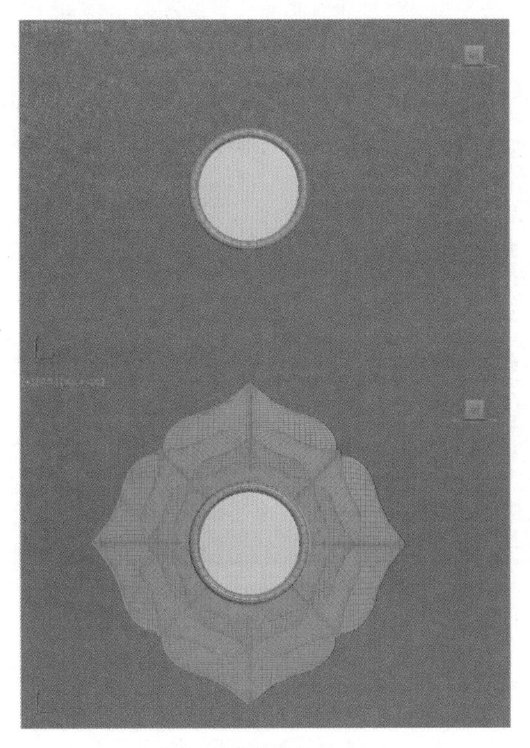

图 6–132

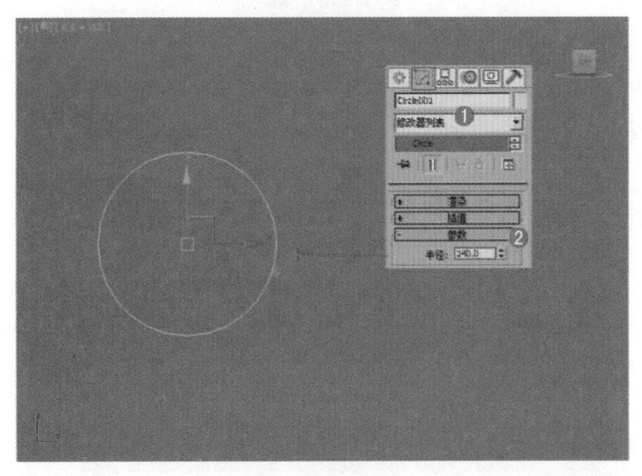

图 6–133

（2）选择上一步创建的图形，在【修改器列表】中加载【挤出】命令，在【参数】卷展栏下，设置【数量】为 1.0mm，如图 6-134 所示。

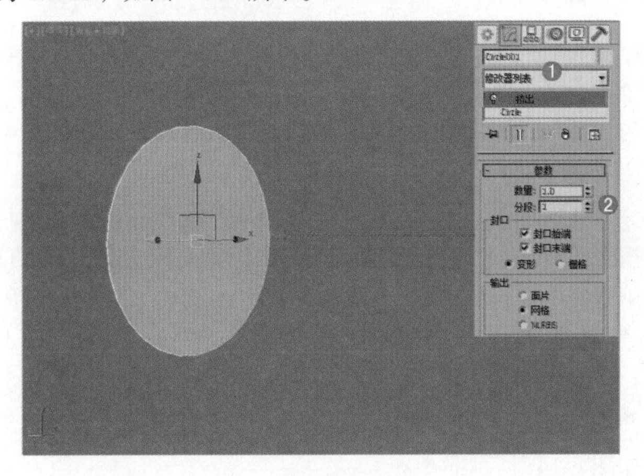

图 6–134

（3）单击（创建）|（几何体）| 圆环 按钮，在前视图中拖拽并创建一个圆环，设置【半径 1】为 140.0mm，【半径 2】为 12.0mm，【分段】为 40，【边数】为 12，如图 6-135 所示。

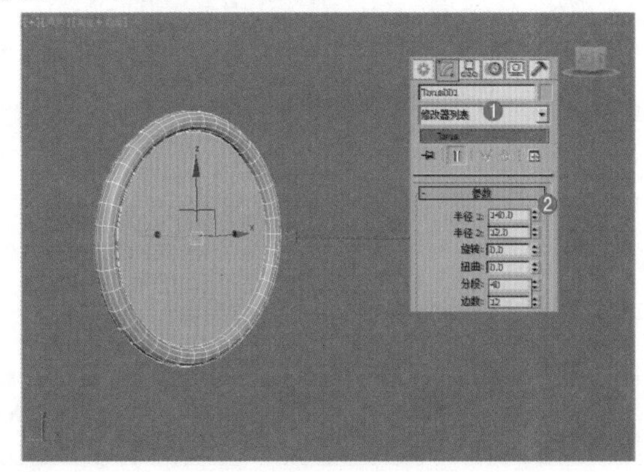

图 6–135

2. 使用平面、编辑多边形、对称、壳和阵列制作模型

（1）单击（创建）|（几何体）| 平面 按钮，在前视图中拖拽并创建一个平面，在【修改面板】下设置【长度】为 115.341mm，【宽度】为 250.15mm，【长度分段】为 8，【宽度分段】为 8，如图 6-136 所示。

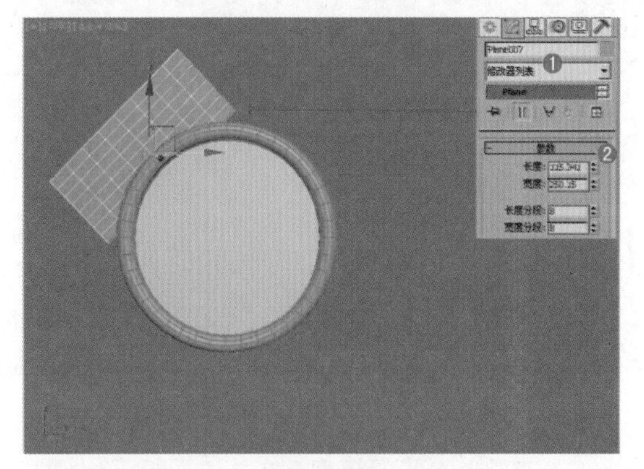

图 6–136

（2）选择上一步创建的模型，在【修改器列表】中加载【编辑多边形】命令，进入【顶点】级别，选择顶点，使用【选择并移动】工具调整点的位置，如图 6-137 所示。

图 6–137

（3）选择上一步的模型，在修改面板下加载【网格平滑】命令，在【细分量】卷展栏下，设置【迭代次数】为 2，如图 6-138 所示。

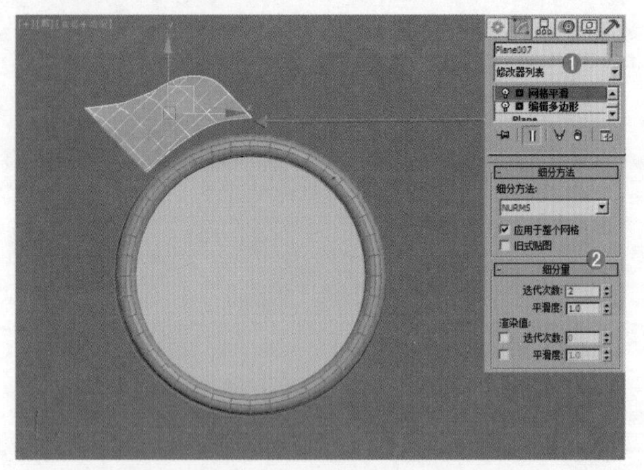

图 6–138

（4）选择上一步的模型，在修改面板下加载【对称】命令，设置【镜像轴】为 X，如图 6-139 所示。

图 6–139

（5）选择上一步的模型，在修改面板下加载【壳】命令，在【参数】下，设置【内部量】为 2.0，【外部量】为 2.0，使用【选择并移动】工具将其移动到如图 6-140 所示的位置。

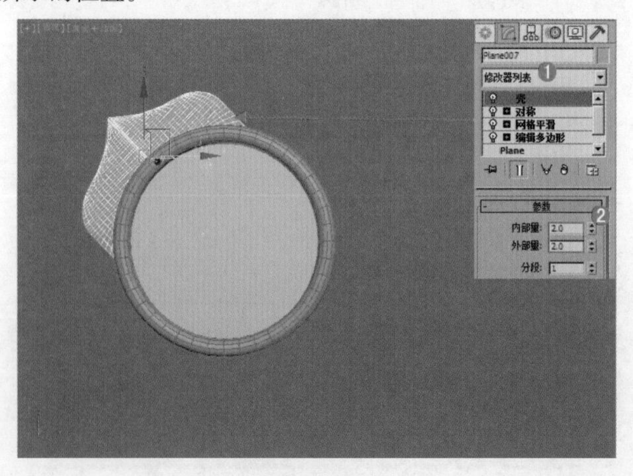

图 6–140

（6）单击【层级】面板按钮，单击【仅影响轴】按钮，将坐标轴移动到如图 6-141 所示的位置。移动坐标轴后，再单击一下【仅影响轴】按钮，退出层级模式。

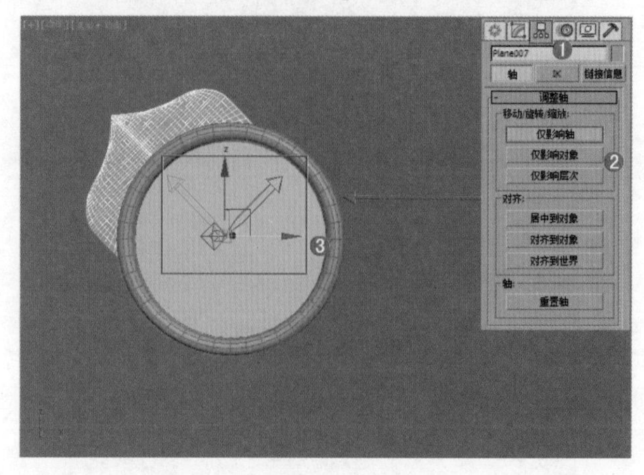

图 6–141

（7）单击【工具】命令，在列表中选择【阵列】，如图 6-142 所示。

图 6–142

（8）切换到前视图，在【阵列】对话框中，单击【预览】按钮，单击【旋转】后面的按钮，设置【Z 轴】为 360°，设置【数量】为 4，单击【确定】按钮，如图 6-143 所示。

（9）选择阵列后的模型，使用（选择并旋转）工具，按住【Shift】键进行复制，在弹出的【克隆选项】对话框中选择【复制】，设置【副本数】为 1，单击【确定】按钮，效果如图 6-144 所示。

（10）选择上一步旋转复制后的模型，使用（选择并均匀缩放）工具，将其沿着【X/Y】轴进行放大，效果如图 6-145 所示。

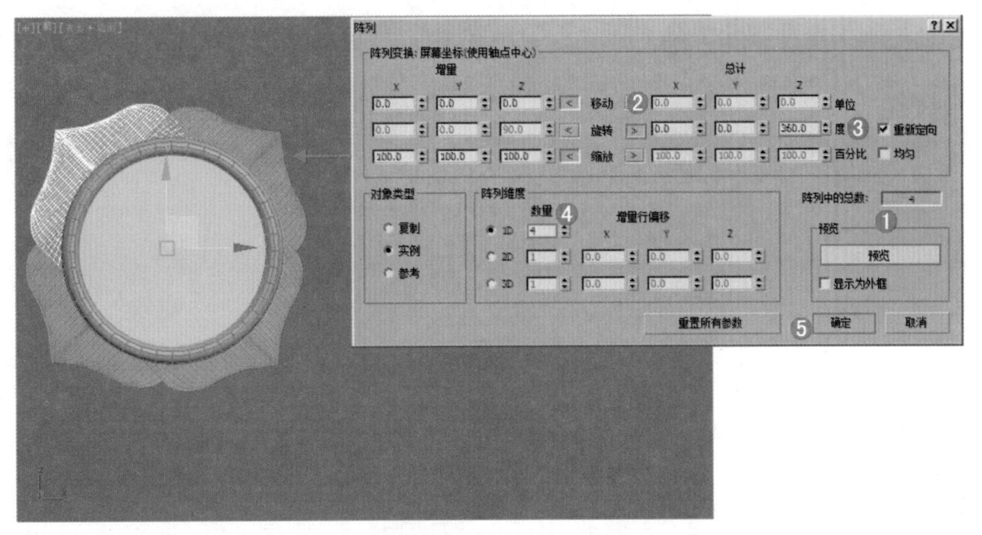

图 6-143

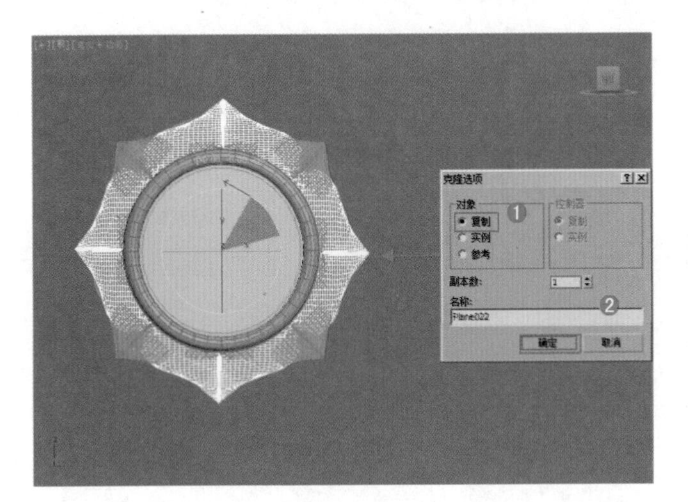

图 6-144

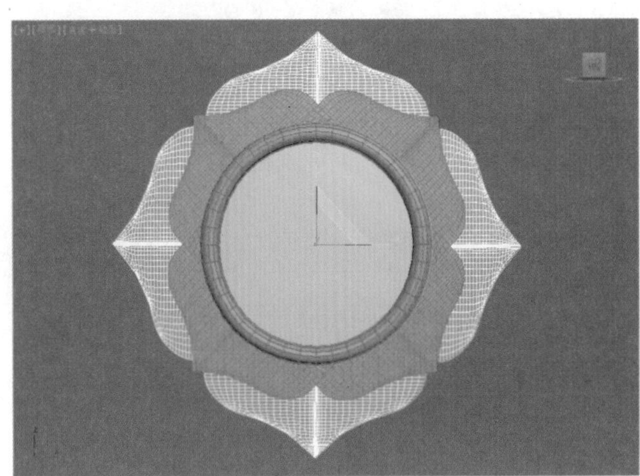

图 6-145

（11）用同样的方法旋转复制并放大其他的模型，最终模型效果如图 6-146 所示。

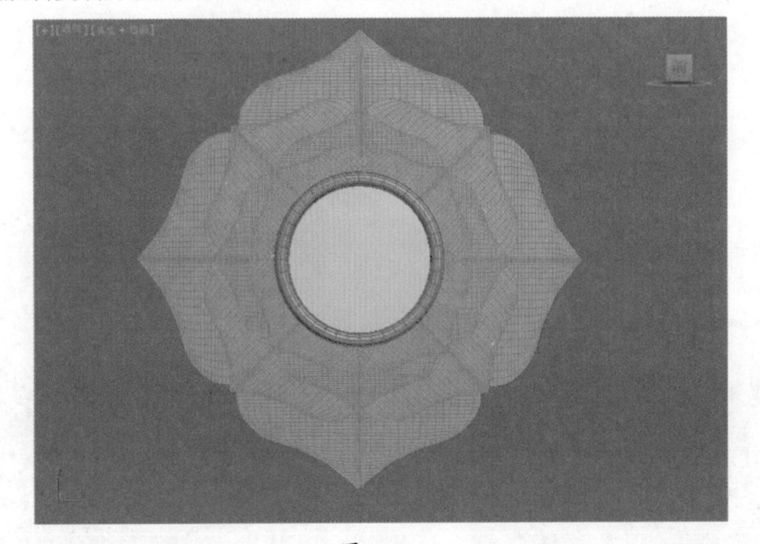

图 6-146

第 6 章

重点 进阶案例——多边形建模制作花瓶

场景文件	无
案例文件	进阶案例——多边形建模制作花瓶 .max
视频教学	多媒体教学 /Chapter06/ 进阶案例——多边形建模制作花瓶 .flv
难易指数	★★★★☆
技术掌握	掌握【圆柱体】工具和【编辑多边形】、【FFD4*4*4】、【网格平滑】、【细化】、【优化】命令的运用

本例就来学习使用标准基本体下的【圆柱体】工具、修改面板下的【编辑多边形】、【FFD4*4*4】、【网格平滑】、【细化】和【优化】命令来完成模型的制作，最终渲染和线框效果如图 6-147 所示。

图 6–147

建模思路

01 使用圆柱体、编辑多边形、FFD4*4*4 和网格平滑制作模型

02 使用细化、优化和编辑多边形制作模型

花瓶流程图如图 6-148 所示。

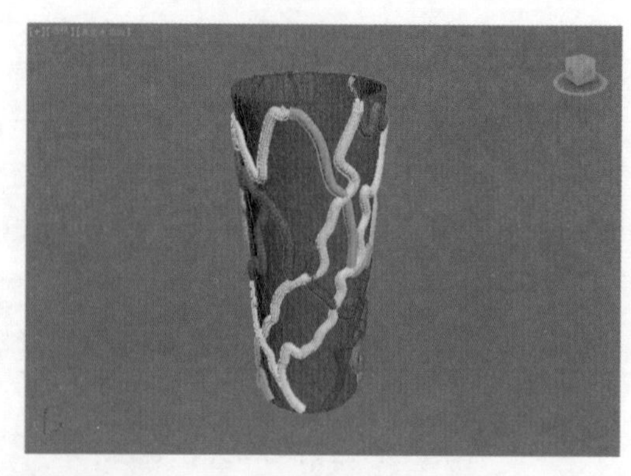

图 6–148

制作步骤

1. 使用圆柱体、编辑多边形、FFD4*4*4 和网格平滑制作模型

（1）单击 （创建）|（几何体）| 圆柱体 按钮，在顶视图中拖拽创建一个圆柱体，设置【半径】为 50.0mm，【高度】为 300.0mm，【高度分段】为 8，如图 6-149 所示。

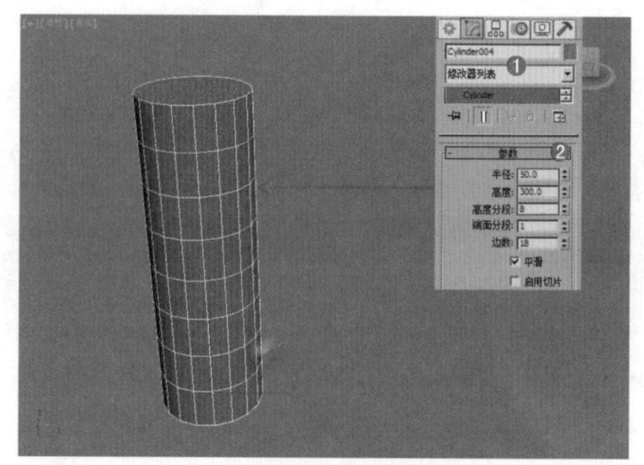

图 6–149

（2）选择上一步创建的模型，并在【修改器列表】中加载【编辑多边形】命令，进入【多边形】级别，选择如图 6-150 所示的多边形。单击 插入 按钮后面的【设置】按钮，设置【插入类型】为按多边形，【数量】为 4.0，如图 6-151 所示。

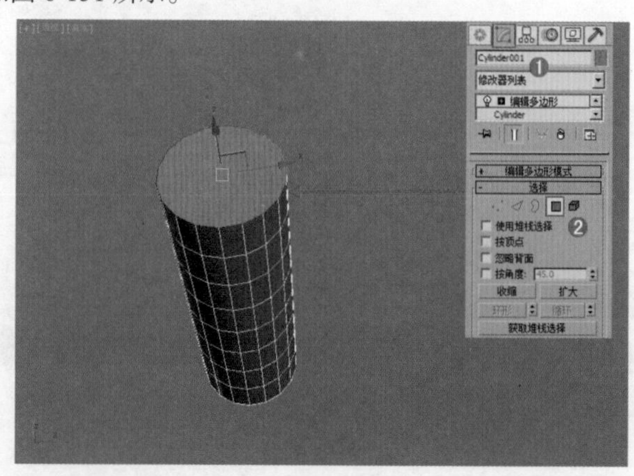

图 6–150

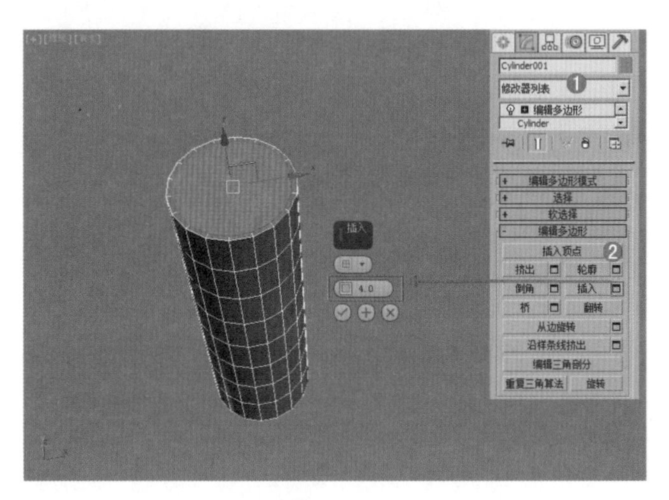

图 6–151

（3）进入【多边形】■级别，在透视图中选择如图 6-152 所示的多边形，单击 挤出 按钮后面的【设置】按钮■，设置【高度】为 – 290.0mm，如图 6-153 所示。

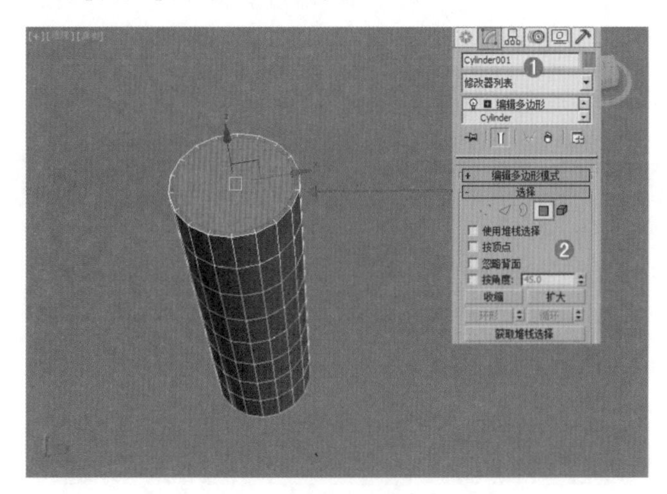

图 6–152

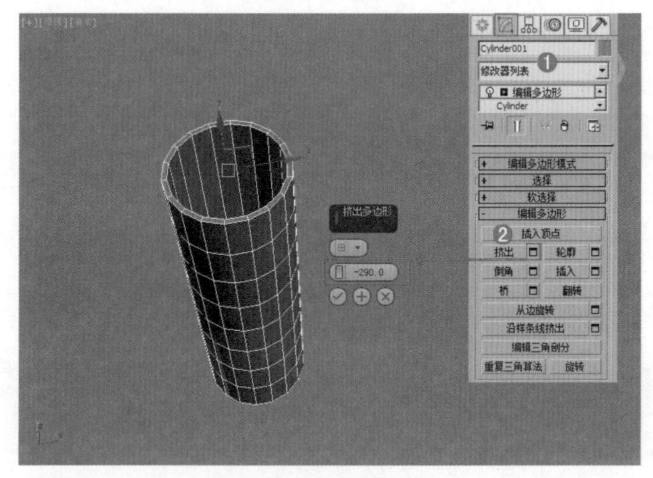

图 6–153

（4）进入【边】◁级别，选择如图 6-154 所示的边。单击 连接 按钮后面的【设置】按钮■，设置【分段】为 2，【收缩】为 0，【滑块】为 0，如图 6-155 所示。

图 6–154

图 6–155

（5）选择上一步的模型，在【修改器列表】中加载【FFD4*4*4】修改器，进入【控制点】级别，选择如图 6-156 所示的点。使用【选择并均匀缩放】工具，在透视图缩放点的位置，如图 6-157 所示。

图 6–156

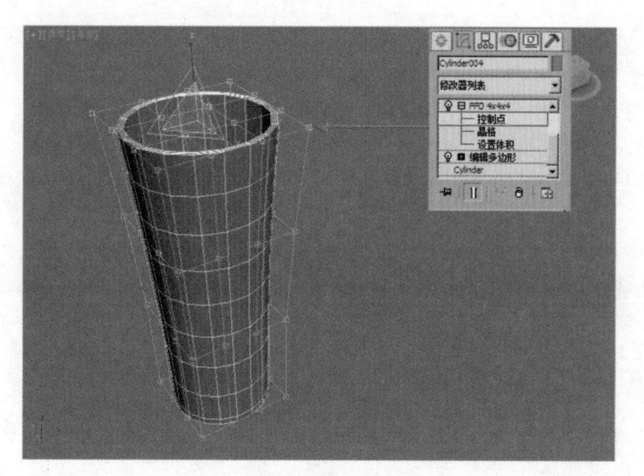

图 6–157

（6）选择上一步的模型，在修改面板下加载【网格平滑】命令，在【细分量】卷展栏下，设置【迭代次数】为 2，如图 6-158 所示。

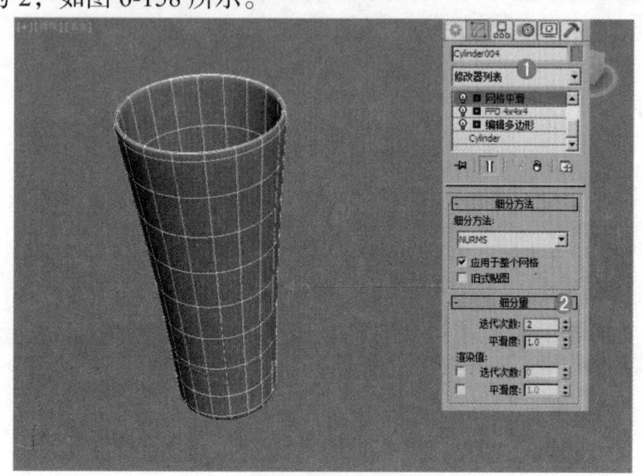

图 6–158

2. 使用细化、优化和编辑多边形制作模型

（1）选择花瓶模型，在修改面板下加载【细化】命令，如图 6-159 所示。

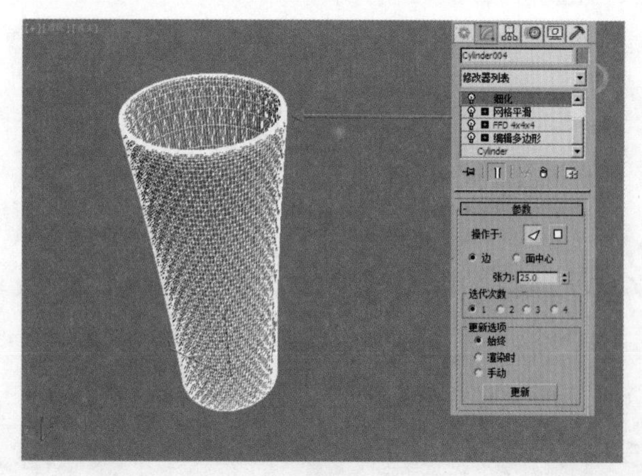

图 6–159

（2）选择花瓶模型，在【修改面板】下加载【优化】命令，在【参数】下，设置【视口】为 L2，【面阈值】为 4.0，【边阈值】为 1.0，【偏移】为 0.45，如图 6-160 所示。

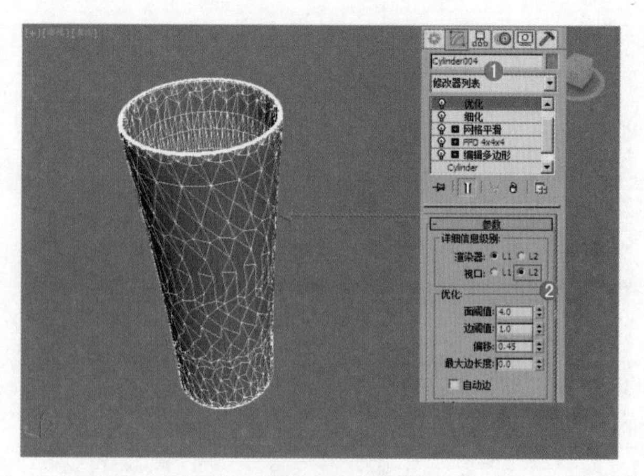

图 6–160

（3）选择上一步的模型，在【修改器列表】中加载【编辑多边形】命令，进入【边】级别，选择如图 6-161 所示的边。单击 创建图形 后面的【设置】按钮，在弹出的对话框中选择【平滑】，单击【确定】按钮，如图 6-162 所示。

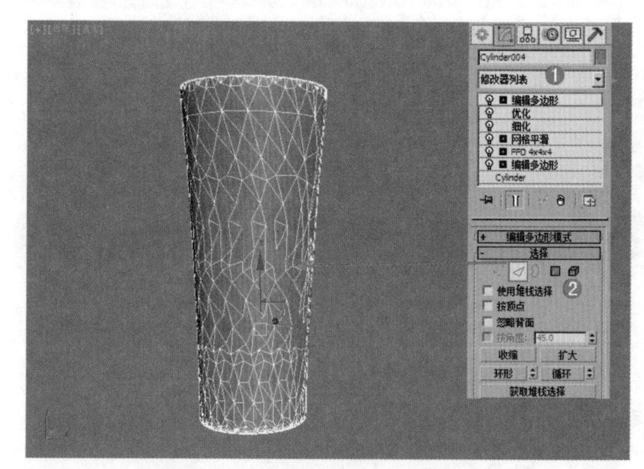

图 6–161

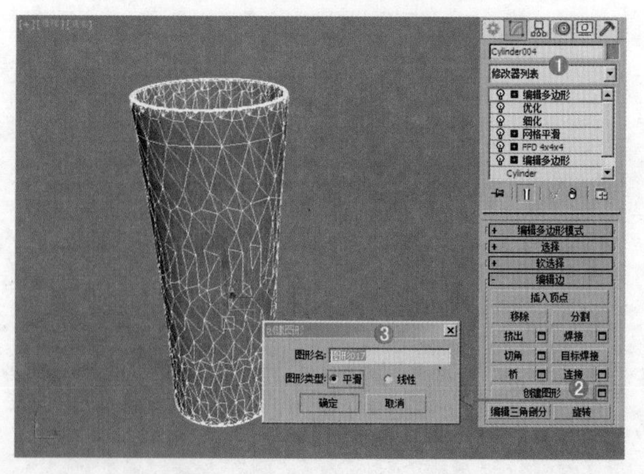

图 6–162

（4）选择创建图形后的样条线，如图 6-163 所示。在【修改面板】下展开【渲染】卷展栏，勾选【在渲染中启用】和【在视口中启用】选项，勾选【径向】选项，设置【厚度】为 9.0mm，如图 6-164 所示。

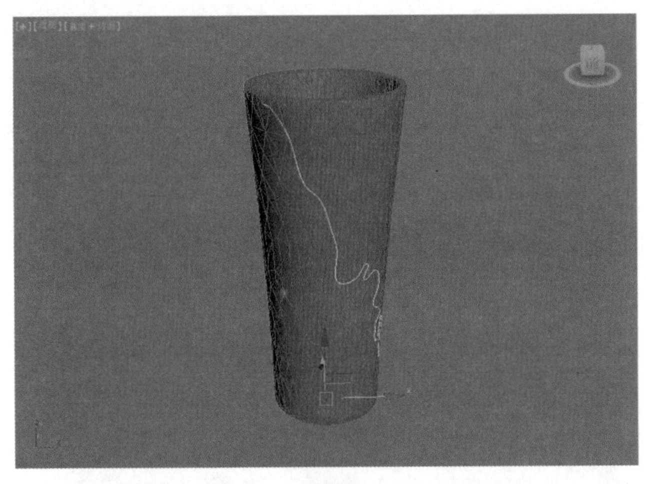

图 6–163

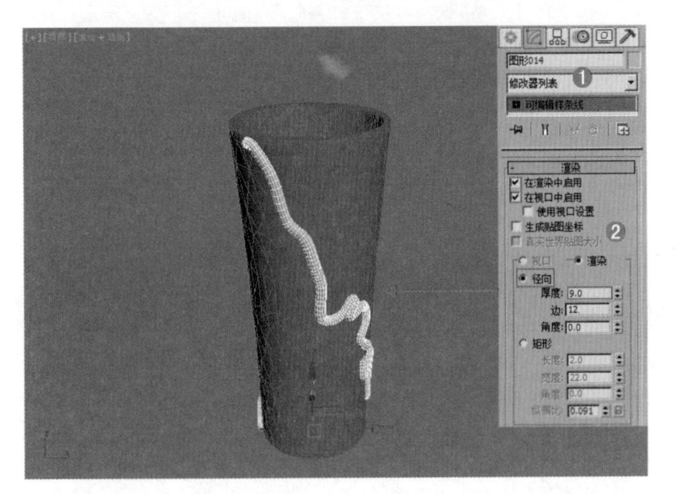

图 6–164

（5）进入【边】级别，选择如图 6-165 所示的边。单击 创建图形 后面的【设置】按钮，在弹出的对话框中选择【平滑】，单击【确定】按钮，如图 6-166 所示。

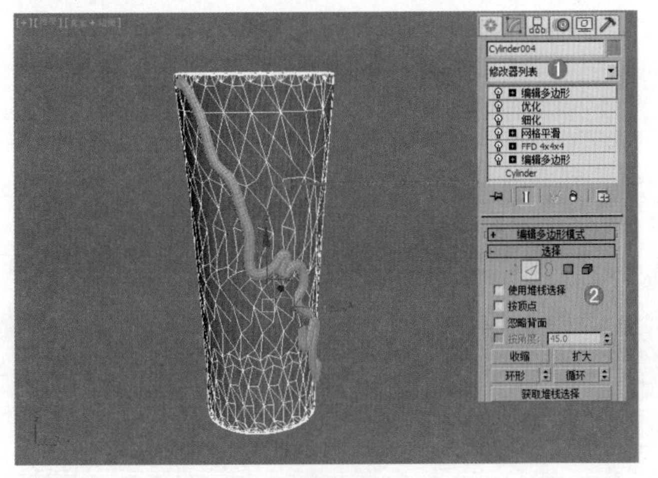

图 6–165

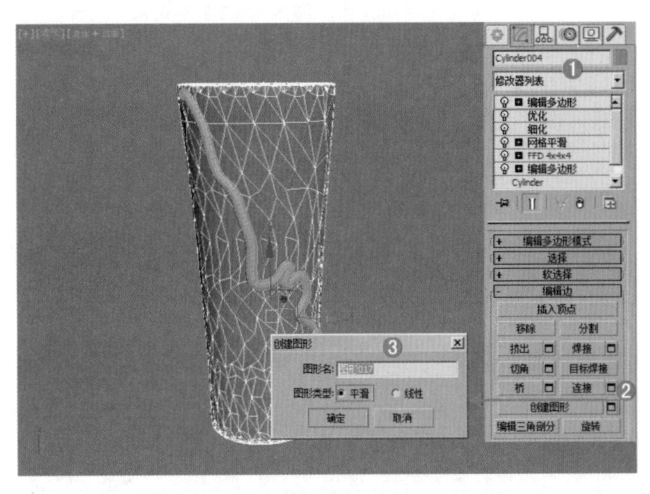

图 6–166

（6）选择创建图形后的样条线，如图 6-167 所示。在【修改面板】下展开【渲染】卷展栏，勾选【在渲染中启用】和【在视口中启用】选项，勾选【径向】选项，设置【厚度】为 9.0mm，如图 6-168 所示。

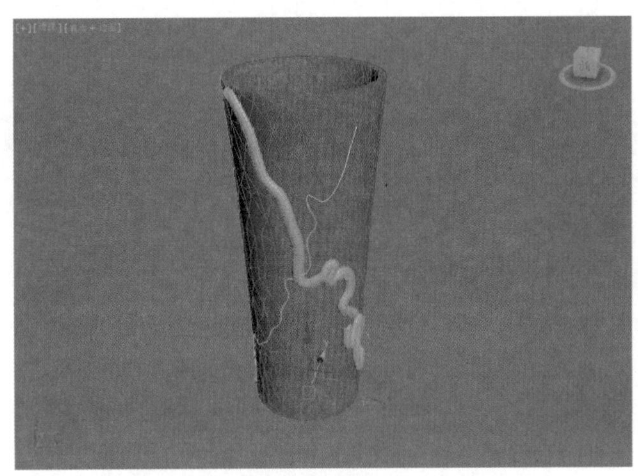

图 6–167

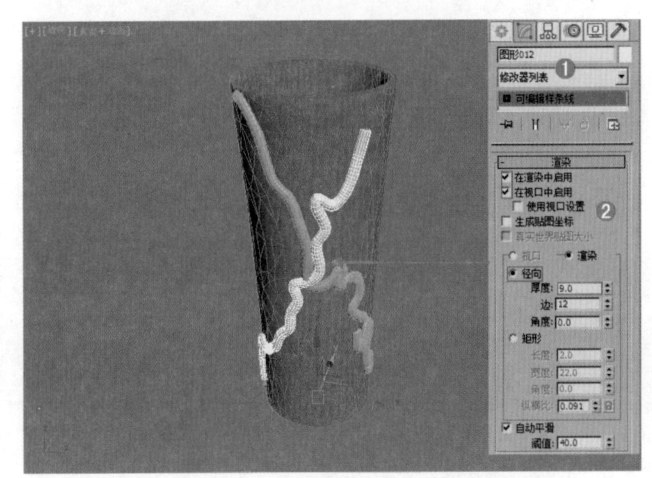

图 6–168

（7）用同样的方法制作出其他的模型，最终效果如图 6-169 所示。

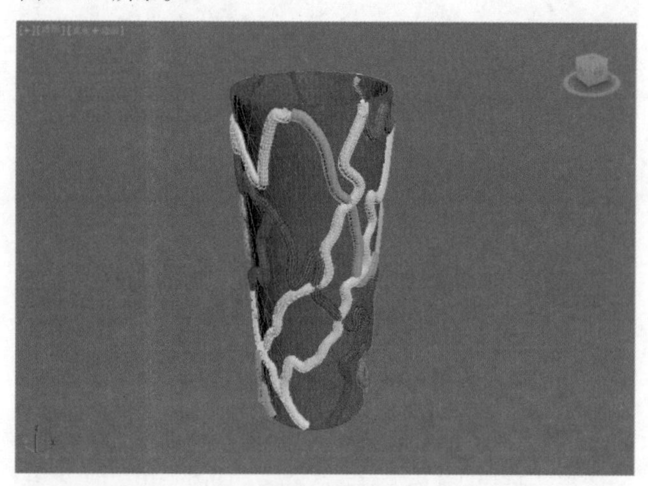

图 6–169

进阶案例——多边形建模制作面盆

场景文件	无
案例文件	进阶案例——多边形建模制作面盆 .max
视频教学	多媒体教学 /Chapter06/ 进阶案例——多边形建模制作面盆 .flv
难易指数	★★★★☆
技术掌握	掌握【长方体】、【管状体】、【圆柱体】、【线】工具和【FFD3*3*3】、【壳】和【编辑多边形】命令的运用

本例就来学习使用标准基本体下的【长方体】、【管状体】、【圆柱体】工具、样条线下的【线】工具、修改面板下的【壳】、【FFD3*3*3】和【编辑多边形】命令来完成模型的制作，最终渲染和线框效果如图 6-170 所示。

图 6–170

建模思路

01 使用长方体、管状体、圆柱体和【FFD3*3*3】制作模型

02 使用线、圆柱体、编辑多边形和壳制作模型

面盆流程图如图 6-171 所示。

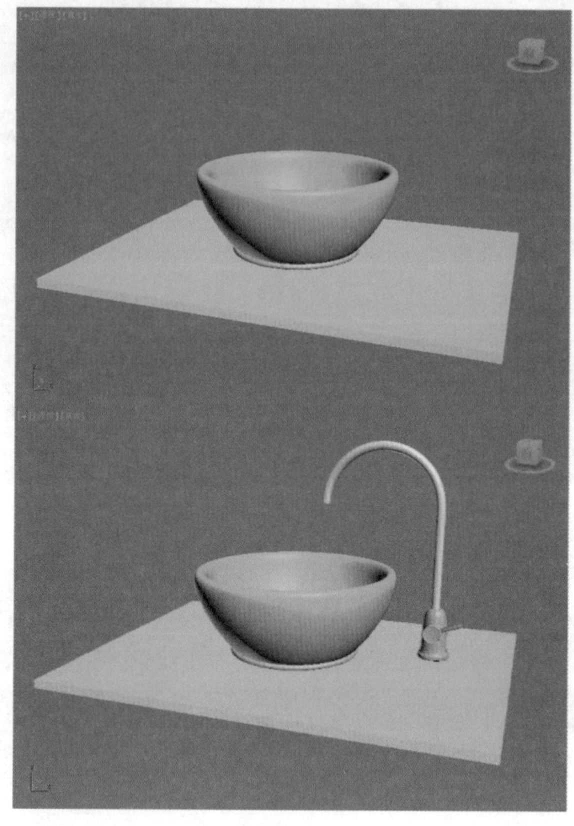

图 6–171

制作步骤

1. 使用长方体、管状体、圆柱体和【FFD3*3*3】制作模型

（1）单击（创建）|（几何体）| 长方体 按钮，在顶视图中拖拽并创建一个长方体，设置【长度】为 300.0mm，【宽度】为 400.0mm，【高度】为 8.0mm，如图 6-172 所示。

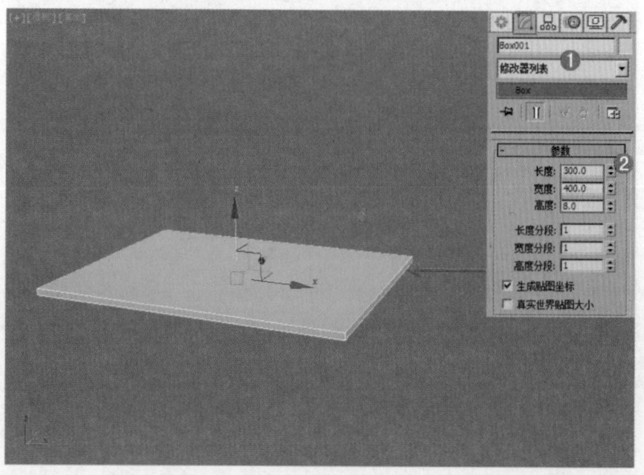

图 6–172

（2）单击 （创建）| （几何体）| 圆柱体 按钮，在顶视图中拖拽创建一个圆柱体，设置【半径】为 65.0mm，【高度】为 10.0mm，【高度分段】为 2，如图 6-173 所示。

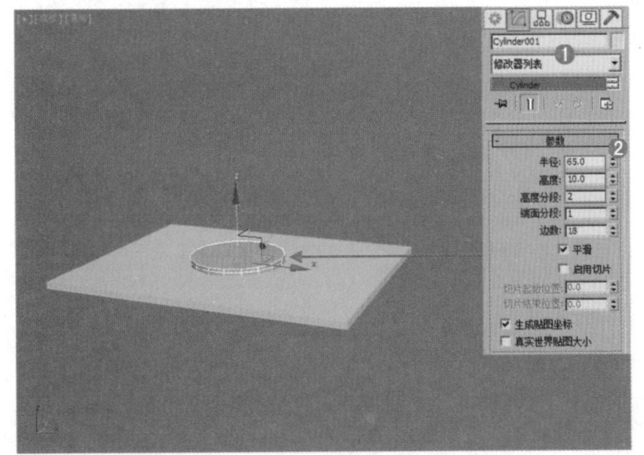

图 6–173

（3）选择上一步的模型，在【修改面板】下加载【网格平滑】命令，在【细分量】卷展栏下，设置【迭代次数】为 3，如图 6-174 所示。

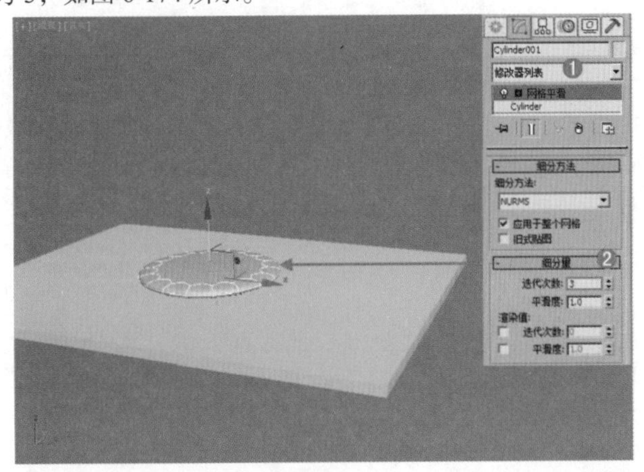

图 6–174

（4）单击 （创建）| （几何体）| 管状体 按钮，在顶视图中拖拽并创建一个管状体，设置【半径 1】为 80.0mm，【半径 2】为 70.0mm，【高度】为 80.0mm，如图 6-175 所示。

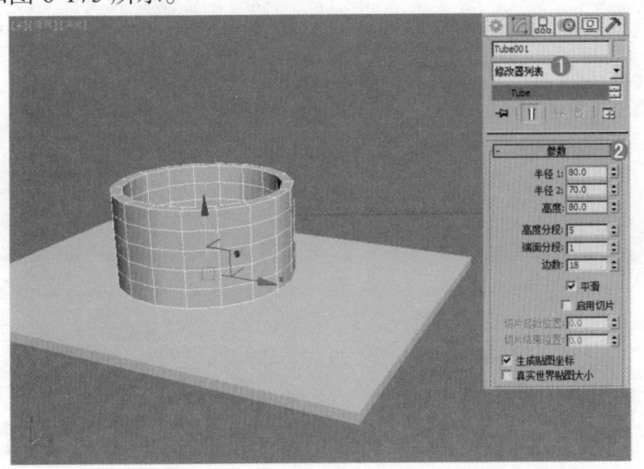

图 6–175

（5）选择上一步创建的模型，在【修改器列表】中加载【FFD3*3*3】修改器，进入【控制点】级别，使用【选择并均匀缩放】 工具，选择如图 6-176 所示的点并在透视图进行缩放。缩放后的模型效果如图 6-177 所示。

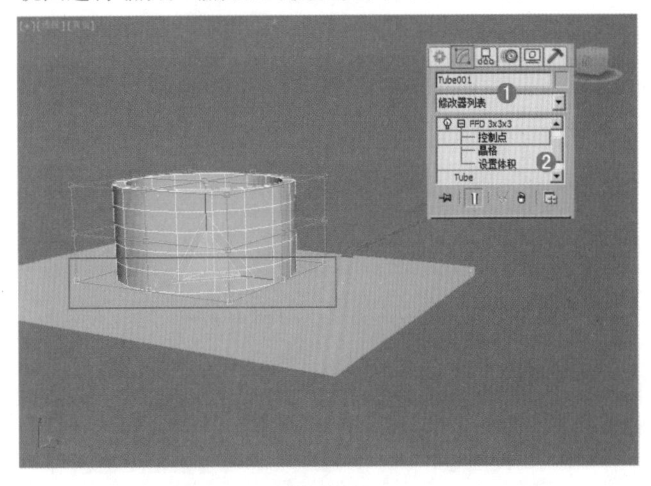

图 6–176

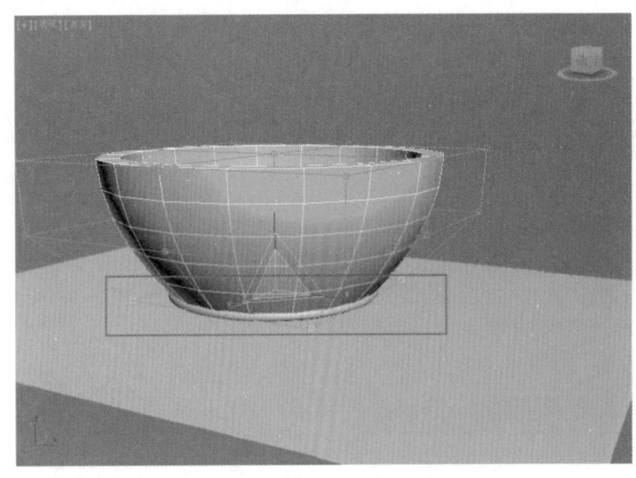

图 6–177

（6）选择上一步的模型，在【修改面板】下加载【网格平滑】命令，在【细分量】卷展栏下，设置【迭代次数】为 2，如图 6-178 所示。

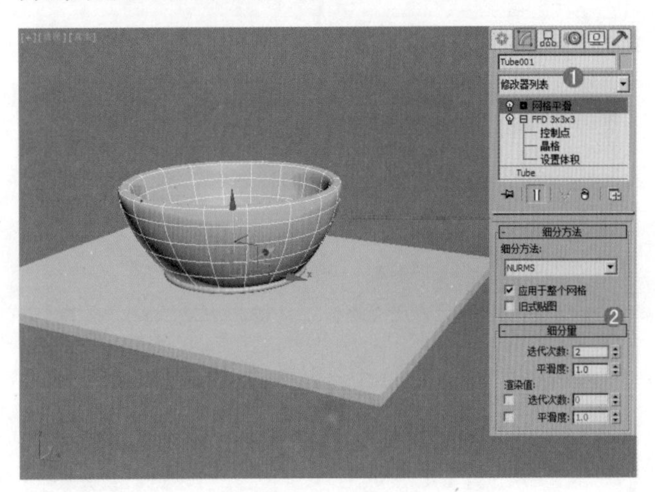

图 6–178

第 6 章

2. 使用线、圆柱体、编辑多边形和壳制作模型

（1）单击 （创建）| （几何体）| 圆柱体 按钮，在顶视图中拖拽创建一个圆柱体，在【修改面板】下设置【半径】为 15.0mm，【高度】为 5.0mm，【高度分段】为 3，如图 6-179 所示。

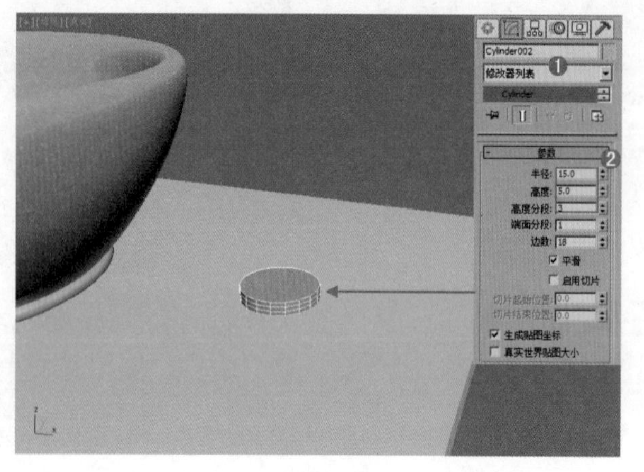

图 6–179

（2）选择上一步创建的模型，在【修改器列表】中加载【编辑多边形】命令，进入【多边形】 级别，选择如图 6-180 所示的多边形。单击 插入 按钮后面的【设置】按钮 ，设置【插入类型】为按多边形，【数量】为 3.0mm，如图 6-181 所示。

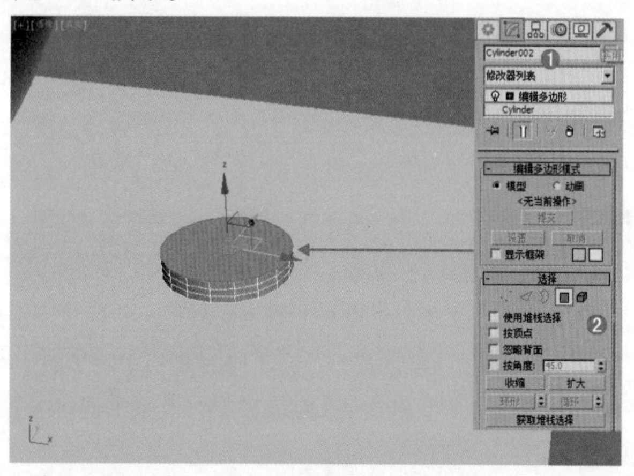

图 6–180

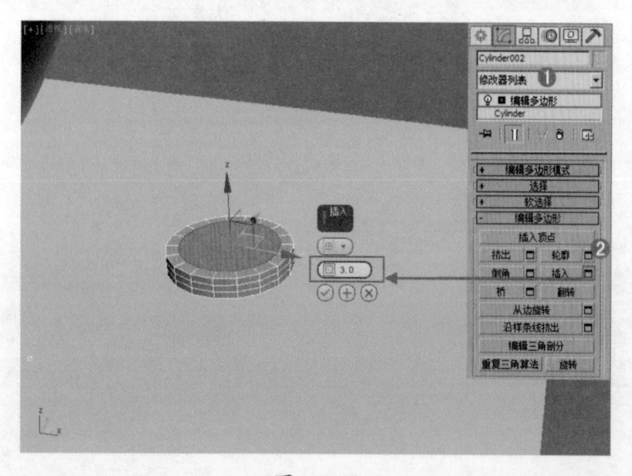

图 6–181

（3）进入【多边形】 级别，在透视图中选择如图 6-182 所示的多边形，单击 挤出 按钮后面的【设置】按钮 ，设置【高度】为 35.0mm，如图 6-183 所示。

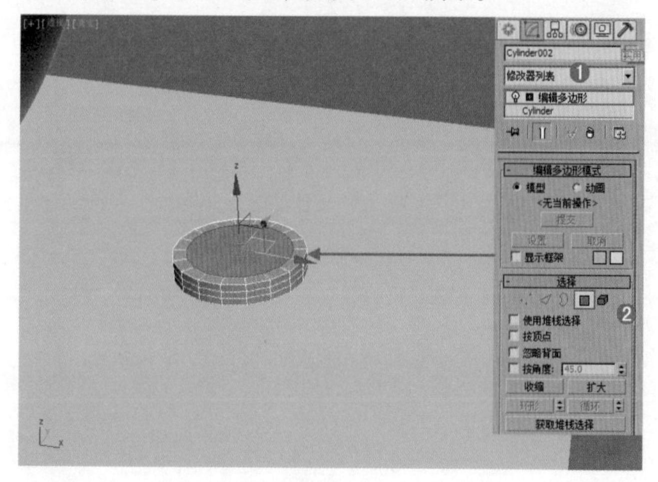

图 6–182

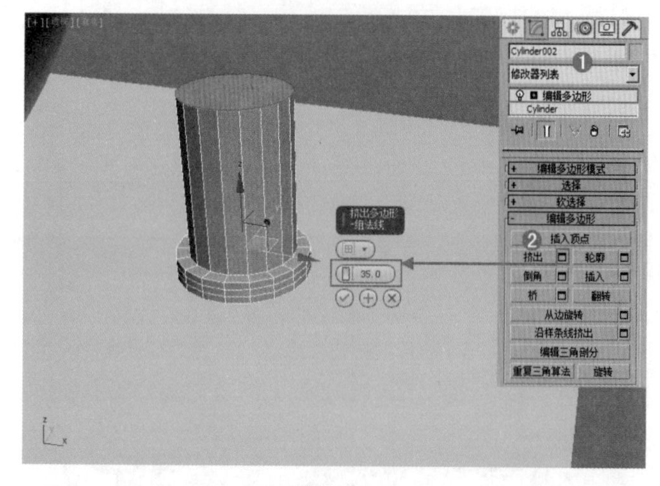

图 6–183

（4）进入【多边形】 级别，在透视图中选择如图 6-184 所示的多边形，单击 倒角 按钮后面的【设置】按钮 ，设置【高度】为 8.0mm，【轮廓】为 – 5.0，如图 6-185 所示。

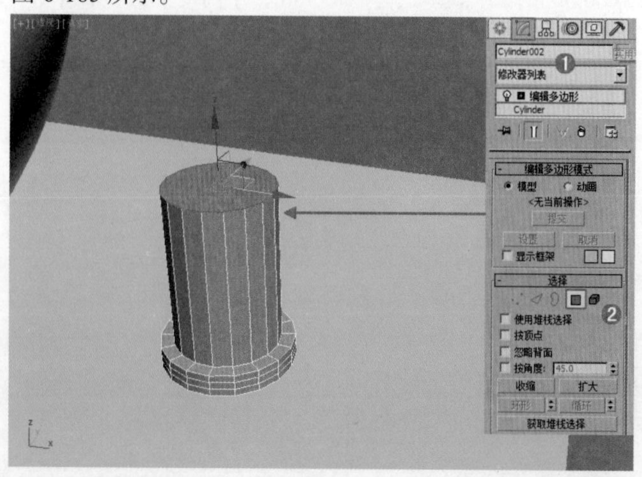

图 6–184

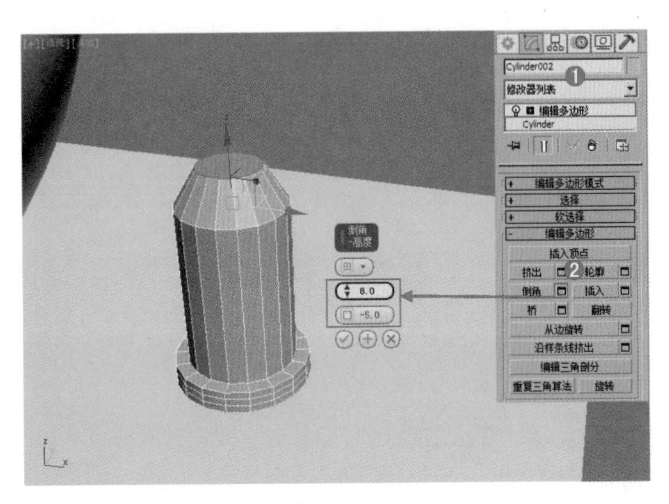

图 6–185

（5）进入【边】级别，选择如图 6-186 所示的边。单击 连接 按钮后面的【设置】按钮，设置【分段】为 1，【收缩】为 100，【滑块】为 65，如图 6-187 所示。

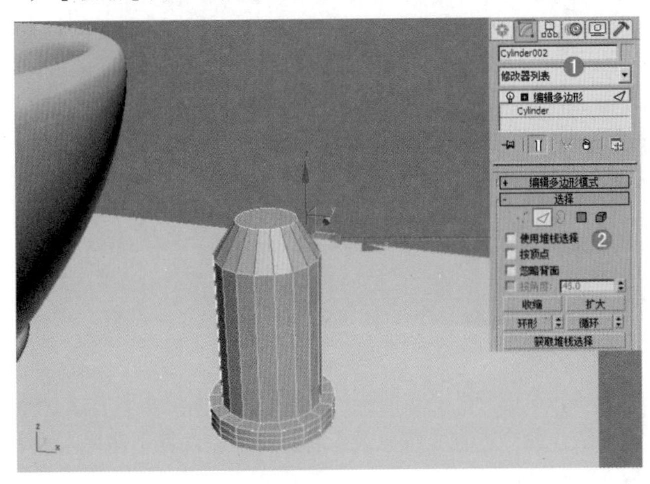

图 6–186

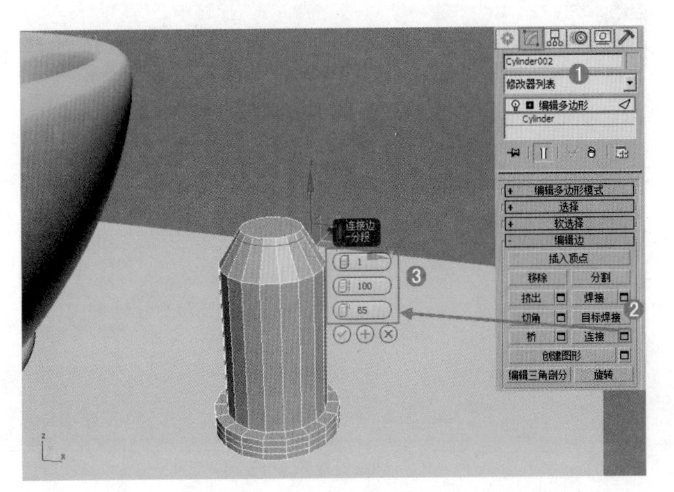

图 6–187

（6）选择上一步的模型，在【修改面板】下加载【网格平滑】命令，在【细分量】卷展栏下，设置【迭代次数】为 2，如图 6-188 所示。

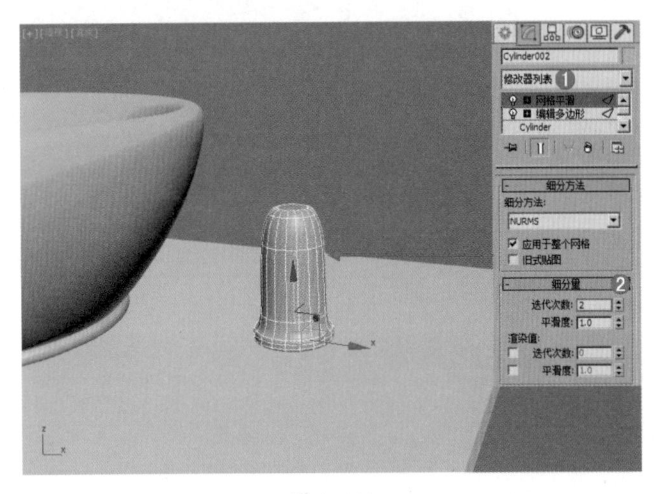

图 6–188

（7）单击（创建）|（几何体）| 圆柱体 按钮，在顶视图中拖拽创建一个圆柱体，在【修改面板】下设置【半径】为 9.0mm，【高度】为 40.0mm，如图 6-189 所示。

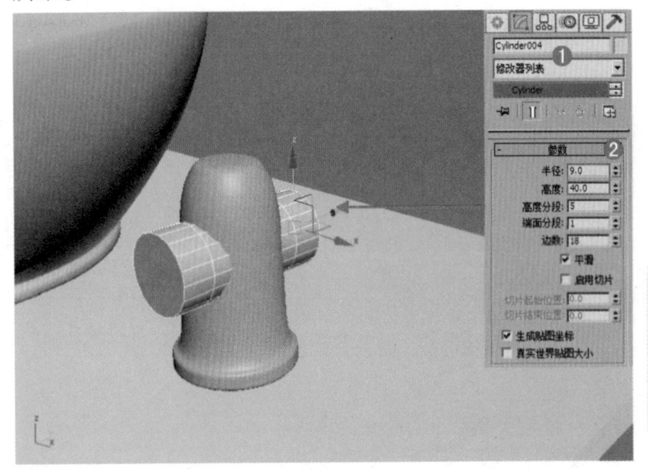

图 6–189

（8）选择上一步创建的模型，在【修改器列表】中加载【编辑多边形】命令，进入【多边形】级别，选择如图 6-190 所示的多边形。单击 插入 按钮后面的【设置】按钮，设置【插入类型】为按多边形，【数量】为 1.0mm，如图 6-191 所示。

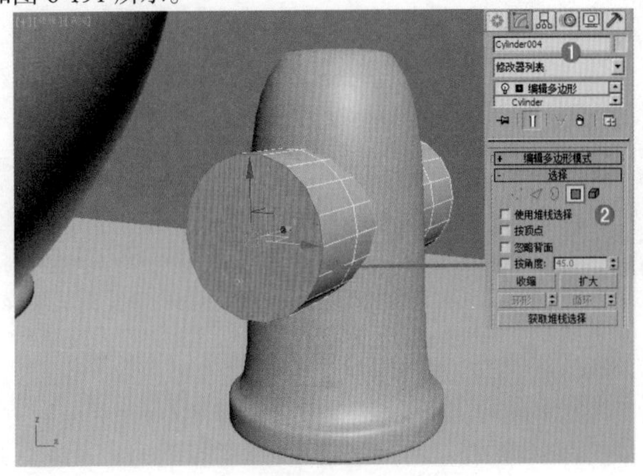

图 6–190

第 6 章

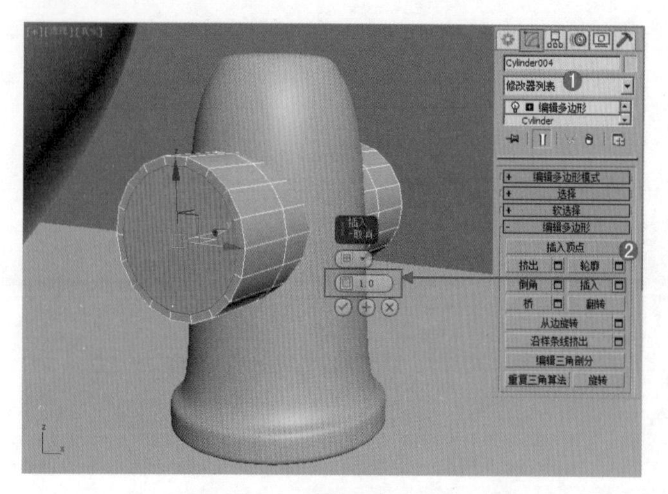

图 6-191

（9）进入【多边形】级别，在透视图中选择如图 6-192 所示的多边形，单击 挤出 按钮后面的【设置】按钮，设置【高度】为 – 1.0mm，如图 6-193 所示。

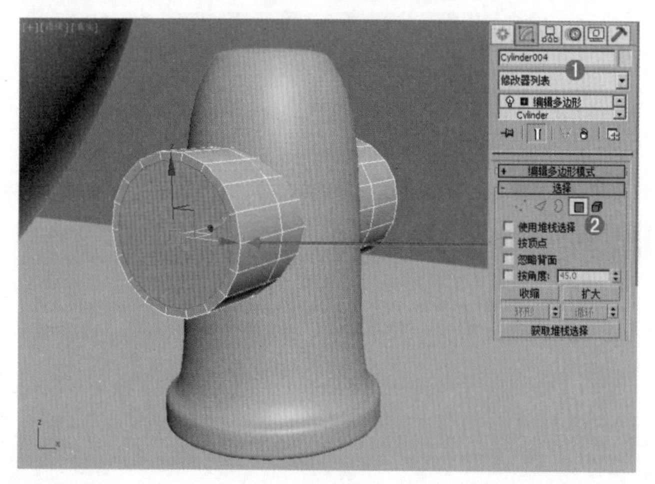

图 6-192

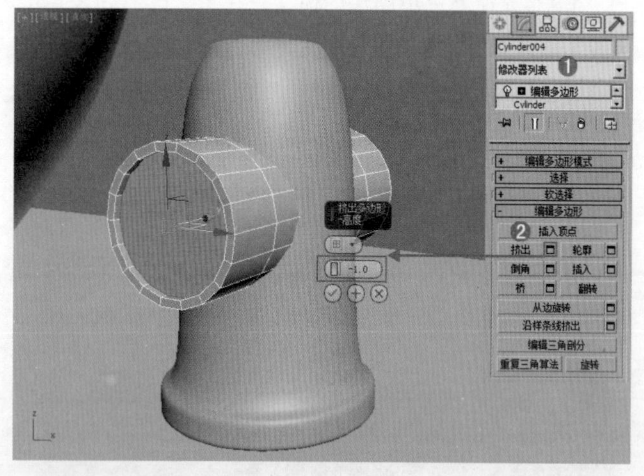

图 6-193

（10）进入【边】级别，选择如图 6-194 所示的边。单击 连接 按钮后面的【设置】按钮，设置【分段】为 2，【收缩】为 0，【滑块】为 0，如图 6-195 所示。

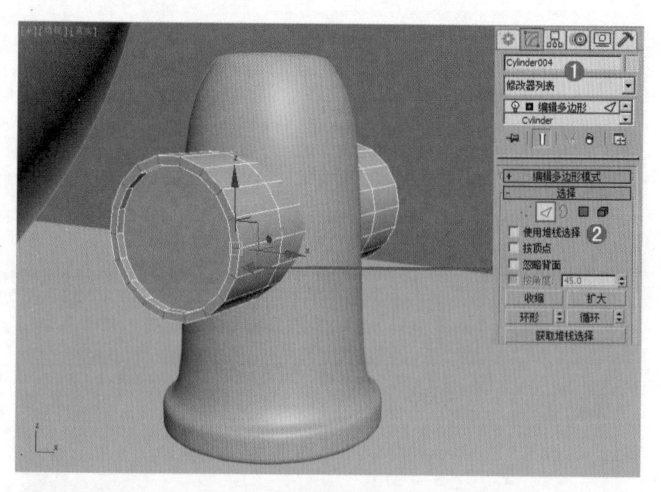

图 6-194

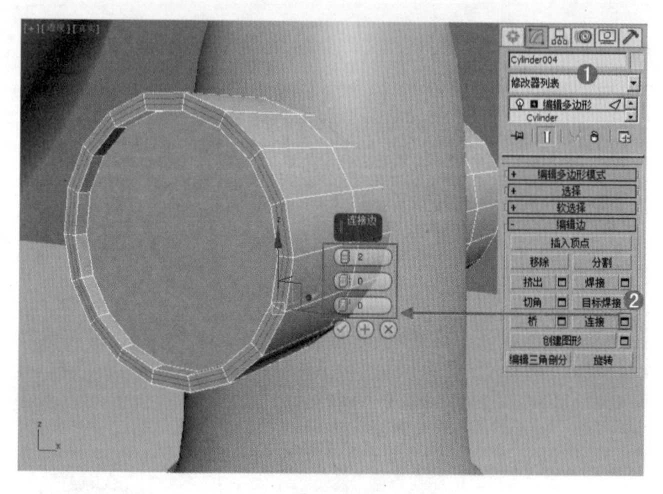

图 6-195

（11）选择上一步的模型，在【修改面板】下加载【网格平滑】命令，在【细分量】卷展栏下，设置【迭代次数】为 2，如图 6-196 所示。

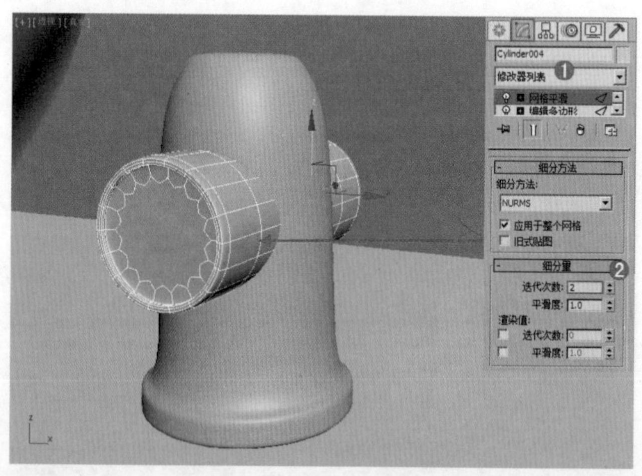

图 6-196

（12）单击（创建）|（几何体）| 扩展基本体 | 切角圆柱体 按钮，在透视图中拖拽并创建一个切角圆柱体，设置【半径】为 2.0mm，【高度】为 25.0mm，【圆角】为 0.5mm，【高度分段】为 1，【圆

角分段】为 2，【边数】为 12，【端面分段】为 1，如图 6-197 所示。

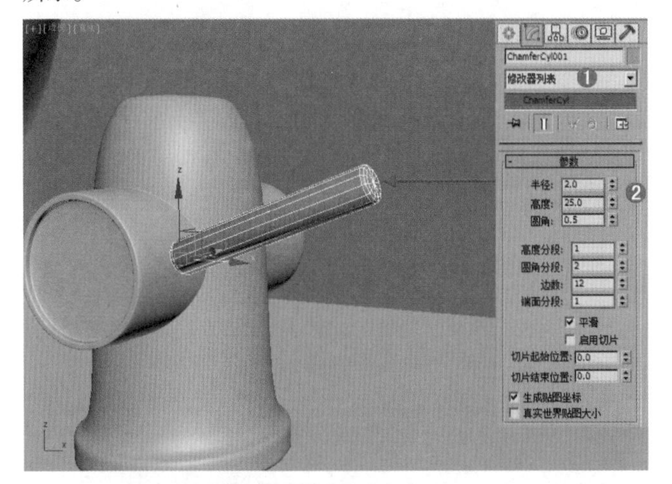

图 6-197

（13）单击（创建）|（图形）|样条线 | 线按钮，在前视图中创建如图 6-198 所示的样条线。

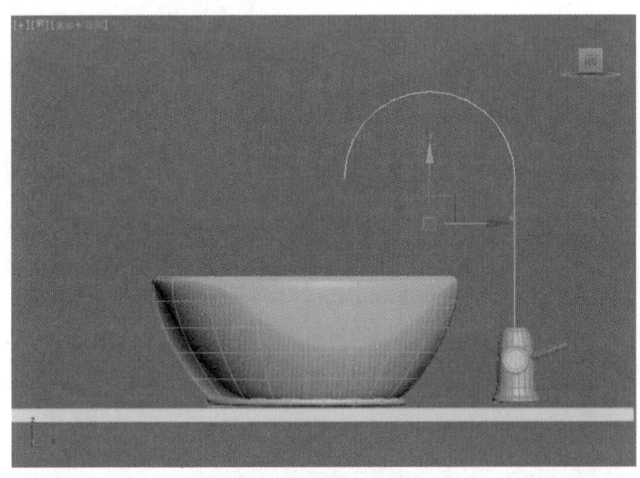

图 6-198

（14）在【修改面板】下展开【渲染】卷展栏，勾选【在渲染中启用】和【在视口中启用】选项，勾选【径向】选项，设置【厚度】为 7.0mm，如图 6-199 所示。

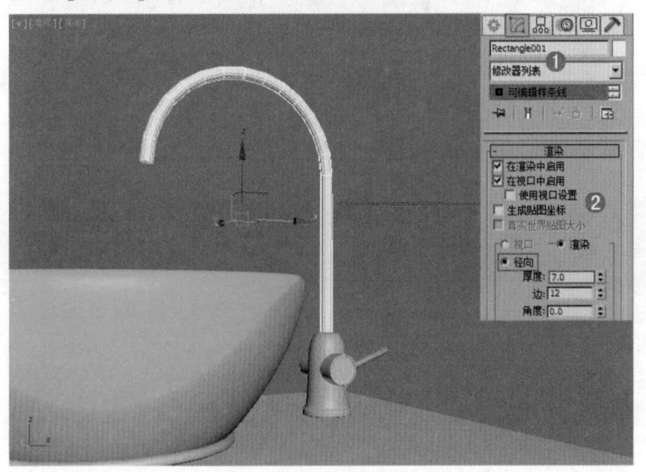

图 6-199

（15）选择上一步创建的模型，在【修改器列表】中加载【编辑多边形】命令，进入【多边形】级别，在透视图中选择如图 6-200 所示的多边形，使用（选择并移动）工具，选择并按【Delete】键删除，如图 6-201 所示。

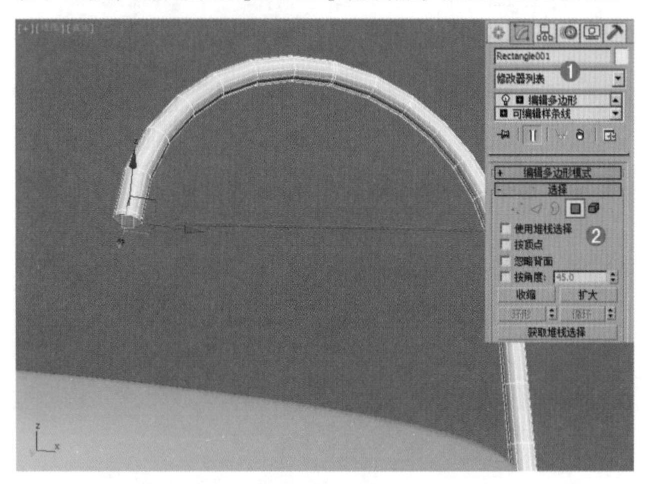

图 6-200

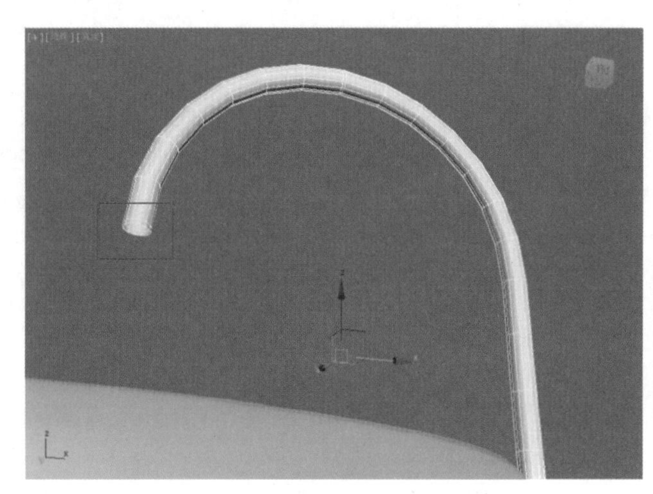

图 6-201

（16）选择上一步创建的模型，在【修改器列表】中加载【壳】命令，在【参数】下，设置【内部量】为 1.0，【外部量】为 1.0，如图 6-202 所示。

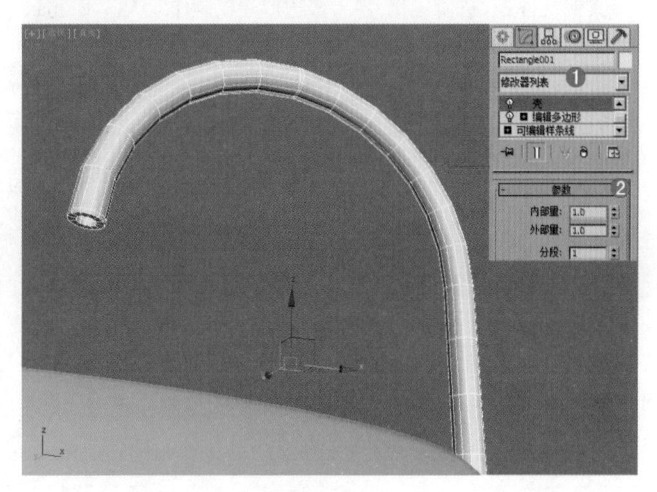

图 6-202

（17）选择上一步的模型，在修改面板下加载【网格平滑】命令，在【细分量】卷展栏下，设置【迭代次数】为3，如图6-203所示。

图 6-203

（18）最终模型效果如图6-204所示。

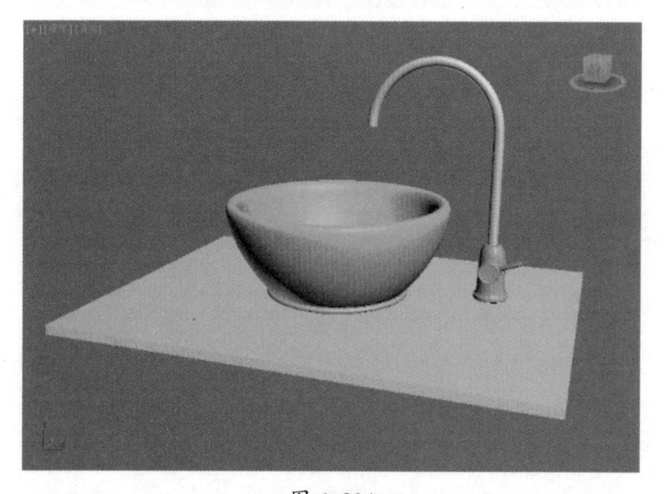

图 6-204

重点 进阶案例——多边形建模制作双人沙发

场景文件	无
案例文件	进阶案例——多边形建模制作双人沙发.max
视频教学	多媒体教学/Chapter06/进阶案例——多边形建模制作双人沙发.flv
难易指数	★★★★☆
技术掌握	掌握【长方体】工具和【FFD3*3*3】、【编辑多边形】命令的运用

本例就来学习使用标准基本体下的【长方体】工具、修改面板下的【FFD3*3*3】和【编辑多边形】命令来完成模型的制作，最终渲染和线框效果如图6-205所示。

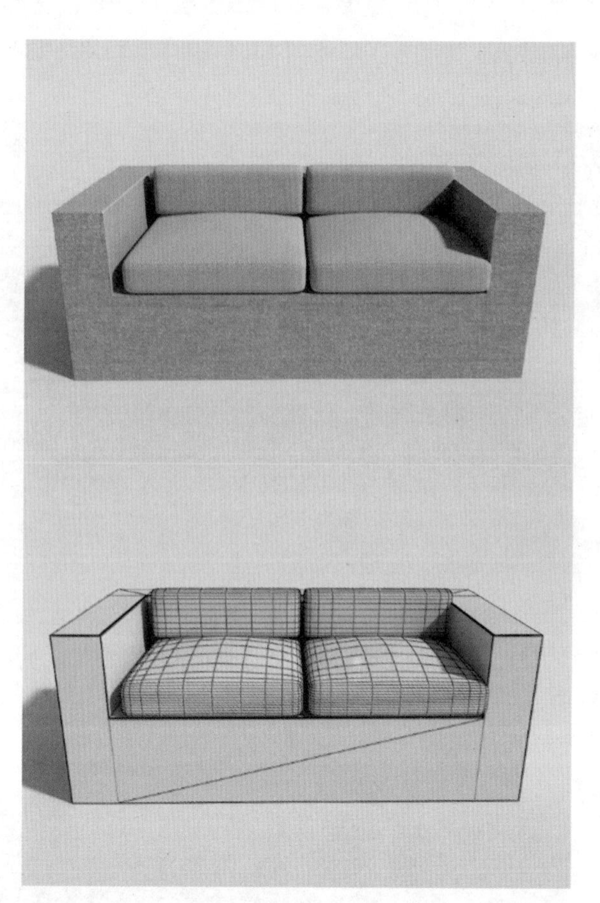

图 6-205

建模思路

01 STEP 使用长方体和编辑多边形制作模型

02 STEP 使用长方体、FFD3*3*3和编辑多边形制作模型

双人沙发流程图如图6-206所示。

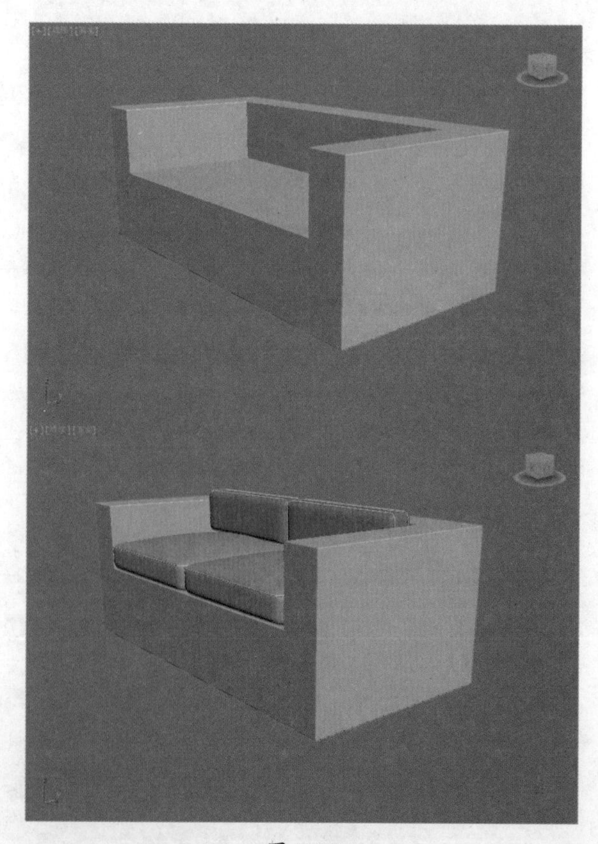

图 6-206

制作步骤

1. 使用长方体和编辑多边形制作模型

（1）单击（创建）|（几何体）| 长方体 按钮，在顶视图中拖拽并创建一个长方体，设置【长度】为 200.0mm，【宽度】为 400.0mm，【高度】为 150.0mm，如图 6-207 所示。

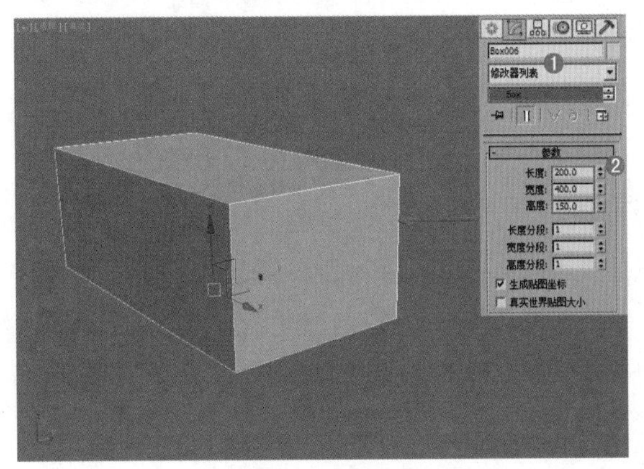

图 6-207

（2）选择上一步创建的模型，在【修改器列表】中加载【编辑多边形】命令，进入【边】级别，选择如图 6-208 所示的边。单击 连接 按钮后面的【设置】按钮，设置【分段】为 2，【收缩】为 74，【滑块】为 0，如图 6-209 所示。

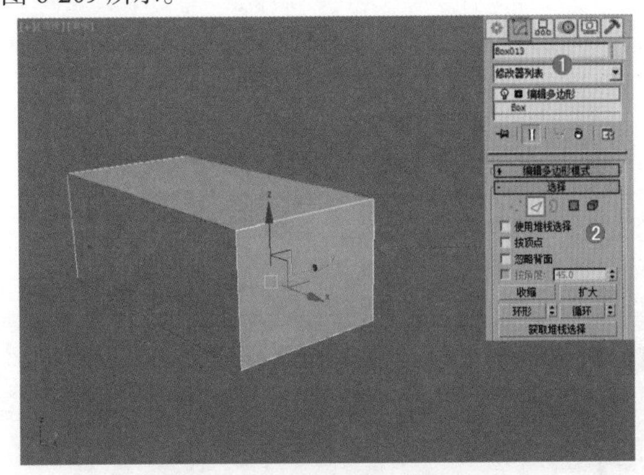

图 6-208

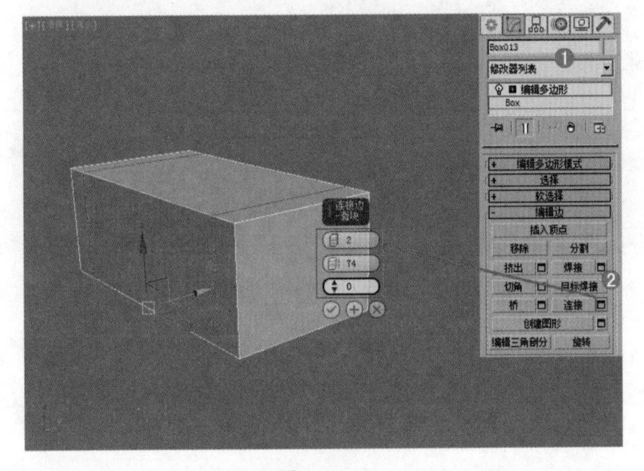

图 6-209

（3）进入【边】级别，选择如图 6-210 所示的边。单击 连接 按钮后面的【设置】按钮，设置【分段】为 1，【收缩】为 0，【滑块】为 61，如图 6-211 所示。

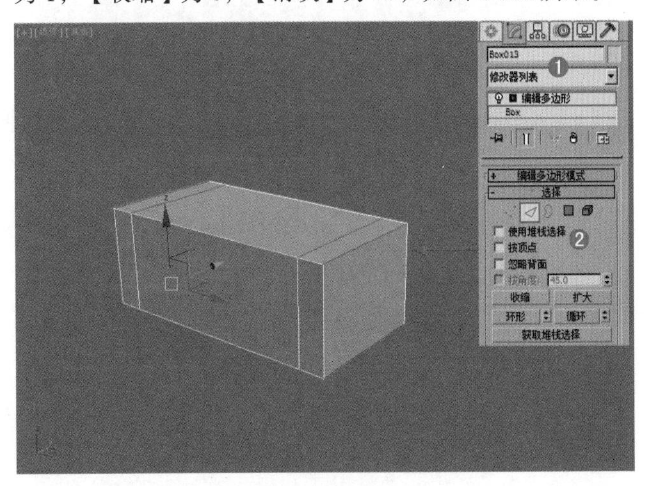

图 6-210

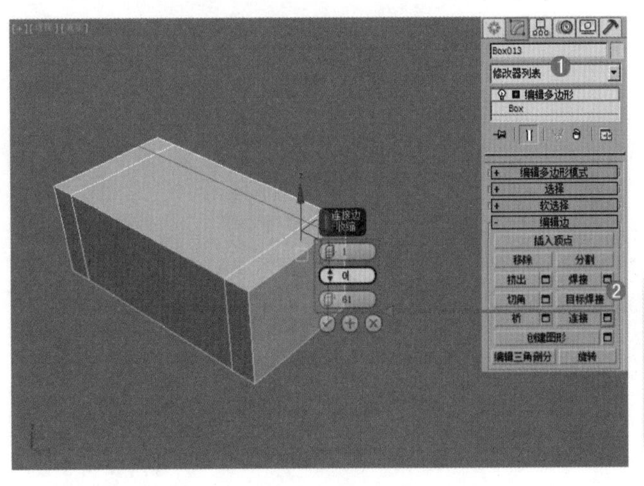

图 6-211

（4）进入【多边形】级别，在透视图中选择如图 6-212 所示的多边形，单击 挤出 按钮后面的【设置】按钮，设置【高度】为 – 70.0mm，如图 6-213 所示。

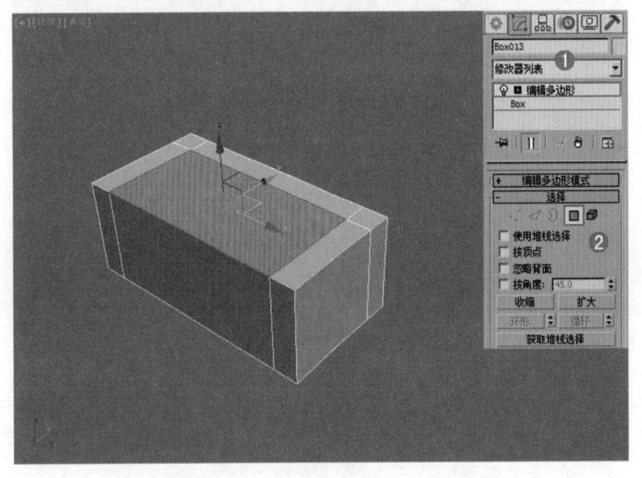

图 6-212

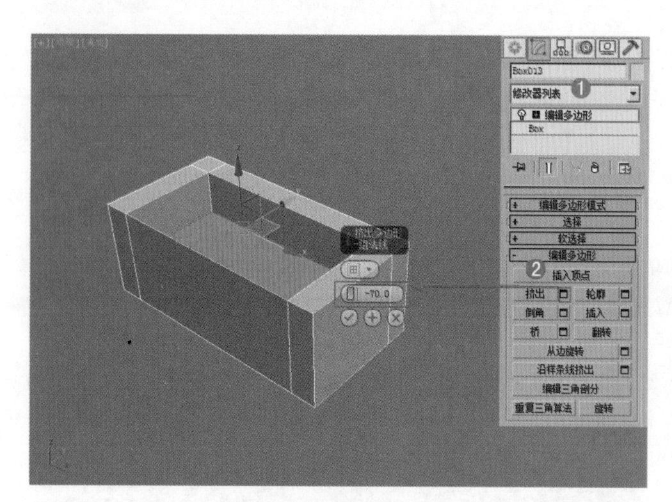

图 6–213

（5）进入【多边形】级别，在透视图中选择如图 6-214 所示的多边形，使用（选择并移动）工具，选择并按【Delete】键删除，如图 6-215 所示。

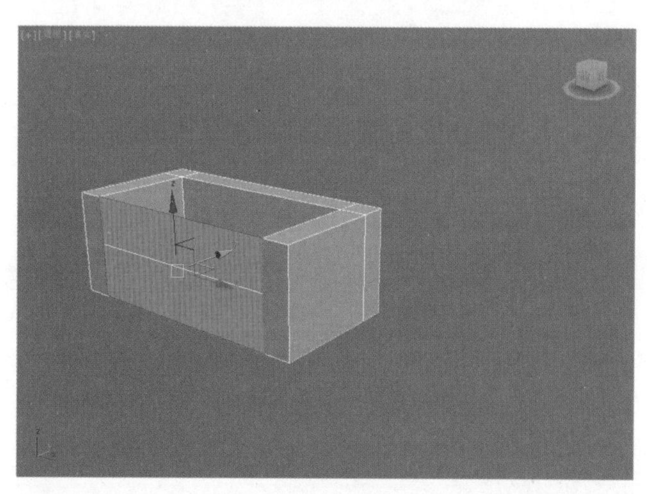

图 6–214

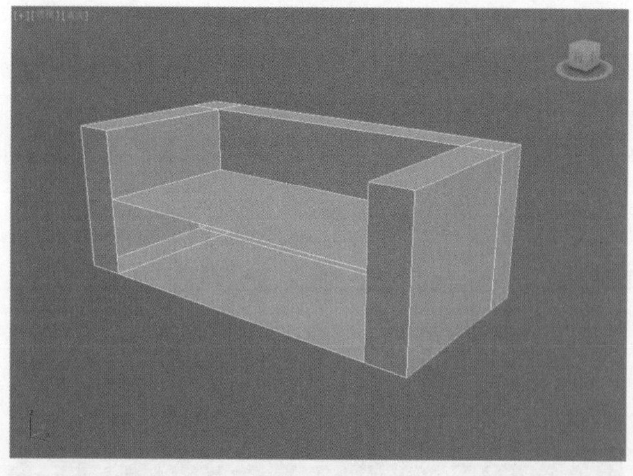

图 6–215

（6）进入【边界】级别，在透视图中选择边界，单击 封口 按钮，如图 6-216 所示。

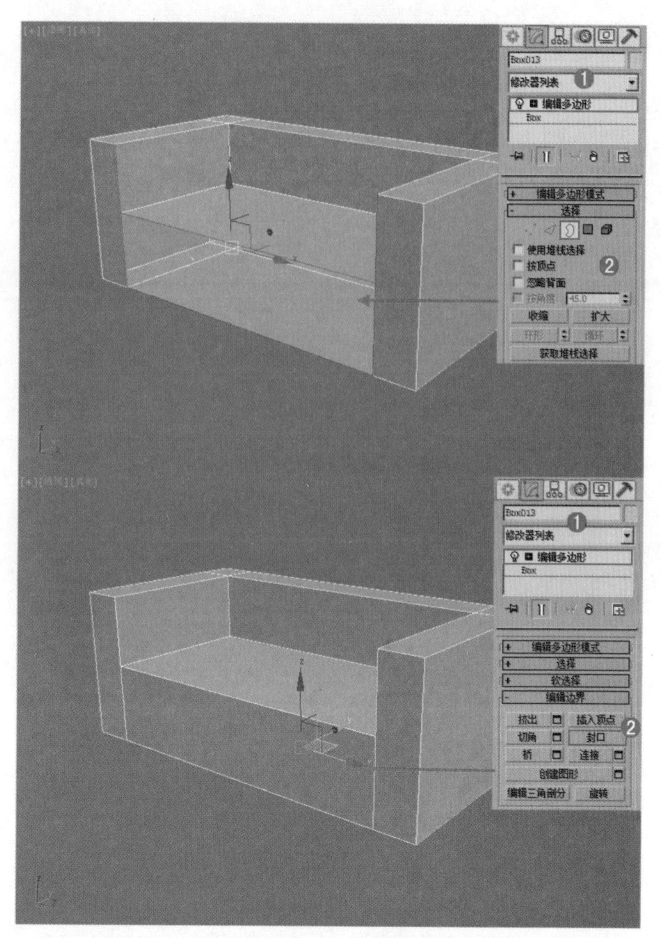

图 6–216

（7）进入【边】级别，选择如图 6-217 所示的边。单击 切角 按钮后面的【设置】按钮，设置【切角数量】为 1，【切角分段】为 8，如图 6-218 所示。

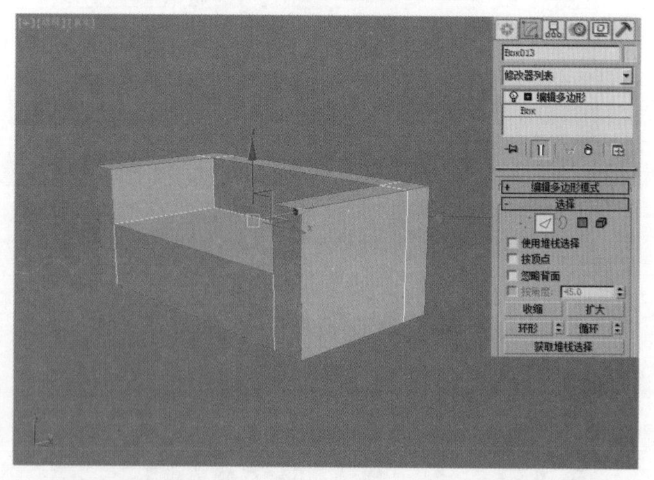

图 6–217

2. 使用长方体、FFD3*3*3 和编辑多边形制作模型

（1）单击（创建）|（几何体）| 长方体 按钮，在顶视图中拖拽并创建一个长方体，设置【长度】为 30.0mm，【宽度】为 155.0mm，【高度】为 155.0mm，如图 6-219 所示。

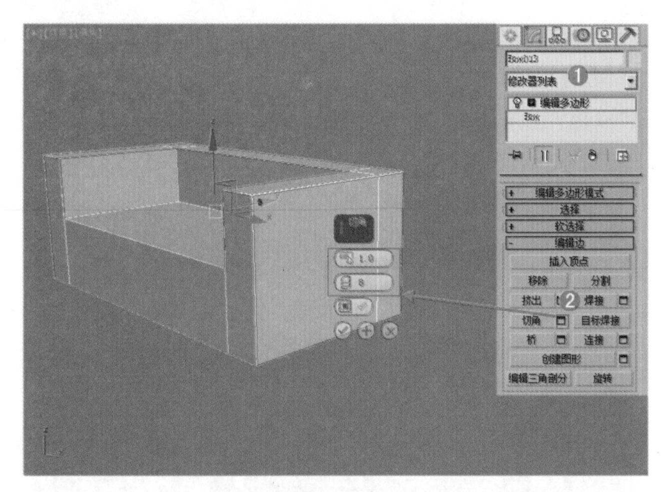

图 6–218

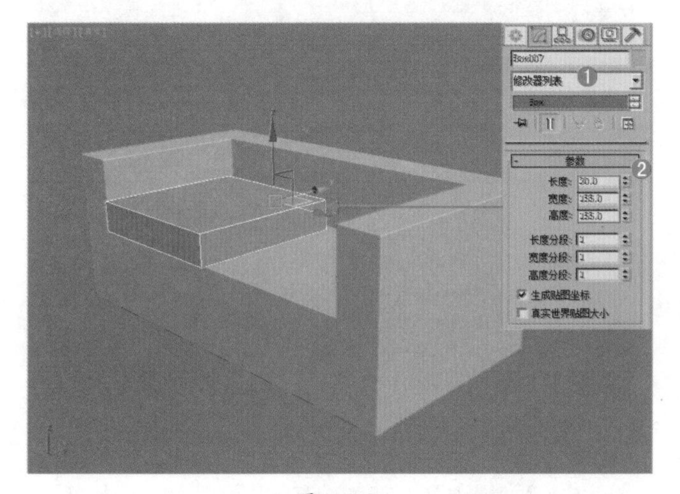

图 6–219

（2）选择上一步创建的模型，在【修改器列表】中加载【编辑多边形】命令，进入【边】级别，选择如图 6-220 所示的边。单击 连接 按钮后面的【设置】按钮，设置【分段】为 2，【收缩】为 72，【滑块】为 0，如图 6-221 所示。

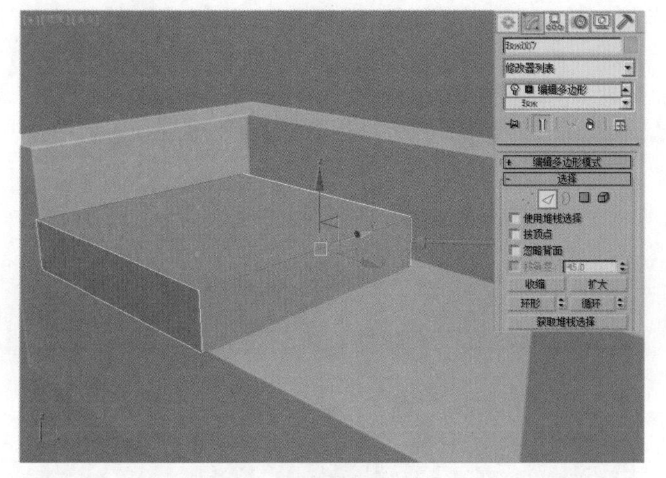

图 6–220

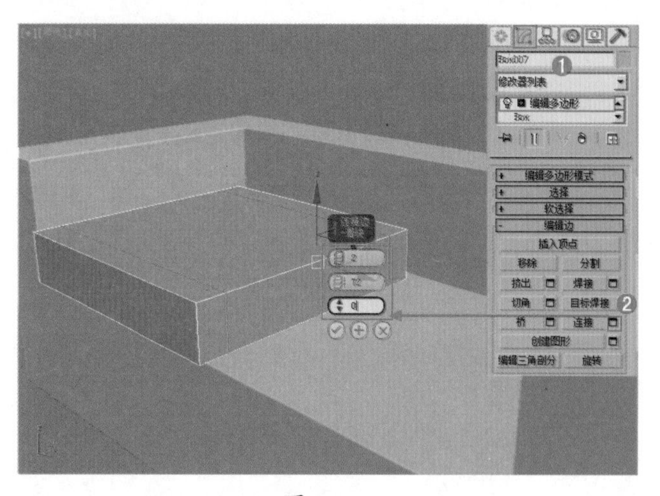

图 6–221

（3）进入【边】级别，选择如图 6-222 所示的边。单击 连接 按钮后面的【设置】按钮，设置【分段】为 2，【收缩】为 72，【滑块】为 0，如图 6-223 所示。

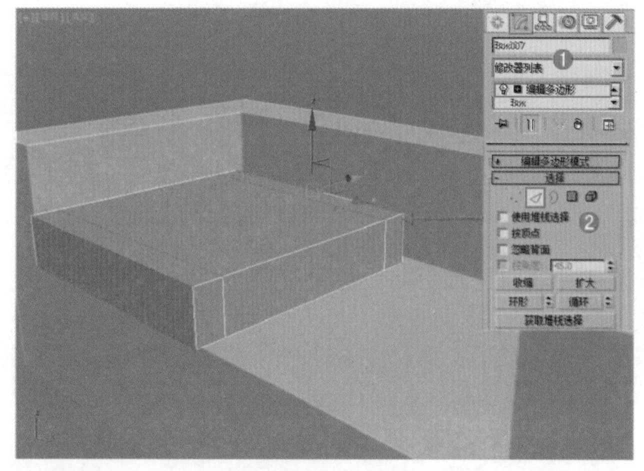

图 6–222

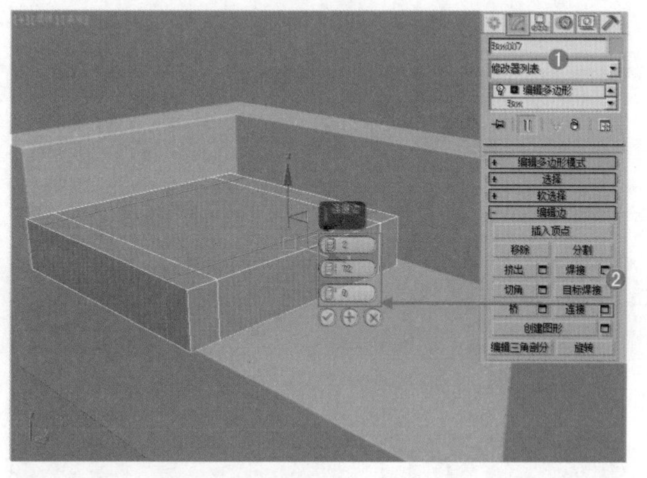

图 6–223

（4）进入【边】级别，选择如图 6-224 所示的边。单击 连接 按钮后面的【设置】按钮，设置【分段】为 2，【收缩】为 – 16，【滑块】为 0，如图 6-225 所示。

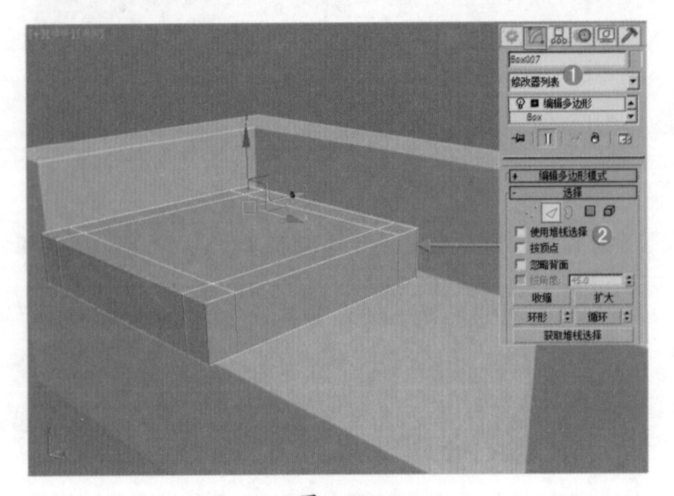

图 6–224

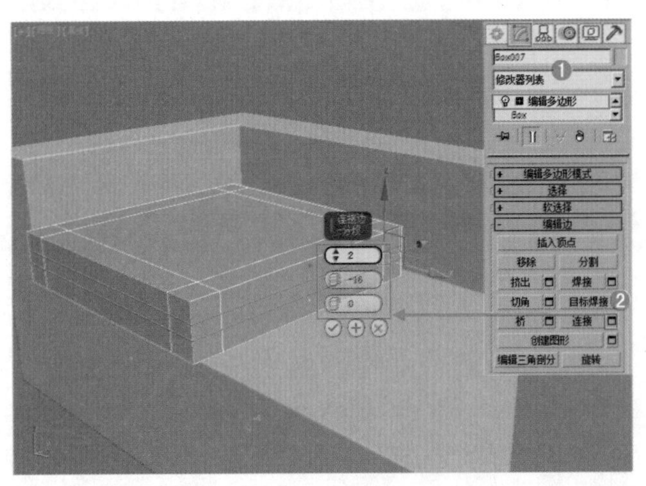

图 6–225

（5）选择上一步的模型，在【修改面板】下加载【网格平滑】命令，在【细分量】卷展栏下，设置【迭代次数】为 2，如图 6-226 所示。

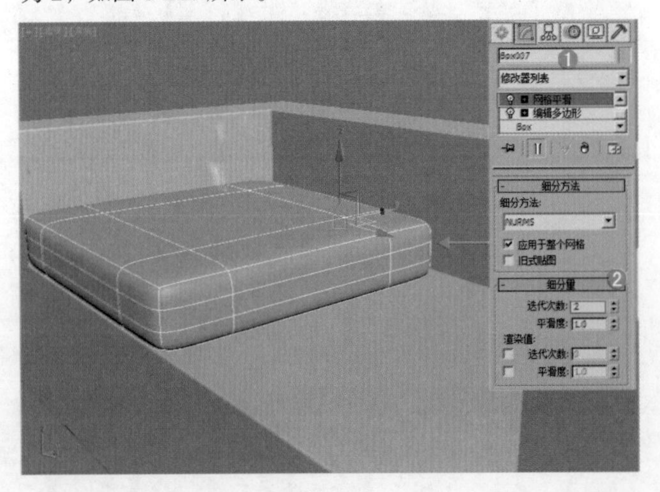

图 6–226

（6）选择上一步创建的模型，在【修改器列表】中加载【FFD3*3*3】修改器，进入【控制点】级别，选择如图 6-227 所示的点。使用【选择并移动】工具，在透视图调节控制点的位置，如图 6-228 所示。

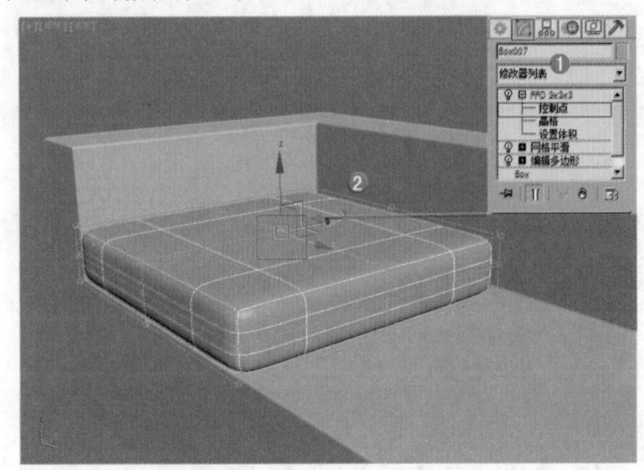

图 6–227

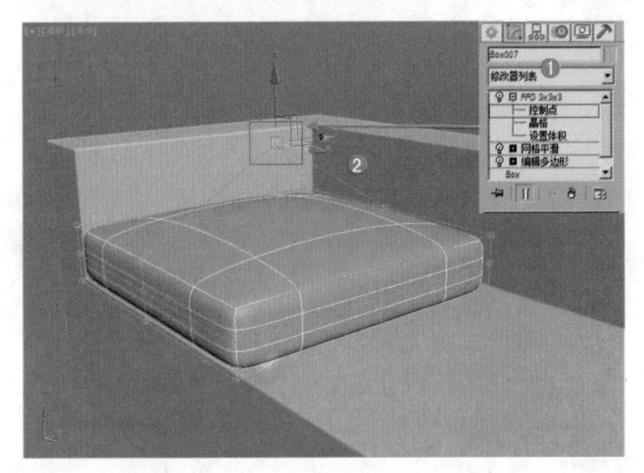

图 6–228

（7）返回到【编辑多边形】命令下，进入【边】级别，选择如图 6-229 所示的边。单击 创建图形 按钮后面的【设置】按钮，在弹出的对话框中选择【线性】，单击【确定】按钮，如图 6-230 所示。

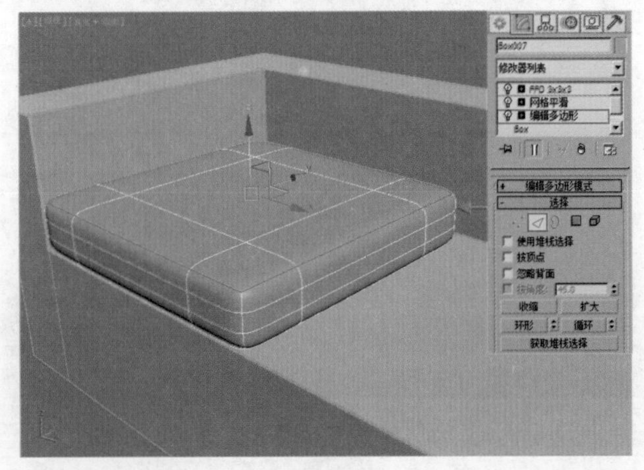

图 6–229

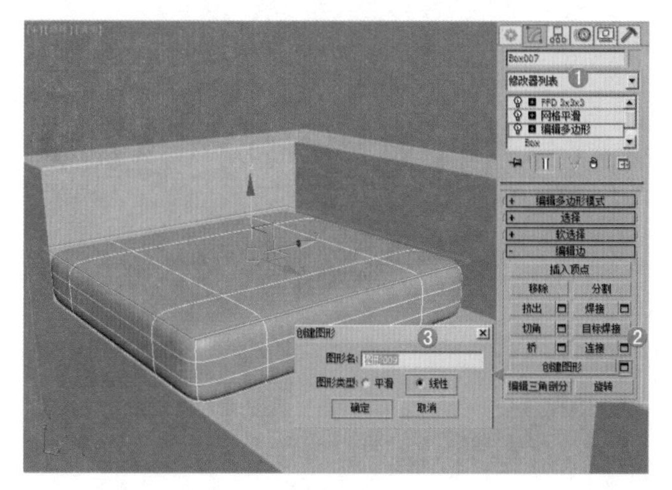

图 6-230

（8）选择创建图形后的样条线，在【可编辑样条线】命令下，进入【顶点】级别，选择如图 6-231 所示的点。在【几何体】卷展栏下，单击 圆角 按钮，设置【数量】为 10，如图 6-232 所示。

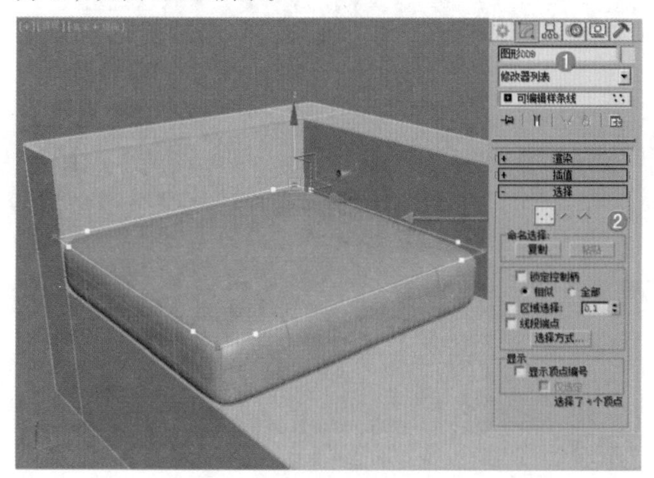

图 6-231

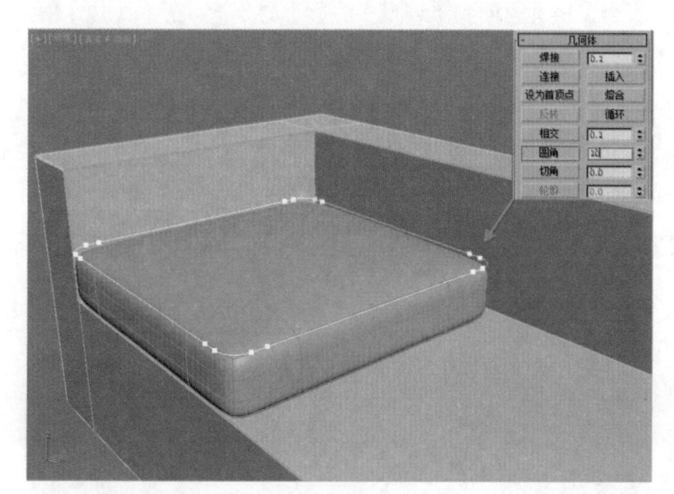

图 6-232

（9）在【修改面板】下展开【渲染】卷展栏，勾选【在渲染中启用】和【在视口中启用】选项，勾选【径向】选项，设置【厚度】为 1.5mm，如图 6-233 所示。使用 （选择并移动）工具将其移动到如图 6-234 所示的位置。

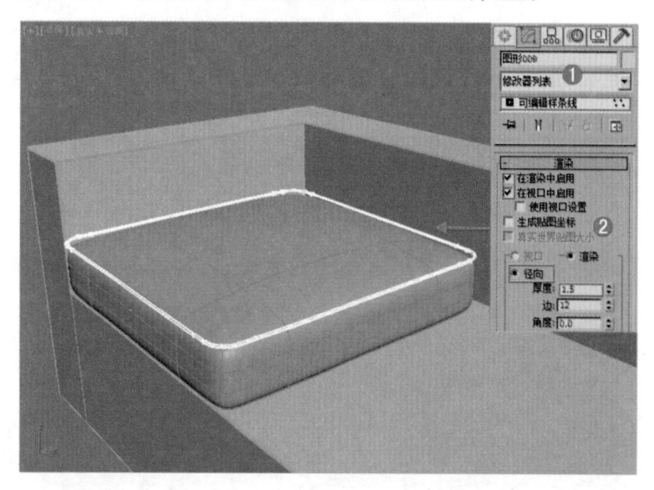

图 6-233

图 6-234

（10）单击 （创建）| （几何体）| 长方体 按钮，在顶视图中拖拽并创建一个长方体，在【修改面板】下设置【长度】为 50.0mm，【宽度】为 155.0mm，【高度】为 30.0mm，如图 6-235 所示。

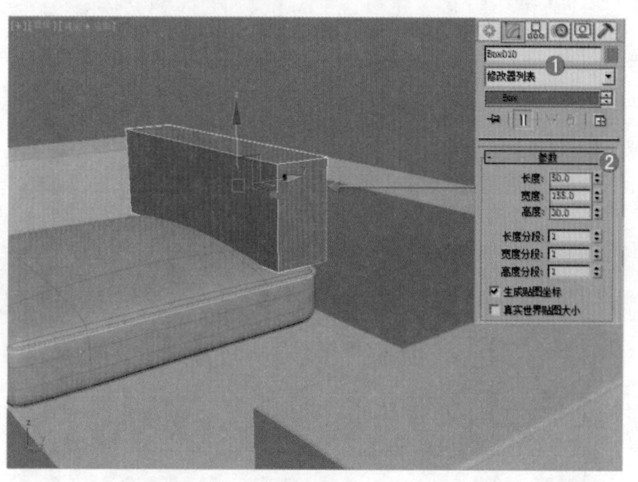

图 6-235

（11）选择上一步创建的模型，在【修改器列表】中加载【编辑多边形】命令，进入【边】级别，选择如图 6-236 所示的边。单击 连接 按钮后面的【设置】按钮，设置【分段】为 2，【收缩】为 56，【滑块】为 0，如图 6-237 所示。

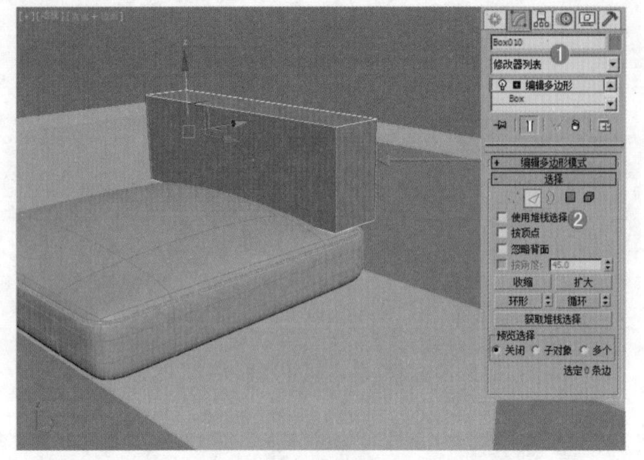

图 6-236

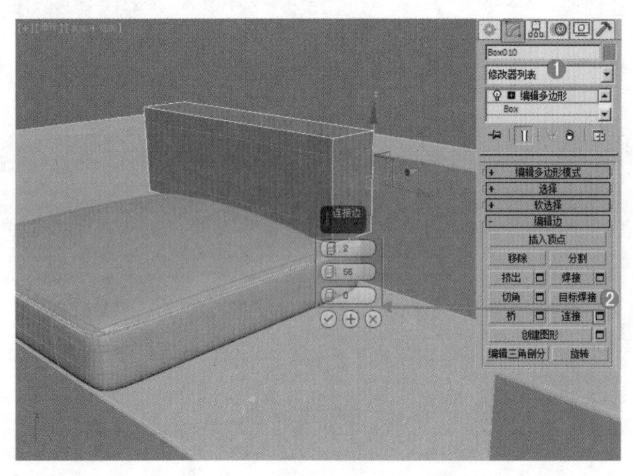

图 6-237

（12）进入【边】级别，选择如图 6-238 所示的边。单击 连接 按钮后面的【设置】按钮，设置【分段】为 2，【收缩】为 84，【滑块】为 0，如图 6-239 所示。

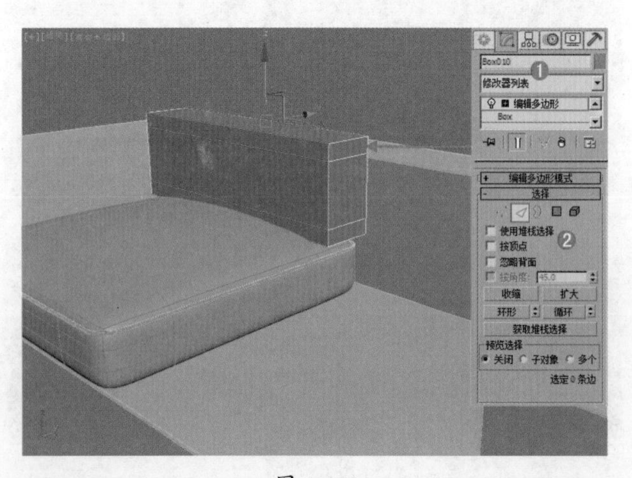

图 6-238

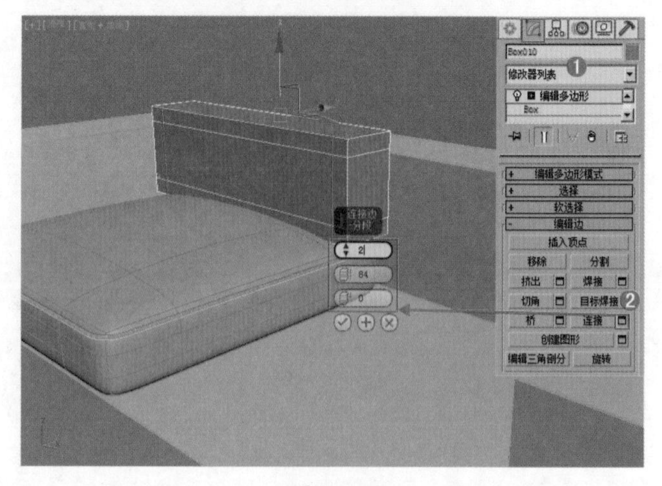

图 6-239

（13）选择上一步的模型，在【修改面板】下加载【网格平滑】命令，在【细分量】卷展栏下，设置【迭代次数】为 2，如图 6-240 所示。

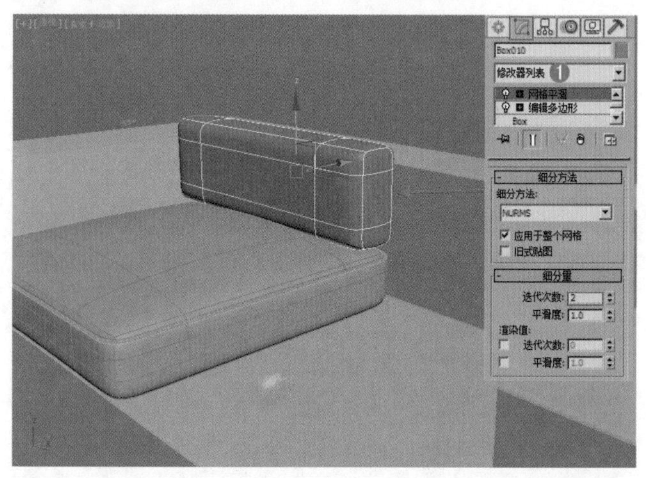

图 6-240

（14）返回到【编辑多边形】命令下，进入【边】级别，选择如图 6-241 所示的边。单击 创建图形 按钮后面的【设置】按钮，在弹出的对话框中选择【线性】，单击【确定】按钮，如图 6-242 所示。

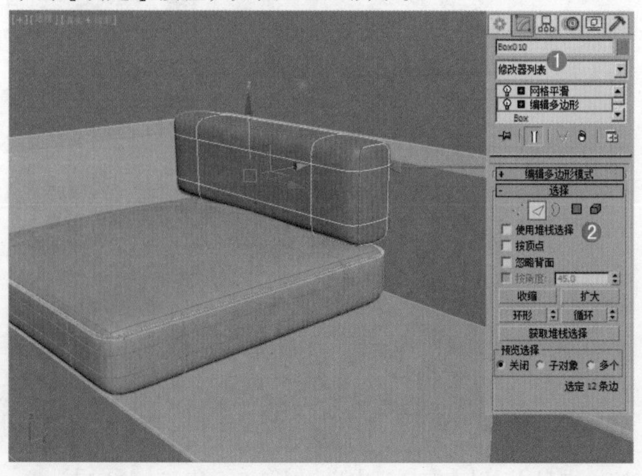

图 6-241

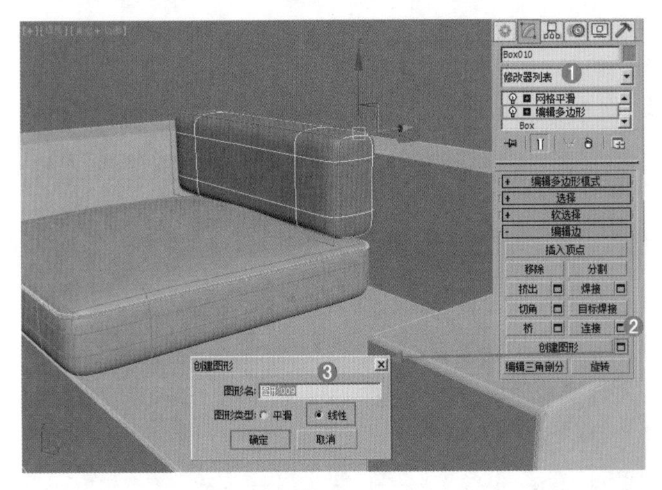

图 6–242

（15）选择创建图形后的样条线，单击【修改面板】，在【可编辑样条线】命令下，进入【顶点】级别，选择如图 6-243 所示的点。在【几何体】卷展栏下，单击 圆角 按钮，设置【数量】为 10，如图 6-244 所示。

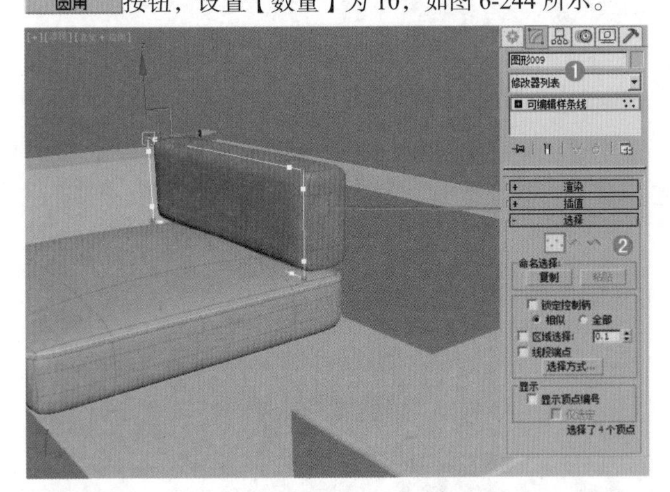

图 6–243

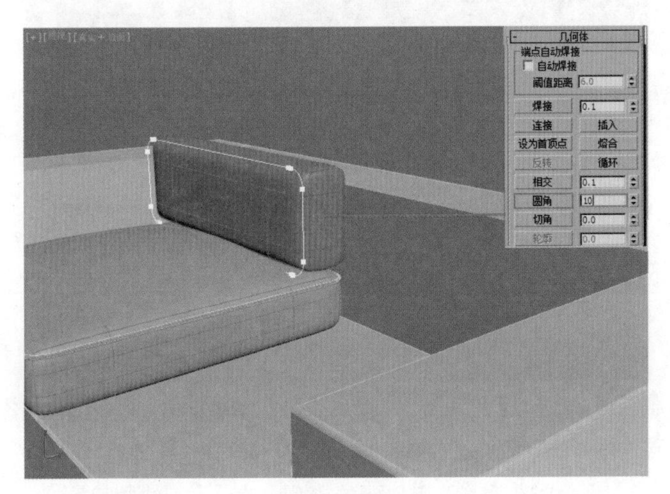

图 6–244

（16）在【修改面板】下展开【渲染】卷展栏，勾选【在渲染中启用】和【在视口中启用】选项，勾选【径向】选项，设置【厚度】为 1mm。使用（选择并移动）工具将其移动到如图 6-245 所示的位置。

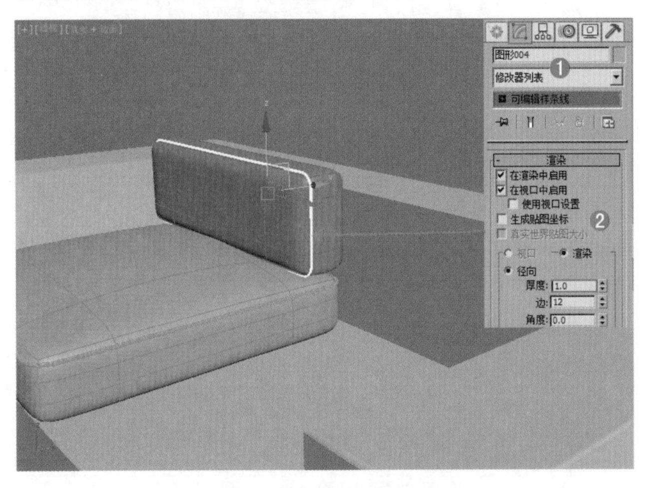

图 6–245

（17）选择上一步的样条线，使用（选择并移动）工具，按住【Shift】键进行复制，在弹出的【克隆选项】对话框中选择【复制】，设置【副本数】为 1，单击【确定】按钮，如图 6-246 所示。

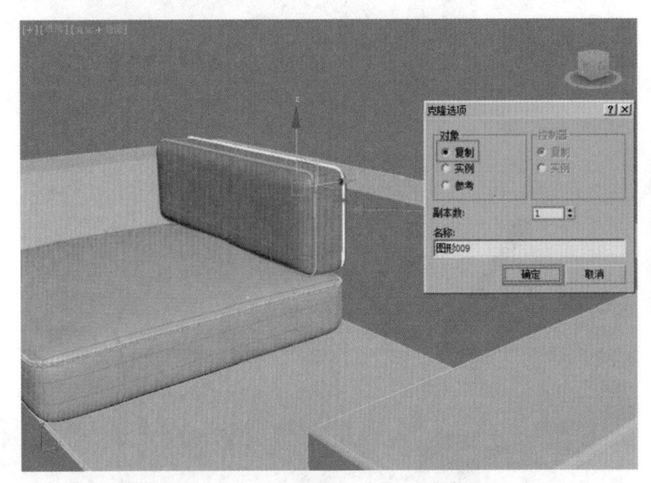

图 6–246

（18）用同样的方法复制出其他的模型，最终模型效果如图 6-247 所示。

图 6–247

重点 进阶案例——多边形建模制作玩具

场景文件	无
案例文件	进阶案例——多边形建模制作玩具.max
视频教学	多媒体教学/Chapter06/进阶案例——多边形建模制作玩具.flv
难易指数	★★★★☆
技术掌握	掌握【长方体】、【圆柱体】、【球体】、【平面】、【图形合并】工具和【编辑多边形】、【对称】命令的运用

本例就来学习使用标准基本体下的【长方体】、【圆柱体】、【球体】和【平面】工具、复合对象下的【图形合并】工具和修改面板下的【编辑多边形】、【对称】命令来完成模型的制作，最终渲染和线框效果如图6-248所示。

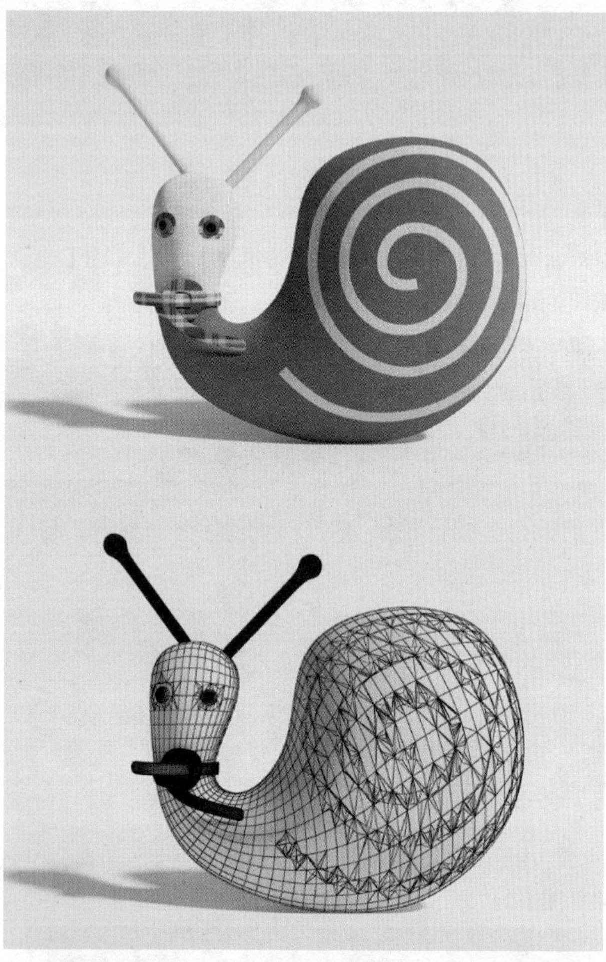

图6-248

建模思路

01 使用长方体、编辑多边形和对称制作模型

02 使用圆柱体、球体、平面、图形合并、编辑多边形制作模型

玩具流程图如图6-249所示。

制作步骤

1. 使用长方体、编辑多边形和对称制作模型

（1）单击（创建）|（几何体）| 长方体 按钮，在顶视图中拖拽并创建一个长方体，设置【长度】为180.2mm，【宽度】为140.0mm，【高度】为50.0mm，【长度分段】为2，【宽度分段】为3，【高度分段】为2，如图6-250所示。

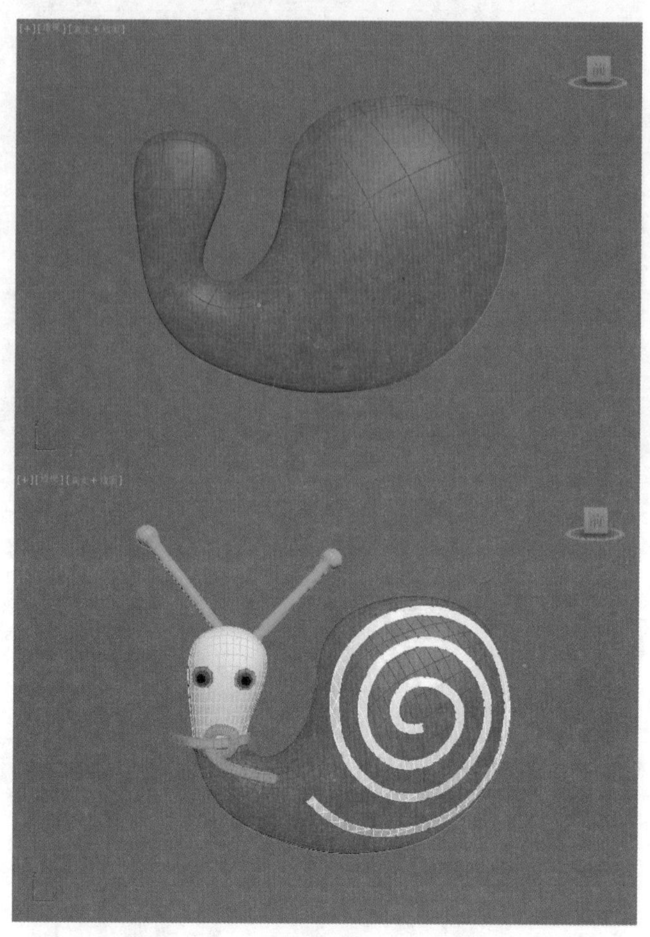

图6-249

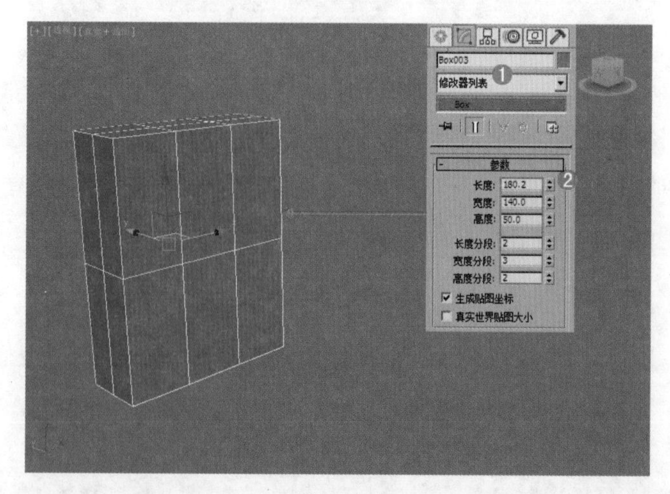

图6-250

（2）选择上一步创建的模型，在【修改器列表】中加载【编辑多边形】命令，进入【顶点】级别，选择如图6-251所示的点。使用【选择并移动】工具，在透视图调节控制点的位置，如图6-252所示。

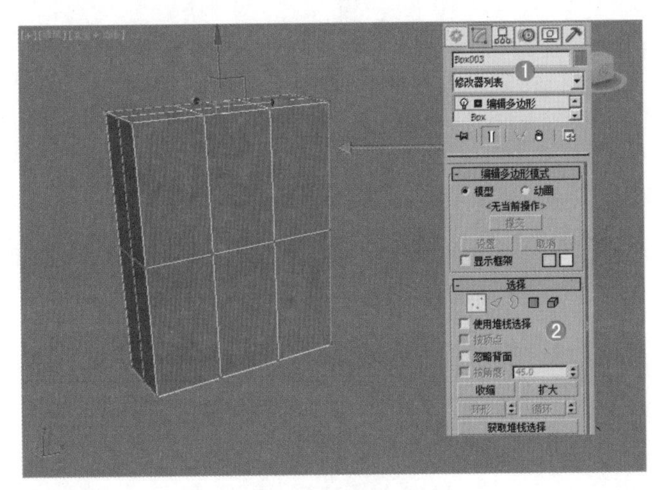

图 6-251

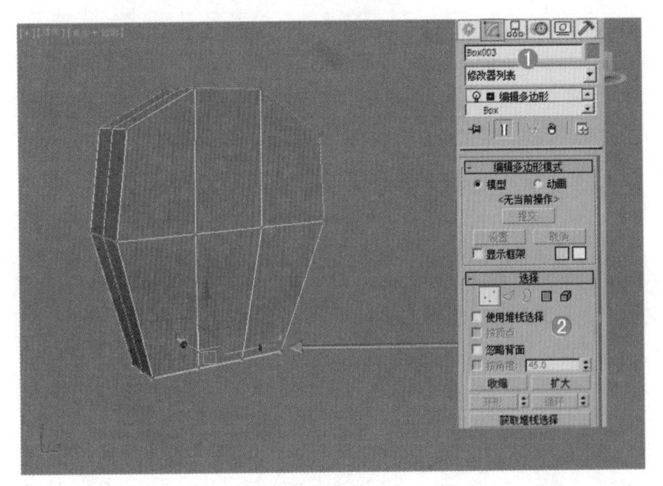

图 6-252

（3）进入【多边形】级别，选择如图 6-253 所示的多边形，单击 挤出 按钮后面的【设置】按钮，设置【高度】为 70.0mm，如图 6-254 所示。

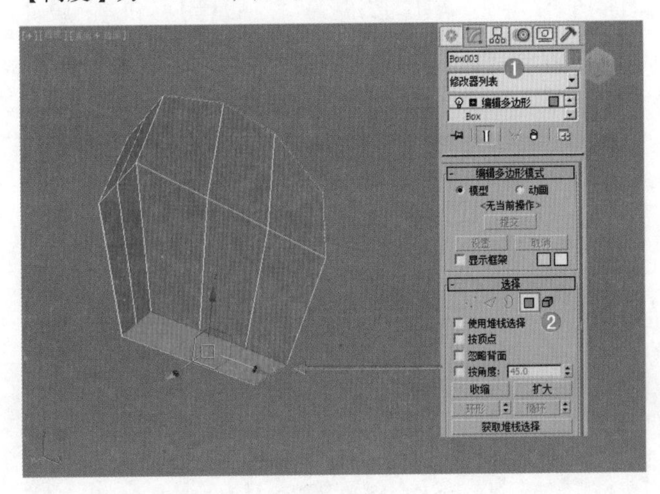

图 6-253

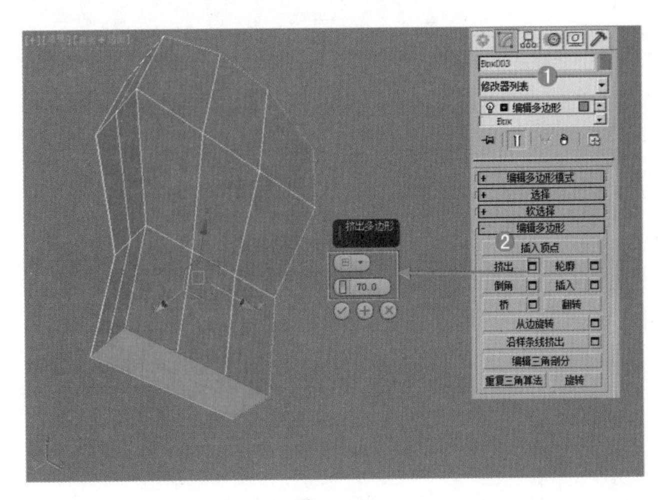

图 6-254

（4）进入【顶点】级别，选择点进行调整位置，效果如图 6-255 所示。

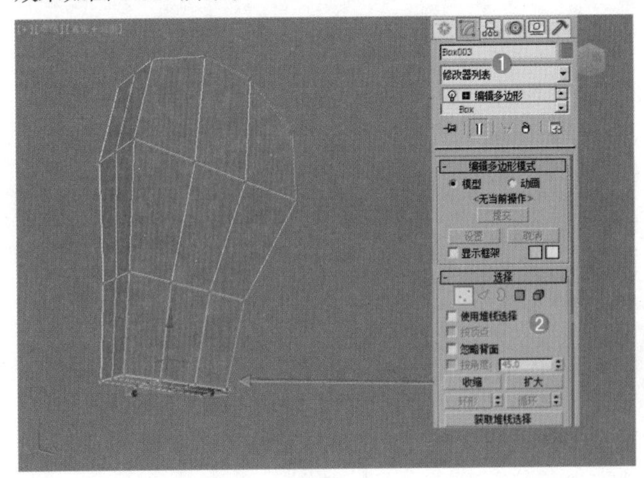

图 6-255

（5）进入【多边形】级别，选择如图 6-256 所示的多边形，单击 挤出 按钮后面的【设置】按钮，设置【高度】为 50.0mm，单击两次【应用并继续】按钮，如图 6-257 所示。

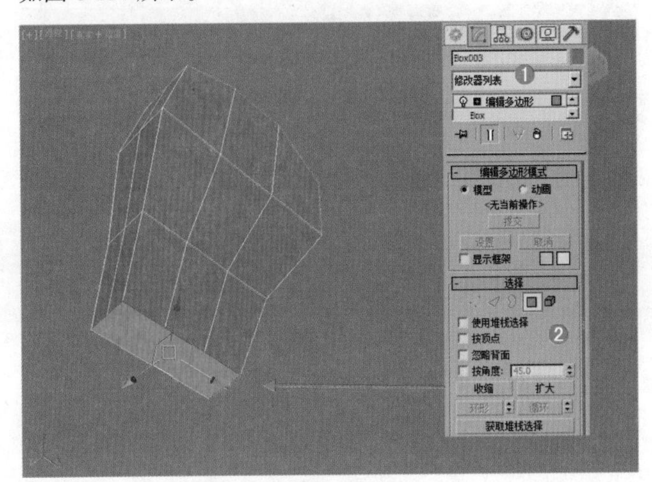

图 6-256

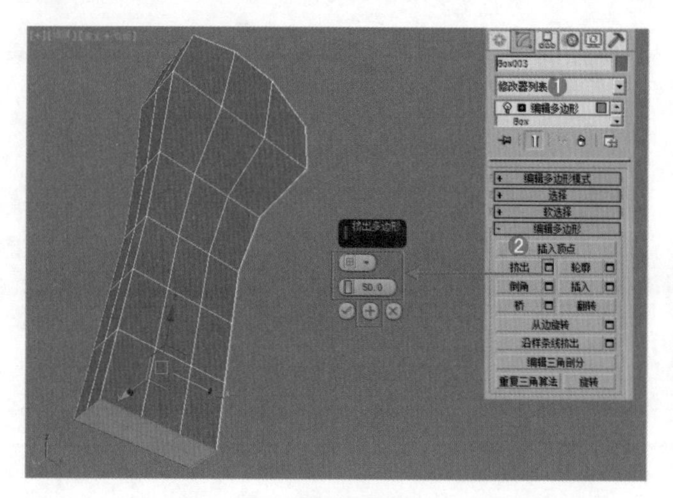

图 6-257

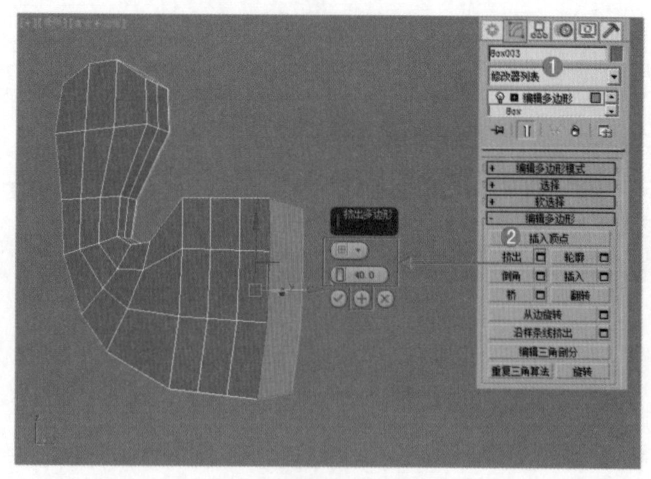

图 6-260

（6）进入【顶点】级别，选择点进行调整位置，效果如图 6-258 所示。

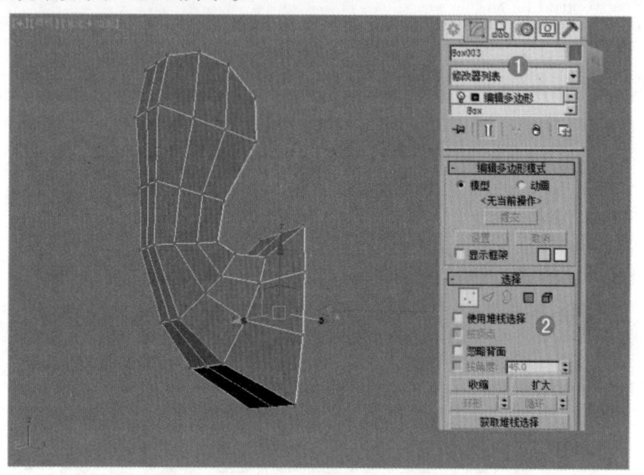

图 6-258

（7）进入【多边形】级别，选择如图 6-259 所示的多边形，单击 挤出 按钮后面的【设置】按钮，设置【高度】为 40.0mm，单击两次【应用并继续】按钮，如图 6-260 所示。

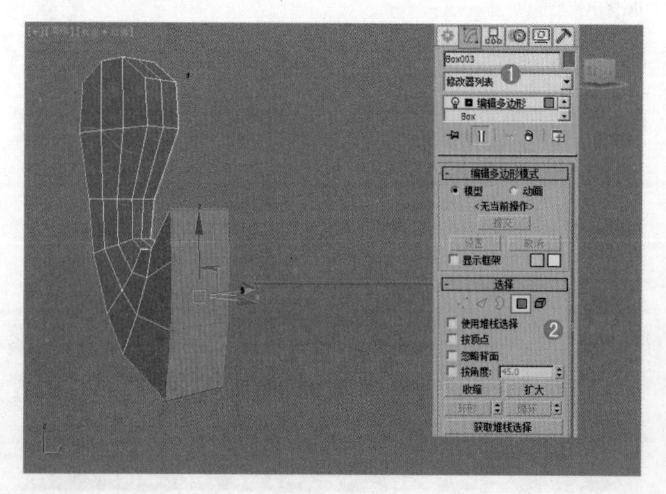

图 6-259

（8）进入【顶点】级别，选择点进行调整位置，效果如图 6-261 所示。

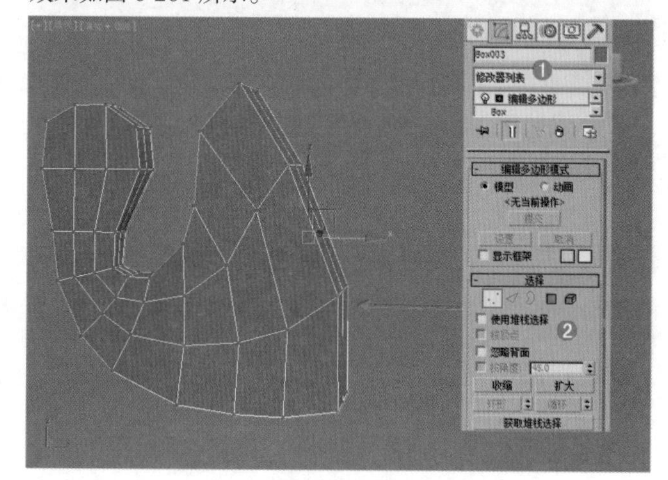

图 6-261

（9）进入【多边形】级别，选择如图 6-262 所示的多边形，单击 挤出 按钮后面的【设置】按钮，设置【高度】为 40.0mm，单击【应用并继续】按钮，如图 6-263 所示。

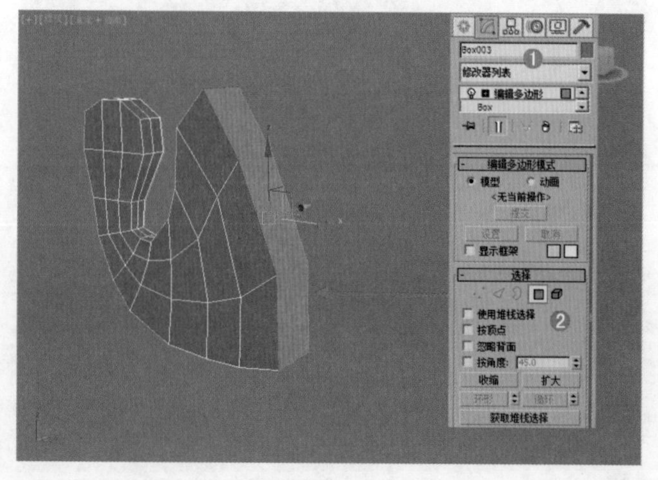

图 6-262

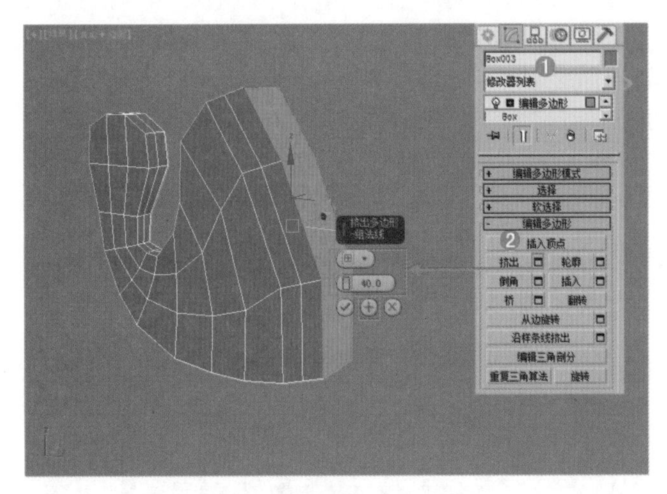

图 6–263

（10）进入【顶点】级别，选择点进行调整位置，效果如图 6-264 所示。

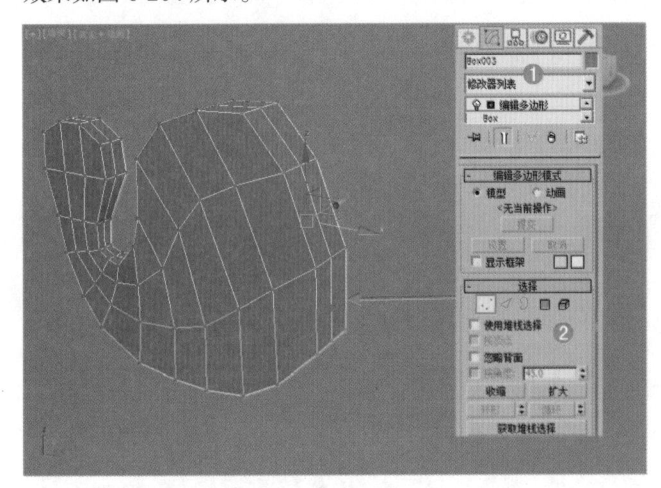

图 6–264

（11）选择上一步的模型，在【修改面板】下加载【网格平滑】命令，在【细分量】卷展栏下，设置【迭代次数】为 2，如图 6-265 所示。

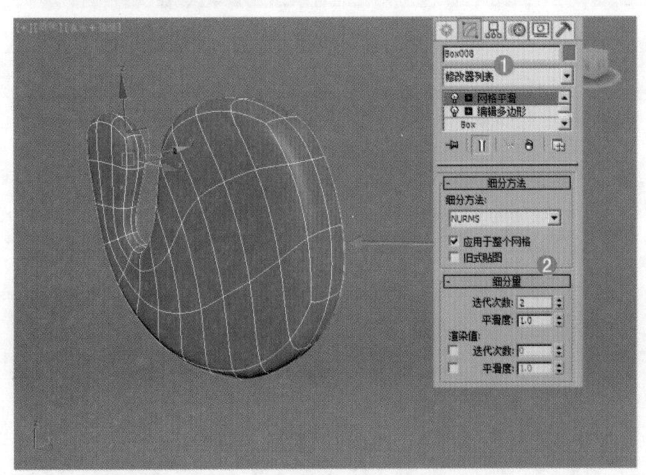

图 6–265

（12）单击关闭 网格平滑 按钮，返回到【编辑多边形】命令，进入【顶点】级别，选择如图 6-266 所示的点。单击【Delete】键进行删除，如图 6-267 所示。

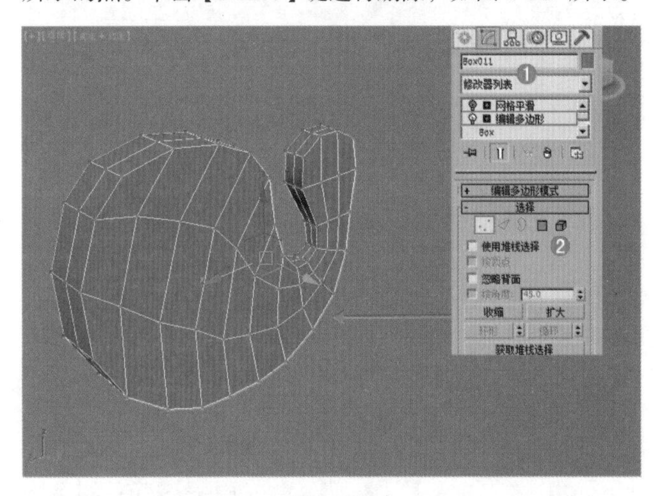

图 6–266

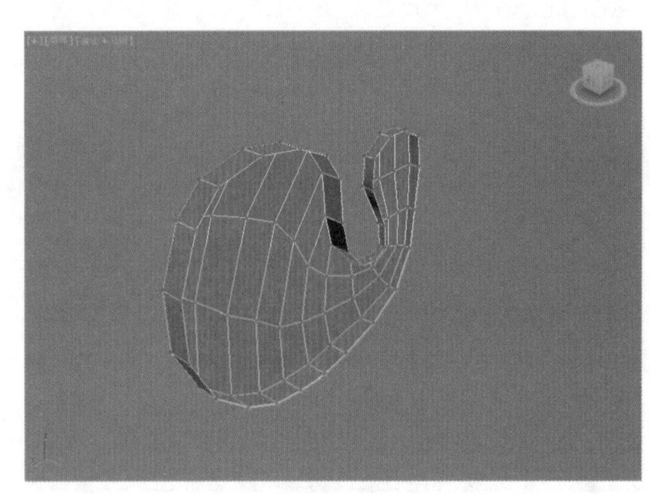

图 6–267

（13）进入【顶点】级别，选择如图 6-268 所示的点。使用【选择并移动】工具，在透视图调节控制点的位置，如图 6-269 所示。

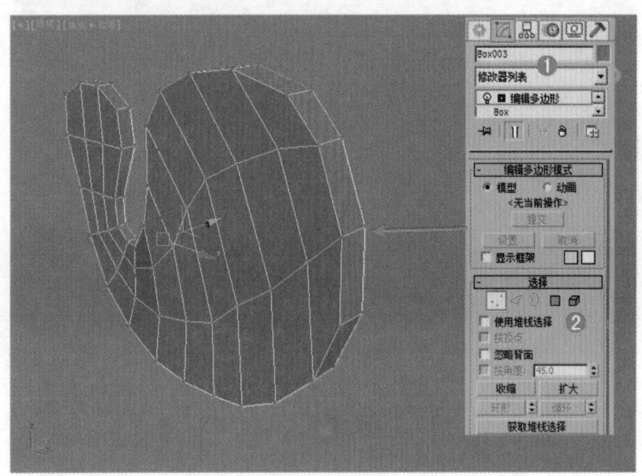

图 6–268

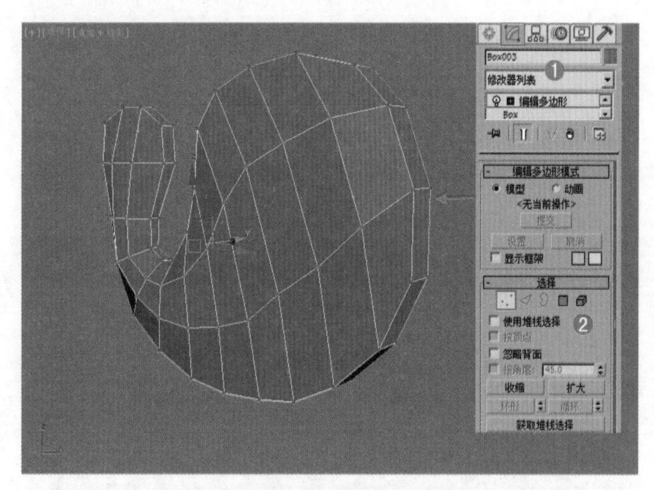

图 6-269

（14）进入【顶点】级别，选择如图 6-270 所示的点。使用【选择并移动】工具，在透视图调节控制点的位置，如图 6-271 所示。

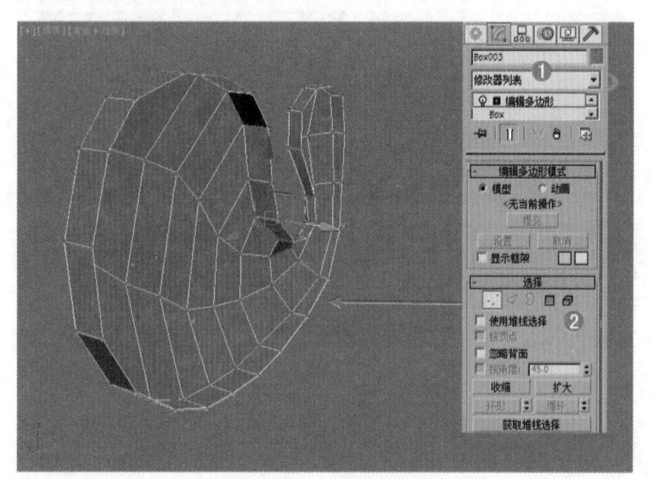

图 6-270

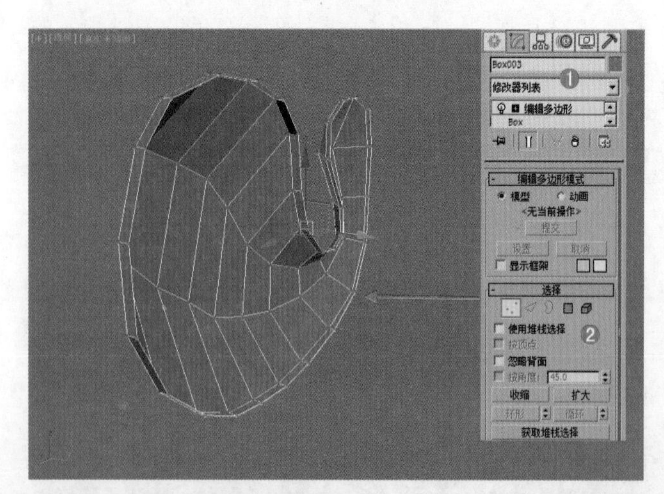

图 6-271

（15）退出【编辑多边形】命令，打开【网格平滑】命令，效果如图 6-272 所示。

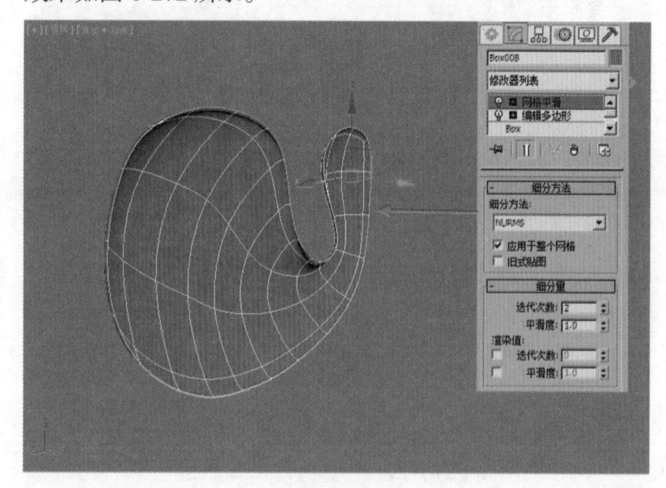

图 6-272

（16）选择上一步的模型，在【修改面板】下加载【对称】命令，进入【镜像】级别，在【参数】下勾选【Z】，如图 6-273 所示。使用【选择并移动】工具，沿着【Y】轴进行移动，如图 6-274 所示。

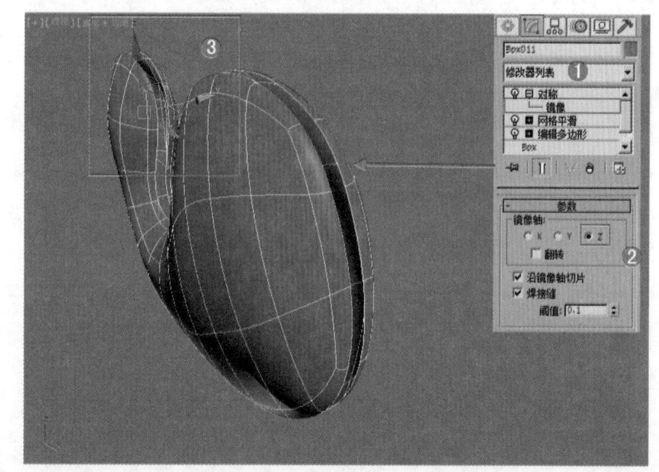

图 6-273

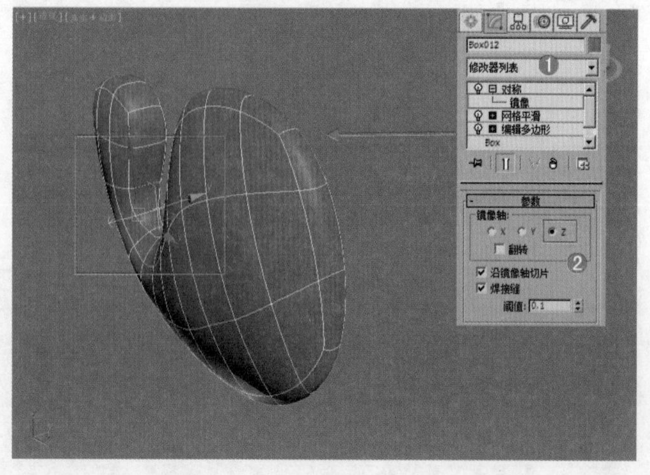

图 6-274

2. 使用圆柱体、球体、平面、图形合并、编辑多边形制作模型

（1）单击 ☀（创建）|（图形）| 样条线 | 圆 按钮，在前视图中创建一个圆形，并设置【半径】为 20.072mm，如图 6-275 所示。

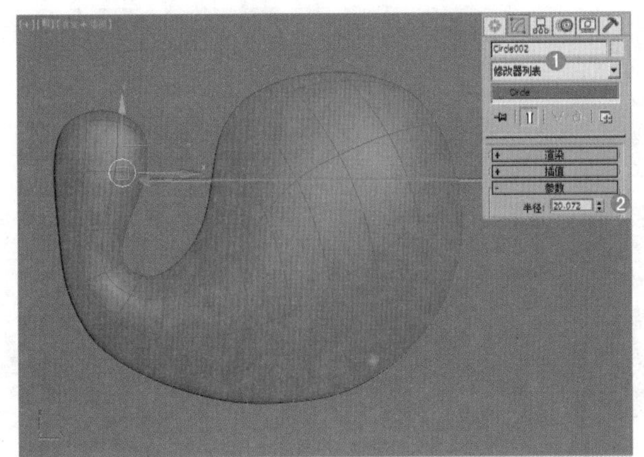

图 6–275

（2）选择玩具模型，单击 ☀（创建）|（几何体）| 复合对象 | 图形合并 按钮，单击【拾取图形】按钮，拾取上一步创建的圆形，如图 6-276 所示。图形合并后删除圆图形，如图 6-277 所示。

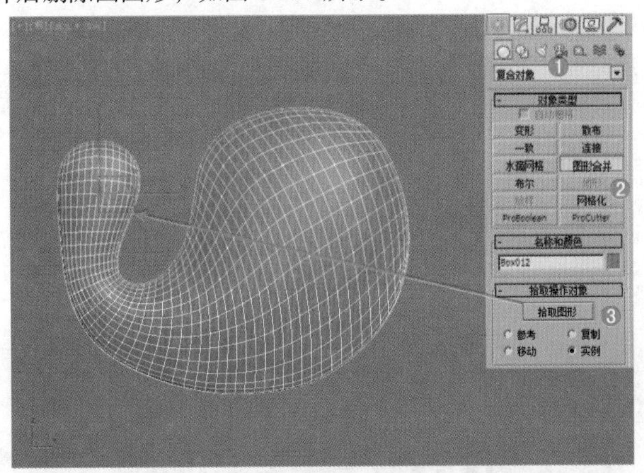

图 6–276

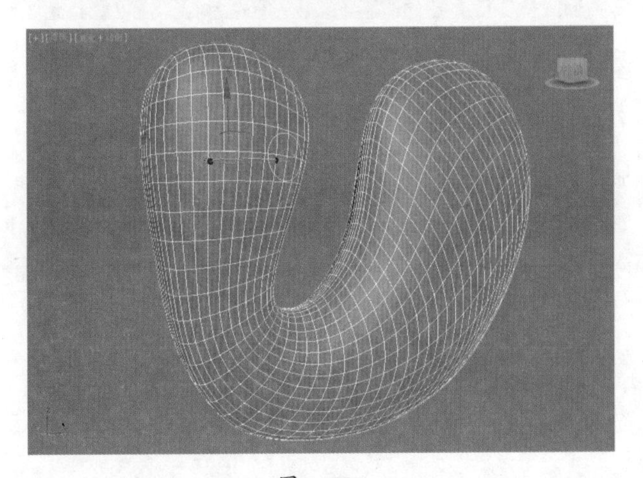

图 6–277

（3）选择玩具模型，在【修改器列表】中加载【编辑多边形】命令，进入【多边形】级别，在前视图中选择如图 6-278 所示的多边形。在【编辑几何体】下，单击 分离 后面的【设置】按钮，在弹出的对话框中单击【确定】按钮，如图 6-279 所示。

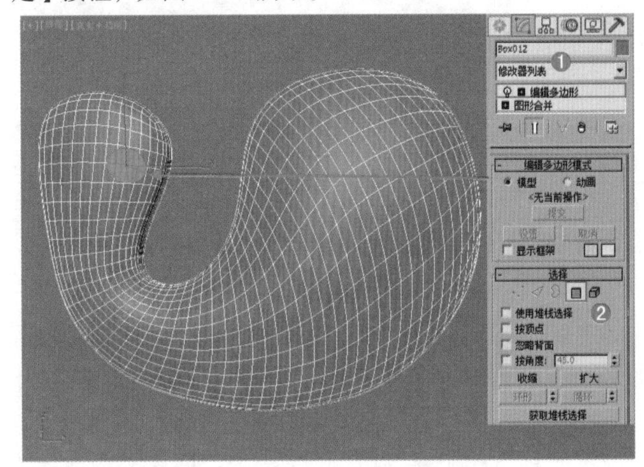

图 6–278

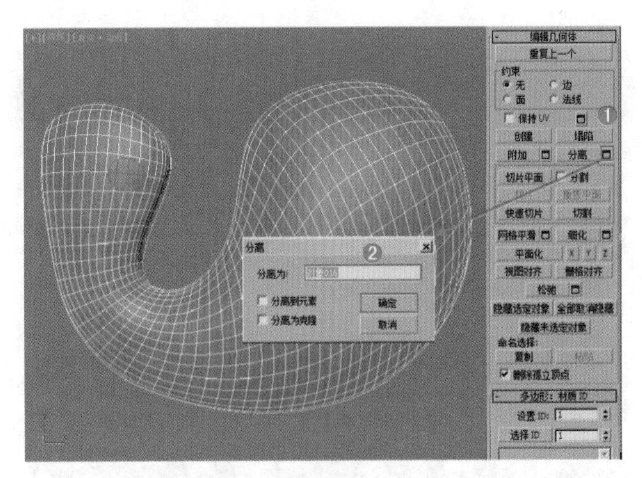

图 6–279

（4）为了更好的区分分离后的效果，给分离后的图形换一种颜色，如图 6-280 所示。用同样的方法制作出另一面的眼睛，如图 6-281 所示。

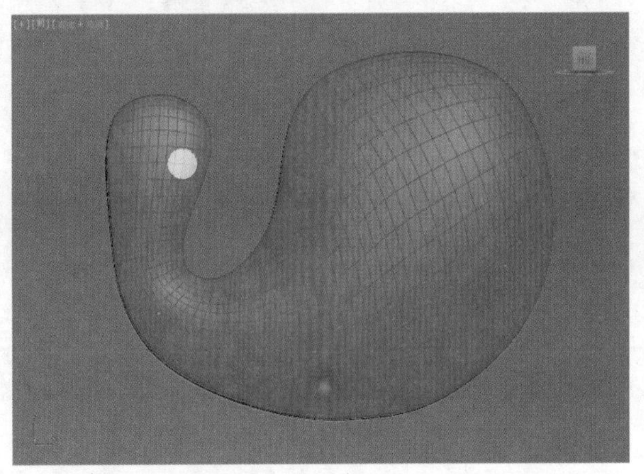

图 6–280

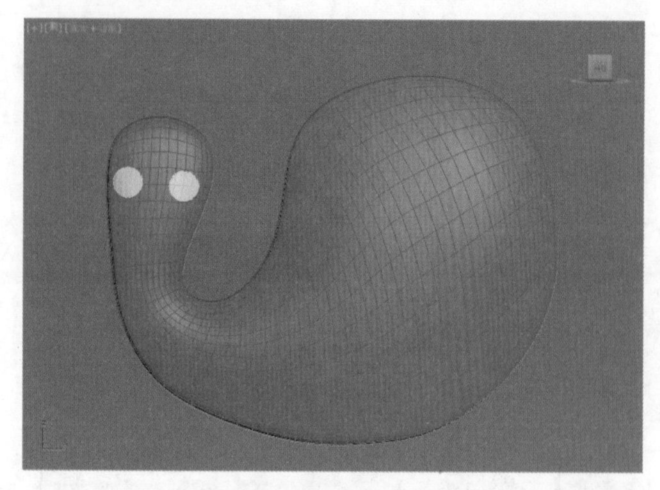

图 6-281

（5）单击 （创建）| （几何体）| 球体 按钮，在前视图中拖拽创建一个球体，设置【半径】为14.517mm，【分段】为32，【半球】为0.6，如图6-282所示。在前视图中拖拽创建一个球体，设置【半径】为8.972mm，【分段】为32，【半球】为0.575，如图6-283所示。

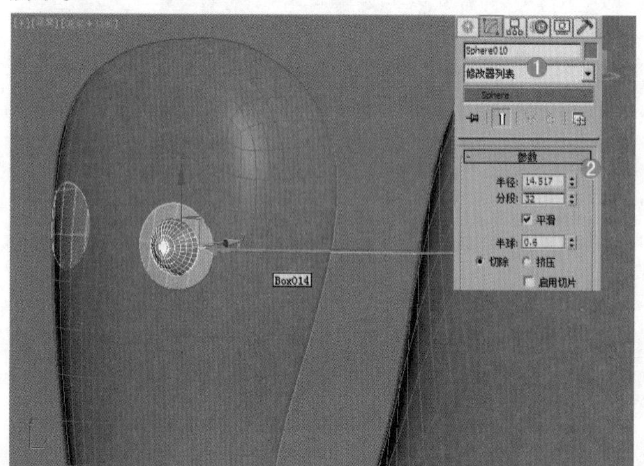

图 6-282

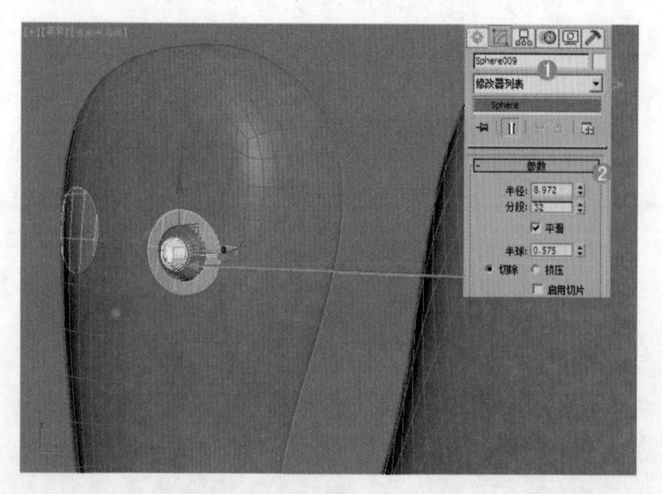

图 6-283

（6）选择上一步创建的两个模型，使用 （选择并移动）工具，按住【Shift】键进行复制，在弹出的【克隆选项】对话框中选择【复制】，设置【副本数】为1，单击【确定】按钮，使用 （选择并移动）工具调整其位置，效果如图6-284所示。

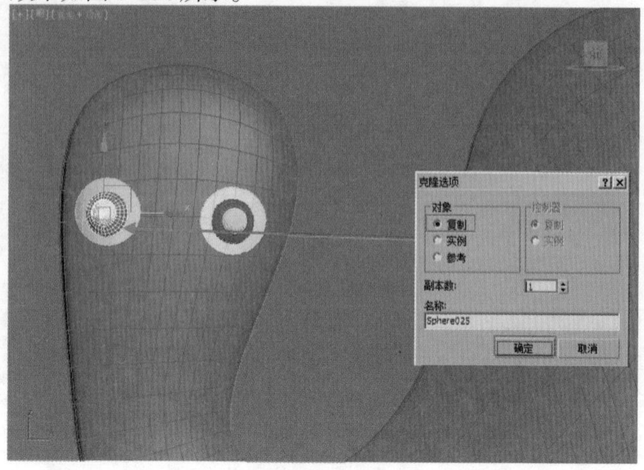

图 6-284

（7）单击 （创建）| （几何体）| 圆柱体 按钮，在顶视图中拖拽创建一个圆柱体，在【修改面板】下设置【半径】为10.0mm，【高度】为200.0mm，如图6-285所示。

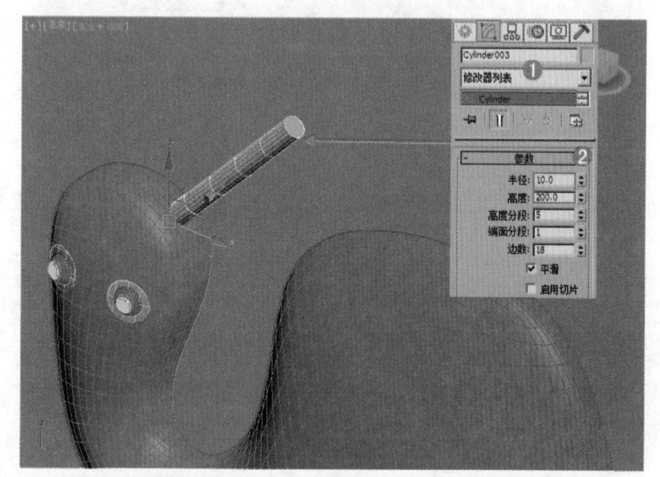

图 6-285

（8）选择上一步创建的模型，在【修改器列表】中加载【编辑多边形】命令，进入【多边形】 级别，选择如图6-286所示的多边形，单击 倒角 按钮后面的【设置】按钮 ，设置【高度】为13.0mm，【轮廓】为10.0，如图6-287所示。

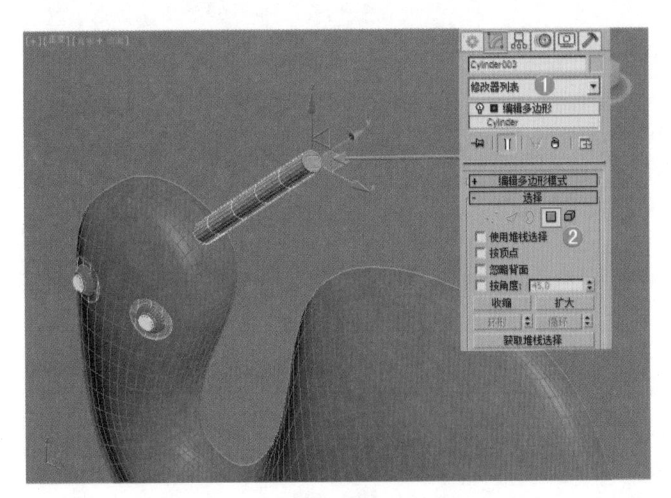

图 6–286

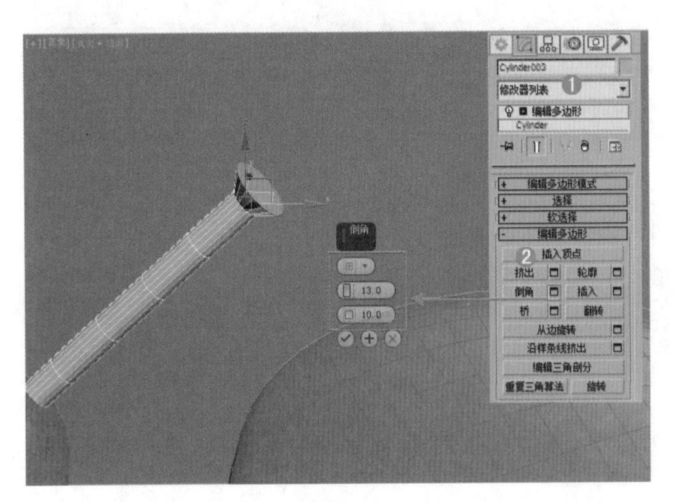

图 6–287

（9）进入【多边形】■级别，选择如图 6-288 所示的多边形，单击 挤出 按钮后面的【设置】按钮■，设置【高度】为 15.0mm，如图 6-289 所示。

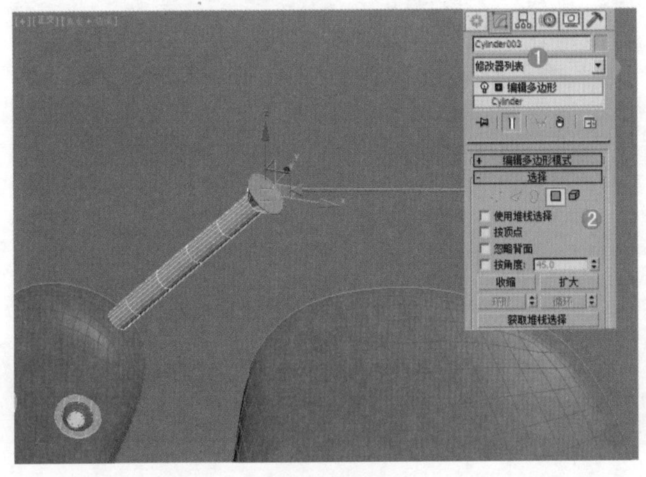

图 6–288

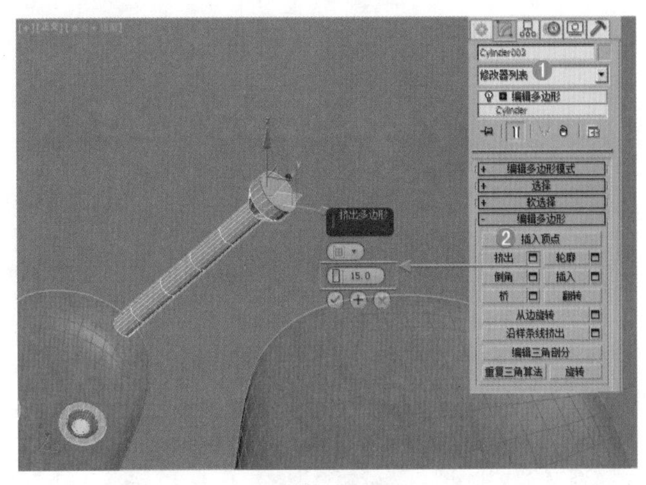

图 6–289

（10）进入【多边形】■级别，选择如图 6-290 所示的多边形，单击 倒角 按钮后面的【设置】按钮■，设置【高度】为 13.0mm，【轮廓】为 – 10.0，如图 6-291 所示。

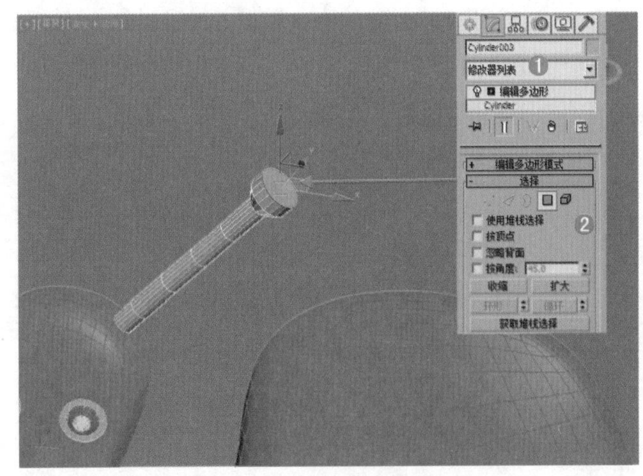

图 6–290

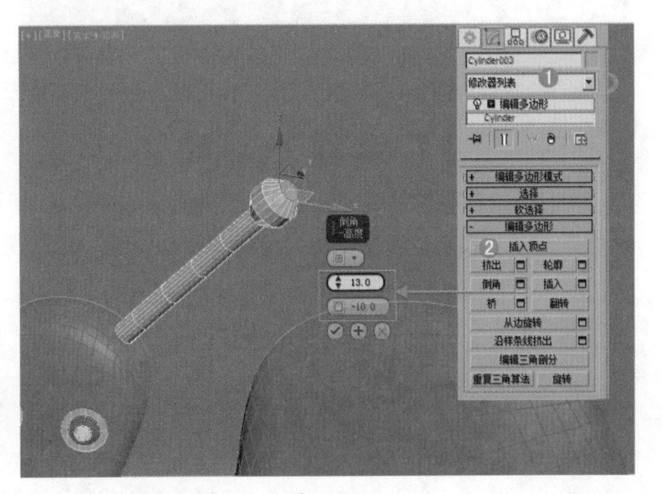

图 6–291

（11）选择上一步的模型，在【修改面板】下加载【网格平滑】命令，在【细分量】卷展栏下，设置【迭代次数】为 3，如图 6-292 所示。

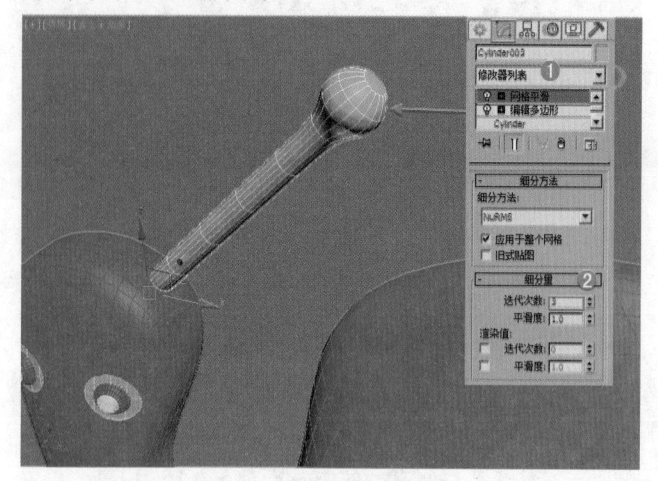

图 6-292

（12）单击工具栏中的（镜像）按钮，在弹出的对话框中，设置【镜像轴】为 X，【偏移】为 – 20，设置【克隆当前选择】为【复制】，单击【确定】按钮，使用（选择并移动）工具调整其位置，如图 6-293 所示。

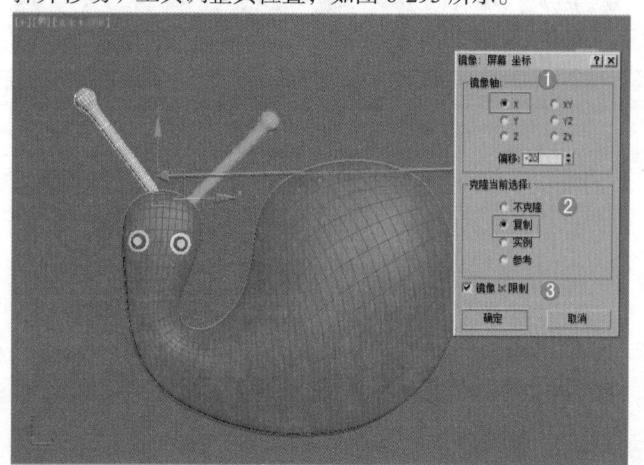

图 6-293

（13）选择玩具模型，进入【编辑多边形】命令，进入【多边形】级别，在前视图中选择如图 6-294 所示的多边形。在【编辑几何体】下，单击 分离 后面的【设置】按钮，在弹出的对话框中单击【确定】按钮，如图 6-295 所示。

（14）为了更好的区分分离后的效果，给分离后的模型换一种颜色，如图 6-296 所示。

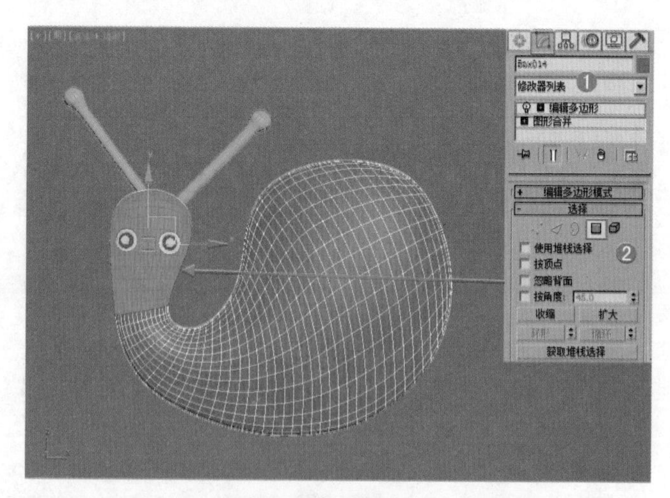

图 6-294

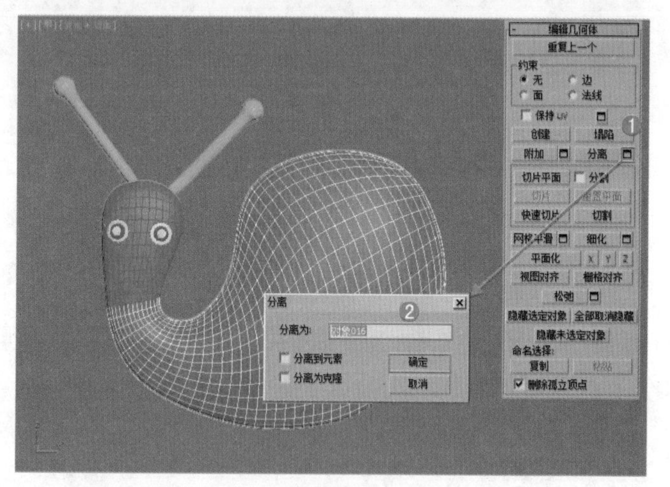

图 6-295

图 6-296

（15）单击（创建）|（图形）| 样条线 | 线 按钮，在前视图中创建如图 6-297 所示的样条线。

（16）选择上一步创建的样条线，进入【编辑样条线】命令，进入【样条线】级别，在前视图中选择如图 6-298 所示的样条线。在几何体下，设置【轮廓】为 16，如图 6-299 所示。

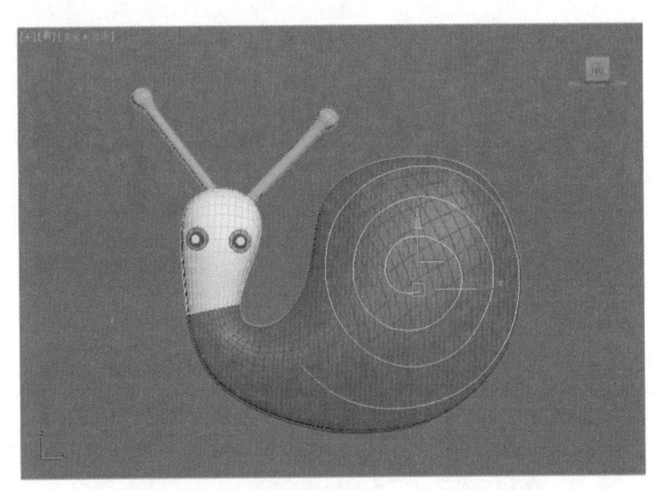

图 6-297

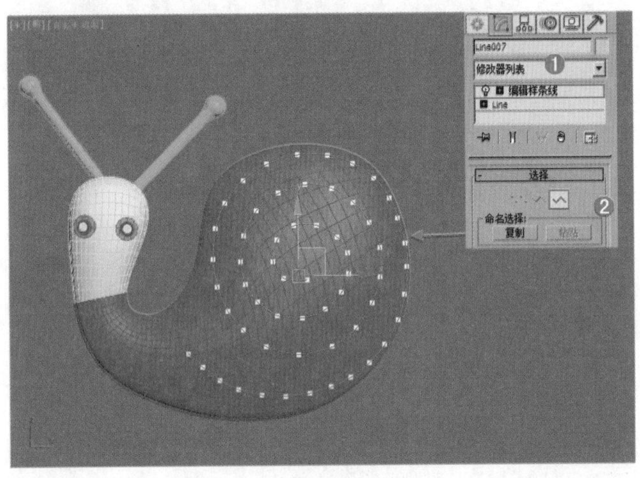

图 6-298

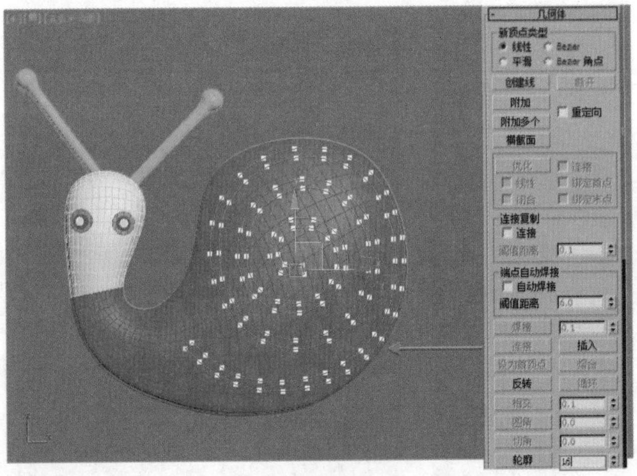

图 6-299

（17）选择玩具模型，单击 （创建）|（几何体）| 复合对象 | 图形合并 按钮，单击【拾取图形】按钮，拾取上一步的样条线，如图 6-300 所示。图形合并后删除样条线，效果如图 6-301 所示。

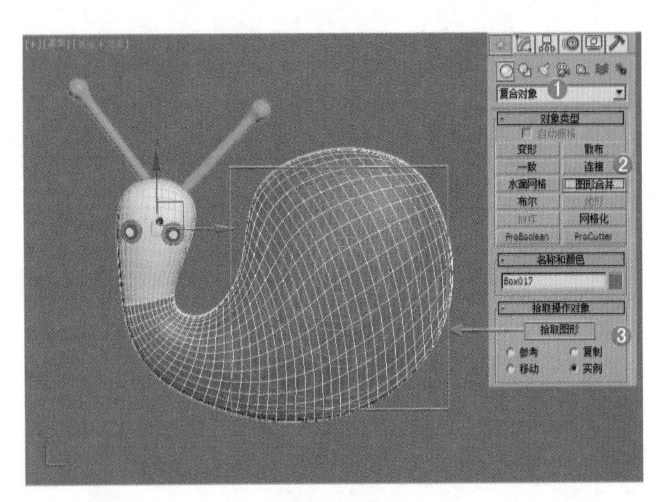

图 6-300

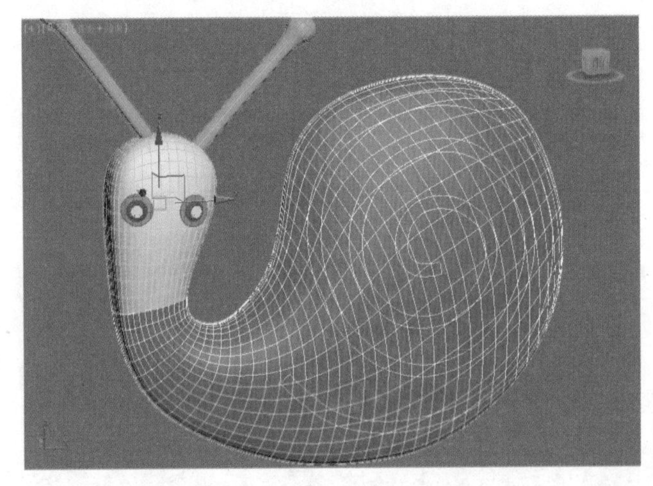

图 6-301

（18）选择玩具模型，进入【编辑多边形】命令，进入【多边形】级别，在前视图中选择如图 6-302 所示的多边形。在【编辑几何体】下，单击 分离 后面的【设置】按钮，在弹出的对话框中单击【确定】按钮，如图 6-303 所示。

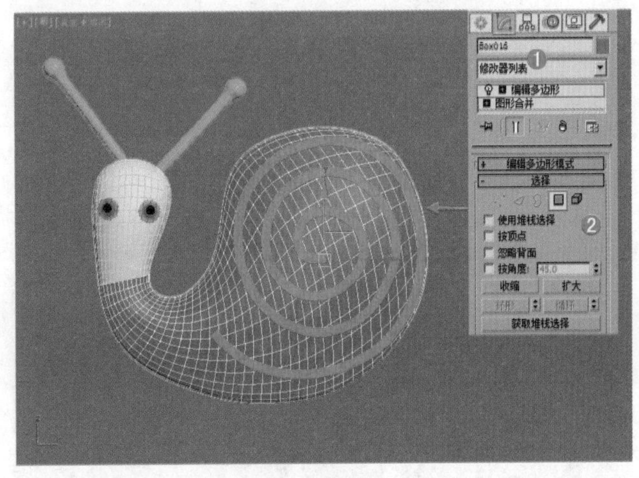

图 6-302

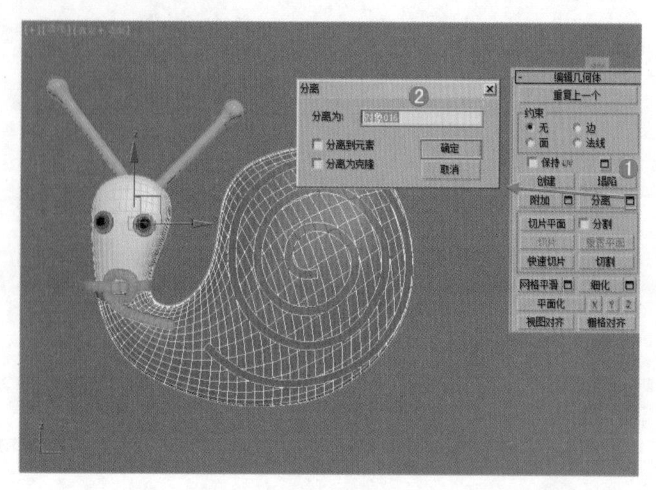

图 6-303

（19）为了更好的区分分离后的效果，给分离后的模型换一种颜色，如图 6-304 所示。

图 6-304

（20）单击（创建）|（图形）| 样条线 | 线 按钮，在透视图中创建如图 6-305 所示的样条线。

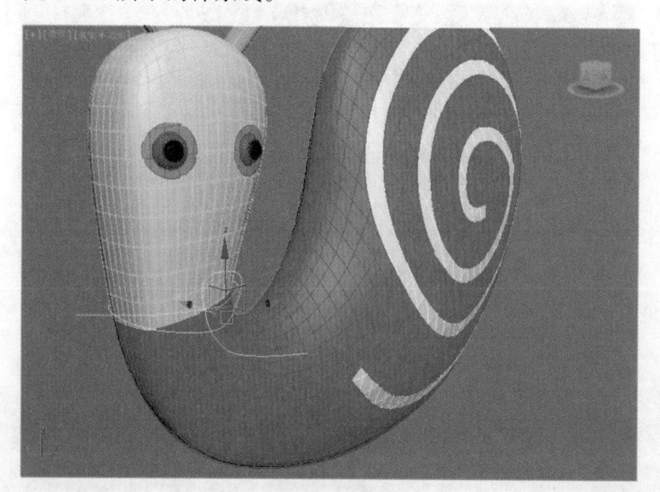

图 6-305

（21）在【修改面板】下展开【渲染】卷展栏，勾选【在渲染中启用】和【在视口中启用】选项，勾选【矩形】选项，设置【长度】为 2.0mm，【宽度】为 22.0mm，效果如图 6-306 所示。

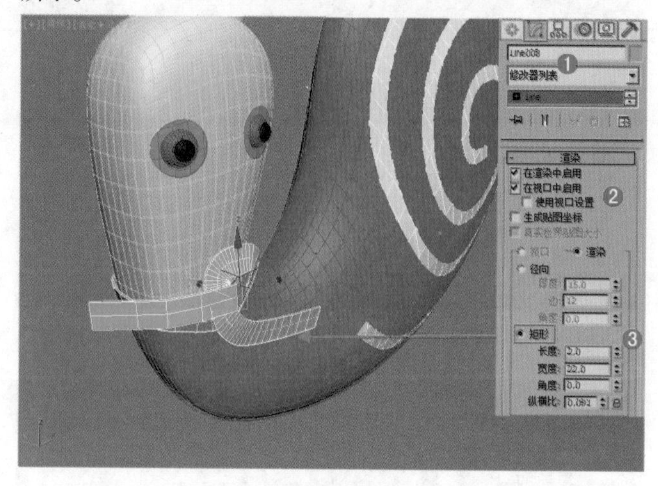

图 6-306

（22）选择上一步的模型，在【修改面板】下加载【网格平滑】命令，在【细分量】卷展栏下，设置【迭代次数】为 3，如图 6-307 所示。

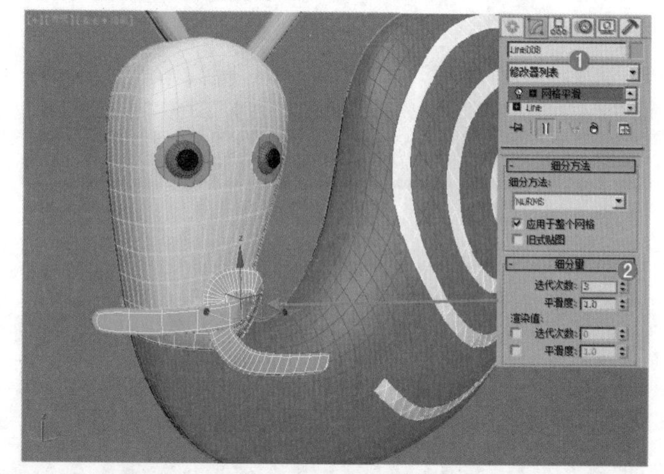

图 6-307

（23）最终模型效果如图 6-308 所示。

图 6-308

第 7 章 NURBS 建模

重点知识掌握：

NURBS 曲面的创建
NURBS 曲线的创建

NURBS 是一种特殊的建模方法，可以制作表面较为光滑的模型效果，包括 NURBS 曲面和 NURBS 曲线两种。图 7-1 所示为 NURBS 优秀作品。

图 7–1

7.1 NURBS 曲面

NURBS 曲面包含【点曲面】和【CV 曲面】两种，如图 7-2 所示。

图 7–2

7.1.1 点曲面

【点曲面】由点来控制模型的形状，每个点始终位于曲面的表面上，如图 7-3 所示。

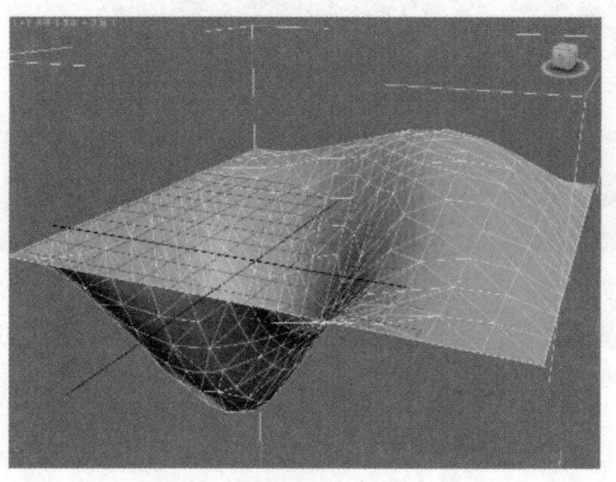

图 7–3

7.1.2　CV 曲面

【CV 曲面】由控制顶点（CV）来控制模型的形状，CV 形成围绕曲面的控制晶格，而不是位于曲面上，如图 7-4 所示。

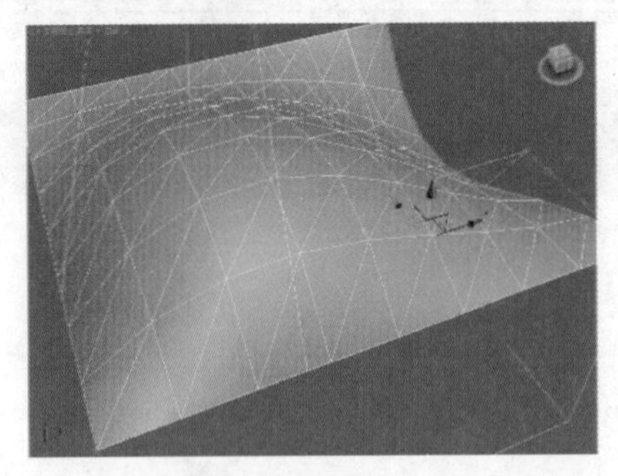

图 7–4

7.2　NURBS 曲线

7.2.1　认识 NURBS 曲线

NURBS 表示非均匀有理数样条线，是设计和建模曲面的行业标准。它特别适合于为含有复杂曲线的曲面建模。NURBS 是常用的方式，这是因为这些对象很容易交互操纵，且创建它们的算法效率高，计算稳定性好。

NURBS 曲线包含【点曲线】和【CV 曲线】两种，如图 7-5 所示。

图 7–5

1. 点曲线

【点曲线】由点来控制曲线的形状，每个点始终位于曲线上，如图 7-6 所示。

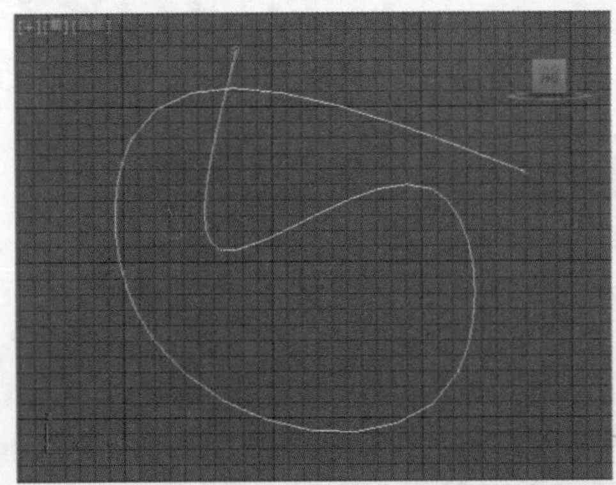

图 7–6

2.CV 曲线

【CV 曲线】由控制顶点（CV）来控制曲线的形状，这些控制顶点不必位于曲线上，如图 7-7 所示。

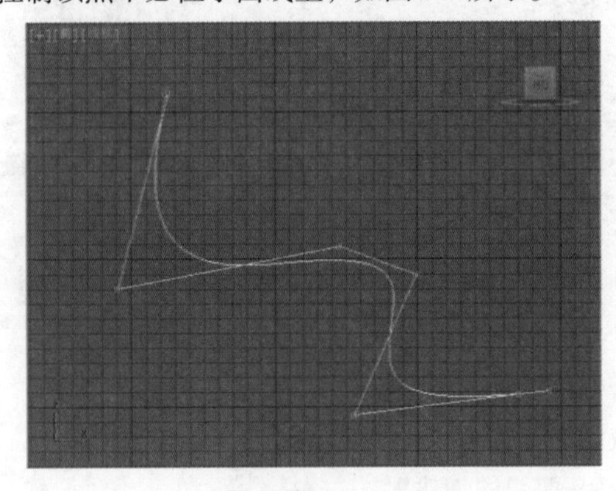

图 7–7

7.2.2　试一下：转换为 NURBS 对象

NURBS 对象可以直接创建出来，也可以通过转换的方法将对象转换为 NURBS 对象。将对象转换为 NURBS 对象的方法主要有以下 3 种。

第 1 种：选择对象，单击鼠标右键，在弹出的菜单中选择【转换为】/【转换为 NURBS】命令，如图 7-8 所示。

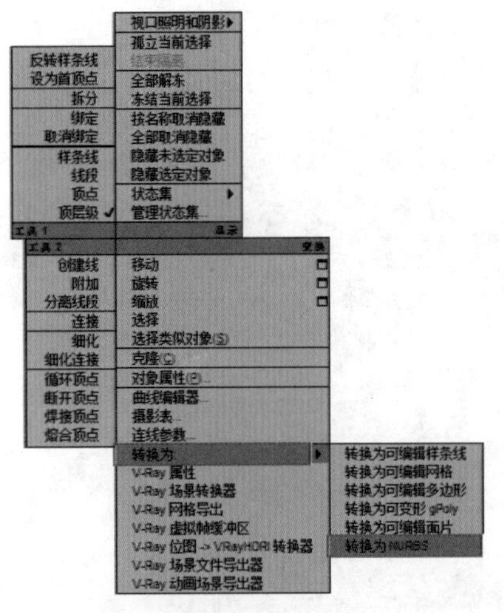

图 7–8

第 2 种：选择对象，进入【修改】面板，在修改器堆栈中的对象上单击鼠标右键，在弹出的菜单中选择 NURBS 命令，如图 7-9 所示。

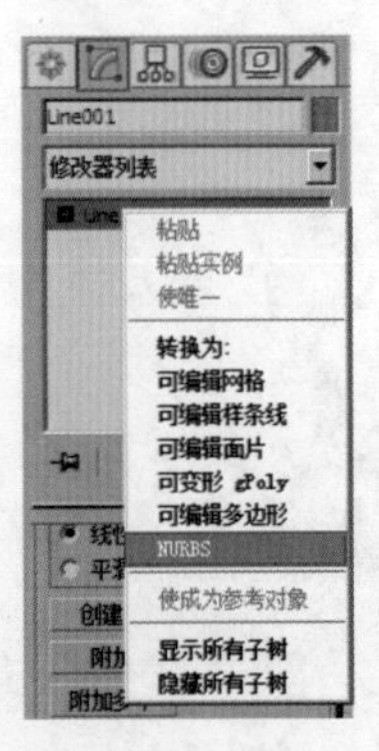

图 7–9

第 3 种：为对象加载【挤出】或【车削】修改器，设置【输出】为 NURBS，如图 7-10 所示。

图 7-10

7.2.3　编辑 NURBS 对象

在 NURBS 对象的参数设置面板中共有 6 个卷展栏，分别是【渲染】、【常规】、【曲线近似】、【创建点】、【创建曲线】和【创建曲面】卷展栏，如图 7-11 所示。

图 7-11

1. 渲染卷展栏

【渲染】卷展栏中的参数与【线】工具中该卷展栏参数是完全一致的，如图 7-12 所示。

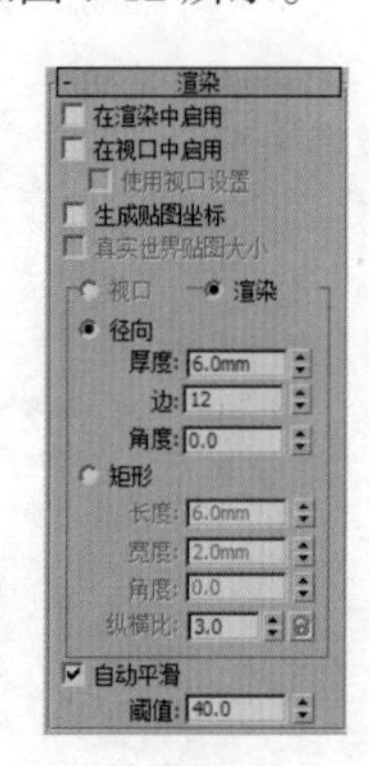

图 7-12

2. 常规卷展栏

【常规】卷展栏中包含【附加】工具、【导入】工具、【显示】方式以及【NURBS】工具箱，如图 7-13 所示。

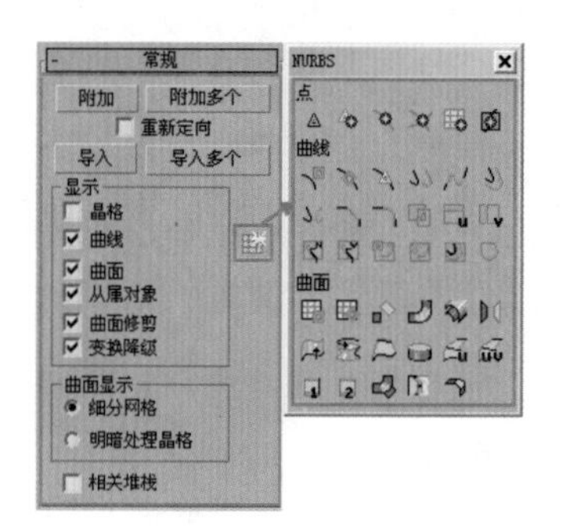

图 7-13

3. 曲线近似卷展栏

【曲线近似】卷展栏与【曲面近似】卷展栏相似，主要用于控制曲线的步数及曲线细分的级别，如图 7-14 所示。

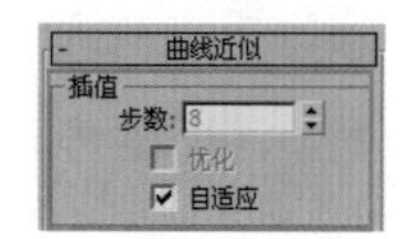

图 7-14

4. 创建点 / 曲线 / 曲面卷展栏

【创建点】、【创建曲线】和【创建曲面】卷展栏中的工具与【NURBS】工具箱中的工具相对应，主要用来创建点、曲线和曲面对象，如图 7-15 所示。

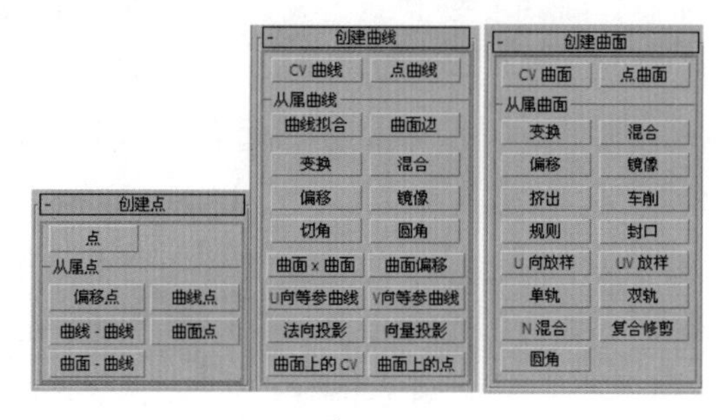

图 7-15

7.2.4　NURBS 工具箱

在【常规】卷展栏下单击【NURBS 创建工具箱】按钮打开【NURBS】工具箱，如图 7-16 所示。【NURBS】工具箱中包含用于创建 NURBS 对象的所有工具，主要分为 3 个功能区，分别是【点】功能区、【曲线】功能区和【曲面】功能区。

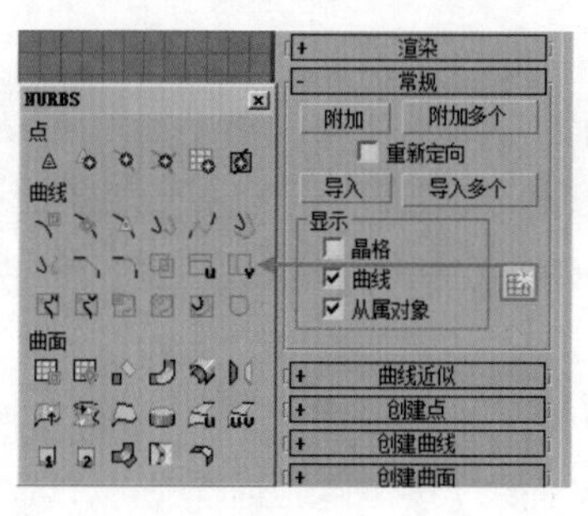

图 7-16

1. 点

- 【创建点】按钮：创建单独的点。
- 【创建偏移点】按钮：根据一个偏移量创建一个点。
- 【创建曲线点】按钮：创建从属曲线上的点。
- 【创建曲线 - 曲线点】按钮：创建一个从属于【曲线 - 曲线】的相交点。
- 【创建曲面点】按钮：创建从属于曲面上的点。
- 【创建曲面 - 曲线点】按钮：创建从属于【曲面 - 曲线】的相交点。

2. 曲线

- 【创建 CV 曲线】按钮：创建一条独立的 CV 曲线子对象。
- 【创建点曲线】按钮：创建一条独立点曲线子对象。
- 【创建拟合曲线】按钮：创建一条从属的拟合曲线。
- 【创建变换曲线】按钮：创建一条从属的变换曲线。
- 【创建混合曲线】按钮：创建一条从属的混合曲线。
- 【创建偏移曲线】按钮：创建一条从属的偏移曲线。
- 【创建镜像曲线】按钮：创建一条从属的镜像曲线。
- 【创建切角曲线】按钮：创建一条从属的切角曲线。
- 【创建圆角曲线】按钮：创建一条从属的圆角曲线。
- 【创建曲面 - 曲面相交曲线】按钮：创建一条从属于【曲面 - 曲面】的相交曲线。
- 【创建 U 向等参曲线】按钮：创建一条从属的 U 向等参曲线。
- 【创建 V 向等参曲线】按钮：创建一条从属的 V 向等参曲线。
- 【创建法线投影曲线】按钮：创建一条从属于法线方向的投影曲线。
- 【创建向量投影曲线】按钮：创建一条从属于向量方向的投影曲线。
- 【创建曲面上的 CV 曲线】按钮：创建一条从属于曲面上的 CV 曲线。
- 【创建曲面上的点曲线】按钮：创建一条从属于曲面上的点曲线。
- 【创建曲面偏移曲线】按钮：创建一条从属于曲面上的偏移曲线。
- 【创建曲面边曲线】按钮：创建一条从属于曲面上的边曲线。

3. 曲面

- 【创建 CV 曲线】按钮：创建独立的 CV 曲面子对象。
- 【创建点曲面】按钮：创建独立的点曲面子对象。
- 【创建变换曲面】按钮：创建从属的变换曲面。
- 【创建混合曲面】按钮：创建从属的混合曲面。
- 【创建偏移曲面】按钮：创建从属的偏移曲面。
- 【创建镜像曲面】按钮：创建从属的镜像曲面。
- 【创建挤出曲面】按钮：创建从属的挤出曲面。
- 【创建车削曲面】按钮：创建从属的车削曲面。
- 【创建规则曲面】按钮：创建从属的规则曲面。
- 【创建封口曲面】按钮：创建从属的封口曲面。
- 【创建 U 向放样曲面】按钮：创建从属的 U 向放样曲面。
- 【创建 UV 放样曲面】按钮：创建从属的 UV 向放样曲面。
- 【创建单轨扫描】按钮：创建从属的单轨扫描曲面。
- 【创建双轨扫描】按钮：创建从属的双轨扫描曲面。
- 【创建多边混合曲面】按钮：创建从属的多边混合曲面。
- 【创建多重曲线修剪曲面】按钮：创建从属的多重曲线修剪曲面。
- 【创建圆角曲面】按钮：创建从属的圆角曲面。

重点 进阶案例 —— 用 NURBS 建模制作抱枕

场景文件	无
案例文件	进阶案例 ——NURBS 建模制作抱枕 .max
视频教学	多媒体教学 /Chapter07/ 进阶案例 ——NURBS 建模制作抱枕 .flv
难易指数	★★★★☆
技术掌握	掌握【CV 曲面】工具和【对称】命令的运用

本例就来学习使用 NURBS 曲面下的【CV 曲面】工具和修改面板下的【对称】命令来完成模型的制作，最终渲染和线框效果如图 7-17 所示。

图 7-17

建模思路

01 STEP 使用 CV 曲面制作模型

02 STEP 使用对称制作模型

抱枕流程图如图 7-18 所示。

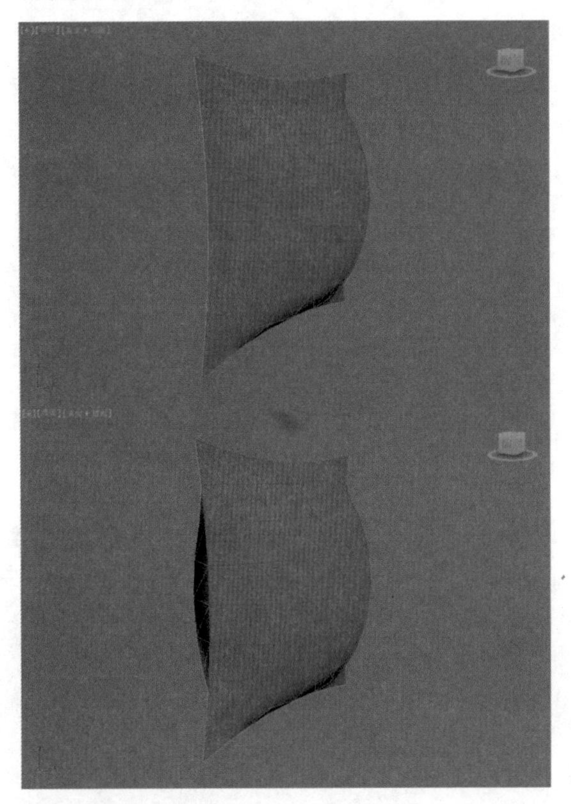

图 7-18

制作步骤

1. 使用 CV 曲面制作模型

（1）启动 3ds Max2014 中文版，单击菜单栏中的【自定义】|【单位设置】命令，此时将弹出【单位设置】对话框，将【显示单位比例】和【系统单位比例】设置为毫米，如图 7-19 所示。

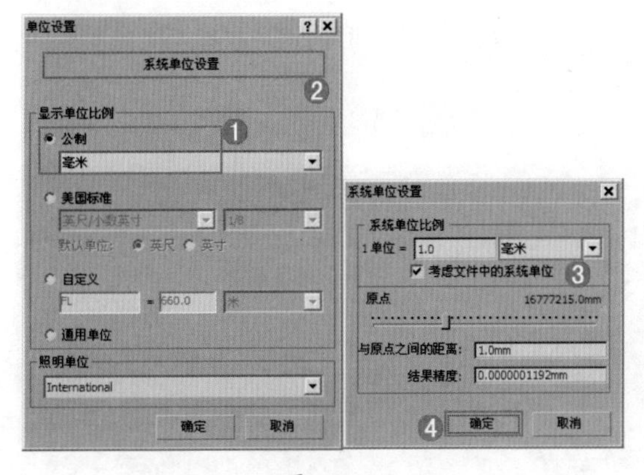

图 7-19

（2）单击 ☀（创建）| ◯（几何体）| NURBS 曲面 | CV 曲面 按钮，在左视图中创建一个 CV 曲面，设置【长度】为 300.0mm，【宽度】为 300.0mm，【长度 CV 数】为 4，【宽度 CV 数】为 4，按【Enter】键确认操作，如图 7-20 所示。

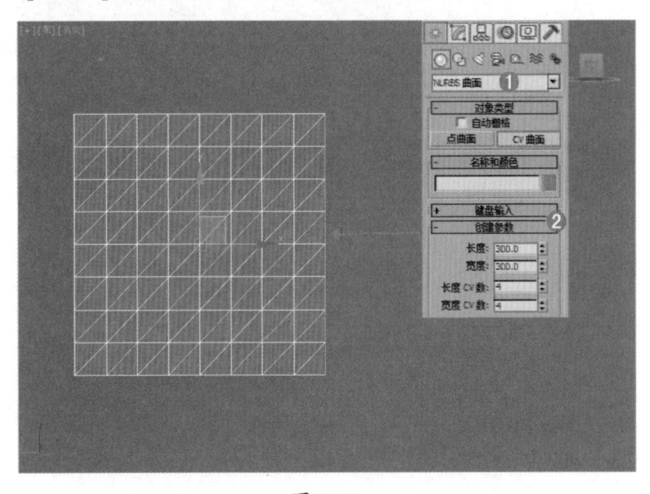

图 7-20

（3）进入【修改面板】，选择【NURBS 曲面】的【曲面 CV】次物体层级，选择中间的 4 个 CV 点，如图 7-21 所示。使用（选择并均匀缩放）工具在左视图中将其向外缩放成如图 7-21 所示的效果。

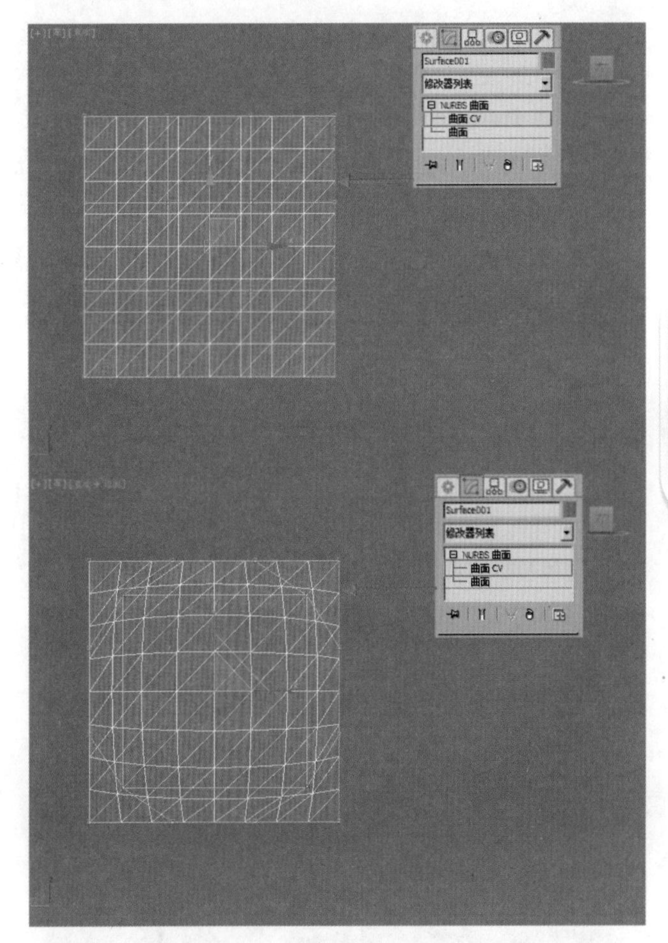

图 7-21

第 7 章

（4）选择如图所示的 CV 点，使用（选择并均匀缩放）工具在左视图中将其向内缩放成如图 7-22 所示的效果。

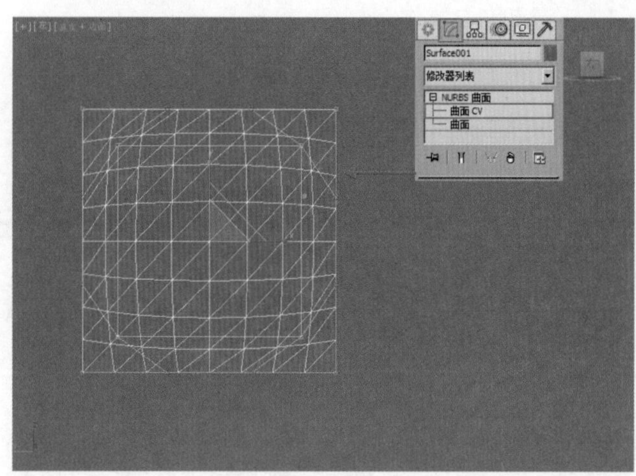

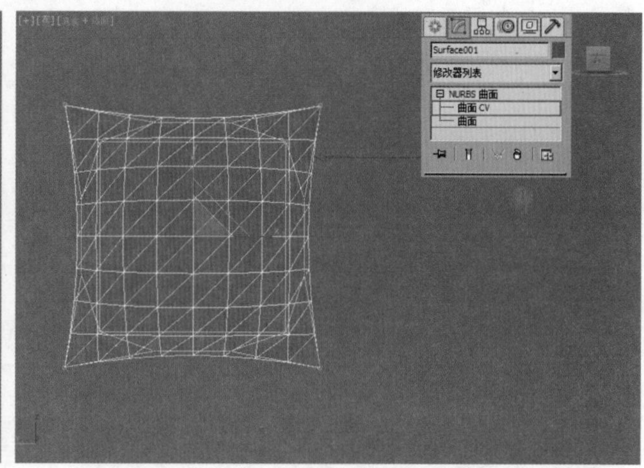

图 7-22

（5）选择中间的 4 个 CV 点，使用（选择并移动）工具，在前视图中将中间的 4 个 CV 点向右拖拽一段距离，如图 7-23 所示。

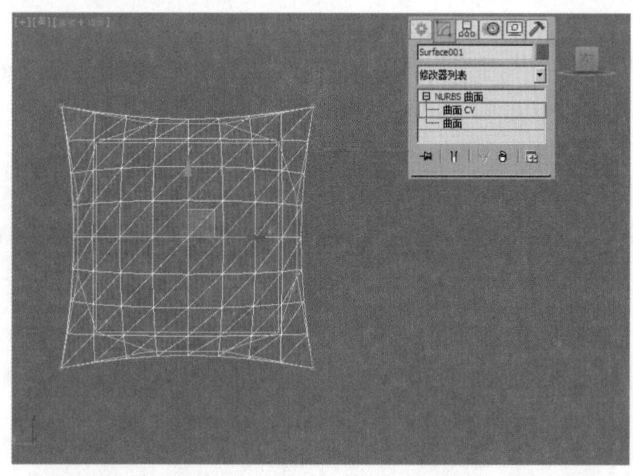

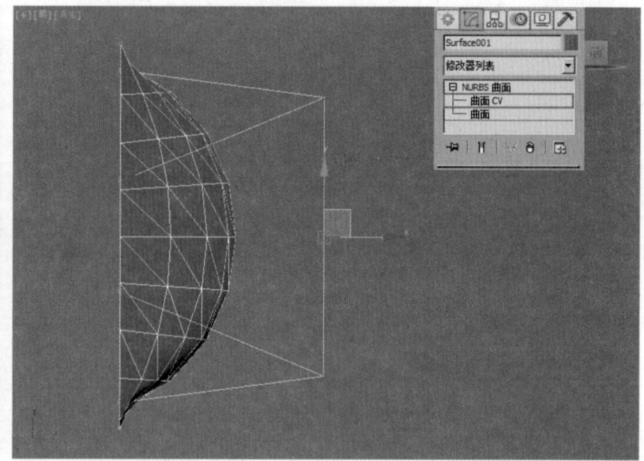

图 7-23

2. 使用对称制作模型

（1）选择创建的模型，在【修改面板】下加载【对称】命令，在【参数】下勾选 Z 轴，取消勾选【沿镜像轴切片】选项，如图 7-24 所示。

（2）最终模型效果如图 7-25 所示。

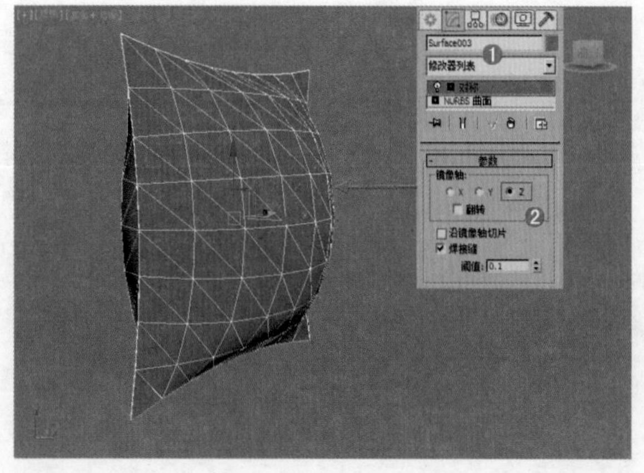

图 7-24

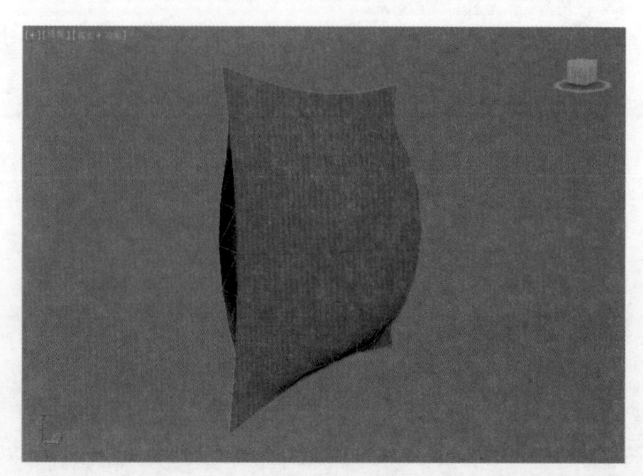

图 7-25

重点 进阶案例——用 NURBS 建模制作花瓶

场景文件	无
案例文件	进阶案例——NURBS 建模制作花瓶 .max
视频教学	多媒体教学 /Chapter07/ 进阶案例——NURBS 建模制作花瓶 .flv
难易指数	★★★★☆
技术掌握	掌握【点曲线】、【创建车削曲面】工具的运用

本例就来学习使用 NURBS 曲线下的【点曲线】和【创建车削曲面】工具来完成模型的制作，最终渲染和线框效果如图 7-26 所示。

图 7-26

建模思路

01 使用点曲线制作模型

02 使用创建车削曲面制作模型

花瓶流程图如图 7-27 所示。

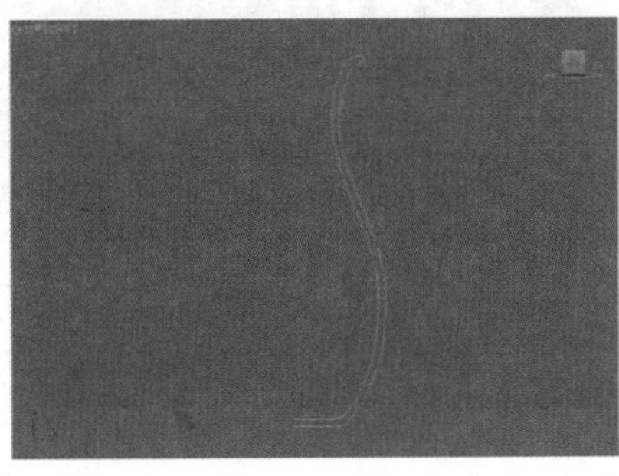

图 7-27

制作步骤

1. 使用点曲线制作模型

单击（创建）|（图形）| NURBS 曲线 | 点曲线 按钮，在前视图中绘制出如图 7-28 所示的点曲线，进入【修改】面板，选择【NURBS 曲线】的【点】次物体层级，单击【点】卷展栏下的 优化 按钮，添加点并进行调整，如图 7-29 所示。

图 7-28

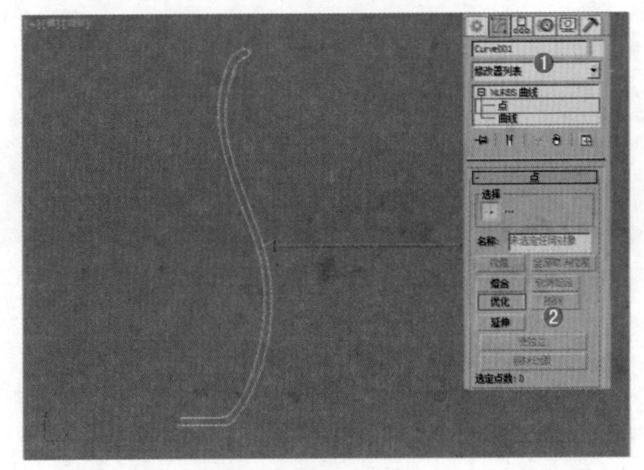

图 7-29

2. 使用创建车削曲面制作模型

（1）进入【修改】面板，在【常规】卷展栏下单击【NURBS 创建工具箱】按钮，打开 NURBS 创建工具箱，如图 7-30 所示。在【NURBS 创建工具箱】中单击【创建车削曲面】按钮，在视图中单击点曲线，如图 7-31 所示。

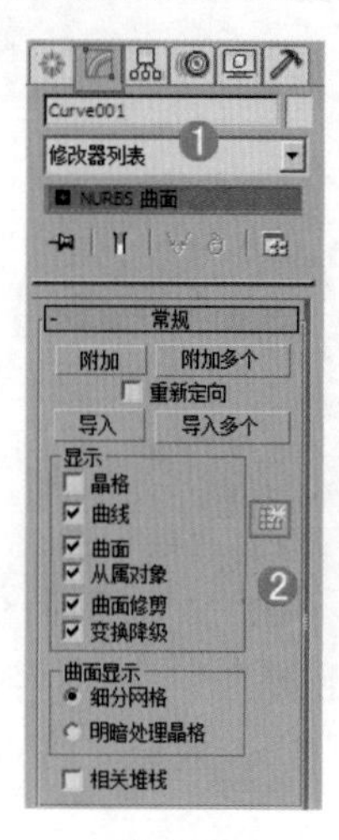

图 7-30

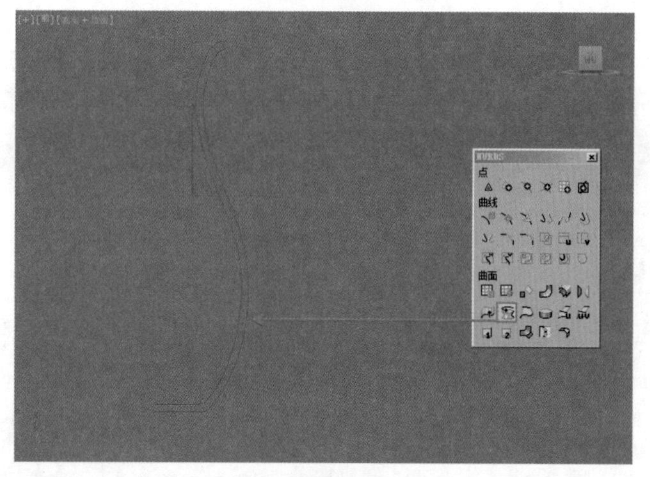

图 7-31

（2）在【车削曲面】卷展栏下设置【方向】为 Y 轴，【对齐】方式为最大，如图 7-32 所示。

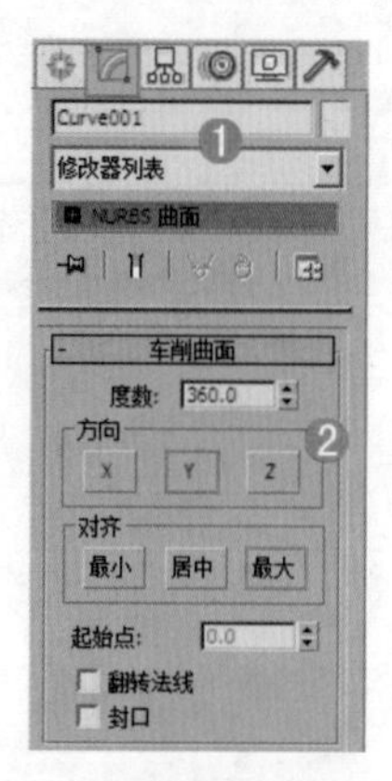

图 7-32

（3）最终模型效果如图 7-33 所示。

图 7-33

第 8 章 VRay 渲染器参数设置

本章学习要点：

掌握 VRay 渲染器的使用方法

测试渲染的参数设置方案

最终渲染的参数设置方案

8.1 初识 VRay 渲染

8.1.1 渲染的概念

在室内设计、影视、动漫、广告制作中，运用的渲染是指应用计算机图形软件，一般包括二维软件、三维软件以及各类影视后期制作软件等，把在计算机中做好的模型、灯光、材质、视频等，通过渲染器，进行渲染，达到我们想要看到的最终效果。因此就需要使用到渲染器，而在室内设计中大部分人群使用 VRay 渲染器。

8.1.2 为什么要渲染

使用 3ds Max 制作作品的目的是将制作的模型、材质、灯光、动画等通过一定的方式表现出来，而在 3ds Max 中必须通过渲染才能得到最终的效果，若不渲染则只能看到 3ds Max 视图中的效果。因此渲染是非常重要的一个步骤，是表现最终真实效果的关键步骤。合理的设置渲染器的参数，可以很好的控制渲染速度、渲染质量等。

8.1.3 试一下：切换为 VRay 渲染器

一般来说在制作完成模型后，首先需要设置渲染器参数，假如不先设置渲染器参数，灯光和材质即使可以设置，也无法测试其效果是否正确。在 3ds Max 中可以单击【渲染设置】按钮，就可以弹出【渲染设置】对话框。

在【公用】选项卡下展开【指定渲染器】卷展栏，单击【产品级】选项后面的【选择渲染器】按钮...，在弹出的【选择渲染器】对话框中选择 VRay Adv2.40.03 即可，如图 8-1 所示。

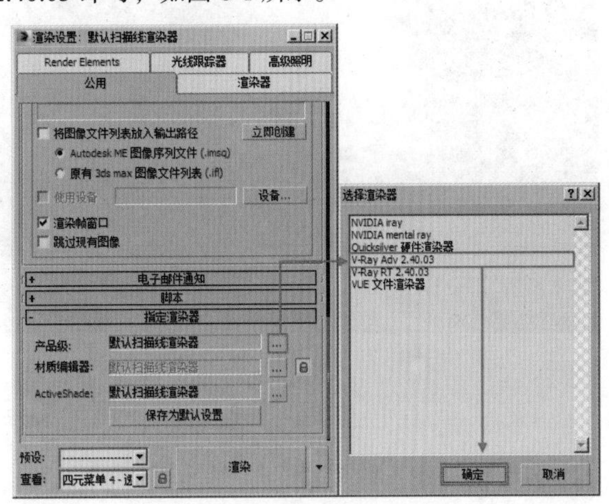

图 8–1

8.1.4 渲染工具

在【主工具栏】右侧提供了多个渲染工具，如图 8-2 所示。

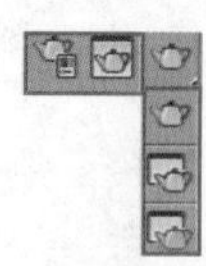

图 8-2

- 【渲染设置】按钮：可以打开【渲染设置】对话框，基本上所有的渲染参数都在该对话框中完成。
- 【渲染帧窗口】按钮：可以选择渲染区域、切换通道和储存渲染图像等任务。
- 【渲染产品】按钮：可以使用当前的产品级渲染设置来渲染场景。
- 【渲染迭代】按钮：可以在迭代模式下渲染场景。
- ActiveShade（动态着色）按钮：可以在浮动的窗口中执行【动态着色】渲染。

8.2 VRay 渲染器

VRay 是由 Chaosgroup 和 Asgvis 公司出品的一款高质量渲染软件。VRay 是目前业界最受欢迎的渲染引擎之一。VRay 渲染器为不同领域的优秀 3D 软件提供了高质量的图片和动画渲染。VRay 广泛应用于建筑设计、室内设计、动画设计、展示设计等多个领域。图 8-3 所示为使用 VRay 渲染器渲染的优秀作品。

图 8-3

VRay 渲染器参数主要包括【公用】、【V-Ray】、【间接照明】、【设置】和【RenderElements（渲染元素）】5 个选项卡，如图 8-4 所示。

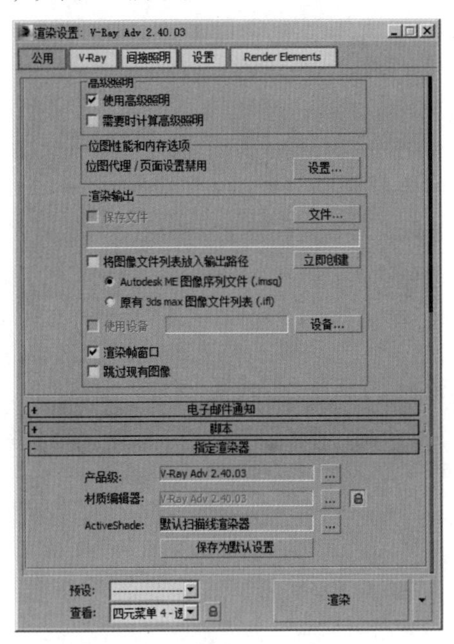

图 8–4

8.2.1　公用

1. 公用参数

“公用参数”卷展栏用来设置所有渲染器的公用参数。其参数设置面板如图 8-5 所示。

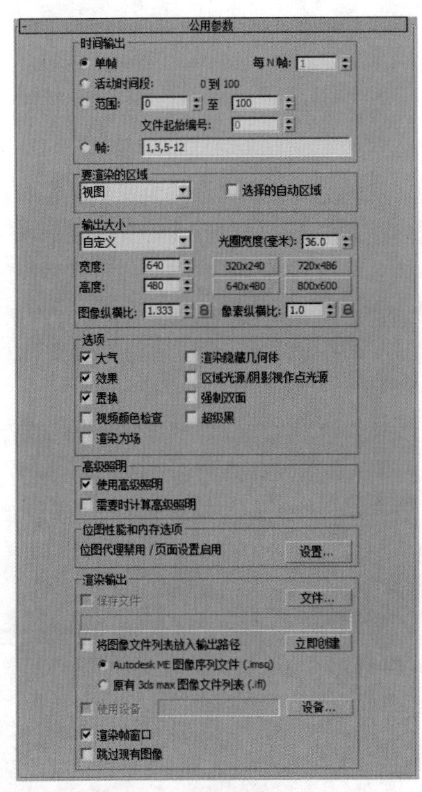

图 8–5

（1）时间输出

在这里可以选择要渲染的帧。其参数设置面板如图 8-6 所示。

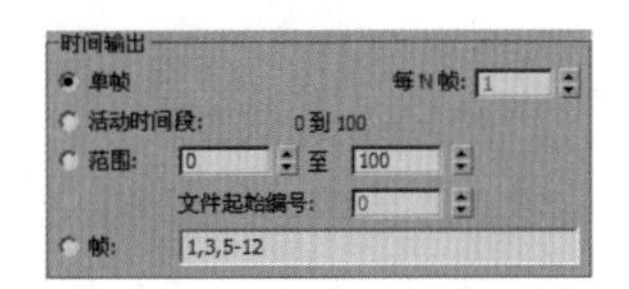

图 8–6

- 单帧：仅当前帧。
- 活动时间段：为显示在时间滑块内的当前帧范围。
- 范围：指定两个数字之间（包括这两个数）的所有帧。
- 帧：可以指定非连续帧，帧与帧之间用逗号隔开（例如 1,3）或连续的帧范围，用连字符相连（例如 0~8）。

（2）要渲染的区域

要渲染的区域控制渲染的区域部分。其参数设置面板如图 8-7 所示。

图 8–7

- 要渲染的区域：分为视图、选定对象、区域、裁剪、放大。
- 选择的自动区域：该选项控制选择的自动渲染区域。

（3）输出大小

该选项卡可以控制最终渲染的宽度和高度尺寸。其参数设置面板如图 8-8 所示。

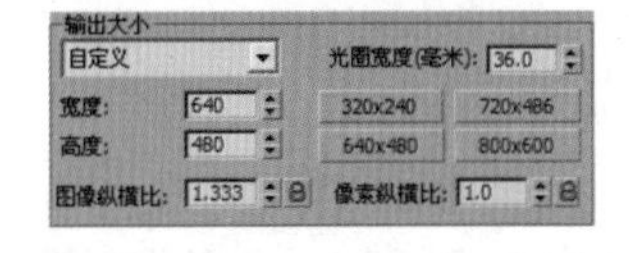

图 8–8

- 光圈宽度（毫米）：指定用于创建渲染输出的摄影机光圈宽度。
- 宽度和高度：以像素为单位指定图像的宽度和高度，从而设置输出图像的分辨率。
- 预设分辨率按钮（320×240、640×480 等）：单击这些按钮之一，选择一个预设分辨率。
- 图像纵横比：设置图像的纵横比。
- 像素纵横比：设置显示在其他设备上的像素纵横比。
- “像素纵横比”左边的锁定按钮：可以锁定像素纵横比。

（4）选项

选项控制渲染的 9 种选项的开关。其参数设置面板如图 8-9 所示。

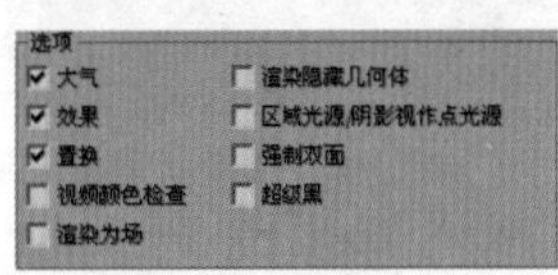

图 8–9

- 大气：启用此选项后，渲染任何应用的大气效果，如体积雾。
- 效果：启用此选项后，渲染任何应用的渲染效果，如模糊。
- 置换：渲染任何应用的置换贴图。
- 视频颜色检查：检查超出 NTSC 或 PAL 安全阈值的像素颜色，标记这些像素颜色并将其改为可接受的值。
- 渲染为场：为视频创建动画时，将视频渲染为场，而不是渲染为帧。
- 渲染隐藏几何体：渲染场景中所有的几何体对象，包括隐藏的对象。
- 区域光源 / 阴影视作点光源：将所有的区域光源或阴影当作从点对象发出的进行渲染，这样可以加快渲染速度。
- 强制双面：双面材质渲染可渲染所有曲面的两个面。
- 超级黑：限制用于视频组合的渲染几何体的暗度。除非确实需要此选项，否则将其禁用。

（5）高级照明

高级照明控制是否使用高级照明。其参数设置面板如图 8-10 所示。

图 8–10

- 使用高级照明：启用此选项后，3ds Max 在渲染过程中提供光能传递解决方案或光跟踪。
- 需要时计算高级照明：启用此选项后，当需要逐帧处理时，3ds Max 计算光能传递。

（6）位图性能和内存选项

位图性能和内存选项控制全局设置和位图代理的数值。其参数设置面板如图 8-11 所示。

图 8–11

- 设置：单击以打开“位图代理”对话框的全局设置和默认值。

（7）渲染输出

渲染输出控制最终渲染输出的参数。其参数设置面板如图 8-12 所示。

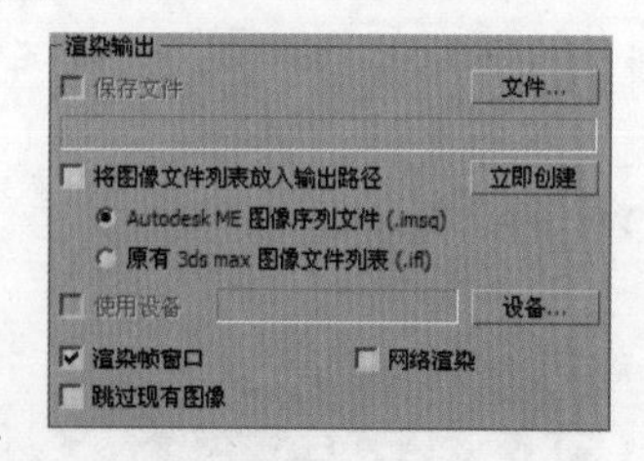

图 8–12

- 保存文件：启用此选项后，进行渲染时 3dsMax 会将渲染后的图像或动画保存到磁盘。
- 文件：打开“渲染输出文件”对话框，指定输出文件名、格式以及路径。
- 将图像文件列表放入输出路径：启用此选项可创建图像序列 (IMSQ) 文件，并将其保存在与渲染相同的目录中。
- 立即创建：单击以“手动”创建图像序列文件。首先必须为渲染自身选择一个输出文件。
- AutodeskME 图像序列文件 (.imsq)：选中此选项之后（默认值），创建图像序列 (IMSQ) 文件。
- 原有 3ds max 图像文件列表 (.ifl)：选中此选项之后，可创建由 3ds Max 的旧版本创建的各种图像文件列表 (IFL) 文件。
- 使用设备：将渲染的输出发送到像录像机这样的设备上。
- 渲染帧窗口：在渲染帧窗口中显示渲染输出。
- 网络渲染：启用“网络渲染”，在渲染时将看到“网络作业分配”对话框。
- 跳过现有图像：启用此选项且启用“保存文件”后，渲染器将跳过序列中已经渲染到磁盘中的图像。

2. 电子邮件通知

使用此卷展栏可使渲染作业发送电子邮件通知，如网络渲染。其参数设置面板如图 8-13 所示。

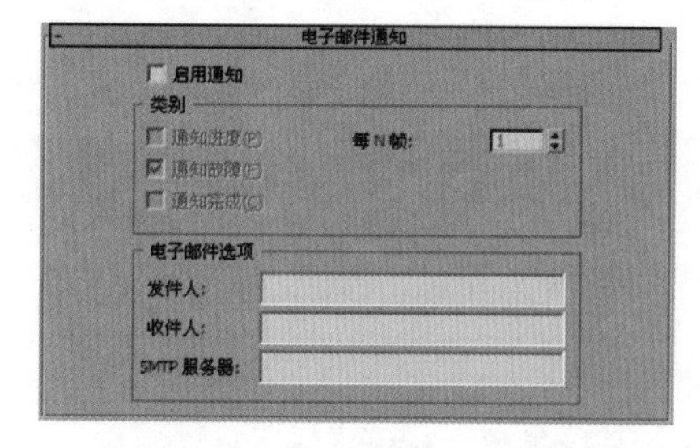

图 8–13

- 启用通知：启用此选项后，渲染器将在某些事件发生时发送电子邮件通知。默认设置为禁用状态。
- 通知进度：发送电子邮件以表明渲染进度。
- 通知故障：只有在出现阻止渲染完成的情况时才发送电子邮件通知。默认设置为启用。
- 通知完成：当渲染作业完成时，发送电子邮件通知。默认设置为禁用状态。
- 发件人：输入启动渲染作业的用户的电子邮件地址。
- 收件人：输入需要了解渲染状态的用户的电子邮件地址。
- SMTP 服务器：输入作为邮件服务器使用的系统的数字 IP 地址。

3. 脚本

使用“脚本”卷展栏可以指定在渲染之前和之后要运行的脚本。其参数设置面板如图 8-14 所示。

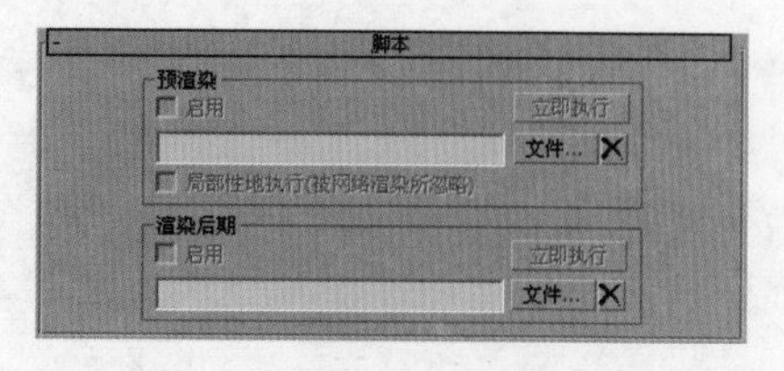

图 8–14

（1）预渲染

- 启用：启用该选项之后，启用脚本。
- 立即执行：单击可“手动”执行脚本。
- 文件名字段：选定脚本之后，该字段显示其路径和名称。可以编辑该字段。
- 文件：单击可打开“文件”对话框，并且选择要运行的预渲染脚本。
- 删除文件☒：单击可删除脚本。
- 本地执行（被网络渲染忽略）：启用之后，必须本地运行脚本。如果使用网络渲染，则忽略脚本。

（2）渲染后期

- 启用：启用该选项之后，启用脚本。
- 立即执行：单击可“手动”执行脚本。
- 文件名字段：选定脚本之后，该字段显示其路径和名称。可以编辑该字段。
- 文件：单击可打开“文件”对话框，并且选择要运行的后期渲染脚本。
- 删除文件☒：单击可删除脚本。

4. 指定渲染器

对于每个渲染类别，该卷展栏显示当前指定的渲染器名称和可以更改该指定的按钮。其参数设置面板如图 8-15 所示。

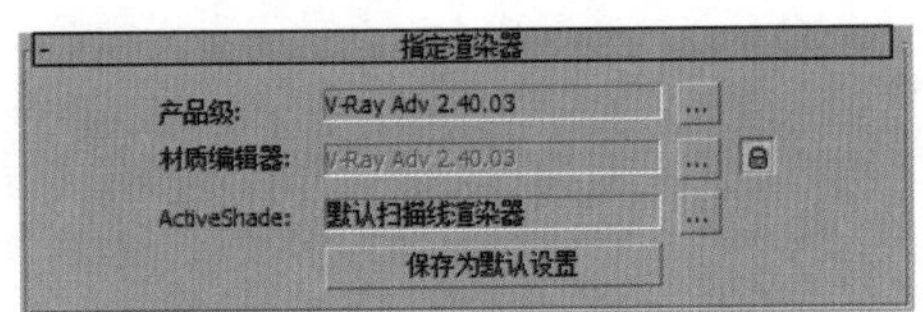

图 8–15

- 选择渲染器按钮[...]：单击带有省略号的按钮可更改渲染器指定。
- 产品级：用于渲染图形输出的渲染器。
- 材质编辑器：用于渲染“材质编辑器”中示例的渲染器。
- 锁定按钮🔒：默认情况下，示例窗渲染器被锁定为与产品级渲染器相同的渲染器。
- ActiveShade：用于预览场景中照明和材质更改效果的 ActiveShade 渲染器。
- 保存为默认设置：单击该选项可将当前渲染器指定保存为默认设置，以便下次重新启动 3ds Max 时它们处于活动状态。

8.2.2　V–Ray

1. 授权

【V-Ray:: 授权】卷展栏下主要呈现的是 VRay 的注册信息，注册文件一般都放置在 C:\ProgramFiles\CommonFiles\ChaosGroup\vrlclient.xml 中，如图 8-16 所示。

图 8–16

2. 关于 VR

在【关于 VRay】展卷栏下，可以看到关于 VRay 的官方网站地址、渲染器的版本等，如图 8-17 所示。

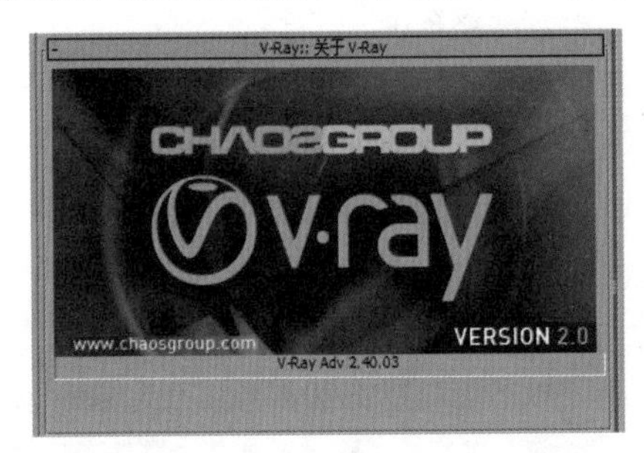

图 8–17

3. 帧缓冲区

【帧缓冲区】卷展栏下的参数可以代替 3dsMax 自身的帧缓冲窗口。这里可以设置渲染图像的大小，以及保存渲染图像等，其参数设置面板如图 8-18 所示。

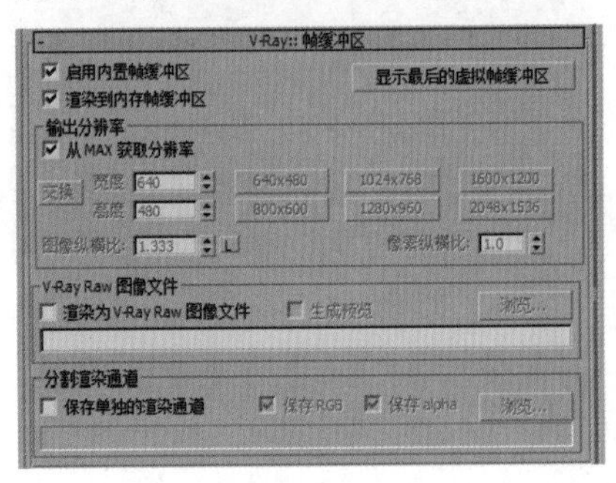

图 8–18

- 启用内置帧缓冲区：当选择这个选项的时候，可以使用 VRay 自身的渲染窗口。需要注意，应该关闭 3dsMax 默认的渲染窗口，这样可以节约一些内存资源，如图 8-19 所示。

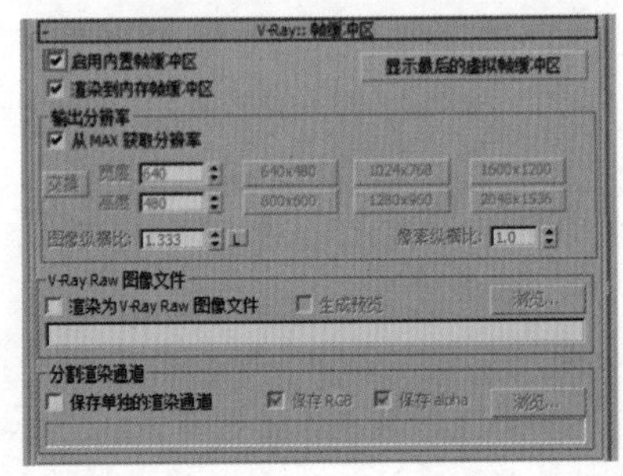

图 8–19

- 渲染到内存帧缓冲区：当勾选该选项时，可以将图像渲染到内存，再由帧缓存窗口显示出来，可以方便用户观察渲染过程。

- 从Max获取分辨率：当勾选该选项时，将从3dsMax的【渲染设置】对话框的【公用】选项卡的【输出大小】选项组中获取渲染尺寸；当关闭该选项时，将从 VRay 渲染器的【输出分辨率】选项组中获取渲染尺寸。
- 像素长宽比：控制渲染图像的长宽比。
- 宽度：设置像素的宽度。
- 长度：设置像素的长度。
- 渲染为 VRayRaw 图像文件：控制是否将渲染后的文件保存到所指定的路径中。
- 保存单独的渲染通道：控制是否单独保存渲染通道。
- 保存 RGB：控制是否保存 RGB 色彩。
- 保存 Alpha：控制是否保存 Alpha 通道。
- 浏览... 按钮：单击该按钮可以保存RGB和Alpha文件。

4. 全局开关

【全局开关】展卷栏下的参数主要用来对场景中的灯光、材质、置换等进行全局设置，比如是否使用默认灯光、是否开启阴影、是否开启模糊等，其参数设置面板如图 8-20 所示。

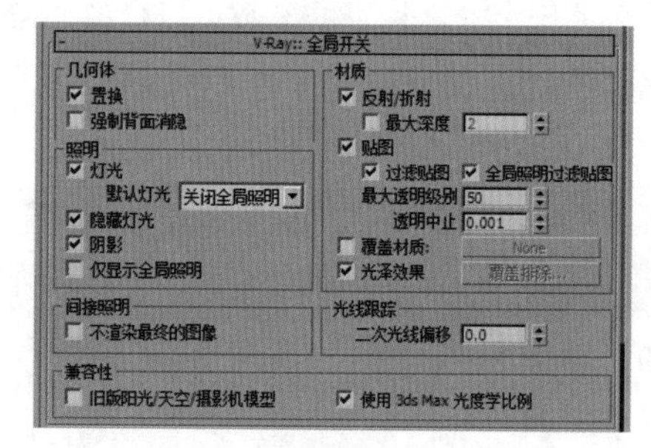

图 8-20

（1）几何体

- 置换：控制是否开启场景中的置换效果。在 VRay 的置换系统中，一共有两种置换方式，材质置换和 VRay 置换修改器，如图 8-21 所示。当关闭该选项时，场景中的两种置换都将失去作用。

图 8-21

- 强制背面消隐：【强制背面消隐】与【创建对象时背面消隐】选项相似，但【创建对象时背面消隐】只用于视图，对渲染没有影响，而【强制背面消隐】是针对渲染而言的，勾选该选项后反法线的物体将不可见。

（2）照明

- 灯光：控制是否开启场景中的光照效果。当关闭该选项时，场景中放置的灯光将不起作用。
- 默认灯光：控制场景是否使用 3dsMax 系统中的默认光照，一般情况下都不勾选它。
- 隐藏灯光：控制场景是否让隐藏的灯光产生光照。这个选项对于调节场景中的光照非常方便。
- 阴影：控制场景是否产生阴影。
- 仅显示全局照明：当勾选该选项时，场景渲染结果只显示全局照明的光照效果。

（3）间接照明

- 不渲染最终的图像：控制是否渲染最终图像。如果勾选该选项，VRay 将在计算完光子以后，不再渲染最终图像。

（4）材质

- 反射 / 折射：控制是否开启场景中的材质的反射和折射效果。
- 最大深度：控制整个场景中的反射、折射的最大深度，后面的输入框数值表示反射、折射的次数。
- 贴图：控制是否让场景中的物体的程序贴图和纹理贴图渲染出来。如果关闭该选项，渲染出来的图像就不会显示贴图，取而代之的是漫反射通道里的颜色。
- 过滤贴图：用来控制 VRay 渲染时是否使用贴图纹理过滤。如果勾选该选项，VRay 将用自身的【抗锯齿过滤器】来对贴图纹理进行过滤，如图 8-22 所示；如果关闭该选项，将以原始图像进行渲染。

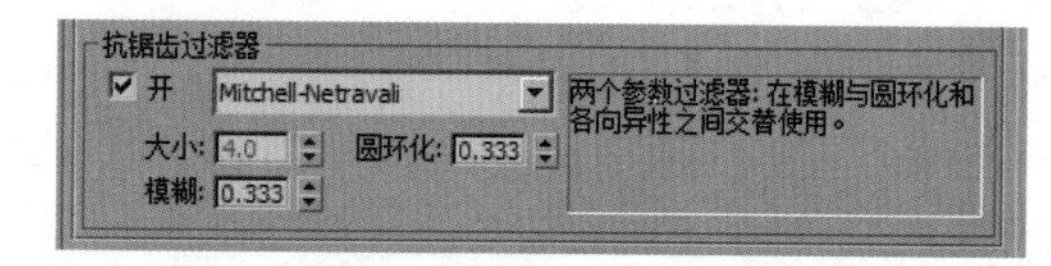

图 8-22

- 全局照明过滤贴图：控制是否在全局照明中过滤贴图。
- 最大透明级别：控制透明材质被光线追踪的最大深度。值越高，被光线追踪的深度越深，效果越好，但渲染速度会变慢。
- 透明中止：控制 VRay 渲染器对透明材质的追踪终止值。当光线透明度的累计比当前设定的阀值低时，将停止光线透明追踪。
- 覆盖材质：当在后面的通道中设置了一个材质后，那么场景中所有的物体都将使用该材质进行渲染，这在测试阳光的方向时非常有用。
- 光泽效果：是否开启反射或折射模糊效果。当关闭该选项时，场景中带模糊的材质将不会渲染出反射或折射模糊效果。

（5）光线跟踪

- 二次光线偏移：设置光线发生二次反弹的时候的偏移距离，主要用于检查建模时有无重面，并且纠正其反射出现的错误，在默认的情况下将产生黑斑，一般设为 0.001。

（6）兼容性

- 旧版阳光 / 天光 / 摄影模型：由于 3dsMax 存在版本问题，因此该选项可以选择是否启用旧版阳光 / 天光 / 摄影模型。
- 使用 3dsMax 光度学比例：默认情况下是勾选该选项的，也就是默认是使用 3dsMax 光度学比例的。

5. 图像采样器（反锯齿）

抗锯齿在渲染设置中是一个必须调整的参数，其数值的大小决定了图像的渲染精度和渲染时间，但抗锯齿与全局照明精度的高低没有关系，只作用于场景物体的图像和物体的边缘精度，其参数设置面板如图 8-23 所示。

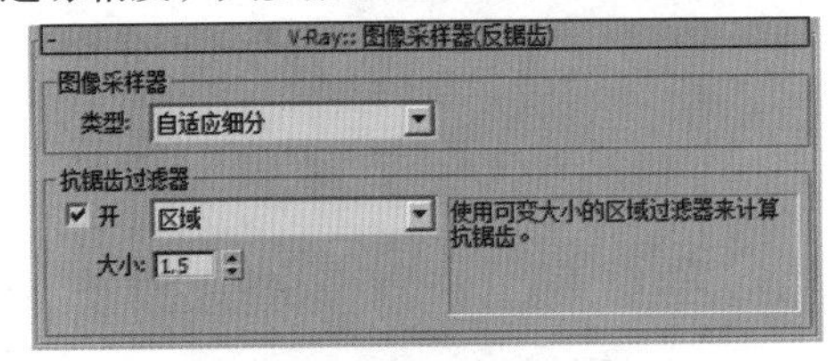

图 8–23

- 类型：用来设置【图像采样器】的类型，包括【固定图像采样器】、【自适应 DMC 图像采样器】和【自适应细分图像采样器】3 种类型。
    - 固定图像采样器：对每个像素使用一个固定的细分值。该采样方式适合拥有大量的模糊效果（比如运动模糊、景深模糊、反射模糊、折射模糊等）或者具有高细节纹理贴图的场景，渲染速度比较快。其参数面板如图 8-24 所示，【细分】值越高，采样品质越高，渲染时间也越长。

图 8–24

- 自适应 DMC 图像采样器：这种采样方式可以根据每个像素以及与它相邻像素的明暗差异，使不同像素使用不同的样本数量。在角落部分使用较高的样本数量，在平坦部分使用较低的样本数量。该采样方式适合拥有少量的模糊效果或者具有高细节的纹理贴图以及具有大量几何体面的场景，其参数设置面板如图 8-25 所示。

图 8–25

- 自适应细分图像采样器：这个采样器适用在没有或者有少量的模糊效果的场景中，这种情况下，它的渲染速度最快。但在具有大量细节和模糊效果的场景中，它的渲染速度会非常慢，渲染质量也不高，这是因为它需要去优化模糊和大量的细节，这样就需要对模糊和大量细节进行预计算，从而把渲染速度降低，其参数面板如图 8-26 所示。该采样方式是 3 种采样类型中最占内存资源的一种，而【固定图像采样器】占的内存资源最少。

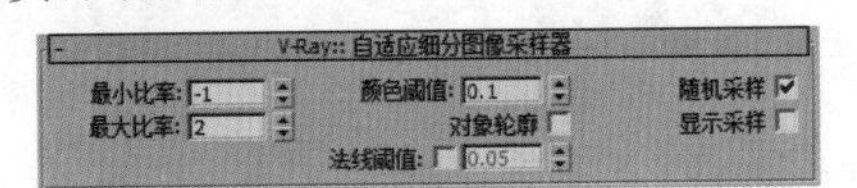

图 8–26

- 抗锯齿过滤器：设置渲染场景的抗锯齿过滤器。当勾选【开启】选项以后，可以从后面的下拉列表中选择一个抗锯齿方式来对场景进行抗锯齿处理；如果不勾选【开启】选项，那么渲染时将使用纹理抗锯齿过滤型。
    - 开：当关闭抗锯齿过滤器时，常用于测试渲染，渲染速度非常快、质量较差，如图 8-27 所示。

图 8–27

- 区域：用区域大小来计算抗锯齿，如图 8-28 所示。

图 8–28

- 清晰四方形：来自 NeslonMax 算法的清晰 9 像素重组过滤器，如图 8-29 所示。

图 8–29

◦ Catmull-Rom：一种具有边缘增强的过滤器，可以产生较清晰的图像效果，如图 8-30 所示。

图 8-30

◦ 图版匹配 /MAXR2：使用 3dsMaxR2 方法将摄影机和场景或【无光 / 投影】与未过滤的背景图像匹配，如图 8-31 所示。

图 8-31

◦ 四方形：和【清晰四方形】相似，能产生一定的模糊效果，如图 8-32 所示。

图 8-32

◦ 立方体：基于立方体的 25 像素过滤器，能产生一定的模糊效果，如图 8-33 所示。

图 8-33

◦ 视频：适合于制作视频动画的一种抗锯齿过滤器，如图 8-34 所示。

图 8-34

◦ 柔化：用于程度模糊效果的一种抗锯齿过滤器，如图 8-35 所示。

图 8-35

◦ Cook 变量：一种通用过滤器，较小的数值可以得到清晰的图像效果，如图 8-36 所示。

图 8-36

◦ 混合：一种用混合值来确定图像清晰或模糊的抗锯齿过滤器，如图 8-37 所示。

图 8-37

◦ Blackman：一种没有边缘增强效果的抗锯齿过滤器，如图 8-38 所示。

图 8-38

◦ Mitchell-Netravali：一种常用的过滤器，能产生微量模糊的图像效果，如图 8-39 所示。

图 8-39

◦ VRayLanczos/VRaySincFilter：可以很好地平衡渲染速度和渲染质量，如图 8-40 所示。

图 8-40

◦ VRayBox/VRayTriangleFilter：以【盒子】和【三角形】的方式进行抗锯齿。如图 8-41 所示。

图 8-41

• 大小：设置过滤器的大小。

6. 自适应 DMC 图像采样器

【自适应确定性蒙特卡洛】采样器是一种高级抗锯齿采样器。在【图像采样器】选项组下设置【类型】为【自适应确定性蒙特卡洛】，此时系统会增加一个自适应 DMC 图像采样器卷展栏，如图 8-42 所示。

图 8–42

• 最小比率：定义每个像素使用样本的最小数量。
• 最大比率：定义每个像素使用样本的最大数量。
• 颜色阈值：色彩的最小判断值，当色彩的判断达到这个值以后，就停止对色彩的判断。具体一点就是分辨哪些是平坦区域，哪些是角落区域。这里的色彩应该理解为色彩的灰度。
• 使用确定性蒙特卡洛采样器阈值：若勾选该选项，【颜色阈值】将不起作用，而是采用【DMC 采样器】里的阈值。
• 显示采样：勾选该选项后，可以看到【自适应确定性蒙特卡洛】的样本分布情况。

当我们设置【图像采样器】类型为【自适应细分】时，对应的会出现【自适应细分图像采样器】的卷展栏，如图 8-43 所示。

图 8–43

• 对象轮廓：勾选的时候使得采样器强制在物体的边进行超级采样而不管它是否需要进行超级采样。
• 法线阈值：勾选将使超级采样沿法线方向急剧变化。
• 随机采样：该选项默认为勾选，可以控制随机的采样。

7. 环境

【环境】卷展栏分为【全局照明环境（天光）覆盖】、【反射 / 折射环境覆盖】和【折射环境覆盖】3 个选项组，如图 8-44 所示。

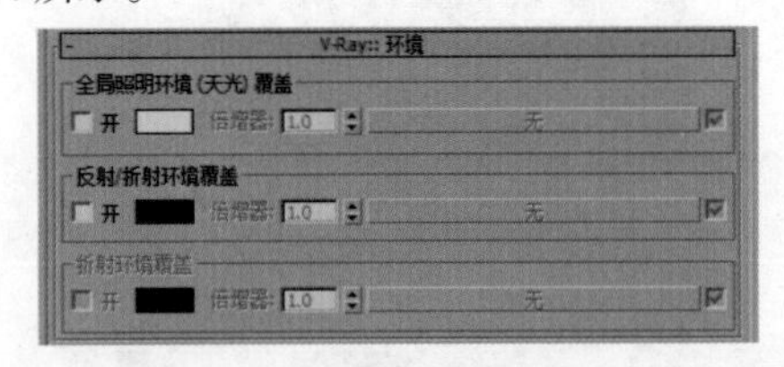

图 8–44

（1）全局照明环境（天光）覆盖

• 开：控制是否开启 VRay 的天光。
• 颜色：设置天光的颜色。
• 倍增器：设置天光亮度的倍增。值越高，天光的亮度越高。
• None（无）按钮 无 ：选择贴图来作为天光的光照。

（2）反射 / 折射环境覆盖

• 开：当勾选该选项后，当前场景中的反射环境将由它来控制。
• 颜色：设置反射环境的颜色。
• 倍增器：设置反射环境亮度的倍增。值越高，反射环境的亮度越高。
• None（无）按钮 无 ：选择贴图来作为反射环境。可以在通道上加载 HDRI 贴图以制作出真实的环境反射效果，如图 8-45 所示。

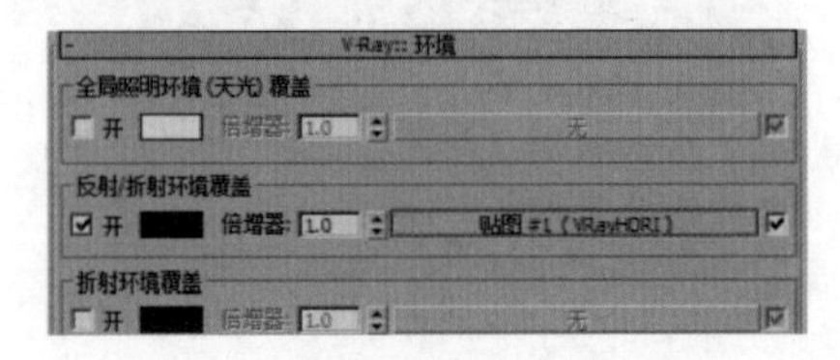

图 8–45

图 8-46 所示为未添加和添加 HDRI 贴图的对比效果。

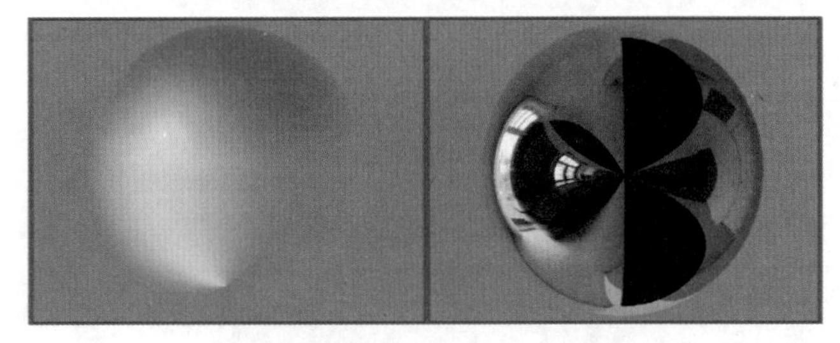

图 8–46

（3）折射环境覆盖

• 开：当勾选该选项后，当前场景中的折射环境由它来控制。
• 颜色：设置折射环境的颜色。
• 倍增器：设置反射环境亮度的倍增。值越高，折射环境的亮度越高。
• None（无）按钮 无 ：选择贴图来作为折射环境。

8. 颜色贴图

【颜色贴图】卷展栏下的参数用来控制整个场景的色彩和曝光方式，其参数设置面板如图 8-47 所示。

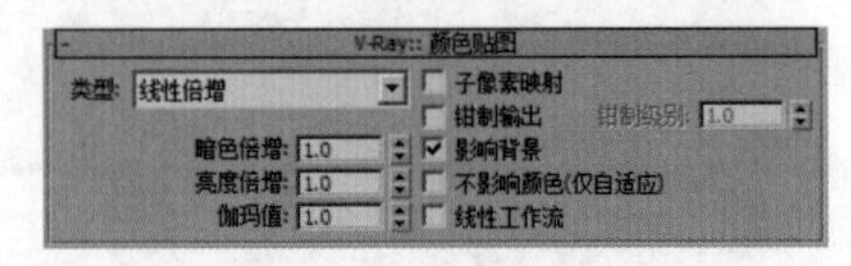

图 8–47

• 类型：提供不同的曝光模式，包括【线性倍增】、【指数】、【HSV 指数】、【强度指数】、【伽玛校正】、【强度伽玛】和【莱因哈德】7 种模式。
  ◦ 线性倍增：这种模式将基于最终色彩亮度来进行线性的倍增，容易产生曝光效果，不建议使用，如图 8-48 所示。

图 8-48

◦ 指数：这种曝光是采用指数模式，它可以降低靠近光源处表面的曝光效果，产生柔和效果，建议使用，如图 8-49 所示。

图 8-49

◦ HSV 指数：与【指数】曝光相似，不同在于可保持场景的饱和度，但是这种方式会取消高光的计算，如图 8-50 所示。

图 8-50

◦ 强度指数：这种方式是对上面两种指数曝光的结合，既抑制曝光效果，又保持物体的饱和度，如图 8-51 所示。

图 8-51

◦ 伽玛校正：采用伽玛来修正场景中的灯光衰减和贴图色彩，其效果和【线性倍增】曝光模式类似，如图 8-52 所示。

图 8-52

◦ 强度伽玛：这种曝光模式不仅拥有【伽玛校正】的优点，同时还可以修正场景灯光的亮度，如图 8-53 所示。

图 8-53

◦ 莱因哈德：这种曝光方式可以把【线性倍增】和【指数】曝光混合起来，如图 8-54 所示。

图 8–54

• 子像素映射：在实际渲染时，物体的高光区与非高光区的界限处会有明显的黑边，该选项可解决这个问题。
• 钳制输出：勾选该选项后，在渲染图中有些无法表现出来的色彩会通过限制来自动纠正。
• 影响背景：控制是否让曝光模式影响背景。当关闭该选项时，背景不受曝光模式的影响。
• 不影响颜色（仅自适应）：在使用 HDRI 和【VR 灯光材质】时，若不开启该选项，【颜色贴图】卷展栏下的参数将对这些具有发光功能的材质或贴图产生影响。
• 线性工作流：该选项就是一种通过调整图像的灰度值，使得图像得到线性化显示的技术流程。

9. 像机

【V-Ray:: 摄像机】是 VRay 系统里的一个摄像机特效功能。可以制作景深和运动模糊等效果，如图 8-55 所示。

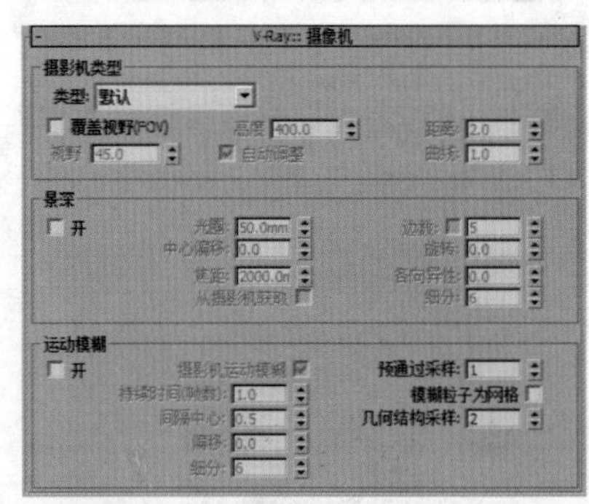

图 8–55

（1）摄影机类型

【摄影机类型】选项组主要用来定义三维场景投射到平面的不同方式，其具体参数如图 8-56 所示。

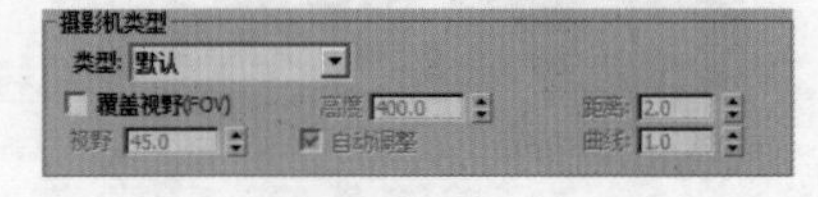

图 8–56

• 类型：VRay 支持 7 种摄影机类型，它们分别是【默认】、【球形】、【圆柱（点）】、【圆柱（正交）】、【盒】、【鱼眼】和【变形球（旧式）】。
• 覆盖视野（FOV）：替代 3dsMax 默认摄影机的视角，默认摄影机的最大视角为 180°，而这里的视角可为 360°。
• 视野：这个值可以替换 3dsMax 默认的视角值，最大值为 360°。
• 高度：当仅使用【圆柱（正交）】摄影机时，该选项才可用，用于设定摄影机高度。
• 自动调整：当使用【鱼眼】和【变形球（旧式）】摄影机时，该选项才可用。
• 距离：当使用【鱼眼】摄影机时，该选项才可用。在关闭【自适应】选项的情况下，【距离】选项用来控制摄影机到反射球之间的距离，值越大，表示摄影机到反射球之间的距离越大。
• 曲线：当使用【鱼眼】摄影机时，该选项才可用，主要用来控制渲染图形的扭曲程度。值越小，扭曲程度越大。

（2）景深

【景深】选项组主要用来模拟摄影中的景深效果，其参数设置面板如图 8-57 所示。

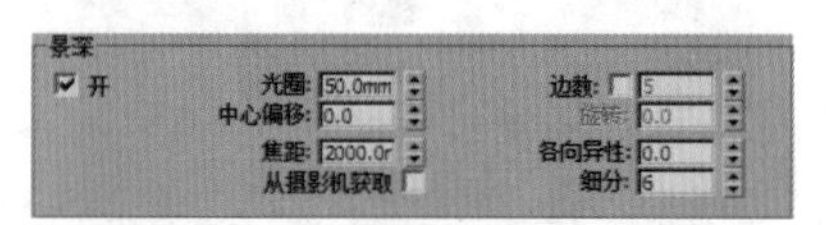

图 8–57

• 开：控制是否开启景深。
• 光圈：【光圈】值越小，景深越大；【光圈】值越大，景深越小，模糊程度越高。
• 中心偏移：这个参数主要用来控制模糊效果的中心位置，值为 0 表示以物体边缘均匀向两边模糊；正值表示模糊中心向物体内部偏移；负值则表示模糊中心向物体外部偏移。
• 焦距：摄影机到焦点的距离，焦点处的物体最清晰。
• 从摄影机获取：当勾选该选项时，焦点由摄影机的目标点确定。
• 边数：这个选项用来模拟物理世界中的摄影机光圈的多边形形状。比如 5 就代表五边形。
• 旋转：光圈多边形形状的旋转。
• 各向异性：控制多边形形状的各向异性，值越大，形状越扁。
• 细分：用于控制景深效果的品质。

（3）运动模糊

【运动模糊】选项组中的参数用来模拟真实摄影机拍摄运动物体所产生的模糊效果，它仅对运动的物体有效，其参数设置面板如图 8-58 所示。

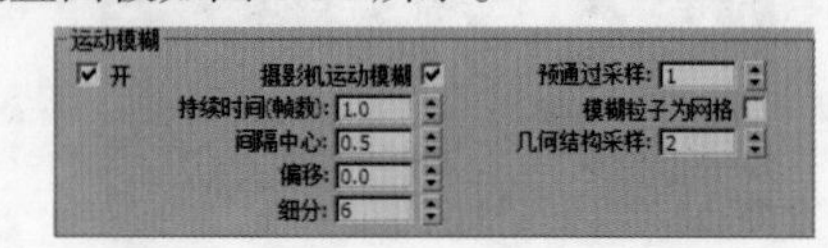

图 8–58

- 开：勾选该选项后，可以开启运动模糊特效。
- 持续时间（帧数）：控制运动模糊每一帧的持续时间，值越大，模糊程度越强。
- 间隔中心：用来控制运动模糊的时间间隔中心，0 表示间隔中心位于运动方向的后面；0.5 表示间隔中心位于模糊的中心；1 表示间隔中心位于运动方向的前面。
- 偏移：用来控制运动模糊的偏移，0 表示不偏移；负值表示沿着运动方向的反方向偏移；正值表示沿着运动方向偏移。
- 细分：控制模糊的细分，较小的值容易产生杂点，较大的值模糊效果的品质较高。
- 预通过采样：控制在不同时间段上的模糊样本数量。
- 模糊粒子为网格：当勾选该选项后，系统会把模糊粒子转换为网格物体来计算。
- 几何结构采样：这个值常用在制作物体的旋转动画上。如果使用默认值 2 时，那么模糊的边将是一条直线；如果取值为 8，那么模糊的边将是一个 8 段细分的弧形，通常为了得到比较精确的效果，需要把这个值设定在 5 以上。

8.2.3　间接照明

【间接照明】可以通俗的理解为间接的照明，也就是说比如一束光线从窗户照进来，照射到地面上，光线减弱并反弹到屋顶，然后继续减弱并反弹到地面，继续反弹到其他位置，反复下去。因此间接照明效果是符合真实效果的，是真实的。间接照明的原理图，如图 8-59 所示。

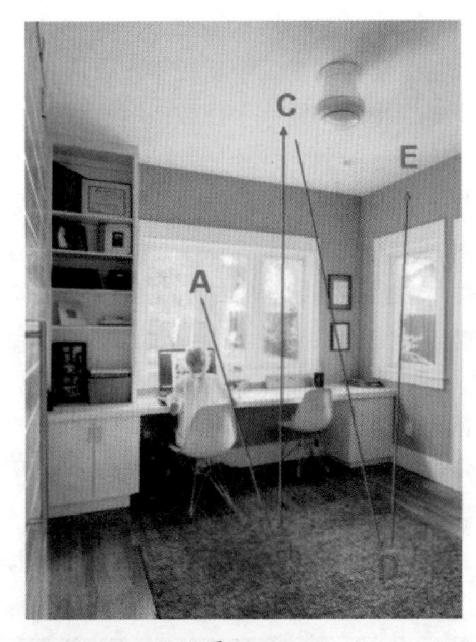

图 8-59

1. 间接照明（全局照明）

在修改 VRay 渲染器时，首先要开启【间接照明】，这样才能出现真实的渲染效果。开启 VRay 间接照明后，光线会在物体与物体间互相反弹，因此光线计算的会更准确，图像也更加真实，如图 8-60 所示。

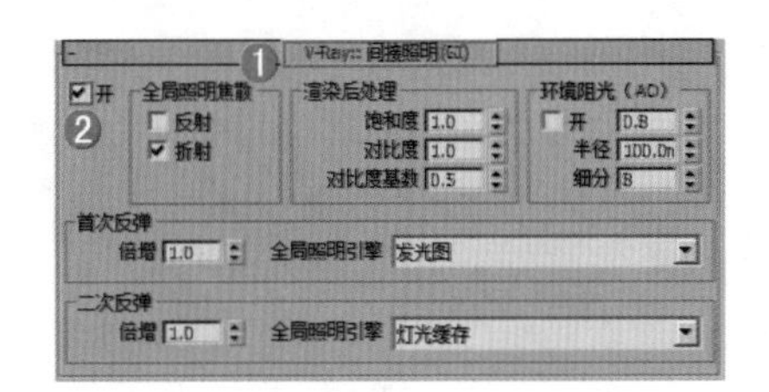

图 8-60

- 开：勾选该选项后，将开启间接照明效果。一般来说，为了模拟真实的效果，都需要勾选【开】选项。图 8-61 所示为未勾选【开】和勾选【开】选项的对比效果。

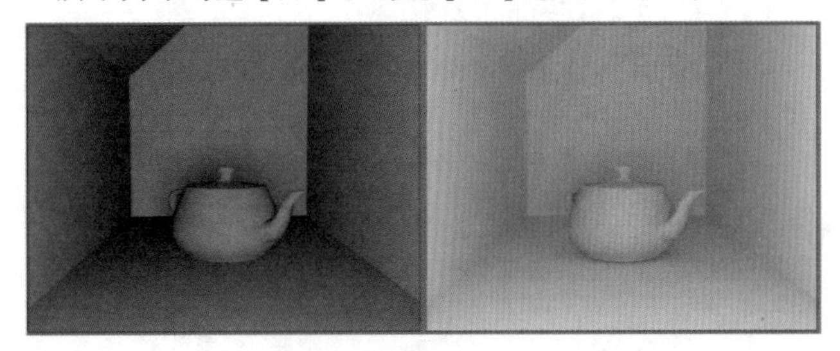

图 8-61

- 全局照明焦散：只有在【焦散】卷展栏下勾选【开启】选项后该功能才可用。
    - 反射：控制是否开启反射焦散效果。
    - 折射：控制是否开启折射焦散效果。
- 渲染后处理：控制场景中的饱和度和对比度。
    - 饱和度：可以用来控制色溢，降低该数值可以降低色溢效果。比如红色场景中茶壶是纯白色。图 8-62 所示为设置【饱和度】为 1 和 0 的对比效果。

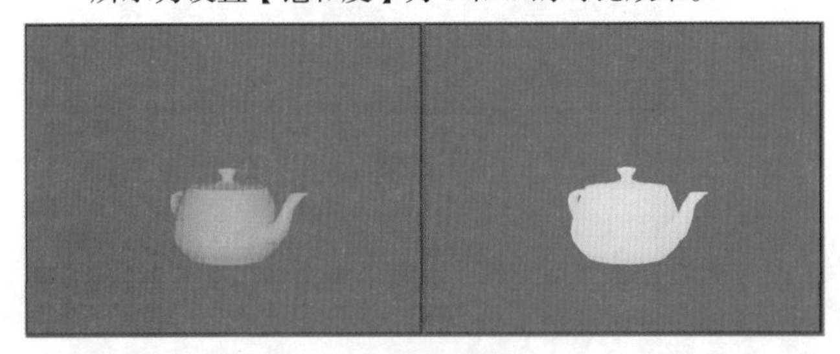

图 8-62

    - 对比度：控制色彩的对比度。数值越高，色彩对比越强；数值越低，色彩对比越弱。
    - 对比度基数：控制【饱和度】和【对比度】的基数。数值越高，【饱和度】和【对比度】效果越明显。
- 环境阻光：该选项可以控制 AO 贴图的效果。
    - 开：控制是否开启环境阻光（AO）。
    - 半径：控制环境阻光（AO）的半径。
    - 细分：环境阻光（AO）的细分。
- 首次反弹 / 二次反弹：VRay 计算的光的方法是真实的，光线发射出来进行反弹，再进行反弹。
    - 倍增：控制【首次反弹】和【二次反弹】的光的倍增值。值越高，【首次反弹】和【二次反弹】的光的能量越强，渲染场景越亮，默认情况下为 1。

◦ 全局照明引擎：设置【首次反弹】和【二次反弹】的全局照明引擎。一般最常用的搭配是设置【首次反弹】为【发光图】，设置【二次反弹】为【灯光缓存】。

2. 发光图

在 VRay 渲染器中，【发光图】是计算场景中物体的漫反射表面发光的时候会采取的一种有效的方法。因此在计算间接照明的时候，并不是场景的每一个部分都需要同样的细节表现，它会自动判断在重要的部分进行更加准确的计算，而在不重要的部分进行粗略的计算。发光图是计算 3D 空间点的集合的间接照明光。

【发光图】是一种常用的全局照明引擎，它只存在于【首次反弹】引擎中，其参数设置面板如图 8-63 所示。

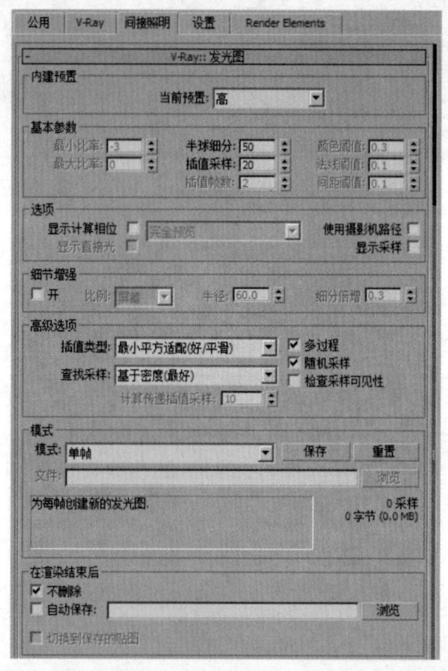

图 8–63

（1）内建预置

【内建预置】选项组，主要用来选择当前预置的类型，其具体参数设置如图 8-64 所示。

图 8–64

- 当前预置：设置发光图的预设类型，共有以下 8 种，如图 8-65 所示。

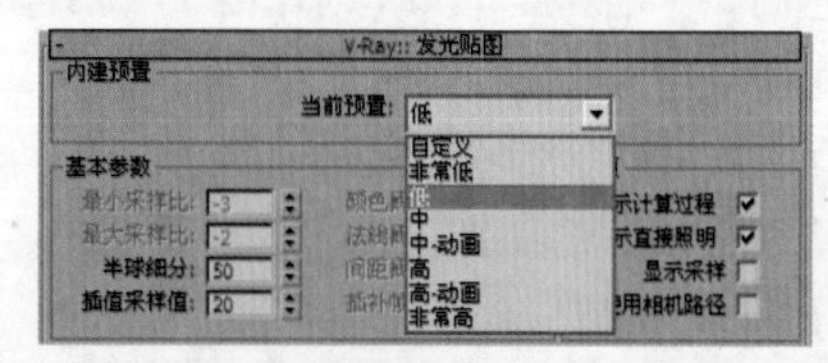

图 8–65

◦ 自定义：选择该模式时，可以手动调节参数。

◦ 非常低：这是一种非常低的精度模式，主要用于测试阶段。

◦ 低：一种比较低的精度模式。

◦ 中：是一种中级品质的预设模式。

◦ 中 - 动画：用于渲染动画效果，可以解决动画闪烁的问题。

◦ 高：一种高精度模式，一般用在光子贴图中。

◦ 高 - 动画：比中等品质效果更好的一种动画渲染预设模式。

◦ 非常高：是预设模式中精度最高的一种，可以用来渲染高品质的效果图。

图 8-66 所示为设置【当前预置】为【非常低】和【高】的对比效果。发现设置为【非常低】时，渲染速度快，但是质量差；设置为【高】时，渲染速度慢，但是质量高。

图 8–66

（2）基本参数

【基本参数】选项组下的参数主要用来控制样本的数量、采样的分布以及物体边缘的查找精度，如图 8-67 所示。

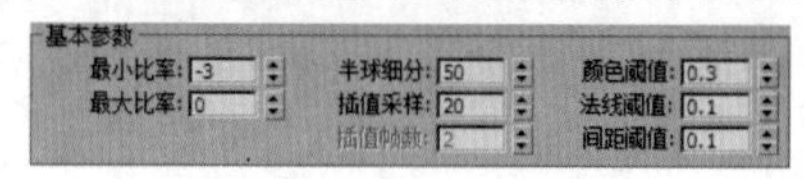

图 8–67

- 最小比率：主要控制场景中比较平坦、面积比较大的面的质量受光。【最小比率】比较小时，样本在平坦区域的数量也比较小，当然渲染时间也比较少；当【最小比率】比较大时，样本在平坦区域的样本数量比较多，同时渲染时间会增加。
- 最大比率：主要控制场景中细节比较多弯曲较大的物体表面或物体交汇处的质量。【最大比率】越大，转折部分的样本数量越多，渲染时间越长；【最大比率】越小，转折部分的样本数量越少，渲染时间越快。
- 半球细分：为 VRay 采用的是几何光学，它可以模拟光线的条数。半球细分数值越高，表现光线越多，精度也就越高，渲染的品质也越好，同时渲染时间也会增加。图 8-68 所示为设置【半球细分】为 2 和 50 时的对比效果。

图 8–68

• 插值采样：这个参数是对样本进行模糊处理，数值越大渲染越精细。图 8-69 所示为设置【插值采样】为 2 和设置【插值采样】为 20 的对比效果。

图 8–69

• 颜色阈值：这个值主要是让渲染器分辨哪些是平坦区域，哪些不是平坦区域，它是按照颜色的灰度来区分的。值越小，对灰度的敏感度越高，区分能力越强。
• 法线阈值：这个值主要是让渲染器分辨哪些是交叉区域，哪些不是交叉区域，它是按照法线的方向来区分的。值越小，对法线方向的敏感度越高，区分能力越强。
• 间距阈值：这个值主要是让渲染器分辨哪些是弯曲表面区域，哪些不是弯曲表面区域，它是按照表面距离和表面弧度的比较来区分的。值越高，表示弯曲表面的样本越多，区分能力越强。
• 插值帧数：该数值用于控制插补的帧数。默认数值为 2。

（3）选项

【选项】选项组下的参数主要用来控制渲染过程的显示方式和样本是否可见，其参数设置面板如图 8-70 所示。

图 8–70

• 显示计算相位：勾选该选项后，可以看到渲染帧里的 GI 预计算过程，同时会占用一定的内存资源，建议勾选。
• 显示直接光：在预计算的时候显示直接光，以方便用户观察直接光照的位置。
• 显示采样：显示采样的分布以及分布的密度，帮助用户分析 GI 的精度够不够。
• 使用摄影机路径：勾选该选项将会使用摄影机的路径。

（4）细节增强

【细节增强】是使用【高蒙特卡洛积分计算方式】来单独计算场景物体的边线、角落等细节地方，这样就可以在平坦区域不需要很高的 GI，总体上来说节约了渲染时间，并且提高了图像的品质，其参数设置面板如图 8-71 所示。

图 8–71

• 开：是否开启【细部增强】功能，勾选后细节非常精细，但是渲染速度非常慢。图 8-72 所示为开启和关闭该选项的对比效果。

图 8–72

• 比例：细分半径的单位依据，有【屏幕】和【世界】两个单位选项。【屏幕】是指用渲染图的最后尺寸来作为单位；【世界】是用 3dsMax 系统中的单位来定义的。
• 半径：【半径】值越大，使用【细部增强】功能的区域也就越大，渲染时间也越慢。
• 细分倍增：控制细部的细分，但是这个值和【发光图】里的【半球细分】有关系。值越低，细部就会产生杂点，渲染速度比较快；值越高，细部就可以避免产生杂点，同时渲染速度会变慢。

（5）高级选项

【高级选项】选项组下的参数主要是对样本的相似点进行插值、查找，其参数设置面板如图 8-73 所示。

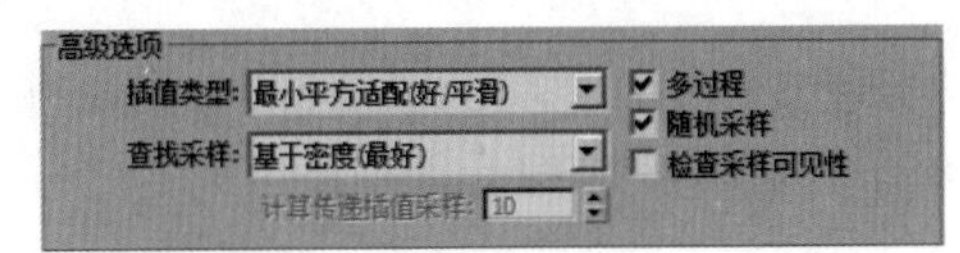

图 8–73

• 插值类型：VRay 提供了 4 种样本插补方式，为【发光图】的样本的相似点进行插补。
• 查找采样：它主要控制哪些位置的采样点是适合用来作为基础插补的采样点。VRay 内部提供了 4 种样本查找方式。
• 计算传递插值采样：用在计算【发光图】过程中，主要计算已经被查找后的插补样本的使用数量。较低的数值可以加速计算过程，但是渲染质量较低；较高的值计算速度会减慢，渲染质量较好。推荐使用 10~25 之间的数值。
• 多过程：当勾选该选项时，VRay 会根据【最大比率】和【最小比率】进行多次计算。
• 随机采样：控制【发光图】的样本是否随机分配。
• 检查采样可见性：在灯光通过比较薄的物体时，很有可能会产生漏光现象，勾选该选项可以解决这个问题。

（6）模式

【模式】选项组下的参数主要是提供【发光图】的使用模式，其参数设置面板如图 8-74 所示。

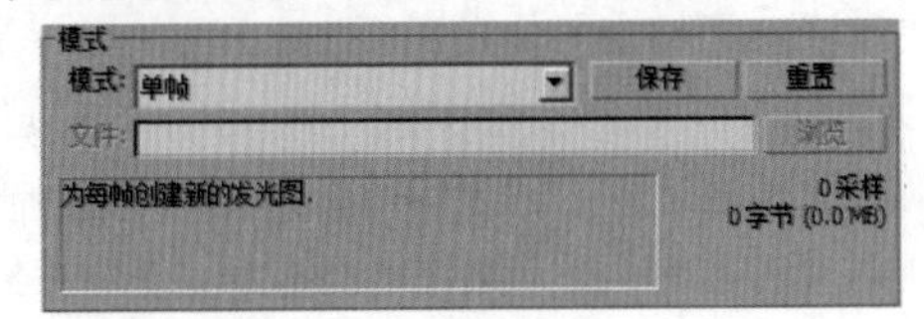

图 8–74

第 8 章

• 模式：一共有以下 8 种模式，如图 8-75 所示。

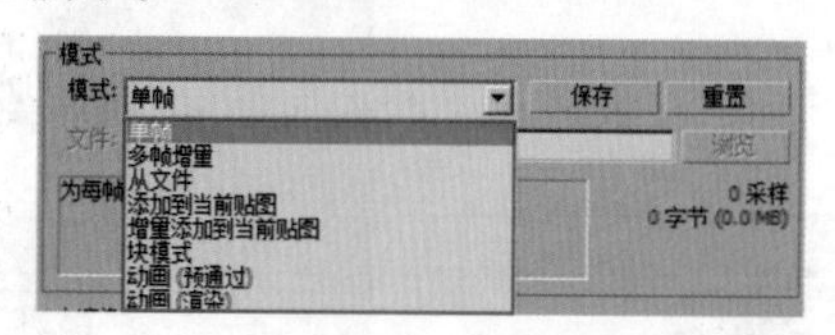

图 8-75

◦ 单帧：一般用来渲染静帧图像。在渲染完图像后，可以单击 保存 按钮，将光子进行保存，如图 8-76 所示。

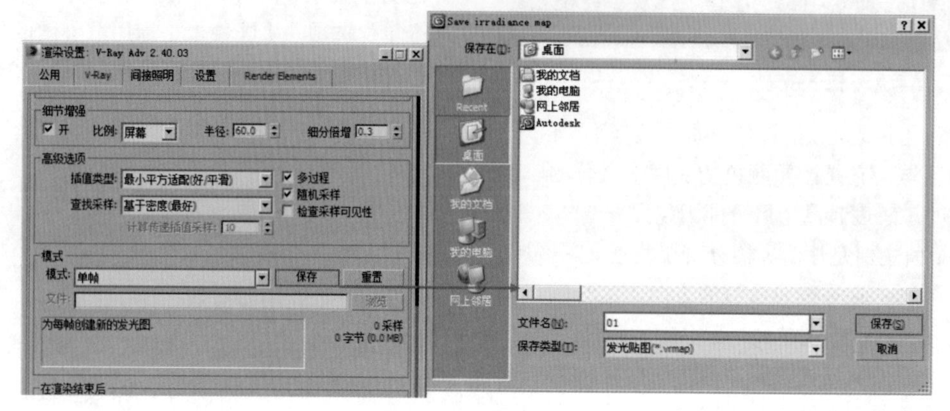

图 8-76

◦ 多帧增量：用于渲染仅有摄影机移动的动画。当 VRay 计算完第 1 帧的光子后，后面的帧根据第 1 帧里没有的光子信息进行计算，节约了渲染时间。

◦ 从文件：当渲染完光子以后，可以将其保存起来，这个选项就是调用保存的光子图进行动画计算（静帧同样也可以这样）。将【模式】切换到【从文件】，单击 浏览 按钮，就可以从硬盘中调用需要的光子图进行渲染，如图 8-77 所示。这种方法非常适合渲染大尺寸图像。

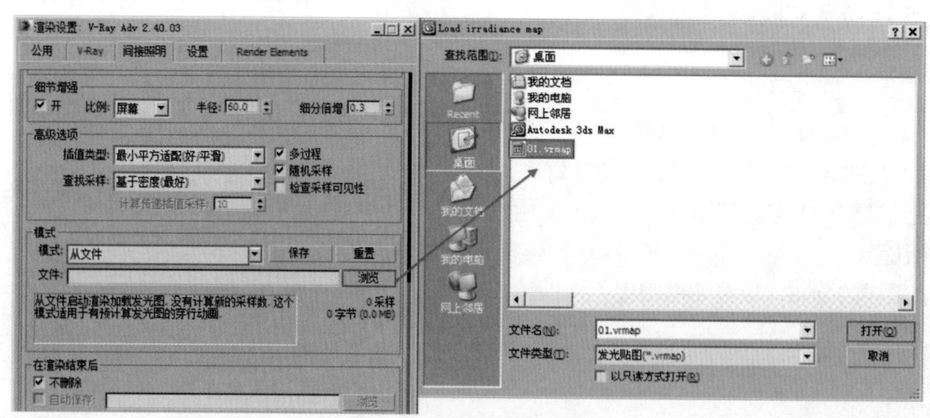

图 8-77

◦ 添加到当前贴图：当渲染完一个角度的时候，可以把摄影机转一个角度再全新计算新角度的光子，最后把这两次的光子叠加起来，这样的光子信息更丰富、更准确，同时也可以进行多次叠加。

◦ 增量添加到当前贴图：这个模式和【添加到当前贴图】相似，只不过它不是全新计算新角度的光子，而是只对没有计算过的区域进行新的计算。

◦ 块模式：把整个图分成块来计算，渲染完一个块再进行下一个块的计算，但是在低 GI 的情况下，渲染出来的块会出现错位的情况。它主要用于网络渲染，速度比其他方式快。

◦ 动画（预通过）：适合动画预览，使用这种模式要预先保存好光子贴图。

◦ 动画（渲染）：适合最终动画渲染，这种模式要预先保存好光子贴图。

• 保存 按钮：将光子图保存到硬盘。

- 重置按钮：将光子图从内存中清除。
- 文件：设置光子图所保存的路径。
- 浏览按钮：从硬盘中调用需要的光子图进行渲染。

（7）渲染结束时光子图处理

【在渲染结束后】选项组下的参数主要用来控制光子图在渲染完以后如何处理，其参数设置面板如图 8-78 所示。

图 8–78

- 不删除：当光子渲染完以后，不把光子从内存中删掉。
- 自动保存：当光子渲染完以后，自动保存在硬盘中，单击浏览按钮就可以选择保存位置。
- 切换到保存的贴图：当勾选了【自动保存】选项后，在渲染结束时会自动进入【从文件】模式并调用光子贴图。

3.BF 强算全局光

【BF 强算全局光】计算方式是由蒙特卡洛积分方式演变过来的，它和蒙特卡洛不同的是多了细分和反弹控制，并且内部计算方式采用了一些优化方式。虽然这样，但是它的计算精度还是相当精确。渲染速度比较慢，在【细分】比较小时，会有杂点产生，其参数设置面板如图 8-79 所示。

图 8–79

- 细分：定义【强算全局照明】的样本数量，值越大，效果越好，速度越慢；值越小，效果越差，渲染速度相对快一些。
- 二次反弹：当【二次反弹】也选择【强算全局照明】以后，这个选项才被激活，它控制【二次反弹】的次数，值越小，【二次反弹越】不充分，场景越暗。通常在值达到 8 以后，更高值的渲染效果区别不是很大，同时值越高，渲染速度越慢。

4. 灯光缓存

【灯光缓存】与【发光图】比较相似，都是将最后的光发散到摄影机后得到最终图像，只是【灯光缓存】与【发光图】的光线路径是相反的，【发光图】的光线追踪方向是从光源发射到场景的模型中，最后再反弹到摄影机，而【灯光缓存】是从摄影机开始追踪光线到光源，摄影机追踪光线的数量就是【灯光缓存】的最后精度。其参数设置面板如图 8-80 所示。

（1）计算参数

【计算参数】选项组用来设置【灯光缓存】的基本参数，比如细分、采样大小、比例等，其参数设置面板如图 8-81 所示。

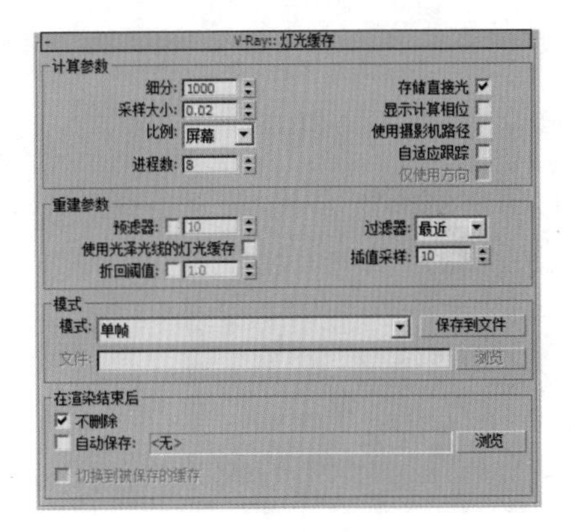

图 8–80

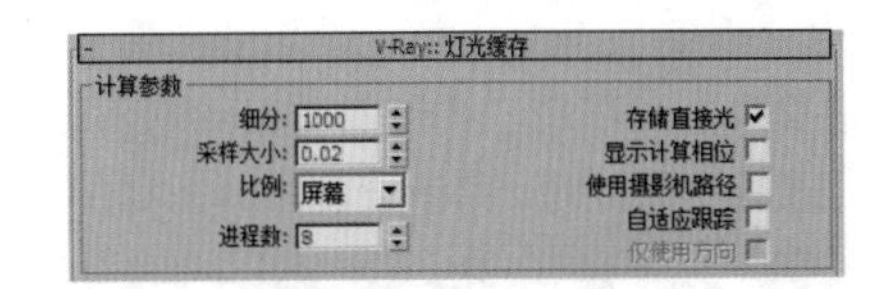

图 8–81

- 细分：用来决定【灯光缓存】的样本数量。值越高，样本总量越多，渲染效果越好，渲染时间越慢。图 8-82 所示为设置【细分】为 150 和 1500 的对比效果。

图 8–82

- 采样大小：控制【灯光缓存】的样本大小，小的样本可以得到更多的细节，但是需要更多的样本。
- 比例：在效果图中使用【屏幕】选项，在动画中使用【世界】选项。
- 进程数：这个参数由 CPU 的个数来确定，若是单 CUP 单核单线程，就可以设定为 1；若是双核，可以设定为 2。数值太大渲染的图像会有点模糊。
- 储存直接光：勾选该选项以后，【灯光缓存】将储存直接光照信息。当场景中有很多灯光时，使用这个选项会提高渲染速度。因为它已经把直接光照信息保存到【灯光缓存】里，在渲染出图的时候，不需要对直接光照再进行采样计算。
- 显示计算相位：勾选该选项以后，可以显示【灯光缓存】的计算过程，方便观察，如图 8-83 所示。
- 自适应跟踪：这个选项的作用在于记录场景中的灯光位置，并在光的位置上采用更多的样本，同时模糊特效也会处理得更快，但是会占用更多的内存资源。
- 仅使用方向：勾选【自适应跟踪】后，该选项被激活。作用在于只记录直接光照信息，不考虑间接照明，加快渲染速度。

图 8–83

（2）重建参数

【重建参数】选项组主要是对【灯光缓存】的样本以不同的方式进行模糊处理，其参数设置面板如图 8-84 所示。

图 8–84

- 预滤器：当勾选该选项以后，可以对【灯光缓存】样本进行提前过滤，它主要是查找样本边界，然后对其进行模糊处理。后面的值越高，对样本进行模糊处理的程度越深。
- 使用光泽光线的灯光缓存：是否使用平滑的灯光缓存，开启该功能后会使渲染效果更加平滑，但会影响到细节效果。
- 过滤器：该选项是在渲染最后成图时，对样本进行过滤，其下拉列表中共有以下 3 个选项。
  - 无：对样本不进行过滤。
  - 最近：当使用这个过滤方式时，过滤器会对样本的边界进行查找，然后对色彩进行均化处理，从而得到一个模糊效果。
  - 固定：这个方式和【最近】方式的不同点在于，它采用距离的判断来对样本进行模糊处理。
- 插值采样：这个参数是对样本进行模糊处理，较大的值可以得到比较模糊的效果，较小的值可以得到比较锐利的效果。
- 折回阈值：控制折回的阈值数值。

（3）模式

该参数与发光图中的光子图使用模式基本一致，其参数设置面板如图 8-85 所示。

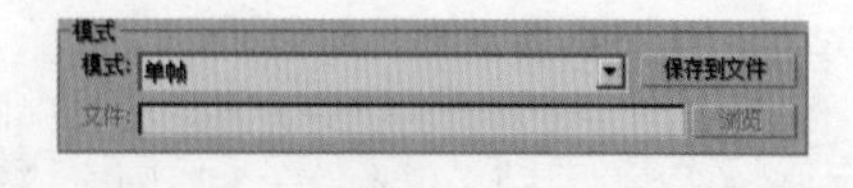

图 8–85

- 模式：设置光子图的使用模式，共有以下 4 种。
  - 单帧：一般用来渲染静帧图像。
  - 穿行：这个模式用在动画方面，它把第 1 帧到最后 1 帧的所有样本都融合在一起。
  - 从文件：使用这种模式，VRay 要导入一个预先渲染好的光子贴图，该功能只渲染光影追踪。
  - 渐进路径跟踪：与【自适应确定性蒙特卡洛】一样是一个精确的计算方式。不同的是，它不停地去计算样本，不对任何样本进行优化，直到样本计算完毕为止。
- 保存到文件 按钮：将保存在内存中的光子贴图再次进行保存。
- 浏览 按钮：从硬盘中浏览保存好的光子图。

（4）在渲染结束后

【在渲染结束后】主要用来控制光子图在渲染完以后如何处理，其参数设置面板如图 8-86 所示。

图 8–86

- 不删除：当光子渲染完以后，不把光子从内存中删掉。
- 自动保存：当光子渲染完以后，自动保存在硬盘中，单击 浏览 按钮可以选择保存位置。
- 切换到被保存的缓存：当勾选该选项以后，系统会自动使用最新渲染的光子图来进行大图渲染。

8.2.4 设置

1.DMC 采样器

【DMC 采样器】卷展栏下的参数可以用来控制整体的渲染质量和速度，其参数设置面板如图 8-87 所示。

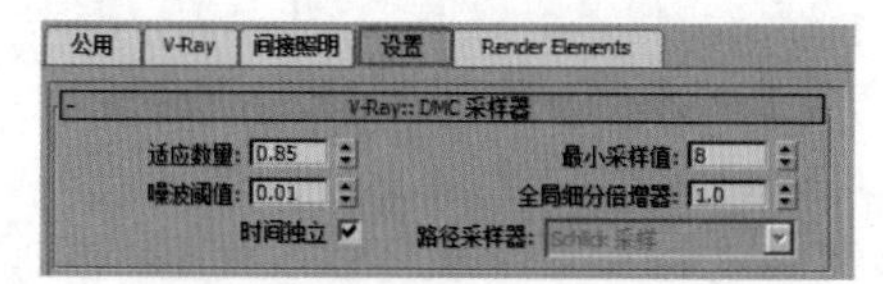

图 8–87

- 适应数量：主要用来控制自适应的百分比。
- 噪波阈值：控制渲染中所有产生噪点的极限值，包括灯光细分、抗锯齿等。数值越小，渲染品质越高，渲染速度就越慢。
- 时间独立：控制是否在渲染动画时对每一帧都使用相同的【DMC 采样器】参数设置。
- 最小采样值：设置样本及样本插补中使用的最小样本数量。数值越小，渲染品质越低，速度就越快。
- 全局细分倍增器：VRay 渲染器有很多【细分】选项，该选项是用来控制所有细分的百分比。
- 路径采样器：设置样本路径的选择方式，每种方式都会影响渲染速度和品质，在一般情况下选择默认方式即可。

2. 默认置换

【默认置换】卷展栏下的参数是用灰度贴图来实现物

体表面的凸凹效果，它对材质中的置换起作用，而不作用于物体表面，其参数设置面板如图 8-88 所示。

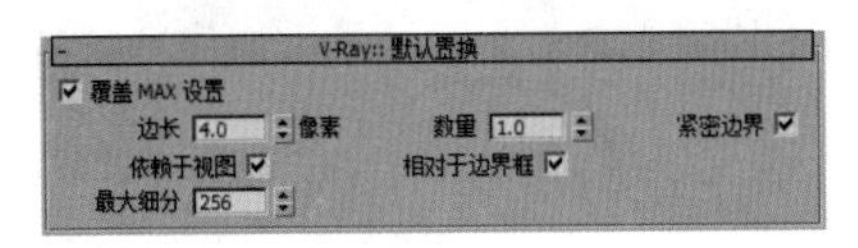

图 8–88

- 覆盖 MAX 设置：控制是否用【默认置换】卷展栏下的参数来替代 3ds MAX 中的置换参数。
- 边长：设置 3D 置换中产生最小的三角面长度。数值越小，精度越高，渲染速度越慢。
- 依赖于视图：控制是否将渲染图像中的像素长度设置为【边长度】的单位。
- 最大细分：设置物体表面置换后可产生的最大细分值。
- 数量：设置置换的强度总量。数值越大，置换效果越明显。
- 相对于边界框：控制是否在置换时关联边界。若不开启该选项，在物体的转角处可能会产生裂面现象。
- 紧密边界：控制是否对置换进行预先计算。

3. 系统

【系统】卷展栏下的参数不仅对渲染速度有影响，而且还会影响渲染的显示和提示功能，同时还可以完成联机渲染，其参数设置面板如图 8-89 所示。

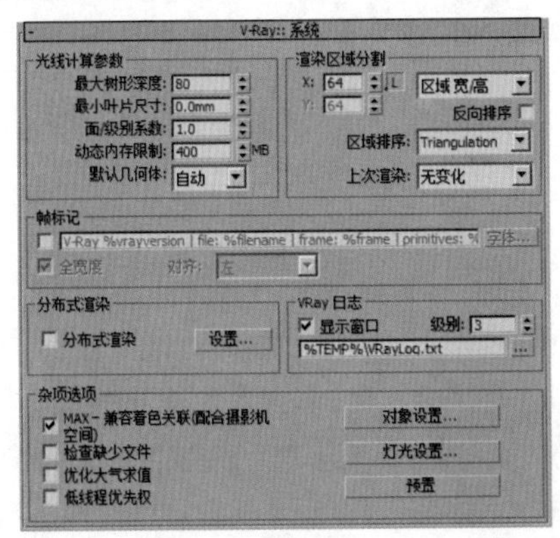

图 8–89

（1）光线计算参数

- 最大树形深度：控制根节点的最大分支数量。较高的值会加快渲染速度，同时会占用较多的内存。
- 最小叶片尺寸：控制叶节点的最小尺寸，当达到叶节点尺寸以后，系统停止计算场景。
- 面 / 级别系数：控制一个节点中的最大三角面数量，当未超过临近点时计算速度快；当超过临近点后，渲染速度减慢。
- 动态内存限制：控制动态内存的总量。注意，这里的动态内存被分配给每个线程，如果是双线程，那么每个线程各占一半的动态内存。如果这个值较小，那么系统经常在内存中加载并释放一些信息，这样就减慢了渲染速度。
- 默认几何体：控制内存的使用方式，共有以下 3 种方式。
    - 自动：VRay 会根据使用内存的情况自动调整使用静态或动态的方式。
    - 静态：在渲染过程中采用静态内存会加快渲染速度，同时在复杂场景中，由于需要的内存资源较多，经常会出现 3ds Max 跳出的情况。
    - 动态：使用内存资源交换技术，当渲染完一个块后就会释放占用的内存资源，同时开始下一个块的计算。这样就有效地扩展了内存的使用。动态内存的渲染速度比静态内存慢。

（2）渲染区域分割

- X/Y：当在后面的选择框里选择【区域宽 / 高】时，它表示渲染块的像素宽度；当后面的选择框里选择【区域数量】时，它表示水平 / 垂直方向一共有多少个渲染块。
- 【锁】按钮 L：当单击该按钮使其凹陷后，将强制 X 和 Y 的值相同。
- 反向排序：当勾选该选项以后，渲染顺序将和设定的顺序相反。
- 区域排序：控制渲染块的渲染顺序，共有以下 6 种方式。
    - 从上→下：渲染块将按照从上到下的渲染顺序渲染。
    - 左→右：渲染块将按照从左到右的渲染顺序渲染。
    - 棋盘格：渲染块将按照棋格方式的渲染顺序渲染。
    - 螺旋：渲染块将按照从里到外的渲染顺序渲染。
    - 三角剖分：这是 VRay 默认的渲染方式，它将图形分为两个三角形依次进行渲染。
    - 稀耳伯特曲线：渲染块将按照【希耳伯特曲线】方式的渲染顺序渲染。
- 上次渲染：这个参数确定在渲染开始时，在 3dsMax 默认的帧缓存框中以什么样的方式处理渲染图像。系统提供了以下 5 种方式。
    - 无变化：与前一次渲染的图像保持一致。
    - 交叉：每隔 2 个像素图像被设置为黑色。
    - 区域：每隔一条线设置为黑色。
    - 暗色：图像的颜色设置为黑色。
    - 蓝色：图像的颜色设置为蓝色。

（3）帧标记

- V-Ray %vrayversion | 文件: %filename | 帧: %frame | 基面数: %pri：当勾选该选项后，就可以显示水印。
- 字体 ... 按钮：修改水印里的字体属性。
- 全宽度：水印的最大宽度。当勾选该选项后，它的宽度和渲染图像的宽度相当。
- 对齐：控制水印里的字体排列位置，有【左】、【中】、【右】3 个选项。

（4）分布式渲染

- 分布式渲染：当勾选该选项后，可以开启【分布式渲染】功能。
- 设置... 按钮：控制网络中的计算机的添加、删除等。

（5）VRay 日志

- 显示窗口：勾选该选项后，可以显示【VRay 日志】的窗口。
- 级别：控制【VRay 日志】的显示内容，一共分为 4 个级别。1 表示仅显示错误信息；2 表示显示错误和警告信息；3 表示显示错误、警告和情报信息；4 表示显示错误、警告、情报和调试信息。
- c:\VRayLog.txt ...：可以选择保存【VRay 日志】文件的位置。

（6）杂项选项

- MAX- 兼容着色关联（配合摄影机空间）：有些 3dsMax 插件是采用摄影机空间来进行计算的，因为它们都是针对默认的扫描线渲染器而开发。
- 检查缺少文件：当勾选该选项时，VRay 会自己寻找场景中丢失的文件，然后保存到 C:\VRayLog.txt 中。
- 优化大气求值：当场景中拥有大气效果，并且大气比较稀薄的时候，勾选这个选项可以得到比较优秀的大气效果。
- 低线程优先权：当勾选该选项时，VRay 将使用低线程进行渲染。
- 对象设置...按钮：单击该按钮会弹出该对话框，在该对话框中可以设置场景物体的局部参数。
- 灯光设置...按钮：单击该按钮会弹出该对话框，在该对话框中可以设置场景灯光的一些参数。
- 预置按钮：单击该按钮会打开该对话框，在对话框中可以保持当前 VRay 渲染参数的属性，方便以后使用。

8.2.5 Render Elements（渲染元素）

通过添加【渲染元素】，可以针对某一级别单独进行渲染，并在后期进行调节、合成、处理，非常方便，如图 8-90 所示。

- 添加：单击可将新元素添加到列表中。此按钮会显示【渲染元素】对话框。
- 合并：单击可合并来自其他 3dsMaxDesign 场景中的渲染元素。【合并】会显示一个【文件】对话框，可以从中选择要

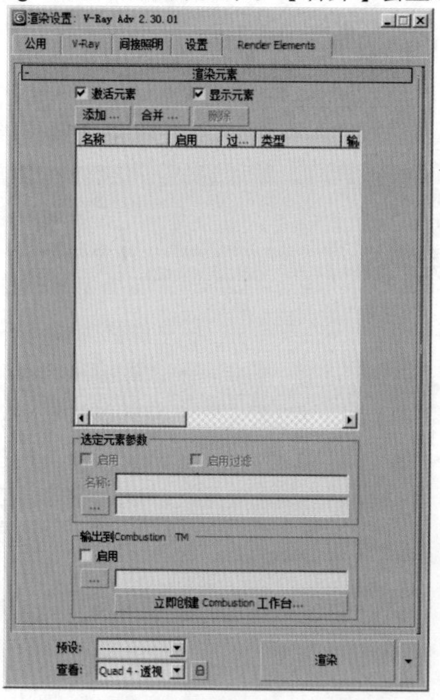

图 8-90

获取元素的场景文件。选定文件中的渲染元素列表将添加到当前的列表中。

- 删除：单击可从列表中删除选定对象。
- 激活元素：启用该选项后，单击【渲染】可分别对元素进行渲染。默认设置为启用。
- 显示元素：启用该选项后，每个渲染元素会显示在各自的窗口中，并且其中的每个窗口都是渲染帧窗口的精简版。
- 元素渲染列表：这个可滚动的列表显示要单独进行渲染的元素，以及它们的状态。要重新调整列表中列的大小，可拖动两列之间的边框。
- 【选定元素参数】：这些控制用来编辑列表中选定的元素。
- 【输出到 Combustion】：启用该选项后，会生成包含正进行渲染元素的 Combustion 工作区（CWS）文件。

※求生秘籍 —— 技巧提示：复位 VRay 渲染器

有时候渲染出的效果非常奇怪，但是由于渲染器参数比较多，所以很难找到哪个参数有问题，因此不妨试一下复位 VRay 渲染器。单击【选择渲染器】按钮，并选择【默认扫描线渲染器】，如图 8–91 所示。

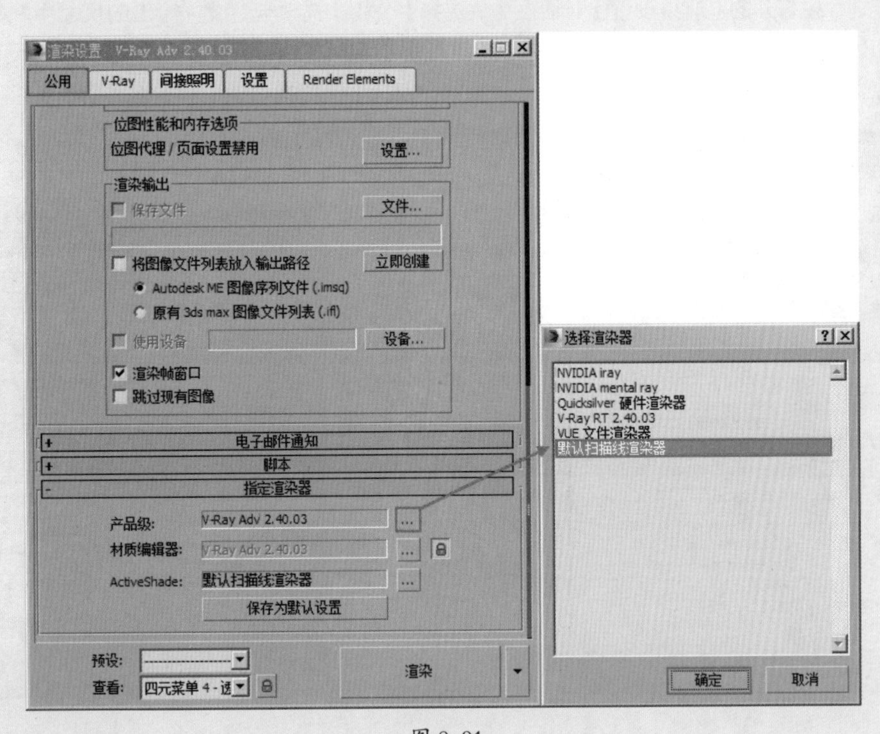

图 8–91

设置为扫描线渲染器后，再次单击【选择渲染器】按钮，并选择【V–RayAdv2.40.03】，需要再次详细的设置好 VRay 渲染器的参数即可，如图 8–92 所示。

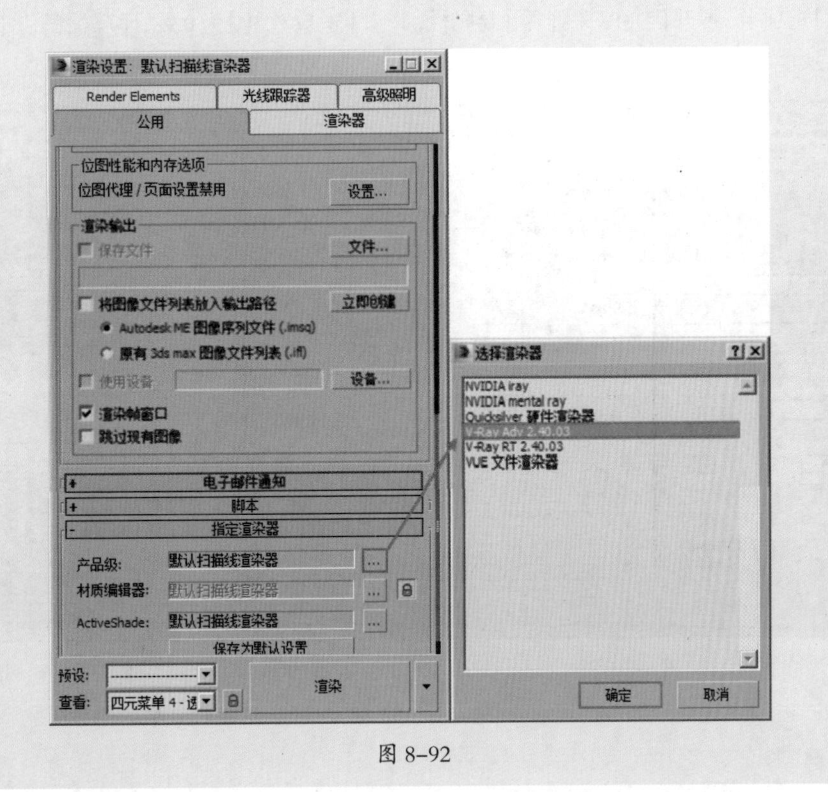

图 8–92

第 8 章

8.3 测试渲染的参数设置方案

（1）按【F10】键，在打开的【渲染设置】对话框中，选择【公用】选项卡，设置输出的尺寸小一些，如图 8-93 所示。

（2）选择【V-Ray】选项卡，展开【图形采样器（抗锯齿）】卷展栏，设置【类型】为固定，设置【抗锯齿过滤器】类型为区域。展开【颜色贴图】卷展栏，设置【类型】为指数，勾选【子像素贴图】和【钳制输出】选项，如图 8-94 所示。

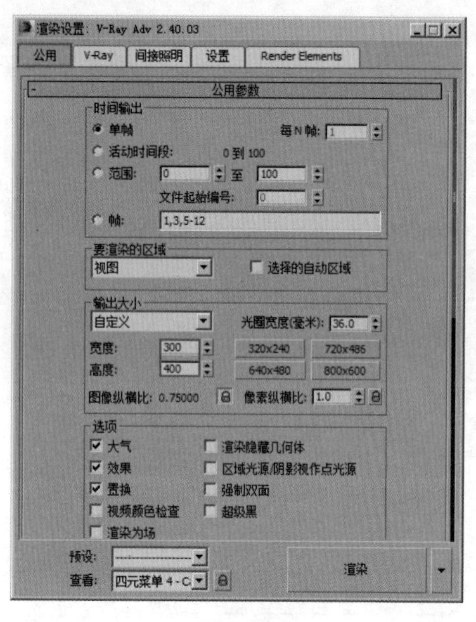

图 8-93

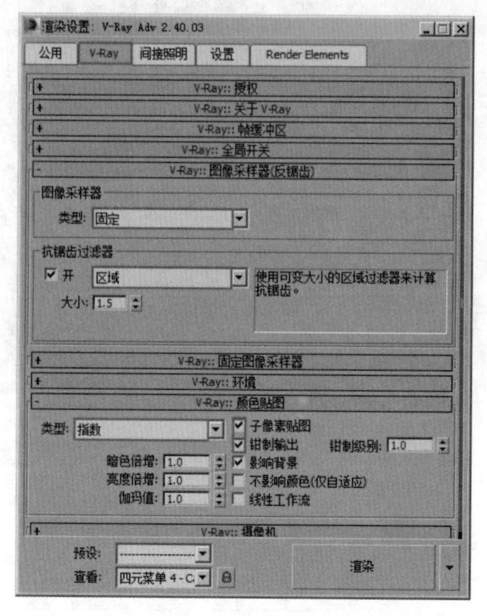

图 8-94

（3）选择【间接照明】选项卡，设置【首次反弹】为【发光图】，设置【二次反弹】为灯光缓存。展开【发光图】卷展栏，设置【当前预置】为非常低，设置【半球细分】为 30，【插值采样】为 20，勾选【显示计算相位】和【显示直接光】选项。展开【灯光缓存】卷展栏，设置【细分】为 300，勾选【储存直接光】和【显示计算相位】选项，如图 8-95 所示。

（4）选择【设置】选项卡，展开【DMC 采样器】卷展栏，设置【适应数量】为 0.98，【噪波阈值】为 0.05，取消勾选【显示窗口】，如图 8-96 所示。

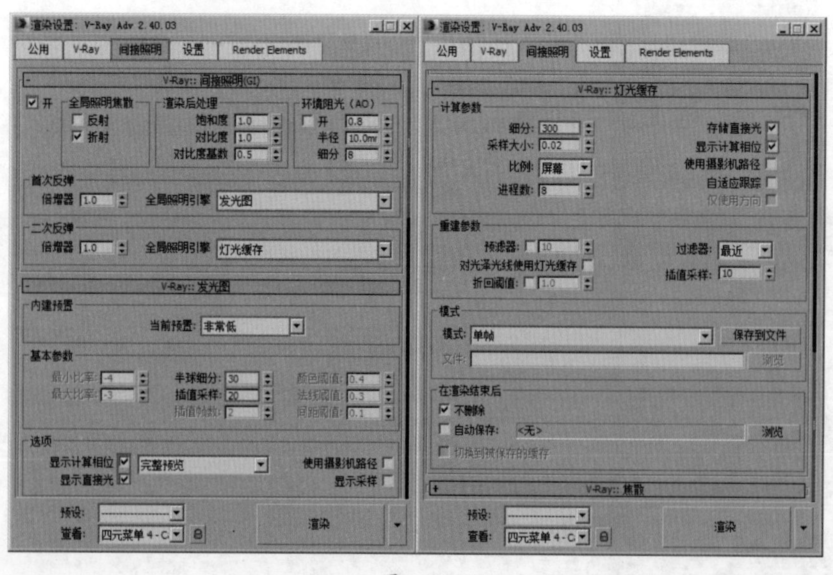

图 8-95

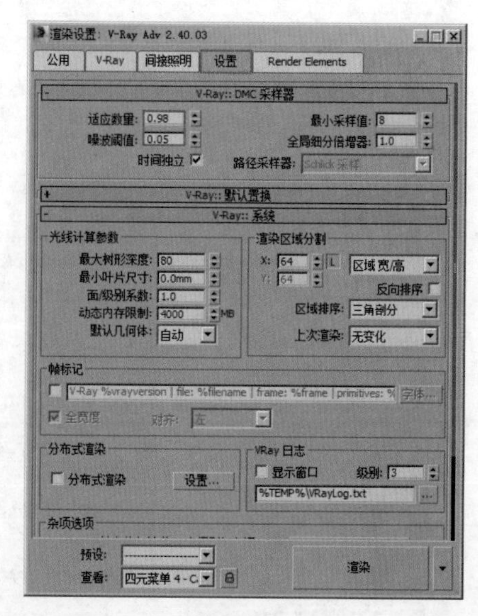

图 8-96

8.4　最终渲染的参数设置方案

（1）单击【公用】选项卡，设置输出的尺寸大一些，如图 8-97 所示。

（2）选择【V-Ray】选项卡，展开【图形采样器（抗锯齿）】卷展栏，设置【类型】为自适应确定性蒙特卡洛，在【抗锯齿过滤器】选项组下勾选【开】选项，选择【Catmull-Rom】。展开【颜色贴图】卷展栏，设置【类型】为指数，勾选【子像素贴图】和【钳制输出】选项，如图 8-98 所示。

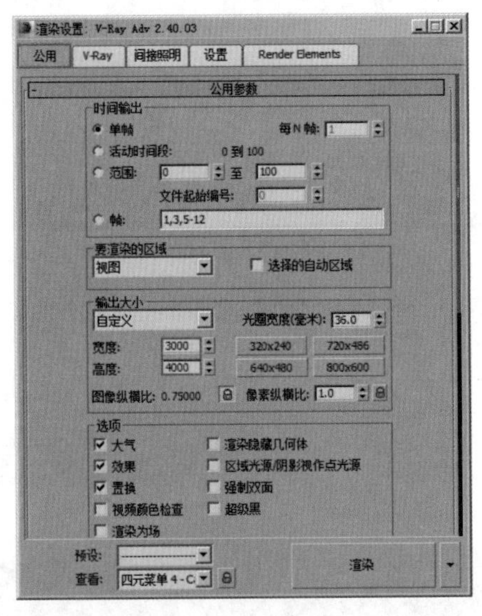

图 8-97

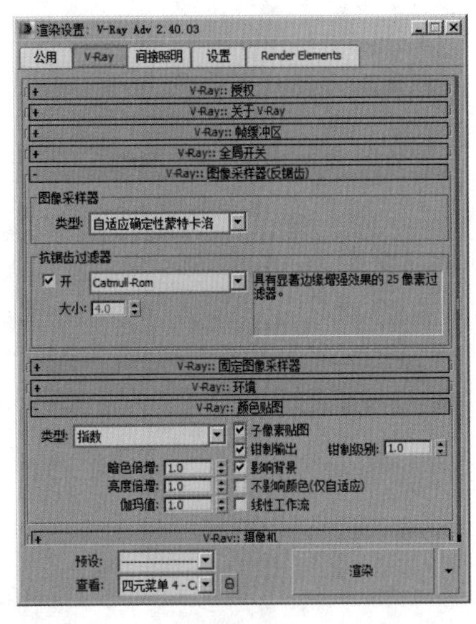

图 8-98

（3）选择【间接照明】选项卡，设置【首次反弹】为发光图，设置【二次反弹】为灯光缓存。展开【发光图】卷展栏，设置【当前预置】为中，设置【半球细分】为 60，【插值采样】为 30，勾选【显示计算相位】和【显示直接光】选项。展开【灯光缓存】卷展栏，设置【细分】为 1500，勾选【储存直接光】和【显示计算相位】选项，如图 8-99 所示。

（4）选择【设置】选项卡，设置【适应数量】为 0.8，【噪波阈值】为 0.005，取消勾选【显示窗口】，如图 8-100 所示。

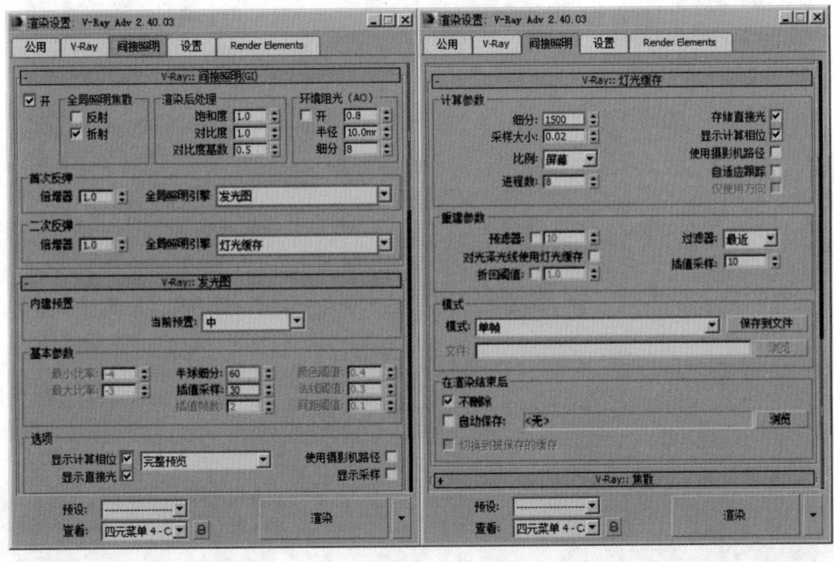

图 8-99

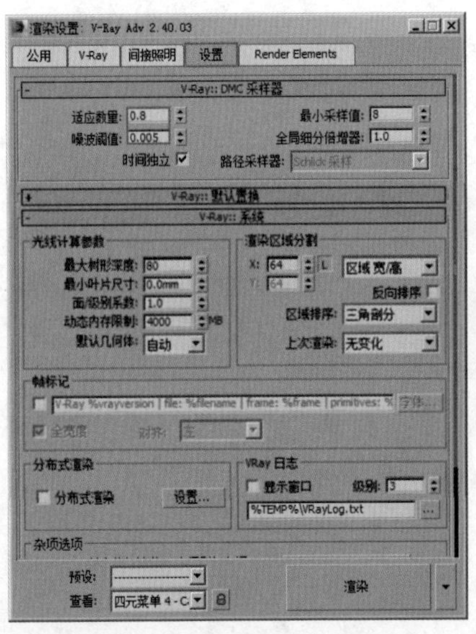

图 8-100

第 8 章

第 9 章

灯光技术

本章学习要点：

目标灯光的参数及使用方法

标准灯光的参数及使用方法

VRay 灯光的参数及使用方法

多种灯光的综合搭配使用方法

9.1 认识灯光

现实中的灯光与 3dsMax 中的灯光原理是一样的，有了产生光的光源，才可以出现光影效果，光源之间巧妙又合理的搭配，会产生无穷无尽的梦幻效果，如图 9-1 所示。

图 9–1

9.1.1 现实中的灯光

“光”是现实生活中最为常见的一种现象，没有光世界会失去光亮，而唯美的、绚丽的、奇幻的光则可以对人们的心理产生相应的作用。图 9-2 所示为现实中的清晨、正午、黄昏、夜晚。

图 9-2

9.1.2　3dsMax 中的灯光

3dsMax 中的灯光种类很多，不同的种类可以产生不同的灯光效果。图 9-3 所示为在 3dsMax 中创建的灯光和最终的渲染效果。

图 9-3

1. 强度

初始点的灯光强度影响灯光照亮对象的亮度，如图 9-4 所示。

图 9-4

2. 入射角

曲面与光源倾斜的越多，曲面接收到的光越少并且看上去越暗。曲面法线相对于光源的角度称为入射角。当入射角为 0°（也就是说，光源与曲面垂直）时，曲面由光源的全部强度照亮。随着入射角的增加，照明的强度减小，如图 9-5 所示。

图 9–5

3. 衰减

在现实世界中，灯光的强度将随着距离的加长而减弱。远离光源的对象看起来更暗；距离光源较近的对象看起来更亮。这种效果称为衰减。实际上，灯光以平方反比速率衰减。即其强度的减小与到光源距离的平方成比例。当光线由大气驱散时，通常衰减幅度更大，特别是当大气中有灰尘粒子如雾或云时，如图 9-6 所示。

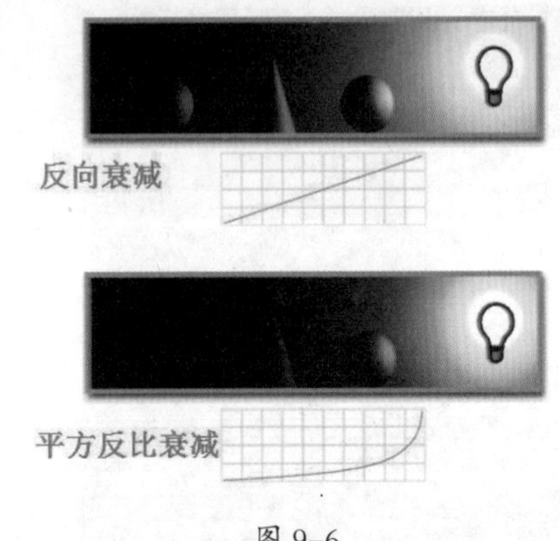

图 9–6

4. 反射光和环境光

对象反射光可以照亮其他对象。曲面反射光越多，用于照明其环境中其他对象的光也越多。反射光创建环境光。环境光具有均匀的强度，并且属于均质漫反射。它不具有可辨别的光源和方向，如图 9-7 所示。

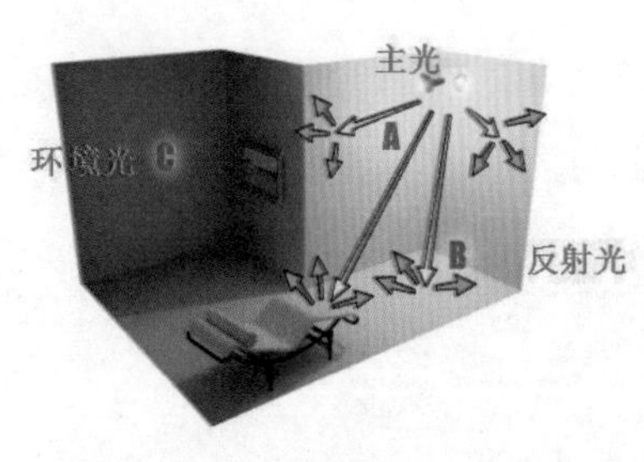

图 9–7

5. 颜色和灯光

灯光的颜色部分依赖于生成该灯光的过程。例如，钨灯投影橘黄色的灯光，水银蒸气灯投影冷色的浅蓝色灯光，太阳光为浅黄色。

加色混合：

在对已知光源色研究过程中，发现色光的三原色与颜料色的三原色有所不同，色光的三原色为红（略带橙味儿）、绿、蓝（略带紫味儿）。而色光三原色混合后的颜色（红紫、黄、绿青）相当于颜料色的三原色，色光在混合中会使混合后的色光明度增加，使色彩明度增加的混合方法称为加法混合，又称色光混合，如图 9-8 所示。例如：

1）红光 + 绿光 = 黄光。

2）红光 + 蓝光 = 品红光。

3）蓝光 + 绿光 = 青光。

4）红光 + 绿光 + 蓝光 = 白光。

减色混合：

当色料混合一起时，呈现另一种颜色效果，就是减色混合法。色料的三原色分别是品红、青色和黄色，因为一般三原色色料的颜色本身就不够纯正，所以混合以后的色彩也不是标准的红色、绿色和蓝色，如图 9-9 所示。三原色色料的混合有着下列规律：

1）青色 + 品红色 = 蓝色。

2）青色 + 黄色 = 绿色。

3）品红色 + 黄色 = 红色。

4）品红色 + 黄色 + 青色 = 黑色。

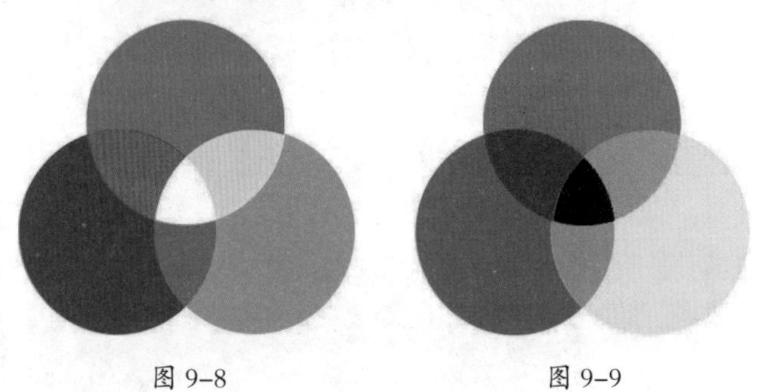

图 9–8　　图 9–9

6. 颜色温度

使用度开尔文 (K) 介绍颜色。对于描述光源的颜色和与白色相近的其他颜色值，该选项非常有用。图 9-10 所示为某些类型灯光的颜色温度，图中使用等值的色调编号（从 HSV 颜色描述）。如果对场景中的灯光使用这些色调编号，则将该值设置为全部 (255)，然后调整饱和度以满足场景的需要。心理上倾向于纠正灯光的颜色，以便对象看起来由白色的灯光照亮；通常场景中颜色温度的效果很小。

光源	颜色温度	色调
阴天的日光	6000 K	130
中午的太阳光	5000 K	58
白色荧光	4000 K	27
钨/卤素灯	3300 K	20
白炽灯（100 ~ 200 W）	2900 K	16
白炽灯 (25 W)	2500 K	12
日落或日出时的太阳光	2000 K	7
蜡烛火焰	1750 K	5

图 9–10

9.2 光度学灯光

【光度学】灯光是系统默认的灯光。总共 3 种类型，分别是【目标灯光】、【自由灯光】和【mr 天空入口】，如图 9-11 所示。

图 9-11

【目标灯光】是具有可以用于指向灯光的目标子对象。图 9-12 为【目标灯光】制作的作品。

图 9-12

单击 目标灯光 按钮，在视图中创建一盏【目标灯光】，其参数设置面板如图 9-13 所示。

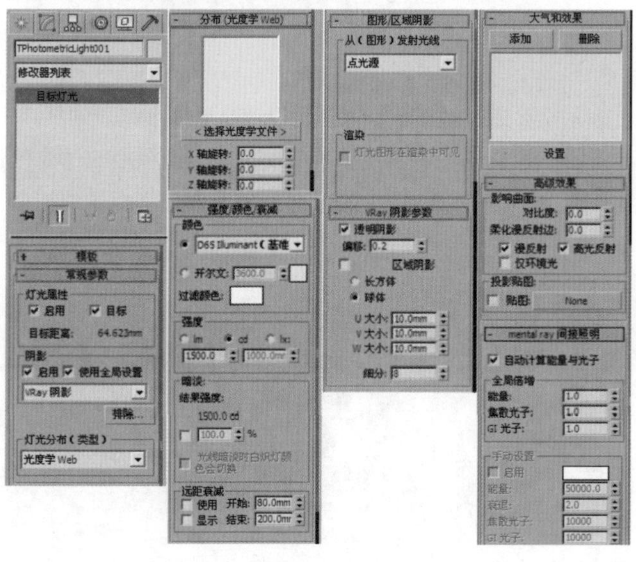

图 9-13

※求生秘籍——技巧提示：光域网知识

光域网是一种关于光源亮度分布的三维表现形式，存储于 IES 文件当中。这种文件通常可以从灯光的制造厂商那里获得，格式主要有 IES、LTLI 或 CIBSE。光域网是灯光的一种物理性质，确定光在空气中发散的方式，不同的灯，在空气中的发散方式是不一样的，比如手电筒，它会发一个光束，还有一些壁灯，台灯，那些不同形状图案就是光域网造成的。之所以会有不同的图案，是因每个灯在出厂时，厂家对每个灯都指定了不同的光域网。

在三维软件里，如果给灯光指定一个特殊的文件，就可以产生与现实生活相同的发散效果，这特殊的文件，标准格式是 .ies，很多地方都有下载。光域网分布 (WebDistribution) 方式通过指定光域网文件来描述灯光亮度的分布状况。光域网是室内灯光设计的专业名词，表示光线在一定的空间范围内所形成的特殊效果。光域网类型有模仿灯带的、模仿筒灯、射灯、壁灯、台灯等。最常用的是模仿筒灯、壁灯、台灯的光域网，模仿灯带的不常用。每种光域网的形状都不太一样，根据情况选择调用，如图 9-14 所示。

图 9-14

1. 常规参数

展开【常规参数】卷展栏，如图 9-15 所示。

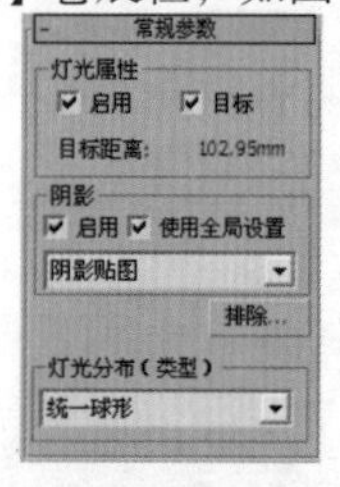

图 9-15

（1）灯光属性

- 启用：控制是否开启灯光。
- 目标：启用该选项后，目标灯光才有目标点，如果禁用该选项，目标灯光将变成自由灯光。
- 目标距离：用来显示目标的距离。

（2）阴影

- 启用：控制是否开启灯光的阴影效果。
- 使用全局设置：如果启用该选项后，该灯光投射的阴影将影响整个场景的阴影效果；如果关闭该选项，则必须选择渲染器使用哪种方式来生成特定的灯光阴影。
- 阴影类型：设置渲染器渲染场景时使用的阴影类型，包括【mentalray 阴影贴图】、【高级光线跟踪】、【区域阴影】、【阴影贴图】、【光线跟踪阴影】、VRay 阴影和 VRay 阴影贴图，如图 9-16 所示。

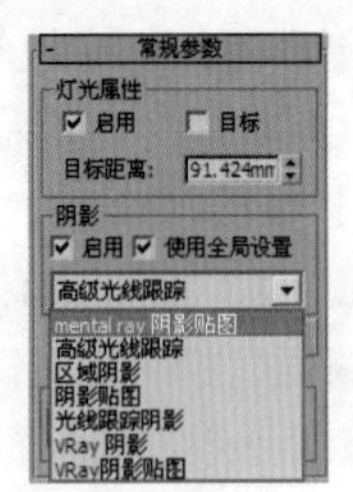

图 9–16

- 排除... 按钮：将选定的对象排除于灯光效果之外。

（3）灯光分布（类型）

- 灯光分布（类型）：设置灯光的分布类型，包含【光度学 Web】、【聚光灯】、【统一漫反射】和【统一球形】4 种类型。

FAQ 常见问题解答：目标灯光最容易忽略的地方在哪里？

一般使用目标灯光的目的都是为了模拟射灯的效果，那么就需要将【灯光分布（类型）】设置为【光度学 Web】的方式，然后单击 < 选择光度学文件 > 按钮，并添加一个 .ies 的文件即可，如图 9-17 所示。

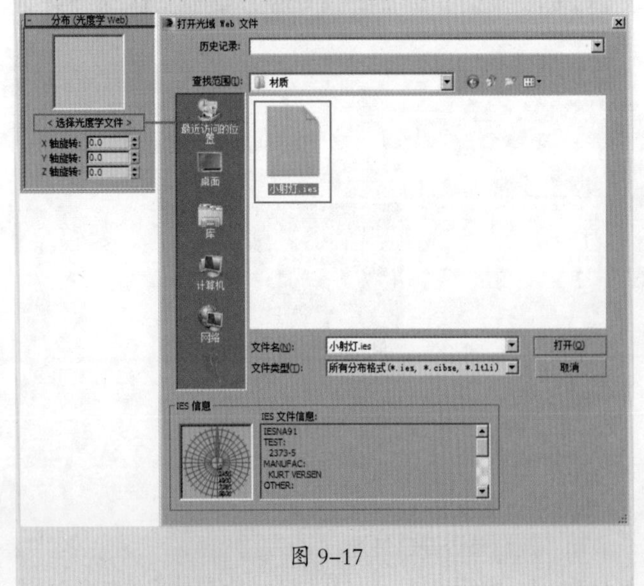

图 9–17

2. 强度 / 颜色 / 衰减

展开【强度 / 颜色 / 衰减】卷展栏，如图 9-18 所示。

- 灯光：挑选公用灯光，以近似灯光的光谱特征为 D50Illuminant（基准白色）、荧光（冷色调白色）、HID 高压钠灯的对比效果，如图 9-19 所示。

图 9–18

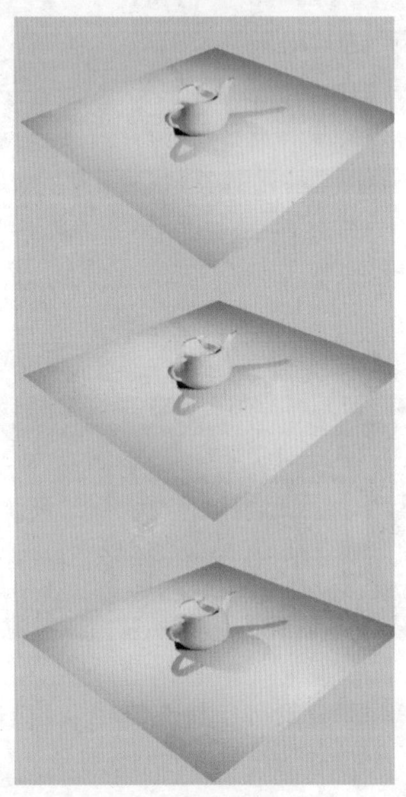

图 9–19

- 开尔文：通过调整色温微调器设置灯光的颜色。
- 过滤颜色：使用颜色过滤器来模拟置于光源上的过滤色效果。图 9-20 所示为设置过滤颜色为绿色的效果。

图 9–20

- 强度：控制灯光的强弱程度。
- 结果强度：用于显示暗淡所产生的强度。
- 暗淡百分比：启用该选项后，该值会指定用于降低灯光强度的【倍增】。图 9-21 所示为【暗淡百分比】设置为 100 和 10 的对比效果。

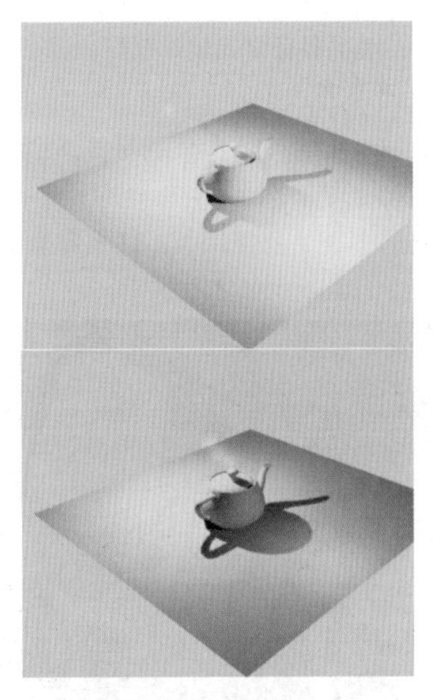

图 9–21

- 光线暗淡时白炽灯颜色会切换：启用该选项之后，灯光可以在暗淡时通过产生更多的黄色来模拟白炽灯。
- 使用：启用灯光的远距衰减。
- 显示：在视口中显示远距衰减的范围设置。
- 开始：设置灯光开始淡出的距离。
- 结束：设置灯光减为 0 时的距离。

3. 图形 / 区域阴影

展开【图形 / 区域阴影】卷展栏，如图 9-22 所示。

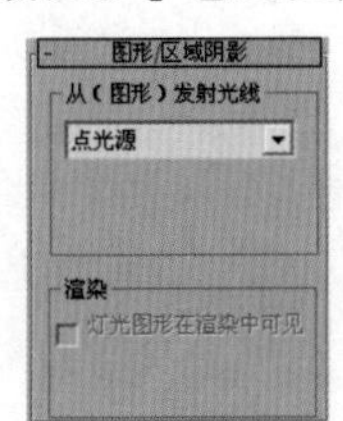

图 9–22

- 从（图形）发射光线：选择阴影生成的图形类型，包括【点光源】、【线】、【矩形】、【圆形】、【球体】和【圆柱体】6 种类型。
- 灯光图形在渲染中可见：启用该选项后，如果灯光对象位于视野之内，那么灯光图形在渲染中会显示为自供照明（发光）的图形。

4. 阴影贴图参数

展开【阴影贴图参数】卷展栏，如图 9-23 所示。

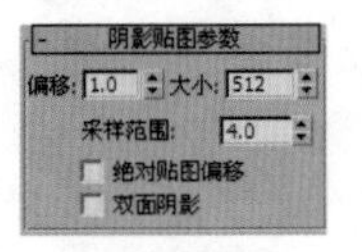

图 9–23

- 偏移：将阴影移向或移离投射阴影的对象。
- 大小：设置用于计算灯光的阴影贴图的大小。
- 采样范围：决定阴影内平均有多少个区域。
- 绝对贴图偏移：启用该选项后，阴影贴图的偏移是不标准化的，但是该偏移在固定比例的基础上会以 3dsMax 为单位来表示。
- 双面阴影：启用该选项后，计算阴影时物体的背面也将产生阴影。

5.VRay 阴影参数

展开【VRay 阴影参数】卷展栏，如图 9-24 所示。

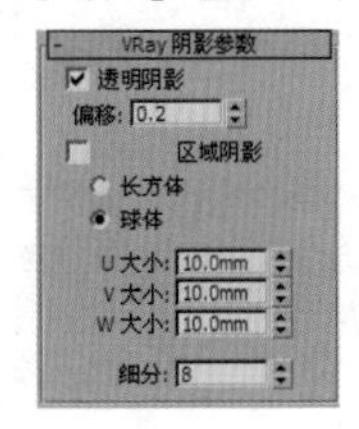

图 9–24

- 透明阴影：控制透明物体的阴影，必须使用 VRay 材质并选择材质中的【影响阴影】才能产生效果。
- 偏移：控制阴影与物体的偏移距离，一般可保持默认值。
- 区域阴影：控制物体阴影效果，使用时会降低渲染速度，有长方体和球体两种模式。图 9-25 所示为取消和勾选该选项的对比效果。

图 9–25

- 长方体 / 球体：用来控制阴影的方式，一般默认设置为球体即可。

- U/V/W 大小：值越大阴影越模糊，并且还会产生杂点，降低渲染速度。图 9-26 所示为设置大小为 10 和 30 的对比效果。
- 细分：该数值越大，阴影越细腻，噪点越少，渲染速度越慢。

图 9-26

FAQ 常见问题解答：每类灯光都有多种阴影类型，该选择哪种更适合？

一般在制作室内外效果图时，大部分用户需要安装 VRay 渲染器，因为可以快速的得到非常真实的渲染效果。所以推荐使用【VRay 阴影】，特别注意的是【VRay 阴影】与【VRay 阴影贴图】是两种不同的类型，不要混淆。在设置这些参数之前，需要勾选【阴影】下的【启用】选项，才可以发挥阴影的作用，如图 9-27 所示。

为【阴影】选择一种类型后，在下面的阴影参数中会自动变为与【阴影】类型相对应的卷展栏，如图 9-28 所示。

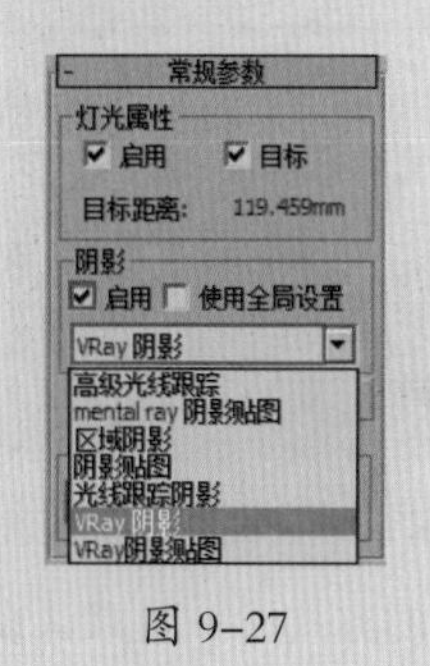

图 9-27

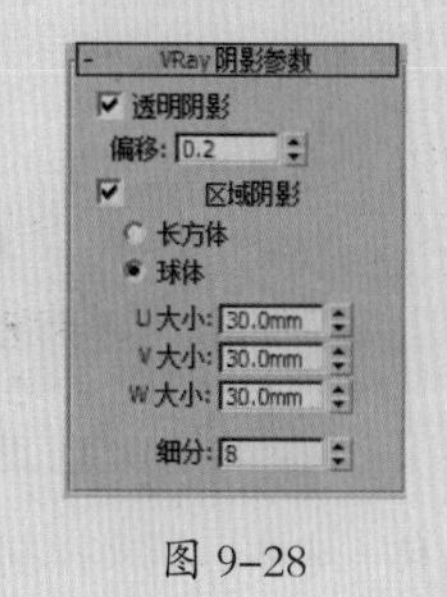

图 9-28

重点 进阶案例——用【VR 灯光】和【目标灯光】制作壁灯

场景文件	01.max
案例文件	进阶案例——用 VR 灯光和目标灯光制作壁灯 .max
视频教学	多媒体教学 /Chapter09/ 进阶案例——VR 灯光和目标灯光制作壁灯 .flv
难易指数	★★★☆☆
灯光方式	VR 灯光和目标灯光
技术掌握	掌握运用 VR 灯光制作壁灯和目标灯光制作射灯的方法

在这个场景中，主要使用 VR 灯光和目标灯光制作壁灯的效果，最终渲染效果如图 9-29 所示。

图 9-29

（1）打开本书配套资源中的【场景文件 /Chapter09/01.max】文件，如图 9-30 所示。

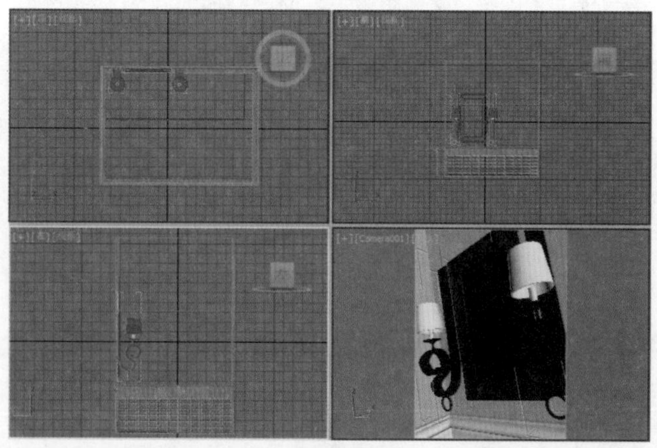

图 9-30

（2）单击【创建】/【灯光】按钮，设置【灯光类型】为 VRay，单击 VR灯光 按钮，如图 9-31 所示。

图 9-31

（3）在顶视图中拖拽并创建 2 盏 VR 灯光，分别放置到每一个灯罩内，如图 9-32 所示。设置【类型】为球体，设置【倍增器】为 30.0，设置【颜色】为浅黄色（红：251，绿：210，蓝：157），设置【半径】为 4.0mm，勾选【不可见】选项，设置【细分】为 15，如图 9-33 所示。

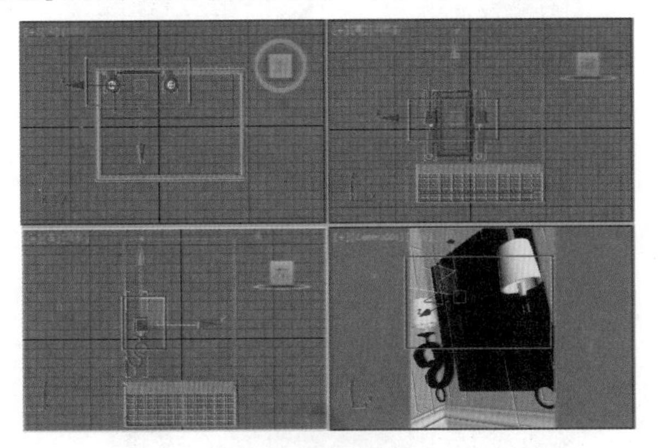

图 9–32

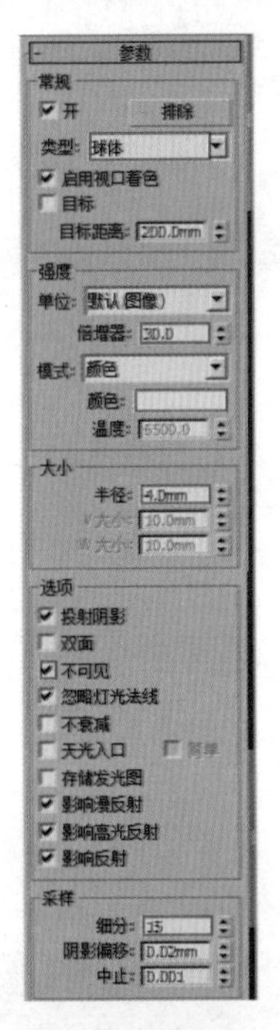

图 9–33

（4）单击【创建】/【灯光】按钮，设置【灯光类型】为光度学，单击 目标灯光 按钮，如图 9-34 所示。

图 9–34

（5）在前视图中拖拽并创建 4 盏目标灯光，从上向下照射，如图 9-35 所示。勾选【阴影】选项组的【启用】选项，设置【阴影类型】为 VRay 阴影，在【灯光分布（类型）】选项组下设置类型为光度学 Web，展开【分布（光度学 Web）】卷展栏，在后面的通道上加载【小射灯 .ies】光域网文件，设置【过滤颜色】为黄色（红：244，绿：185，蓝：133），【强度】为 300.0，勾选【区域阴影】选项，设置【细分】为 15，如图 9-36 所示。

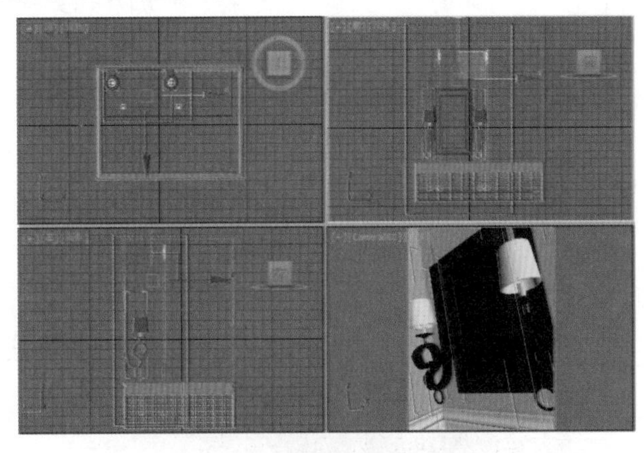

图 9–35

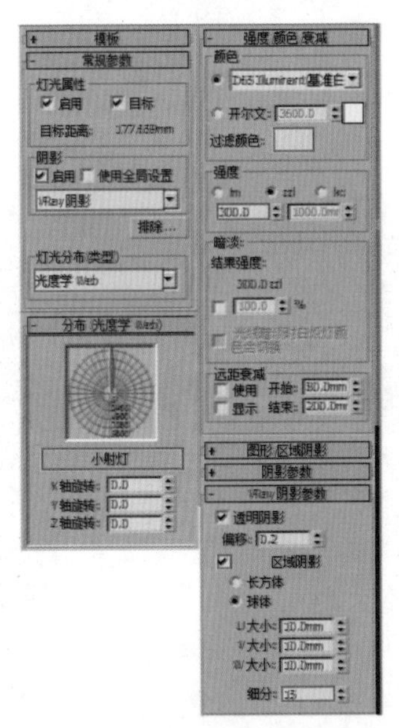

图 9–36

（6）最终的渲染效果，如图 9-37 所示。

图 9–37

FAQ 常见问题解答：怎么显示或不显示视图中的光影效果?

在 3dsMax2014 中，在创建灯光后就可以在视图中实时的预览光影的效果，当然这种效果是比较假的，如图 9-38 所示。

图 9–38

在视图左上角【真实】处单击右键，取消【照明和阴影】下的【阴影】选项，如图 9-39 所示。此时显示效果如图 9-40 所示。

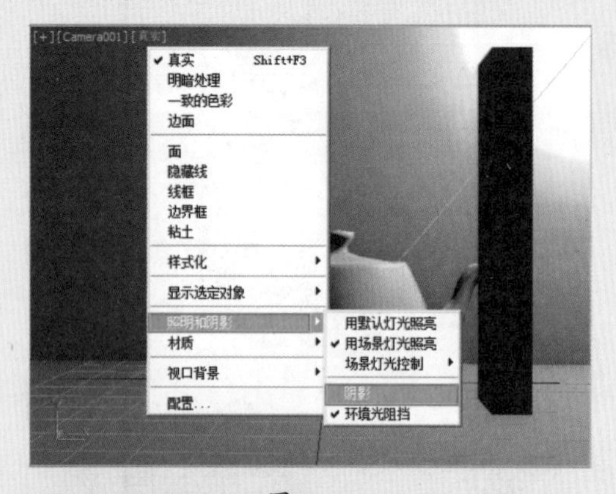

图 9–39

图 9–40

在视图左上角【真实】处单击右键，取消【照明和阴影】下的【环境光阻挡】选项，如图 9-41 所示。此时显示效果如图 9-42 所示。

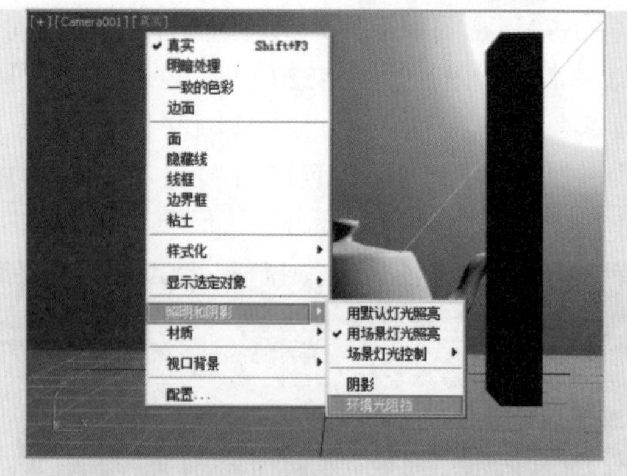

图 9–41

图 9–42

重点 进阶案例——用【目标灯光】制作射灯

场景文件	02.max
案例文件	进阶案例——用目标灯光制作射灯 .max
视频教学	多媒体教学 /Chapter09/ 进阶案例——用目标灯光制作射灯 .flv
难易指数	★★☆☆☆
灯光方式	目标灯光、VR 灯光
技术掌握	掌握目标灯光、VR 灯光的运用

在这个场景中，主要使用目标灯光、VR 灯光制作射灯的效果，场景的最终渲染效果如图 9-43 所示。

图 9–43

（1）打开本书配套资源中的【场景文件 /Chapter09/02.max】文件，如图 9-44 所示。

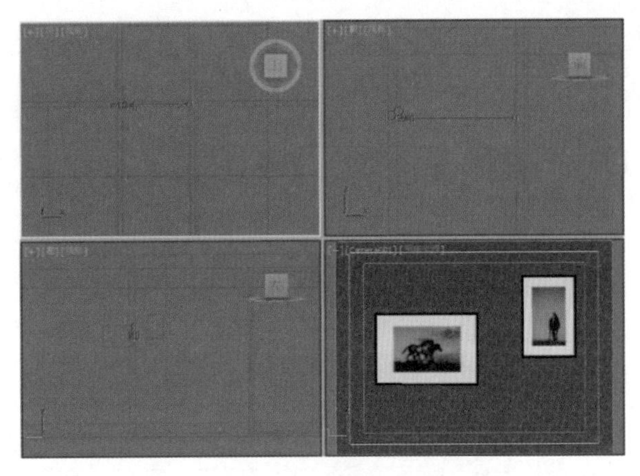

图 9-44

（2）单击【创建】/【灯光】按钮，设置【灯光类型】为光度学，单击 目标灯光 按钮，如图 9-45 所示。

图 9-45

（3）在前视图中拖拽并创建 2 盏目标灯光。勾选【启用】选项，设置【阴影类型】为 VRay 阴影，设置【灯光分布类型】为光度学 Web，展开【分布（光度学 Web）】卷展栏，在后面的通道上加载【小射灯 .ies】光域网文件，设置【过滤颜色】为浅黄色（红：254，绿：225，蓝：201），设置【强度】为 15.0，勾选【区域阴影】，设置【细分】为 15，如图 9-46 所示。

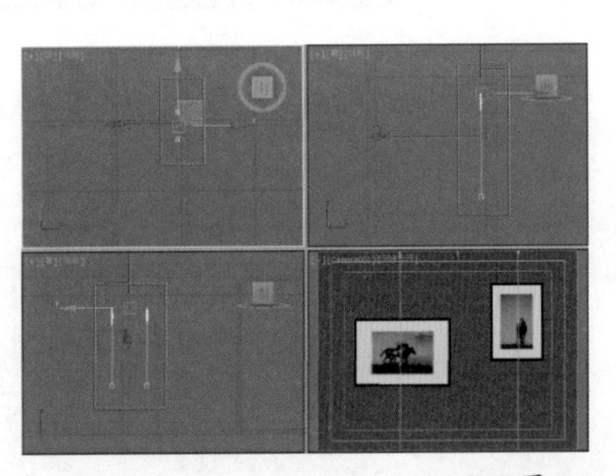

图 9-46

（4）单击【创建】/【灯光】按钮，设置【灯光类型】为 VRay，单击 VR灯光 按钮，如图 9-47 所示。

图 9-47

（5）在左视图中拖拽并创建一盏 VR 灯光。设置【类型】为平面，在【强度】选项组下设置【倍增器】为 2.0，调节【颜色】为蓝色（红：149，绿：196，蓝：255），在【大小】选项组下设置【1/2 长】为 66.519mm、【1/2 宽】为 30.12mm，在【选项】组下勾选【不可见】选项，如图 9-48 所示。

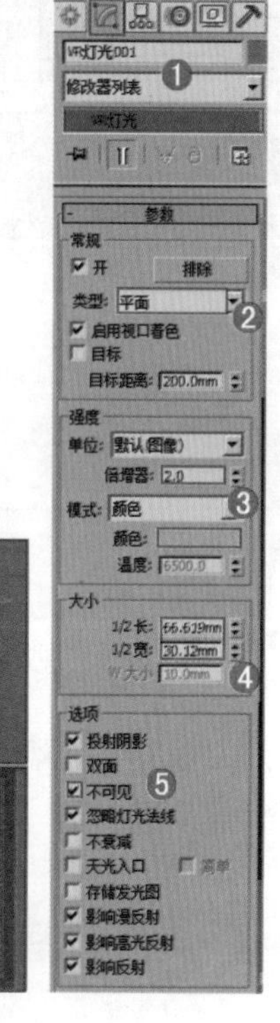

图 9-48

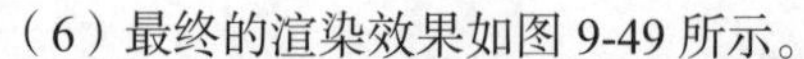

（6）最终的渲染效果如图 9-49 所示。

图 9-49

9.3 标准灯光

【标准】灯光是 3ds Max 最基本的灯光类型。共有 8 种类型，分别是【目标聚光灯】、【自由聚光灯】、【目标平行光】、【自由平行光】、【泛光】、【天光】、【mr Area Omni】和【mr Area Spot】，如图 9-50 所示。

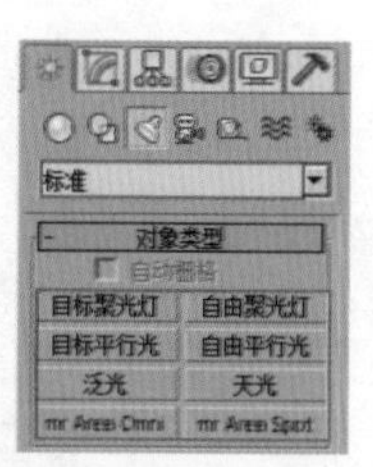

图 9-50

9.3.1 目标聚光灯

【目标聚光灯】像闪光灯一样投影聚焦的光束，这是在剧院中或桅灯下的聚光区。目标聚光灯使用目标对象指向摄影机。图 9-51 所示为【目标聚光灯】制作的作品。

图 9-51

【目标聚光灯】参数主要包括【常规参数】、【强度/颜色/衰减】、【聚光灯参数】、【高级效果】、【阴影参数】、【光线跟踪阴影参数】、【大气和效果】和【mentalray 间接照明】。具体参数设置如图 9-52 所示。

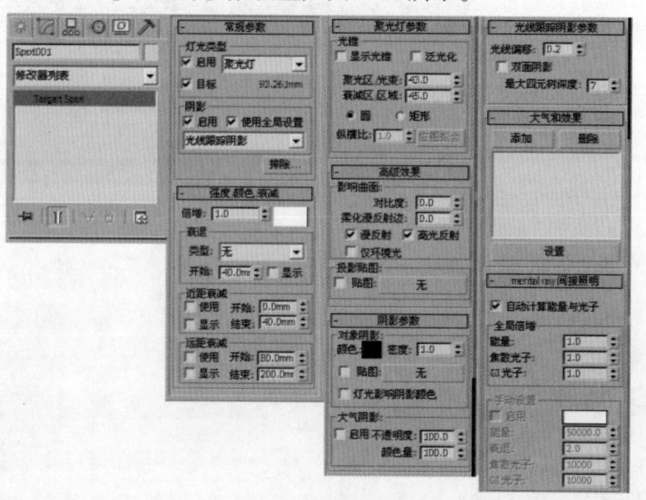

图 9-52

（1）常规参数

【常规参数】卷展栏，具体参数设置如图 9-53 所示。

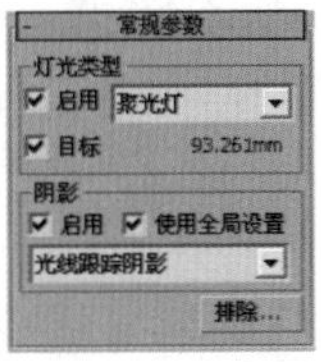

图 9-53

- 灯光类型：共有 3 种类型可供选择，分别是【聚光灯】、【平行光】和【泛光灯】。
  - 启用：控制是否开启灯光。
  - 目标：如果启用该选项后，灯光将成为目标。
- 阴影：控制是否开启灯光阴影。
  - 使用全局设置：如果启用该选项后，该灯光投射的阴影将影响整个场景的阴影效果。如果关闭该选项，则必须选择渲染器使用哪种方式来生成特定的灯光阴影。
  - 阴影类型：切换阴影的类型来得到不同的阴影效果。
- 排除... 按钮：将选定的对象排除于灯光效果之外。

（2）强度 / 颜色 / 衰减

【强度 / 颜色 / 衰减】卷展栏，具体参数设置如图 9-54 所示。

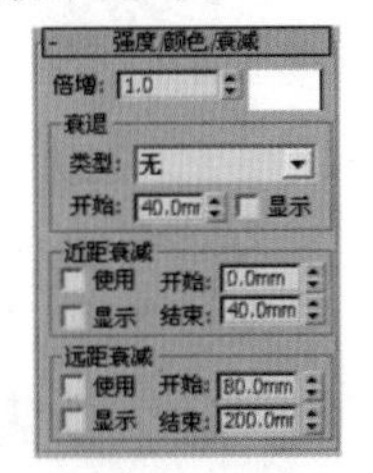

图 9-54

- 倍增：控制灯光的强弱程度。
- 颜色：用来设置灯光的颜色。
- 衰退：该选项组中的参数用来设置灯光衰退的类型和起始距离。
- 类型：指定灯光的衰退方式。【无】为不衰退；【倒数】为反向衰退;【平方反比】是以平方反比的方式进行衰退。
- 开始：设置灯光开始衰退的距离。
- 显示：在视口中显示灯光衰退的效果。
- 近距衰减 / 远距衰减：该选项组用来设置灯光近距离衰退 / 远距离衰退的参数。
- 使用：启用灯光近距离衰退 / 远距离衰退。
- 显示：在视口中显示近距离衰退 / 远距离衰退的范围。
- 开始：设置灯光开始淡出的距离。
- 结束：设置灯光达到衰退最远处的距离。

（3）聚光灯参数

【聚光灯参数】卷展栏，具体参数设置如图 9-55 所示。

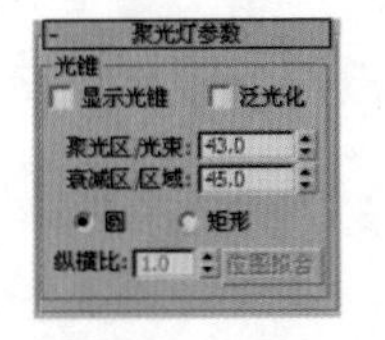

图 9-55

- 显示光锥：控制是否开启圆锥体显示效果。
- 泛光化：开启该选项时，灯光将在各个方向投射光线。
- 聚光区 / 光束：用来调整灯光圆锥体的角度。
- 衰减区 / 区域：设置灯光衰减区的角度。
- 圆 / 矩形：指定聚光区和衰减区的形状。
- 纵横比：设置矩形光束的纵横比。
- 位图拟合 按钮：若灯光的【光锥】设置为【矩形】，可以用该按钮来设置光锥的纵横比，以匹配特定的位图。

（4）高级效果

展开【高级效果】卷展栏，具体参数设置如图 9-56 所示。

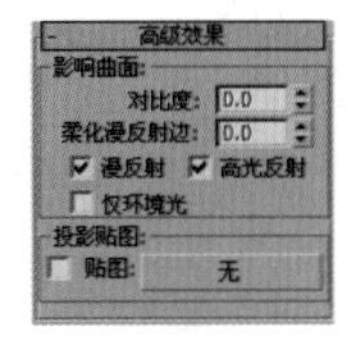

图 9-56

- 对比度：调整曲面的漫反射区域和环境光区域之间的对比度。
- 柔化漫反射边：增加“柔化漫反射边”的值可以柔化曲面的漫反射部分与环境光部分之间的边缘。
- 漫反射：启用此选项后，灯光将影响对象曲面的漫反射属性。
- 高光反射：启用此选项后，灯光将影响对象曲面的高光属性。
- 仅环境光:启用此选项后,灯光仅影响照明的环境光组件。
- 贴图：为阴影加载贴图。

（5）阴影参数

展开【阴影参数】卷展栏，具体参数设置如图 9-57 所示。

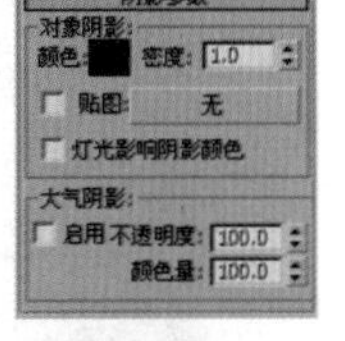

图 9-57

- 颜色：设置阴影的颜色，默认为黑色。

- 密度：设置阴影的密度。
- 贴图：为阴影指定贴图。
- 灯光影响阴影颜色：开启该选项后，灯光颜色将与阴影颜色混合在一起。
- 启用：启用该选项后，大气可以穿过灯光投射阴影。
- 不透明度：调节阴影的不透明度。
- 颜色量：调整颜色和阴影颜色的混合量。

（6）光线跟踪阴影参数

【光线跟踪阴影参数】卷展栏，具体参数设置如图 9-58 所示。

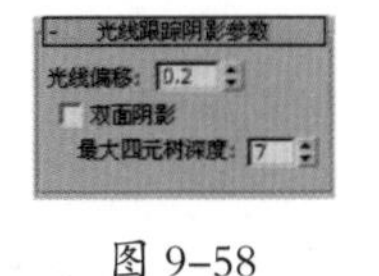

图 9-58

- 光线偏移：将阴影移向或移离投射阴影的对象。
- 双面阴影：启用该选项后，计算阴影时背面将不被忽略。
- 最大四元树深度：使用光线跟踪器调整四元树的深度。

9.3.2　自由聚光灯

【自由聚光灯】和【目标聚光灯】的关系与【目标灯光】和【自由灯光】的关系一样，都是可以快速转化的，【自由聚光灯】的参数和【目标聚光灯】的参数基本一致，因此我们不重复进行讲解了。【自由聚光灯】没有目标点，因此只能通过旋转来调节灯光的角度，如图 9-59 所示。

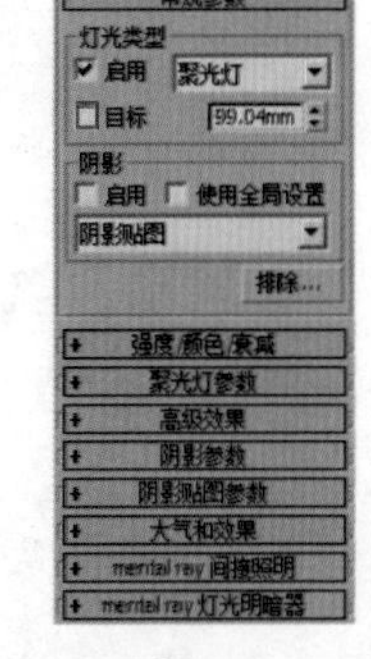

图 9-59

9.3.3　目标平行光

【目标平行光】可以产生一个照射区域，主要用来模拟自然光线的照射效果，一般常用来制作日光、夜光等效果，如图 9-60 所示。

图 9-60

【目标平行光】的参数和【目标聚光灯】的参数基本一致，【目标平行光】具体参数设置如图 9-61 所示。

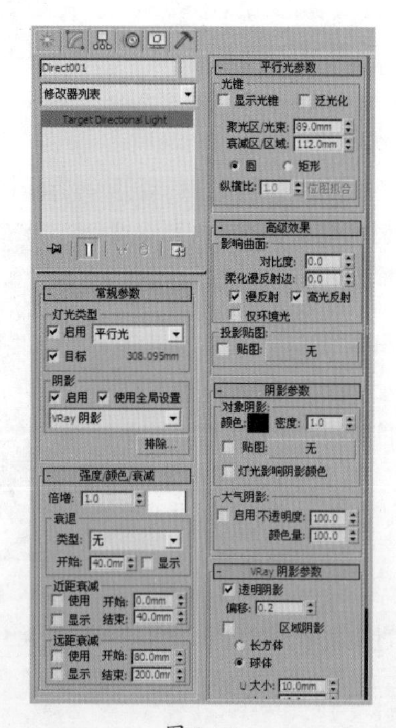

图 9-61

FAQ 常见问题解答：为什么目标聚光灯、自由聚光灯、目标平行光、平行光和泛光参数很类似？

在 3dsMax 中的标准灯光中，目标聚光灯、自由聚光灯、目标平行光、平行光和泛光都是可以互相转换的，只需要修改其中某些参数即可。比如创建了目标聚光灯，如图 9-62 所示。并且此时【灯光类型】为聚光灯，如图 9-63 所示。

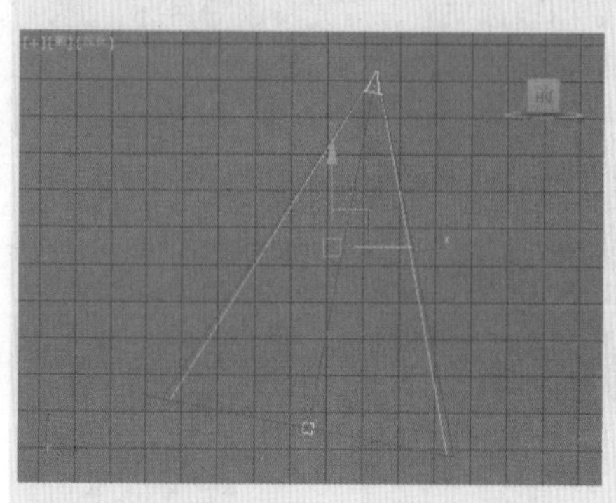

图 9-62

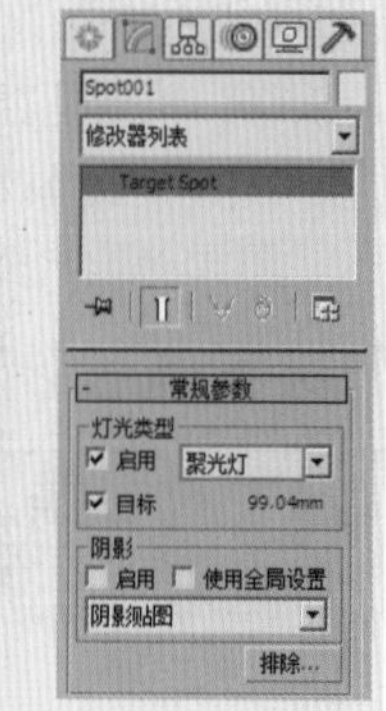

图 9-63

将【灯光类型】更改为泛光，如图 9-64 所示。发现灯光也变成了泛光，如图 9-65 所示。因此这类灯光之间是可以相互转换的。

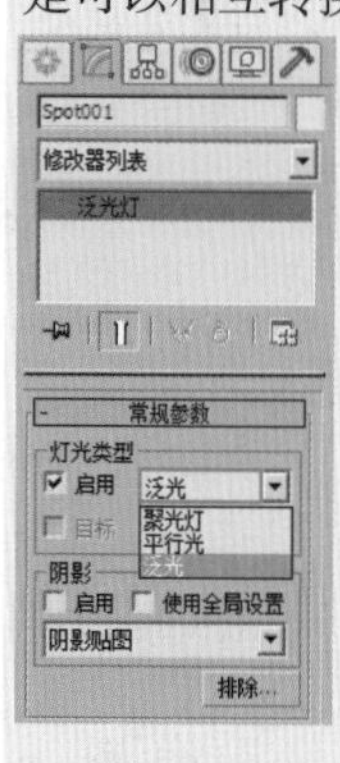

图 9-64

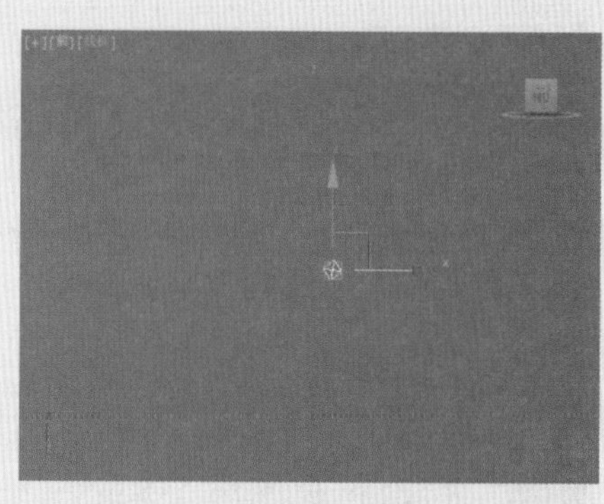

图 9-65

9.3.4 自由平行光

【自由平行光】能产生一个平行的照射区域，具体参数设置如图 9-66 所示。

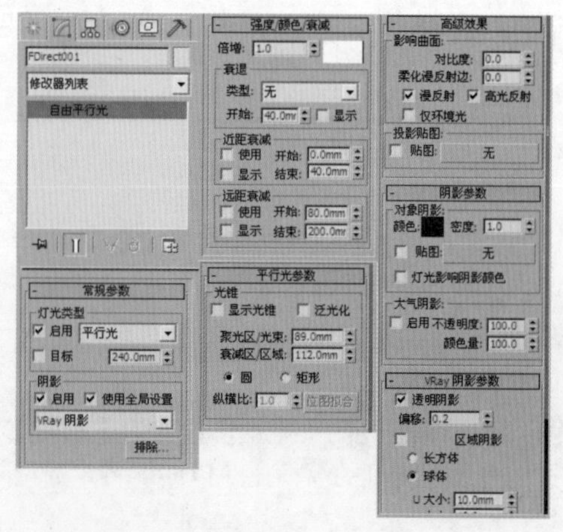

图 9-66

9.3.5　泛光

【泛光】从单个光源向各个方向投影光线。泛光用于模拟点光源、辅助光源，如图 9-67 所示。

图 9–67

【泛光】具体参数设置如图 9-68 所示。

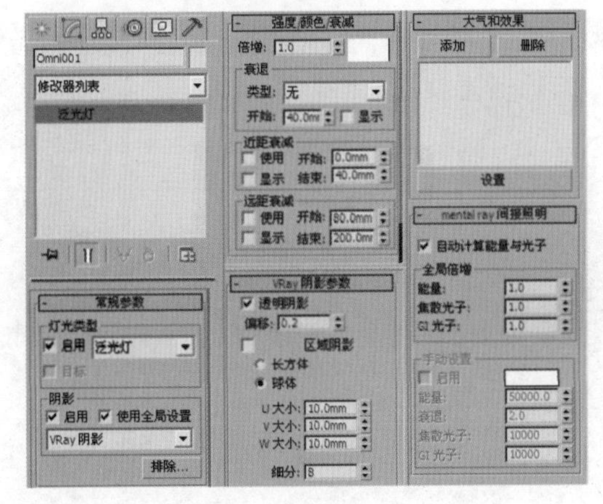

图 9–68

进阶案例——用泛光制作壁灯

场景文件	03.max
案例文件	进阶案例——泛光制作壁灯 .max
视频教学	多媒体教学 /Chapter09/ 进阶案例——泛光制作壁灯 .flv
难易指数	★★★☆☆
灯光方式	泛光和 VR 灯光
技术掌握	掌握泛光和 VR 灯光的运用

在这个场景中，主要使用泛光和 VR 灯光制作壁灯的效果，最终渲染效果如图 9-69 所示。

图 9–69

（1）打开本书配套资源中的【场景文件 /Chapter09/03.max】文件，如图 9-70 所示。

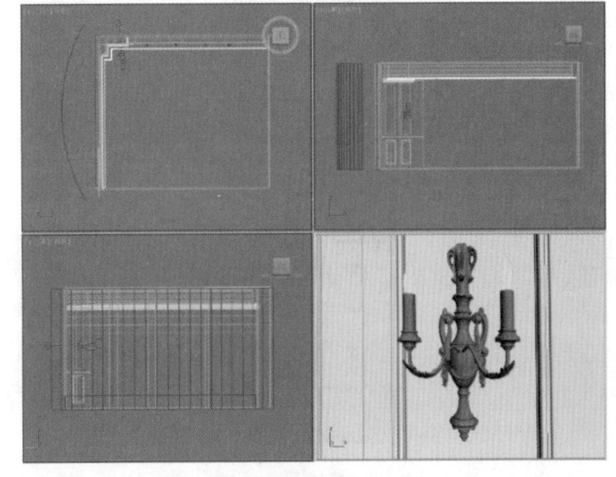

图 9–70

（2）单击【创建】/【灯光】按钮，设置【灯光类型】为 VRay，单击 VR灯光 按钮，如图 9-71 所示。

图 9–71

（3）在左视图中拖拽创建一盏【VR灯光】，如图9-72所示。

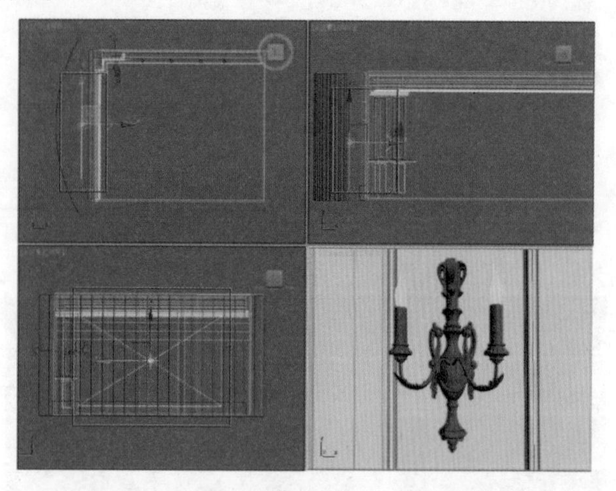

图 9–72

（4）设置【类型】为平面，设置【倍增器】为5.0，【颜色】为浅蓝色（红：187，绿：193，蓝：236），设置【1/2长】为1350.0mm、【1/2宽】为2200.0mm，勾选【不可见】选项，设置【细分】为30，如图9-73所示。

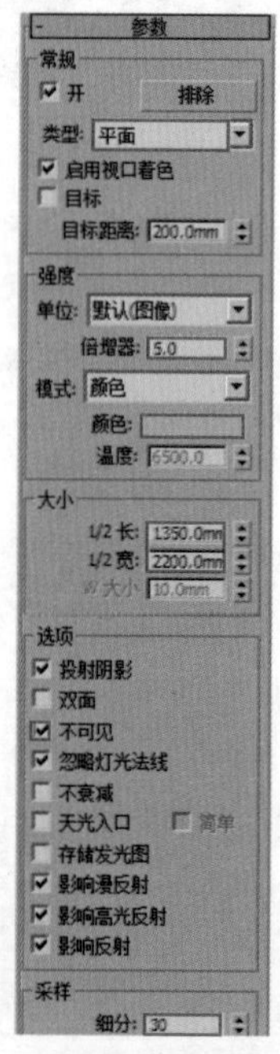

图 9–73

（5）单击【创建】/【灯光】按钮，设置【灯光类型】为标准，单击 泛光 按钮，如图9-74所示。

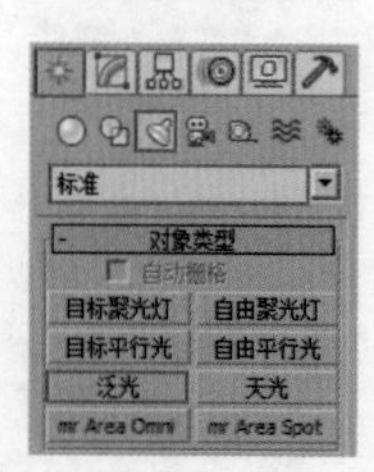

图 9–74

（6）在前视图中单击创建2盏【泛光】，如图9-75所示。

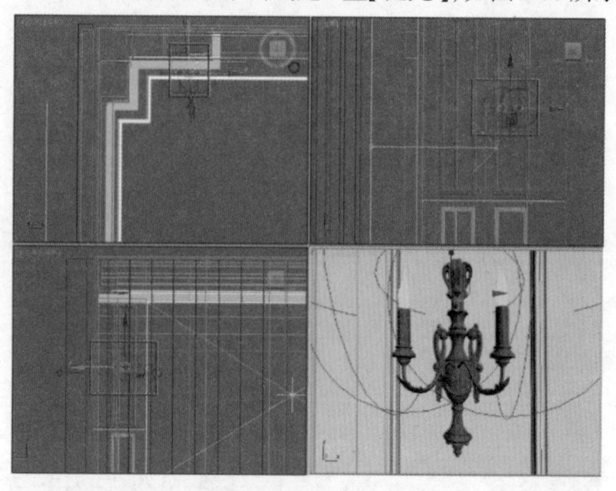

图 9–75

（7）勾选【阴影】下的【启用】选项，设置【类型】为VRay阴影。设置【倍增】为8.0，【颜色】为黄色（红：253，绿：207，蓝：158），勾选【远距衰减】的【使用】选项，并设置【开始】为0.0mm，勾选【显示】选项，设置【结束】为200.0mm，勾选【区域阴影】选项，设置【U/V/W大小】为30.0mm，设置【细分】为30，如图9-76所示。

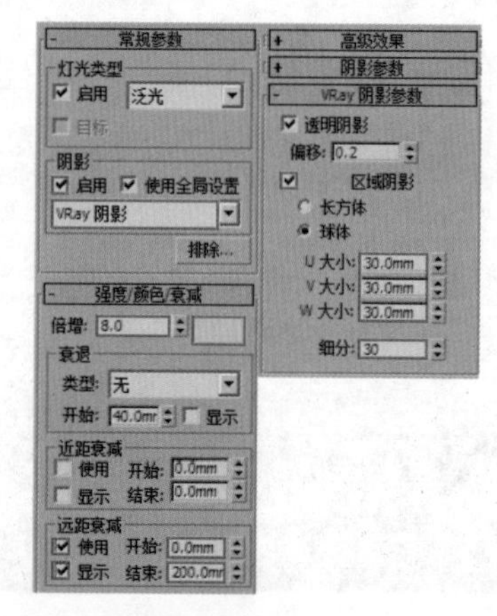

图 9–76

（8）最终的渲染效果如图9-77所示。

图 9–77

求生秘籍 —— 技巧提示：用 VR 灯光（球体）也可制作泛光效果

泛光效果是现实中非常常见的灯光效果，通常用来制作壁灯、台灯、吊灯、烛光等。它的特点是以一个点为中心向四周发射光照，并且随着距离越来越远、强度也逐渐衰减。在 3dsMax 中可以使用【泛光】制作泛光灯效果，也可以使用【VR 灯光（球体）】进行制作。

9.3.6　天光

【天光】用于模拟天空光，可以整体增亮场景。当使用默认扫描线渲染器进行渲染时，天光与高级照明、光跟踪器或光能传递结合使用效果会更佳。图 9-78 所示为天光的原理图。

图 9–78

【天光】的具体参数设置如图 9-79 所示。

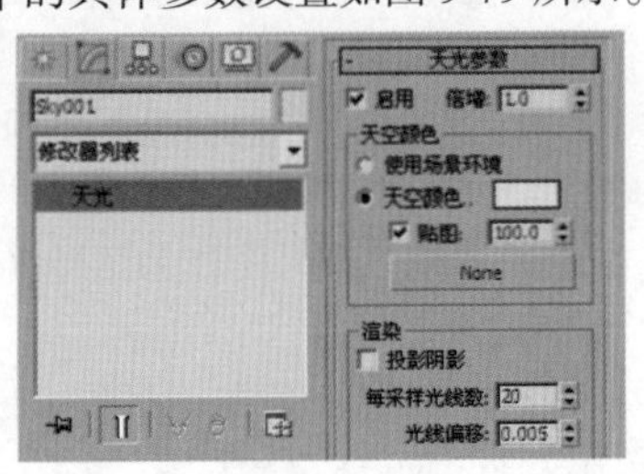

图 9–79

- 启用：控制是否开启天光。
- 倍增：控制天光的强弱程度。
- 使用场景环境：使用【环境与特效】对话框设置的灯光颜色。
- 天空颜色：设置天光的颜色。
- 贴图：指定贴图来影响天光颜色。
- 投影阴影：控制天光是否投影阴影。
- 每采样光线数：用于计算落在场景中指定点上天光的光线数。对于动画，应将该选项设置为较高的值可消除闪烁。值为 30 左右应该可以消除闪烁，如图 9-80 所示。
- 光线偏移：对象可以在场景中指定点上投射阴影的最短距离。

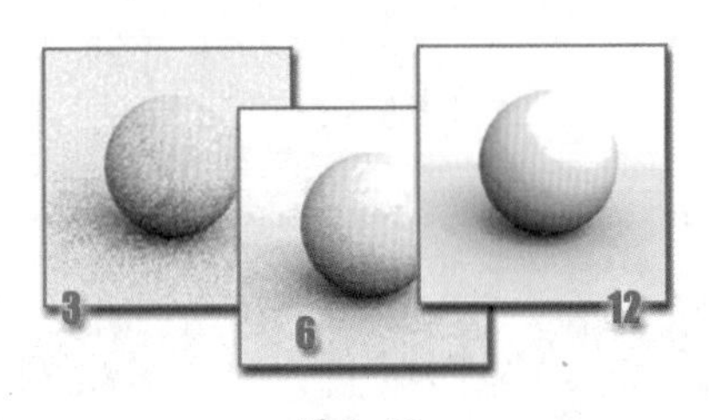

图 9–80

9.4　VRay 灯光

安装好 VRay 渲染器后，在【创建】面板中就可以选择 VR 灯光。VR 灯光包含 4 种类型，分别是【VR 灯光】、【VRayIES】、【VR 环境灯光】和【VR 太阳】，如图 9-81 所示。

图 9–81

- VR 灯光：主要用来模拟室内光源，如灯带、灯罩灯光。
- VRayIES：VRayIES 是一个 V 型的射线光源插件，可以用来加载 IES 灯光，能使现实中的灯光分布更加逼真。
- VR 环境灯光：模拟环境的灯光。
- VR 太阳：主要用来模拟真实的室外太阳光。

9.4.1　VR 灯光

【VR 灯光】是室内外效果图制作使用最多的灯光类型，可以模拟真实的柔和光照效果。常用来模拟窗口处灯光、顶棚灯带、灯罩灯光等。具体参数设置如图 9-82 所示。

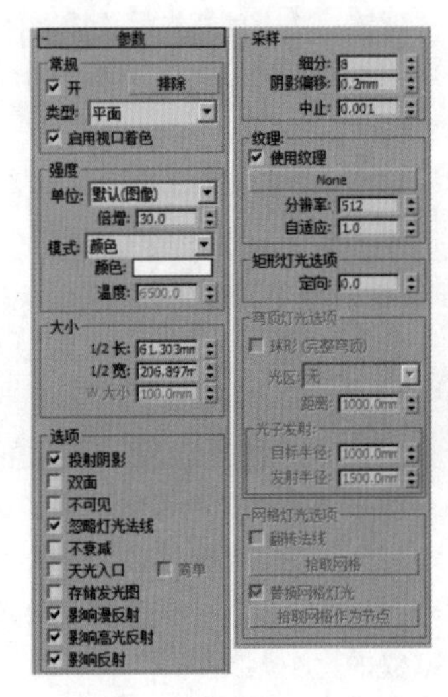

图 9–82

图 9-83 所示为使用 VR 灯光制作的效果。

图 9-83

（1）常规

- 开：控制是否开启 VR 灯光。
- 排除按钮：用来排除灯光对物体的影响。
- 类型：指定 VR 灯光的类型，共有【平面】、【穹顶】、【球体】和【网格】4 种类型，如图 9-84 所示。
- 平面：将 VR 灯光设置成平面形状。

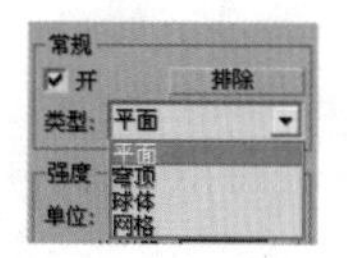

图 9-84

- 穹顶：将 VR 灯光设置成穹顶状，类似于 3ds Max 的天光物体，光线来自于位于光源 z 轴的半球体状圆顶。
- 球体：将 VR 灯光设置成球体形状。
- 网格：一种以网格为基础的灯光。

（2）强度

- 单位：指定 VR 灯光的发光单位，共有【默认（图像）】、【发光率（lm）】、【亮度 lm/m²/sr）】、【辐射率（W）】和【辐射（W/m²/sr）】5 种，如图 9-85 所示。

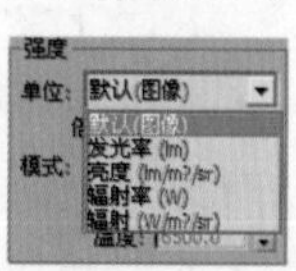

图 9-85

- 默认（图像）：VRay 默认单位，依靠灯光的颜色和亮度来控制灯光的最后强弱，如果忽略曝光类型的因素，灯光色彩将是物体表面受光的最终色彩。
- 发光率（lm）：当选择这个单位时，灯光的亮度将和灯光的大小无关。
- 亮度（lm/m²/sr）：当选择这个单位时，灯光的亮度和它的大小有关系。
- 辐射率（W）：当选择这个单位时，灯光的亮度和灯光的大小无关。注意，这里的瓦特和物理上的瓦特不一样，比如这里的 100W 大约等于物理上的 2~3W。
- 辐射（W/m²/sr）：当选择这个单位时，灯光的亮度和它的大小有关系。
- 颜色：指定灯光的颜色。
- 倍增：设置灯光的强度。

（3）大小

- 1/2 长：设置灯光的长度。
- 1/2 宽：设置灯光的宽度。
- W 大小：当前这个参数还没有被激活。

（4）选项

- 投射阴影：控制是否对物体的光照产生阴影。
- 双面：用来控制灯光的双面都产生照明效果。
- 不可见：用来控制最终渲染时是否显示 VR 灯光的形状。
- 忽略灯光法线：控制灯光的发射是否按照光源的法线进行发射。
- 不衰减：在物理世界中，所有的光线都是有衰减的。如果勾选这个选项，VRay 将不计算灯光的衰减效果。
- 天光入口：把 VRay 灯光转换为天光，这时的 VR 灯光就变成了【间接照明（GI）】，失去了直接照明。当勾选这个选项时，【投射阴影】、【双面】、【不可见】等参数将不可用，这些参数将被 VRay 的天光参数所取代。
- 储存发光图：勾选这个选项，同时【间接照明（GI）】里的【首次反弹】引擎选择【发光贴图】时，VR 灯光的光照信息将保存在【发光贴图】中。在渲染光子的时候将变得更慢，但是在渲染出图时，渲染速度会提高很多。当渲染完光子的时候，可以关闭或删除这个 VR 灯光，它对最后的渲染效果没有影响，因为它的光照信息已经保存在了【发光贴图】中。
- 影响漫反射：决定灯光是否影响物体材质属性的漫反射。
- 影响高光反射：决定灯光是否影响物体材质属性的高光。
- 影响反射：勾选该选项时，灯光将对物体的反射区进行光照，物体可以将光源进行反射。

（5）采样

- 细分：该参数控制 VR 灯光的采样细分。数值越小，渲染杂点越多，渲染速度越快；数值越大，渲染杂点越少，渲染速度越慢。
- 阴影偏移：用来控制物体与阴影的偏移距离，较高的值会使阴影向灯光的方向偏移。
- 中止：控制灯光中止的数值，一般情况下不用修改该参数。

（6）纹理

- 使用纹理：控制是否用纹理贴图作为半球光源。
- None：选择贴图通道。
- 分辨率：设置纹理贴图的分辨率，最高为 2048。
- 自适应：控制纹理的自适应数值，一般情况下数值默认即可。

重点 进阶案例 —— 用 VR 灯光制作烛光

场景文件	04.max
案例文件	进阶案例 ——VR 灯光制作烛光 .max
视频教学	多媒体教学 /Chapter09/ 进阶案例 ——VR 灯光制作烛光 .flv
难易指数	★★☆☆☆
灯光方式	VR 灯光
技术掌握	掌握 VR 灯光的运用

在这个场景中，主要使用 VR 灯光制作烛光的效果，场景的最终渲染效果如图 9-86 所示。

图 9-86

（1）打开本书配套资源中的【场景文件 /Chapter09/04.max】文件，如图 9-87 所示。

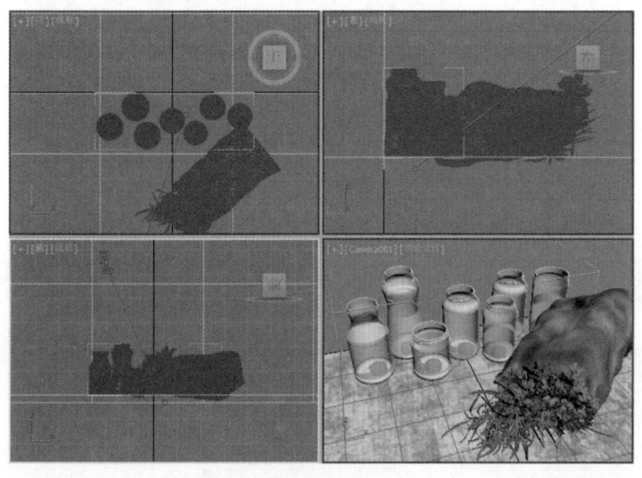

图 9-87

（2）单击【创建】/【灯光】按钮，设置【灯光类型】为 VRay，单击 VR灯光 按钮，如图 9-88 所示。

图 9-88

（3）在顶视图中拖拽并创建 7 盏 VR 灯光，如图 9-89 所示。在【常规】选项组下设置类型为网格，设置【倍增器】为 300.0，【温度】为 1800.0，设置【细分】为 16，在【网格灯光选项】下，单击【拾取网格】按钮并【拾取】场景中的【蜡烛火苗】模型，勾选【替换网格灯光】按钮，如图 9-90 所示。

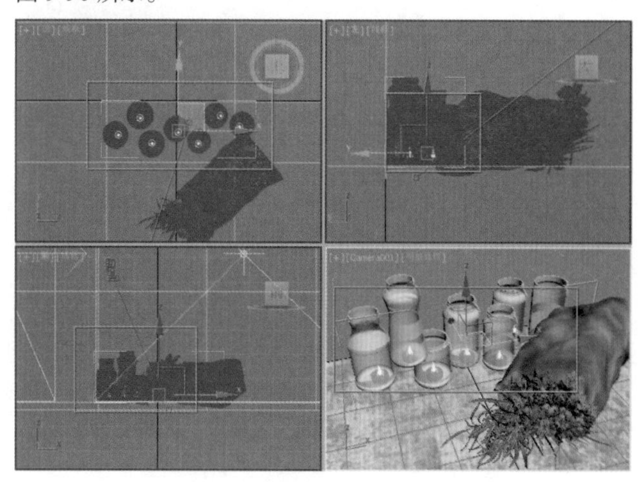

图 9-89

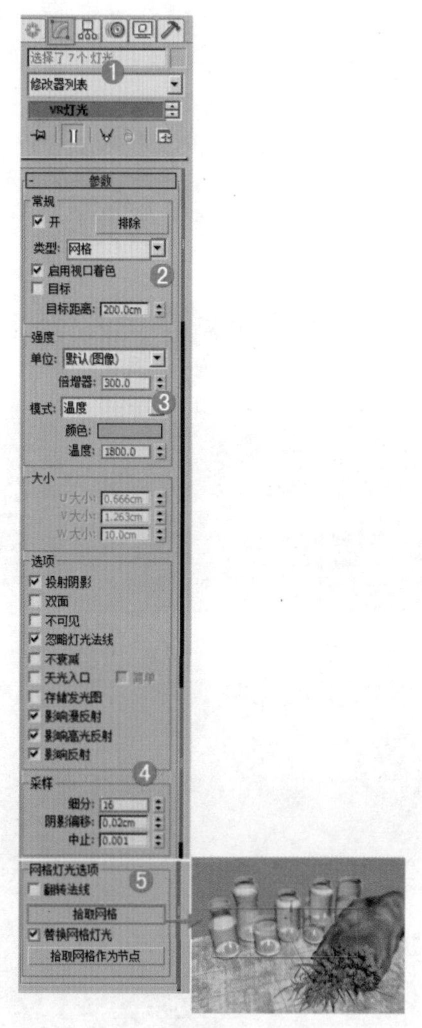

图 9-90

第 9 章

（4）在左视图中拖拽并创建一盏VR灯光，如图9-91所示。在【常规】选项组下设置【类型】为平面，在【强度】选项组下设置【倍增器】为1.0，在【大小】选项组下设置【1/2长】为64.563cm、【1/2宽】为61.119cm，如图9-92所示。

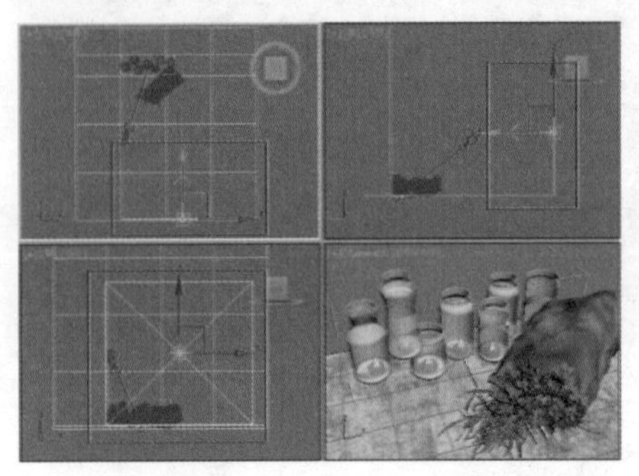

图 9–91

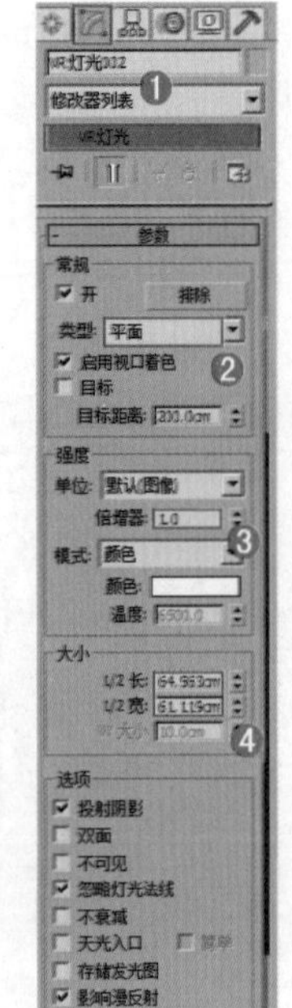

图 9–92

（5）在前视图中拖拽并创建一盏VR灯光，如图9-93所示。在【常规】选项组下设置类型为平面，在【强度】选项组下设置【倍增器】为5.0，在【大小】选项组下设置【1/2长】为64.563cm、【1/2宽】为61.119cm，如图9-94所示。

（6）最终的渲染效果如图9-95所示。

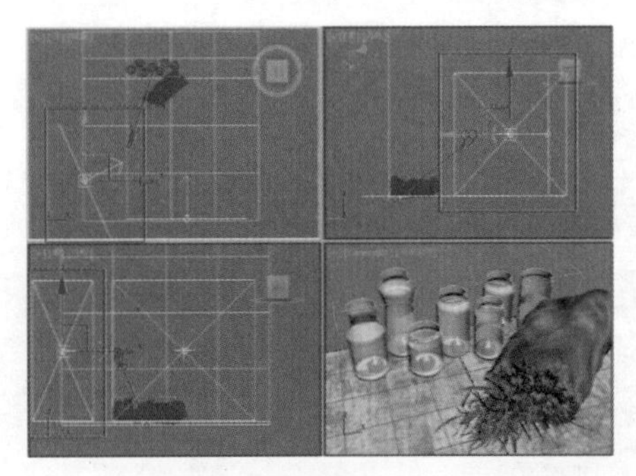

图 9–93

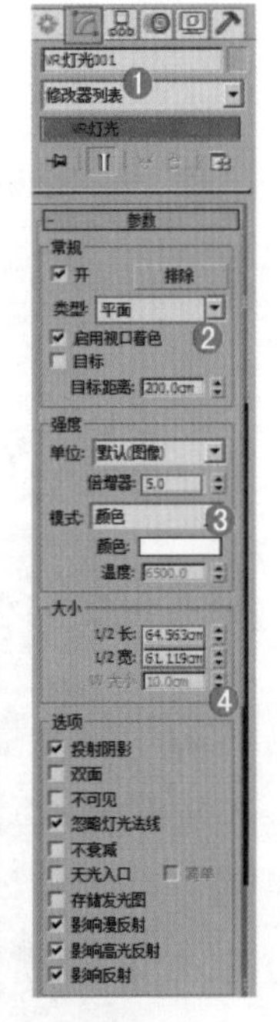

图 9–94

图 9–95

重点 进阶案例——用VR灯光制作灯带

场景文件	05.max
案例文件	进阶案例——VR灯光制作灯带.max
视频教学	多媒体教学/Chapter09/进阶案例——VR灯光制作灯带.flv
难易指数	★★★☆☆
灯光方式	VR灯光
技术掌握	掌握VR灯光的运用

在这个场景中，主要使用VR灯光制作灯带的效果，最终渲染效果如图9-96所示。

图 9–96

（1）打开本书配套资源中的【场景文件/Chapter09/05.max】文件，如图9-97所示。

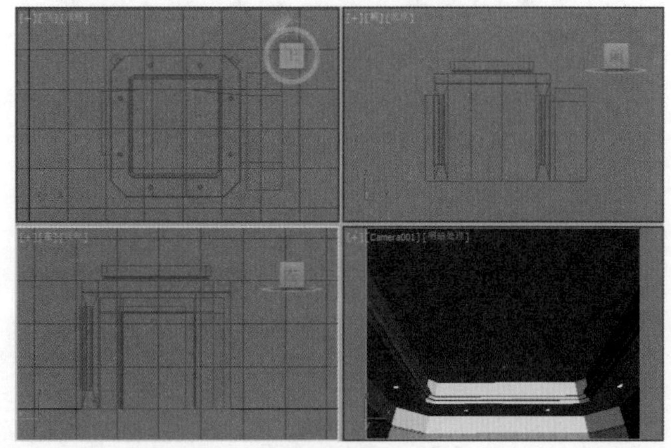

图 9–97

（2）单击【创建】/【灯光】按钮，设置【灯光类型】为VRay，单击 VR灯光 按钮，如图9-98所示。

图 9–98

（3）在顶视图中拖拽并创建 4 盏 VR 灯光，从下向上照射，如图 9-99 所示。设置【类型】为平面，设置【倍增器】为 5.0，设置【颜色】为黄色（红：254，绿：207，蓝：164），设置【1/2 长】为 1200.0mm、【1/2 宽】为 100.0mm，勾选【不可见】选项，【细分】为 20，如图 9-100 所示。

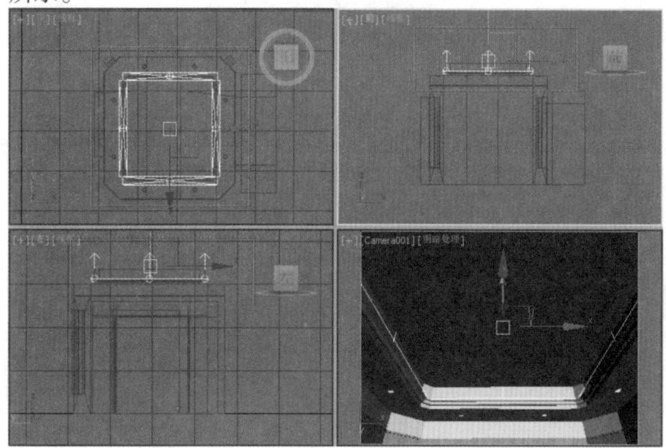

图 9-99

图 9-100

※求生秘籍——技巧提示：VR 灯光作为灯带使用时，需注意其位置

很多时候，都会使用 VR 灯光放置到顶棚位置，用来模拟顶棚的灯带效果，这个方法是正确的。但是一定要注意一点，那就是 VR 灯光的位置，VR 灯光一定要准确的放置到灯槽内，不要放置到墙体的内部，若不小心放置到墙体的内部，那么灯光将起不到作用，因此光也照射不出来。当然其他灯光也是如此，都不要将灯光放置到墙体里面，如图 9-101 所示。

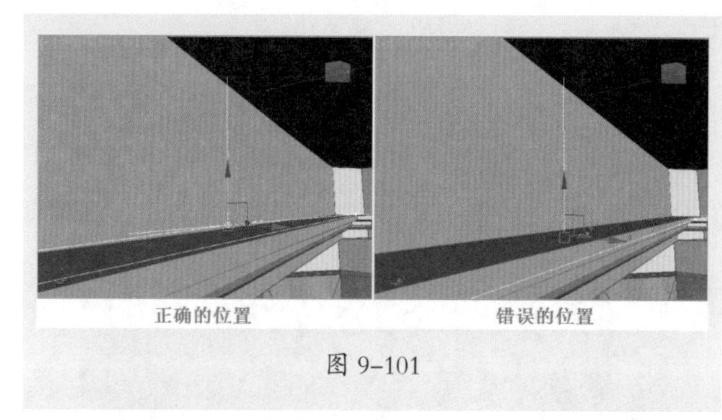

图 9-101

（4）在左视图中拖拽并创建一盏 VR 灯光，如图 9-102 所示。设置【类型】为平面，设置【倍增器】为 10.0，设置【颜色】为蓝色（红：89，绿：125，蓝：240），设置【1/2 长】为 1200.0mm，【1/2 宽】为 980.0mm，设置【细分】为 20，如图 9-103 所示。

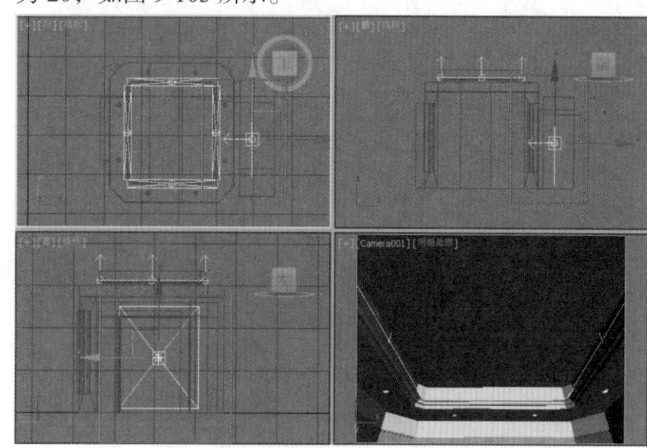

图 9-102

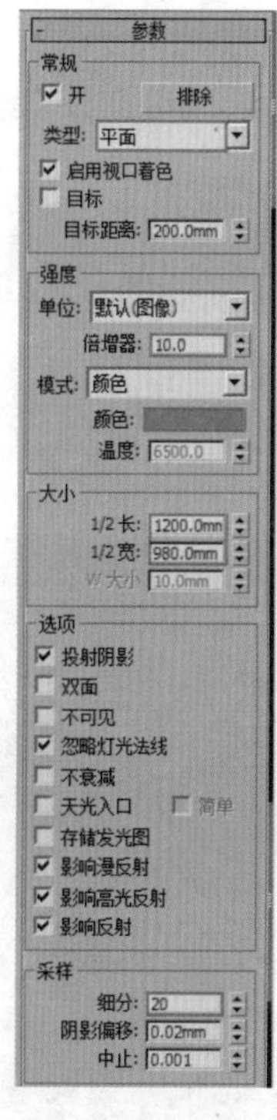

图 9-103

（5）最终的渲染效果如图 9-104 所示。

图 9–104

重点 进阶案例——用 VR 灯光制作客厅柔和灯光

场景文件	06.max
案例文件	进阶案例——VR 灯光制作客厅柔和灯光 .max
视频教学	多媒体教学 /Chapter09/ 进阶案例——VR 灯光制作客厅柔和灯光 .flv
难易指数	★★★☆☆
灯光方式	VR 灯光
技术掌握	掌握 VR 灯光制作柔和光照运用

在这个场景中，主要使用 VR 灯光制作客厅柔和灯光的效果，最终渲染效果如图 9-105 所示。

图 9–105

（1）打开本书配套资源中的【场景文件 /Chapter09/06.max】文件，如图 9-106 所示。

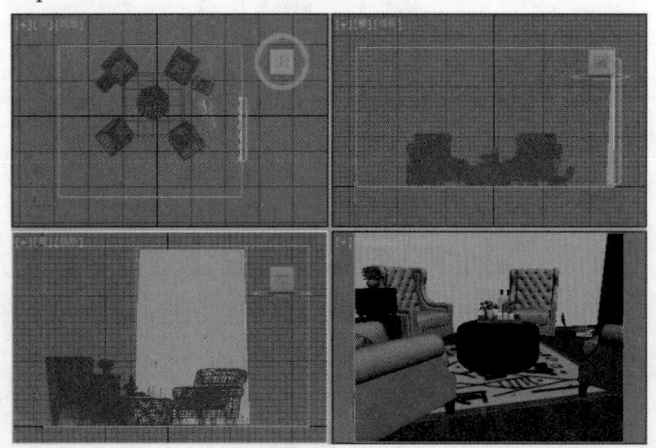

图 9–106

（2）单击【创建】/【灯光】选项，设置【灯光类型】为 VRay，单击 VR灯光 选项，如图 9-107 所示。

图 9–107

（3）在左视图中拖拽并创建一盏 VR 灯光，放置到右侧窗口处，如图 9-108 所示。设置【类型】为平面，设置【倍增器】为 40.0，设置【颜色】为蓝色（红：89，绿：125，蓝：240），设置【1/2 长】为 1200.0mm、【1/2 宽】为 980.0mm，设置【细分】为 15，如图 9-109 所示。

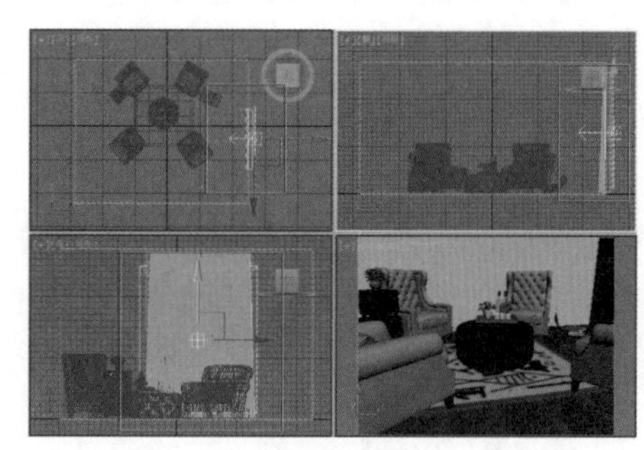

图 9–108

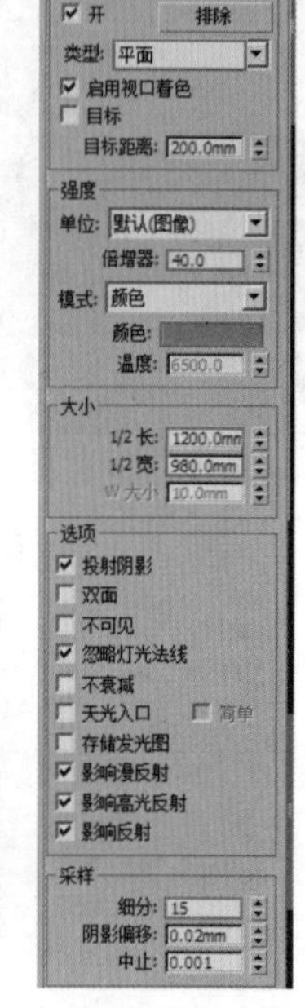

图 9–109

（4）在左视图中拖拽并创建一盏 VR 灯光，放置到场景左侧，如图 9-110 所示。设置【类型】为平面，设置【倍增器】为 4.0，设置【颜色】为黄色（红：245，绿：198，蓝：117），设置【1/2 长】为 1200.0mm、【1/2 宽】为 980.0mm，勾选【不可见】选项，【细分】为 15，如图 9-111 所示。

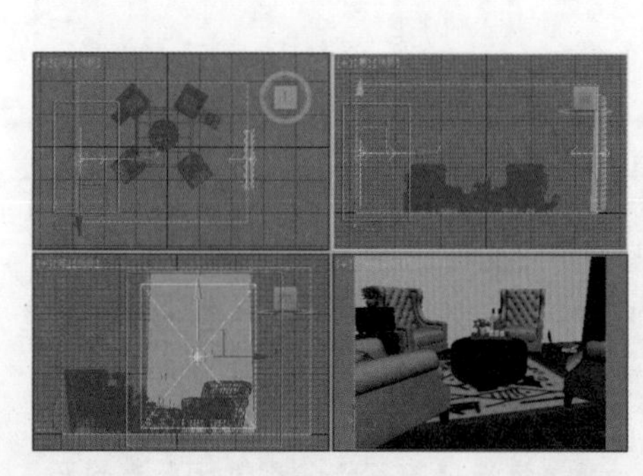

图 9–110

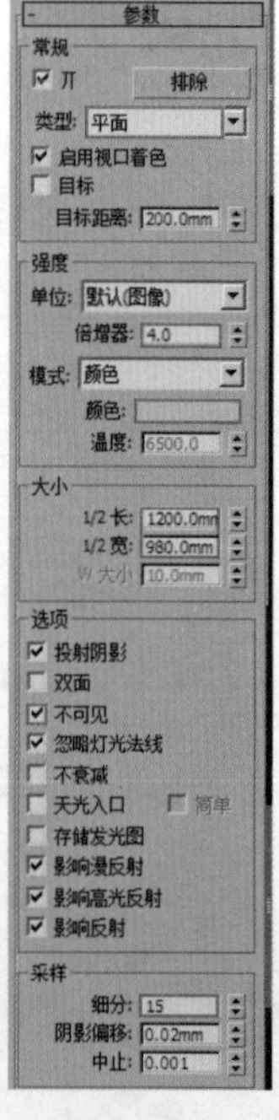

图 9–111

（5）最终的渲染效果如图 9-112 所示。

图 9–112

9.4.2 VR 太阳

【VR 太阳】是制作正午阳光最为方便、快捷的灯光，参数比较简单，并且可以快速的模拟出真实的阳光效果，以及真实的背景天空，如图 9-113 所示。

图 9–113

在单击【VR 太阳】，如图 9-114 所示。此时会弹出【VRay 太阳】对话框，此时单击【是】按钮即可，如图 9-115 所示。

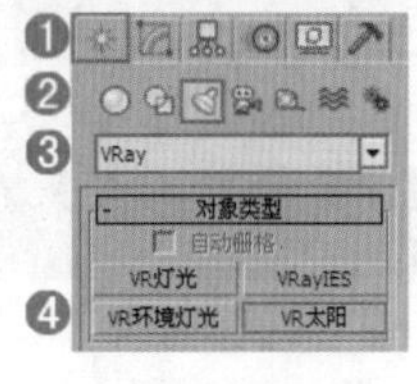

图 9–114

图 9–115

【VRay 太阳】具体参数设置如图 9-116 所示。

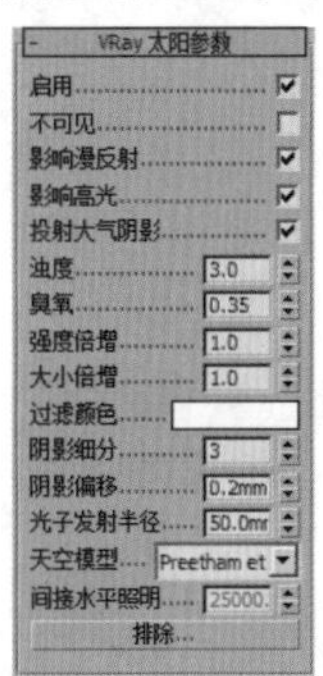

图 9–116

- 启用：控制灯光是否开启。
- 不可见：控制灯光是否可见。
- 影响漫反射：用来控制是否影响漫反射。
- 影响高光：用来控制是否影响高光。
- 投射大气阴影：用来控制是否投射大气阴影效果。
- 浊度：控制空气中的清洁度，数值越大阳光就越暖。
- 臭氧：用来控制大气臭氧层的厚度，数值越大颜色越浅，数值越小颜色越深。
- 强度倍增：该数值用来控制灯光的强度，数值越大灯光越亮，数值越小灯光越暗。
- 大小倍增：该数值控制太阳的大小，数值越大太阳就越大，就会产生越虚的阴影效果。
- 过滤颜色：用来控制灯光的颜色，这也是 VRay2.30 版本的一个新增功能。
- 阴影细分：该数值控制阴影的细腻程度，数值越大阴影噪点越少，数值越小阴影噪点越多。
- 阴影偏移：该数值用来控制阴影的偏移位置。
- 光子发射半径：用来控制光子发射的半径大小。
- 天空模型：控制天空模型的方式，包括 Preethametal.、CIE 清晰、CIE 阴天三种方式。
- 间接水平照明：该选项只有在天空模型方式选择为 CIE 清晰、CIE 阴天时才可以。

FAQ 常见问题解答：【VR 天空】贴图是怎么应用的?

在【VR 太阳】中一定会涉及【VR 天空】贴图。这是因为在创建【VR 太阳】时，会弹出【VRay 太阳】的窗口，提示是否选择为场景添加一张 VR 天空环境贴图，如图 9-117 所示。

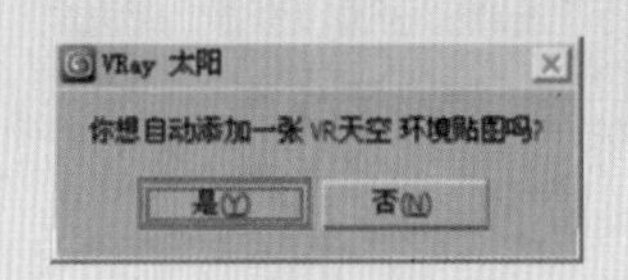

图 9–117

当单击【是】按钮时，在改变【VR 太阳】中的参数时，【VR 天空】的参数会自动跟随发生变化。此时单击键盘上数字键【8】可以打开【环境和效果】控制面板，单击【VR 天空】贴图拖拽到一个空白材质球上，选择【实例】，单击【确定】按钮，如图 9-118 所示。

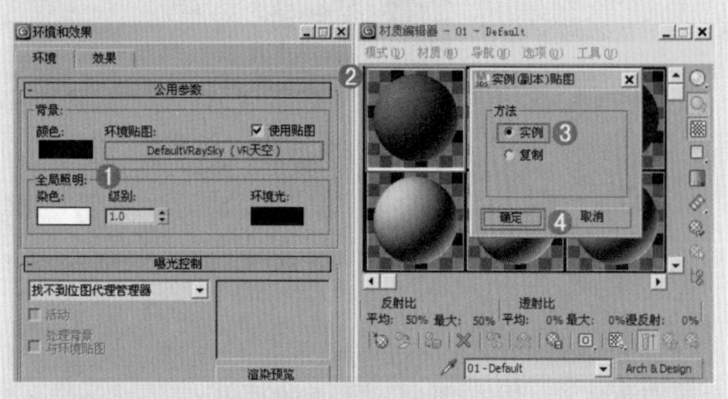

图 9-118

此时可以勾选【手动太阳节点】选项，设置相应的参数，可以单独控制【VR 天空】的效果，如图 9-119 所示。

图 9-119

进阶案例——用 VR 太阳制作日光

场景文件	07.max
案例文件	进阶案例——VR 太阳制作日光 .max
视频教学	多媒体教学 /Chapter09/ 进阶案例——VR 太阳制作日光 .flv
难易指数	★★☆☆☆
灯光方式	VR 太阳
技术掌握	掌握 VR 太阳的运用

在这个场景中，主要使用 VR 太阳制作日光的效果，场景的最终渲染效果如图 9-120 所示。

（1）打开本书配套资源中的【场景文件 /Chapter09/07.max】文件，如图 9-121 所示。

（2）单击【创建】/【灯光】按钮，设置【灯光类型】为 VRay，单击 VR太阳 按钮，如图 9-122 所示。

图 9-120

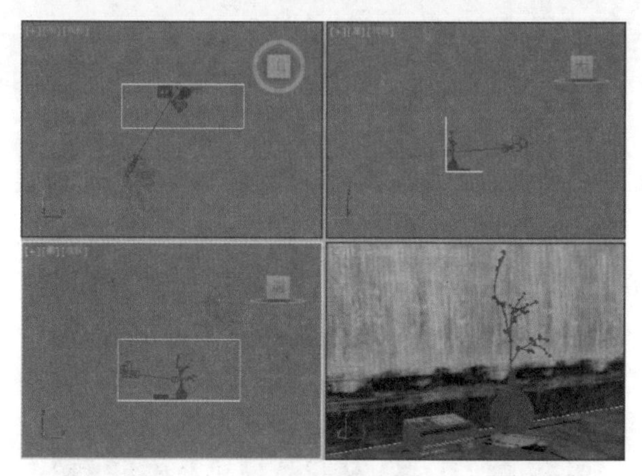

图 9-121

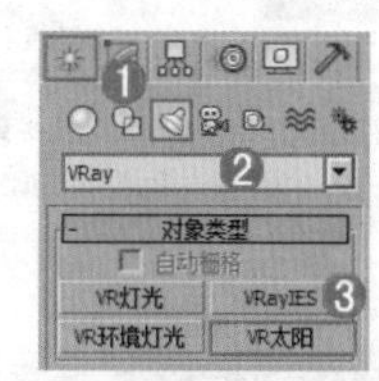

图 9-122

（3）在前视图中拖拽并创建一盏 VR 太阳，如图 9-123 所示。在弹出的【VRay 太阳】对话框中单击【是】按钮，如图 9-124 所示。

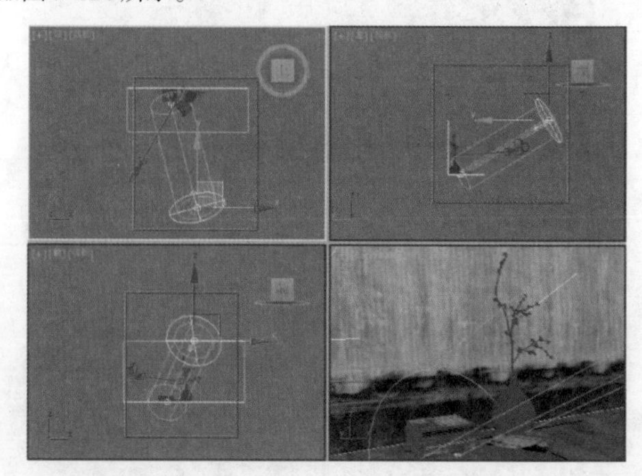

图 9-123

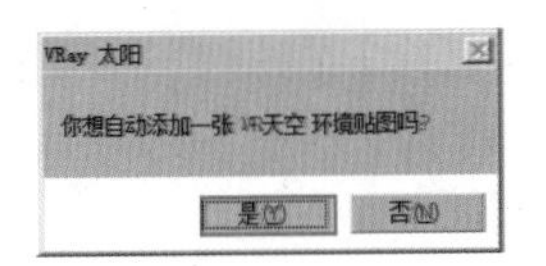

图 9-124

（4）展开【VRay太阳参数】卷展栏下，设置【强度倍增】为0.05，【大小倍增】为5.0，【阴影细分】为20，如图9-125所示。

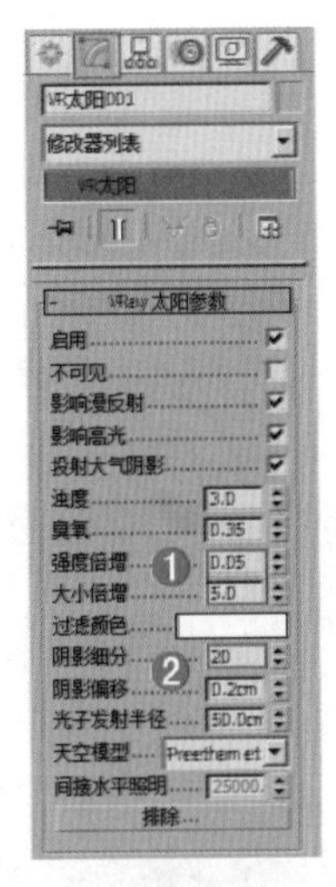

图 9-125

（5）最终的渲染效果如图9-126所示。

图 9-126

9.4.3　VRayIES

【VRayIES】是一个V型射线特定光源插件，可用来加载IES灯光；能使现实世界的光分布更加逼真（IES文件）。VRayIES和MAX中光度学中的灯光相类似，而专门优化的V-射线渲染比通常的要快，如图9-127所示。其参数设置面板如图9-128所示。

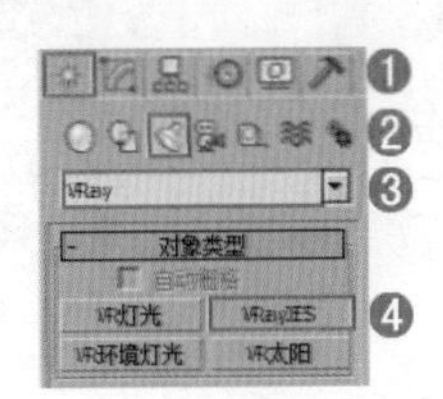

图 9-127

图 9-128

- 启用：控制灯光是否开启。
- 启用视口着色：勾选该选项后，可以启用视口的着色功能。
- 显示分布：勾选该选项后，可以显示灯光的分布情况。
- 目标：该参数控制VRayIES灯光是否具有目标点。
- IES文件（按钮）　无　：指定的定义的光分布。
- X/Y/Z轴旋转：用来设置X/Y/Z三个轴向的旋转数值。
- 中止：这个参数指定了一个光的强度，低于该灯将无法计算的门槛。
- 阴影偏移：该参数控制阴影偏离投射对象的距离。
- 投影阴影：光投射阴影。关闭此选项禁用的光线阴影投射。
- 影响漫反射：控制是否影响漫反射。
- 影响高光：控制是否影响高光。
- 使用灯光图形：勾选此选项，在IES光指定的光的形状将被考虑在计算阴影。
- 图形细分：这个值控制的VRay需要计算照明的样本数量。
- 颜色模式：控制颜色模式，分为颜色和温度两种。
- 颜色：控制光的颜色。
- 色温：当色彩模式设置为温度时，该参数决定了光的颜色温度（开尔文）。
- 功率：控制灯光功率的强度。
- 区域高光：该参数默认开启，但是当该选项关闭时，光将呈现出一个点光源在镜面反射的效果。
- 排除...　：可以将任意一个或多个物体进行排除处理，使其不受到该灯光的照射影响。

9.4.4　VR环境灯光

【VR环境灯光】与【标准灯光】下的【天光】类似，主要用来控制整体环境的效果，如图9-129所示。其参数设置面板如图9-130所示。

图 9-129

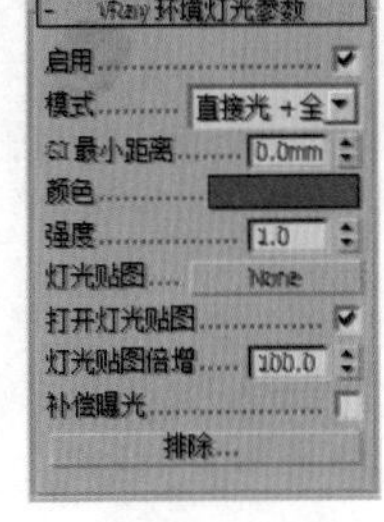

图 9-130

- 启用：控制灯光是否开启。
- 模式：在该选项中可以控制选择的模式。
- GI 最小距离：用来控制 GI 的最小距离数值。
- 颜色：指定哪些射线是由 VR 环境灯光影响。
- 强度：控制 VR 环境灯光的强度。
- 灯光贴图：指定 VR 环境灯光的贴图。
- 打开灯光贴图：用来控制是否开启灯光贴图功能。
- 灯光贴图倍增：该数值控制灯光贴图倍增的强度。
- 补偿曝光：VR 环境灯光和 VR 物理摄影机一起使用时，此选项生效。

重点 综合案例——用目标灯光制作夜晚

场景文件	08.max
案例文件	综合案例——目标灯光制作夜晚 .max
视频教学	多媒体教学 /Chapter09/ 综合案例——目标灯光制作夜晚 .flv
难易指数	★★☆☆☆
灯光方式	目标灯光、VR 灯光
技术掌握	掌握目标灯光、VR 灯光的运用

在这个场景中，主要使用目标灯光、VR 灯光制作夜晚的效果，场景的最终渲染效果如图 9-131 所示。

图 9-131

（1）打开本书配套资源中的【场景文件 /Chapter09/08.max】文件，如图 9-132 所示。

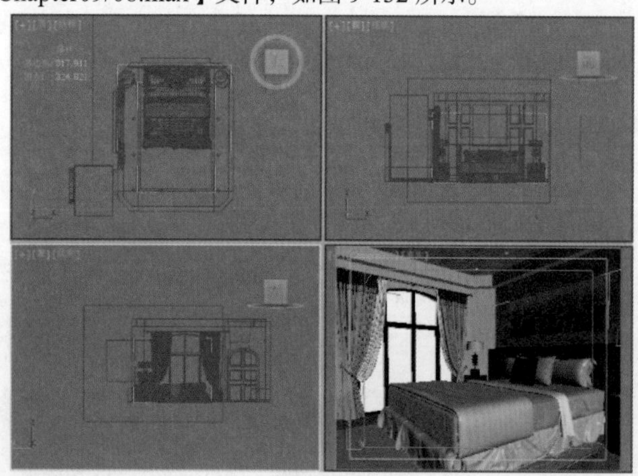

图 9-132

（2）单击【创建】/【灯光】按钮，设置【灯光类型】为光度学，单击 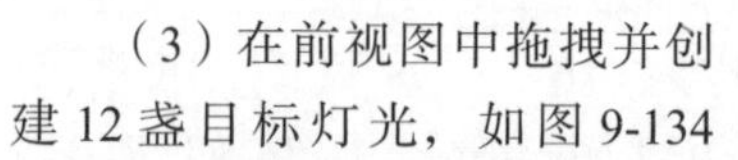 按钮，如图 9-133 所示。

图 9-133

（3）在前视图中拖拽并创建 12 盏目标灯光，如图 9-134 所示。在【阴影】选项组下勾选【启用】选项，设置【阴影类型】为 VRay 阴影，在【灯光分布（类型）】选项组下设置【类型】为光度学 Web，展开【分布（光度学 Web）】卷展栏，在后面的通道上加载【射灯 .ies】光域网文件，展开【强度 / 颜色 / 衰减】卷展栏，设置【过滤颜色】为黄色（红：249，绿：193，蓝：133），设置【强度】为 120000.0，展开【VRay 阴影参数】卷展栏，勾选【区域阴影】选项，如图 9-135 所示。

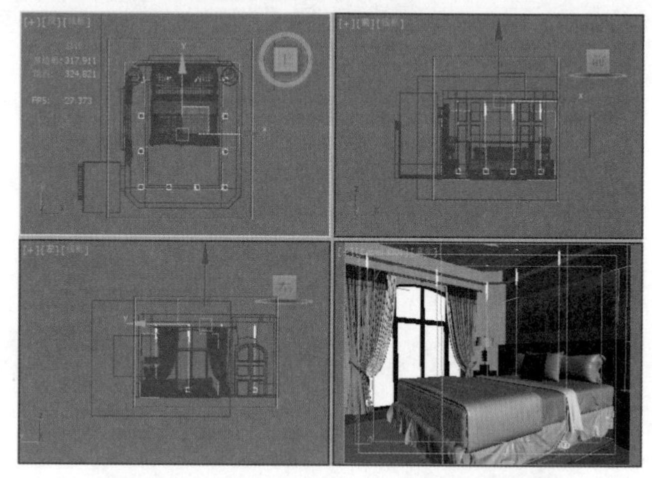

图 9-134

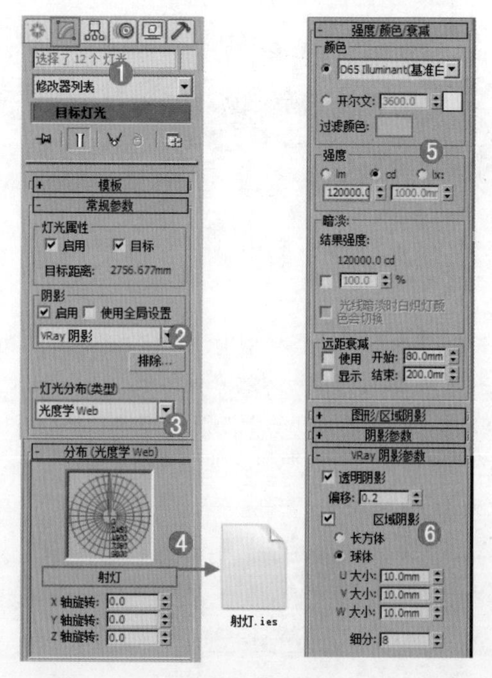

图 9-135

（4）单击【创建】/【灯光】按钮，设置【灯光类型】为 VRay，单击 VR灯光 选项，如图 9-136 所示。

图 9-136

（5）在左视图中拖拽并创建一盏 VR 灯光，如图 9-137 所示。在【常规】选项组下设置【类型】为平面，在【强度】选项组下设置【倍增器】为 15.0，调节【颜色】为蓝色（红：0，绿：50，蓝：142），在【大小】选项组下设置【1/2 长】为 1800.0mm、【1/2 宽】为 1600.0mm，在【选项】组下勾选【不可见】选项，在【采样】下设置【细分】为 16，如图 9-138 所示。

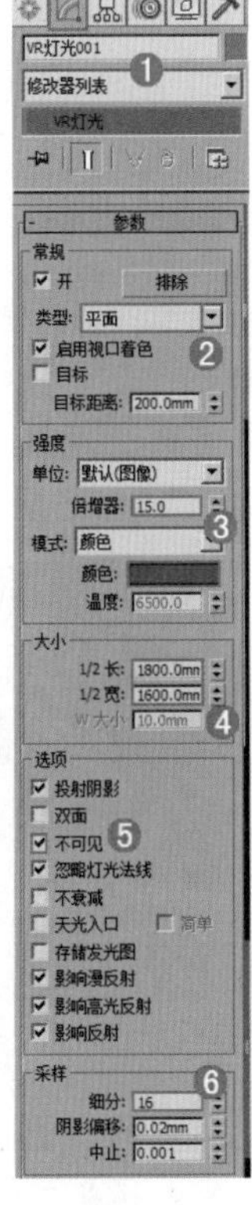

图 9-137　　图 9-138

（6）在左视图中拖拽并创建一盏 VR 灯光，如图 9-139 所示。在【常规】选项组下设置【类型】为平面，在【强度】选项组下设置【倍增器】为 2.0，调节【颜色】为蓝色（红：112，绿：145，蓝：213），在【大小】选项组下设置【1/2 长】为 1800.0mm、【1/2 宽】为 1600.0mm，在【选项】组下勾选【不可见】选项，在【采样】下设置【细分】为 16，如图 9-140 所示。

图 9-139

图 9-140

（7）最终的渲染效果如图 9-141 所示。

图 9-141

第 10 章

材质和贴图技术

本章学习要点：

各类材质的参数详解
常用材质的设置方法
各类贴图的参数详解
常用贴图的设置方法

10.1 认识材质

10.1.1 材质的概念

材质是指物体的质地、材料。在 3ds Max 中重要的材质属性有很多，比如漫反射（固有色）、反射、折射、凹凸等。不同的材质会出现不同的质感效果，图 10-1 所示为优秀的材质作品。

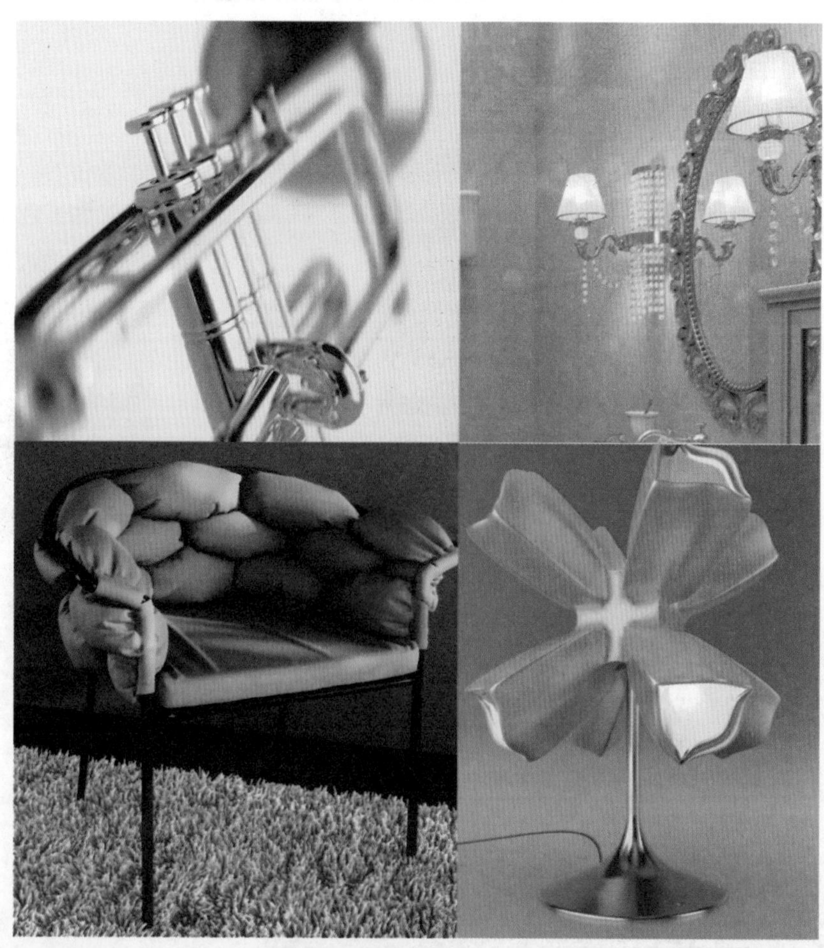

图 10–1

10.1.2 试一下：设置一个材质

（1）设置金属材质。首先考虑到的是使用【VRayMtl】材质，如图 10-2 所示。

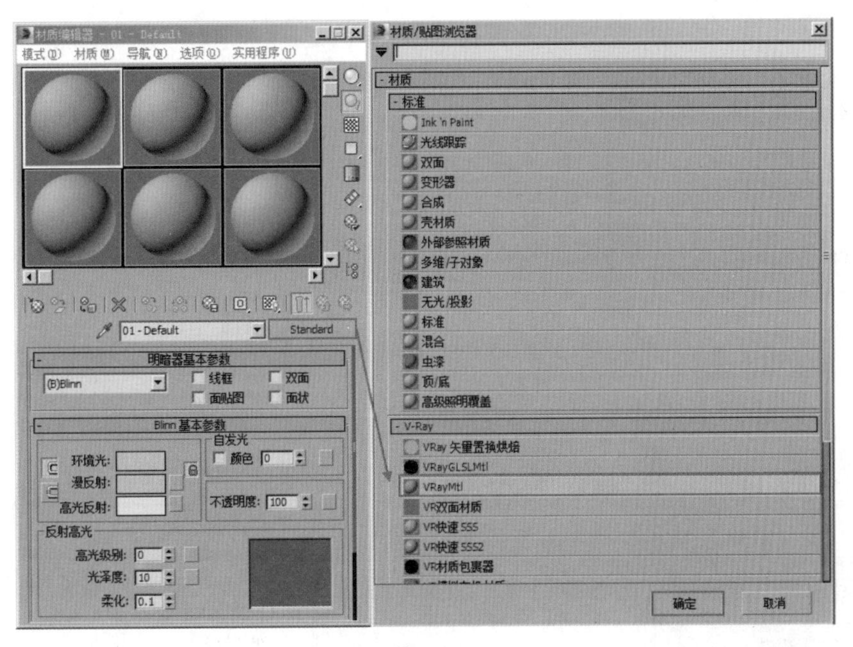

图 10-2

FAQ 常见问题解答：为什么材质类型中没有 VRayMtl 材质?

大部分初学者都会遇到这个问题，为什么别人都有 VRayMtl 材质，而我的 3ds Max 却没有？这个问题主要有两种可能性：

（1）首先要确定是否成功安装了 VRay 渲染器，比如本书使用的是 V-RayAdv2.40.03 版本。单击【渲染设置】按钮，打开渲染器设置。单击【产品级】后面的【选择渲染器】按钮，此时可以看到右侧出现了列表，如果列表中有“V-RayAdv2.40.03”，那证明已经成功安装了 VRay 渲染器，如图 10-3 所示。

（2）成功安装 VRay 渲染器，不代表已经切换到了 VRay 渲染器，因此要选择“V-RayAdv2.40.03”，单击【确定】按钮。具体的 VRay 渲染器参数可以参照本书的渲染器章节，如图 10-4 所示。

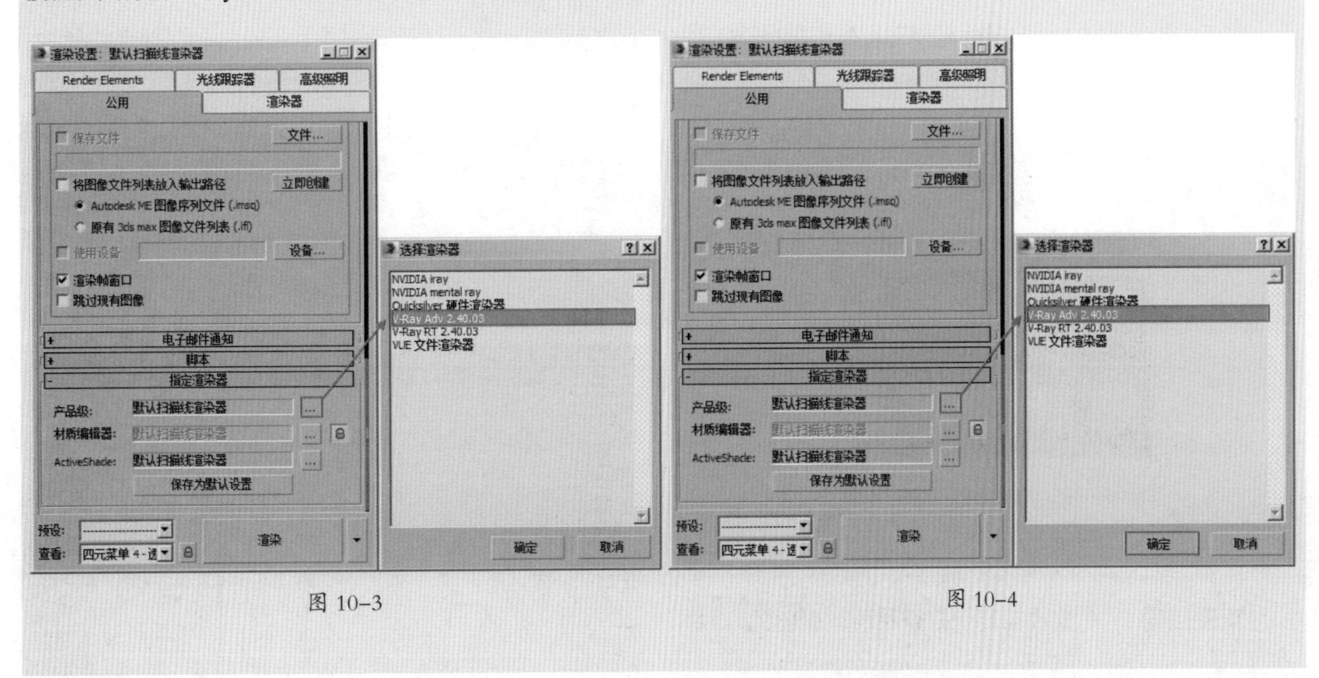

图 10–3　　　　图 10–4

（2）根据金属的属性进行参数设置。比如，金属为灰色，有较强的反射，带有一点反射模糊效果，如图 10-5 所示。

（3）此时可以看到材质球的效果，如图 10-6 所示。

图 10-5

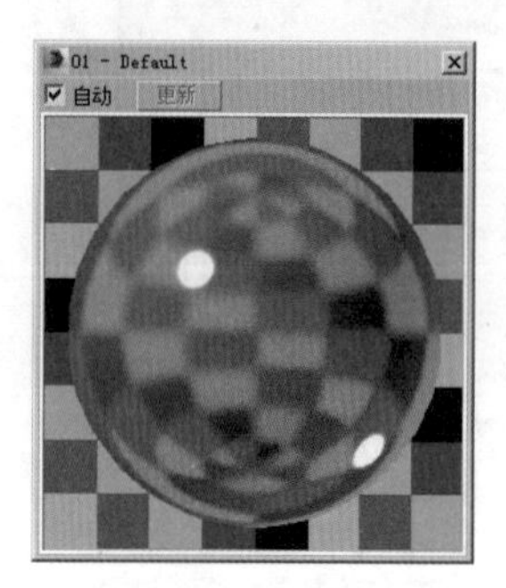

图 10-6

10.2 材质编辑器

3ds Max 中设置材质的过程都是在材质编辑器中进行的。【材质编辑器】是用于创建、改变和应用场景中的材质的对话框。

10.2.1 精简材质编辑器

精简材质编辑器是 3ds Max 最原始的材质编辑器，它在设计和编辑材质时使用层级的方式。

1. 菜单栏

菜单栏可以控制模式、材质、导航、选项、实用程序的相关参数，如图 10-7 所示。

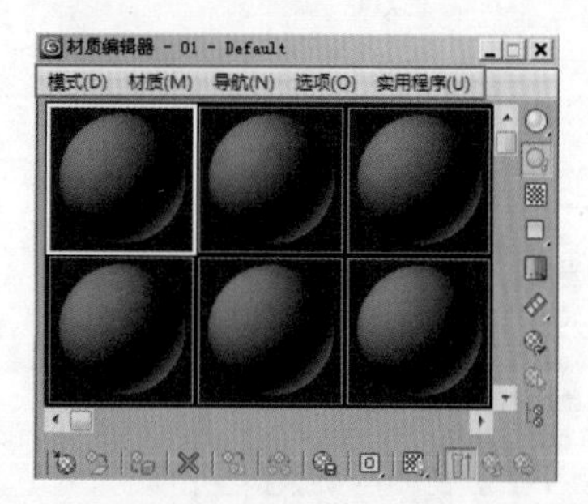

图 10-7

求生秘籍 —— 软件技能：打开材质编辑器的几种方法

（1）按快捷键【M】，可以快速打开【材质编辑器】（这种方法有些时候不可以使用）。

（2）在界面右上方的主工具栏中单击【材质编辑器】按钮。

（3）在菜单栏中执行【渲染】→【材质编辑器】→【精简材质编辑器】，如图 10-8 所示。

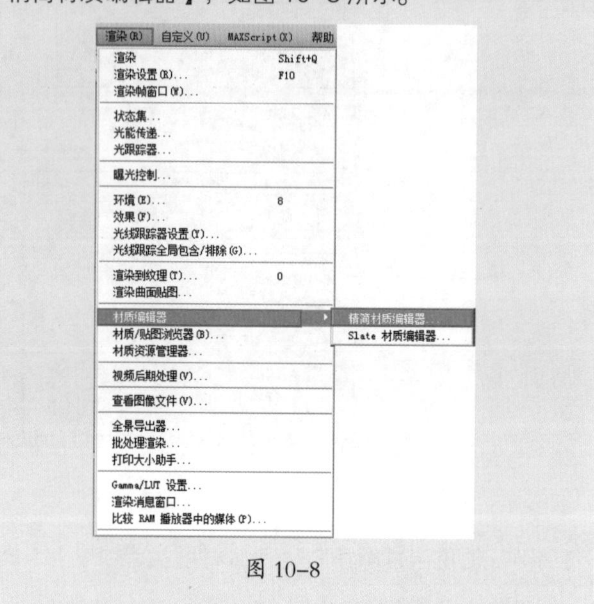

图 10-8

（1）【模式】菜单

【模式】菜单主要用于切换材质编辑器的方式，包括【精简材质编辑器】和【Slate 材质编辑器】两种。可以来回切换，如图 10-9 和图 10-10 所示。

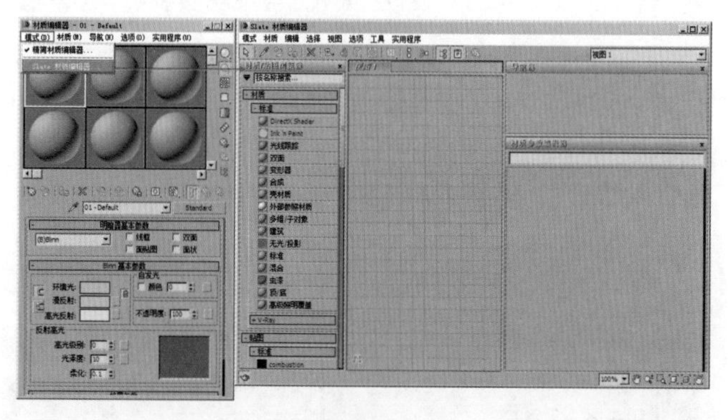

图 10-9

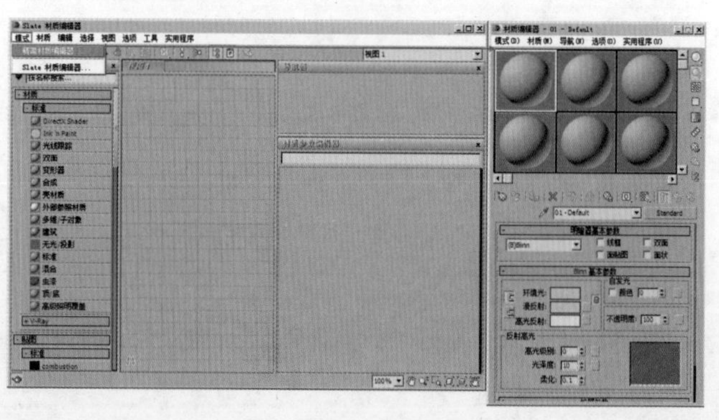

图 10-10

（2）【材质】菜单

展开【材质】菜单，如图 10-11 所示。

图 10-11

（3）【导航】菜单

展开【导航】菜单，如图 10-12 所示。

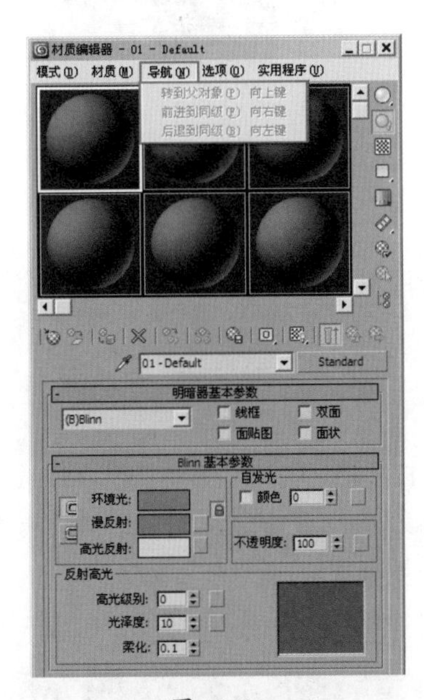

图 10-12

（4）【选项】菜单

展开【选项】菜单，如图 10-13 所示。

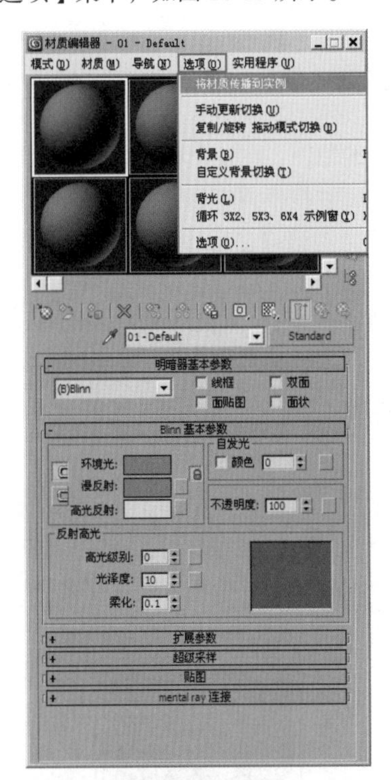

图 10-13

（5）【实用程序】菜单

展开【实用程序】菜单，如图 10-14 所示。

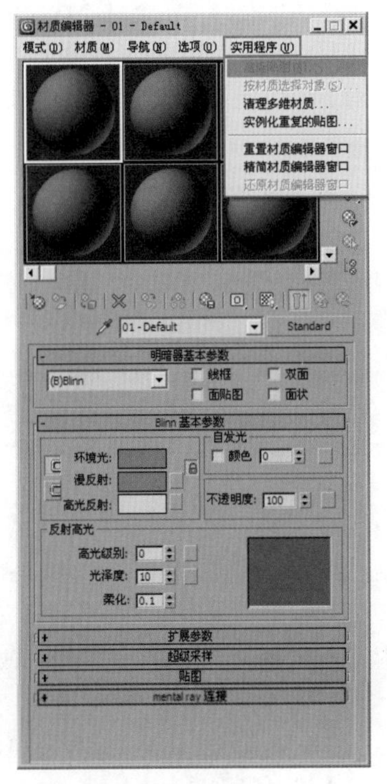

图 10-14

- 渲染贴图：对贴图进行渲染。
- 按材质选择对象：可以基于【材质编辑器】对话框中的活动材质来选择对象。
- 清理多维材质：对【多维 / 子对象】材质进行分析，然后在场景中显示所有包含未分配任何材质 ID 的材质。
- 实例化重复的贴图：在整个场景中查找具有重复【位图】贴图的材质，并提供将它们关联化的选项。
- 重置材质编辑器窗口：用默认的材质类型替换【材质编辑器】对话框中的所有材质。
- 精简材质编辑器窗口：将【材质编辑器】对话框中所有未使用的材质设置为默认类型。
- 还原材质编辑器窗口：利用缓冲区的内容还原编辑器的状态。

2. 材质球示例窗

材质球示例窗用来显示材质效果，它可以很直观地显示出材质的基本属性，如反光、纹理和凹凸等，如图 10-15 所示。

图 10–15

材质球示例窗中一共有 24 个材质球，可以设置三种显示方式，但是无论哪种显示方式，材质球总数都为 24 个。右键单击材质球，可以调节多种参数，如图 10-16 所示。

图 10–16

- 拖动 / 复制：将拖动示例窗设置为复制模式。启用此选项后，拖动示例窗时，材质会从一个示例窗复制到另一个，或者从示例窗复制到场景中的对象，或复制到材质按钮。
- 拖动 / 旋转：将拖动示例窗设置为旋转模式。
- 重置旋转：将采样对象重置为它的默认方向。
- 渲染贴图：渲染当前贴图，创建位图或 AVI 文件（如果位图有动画的话）。
- 选项：显示【材质编辑器选项】对话框。这相当于单击【选项】按钮。
- 放大：生成当前示例窗的放大视图。
- 按材质选择：根据示例窗中的材质选择对象。除非活动示例窗包含场景中使用的材质，否则此选项不可用。
- 在 ATS 对话框中高亮显示资源：如果活动材质使用的是已跟踪的资源（通常为位图纹理）的贴图，则打开【资源跟踪】对话框，同时资源高亮显示。
- 3×2 示例窗：以 3×2 阵列显示示例窗（默认值：6 个窗口）。
- 5×3 示例窗：以 5×3 阵列显示示例窗（默认值：15 个窗口）。
- 6×4 示例窗：以 6×4 阵列显示示例窗（默认值：24 个窗口）。

求生秘籍 —— 软件技能：材质球示例窗的四个角位置，代表的意义不同

没有三角形：场景中没有使用的材质，如图 10-17 所示。

图 10–17

轮廓为白色三角形：场景中该材质已经赋给了某些模型，但是没有赋给当前选择的模型，如图 10-18 所示。

图 10–18

实心白色三角形：场景中该材质已经赋给了某些模型，而且赋给了当前选择的模型，如图 10-19 所示。

图 10–19

3. 工具按钮栏

下面讲解【材质编辑器】对话框中的两排材质工具按钮，如图 10-20 所示。

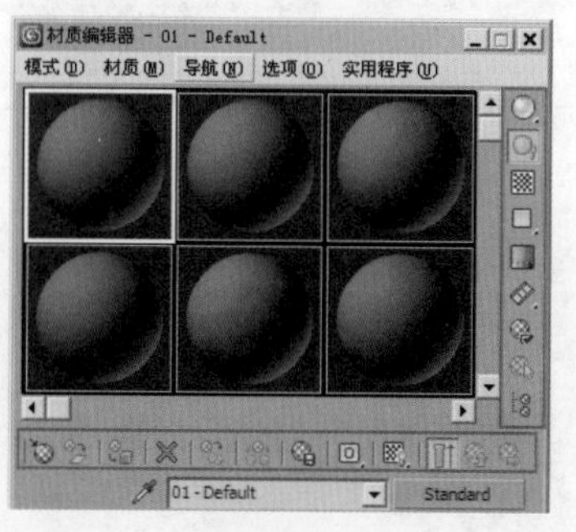

图 10–20

- 【获取材质】按钮：为选定的材质打开【材质 / 贴图浏览器】面板。
- 【将材质放入场景】按钮：在编辑好材质后，单击该按钮可更新已应用于对象的材质。
- 【将材质指定给选定对象】按钮：将材质赋给选定的对象。

FAQ 常见问题解答：为什么制作完成材质后，模型看不到发生变化？

很多初学者时常会遇到一个问题，明明制作出了正确的材质，并且选择了模型，为什么该模型没有材质的变化呢？其实很简单，选择模型后还需要单击【将材质指定给选定对象】按钮，才会将当前的材质赋给选择的模型。

- 【重置贴图 / 材质为默认设置】按钮：删除修改的所有属性，将材质属性恢复到默认值。
- 【生成材质副本】按钮：在选定的示例图中创建当前材质的副本。
- 【使唯一】按钮：将实例化的材质设置为独立的材质。
- 【放入库】按钮：重新命名材质并将其保存到当前打开的库中。
- 【材质 ID 通道】按钮：为应用后期制作效果设置唯一的通道 ID。
- 【在视口中显示标准贴图】按钮：在视口的对象上显示 2D 材质贴图。
- 【显示最终结果】按钮：在实例图中显示材质以及应用的所有层次。
- 【转到父对象】按钮：将当前材质上移一级。
- 【转到下一个同级项】按钮：选定同一层级的下一贴图或材质。
- 【采样类型】按钮：控制示例窗显示的对象类型，默认为球体类型，还有圆柱体和立方体类型。
- 【背光】按钮：打开或关闭选定示例窗中的背景灯光。
- 【背景】按钮：在材质后面显示方格背景图像，在观察透明材质时非常有用。
- 【采样 UV 平铺】按钮：为示例窗中的贴图设置 UV 平铺显示。
- 【视频颜色检查】按钮：检查当前材质中 NTSC 和 PAL 制式不支持的颜色。
- 【生成预览】按钮：用于产生、浏览和保存材质预览渲染。
- 【选项】按钮：打开【材质编辑器选项】对话框，该对话框中包含启用材质动画、加载自定义背景、定义灯光亮度或颜色以及设置示例窗数目的一些参数。
- 【按材质选择】按钮：选定使用当前材质的所有对象。
- 【材质 / 贴图导航器】按钮：单击该按钮可以打开【材质 / 贴图导航器】对话框，在该对话框会显示当前材质的所有层级。

FAQ 常见问题解答：之前制作的材质，赋予给物体后，材质球找不到了，怎么办？

比如场景中有多个物体，这个时候需要找到红色茶壶的材质，如图 10-21 所示。

图 10-21

首先打开材质编辑器，单击一个材质球，如图 10-22 所示。

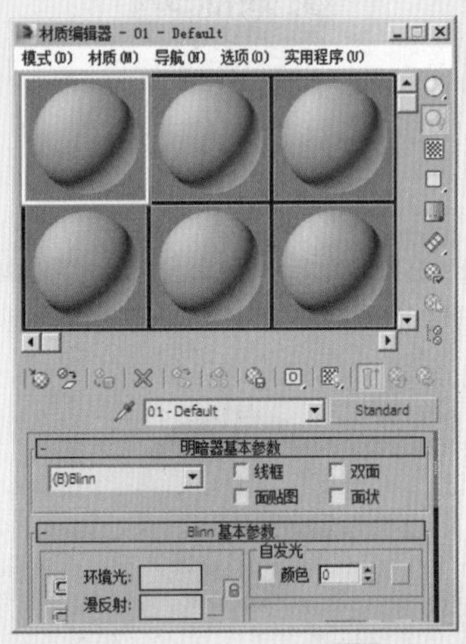

图 10-22

单击【从对象拾取材质】工具，并在场景中对着红色茶壶模型单击鼠标左键，可以看到需要的材质球被找到了，如图 10-23 所示。

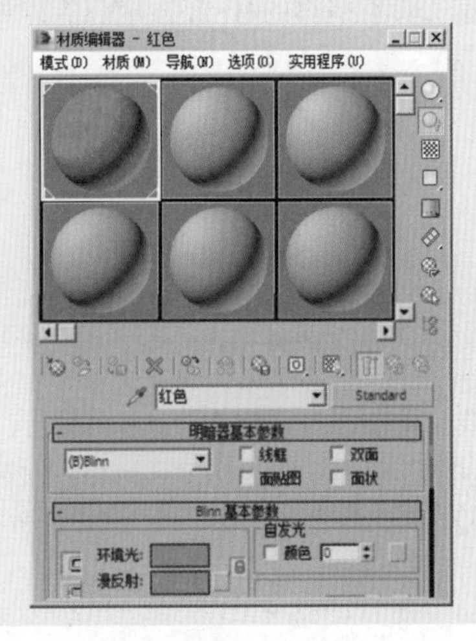

图 10-23

4. 参数控制区

（1）明暗器基本参数

展开【明暗器基本参数】卷展栏，共有 8 种明暗器类型可以选择，还可以设置线框、双面、面贴图和面状等参数，如图 10-24 所示。

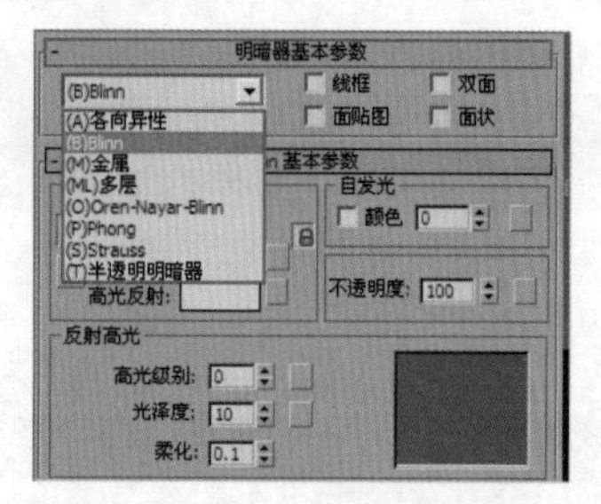

图 10–24

- 明暗器列表：明暗器包含 8 种类型。
- （A）各向异性：各向异性明暗器使用椭圆，“各向异性”高光创建表面。如果为头发、玻璃或磨砂金属建模，这些高光很有用，如图 10-25 所示。

图 10–25

- （B）Blinn：Blinn 明暗处理是 Phong 明暗处理的细微变化。最明显的区别是高光显示弧形，如图 10-26 所示。

图 10–26

- （M）金属：金属明暗处理提供效果逼真的金属表面以及各种看上去像有机体的材质，如图 10-27 所示。

图 10–27

- （ML）多层：【（ML）多层】明暗器与【（A）各向异性】明暗器很相似，但【（ML）多层】可以控制两个高亮区，因此【（ML）多层】明暗器拥有对材质更多的控制，第 1 高光反射层和第 2 高光反射层具有相同的参数控制，可以对这些参数使用不同的设置。
- （O）Oren-Nayar-Blinn：与（B）Blinn 明暗器几乎相同，通过它附加的【漫反射级别】和【粗糙度】两个参数可以实现无光效果。此明暗器适合无光曲面，如布料、陶瓦等，如图 10-28 所示。

图 10–28

- （P）Phong：Phong 明暗处理可以平滑面之间的边缘，也可以真实地渲染有光泽、规则曲面的高光，如图 10-29 所示。

图 10–29

- （S）Strauss：这种明暗器适用于金属和非金属表面，与【（M）金属】明暗器十分相似，如图 10-30 所示。

图 10–30

- （T）半透明明暗器：这种明暗器与【（B）Blinn 明暗器】类似，它与【（B）Blinn 明暗器】相比较，最大的区别在于它能够设置半透明效果，使光线能够穿透这些半透明的物体，并且在穿过物体内部时离散，如图 10-31 所示。

图 10–31

- 线框：以线框模式渲染材质，用户可以在扩展参数上设置线框的大小。
- 双面：将材质应用到选定的面，使材质成为双面。
- 面贴图：将材质应用到几何体的各个面。如果材质是贴图材质，则不需要贴图坐标，因为贴图会自动应用到对象的每一个面。

- 面状：使对象产生不光滑的明暗效果，把对象的每个面作为平面来渲染，可以用于制作加工过的钻石、宝石或任何带有硬边的表面。

（2）Blinn 基本参数

下面以（B）Blinn 明暗器来讲解明暗器的基本参数。展开【Blinn 基本参数】卷展栏，在这里可以设置【环境光】、【漫反射】、【高光反射】、【自发光】、【不透明度】、【高光级别】、【光泽度】和【柔化】等属性，如图 10-32 所示。

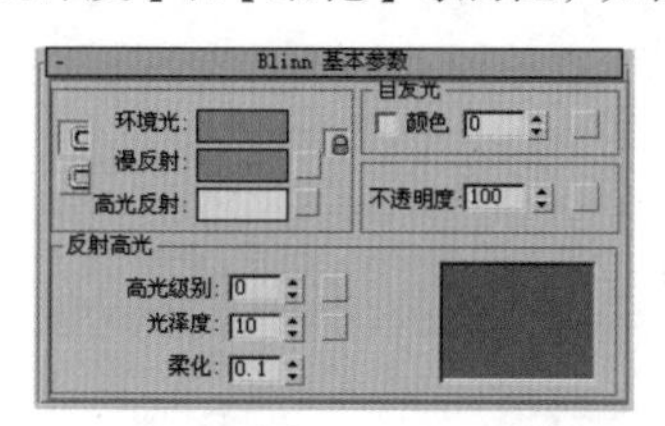

图 10-32

- 环境光：用于模拟间接光，比如室外场景的大气光线，也可以用来模拟光能传递。
- 漫反射：在光照条件较好的情况下，物体反射出来的颜色，又被称作物体的“固有色”，也就是物体本身的颜色。
- 高光反射：物体发光表面高亮显示部分的颜色。
- 自发光：使用【漫反射】颜色替换曲面上的任何阴影，从而创建出白炽效果。
- 不透明度：控制材质的不透明度。
- 高光级别：控制反射高光的强度。数值越大，反射强度越高。
- 光泽度：控制镜面高亮区域的大小，即反光区域的尺寸。数值越大，反光区域越小。
- 柔化：影响反光区和不反光区衔接的柔和度。

（3）扩展参数

【扩展参数】卷展栏对于【标准】材质的所有明暗处理类型都是相同的。它具有与透明度和反射相关的控件，还有【线框】模式的选项，如图 10-33 所示。

- 内：向着对象的内部增加不透明度，就像在玻璃瓶中一样。

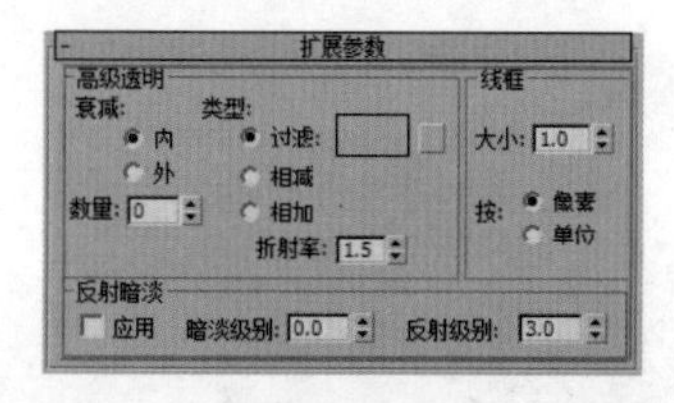

图 10-33

- 外：向着对象的外部增加不透明度，就像在烟雾云中一样。
- 数量：指定最外或最内的不透明度的数量。
- 类型：这些控件用来选择如何应用不透明度。
- 折射率：设置折射贴图和光线跟踪所使用的折射率 (IOR)。
- 大小：设置线框模式中线框的大小。可以按像素或当前单位进行设置。
- 按：选择度量线框的方式。

（4）超级采样

【超级采样】卷展栏可用于建筑、光线跟踪、标准和 Ink'nPaint 材质。该卷展栏用于选择超级采样方法。超级采样在材质上执行一个附加的抗锯齿过滤，如图 10-34 所示。

- 使用全局设置：启用此选项后，对材质使用【默认扫描线渲染器】卷展栏中设置的超级采样选项。

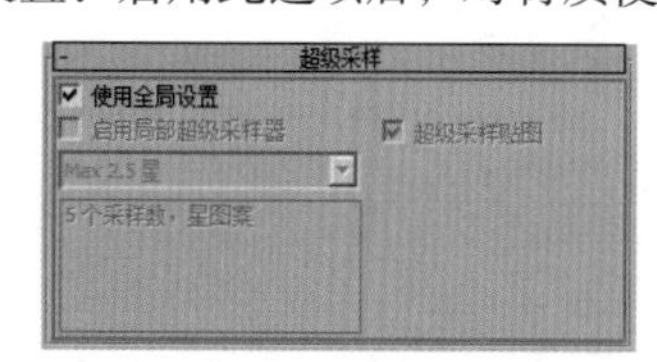

图 10-34

（5）贴图

此卷展栏能够将贴图或明暗器指定给许多标准材质参数。【数量】控制该贴图影响材质的数量，用完全强度的百分比表示。例如，处在 100% 的漫反射贴图是完全不透光的，会遮住基础材质。处在 50% 时，它为半透明，将显示基础材质（漫反射、环境光和其他无贴图的材质颜色）。参数设置面板如图 10-35 所示。

图 10-35

10.2.2　Slate 材质编辑器

Slate（板岩）材质编辑器是一个材质编辑器界面，它在设计和编辑材质时使用节点和关联以图形方式显示材质的结构。它是精简材质编辑器的替代项。Slate 材质编辑器最突出的特点包括：【材质 / 贴图浏览器】，可以在其中浏览材质、贴图和基础材质和贴图类型；当前活动视图，可以在其中组合材质和贴图；以及参数编辑器，可以在其中更改材质和贴图设置。图 10-36 所示为参数设置面板。

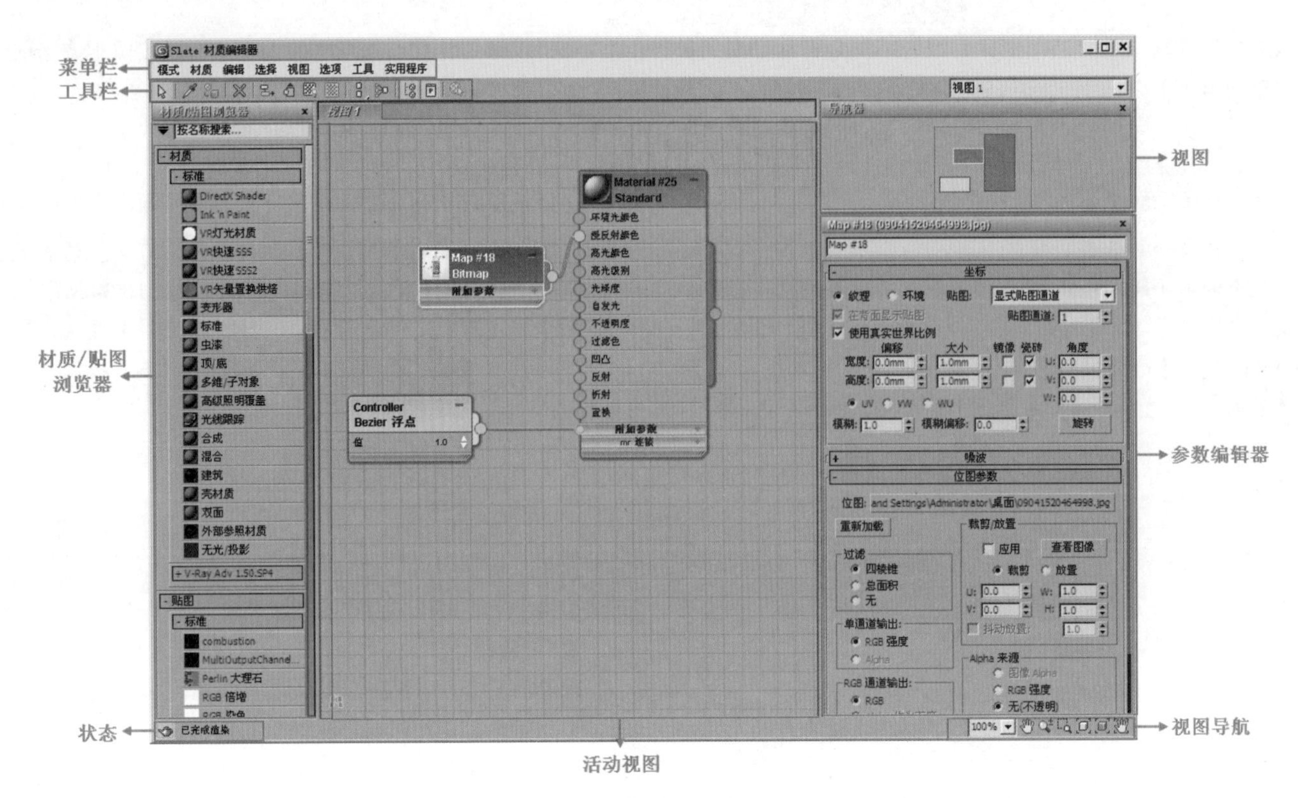

图 10-36

FAQ 常见问题解答：材质球的效果与最终渲染效果一样吗?

在 3ds Max 中设置的材质，可以通过材质球看到基本的效果，但是材质球的效果不代表最终的渲染效果。

有的材质球与最终渲染效果是比较接近的，如图 10-37 所示。

图 10-37

有的材质球与最终渲染效果，确是天壤之别，如图 10-38 所示。

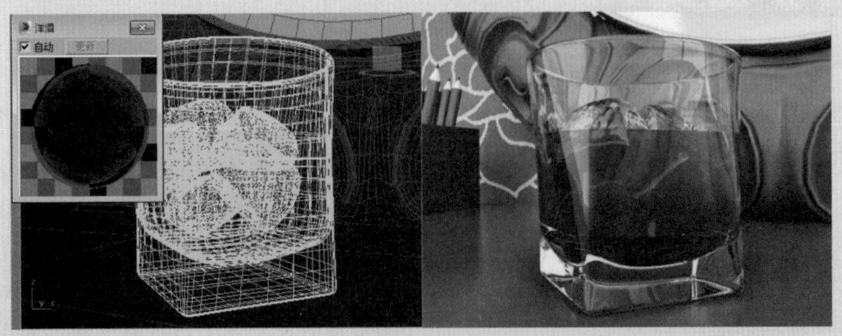

图 10-38

所以说，想判断制作的材质是什么效果，需要进行渲染才可以得到精确的效果，只通过观看材质球，比较不直观。

10.3　常用的材质类型

材质的类型非常多，不同的材质有不同的用途，比如 Ink'n Paint 材质只适合制作卡通材质，而不能制作玻璃材质。安装 VRay 渲染器后，材质类型大致可分为 27 种。单击【材质类型】按钮 Arch & Design ，在弹出的【材质 / 贴图浏览器】对话框中可以观察到这 27 种材质类型，如图 10-39 所示。

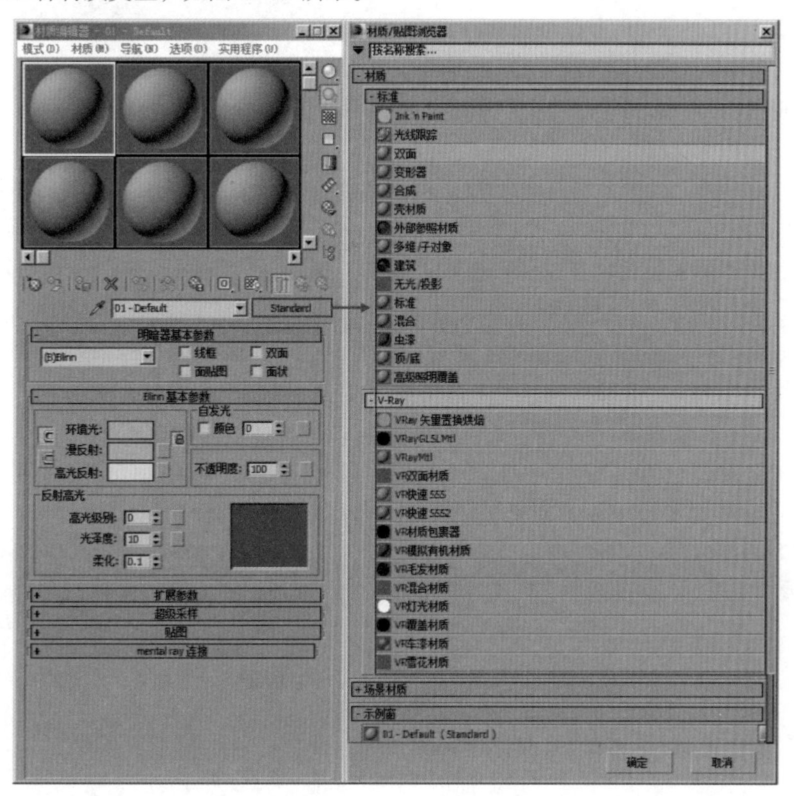

图 10-39

- DirectX Shader：该材质可以保存为 fx 文件，并且在启用了 Directx3D 显示驱动程序后才可用。
- Ink'n Paint：通常用于制作卡通效果。
- VR 灯光材质：可以制作发光物体的材质效果。
- VR 快速 SSS：可以制作半透明的 SSS 物体材质效果，如玉石。
- VR 快速 SSS2：可以制作半透明的 SSS 物体材质效果，如皮肤。
- VR 矢量置换烘焙：可以制作矢量的材质效果。
- 变形器：配合【变形器】修改器一起使用，能产生材质融合的变形动画效果。
- 标准：系统默认的材质，是最常用的材质。
- 虫漆：用来控制两种材质混合的数量比例。
- 顶 / 底：为一个物体指定不同的材质，一个在顶端，一个在底端，中间交互处可以产生过渡效果。
- 多维 / 子对象：将多个子材质应用到单个对象的子对象。
- 高级照明覆盖：配合光能传递使用的一种材质，能很好地控制光能传递和物体之间的反射比。
- 光线跟踪：可以创建真实的反射和折射效果，并且支持雾、颜色浓度、半透明和荧光等效果。
- 合成：将多个不同的材质叠加在一起，包括一个基本材质和 10 个附加材质，通过添加排除和混合能够创造出复杂多样的物体材质，常用来制作动物和人体皮肤、生锈的金属以及复杂的岩石等物体。
- 混合：将两个不同的材质融合在一起，根据融合度的不同来控制两种材质的显示程度。
- 建筑：主要用于表现建筑外观的材质。
- 壳材质：专门配合【渲染到贴图】命令一起使用，其作用是将【渲染到贴图】命令产生的贴图再贴回物体造型中。
- 双面：可以为物体内外或正反表面分别指定两种不同的材质，如纸牌和杯子等。

- 外部参照材质：参考外部对象或参考场景相关运用资料。
- 无光 / 投影：主要作用是隐藏场景中的物体，渲染时也观察不到，不会对背景进行遮挡，但可遮挡其他物体，并且能产生自身投影和接受投影的效果。
- VR 模拟有机材质：该材质可以呈现出 V-Ray 程序的 DarkTree 着色器效果。
- VR 材质包裹器：该材质可以有效地避免色溢现象。
- VR 车漆材质：它是一种模拟金属汽车漆的材质，是四层的复合材料基础漫反射层，基础光泽层，金属薄片层，清漆层。
- VR 覆盖材质：可以让用户更广泛地去控制场景的色彩融合、反射、折射等。
- VR 混合材质：常用来制作两种材质混合在一起的效果，比如带有花纹的玻璃。
- VR 双面材质：可以模拟带有双面属性的材质效果。
- VRayMtl：该材质是使用范围最广泛的一种材质，常用于制作室内外效果图。该材质适合制作带有反射和折射的材质。
- VRayGLSLMtl：该材质可以设置 OpenGL 着色语言材质。
- VR 毛发材质：该材质可以设置出毛发效果。
- VR 雪花材质：该材质可以设置出雪花效果。

10.3.1 标准材质

标准材质是 3ds Max 最基本的材质，可以完成一些基本的材质效果的制作。单击【材质类型】按钮 Standard ，选择【标准】选项，单击【确定】按钮即可，如图 10-40 所示。

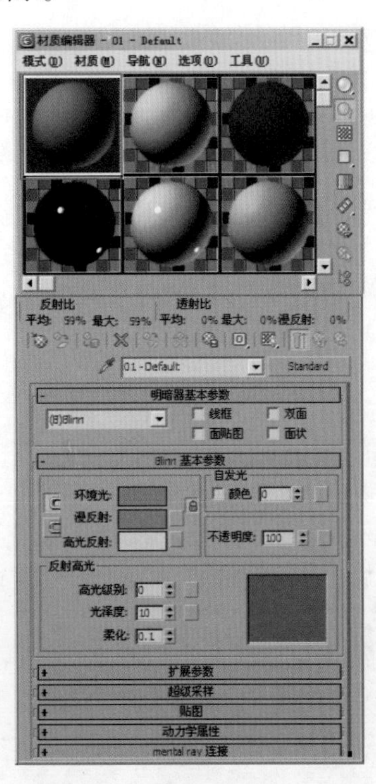

图 10-40

图 10-41 所示为使用标准材质制作的乳胶漆材质和布纹材质。

图 10-41

重点 进阶案例——用标准材质制作壁纸

场景文件	01.max
案例文件	进阶案例——用标准材质制作壁纸 .max
视频教学	多媒体教学 /Chapter10/ 进阶案例——用标准材质制作壁纸 .flv
难易指数	★★★★☆
材质类型	标准材质
技术掌握	掌握标准材质的应用

在这个场景中，主要讲解利用标准材质制作壁纸材质。最终渲染效果如图 10-42 所示。

图 10-42

（1）打开本书配套资源中的【场景文件 /Chapter10/01.max】文件，此时场景效果如图 10-43 所示。

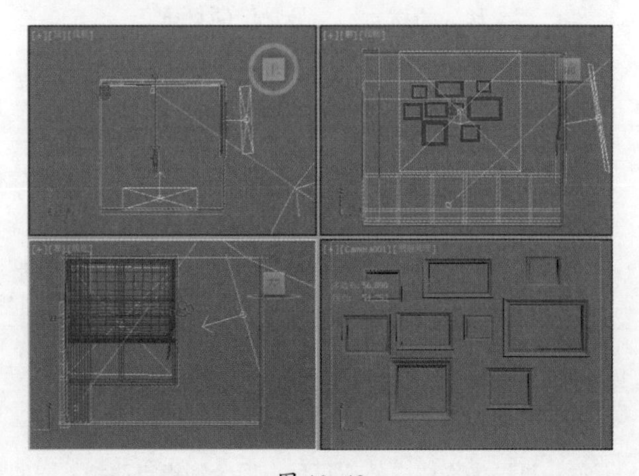

图 10-43

（2）将材质命名为【条纹壁纸】，在【漫反射】后面的通道上加载【1.jpg】贴图文件，展开【坐标】卷展栏，设置【瓷砖 U】为 10.0，【瓷砖 V】为 4.0，如图 10-44 所示。

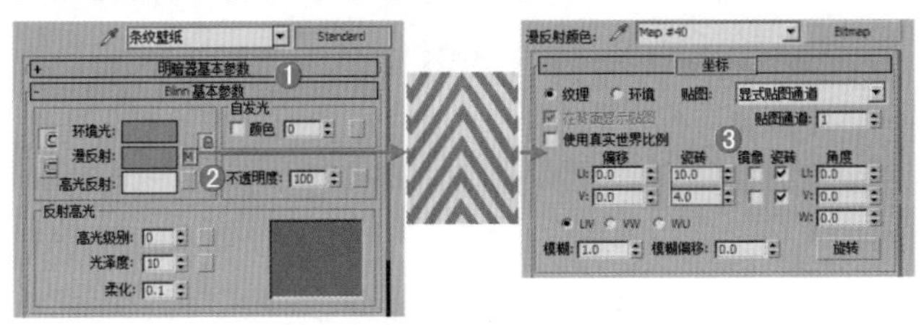

图 10–44

（3）展开【贴图】卷展栏，在【凹凸】后面的通道上加载【1.jpg】贴图文件，展开【坐标】卷展栏，设置【瓷砖 U】为 10.0，【瓷砖 V】为 4.0，设置【凹凸】为 30，如图 10-45 所示。

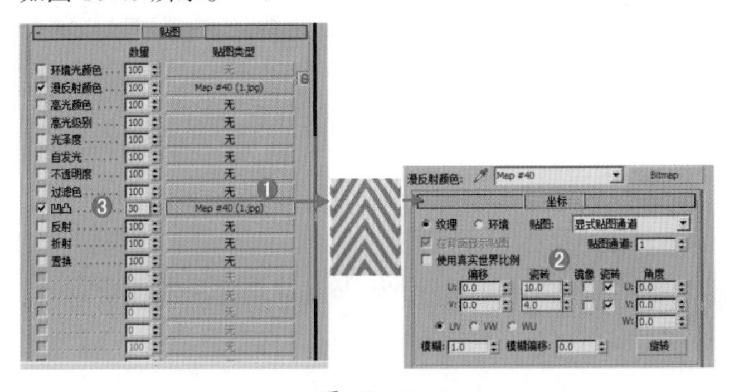

图 10–45

（4）将制作完毕的条纹壁纸材质赋给场景中的墙面模型，如图 10-46 所示。

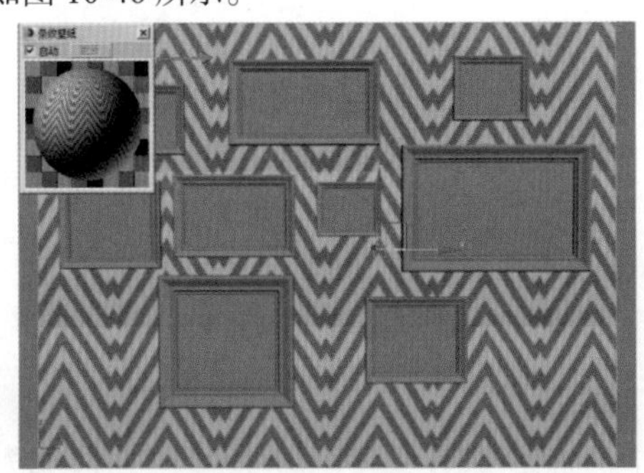

图 10–46

（5）将剩余的材质制作完成，并赋给相应的物体，如图 10-47 所示。

图 10–47

（6）最终渲染效果如图 10-48 所示。

图 10–48

10.3.2　VRayMtl

VRayMtl 是目前应用最为广泛的材质类型，该材质可以模拟超级真实的反射和折射等效果，因此深受用户喜欢。该材质也是本章最为重要的知识点，需要熟练掌握，如图 10-49 所示。

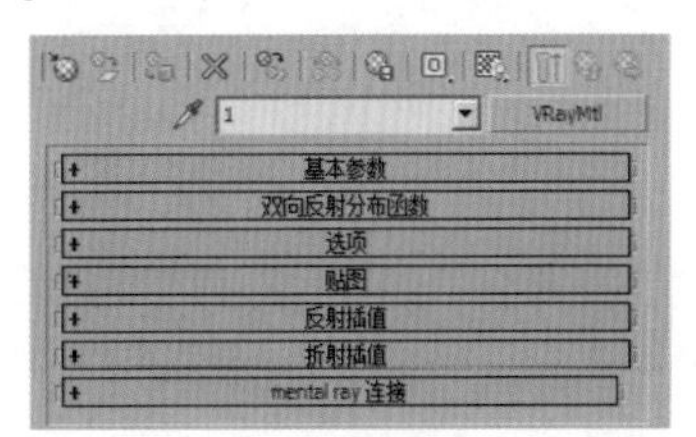

图 10–49

图 10-50 所示为使用 VRayMtl 材质制作的玻璃材质和木地板材质。

图 10–50

第 10 章

1. 基本参数

展开【基本参数】卷展栏，如图 10-51 所示。

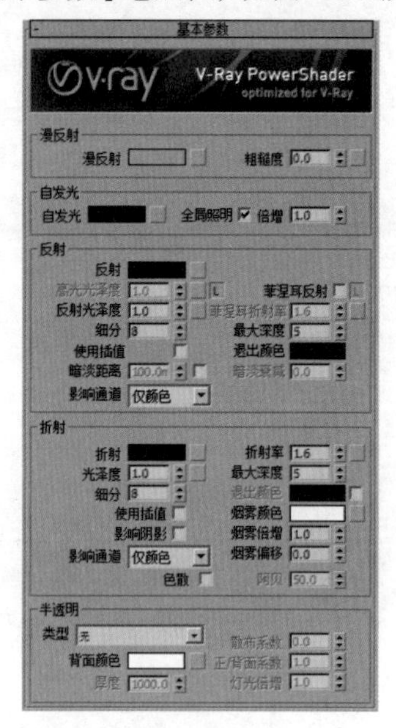

图 10–51

（1）漫反射

- 漫反射：物体的固有色。单击右边的▢按钮，可以选择不同的贴图类型。
- 粗糙度：数值越大，粗糙效果越明显，可以用该选项来模拟绒布的效果。

求生秘籍 —— 技巧提示：漫反射通道的作用

漫反射被称为固有色，用来控制物体的基本颜色，当在漫反射右边的▢按钮添加贴图时，漫反射颜色将不再起作用。

（2）自发光

- 自发光：该选项控制自发光的颜色。
- 全局照明：该选项控制是否开启全局照明。
- 倍增：该选项控制自发光的强度。

（3）反射

- 反射：反射颜色控制反射的强度，颜色越深反射越弱、颜色越浅反射越强。
- 高光光泽度：控制材质的高光大小，默认情况下和【反射光泽度】一起关联控制，可以通过单击旁边的【锁】按钮 L 来解除锁定，从而可以单独调整高光的大小。
- 反射光泽度：该选项可以产生【反射模糊】效果，数值越小反射模糊效果越强烈。
- 细分：用来控制反射的品质，数值越大效果越好，但是渲染速度越慢。
- 使用插值：当勾选该参数时，VRay 能够使用类似于【发光贴图】的缓存方式来加快反射模糊的计算。
- 暗淡距离：该选项用来控制暗淡距离的数值。
- 影响通道：该选项用来控制是否影响通道。
- 菲涅耳反射：勾选该选项后，反射强度会与物体的入射角度有关系，入射角度越大，反射越强烈。当垂直入射的时候，反射最弱。

求生秘籍 —— 技巧提示：菲涅耳反射

【菲涅耳反射】是模拟真实世界中的一种反射现象，反射的强度与摄影机的视点和具有反射功能的物体的垂直面的角度有关。角度值接近 0 时，反射最强；当光线垂直于表面时，反射功能最弱，这也是物理世界中的现象。

- 菲涅耳折射率：在【菲涅耳反射】中，菲涅耳反射的强弱可以用该选项来调节。
- 最大深度：是指反射的次数，数值越高效果越真实，但渲染时间也越长。
- 退出颜色：当物体的反射次数达到最大次数时就会停止计算反射，这时由于反射次数不够造成的反射区域的颜色就用退出色来代替。
- 暗淡衰减：该选项用来控制暗淡衰减的数值。

（4）折射

- 折射：折射颜色控制折射的强度，颜色越深折射越弱、颜色越浅折射越强。
- 光泽度：用来控制物体的折射模糊程度，如制作磨砂玻璃。数值越小，模糊程度越明显。
- 细分：用来控制折射模糊的品质，数值越大效果越好，但是渲染速度越慢。
- 使用插值：当勾选该选项时，VRay 能够使用类似于【发光贴图】的缓存方式来加快【光泽度】的计算。
- 影响阴影：用来控制透明物体产生的阴影。勾选该选项时，透明物体将产生真实的阴影。注意，这个选项仅对【VRay 光源】和【VRay 阴影】有效。
- 影响通道：该选项控制是否影响通道效果。
- 色散：该选项控制是否使用色散。
- 折射率：设置物体的折射率。

求生秘籍 —— 技巧提示：常用材质的折射率

真空的折射率是 1，水的折射率是 1.33，玻璃的折射率是 1.5，水晶的折射率是 2，钻石的折射率是 2.4，这些都是制作效果图常用的折射率。

- 最大深度：该选项控制反射的最大深度数值。
- 退出颜色：该选项控制退出的颜色。
- 烟雾颜色：该选项控制折射物体的颜色，可以通过调节该选项的颜色产生出彩色的折射效果。
- 烟雾倍增：可以理解为烟雾的浓度。值越大，雾越浓，光线穿透物体的能力越差。
- 烟雾偏移：控制烟雾的偏移，较低的值会使烟雾向摄影机的方向偏移。

（5）半透明

- 类型：半透明效果的类型有 3 种，一种是【硬（蜡）模型】，比如蜡烛；一种是【软（水）模型】，比如海水；还有一种是【混合模型】。

- 背面颜色：用来控制半透明效果的颜色。
- 厚度：用来控制光线在物体内部被追踪的深度，也可以理解为光线的最大穿透能力。较大的值，会让整个物体都被光线穿透；较小的值，可以让物体比较薄的地方产生半透明现象。
- 散射系数：物体内部的散射总量。0 表示光线在所有方向被物体内部散射；1 表示光线在一个方向被物体内部散射，而不考虑物体内部的曲面。
- 前 / 后分配比：控制光线在物体内部的散射方向。0 表示光线沿着灯光发射的方向向前散射；1 表示光线沿着灯光发射的方向向后散射；0.5 表示这两种情况各占一半。
- 灯光倍增：设置光线穿透能力的倍增值。值越大，散射效果越强。

2. 双向反射分布函数

展开【双向反射分布函数】卷展栏中，如图 10-52 所示。

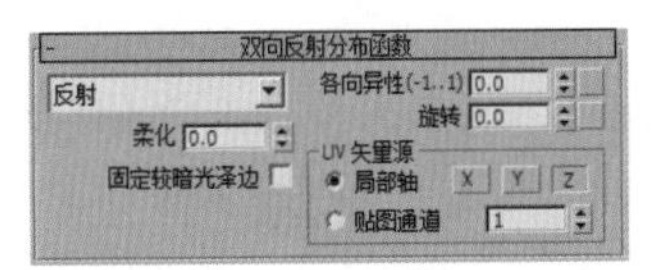

图 10–52

- 明暗器列表：包含 3 种明暗器类型，分别是多面、反射和沃德。多面适合硬度很高的物体，高光区很小；反射适合大多数物体，高光区适中；沃德适合表面柔软或粗糙的物体，高光区最大。
- 各向异性：控制高光区域的形状，可以用该参数来设置拉丝效果。
- 旋转：控制高光区的旋转方向。
- UV 矢量源：控制高光形状的轴向，也可以通过贴图通道来设置。

FAQ 常见问题解答：带有特殊的高光反射形状的材质怎么设置？

在现实中很多材质表面的高光反射并不是一样的，因此设置正确的高光反射形状对于材质质感的把握是非常重要的，如图 10-53 所示。

当设置【双向反射分布函数】为【反射】，设置【各向异性】为 0.6 时，如图 10-54 所示。此时的材质球效果，如图 10-55 所示。

当设置【双向反射分布函数】为【沃德】，设置【各向异性】为 0.6，【旋转】为 45.0 时，如图 10-56 所示。此时的材质球效果，如图 10-57 所示。

图 10–53

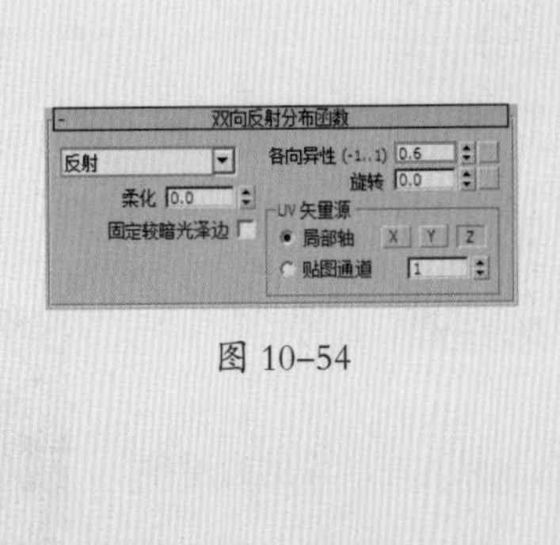

图 10–54

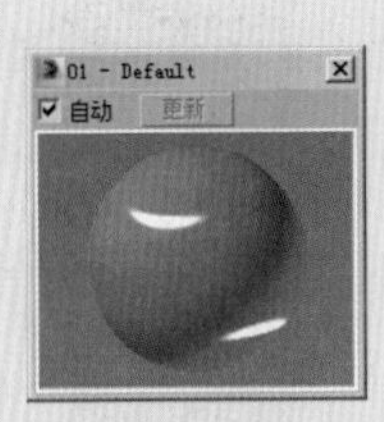

图 10–55

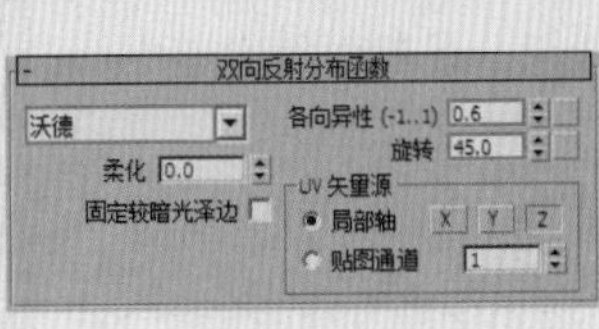

图 10–56

图 10–57

3. 选项

展开【选项】卷展栏，如图 10-58 所示。

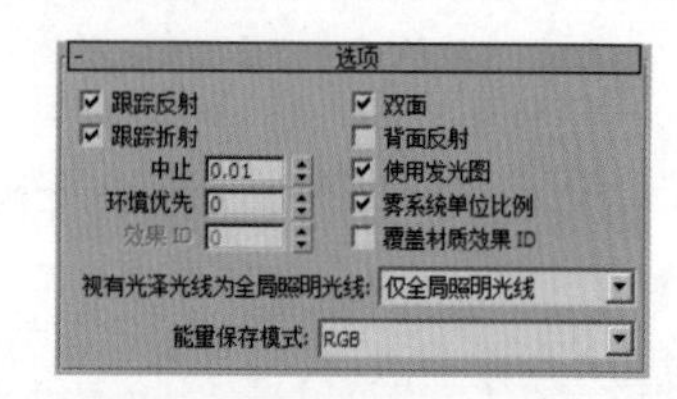

图 10–58

- 跟踪反射：控制光线是否追踪反射。如果不勾选该选项，VRay 将不渲染反射效果。
- 跟踪折射：控制光线是否追踪折射。如果不勾选该选项，VRay 将不渲染折射效果。
- 中止：中止选定材质的反射和折射的最小阈值。
- 环境优先：控制【环境优先】的数值。
- 效果 ID：该选项控制设置效果的 ID。
- 双面：控制 VRay 渲染的面是否为双面。
- 背面反射：勾选该选项时，将强制 VRay 计算反射物体的背面产生反射效果。
- 使用发光图：控制选定的材质是否使用发光图。
- 雾系统单位比例：该选项控制是否启用雾系统的单位比例。
- 覆盖材质效果 ID：该选项控制是否启用覆盖材质效果的 ID。
- 视有光泽光线为全局照明光线：该选项在效果图制作中一般都默认设置为【仅全局照明光线】。
- 能量保存模式：该选项在效果图制作中一般都默认设置为 RGB 模型，因为这样可以得到彩色效果。

4. 贴图

展开【贴图】卷展栏中，如图 10-59 所示。

图 10–59

- 凹凸：主要用于制作物体的凹凸效果，在后面的通道中可以加载凹凸贴图。
- 置换：主要用于制作物体的置换效果，在后面的通道中可以加载置换贴图。
- 透明：主要用于制作透明物体，例如窗帘、灯罩等。
- 环境：主要是针对上面的一些贴图而设定的，比如反射、折射等，只是在其贴图的效果上加入了环境贴图效果。

5. 反射插值和折射插值

展开【反射插值】和【折射插值】卷展栏，如图 10-60 所示。该卷展栏下的参数只有在【基本参数】卷展栏中的【反射】或【折射】选项组下勾选【使用插值】选项时才起作用。

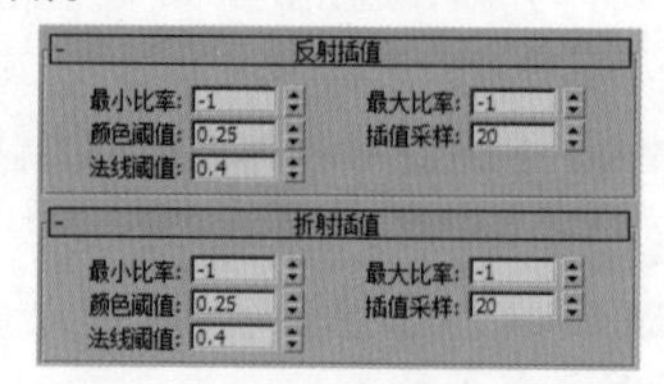

图 10–60

- 最小比率：在反射对象不丰富的区域使用该参数所设置的数值进行插补。数值越高，精度就越高，反之精度就越低。
- 最大比率：在反射对象比较丰富的区域使用该参数所设置的数值进行插补。数值越高，精度就越高，反之精度就越低。
- 颜色阈值：指的是插值算法的颜色敏感度。值越大，敏感度就越低。
- 法线阈值：指的是物体的交接面或细小的表面的敏感度。值越大，敏感度就越低。
- 插值采样：用于设置反射插值时所用的样本数量。值越大，效果越平滑模糊。

求生秘籍 —— 技巧提示：反射差值和折射差值

由于【折射插值】卷展栏中的参数与【反射插值】卷展栏中的参数相似，因此这里不再进行讲解。【折射插值】卷展栏中的参数只有在【基本参数】卷展栏中的【折射】选项组下勾选【使用插值】选项时才起作用。

重点 进阶案例 —— 用 VRayMtl 材质制作灯罩

场景文件	02.max
案例文件	进阶案例 —— 用 VRayMtl 材质制作灯罩 .max
视频教学	多媒体教学 /Chapter10/ 进阶案例 —— 用 VRayMtl 材质制作灯罩 .flv
难易指数	★★★★☆
材质类型	VRayMtl 材质
技术掌握	掌握 VRayMtl 材质的应用

在这个场景中，主要讲解利用 VRayMtl 材质制作灯罩材质。最终渲染效果如图 10-61 所示。

图 10–61

（1）打开本书配套资源中的【场景文件/Chapter10/02.max】文件，此时场景效果如图 10-62 所示。

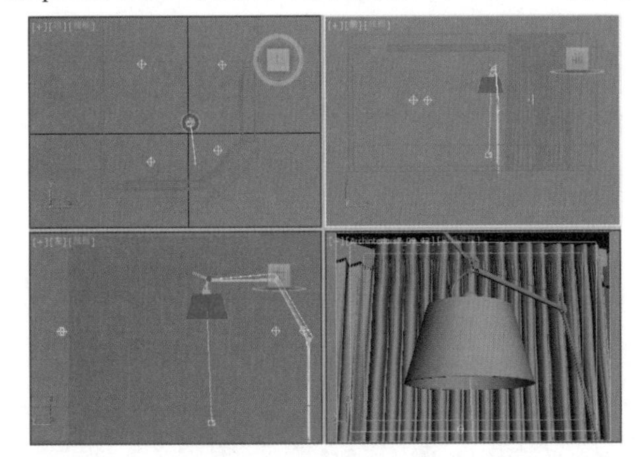

图 10-62

（2）按【M】键，打开【材质编辑器】对话框，选择第一个材质球，单击 Standard （标准）按钮，在弹出的【材质/贴图浏览器】对话框中选择【VRayMtl】材质，如图 10-63 所示。

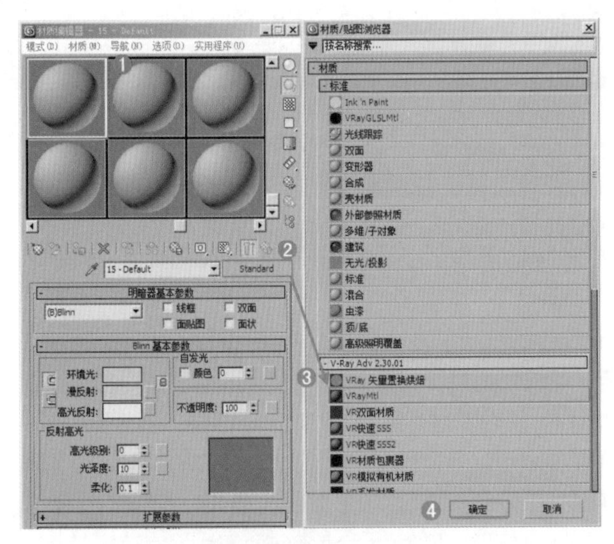

图 10-63

（3）将材质命名为【灯罩】，设置【漫反射】颜色为白色（红：245，绿：237，蓝：221），如图 10-64 所示。

图 10-64

（4）设置【折射】颜色为灰色（红：85，绿：85，蓝：85），【光泽度】为 0.6，勾选【影响阴影】复选框，在【半透明】组下设置【类型】为硬（蜡）模型，如图 10-65 所示。

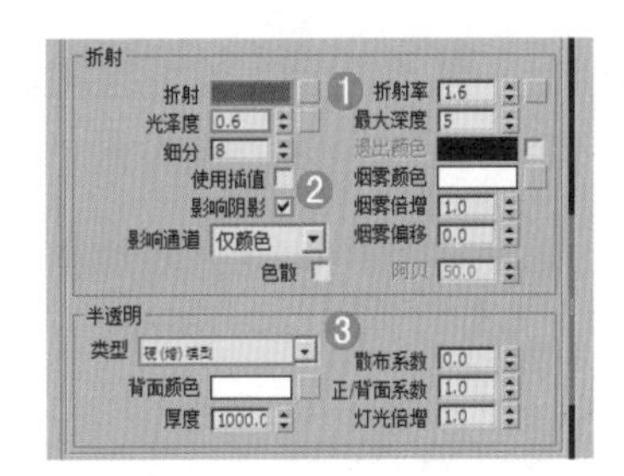

图 10-65

（5）将制作完毕的灯罩材质赋给场景中的灯罩模型，如图 10-66 所示。

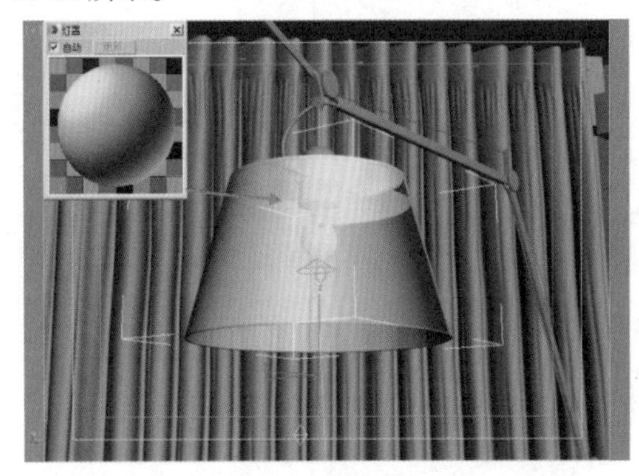

图 10-66

（6）将剩余的材质制作完成，并赋给相应的物体，如图 10-67 所示。

图 10-67

（7）最终渲染效果如图 10-68 所示。

图 10-68

进阶案例——用 VRayMtl 材质制作镜子

场景文件	03.max
案例文件	进阶案例——用 VRayMtl 材质制作镜子 .max
视频教学	多媒体教学 /Chapter10/ 进阶案例——用 VRayMtl 材质制作镜子 .flv
难易指数	★★★★☆
材质类型	VRayMtl 材质
技术掌握	掌握 VRayMtl 材质的应用

在这个场景中，主要讲解利用 VRayMtl 材质制作镜子材质。最终渲染效果如图 10-69 所示。

（1）打开本书配套资源中的“场景文件 /Chapter10/03.max”文件，此时场景效果如图 10-70 所示。

图 10–69

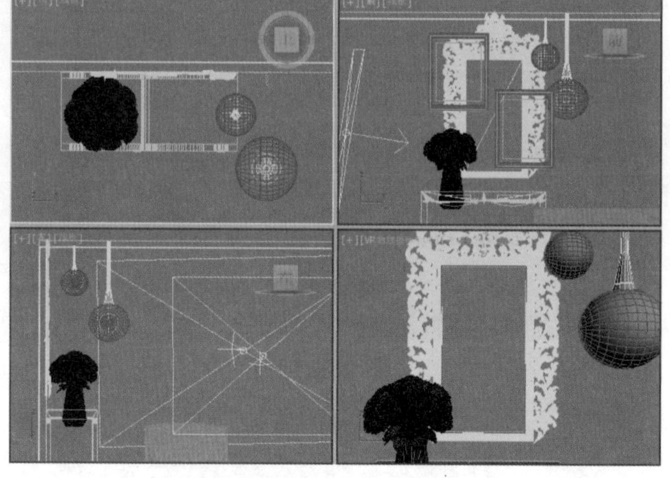

图 10–70

（2）按【M】键，打开【材质编辑器】对话框，选择第一个材质球，单击 Standard （标准）按钮，在弹出的【材质 / 贴图浏览器】对话框中选择【VRayMtl】材质，如图 10-71 所示。

（3）将材质命名为【镜子】，设置【漫反射】颜色为黑色（红：0，绿：0，蓝：0），【反射】颜色为白色（红：255，绿：255，蓝：255），如图 10-72 所示。

（4）将制作完毕的镜子材质赋给场景中的镜子模型，如图 10-73 所示。

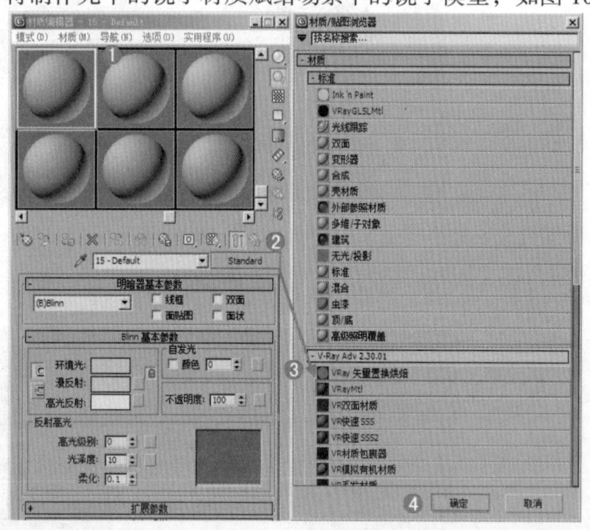

图 10–71

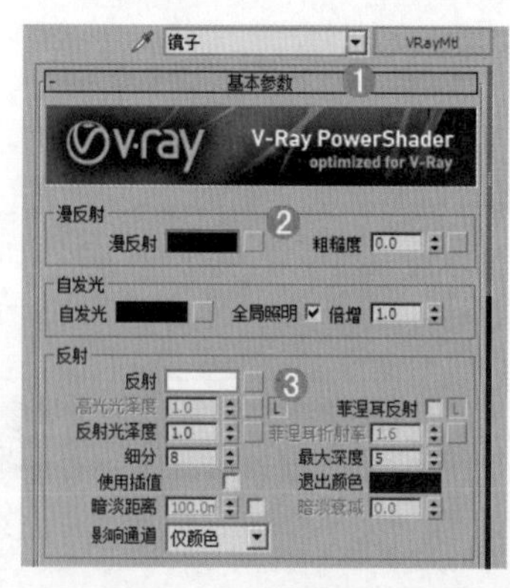

图 10–72

（5）将剩余的材质制作完成，并赋给相应的物体，如图 10-74 所示。

（6）最终渲染效果如图 10-75 所示。

图 10-73

图 10-74

图 10-75

进阶案例——用 VRayMtl 材质制作木地板

场景文件	04.max
案例文件	进阶案例——用 VRayMtl 材质制作木地板 .max
视频教学	多媒体教学 /Chapter10/ 进阶案例——用 VRayMtl 材质制作木地板 .flv
难易指数	★★★★☆
材质类型	VRayMtl 材质
技术掌握	掌握 VRayMtl 材质的应用

在这个场景中，主要讲解利用 VRayMtl 材质制作木地板材质。最终渲染效果如图 10-76 所示。

图 10-76

（1）打开本书配套资源中的“场景文件 /Chapter10/04.max”文件，此时场景效果如图 10-77 所示。

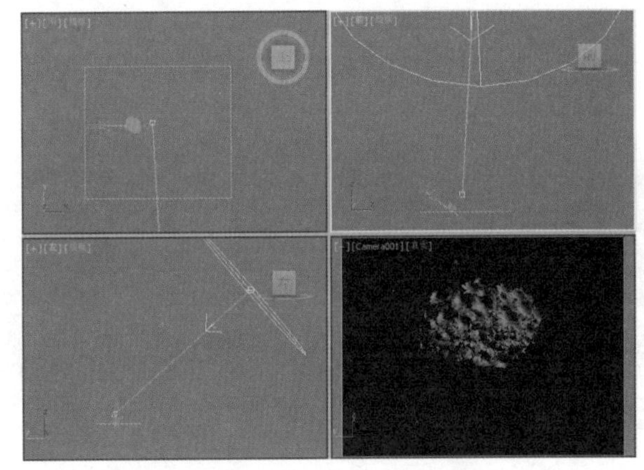

图 10-77

（2）按【M】键，打开【材质编辑器】对话框，选择第一个材质球，单击 Standard （标准）按钮，在弹出的【材质 / 贴图浏览器】对话框中选择【VRayMtl】材质，如图 10-78 所示。

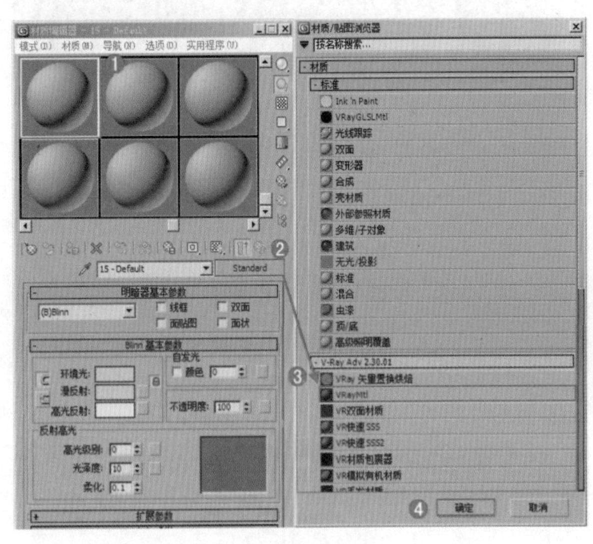

图 10-78

（3）将材质命名为【木地板】，在【漫反射】后面的通道上加载【2.jpg】贴图文件，展开【坐标】卷展栏，设置【瓷砖 U、V】分别为 10.0，设置【反射】颜色为深灰色（红：44，绿：44，蓝：44），设置【反射光泽度】为 0.85，【细分】为 20，如图 10-79 所示。

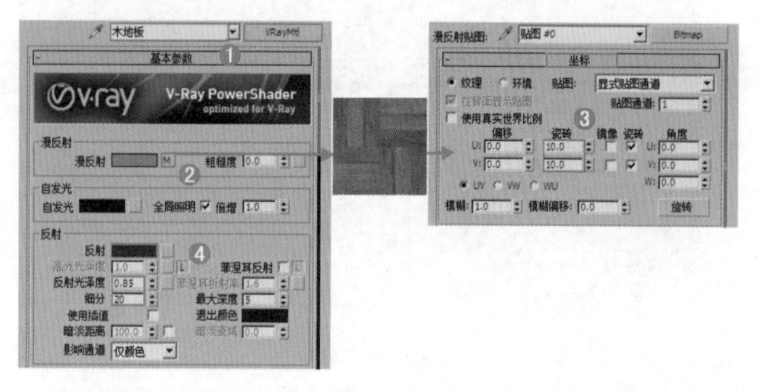

图 10–79

（4）展开【贴图】卷展栏，在【凹凸】后面的通道上加载【2.jpg】贴图文件，展开【坐标】卷展栏，设置【瓷砖 U、V】分别为 10.0，设置【凹凸】为 100.0，如图 10-80 所示。

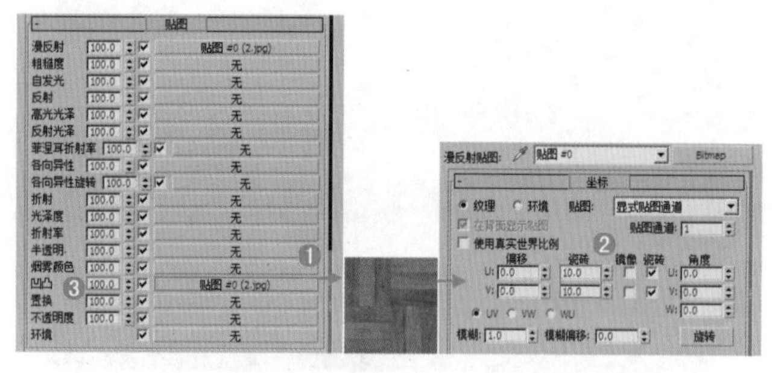

图 10–80

（5）将制作完毕的木地板材质赋给场景中的地面模型，如图 10-81 所示。

图 10–81

（6）将剩余的材质制作完成，并赋给相应的物体，如图 10-82 所示。

（7）最终渲染效果如图 10-83 所示。

图 10–82

图 10–83

重点 进阶案例——用 VRayMtl 材质制作拉丝金属

场景文件	05.max
案例文件	进阶案例——用 VRayMtl 材质制作拉丝金属 .max
视频教学	多媒体教学 /Chapter10/ 进阶案例——用 VRayMtl 材质制作拉丝金属 .flv
难易指数	★★★★☆
材质类型	VRayMtl 材质
技术掌握	掌握 VRayMtl 材质的应用

在这个场景中，主要讲解利用 VRayMtl 材质制作拉丝金属材质。最终渲染效果如图 10-84 所示。

图 10–84

（1）打开本书配套资源中的“场景文件/Chapter10/05.max”文件，此时场景效果如图 10-85 所示。

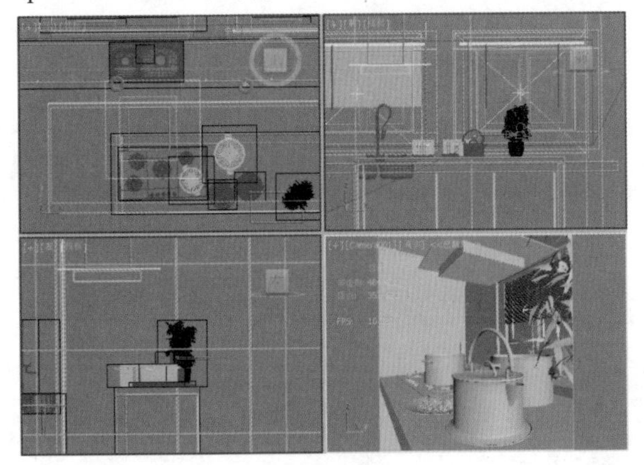

图 10–85

（2）按【M】键，打开【材质编辑器】对话框，选择第一个材质球，单击 Standard （标准）按钮，在弹出的【材质/贴图浏览器】对话框中选择【VRayMtl】材质，如图 10-86 所示。

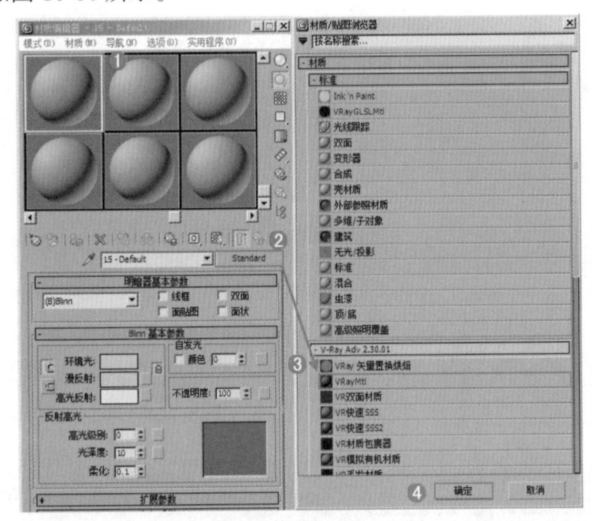

图 10–86

（3）将材质命名为“拉丝金属”，设置【漫反射】颜色为浅灰色（红：70，绿：70，蓝：70），在【反射】后面的通道上加载贴图文件，展开【坐标】卷展栏，设置【瓷砖 V】为 10.0，设置【反射光泽度】为 0.85，【细分】为 20，如图 10-87 所示。

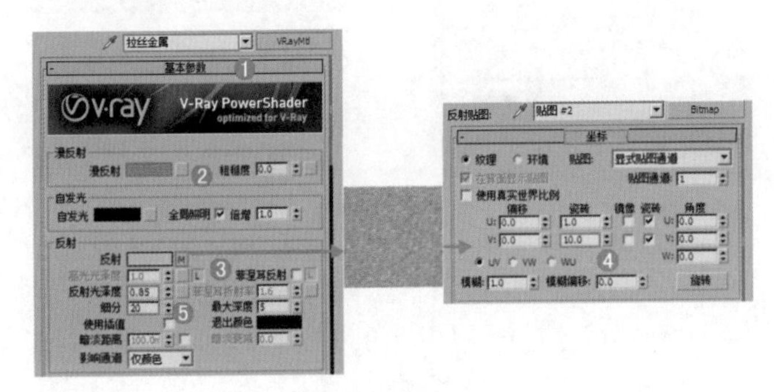

图 10–87

（4）展开【贴图】卷展栏，在【凹凸】后面的通道上加载贴图文件，展开【坐标】卷展栏，设置【瓷砖 V】为 10.0，设置【凹凸】为 12.0，如图 10-88 所示。

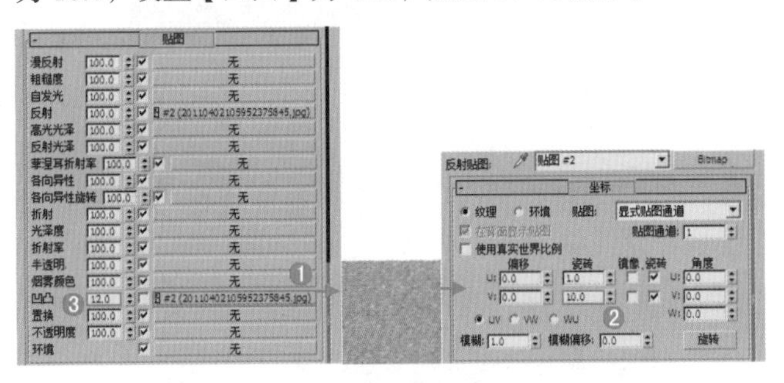

图 10–88

（5）将制作完毕的拉丝金属材质赋给场景中的水壶模型，如图 10-89 所示。

图 10–89

（6）将剩余的材质制作完成，并赋给相应的物体，如图 10-90 所示。

图 10–90

（7）最终渲染效果如图 10-91 所示。

图 10-91

进阶案例 —— 用 VRayMtl 材质制作马赛克

场景文件	06.max
案例文件	进阶案例 —— 用 VRayMtl 材质制作马赛克 .max
视频教学	多媒体教学 /Chapter10/ 进阶案例 —— 用 VRayMtl 材质制作马赛克 .flv
难易指数	★★★★☆
材质类型	VRayMtl 材质
技术掌握	掌握 VRayMtl 材质的应用

在这个场景中，主要讲解利用 VRayMtl 材质制作马赛克材质。最终渲染效果如图 10-92 所示。

图 10-92

（1）打开本书配套资源中的“场景文件 /Chapter10/06.max”文件，此时场景效果如图 10-93 所示。

（2）按【M】键，打开【材质编辑器】对话框，选择第一个材质球，单击 Standard （标准）按钮，在弹出的【材质 / 贴图浏览器】对话框中选择“VRayMtl”材质，如图 10-94 所示。

（3）将材质命名为【马赛克】，在【漫反射】后面的通道上加载“111.jpg”贴图文件，展开【坐标】卷展栏，设置【瓷砖 U】为 25.0，【瓷砖 V】为 20.0，【模糊】为 0.05。设置【反射】颜色为白色（红：242, 绿：242, 蓝：242），勾选【菲涅耳反射】选项，设置【反射光泽度】为 0.9，【细分】为 20，如图 10-95 所示。

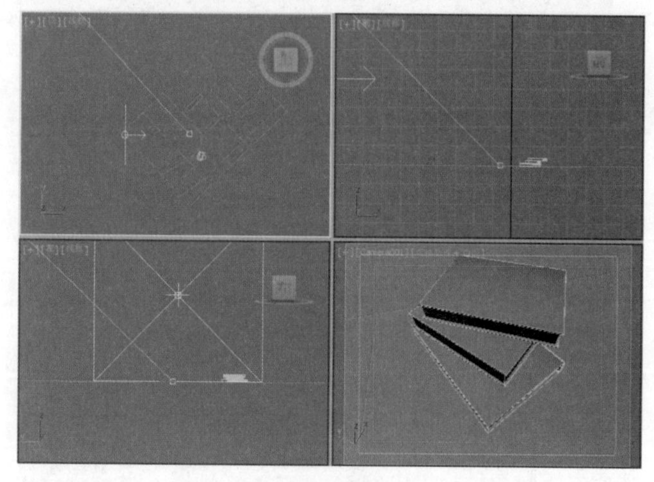

图 10-93

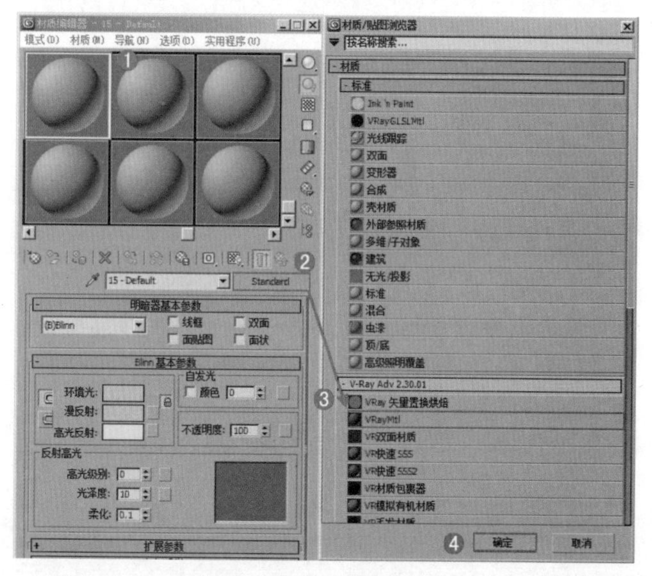

图 10-94

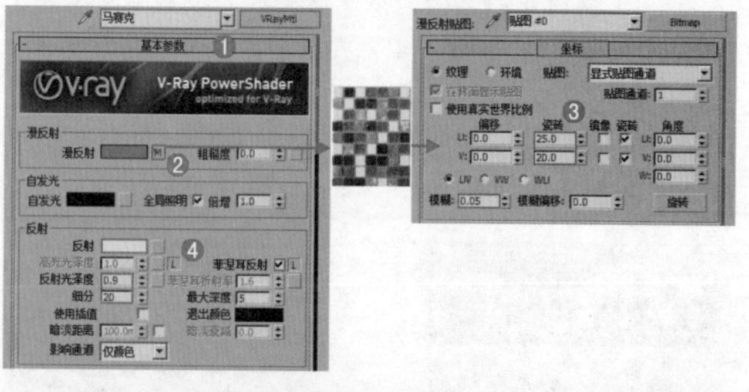

图 10-95

（4）展开【贴图】卷展栏，在【凹凸】后面的通道上加载“111.jpg”贴图文件，展开【坐标】卷展栏，设置【瓷砖 U】为 25.0，【瓷砖 V】为 20.0，【模糊】为 0.05；设置【凹凸】为 – 160，如图 10-96 所示。

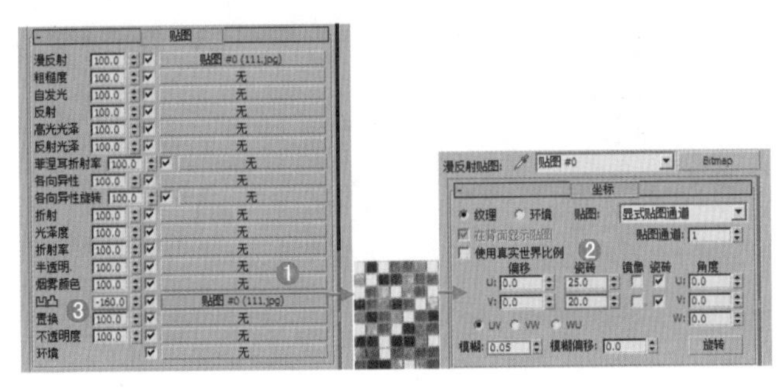

图 10-96

（5）将制作完毕的马赛克材质赋给场景中的地面模型，如图 10-97 所示。

图 10-97

（6）将剩余的材质制作完成，并赋给相应的物体，如图 10-98 所示。

图 10-98

（7）最终渲染效果如图 10-99 所示。

图 10-99

重点 进阶案例——用 VRayMtl 材质制作西红柿

场景文件	07.max
案例文件	进阶案例——用 VRayMtl 材质制作西红柿 .max
视频教学	多媒体教学 /Chapter10/ 进阶案例——用 VRayMtl 材质制作西红柿 .flv
难易指数	★★★★☆
材质类型	VRayMtl 材质
技术掌握	掌握 VRayMtl 材质的应用

在这个场景中，主要讲解利用 VRayMtl 材质制作西红柿材质。最终渲染效果如图 10-100 所示。

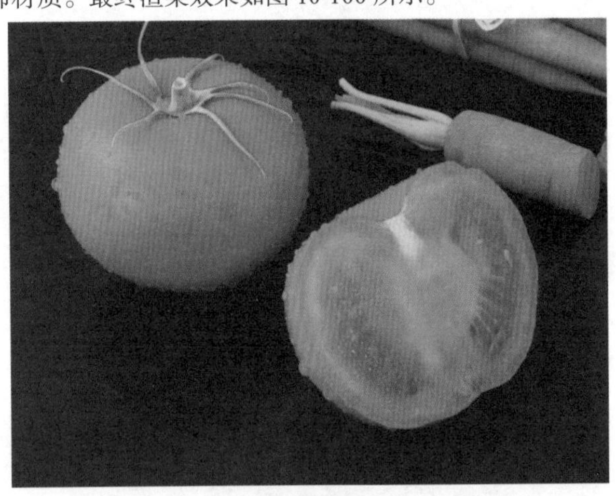

图 10-100

（1）打开本书配套资源中的“场景文件 /Chapter10/07.max”文件，此时场景效果如图 10-101 所示。

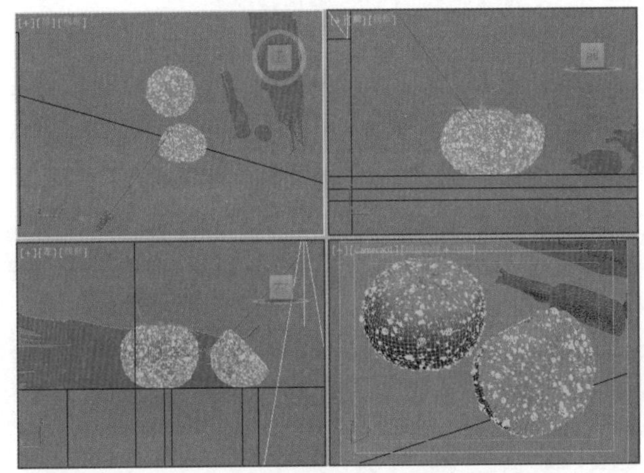

图 10-101

（2）按【M】键，打开【材质编辑器】对话框，选择第一个材质球，单击 Standard （标准）按钮，在弹出的【材质 / 贴图浏览器】对话框中选择【VRayMtl】材质，如图 10-102 所示。

（3）将材质命名为【西红柿】，在【漫反射】后面的通道上加载“AM130_017_diff.jpg”贴图文件，在【反射】和【反射光泽度】后面的通道上分别加载“AM130_017_gloss.jpg”贴图文件，勾选【菲涅耳反射】，设置【细分】为 24，如图 10-103 所示。

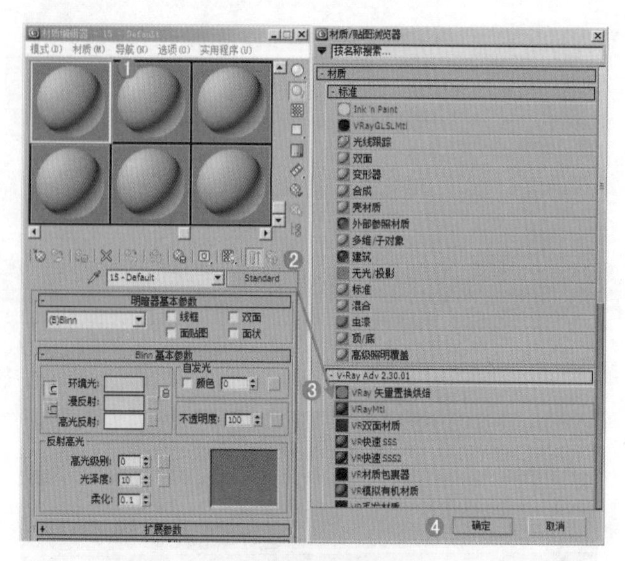

图 10–102

图 10–103

（4）在【折射】和【光泽度】后面的通道上分别加载“AM130_017_refr.jpg”贴图文件，设置【光泽度】为 0.3，勾选【影响阴影】复选框，设置【影响通道】为“所有通道”；在【半透明】下，设置【类型】为“硬（蜡）模型”，设置【背面颜色】为橘色（红：255，绿：42，蓝：0），如图 10-104 所示。

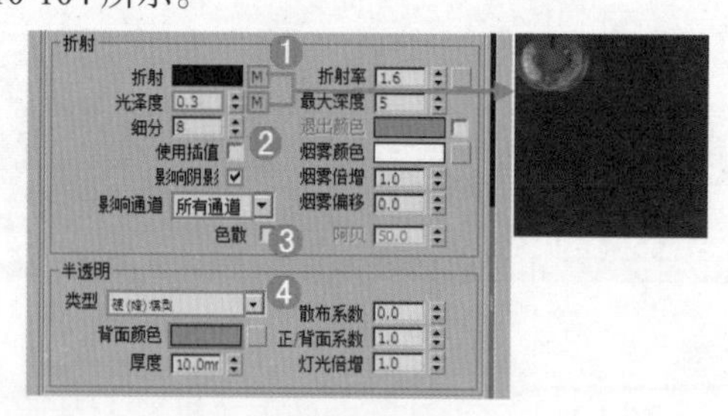

图 10–104

（5）展开【贴图】卷展栏，在【凹凸】后面的通道上加载“AM130_017_bump.jpg”贴图文件，设置【凹凸】数量为 15.0，如图 10-105 所示。

（6）将制作完毕的西红柿材质赋给场景中的西红柿模型，如图 10-106 所示。

（7）将剩余的材质制作完成，并赋给相应的物体，如图 10-107 所示。

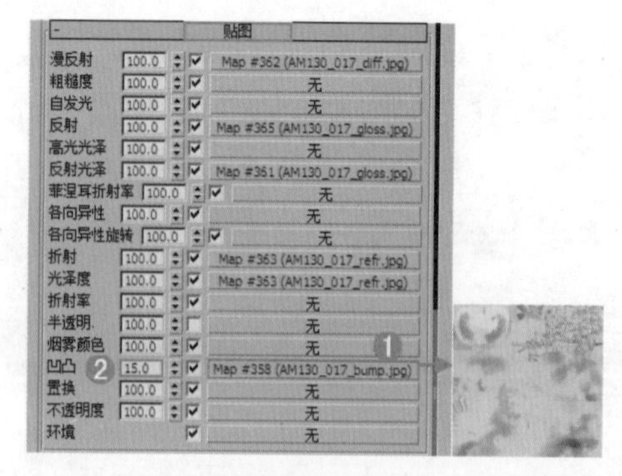

图 10–105

图 10–106

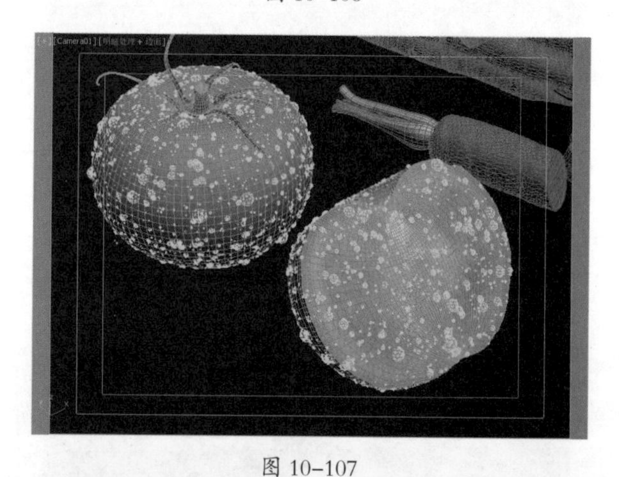

图 10–107

（8）最终渲染效果如图 10-108 所示。

图 10–108

重点 综合案例 —— 用 VRayMtl 材质制作玻璃

场景文件	08.max
案例文件	综合案例 —— 用 VRayMtl 材质制作玻璃 .max
视频教学	多媒体教学 /Chapter10/ 综合案例 —— 用 VRayMtl 材质制作玻璃 .flv
难易指数	★★★★☆
技术掌握	掌握 VRayMtl 材质、衰减程序贴图、噪波程序贴图、凹凸的应用

在这个场景中，主要讲解利用 VRayMtl 材质制作玻璃、冰块材质。最终渲染效果如图 10-109 所示。

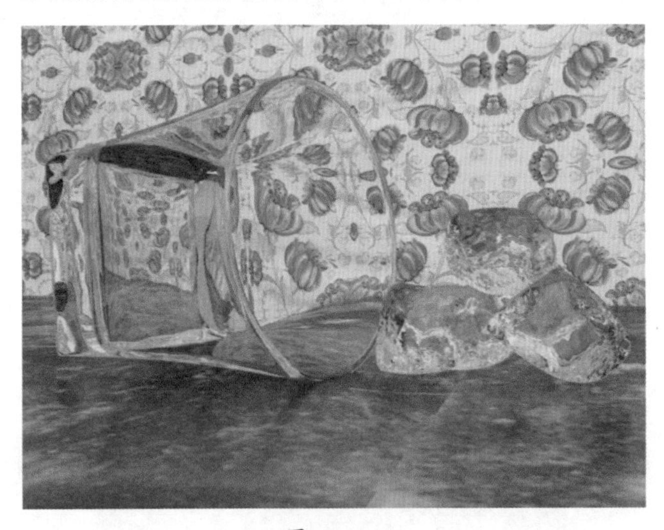

图 10-109

1. 玻璃材质的制作

（1）打开本书配套资源中的“场景文件 /Chapter10/08.max”文件，如图 10-110 所示。

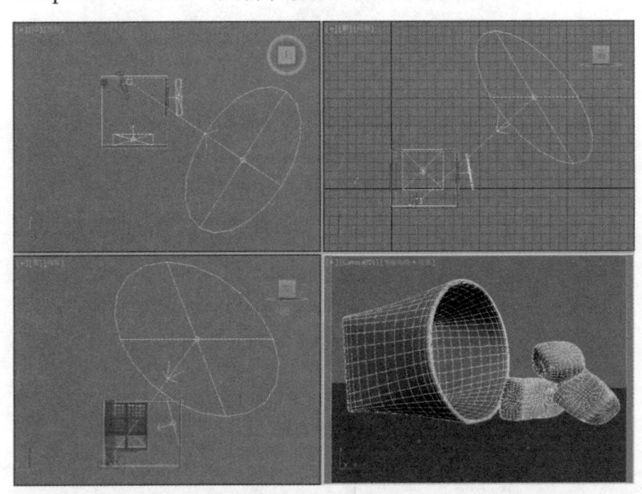

图 10-110

（2）按【M】键，打开【材质编辑器】对话框，选择第一个材质球，单击 Standard （标准）按钮，在弹出的【材质 / 贴图浏览器】对话框中选择“VRayMtl”材质，如图 10-111 所示。

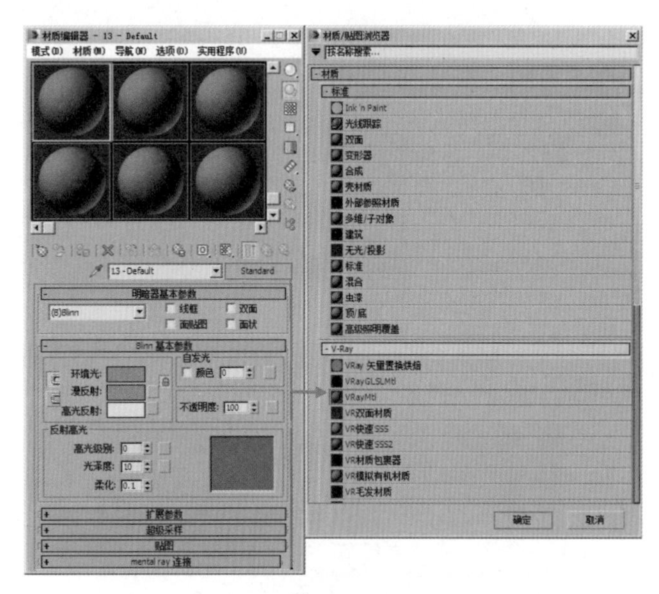

图 10-111

（3）将材质命名为“玻璃”，设置【漫反射】颜色为灰色（红：128，绿：128，蓝：128），在【反射】后面的通道上加载【衰减】程序贴图，展开【衰减参数】卷展栏，设置【颜色 1】为黑色（红：8，绿：8，蓝：8），【颜色 2】为灰色（红：96，绿：96，蓝：96），设置【折射】颜色为白色（红：255，绿：255，蓝：255），设置【折射率】为 1.5，【烟雾颜色】为灰色（红：128，绿：128，蓝：128），【烟雾倍增】为 0.0，勾选【影响阴影】复选框，如图 10-112 所示。

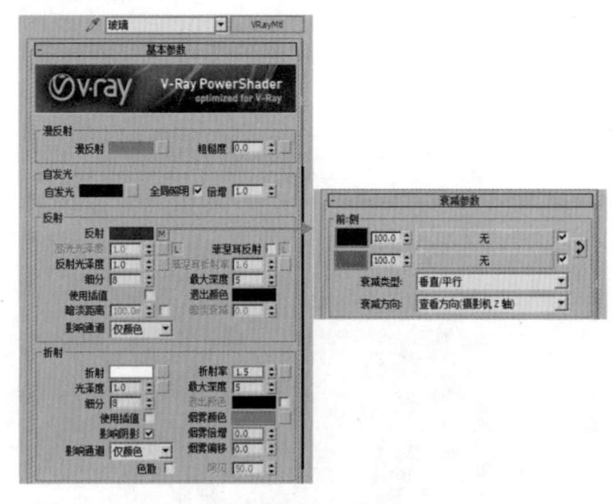

图 10-112

※求生秘籍 —— 技巧提示：玻璃材质需要把折射颜色设置的比反射颜色更浅

制作玻璃材质时，读者可能会有一个误导那就是玻璃的反射非常强，这话虽然听着没有问题，但实际上即使玻璃的反射效果再强，也强不过玻璃的折射效果，因此也就表示需要把折射颜色设置的比反射颜色更浅一些。假如把反射颜色设置的较浅的话，那么就会渲染出类似镜子的效果，而非玻璃效果。因此默认情况下制作玻璃材质需要设置【反射】颜色为深灰色，设置【折射】颜色为白色。

（4）制作后的材质球，如图 10-113 所示。

图 10–113

（5）将制作完毕的玻璃材质赋给场景中的模型，如图 10-114 所示。

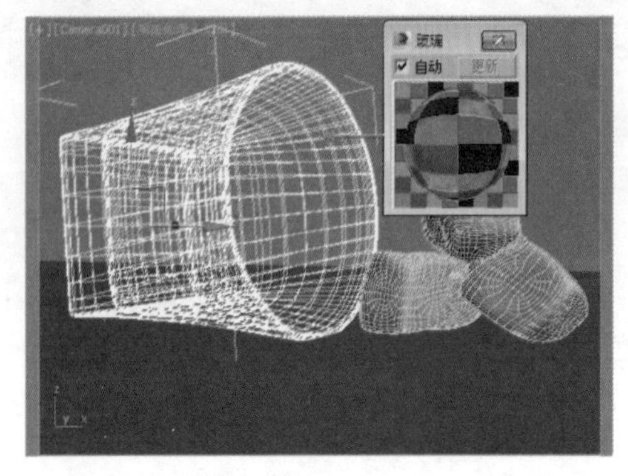

图 10–114

2. 冰块材质的制作

（1）将材质命名为【冰块】，设置【漫反射】颜色为灰色（红：128，绿：128，蓝：128），设置【反射】颜色为深灰色（红：39，绿：39，蓝：39），设置【折射】颜色为白色（红：255，绿：255，蓝：255），设置【折射率】为 1.25，勾选【影响阴影】复选框，如图 10-115 所示。

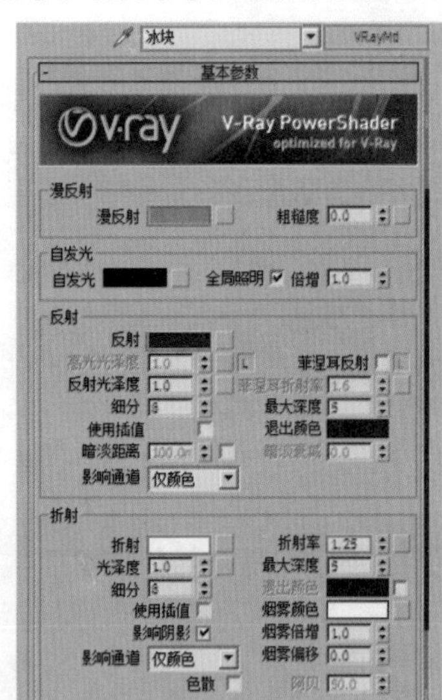

图 10–115

（2）展开【贴图】卷展栏，在【凹凸】后面的通道上加载【噪波】程序贴图，展开【坐标】卷展栏，设置【瓷砖 X、Y、Z】分别为 0.039，展开【噪波参数】卷展栏，设置【噪波类型】为湍流，设置【大小】为 0.5，设置【凹凸】数量为 15.0，如图 10-116 所示。

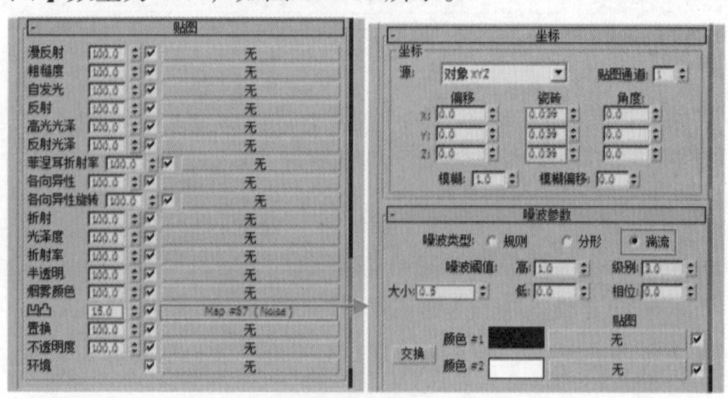

图 10–116

（3）制作后的材质球，如图 10-117 所示。

图 10–117

（4）将制作完毕的冰块材质赋给场景中的模型，如图 10-118 所示。

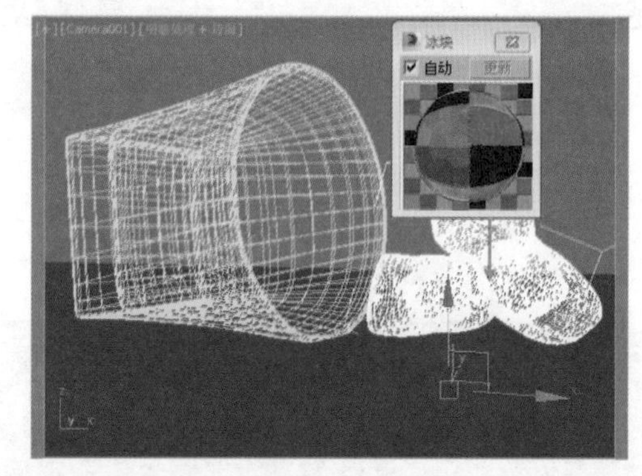

图 10–118

（5）最终渲染效果如图 10-119 所示。

图 10–119

10.3.3　VR 灯光材质

【VR 灯光材质】可以模拟真实的材质发光的效果，常用来制作霓虹灯、火焰等材质。图 10-120 所示为使用 VR 灯光材质制作的天空材质和火焰材质。

图 10–120

当设置渲染器为 VRay 渲染器后，在【材质 / 贴图浏览器】对话框中可以找到【VR 灯光材质】，其参数设置面板如图 10-121 所示。

图 10–121

- 颜色：设置对象自发光的颜色，后面的输入框用来设置自发光的强度。
- 不透明度：可以在后面的通道中加载贴图。
- 背面发光：开启该选项后，物体会双面发光。
- 补偿摄影机曝光：控制相机曝光补偿的数值。
- 倍增颜色的不透明度：勾选后，将自动按照控制不透明度与颜色相乘。

重点 进阶案例——用 VR 灯光材质制作背景

场景文件	09.max
案例文件	进阶案例——用 VR 灯光材质制作背景 .max
视频教学	多媒体教学 /Chapter10/ 进阶案例——用 VR 灯光材质制作背景 .flv
难易指数	★★★☆☆
技术掌握	掌握 VR 灯光材质、位图贴图的应用

在这个场景中，主要讲解利用 VR 灯光材质制作背景材质。最终渲染效果如图 10-122 所示。

图 10–122

（1）打开本书配套资源中的“场景文件 /Chapter10/09.max”文件，如图 10-123 所示。

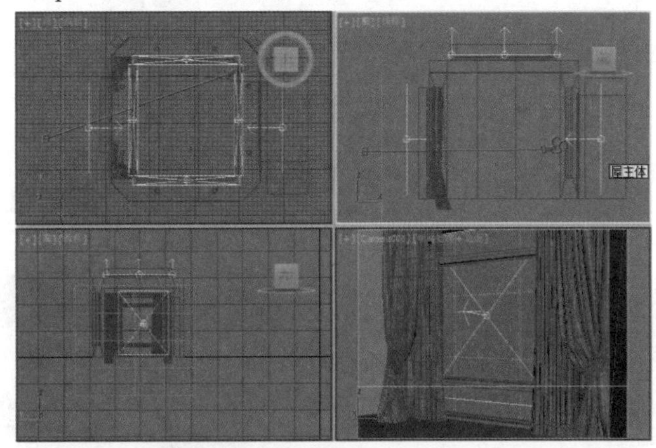

图 10–123

（2）按【M】键，打开【材质编辑器】对话框，选择第一个材质球，单击 Standard （标准）按钮，在弹出的【材质 / 贴图浏览器】对话框中选择“VR 灯光材质”材质，如图 10-124 所示。

（3）将材质命名为【背景】，在【颜色】后面的通道上加载“背景 (2).jpg”贴图文件，设置【颜色】为 2，如图 10-125 所示。

（4）制作后的材质球，如图 10-126 所示。

（5）将制作完毕的背景材质赋给场景中的模型，如图 10-127 所示。

（6）最终渲染效果如图 10-128 所示。

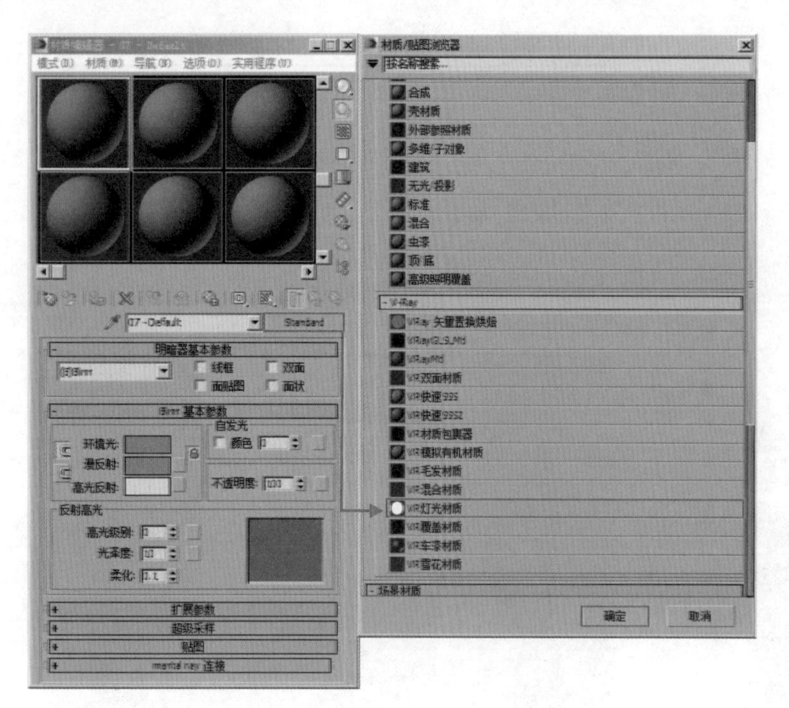

图 10-124

图 10-125

图 10-126

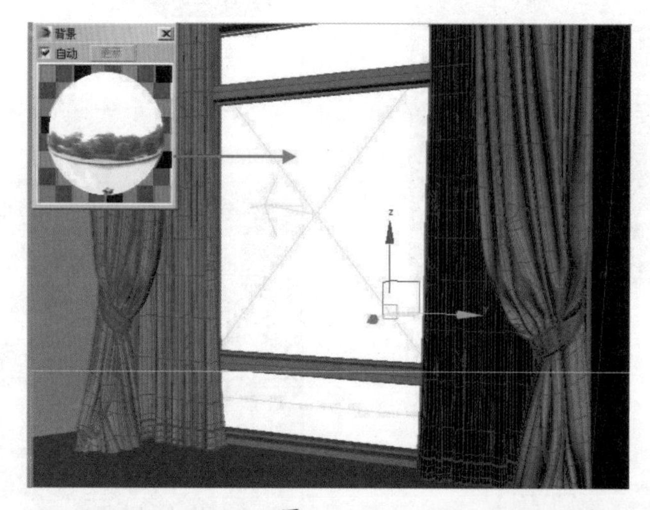

图 10-127

图 10-128

10.3.4　VR 覆盖材质

【VR 覆盖材质】可以让用户更广泛地去控制场景的色彩融合、反射、折射等。【VR 覆盖材质】主要包括 5 种材质通道，分别是【基本材质】、【全局照明材质】、【反射材质】、【折射材质】和【阴影材质】。其参数设置面板如图 10-129 所示。

图 10-129

- 基本材质：物体的基本材质。
- 全局照明材质：物体的全局光材质，当使用这个参数的时候，灯光的反弹将依照这个材质的灰度来进行控制，而不是基本材质。
- 反射材质：物体的反射材质，即在反射里看到的物体的材质。
- 折射材质：物体的折射材质，即在折射里看到的物体的材质。
- 阴影材质：基本材质的阴影将用该参数中的材质来进行控制，而基本材质的阴影将无效。

重点 进阶案例 —— 用 VR 覆盖材质制作木纹

场景文件	10.max
案例文件	进阶案例 —— 用 VR 覆盖材质制作木纹 .max
视频教学	多媒体教学 /Chapter10/ 进阶案例 —— 用 VR 覆盖材质制作木纹 .flv
难易指数	★★★☆☆
技术掌握	掌握 VR 覆盖材质、VRayMtl 材质、衰减程序贴图和位图贴图的应用

在这个场景中，主要讲解利用 VR 覆盖材质制作木纹材质。最终渲染效果如图 10-130 所示。

图 10-130

（1）打开本书配套资源中的“场景文件 /Chapter10/10.max”文件，如图 10-131 所示。

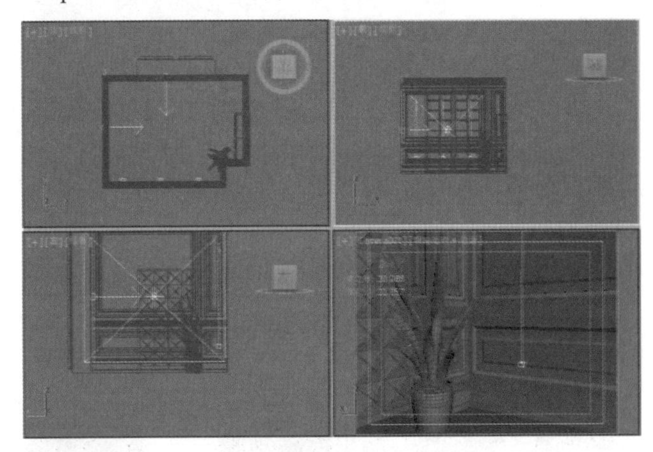

图 10-131

（2）按【M】键，打开【材质编辑器】对话框，选择第一个材质球，单击 Standard （标准）按钮，在弹出的【材质 / 贴图浏览器】对话框中选择“VR 覆盖材质”材质，如图 10-132 所示。

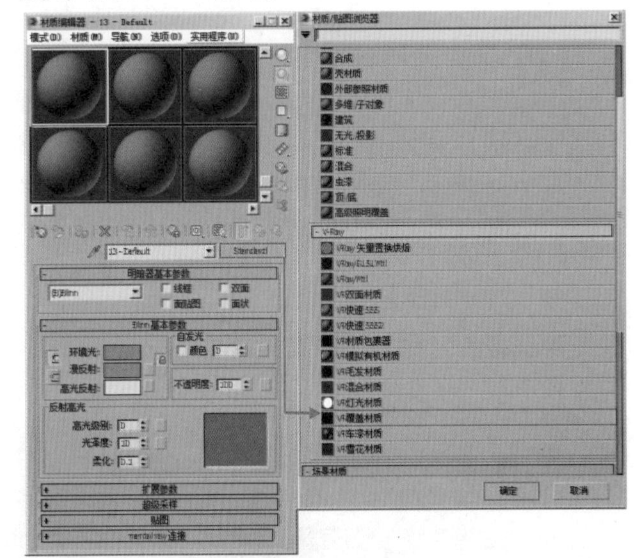

图 10-132

（3）将材质命名为【木纹】，展开【参数】卷展栏，在【基本材质】后面的通道上加载“VRayMtl”材质，在【全局照明材质】后面的通道上加载 VRayMtl 材质，如图 10-133 所示。

图 10-133

（4）单击进入【基本材质】后面的通道中，在【漫反射】后面的通道上加载【衰减】程序贴图，展开【衰减参数】卷展栏，在【颜色 1】后面的通道上加载“5.jpg”贴图文件，展开【坐标】卷展栏，设置【瓷砖 U】为 0.6，【偏移 V】为 0.2，【瓷砖 V】为 0.6。在【颜色 2】后面的的通道上加载“6.jpg”贴图文件，展开【坐标】卷展栏，设置【瓷砖 U】为 0.6，【偏移 V】为 0.2，【瓷砖 V】为 0.6，如图 10-134 所示。

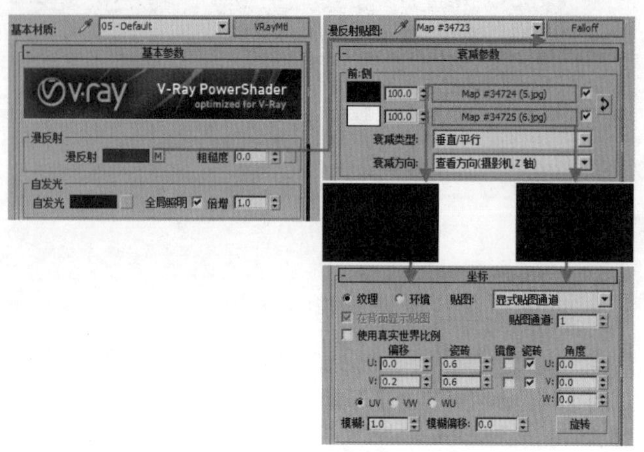

图 10–134

（5）在【反射】选项组下，在【反射】后面的通道上加载【衰减】程序贴图，展开【衰减参数】卷展栏，设置【颜色 2】为蓝色（红：121，绿：187，蓝：255），设置【衰减类型】为 Fresnel，【折射率】为 2.0。设置【高光光泽度】为 0.7，【反射光泽度】为 0.8，【细分】为 30，如图 10-135 所示。

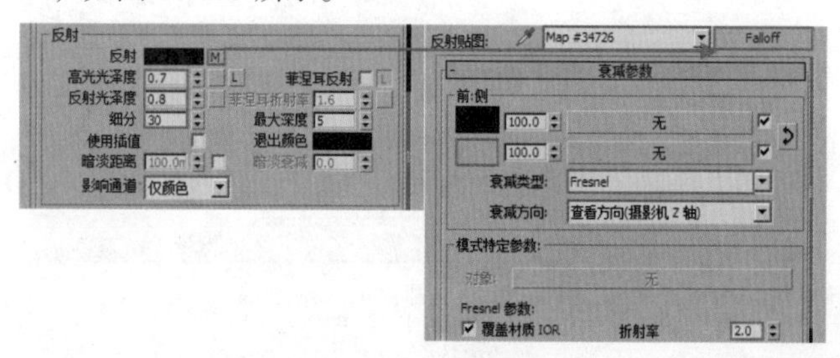

图 10–135

（6）单击进入【全局照明材质】后面的通道中，在【漫反射】后面的通道上加载“7.jpg”贴图文件，如图 10-136 所示。

图 10–136

（7）制作后的材质球，如图 10-137 所示。

（8）选择右侧模型，并为其添加【UVW 贴图】修改器，勾选【贴图】选项组中【长方体】选项，【长度】为 800.0mm，【宽度】为 800.0mm，【高度】为 800.0mm，【对齐】选项组中勾选为【Z】选项，如图 10-138 所示。

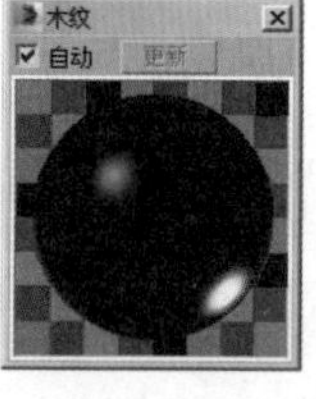

图 10–137

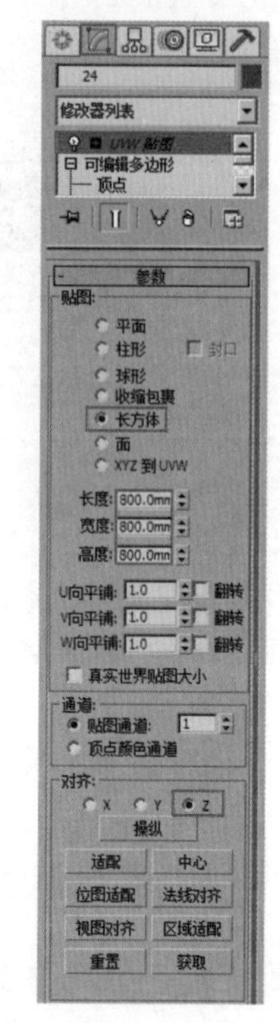

图 10–138

※求生秘籍 —— 软件技能：用 UVW 贴图修改器校正错误的贴图效果

在为模型添加材质后，有些时候位图在模型上显示的贴图效果不正确，比如有拉伸或无纹理等，这个时候就需要考虑是否需要为模型添加【UVW 贴图】修改器了。图 10–139 所示为没有添加【UVW 贴图】修改器的效果以及正确添加【UVW 贴图】修改器的效果。

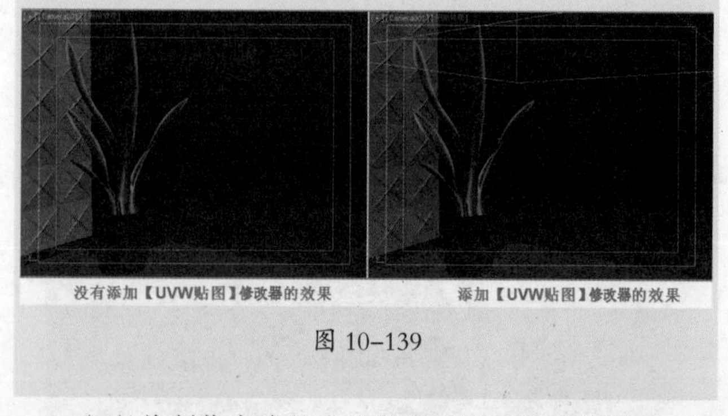

图 10–139

（9）将制作完毕的木纹材质赋给场景中的模型，如图 10-140 所示。

（10）最终渲染效果如图 10-141 所示。

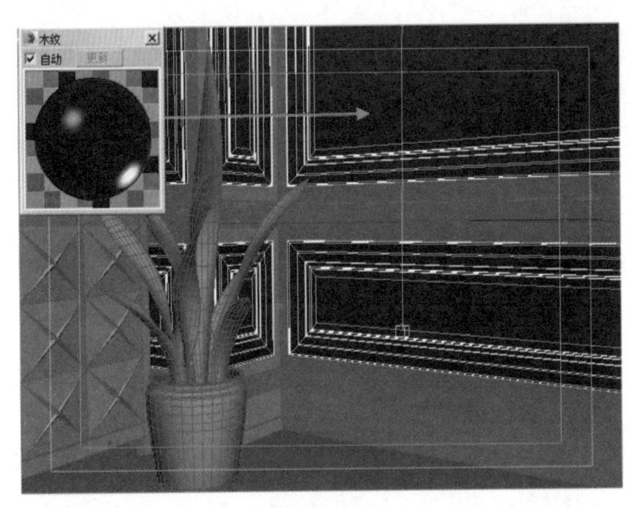

图 10–140

图 10–141

重点 进阶案例——用 VR 覆盖材质制作地毯

场景文件	11.max
案例文件	进阶案例——用 VR 覆盖材质制作地毯 .max
视频教学	多媒体教学 /Chapter10/ 进阶案例——用 VR 覆盖材质制作地毯 .flv
难易指数	★★★★☆
材质类型	VR 覆盖材质
技术掌握	掌握 VR 覆盖材质的应用

在这个场景中，主要讲解利用 VR 覆盖材质制作地毯材质。最终渲染效果如图 10-142 所示。

图 10–142

（1）打开本书配套资源中的“场景文件 /Chapter10/11.max”文件，此时场景效果如图 10-143 所示。

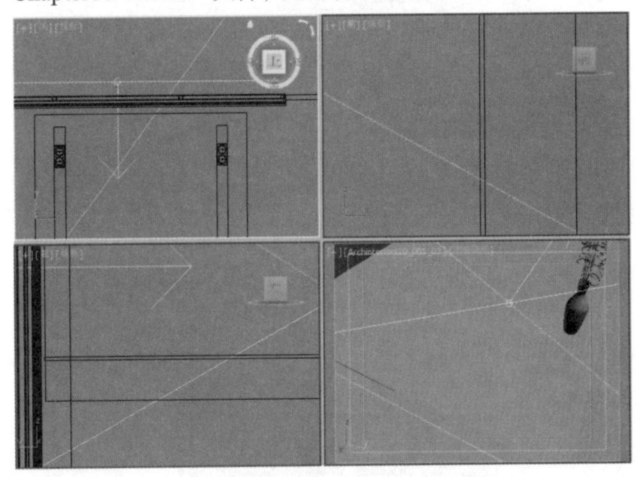

图 10–143

（2）按【M】键，打开【材质编辑器】对话框，选择第一个材质球，单击 Standard（标准）按钮，在弹出的【材质 / 贴图浏览器】对话框中选择“VR 覆盖材质”材质，如图 10-144 所示。

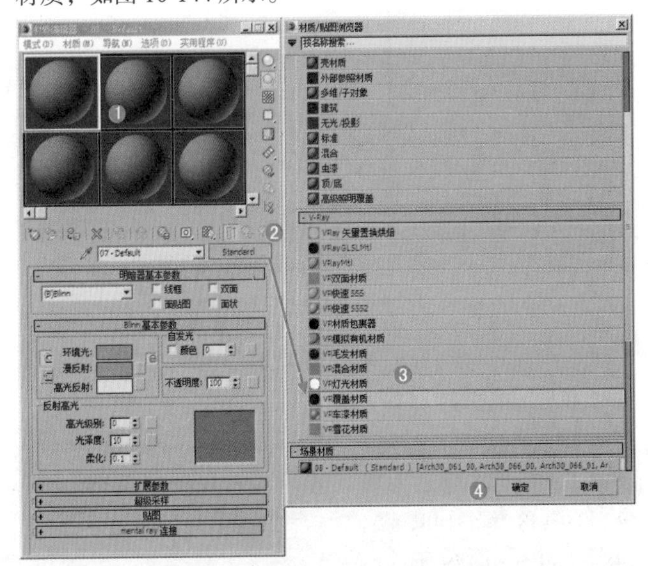

图 10–144

（3）将材质命名为【地毯】，展开【参数】卷展栏，在【基本材质】和【全局照明材质】后面的通道上分别加载“VRayMtl”材质，如图 10-145 所示。

图 10–145

（4）单击进入【基本材质】后面的通道，在【漫反射】后面的通道上加载“2.jpg”贴图文件，展开【坐标】卷展栏，设置【角度 W】为 90.0°，如图 10-146 所示。

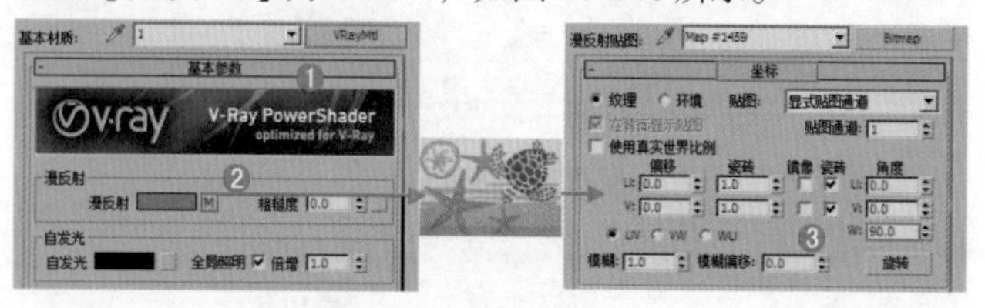

图 10-146

（5）展开【双向反射分布函数】卷展栏，设置【类型】为“沃德”，如图 10-147 所示。

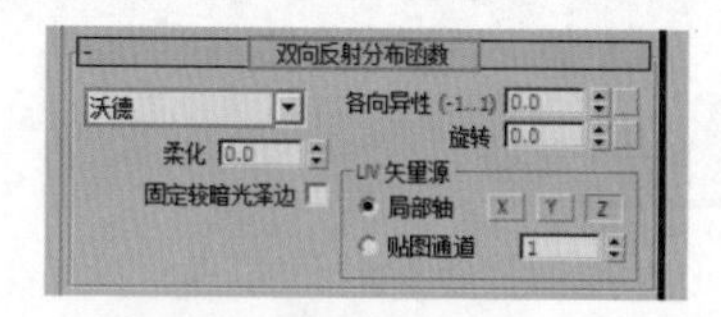

图 10-147

（6）展开【贴图】卷展栏，在【置换】后面的通道上加载“2.jpg”贴图文件，展开【坐标】卷展栏，设置【角度 W】为 90.0°，设置【置换】为 5.0，如图 10-148 所示。

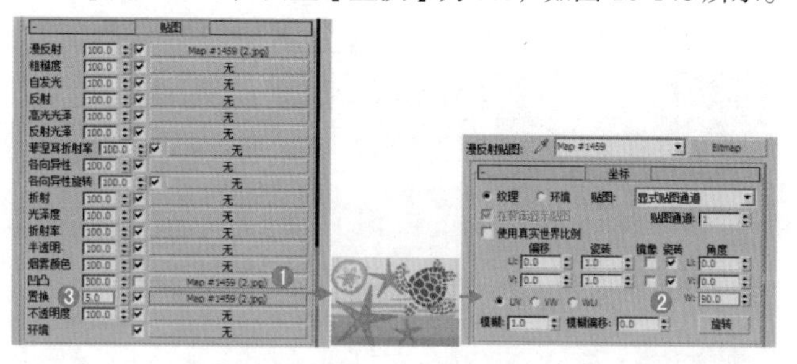

图 10-148

（7）返回到【VR 覆盖材质】，单击进入【全局照明材质】后面的通道，设置【漫反射】颜色为灰色（红：148，绿：148，蓝：148），如图 10-149 所示。

图 10-149

（8）将制作完毕的地毯材质赋给场景中的地毯模型，如图 10-150 所示。

图 10-150

（9）将剩余的材质制作完成，并赋给相应的物体，如图 10-151 所示。

图 10-151

（10）最终渲染效果如图 10-152 所示。

图 10-152

10.3.5 混合材质

【混合材质】可以在模型的单个面上将两种材质通过一定的百分比进行混合。【混合材质】的参数设置面板如图 10-153 所示。

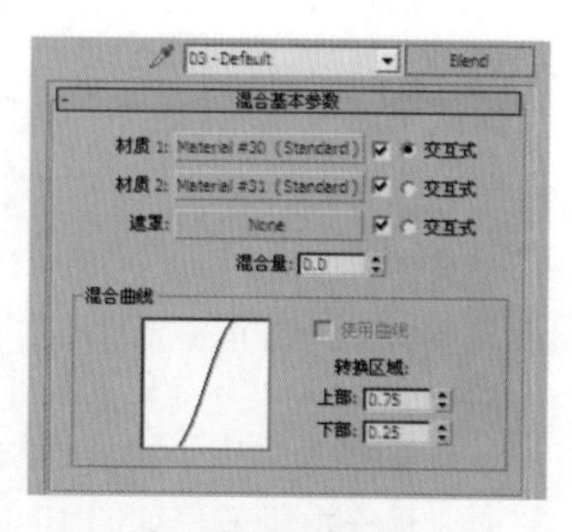

图 10-153

图 10-154 所示为使用标准材质制作的地毯材质。

图 10-154

- 材质 1/ 材质 2：可在其后面的材质通道中对两种材质分别进行设置。
- 遮罩：可以选择一张贴图作为遮罩。利用贴图的灰度值可以决定【材质 1】和【材质 2】的混合情况。
- 混合量：控制两种材质混合百分比。如果使用遮罩，则【混合量】选项将不起作用。
- 交互式：用来选择哪种材质在视图中以实体着色方式显示在物体的表面。
- 混合曲线：对遮罩贴图中的黑白色过渡区进行调节。
- 使用曲线：控制是否使用【混合曲线】来调节混合效果。
- 上部 / 下部：用于调节【混合曲线】的上部 / 下部。

10.3.6　顶 / 底材质

【顶 / 底材质】可以模拟物体顶部和底部分别是不同效果的材质，比如模拟雪山效果。【顶 / 底材质】的参数设置面板，如图 10-155 所示。

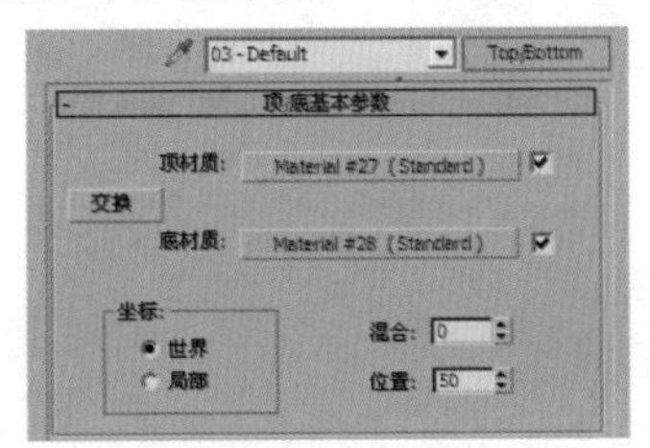

图 10–155

- 顶材质 / 底材质：设置顶部与底部材质。
- 交换：交换【顶材质】与【底材质】的位置。
- 世界 / 局部：按照场景的世界 / 局部坐标让各个面朝上或朝下。
- 混合：混合顶部子材质和底部子材质之间的边缘。
- 位置：设置两种材质在对象上划分的位置。

10.3.7　VR 材质包裹器

【VR 材质包裹器】主要用来控制材质的全局光照、焦散和物体的不可见等特殊属性。通过材质包裹器的设定，就可以控制所有赋有该材质物体的全局光照、焦散和不可见等属性。【VR 材质包裹器】参数设置面板，如图 10-156 所示。

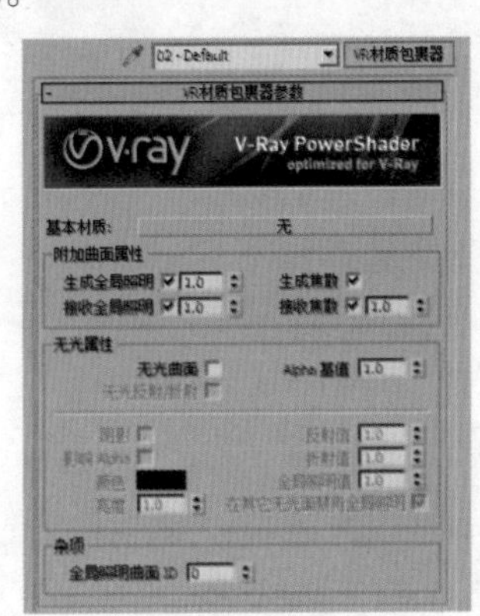

图 10–156

图 10-157 所示为使用 VR 材质包裹器材质制作的木纹材质和地毯板材质。

图 10–157

- 基本材质：用来设置【VR 材质包裹器】中使用的基本材质参数，此材质必须是 VRay 渲染器支持的材质类型。
- 附加曲面属性：主要用来控制赋有材质包裹器物体的接受、产生 GI 属性以及接受、产生焦散属性。
- 无光属性：目前 VRay 还没有独立的【不可见 / 阴影】材质，但【VR 材质包裹器】里的这个不可见选项可以模拟【不可见 / 阴影】材质效果。
- 杂项：用来设置全局照明曲面 ID 的参数。

10.3.8　多维 / 子对象材质

【多维 / 子对象】材质可以采用几何体的子对象级别分配不同的材质。【多维 / 子对象】材质的参数设置面板，如图 10-158 所示。

图 10–158

图 10-159 所示为使用标准材质制作的植物材质和沙发材质。

图 10–159

10.3.9 Ink'nPaint 材质

Ink'nPaint（墨水油漆）材质可以模拟卡通的材质效果，其参数设置面板如图 10-160 所示。

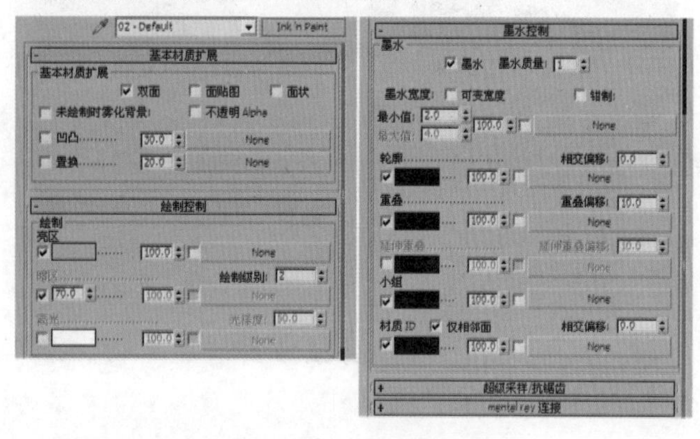

图 10-160

图 10-161 所示为使用 Ink'nPaint（墨水油漆）材质制作的卡通效果。

图 10-161

- 亮区 / 暗区 / 高光：用来调节材质的亮区 / 暗区 / 高光区域的颜色，可以在后面的贴图通道中加载贴图。
- 绘制级别：用来调整颜色的色阶。
- 墨水：控制是否开启描边效果。
- 墨水质量：控制边缘形状和采样值。
- 墨水宽度：设置描边的宽度。
- 最小 / 大值：设置墨水宽度的最小 / 大像素值。
- 可变宽度：勾选该选项后可以使描边的宽度在最大值和最小值之间变化。
- 钳制：勾选该选项后可以使描边宽度的变化范围限制在最大值与最小值之间。
- 轮廓：勾选该选项后可以使物体外侧产生轮廓线。
- 重叠：当物体与自身的一部分相交迭时使用。
- 延伸重叠：与【重叠】类似，但多用在较远的表面上。
- 小组：用于勾画物体表面光滑组部分的边缘。
- 材质 ID：用于勾画不同材质 ID 之间的边界。

10.4 认识贴图

10.4.1 贴图的概念

贴图和材质是不同的概念。在 3ds Max 中需要先确定并设置好材质类型，然后再去设置贴图类型。因此简单的来说，在级别上：贴图 < 材质。贴图指的是物体表面的纹理。比如被罩的花纹纹理、凹凸纹理，桌子的木纹纹理、木地板的木纹纹理，如图 10-162 所示。

图 10-162

10.4.2　试一下：添加一张贴图

（1）添加贴图之前首先需要确定材质的类型，比如需要使用 VRayMtl 材质，如图 10-163 所示。

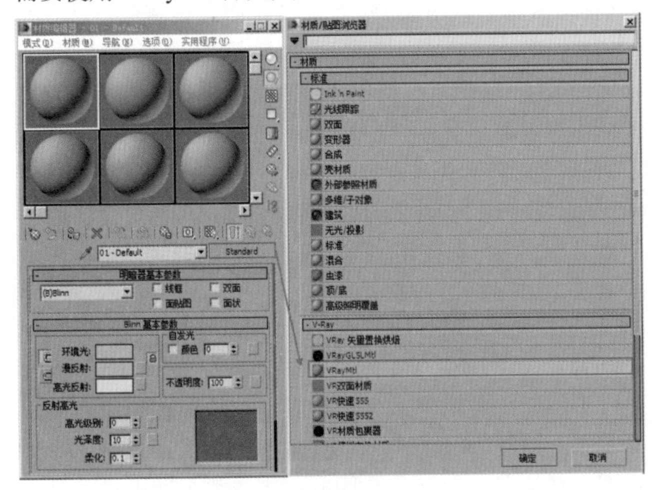

图 10-163

（2）比如需要为【漫反射】添加贴图，单击【漫反射】后面的通道按钮，添加【位图】，如图 10-164 所示。

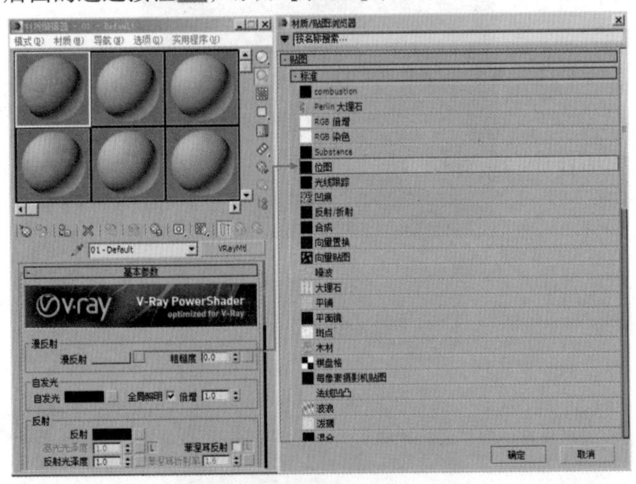

图 10-164

（3）此时可以添加需要的贴图，如图 10-165 所示。

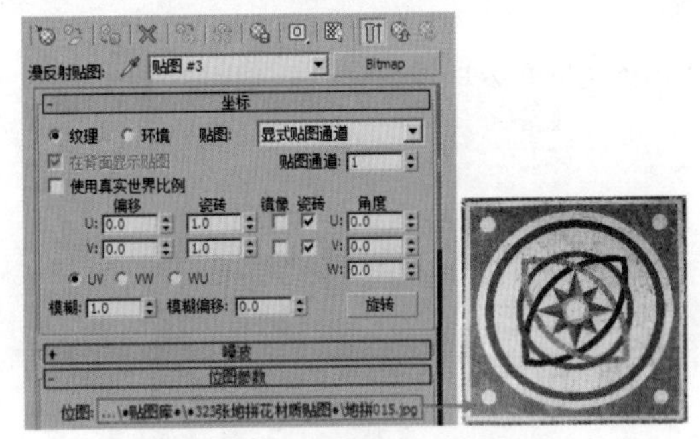

图 10-165

（4）使用这个方法，可以在需要的通道上添加合适的位图、程序贴图等。

10.5　常用贴图类型

展开【贴图】卷展栏，这里有很多贴图通道，在这些通道中可以添加贴图来表现物体的属性，如图 10-166 所示。

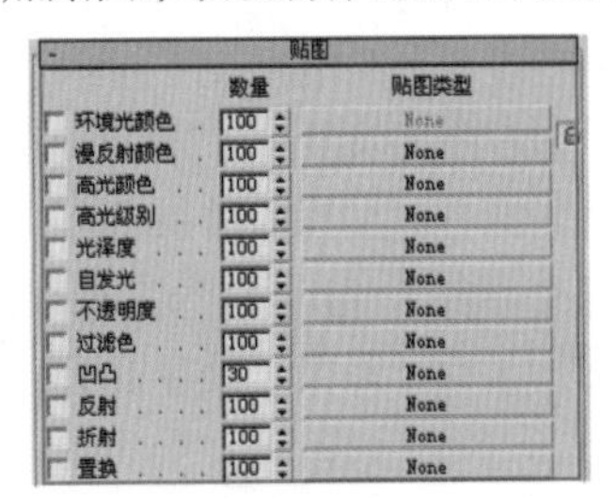

图 10-166

随意单击一个通道，在弹出的【材质 / 贴图浏览器】面板中可以观察到很多贴图类型，主要包括【2D 贴图】、【3D 贴图】、【合成器贴图】、【颜色修改器贴图】、【反射和折射贴图】以及【VRay 贴图】，【材质 / 贴图浏览器】设置面板，如图 10-167 所示。

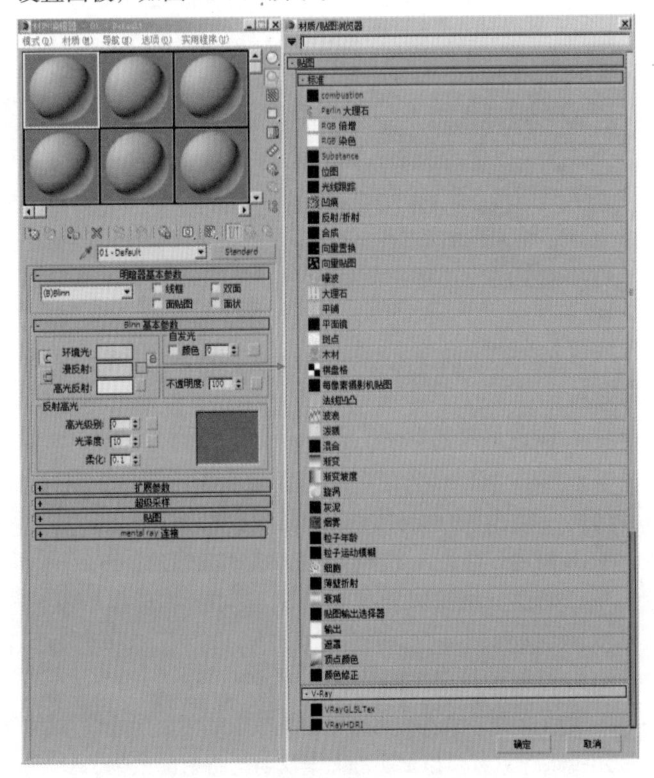

图 10-167

1.2D 贴图

- 位图：通常在这里加载位图贴图，这是最为重要的贴图。
- 每像素摄影机贴图：将渲染后的图像作为物体的纹理贴图，以当前摄影机的方向贴在物体上，可以进行快速渲染。
- 棋盘格：产生黑白交错的棋盘格图案。
- 渐变：使用 3 种颜色创建渐变图像。
- 渐变坡度：可以产生多色渐变效果。

- 法线凹凸：可以改变曲面上的细节和外观。
- 漩涡：可以创建两种颜色的漩涡形图形。

2.3D 贴图

- 细胞：可以模拟细胞形状的图案。
- 凹痕：可以作为凹凸贴图，产生一种风化和腐蚀的效果。
- 衰减：产生两色过渡效果，这是最为重要的贴图。
- 大理石：产生岩石断层效果。
- 噪波：通过两种颜色或贴图的随机混合，产生一种无序的杂点效果。
- 粒子年龄：专用于粒子系统，通常用来制作彩色粒子流动的效果。
- 粒子运动模糊：根据粒子速度产生模糊效果。
- Prelim 大理石：通过两种颜色混合，产生类似于珍珠岩纹理的效果。
- 烟雾：产生丝状、雾状或絮状等无序的纹理效果。
- 斑点：产生两色杂斑纹理效果。
- 泼溅：产生类似于油彩飞溅的效果。
- 灰泥：用于制作腐蚀生锈的金属和物体破败的效果。
- 波浪：可创建波状的，类似于水纹的贴图效果。
- 木材：用于制作木头效果。

3. 合成器贴图

- 合成：可以将两个或两个以上的子材质叠加在一起。
- 遮罩：使用一张贴图作为遮罩。
- 混合：将两种贴图混合在一起，通常用来制作一些多个材质渐变融合或覆盖的效果。
- RGB 倍增：主要配合【凹凸】贴图一起使用，允许将两种颜色或贴图的颜色进行相乘处理，从而增加图像的对比度。

4. 颜色修改器贴图

- 颜色修正：可以调节材质的色调、饱和度、亮度和对比度。
- 输出：专门用来弥补某些无输出设置的贴图类型。
- RGB 染色：通过 3 个颜色通道来调整贴图的色调。
- 顶点颜色：根据材质或原始顶点颜色来调整 RGB 或 RGBA 纹理。

5. 反射和折射贴图

- 平面镜：使共平面的表面产生类似于镜面反射的效果。
- 光线跟踪：可模拟真实的完全反射与折射的效果。
- 反射 / 折射：可产生反射与折射的效果。
- 薄壁折射：配合折射贴图一起使用，能产生透镜变形的折射效果。

6.VRay 贴图

- VRayHDRI：VRayHDRI 可以翻译为高动态范围贴图，主要用来设置场景的环境贴图，即把 HDRI 当作光源来使用。
- VR 边纹理：是一个非常简单的材质，效果和 3ds Max 里的线框材质类似。
- VR 合成纹理：可以通过两个通道里贴图色度、灰度的不同来进行减、乘、除等操作。
- VR 天空：可以调节出场景背景环境天空的贴图效果。
- VR 位图过滤器：是一个非常简单的程序贴图，它可以编辑贴图纹理的 x、y 轴向。
- VR 污垢：贴图可以用来模拟真实物理世界中的物体上的污垢效果。
- VR 颜色：可以用来设定任何颜色。
- VR 贴图：因为 VRay 不支持 3ds Max 里的光线追踪贴图类型，所以在使用 3ds Max 标准材质时的反射和折射就用【VR 贴图】贴图来代替。

10.5.1 位图贴图

【位图】是由彩色像素的固定矩阵生成的图像，如马赛克，是最常用的贴图，可以添加图片，可以使用一张位图图像来作为贴图，位图贴图支持很多种格式，包括 FLC、AVI、BMP、GIF、JPEG、PNG、PSD 和 TIFF 等主流图像格式。图 10-168 所示为效果图制作中经常使用到几种位图贴图。

图 10–168

【位图】的参数设置面板，如图 10-169 所示。

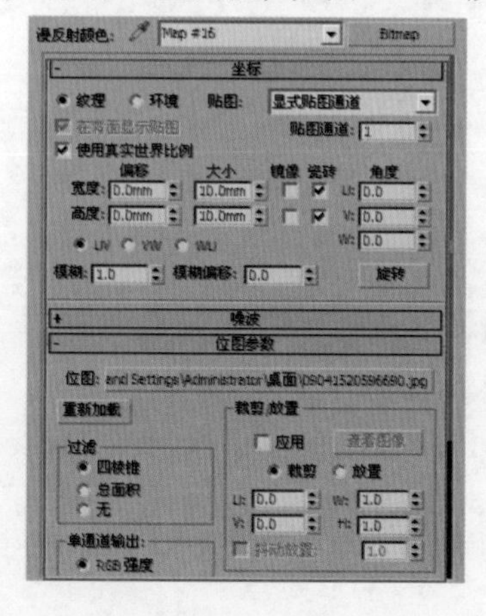

图 10–169

- 偏移：用来控制贴图的偏移效果。
- 大小：用来控制贴图平铺重复的程度。
- 角度：用来控制贴图的角度旋转效果。
- 模糊：用来控制贴图的模糊程度，数值越大贴图越模糊，渲染速度越快。
- 剪裁 / 放置：在【位图参数】卷展栏下勾选【应用】选项，单击后面的 查看图像 按钮，在弹出的对话框中可以框选出一个区域，该区域表示贴图只应用框选的这部分区域。

【位图】的输出参数设置面板，如图 10-170 所示。

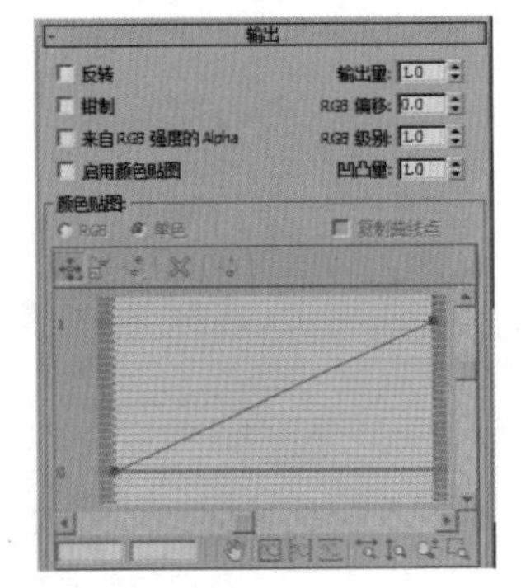

图 10–170

- 反转：反转贴图的色调，使之类似彩色照片的底片。
- 输出量：数值越大，渲染时该贴图越亮。
- 钳制：启用该选项之后，此参数限制比 1.0 小的颜色值。
- RGB 偏移：根据微调器所设置的量增加贴图颜色的 RGB 值，此项对色调的值产生影响。
- 来自 RGB 强度的 Alpha：启用此选项后，会根据在贴图中 RGB 通道的强度生成一个 Alpha 通道。
- RGB 级别：根据微调器所设置的量使贴图颜色的 RGB 值加倍，此项对颜色的饱和度产生影响。
- 启用颜色贴图：启用此选项来使用颜色贴图。
- 凹凸量：调整凹凸的量。这个值仅在贴图用于凹凸贴图时产生效果。
- RGB/ 单色：将贴图曲线分别指定给每个 RGB 过滤通道 (RGB) 或合成通道（单色）。
- 复制曲线点：启用此选项后，当切换到 RGB 图时，将复制添加到单色图的点。

10.5.2　试一下：用不透明度贴图制作树叶

【不透明度】贴图通道主要用于控制材质的透明属性，并根据黑白贴图（黑透白不透原理）来计算具体的透明、半透明和不透明效果。图 10-171 所示为使用【不透明度】贴图制作的效果。

图 10–171

（1）创建一个平面模型，如图 10-172 所示。

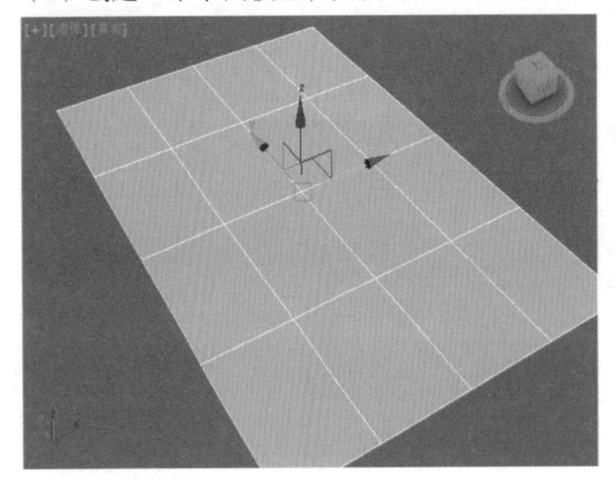

图 10–172

（2）设置一个标准材质，在【漫反射颜色】通道上添加一张树叶贴图，在【不透明度】通道上添加黑白树叶贴图，如图 10-173 所示。

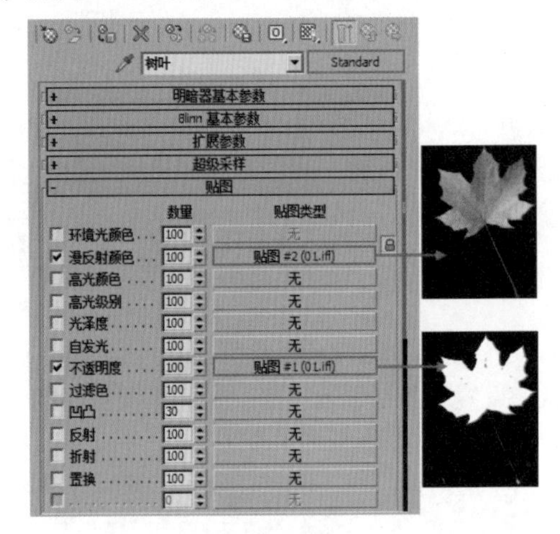

图 10–173

（3）选择平面模型，单击【将材质指定给选定对象】按钮，此时材质赋予完成。单击【视口中显示明暗处理材质】按钮，此时贴图的效果被显示出来了，如图 10-174 所示。

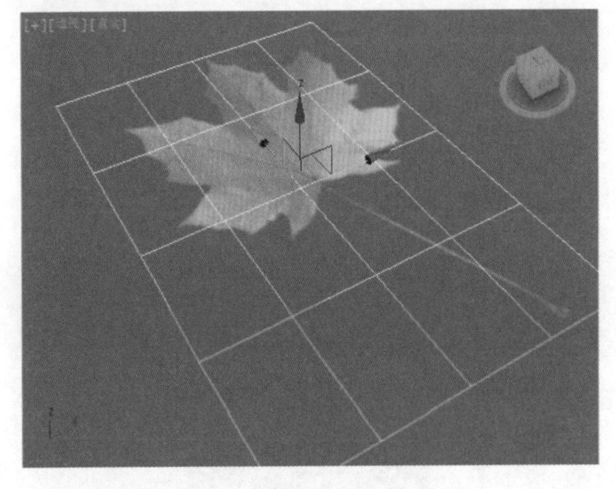

图 10–174

10.5.3 试一下：用凹凸贴图通道制作凹凸效果

在 3ds Max 中制作凹凸效果，最为常用的方法就是在凹凸通道上添加贴图，使其产生凹凸效果，如图 10-175 所示。

图 10–175

（1）在【凹凸】通道上添加贴图，比如在这里添加【噪波】程序贴图，如图 10-176 所示。

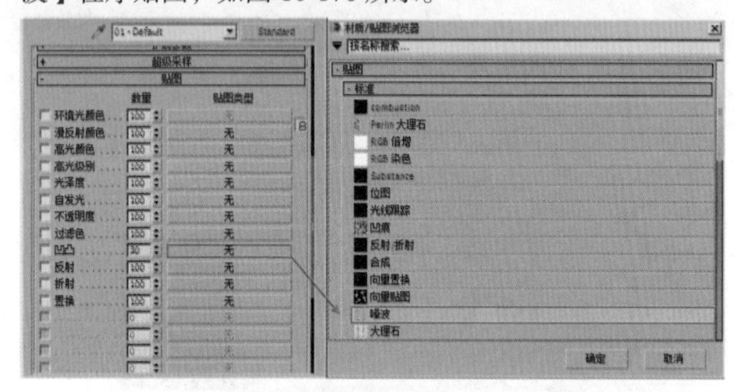

图 10–176

（2）设置【凹凸】的强度，设置【噪波】的参数，如图 10-177 所示。

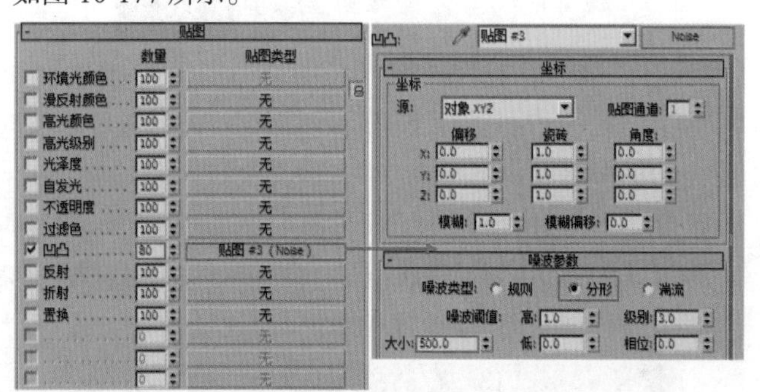

图 10–177

（3）可以看到材质球已经出现了噪波凹凸的效果，如图 10-178 所示。

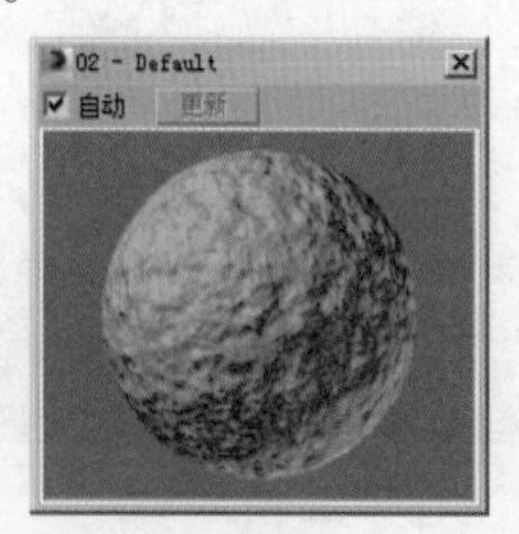

图 10–178

重点 进阶案例——用凹凸贴图制作白色砖墙

场景文件	12.max
案例文件	进阶案例——凹凸贴图制作白色砖墙 .max
视频教学	多媒体教学 /Chapter10/ 进阶案例——凹凸贴图制作白色砖墙 .flv
难易指数	★★★★☆
材质类型	VRayMtl 材质
技术掌握	掌握凹凸贴图的使用方法

在这个场景中，主要讲解利用 VRayMtl 材质和凹凸贴图制作白色砖墙材质。最终渲染效果如图 10-179 所示。

图 10–179

（1）打开本书配套资源中的【场景文件/Chapter10/12.max】文件，此时场景效果如图 10-180 所示。

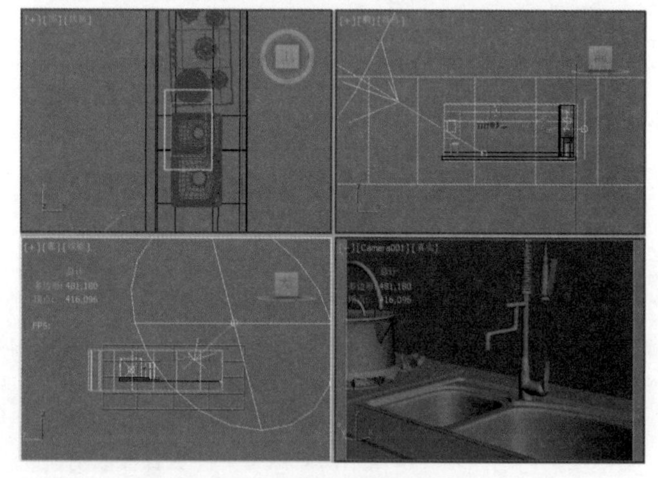

图 10–180

（2）按【M】键，打开【材质编辑器】对话框，选择第一个材质球，单击 Standard （标准）按钮，在弹出的【材质 / 贴图浏览器】对话框中选择【VRayMtl】材质，如图 10-181 所示。

（3）将材质命名为【白色砖墙】，在【漫反射】后面的通道上加载【ae79f27dffbd5e6c56ad1f575c0131e6.jpg】贴图文件，展开【坐标】卷展栏，设置【瓷砖 U】为 30.0，【瓷砖 V】为 25.0，设置【反射】颜色为黑色（红：3，绿：3，蓝：3），设置【反射光泽度】为 0.95，【细分】为 12，如图 10-182 所示。

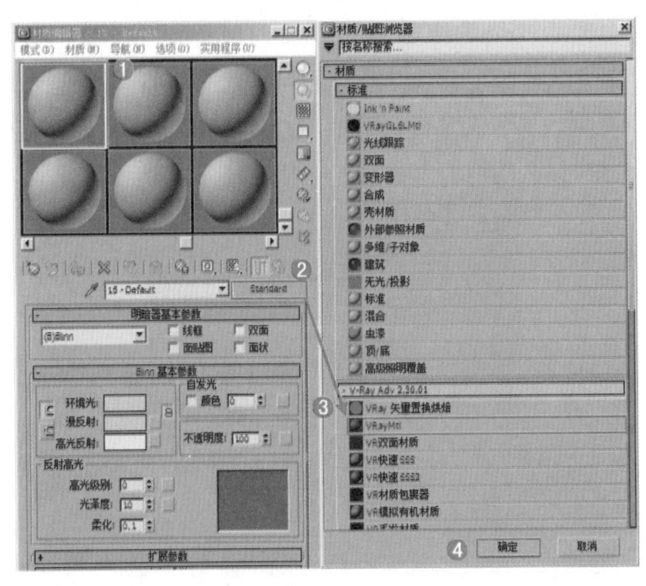

图 10-181

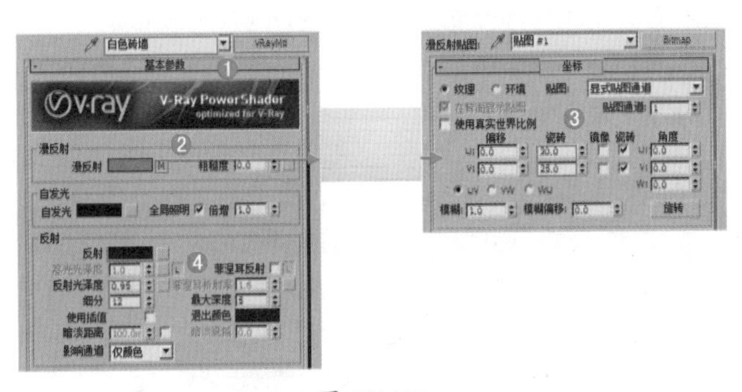

图 10-182

（4）展开【贴图】卷展栏，在【凹凸】后面的通道上加载【ae79f27dffbd5e6c56ad1f575c0131e6.jpg】贴图文件，展开【坐标】卷展栏，设置【瓷砖 U】为 30.0，【瓷砖 V】为 25.0，设置【凹凸】为 100.0，如图 10-183 所示。

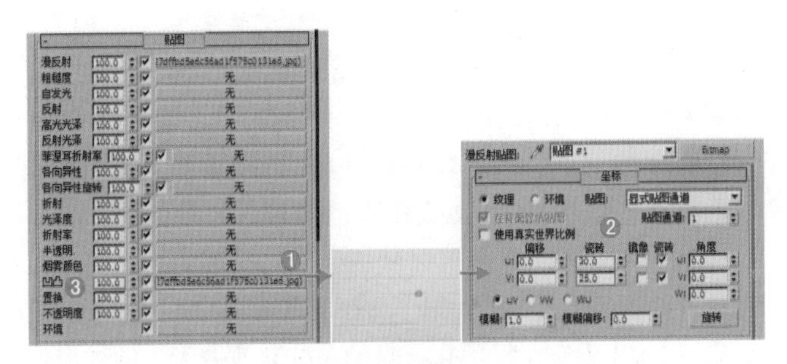

图 10-183

（5）将制作完毕的白色砖墙材质赋给场景中的砖墙模型，如图 10-184 所示。

（6）将剩余的材质制作完成，并赋予给相应的物体，如图 10-185 所示。

（7）最终渲染效果如图 10-186 所示。

图 10-184

图 10-185

图 10-186

10.5.4　VRayHDRI 贴图

VRayHDRI 可以翻译为高动态范围贴图，主要用来设置场景的环境贴图，即把 HDRI 当作光源来使用。其参数设置面板如图 10-187 所示。

图 10-188 所示为使用 VRayHDRI 贴图模拟的真实反射、折射的环境效果。

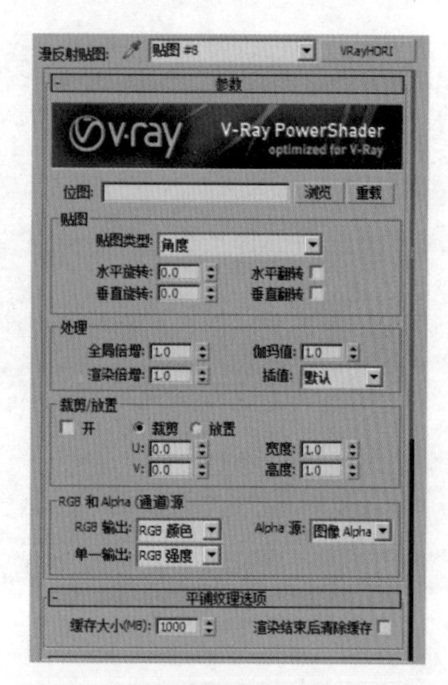

图 10–187

图 10–188

- 位图：单击后面的 浏览 按钮可以指定一张 HDR 贴图。
- 贴图类型：控制 HDRI 的贴图方式，主要分为以下 5 类。
- 成角贴图：主要用于使用了对角拉伸坐标方式的 HDRI。
- 立方环境贴图：主要用于使用了立方体坐标方式的 HDRI。
- 球状环境贴图：主要用于使用了球形坐标方式的 HDRI。
- 球体反射：主要用于使用了镜像球形坐标方式的 HDRI。
- 直接贴图通道：主要用于对单个物体指定环境贴图。
- 水平旋转：控制 HDRI 在水平方向的旋转角度。
- 水平翻转：让 HDRI 在水平方向上反转。
- 垂直旋转：控制 HDRI 在垂直方向的旋转角度。
- 垂直翻转：让 HDRI 在垂直方向上反转。
- 全局倍增：用来控制 HDRI 的亮度。
- 渲染倍增：设置渲染时的光强度倍增。
- 伽玛值：设置贴图的伽玛值。
- 插值：可以选择插值的方式，包括双线性、双立体、四次幂、默认。

10.5.5 VR 边纹理贴图

【VR 边纹理】贴图是一个非常简单的材质，效果与 3ds Max 里的线框材质类似。其参数设置面板如图 10-189 所示。

图 10–189

- 颜色：设置边线的颜色。
- 隐藏边：当勾选该选项时，物体背面的边线也将被渲染出来。
- 厚度：决定边线的厚度，主要分为以下两个单位。
- 世界单位：厚度单位为场景尺寸单位。
- 像素：厚度单位为像素。

10.5.6 VR 天空贴图

【VR 天空】贴图用来控制场景背景的天空贴图效果，模拟真实的天空效果。其参数设置面板如图 10-190 所示。

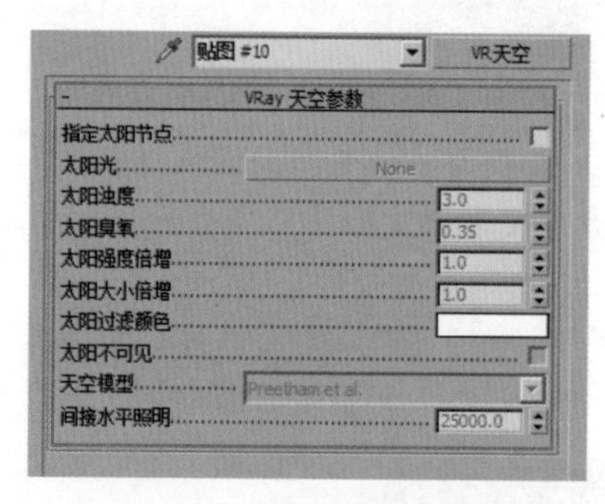

图 10–190

- 指定太阳节点：当不勾选该选项时，【VR 天空】的参数将从场景中的【VR 太阳】的参数里自动匹配；当勾选该选项时，用户就可以从场景中选择不同的光源，在这种情况下，【VR 太阳】将不再控制【VR 天空】的效果，【VR 天空】将用它自身的参数来改变天光的效果。
- 太阳光：单击后面的按钮可以选择太阳光源，这里除了可以选择【VR 太阳】之外，还可以选择其他的光源。

10.5.7 衰减贴图

【衰减】贴图基于几何体曲面上面法线的角度衰减来生成从白到黑的值。其参数设置面板如图 10-191 所示。

图 10-192 所示为使用【衰减】贴图制作的窗帘和沙发材质效果。

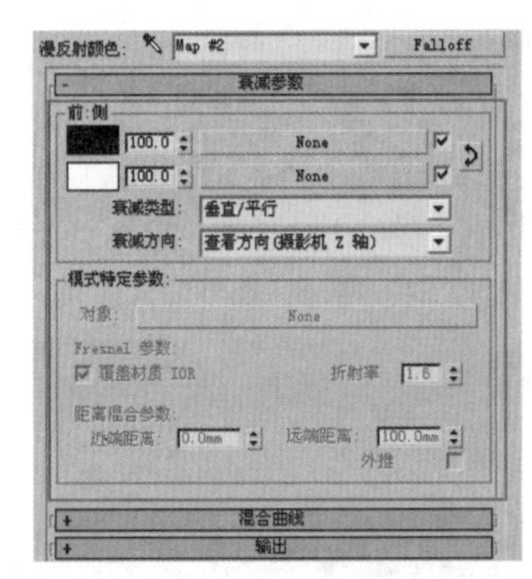

图 10-191

图 10-192

- 前 : 侧：用来设置【衰减】贴图的【前】和【侧】通道参数。
- 衰减类型：设置衰减的方式，共有以下 5 个选项。
- 垂直 / 平行：在与衰减方向相垂直的面法线和与衰减方向相平行的法线之间设置角度衰减的范围。
- 朝向 / 背离：在面向衰减方向的面法线和背离衰减方向的法线之间设置角度衰减的范围。
- Fresnel：基于【折射率】在面向视图的曲面上产生暗淡反射，而在有角的面上产生较明亮的反射。
- 阴影 / 灯光：基于落在对象上的灯光，在两个子纹理之间进行调节。
- 距离混合：基于【近端距离】值和【远端距离】值，在两个子纹理之间进行调节。
- 衰减方向：设置衰减的方向，包括查看方向(摄影机 Z 轴)、摄影机 X/Y 轴、对象、局部 X/Y/Z 轴、世界 X/Y/Z 轴。
- 对象：从场景中拾取对象并将其名称放到按钮上。
- 覆盖材质 IOR：允许更改为材质所设置的“折射率”。
- 折射率：设置一个新的“折射率”。只有在启用“覆盖材质 IOR”后该选项才可用。
- 近端距离：设置混合效果开始的距离。
- 远端距离：设置混合效果结束的距离。
- 外推：启用此选项之后，效果继续超出“近端”和“远端”距离。

重点 进阶案例 —— 用衰减贴图制作绒布沙发

场景文件	13.max
案例文件	进阶案例 —— 衰减贴图制作绒布沙发 .max
视频教学	多媒体教学 /Chapter10/ 进阶案例 —— 衰减贴图制作绒布沙发 .flv
难易指数	★★★★☆
材质类型	标准材质
技术掌握	掌握衰减贴图的应用

在这个场景中，主要讲解利用衰减贴图制作绒布沙发材质。最终渲染效果如图 10-193 所示。

图 10-193

(1) 打开本书配套资源中的【场景文件 /Chapter10/13.max】文件，此时场景效果如图 10-194 所示。

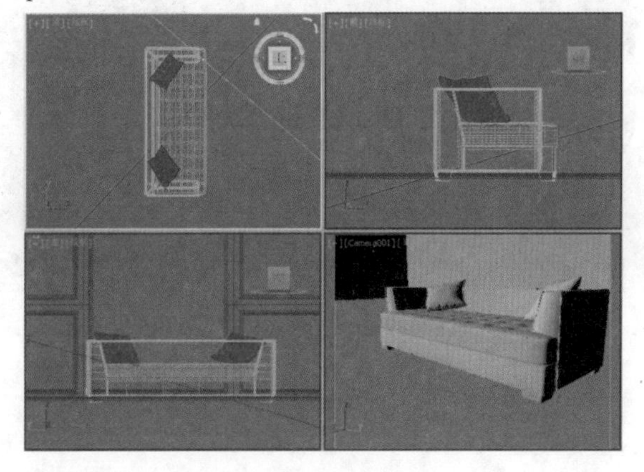

图 10-194

（2）将材质命名为【绒布沙发】，展开【明暗器基本参数】卷展栏，设置【类型】为（O）Oren-Nayar-Blinn，展开【Oren-Nayar-Blinn 基本参数】卷展栏，设置【漫反射】颜色为深黄色（红：104，绿：89，蓝：66），勾选【颜色】选项，在【颜色】后面的通道上加载【遮罩】程序贴图，展开【遮罩参数】卷展栏，在【贴图】后面的通道上加载【衰减】程序贴图，设置【衰减类型】为 Fresnel，在【遮罩】后面的通道上加载【衰减】程序贴图，设置【衰减类型】为阴影 / 灯光，设置【反射高光】下的【光泽度】为 10，如图 10-195 所示。

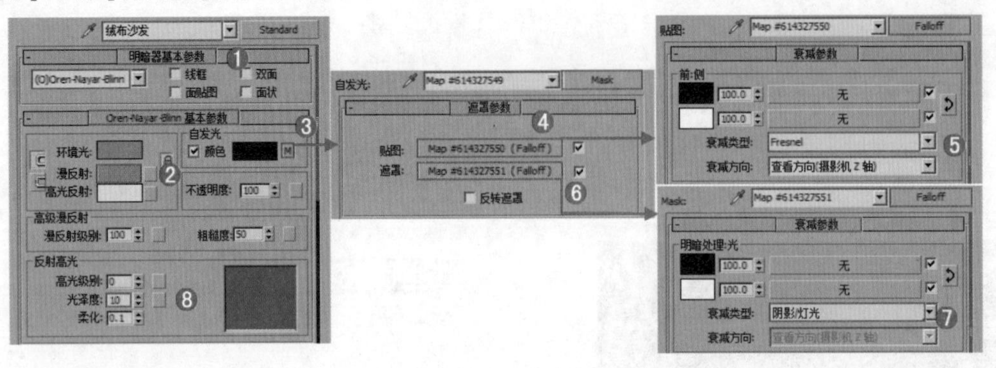

图 10-195

（3）展开贴图卷展栏，在自发光后面的通道上加载【遮罩】程序贴图，展开【遮罩参数】卷展栏，在【贴图】后面的通道上加载【衰减】程序贴图，设置【衰减类型】为 Fresnel，在【遮罩】后面的通道上加载【衰减】程序贴图，设置【衰减类型】为阴影 / 灯光，设置【自发光】为 100，如图 10-196 所示。

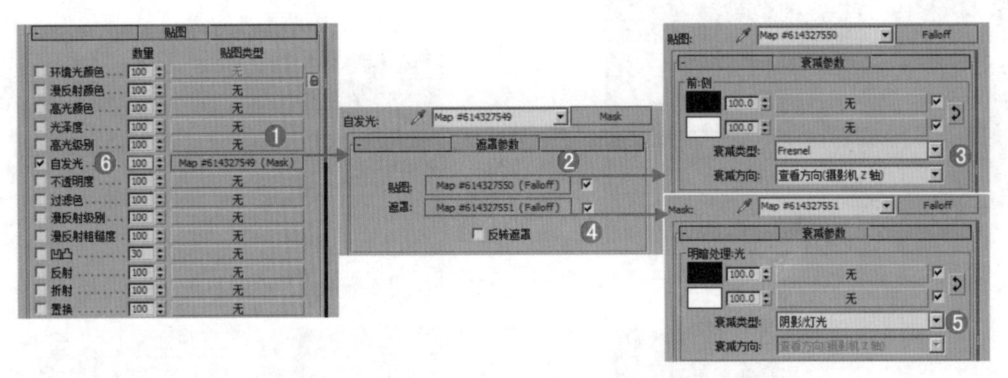

图 10-196

（4）将制作完毕的绒布沙发材质赋给场景中的沙发模型，如图 10-197 所示。

（5）将剩余的材质制作完成，并赋予给相应的物体，如图 10-198 所示。

（6）最终渲染效果如图 10-199 所示。

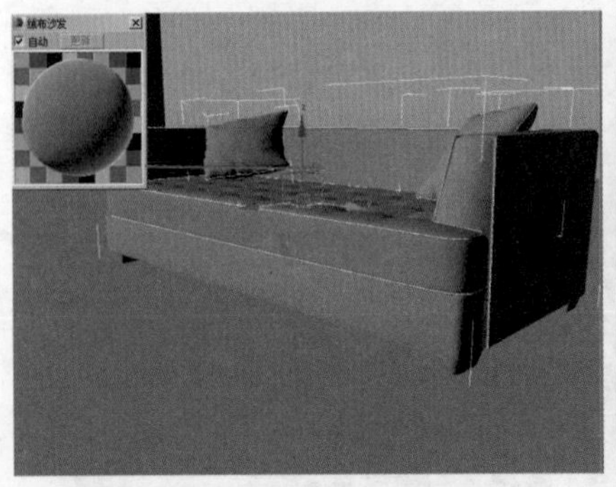
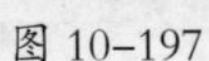

图 10-197

图 10-198

图 10-199

10.5.8　混合贴图

【混合】贴图可以用来制作材质之间的混合效果。其参数设置面板如图 10-200 所示。

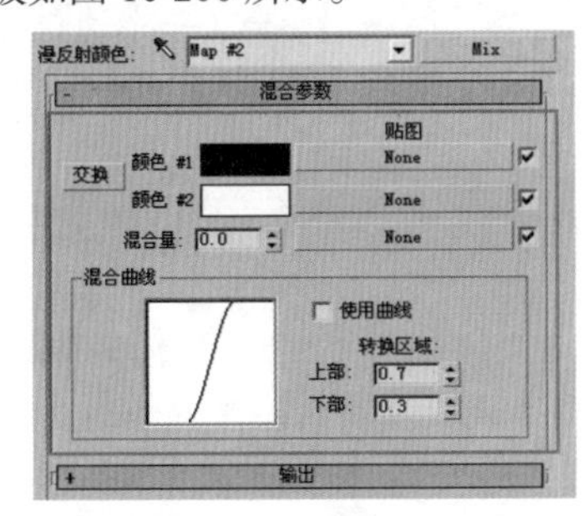

图 10–200

- 交换：交换两个颜色或贴图的位置。
- 颜色 1/ 颜色 2：设置混合的两种颜色。
- 混合量：设置混合的比例。
- 混合曲线：调整曲线可以控制混合的效果。
- 转换区域：调整【上部】和【下部】的级别。

10.5.9　渐变贴图

使用【渐变】贴图可以设置 3 种颜色的渐变效果。其参数设置面板如图 10-201 所示。

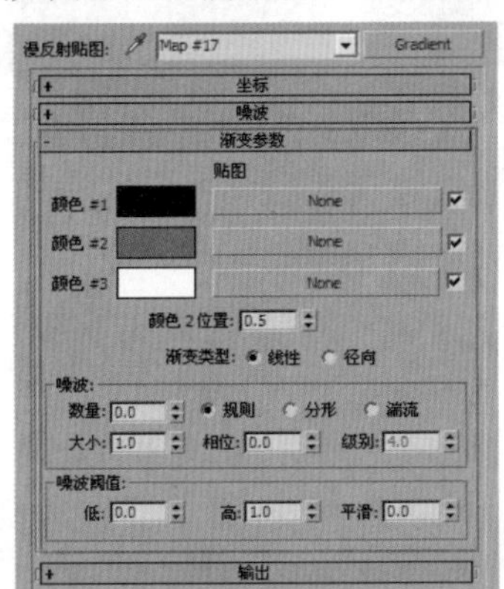

图 10–201

渐变颜色可以任意修改，修改后的物体的材质颜色也会随之而发生改变，如图 10-202 所示。

图 10–202

- 颜色 #1~3：设置渐变在中间进行插值的三个颜色，显示颜色选择器，可以将颜色从一个色样中拖放到另一个色样中。
- 贴图：显示贴图而不是颜色。贴图采用混合渐变颜色相同的方式来混合到渐变中。可以在每个窗口中添加嵌套程序渐变以生成 5 色、7 色、9 色渐变或更多色的渐变。
- 颜色 2 位置：控制中间颜色的中心点。位置介于 0 和 1 之间。为 0 时，颜色 2 会替换颜色 3。为 1 时，颜色 2 会替换颜色 1。
- 渐变类型：线性基于垂直位置（V 坐标）插补颜色。

10.5.10

【渐变坡度】贴图是与【渐变】贴图相似的 2D 贴图。它从一种颜色到另一种颜色进行着色。在这个贴图中，可以为渐变指定任何数量的颜色或贴图。其参数设置面板，如图 10-203 所示。

图 10–203

图 10-204 所示为渐变坡度贴图的材质球效果。

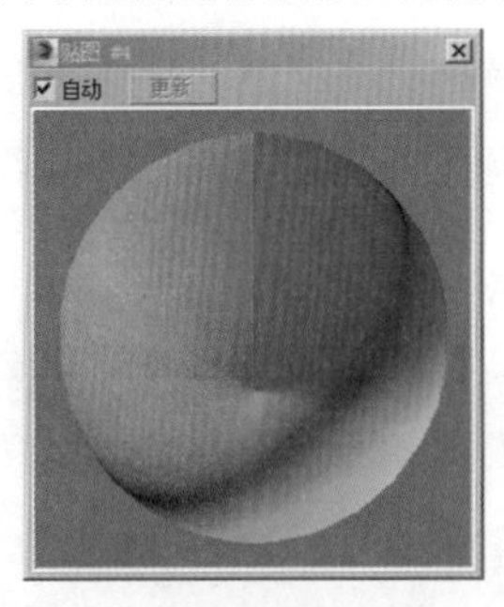

图 10–204

- 渐变栏：展示正被创建的渐变的可编辑表示。渐变的效果从左（始点）移到右（终点）。
- 渐变类型：选择渐变的类型。图 10-205 所示为 Pong、法线、格子类型的效果。

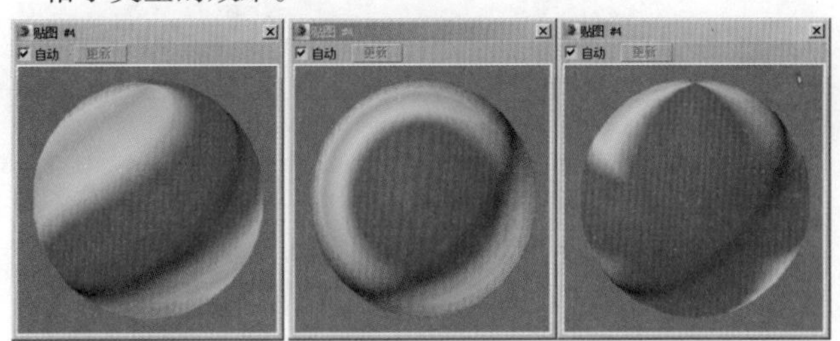

图 10–205

- 插值：选择插值的类型。
- 数量：当为非零时，将基于渐变坡度颜色的交互，而将随机噪波效果应用于渐变。该数值越大，效果越明显。
- 规则：生成普通噪波。基本上与禁用级别的分形噪波相同。
- 分形：使用分形算法生成噪波。【层级】选项设置分形噪波的迭代数。
- 湍流：生成应用绝对值函数来制作故障线条的分形噪波。注意要查看湍流效果，噪波量必须要大于 0。
- 大小：设置噪波功能的比例。此值越小，噪波碎片也就越小。
- 相位：控制噪波函数的动画速度。对噪波使用 3D 噪波函数；第一个和第二个参数是 U 和 V，而第三个参数是相位。
- 级别：设置湍流的分形迭代次数。
- 高：设置高阈值。
- 低：设置低阈值。
- 平滑：用以生成从阈值到噪波值较为平滑的变换。当【平滑】为 0 时，没有应用平滑。当【平滑】为 1 时，应用了最大数量的平滑。

10.5.11 平铺贴图

使用【平铺】程序贴图，可以创建砖、彩色瓷砖或材质贴图。通常，有很多定义的建筑砖块图案可以使用，但也可以设计一些自定义的图案。其参数设置面板如图 10-206 所示。

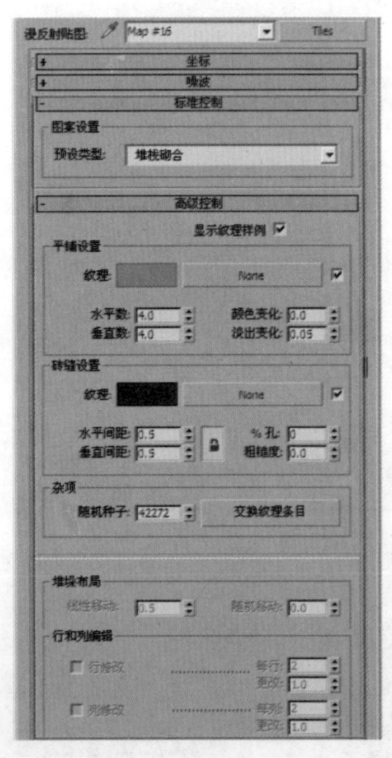

图 10-206

图 10-207 所示为使用平铺贴图制作的瓷砖效果。

图 10-207

1.【标准控制】卷展栏

- 预设类型：列出定义的建筑瓷砖砌合、图案、自定义图案，这样可以通过选择【高级控制】和【堆垛布局】卷展栏中的选项来设计自定义的图案。以下列出了几种不同的砌合，如图 10-208 所示。

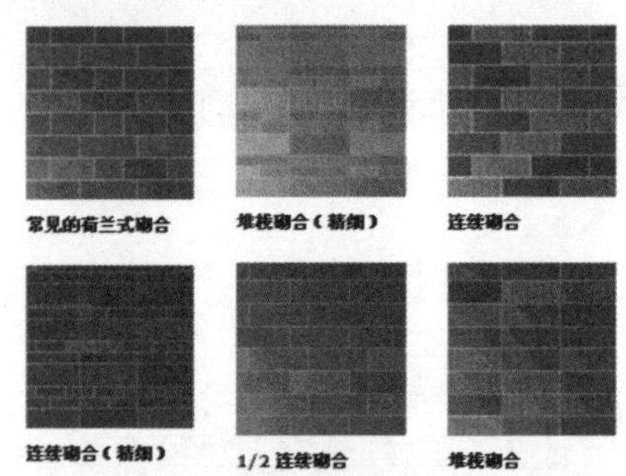

图 10-208

2.【高级控制】卷展栏

- 显示纹理样例：更新并显示贴图指定给【瓷砖】或【砖缝】的纹理。
- 平铺设置：该选项组控制平铺的参数设置。
- 纹理：控制用于瓷砖的当前纹理贴图的显示。
- 水平 / 垂直数：控制行 / 列的瓷砖数。
- 颜色变化：控制瓷砖的颜色变化。图 10-209 所示为设置颜色变化为 0 和 1 的对比效果。

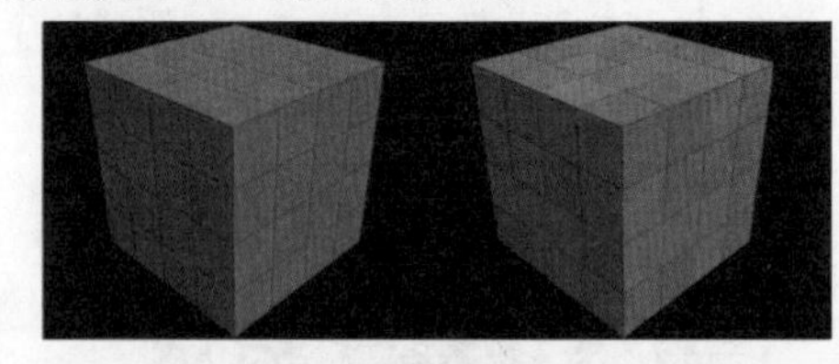

图 10-209

- 淡出变化：控制瓷砖的淡出变化。图 10-210 所示为设置淡出变化为 0.05 和 1 的对比效果。

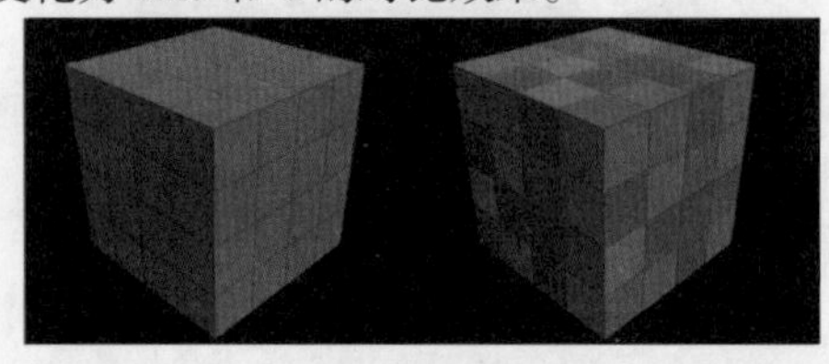

图 10-210

- 砖缝设置：该选项组控制砖缝的参数设置。
- 纹理：控制砖缝的当前纹理贴图的显示。
- None：充当一个目标，可以为砖缝拖放贴图。
- 水平 / 垂直间距：控制瓷砖间的水平 / 垂直砖缝的大小。
- 粗糙度：控制砖缝边缘的粗糙度。

重点 进阶案例 —— 用平铺贴图制作大理石

场景文件	14.max
案例文件	进阶案例 —— 平铺贴图制作大理石 .max
视频教学	多媒体教学 /Chapter10/ 进阶案例 —— 平铺贴图制作大理石 .flv
难易指数	★★★★☆
贴图类型	平铺贴图
技术掌握	掌握平铺贴图的应用

在这个场景中，主要讲解利用 VRayMtl 材质和平铺贴图制作大理石材质。最终渲染效果如图 10-211 所示。

图 10–211

（1）打开本书配套资源中的【场景文件 / Chapter10/14.max】文件，此时场景效果如图 10-212 所示。

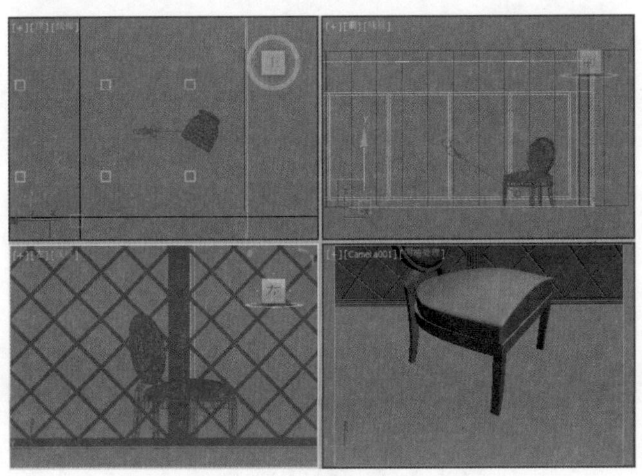

图 10–212

（2）按【M】键，打开【材质编辑器】对话框，选择第一个材质球，单击 Standard （标准）按钮，在弹出的【材质 / 贴图浏览器】对话框中选择【VRayMtl】材质，如图 10-213 所示。

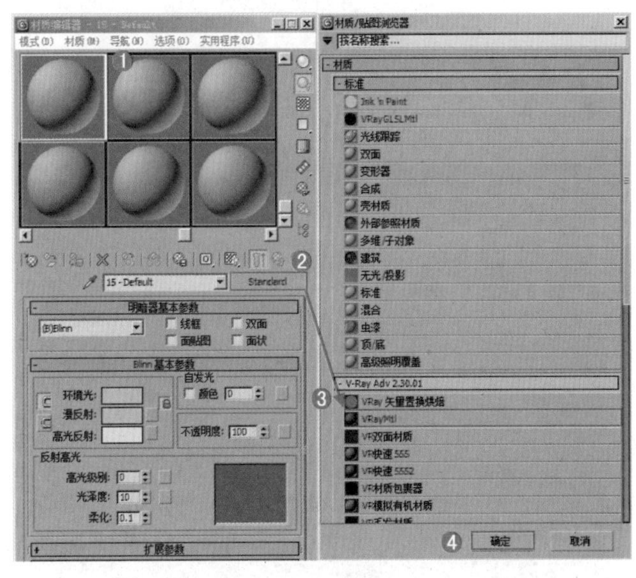

图 10–213

（3）将材质命名为【大理石】，在【漫反射】后面的通道上加载【平铺】程序贴图，展开【高级控制】卷展栏，在【纹理】后面的通道上加载贴图文件，展开【坐标】卷展栏，设置【瓷砖 U】为 10.0，【瓷砖 V】为 15.0。设置【水平数】为 10.0，【垂直数】为 13.0，在【砖缝设置】下设置【纹理】颜色为灰色（红：153，绿：153，蓝：153），设置【水平间距】为 0.02，【垂直间距】为 0.02，如图 10-214 所示。

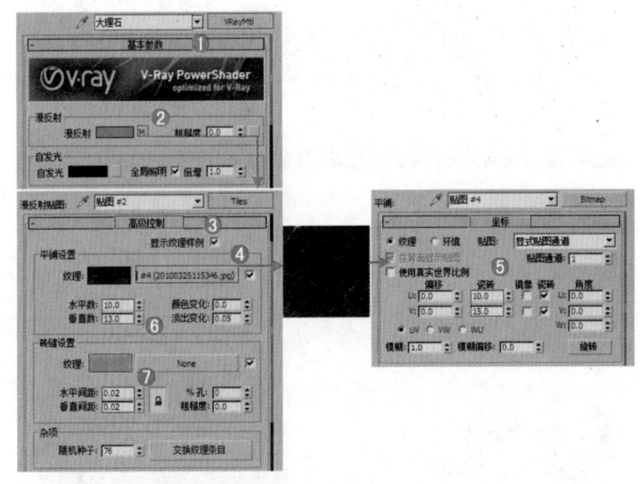

图 10–214

（4）设置【反射】颜色为灰色（红：67，绿：67，蓝：67），设置【反射光泽度】为 0.95，【细分】为 20，如图 10-215 所示。

（5）将制作完毕的大理石材质赋给场景中的地面模型，如图 10-216 所示。

（6）将剩余的材质制作完成，并赋予给相应的物体，如图 10-217 所示。

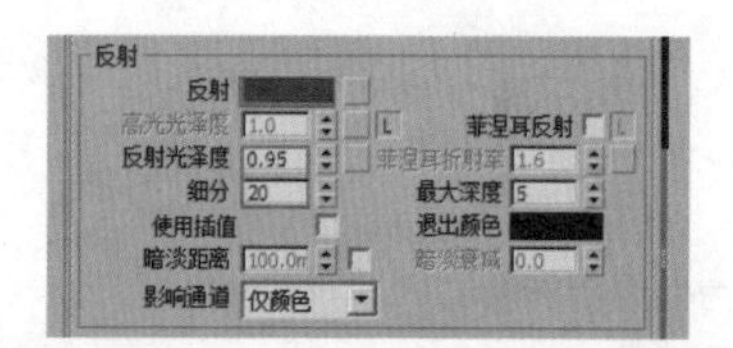

图 10-215

图 10-216

图 10-217

（7）最终渲染效果如图 10-218 所示。

图 10-218

10.5.12

【棋盘格】贴图将两色的棋盘图案应用于材质。默认棋盘格贴图是黑白方块图案。棋盘格贴图是 2D 程序贴图。组件棋盘格既可以是颜色，也可以是贴图。其参数设置面板如图 10-219 所示。

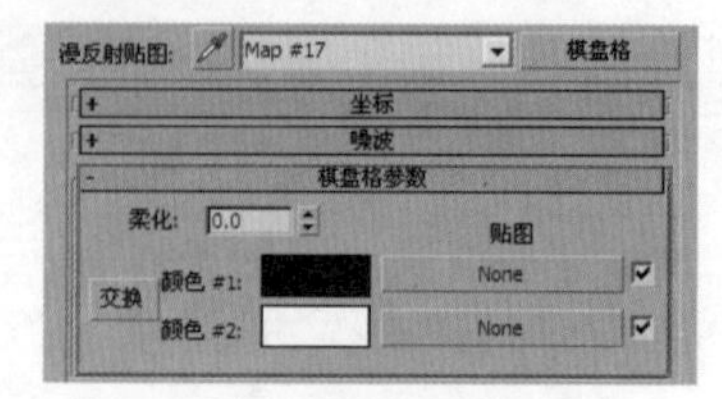

图 10-219

图 10-220 所示为使用棋盘格材质制作的马赛克墙面效果。

图 10-220

- 柔化：模糊棋盘格之间的边缘。很小的柔化值就能生成很明显的模糊效果。
- 交换：切换两个棋盘格的位置。
- 颜色 #1：设置一个棋盘格的颜色。单击可显示颜色选择器。
- 颜色 #2：设置一个棋盘格的颜色。单击可显示颜色选择器。
- 贴图：选择要在棋盘格颜色区域内使用的贴图。例如，可以在一个棋盘格颜色内放置其他的棋盘。

10.5.13

【噪波】贴图基于两种颜色或材质的交互创建曲面的随机扰动。常用来制作如海面凹凸、沙发凹凸等。其参数设置面板如图 10-221 所示。

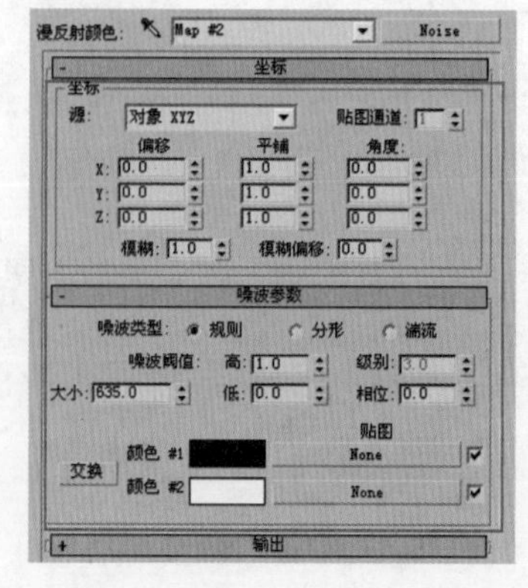

图 10-221

图 10-222 所示为噪波贴图的材质球效果。

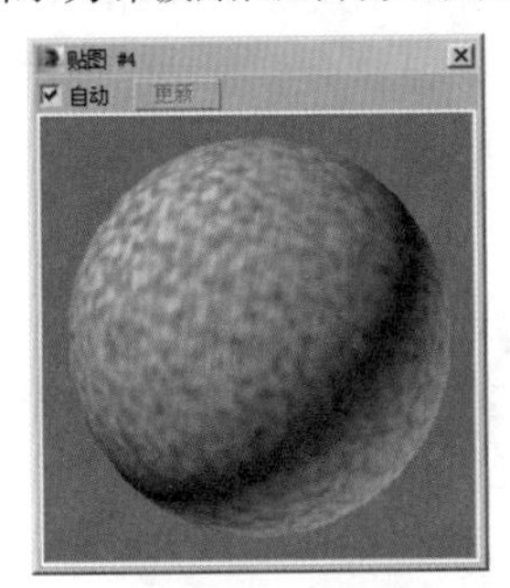

图 10-222

- 噪波类型：共有 3 种类型，分别是【规则】、【分形】和【湍流】。
- 大小：以 3ds Max 为单位设置噪波函数的比例。
- 噪波阈值：控制噪波的效果，取值范围从 0~1。
- 级别：决定有多少分形能量用于【分形】和【湍流】噪波函数。
- 相位：控制噪波函数的动画速度。
- 交换：交换两个颜色或贴图的位置。
- 颜色 #1/ 颜色 #2：可以从这两个主要噪波颜色中进行选择，并通过所选的两种颜色来生成中间颜色值。

10.5.14

【细胞】贴图是一种程序贴图，主要用于生成各种视觉效果的细胞图案，包括马赛克、瓷砖、鹅卵石和海洋表面等。其参数设置面板如图 10-223 所示。

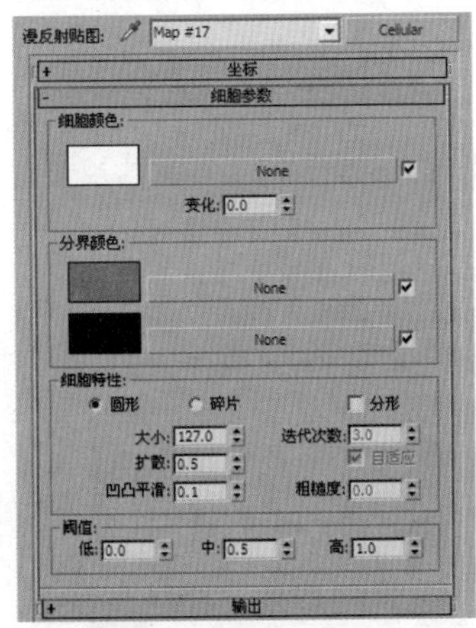

图 10-223

图 10-224 所示为细胞贴图的材质球效果。

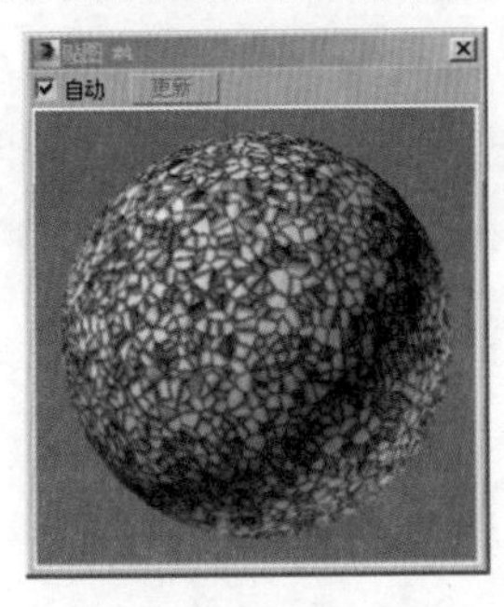

图 10-224

- 细胞颜色：该选项组中的参数主要用来设置细胞的颜色。
- 颜色：为细胞选择一种颜色。
- 变化：通过随机改变红、绿、蓝颜色值来更改细胞的颜色。【变化】值越大，随机效果越明显。
- 分界颜色：显示【颜色选择器】对话框，选择一种细胞分界颜色，也可以利用贴图来设置分界的颜色。
- 细胞特性：该选项组中的参数主要用来设置细胞的一些特征属性。
- 圆形 / 碎片：用于选择细胞边缘的外观。
- 分形：将细胞图案定义为不规则的碎片图案。
- 大小：更改贴图的总体尺寸。
- 扩散：更改单个细胞的大小。
- 凹凸平滑：将细胞贴图用作凹凸贴图时，在细胞边界处可能会出现锯齿效果。如果发生这种情况，可以适当增大该值。
- 迭代次数：设置应用分形函数的次数。
- 自适应：启用该选项后，分形【迭代次数】将自适应地进行设置。
- 粗糙度：将【细胞】贴图用作凹凸贴图时，该参数用来控制凹凸的粗糙程度。
- 阈值：该选项组中的参数用来限制细胞和分解颜色的大小。
- 低：调整细胞最低大小。
- 中：相对于第 2 分界颜色，调整最初分界颜色的大小。
- 高：调整分界的总体大小。

10.5.15

【凹痕】贴图是 3D 程序贴图。扫描线渲染过程中，【凹痕】根据分形噪波产生随机图案，图案的效果取决于贴图类型。其参数设置面板如图 10-225 所示。

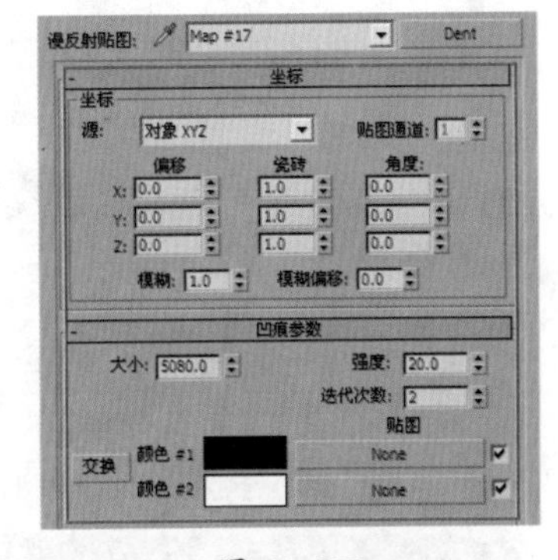

图 10-225

图 10-226 所示为使用凹痕贴图制作的破旧木头效果。

图 10-226

- 大小：设置凹痕的相对大小。随着大小的增大，其他设置不变时凹痕的数量将减少。
- 强度：决定两种颜色的相对覆盖范围。值越大，颜色 #2 的覆盖范围越大，值越小，颜色 #1 的覆盖范围越大。
- 迭代次数：用来创建凹痕的计算次数。默认设置为 2。
- 交换：反转颜色或贴图的位置。
- 颜色：在相应的颜色组件中允许选择两种颜色。
- 贴图：在凹痕图案中用贴图替换颜色。使用复选框可启用或禁用相关贴图。

重点 综合案例——用 VRayMtl 材质制作不锈钢金属、磨砂金属

场景文件	15.max
案例文件	综合案例——VRayMtl 材质制作不锈钢金属、磨砂金属 .max
视频教学	多媒体教学 /Chapter10/ 综合案例——VRayMtl 材质制作不锈钢金属、磨砂金属 .flv
难易指数	★★★★☆
技术掌握	掌握 VRayMtl 材质的应用

在这个场景中，主要讲解利用 VRayMtl 材质制作不锈钢金属、磨砂金属材质。最终渲染效果如图 10-227 所示。

图 10–227

1. 不锈钢金属材质的制作

（1）打开本书配套资源中的【场景文件 /Chapter10/15.max】文件，如图 10-228 所示。

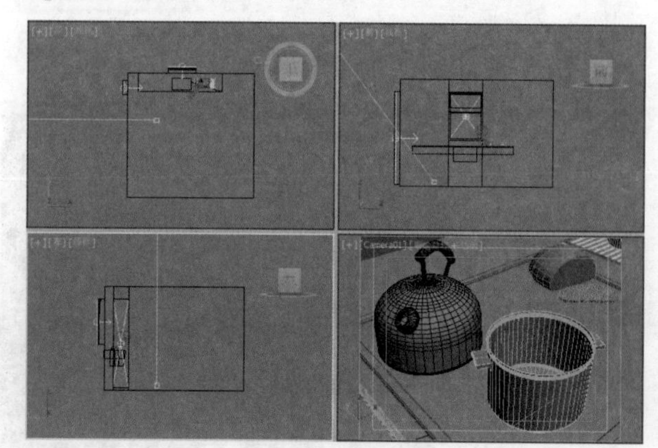

图 10–228

（2）按【M】键，打开【材质编辑器】对话框，选择第一个材质球，单击 Standard （标准）按钮，在弹出的【材质 / 贴图浏览器】对话框中选择【VRayMtl】材质，如图 10-229 所示。

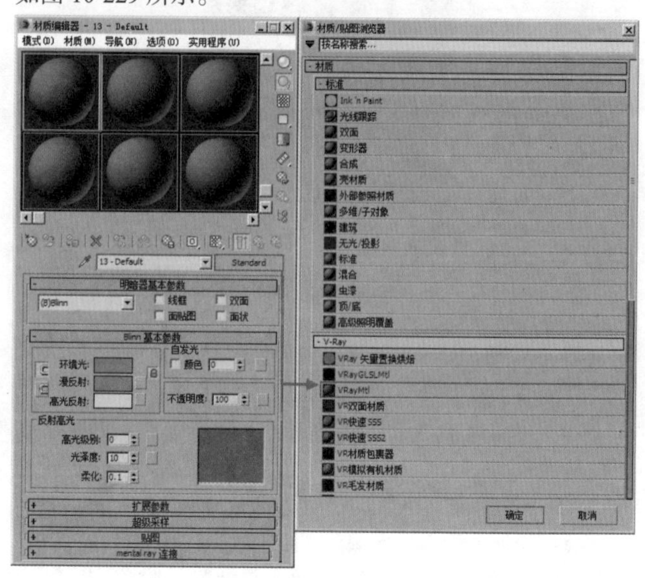

图 10–229

（3）将材质命名为【不锈钢金属】，设置【漫反射】颜色为黑色（红：33，绿：33，蓝：33），设置【反射】颜色为灰色（红：152，绿：152，蓝：152），【细分】为 20；设置【折射率】为 2.97，【细分】为 50，如图 10-230 所示。

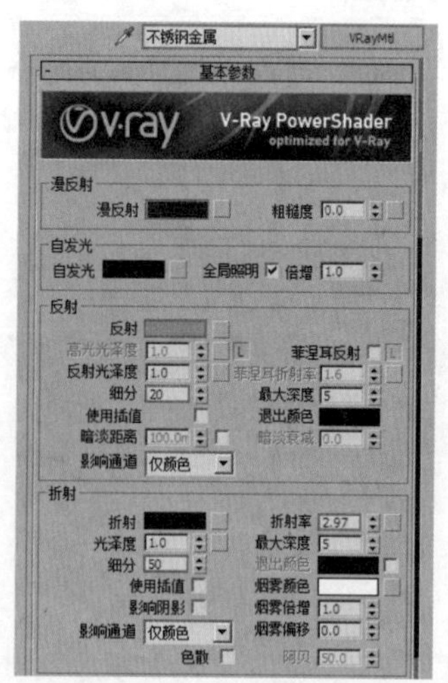

图 10–230

（4）制作后的材质球，如图 10-231 所示。

图 10–231

（5）将制作完毕的不锈钢金属材质赋给场景中的模型，如图 10-232 所示。

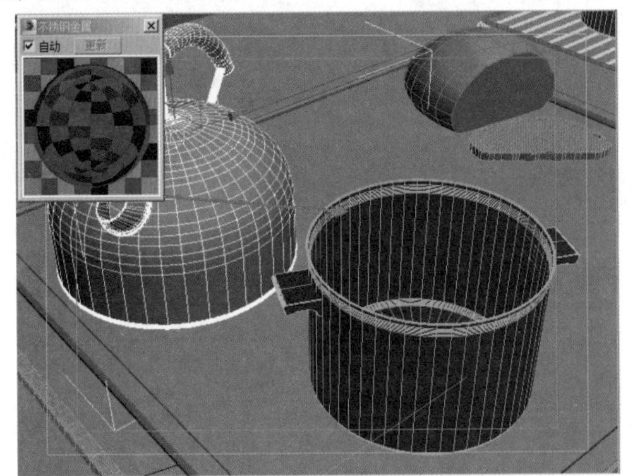

图 10–232

2. 磨砂金属材质的制作

（1）将材质命名为【磨砂金属】，设置【漫反射】颜色为黑色（红：47，绿：47，蓝：47），设置【反射】颜色为浅灰色（红：213，绿：213，蓝：213），设置【反射光泽度】为 0.85，【细分】为 20，如图 10-233 所示。

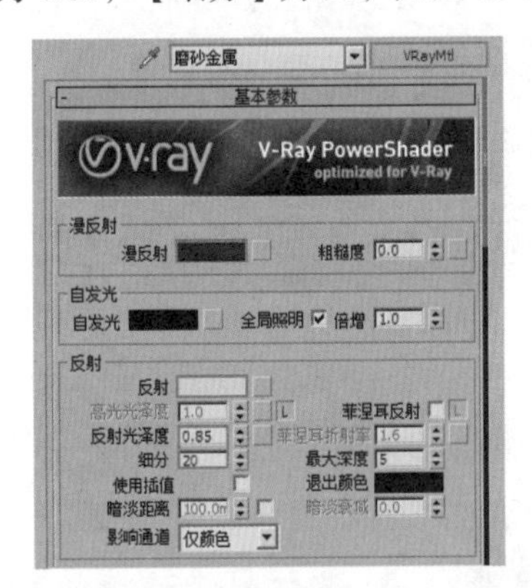

图 10–233

（2）展开【双向反射分布函数】卷展栏，设置【各向异性（-1..1）】为 0.75，如图 10-234 所示。

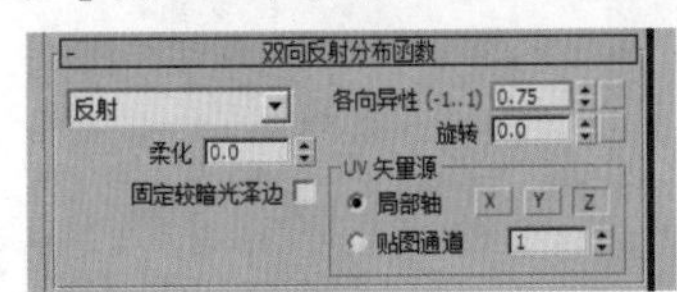

图 10–234

※求生秘籍 —— 技巧提示：调节特殊的反射高光形状

不同的物体材质会有不同的反射高光形状，比如陶瓷的高光比较圆润、金属的高光比较尖锐，正是因为这些细节决定了材质的视觉效果更逼真，而在【双向反射分布函数】卷展栏中可以通过设置【类型】、【各向异性】和【旋转】等参数进行调整。图 10–235 所示为陶瓷和金属的反射高光形状对比效果。

图 10–235

（3）制作后的材质球，如图 10-236 所示。

图 10–236

（4）将制作完毕的磨砂金属材质赋给场景中的模型，如图 10-237 所示。

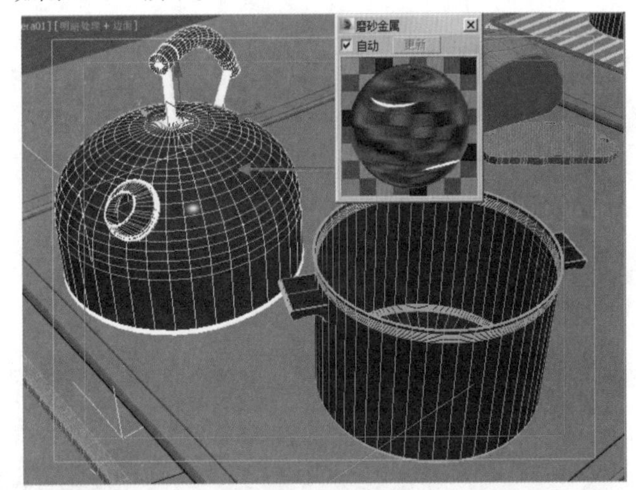

图 10–237

（5）最终渲染效果如图 10-238 所示。

图 10–238

第 11 章 摄影机技术

重点知识掌握：

目标摄影机的应用
自由摄影机的应用
VR 穹顶摄影机的应用
VR 物理摄影机的应用

11.1 初识摄影机

11.1.1 摄影机的概念

摄影机是我们日常生活中经常使用的一种数码产品，由于其操作方便、功能强大，可以将画面定格一瞬间也可以拍摄连续的视频。

3ds Max 中也有摄影机，它的作用有很多，最基本的作用是固定画面角度。其次是可以控制很多种特殊效果，比如强烈的透视感、景深感、运动模糊、校正倾斜的镜头、将画面四角调暗等。很多功能与生活中的摄影机是一样的，比如焦距、白平衡、快门速度等。图 11-1 所示为 4 种摄影机类型。

图 11-1

图 11-2 所示为使用摄影机制作的优秀作品。

图 11-2

11.1.2 试一下：创建一台目标摄影机

（1）在创建面板下单击【摄影机】按钮，单击 目标 按钮，如图 11-3 所示。在视图中拖拽创建一台目标摄影机，如图 11-4 所示。

图 11-3

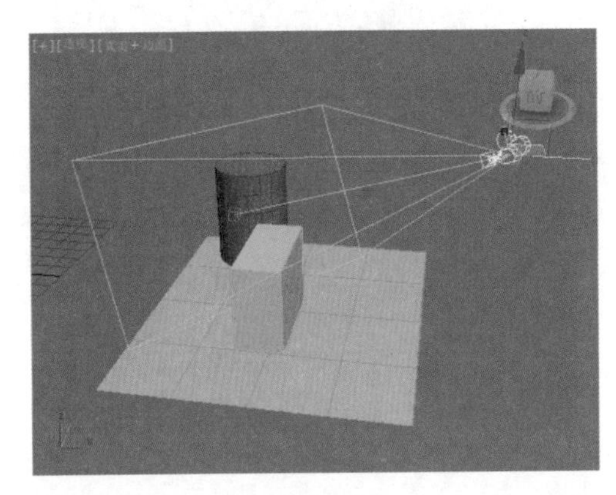

图 11-4

（2）在【摄影机视图】的状态下，可以使用 3ds Max 界面右下方的 6 个按钮，进行【推拉摄影机】、【透视】、【侧滚摄影机】、【视野】、【平移摄影机】和【环游摄影机】调节，如图 11-5 所示。

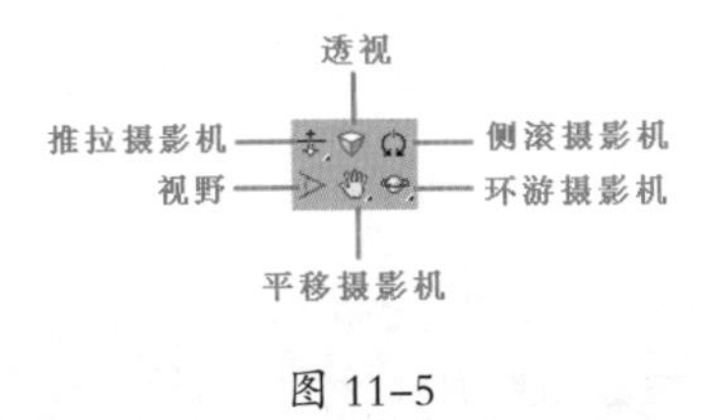

图 11-5

FAQ 常见问题解答：创建目标摄影机还有没有其他更便捷的方法？

在透视图中，调整好角度，如图 11-6 所示。

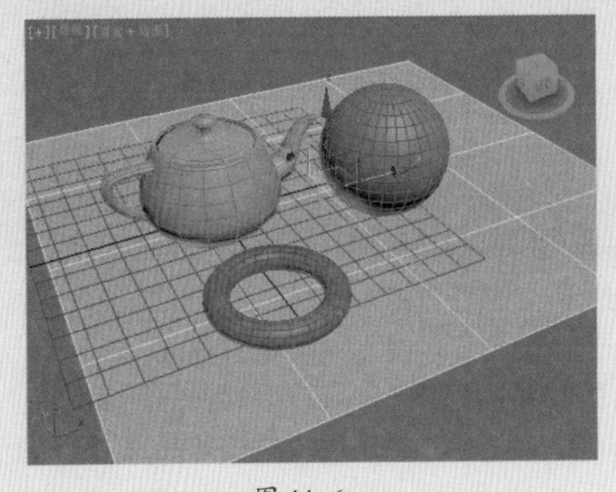

图 11-6

按快捷键【CTRL+C】，可以快速地在该角度创建一台摄影机，当然此方法只能创建【目标摄影机】，如图 11-7 所示。

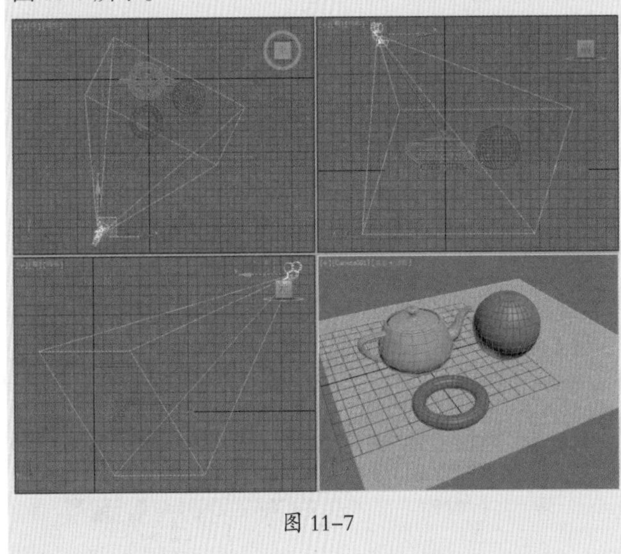

图 11-7

11.2 目标摄影机

目标摄影机是 3ds Max 中使用频率最高的摄影机类型。单击（创建）|（摄影机）| 标准 | 目标 按钮，如图 11-8 所示。在场景中拖拽鼠标可以创建一台目标摄影机，可以观察到目标摄影机包含【目标点】和【摄影机】两个部件，如图 11-9 所示。

图 11-8

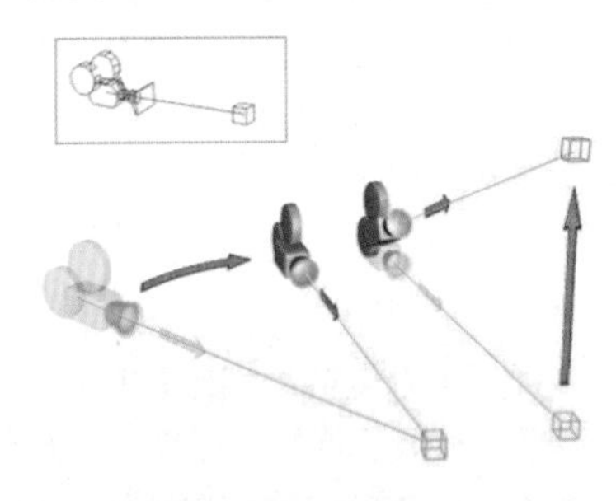

图 11-9

11.2.1 参数

展开【参数】卷展栏，如图 11-10 所示。

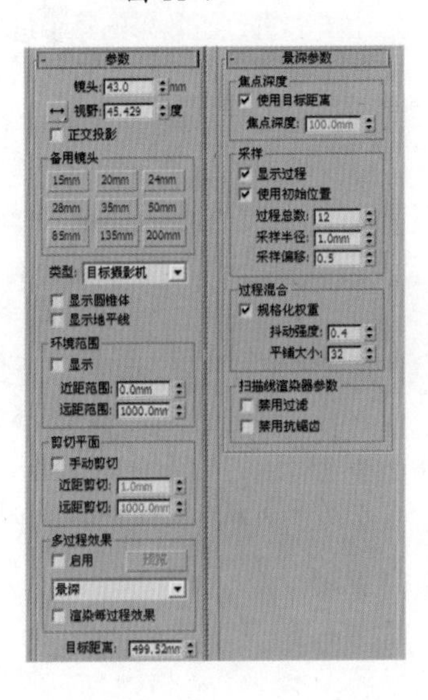

图 11-10

- 镜头：以 mm 为单位来设置摄影机的焦距。
- 视野：设置摄影机查看区域的宽度视野，有【水平】、【垂直】和【对角线】3 种方式。
- 正交投影：启用该选项后，摄影机视图为用户视图；关闭该选项后，摄影机视图为标准的透视图。
- 备用镜头：系统预置的摄影机镜头包含有 15mm、20mm、24mm、28mm、35mm、50mm、85mm、135mm 和 200mm，共 9 种。
- 类型：切换摄影机的类型，包含【目标摄影机】和【自由摄影机】两种。
- 显示圆锥体：显示摄影机视野定义的锥形光线（实际上是一个四棱锥）。锥形光线出现在其他视口，但是显示在摄影机视口中。
- 显示地平线：在摄影机视图中的地平线上显示一条深灰色的线条，如图 11-11 所示。

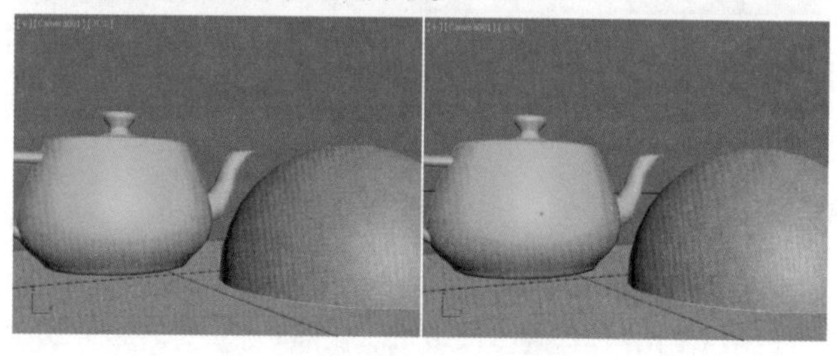

图 11-11

- 显示：显示出在摄影机锥形光线内的矩形。
- 近距 / 远距范围：设置大气效果的近距范围和远距范围。
- 手动剪切：启用该选项可定义剪切的平面。
- 近距 / 远距剪切：设置近距和远距平面。
- 多过程效果：该选项组中的参数主要用来设置摄影机的景深和运动模糊效果。
- 启用：启用该选项后，可以预览渲染效果。
- 多过程效果类型：共有【景深（mentalray）】、【景深】和【运动模糊】3 个选项，系统默认为【景深】。
- 渲染每过程效果：启用该选项后，系统会将渲染效果应用于多重过滤效果的每个过程（景深或运动模糊）。
- 目标距离：当使用【目标摄影机】时，该选项用来设置摄影机与其目标之间的距离。

11.2.2 景深参数

景深是为了增加画面的空间感和纵深感，并且可以突出画面的重点。当设置【多过程效果类型】为【景深】方式时，系统会自动显示出【景深参数】卷展栏，如图 11-12 所示。

图 11-13 所示为景深的效果。

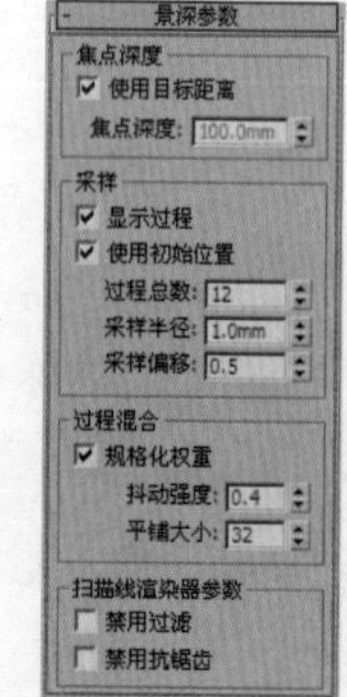

图 11-12

图 11-13

- 使用目标距离：启用该选项后，系统会将摄影机的目标距离用作每个过程偏移摄影机的点。
- 焦点深度：当关闭【使用目标距离】选项时，该选项可以用来设置摄影机的偏移深度，其取值范围为 0~100。
- 显示过程：启用该选项后，【渲染帧窗口】对话框中将显示多个渲染通道。
- 使用初始位置：启用该选项后，第 1 个渲染过程将位于摄影机的初始位置。
- 过程总数：设置生成景深效果的过程数。增大该值可以提高效果的真实度，但是会增加渲染时间。
- 采样半径：设置场景生成的模糊半径。数值越大，模糊效果越明显。
- 采样偏移：设置模糊靠近或远离【采样半径】的权重。增加该值将增加景深模糊的数量级，从而得到更均匀的景深效果。
- 规格化权重：启用该选项后可以将权重规格化，以获得平滑的结果；当关闭该选项后，效果会变得更加清晰，但颗粒效果也更明显。
- 抖动强度：设置应用于渲染通道的抖动程度。增大该值会增加抖动量，并且会生成颗粒状效果，尤其在对象的边缘上最为明显。
- 平铺大小：设置图案的大小。0 表示以最小的方式进行平铺；100 表示以最大的方式进行平铺。
- 禁用过滤：启用该选项后，系统将禁用过滤的整个过程。
- 禁用抗锯齿：启用该选项后，可以禁用抗锯齿功能。

11.2.3　运动模糊参数

运动模糊一般运用在动画中，常用于表现运动对象高速运动时产生的模糊效果。当设置【多过程效果】类型为【运动模糊】方式时，系统会自动显示出【运动模糊参数】卷展栏，如图 11-14 所示。

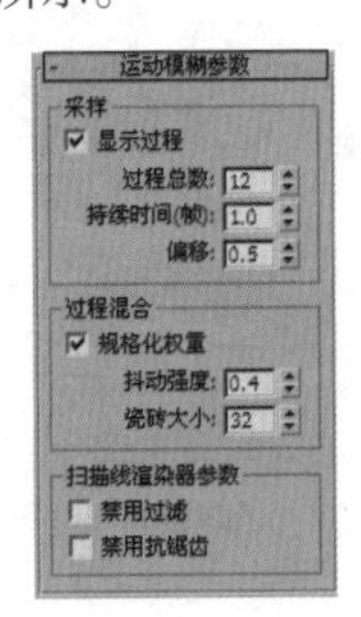

图 11–14

图 11-15 所示为运动模糊效果。

图 11–15

- 显示过程：启用该选项后，【渲染帧窗口】对话框中将显示多个渲染通道。
- 过程总数：设置生成效果的过程数。增大该值可以提高效果的真实度，但是会增加渲染时间。
- 持续时间（帧）：在制作动画时，该选项用来设置应用运动模糊的帧数。
- 偏移：设置模糊的偏移距离。
- 规格化权重：启用该选项后，可以将权重规格化，以获得平滑的结果；当关闭该选项后，效果会变得更加清晰，但颗粒效果也更明显。
- 抖动强度：设置应用于渲染通道的抖动程度。增大该值会增加抖动量，并且会生成颗粒状的效果，尤其在对象的边缘上最为明显。
- 瓷砖大小：设置图案的大小。0 表示以最小的方式进行平铺；100 表示以最大的方式进行平铺。
- 禁用过滤：启用该选项后，系统将禁用过滤的整个过程。

11.2.4　剪切平面参数

使用剪切平面可以控制渲染的一定距离内的部分。如果场景中拥有许多复杂几何体，那么剪切平面对于渲染其中所选的部分场景非常有用。它还可以帮助创建剖面视图。剪切平面设置是摄影机创建参数的一部分。每个剪切平面的位置是以场景的当前单位，沿着摄影机的视线测量的。剪切平面是摄影机常规参数的一部分，如图 11-16 所示。

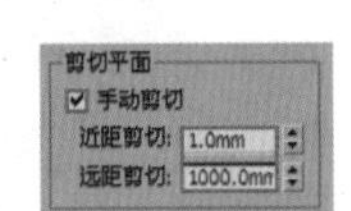

图 11–16

很多时候由于场景设置的空间比较小，摄影机可能会放置在空间以外，那么正常渲染时是不会渲染出室内物体的，因此可以使用【剪切平面】进行设置，设置合理的【近距剪切】和【远距剪切】数值，这样就可以控制摄影机可以看到最近距离和最远距离了，如图 11-17 所示。

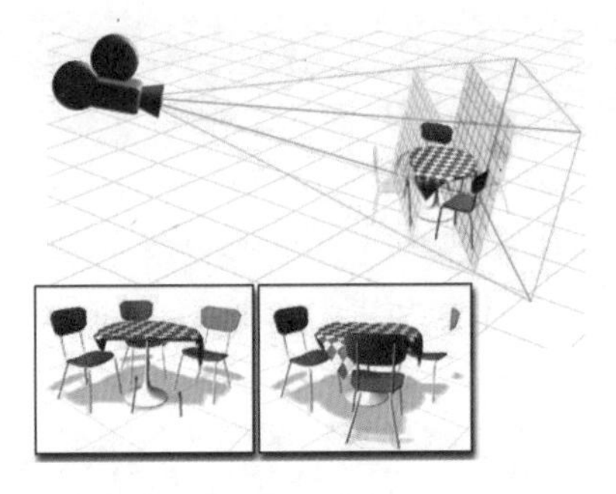

图 11–17

11.2.5　摄影机校正

选择目标摄影机，单击右键并在弹出的菜单中执行【应用摄影机校正修改器】命令，如图 11-18 和图 11-19 所示。

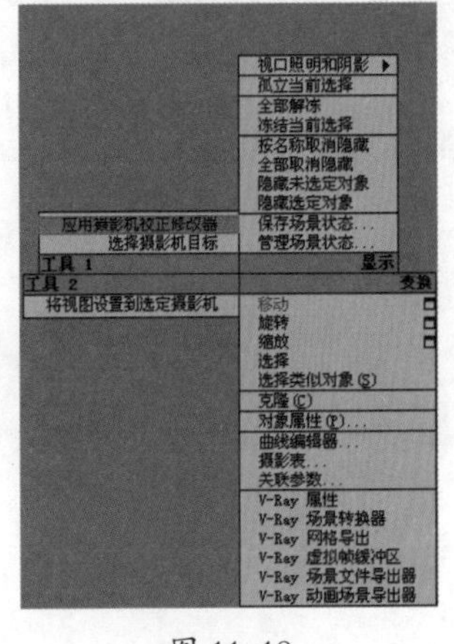

图 11–18

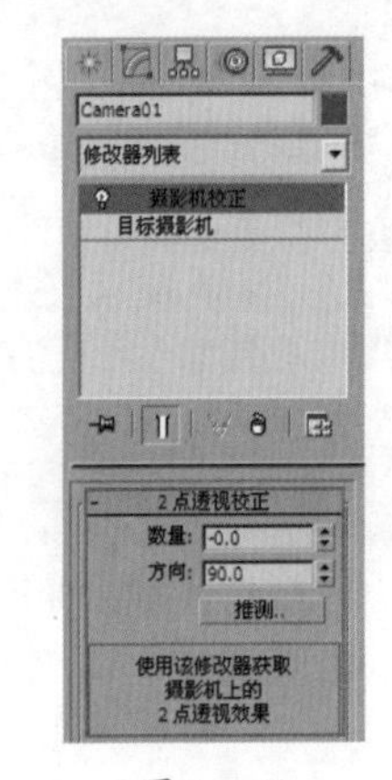

图 11–19

图 11-20 所示为使用【摄影机校正】的对比效果。

图 11–20

- 数量：设置两点透视的校正数量。
- 方向：偏移方向。默认值为 90.0。大于 90.0 设置方向向左偏移校正。小于 90.0 设置方向向右偏移校正。
- 推测：单击以使【摄影机校正】修改器设置第一次推测数量值。

FAQ 常见问题解答：怎么快速隐藏摄影机和什么是安全框?

（1）快速隐藏摄影机

很多时候由于场景太复杂，容易误选摄影机、误操作，所以可以暂时把摄影机快速隐藏起来，如图 11-21 所示为场景的一个摄影机。

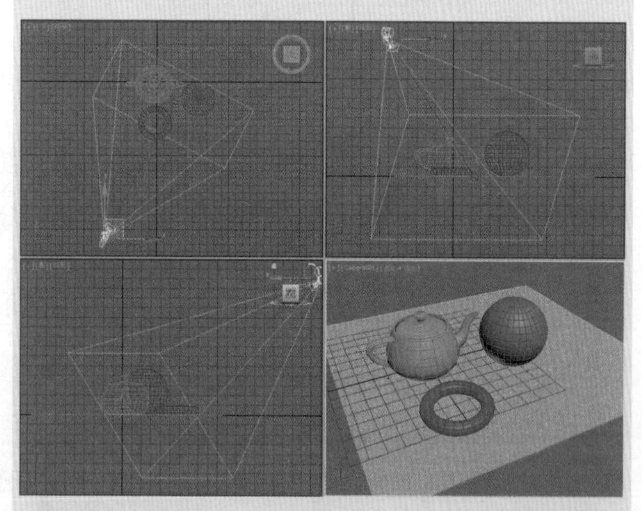

图 11–21

按快捷键【Shift+C】，即可对所有的摄影机进行快速的隐藏和显示，如图 11-22 所示。

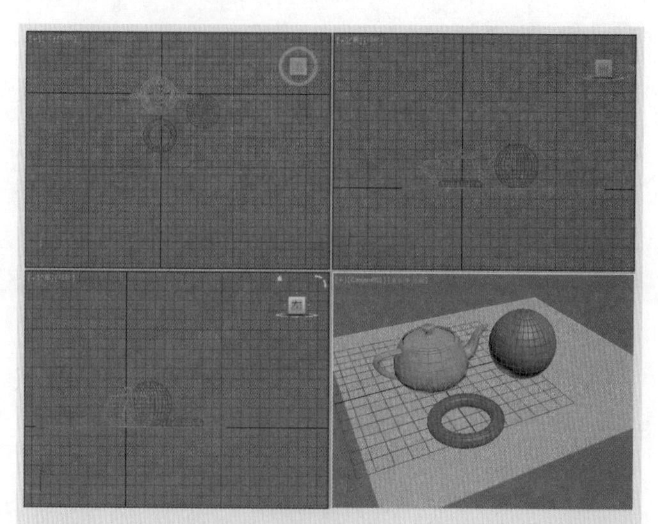

图 11–22

（2）安全框

在摄影机视图中按快捷键【Shift+F】，可以打开安全框，也就是说安全框以内的部分是最终渲染的部分。安全框以外的部分在渲染时，不会被渲染出来，如图 11-23 所示。

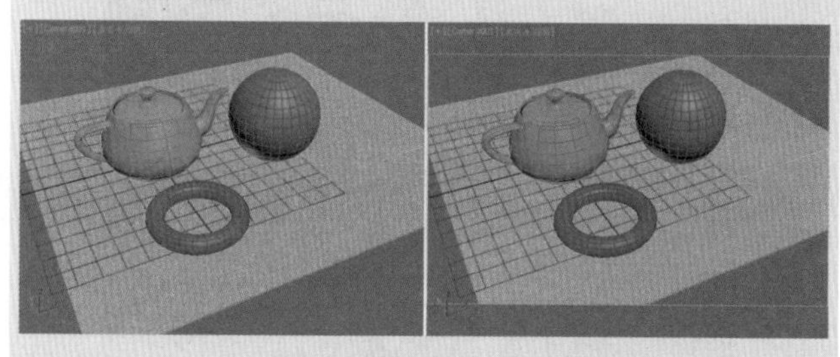

图 11–23

重点 进阶案例——调整目标摄影机角度

场景文件	01.max
案例文件	进阶案例——调整目标摄影机角度 .max
视频教学	多媒体教学 /Chapter11/ 进阶案例——调整目标摄影机角度 .flv
难易指数	★★☆☆☆
技术掌握	掌握目标摄影机的应用

在这个场景中，主要掌握调整目标摄影机角度，最终渲染效果如图 11-24 所示。

图 11–24

（1）打开本书配套资源中的【场景文件/Chapter11/01.max】文件，如图 11-25 所示。

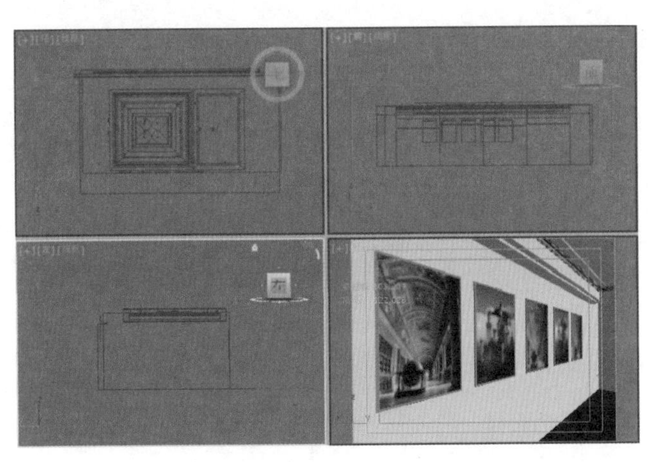

图 11–25

（2）在创建面板下，单击【摄影机】按钮，并设置【摄影机类型】为标准，单击 目标 按钮，如图 11-26 所示。

图 11–26

（3）使用【目标摄像机】在顶视图中拖拽创建，具体放置位置如图 11-27 所示。

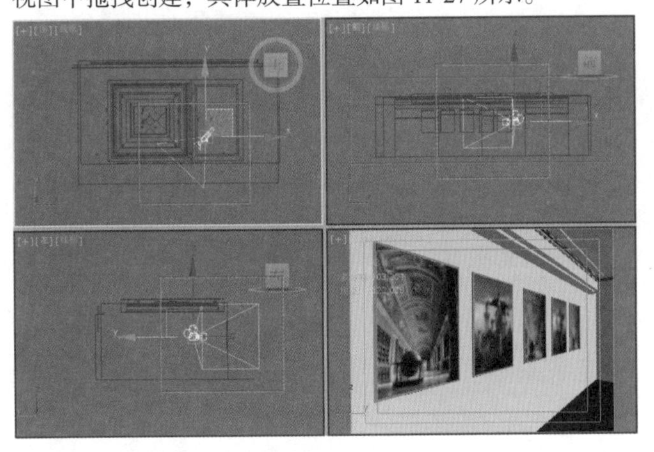

图 11–27

（4）进入【修改面板】，在【参数】卷展栏下设置【镜头】为 21.519mm，【视野】为 79.822 度，【目标距离】为 2958.401，如图 11-28 所示。

（5）按快捷键【C】切换到摄影机视图，如图 11-29 所示。

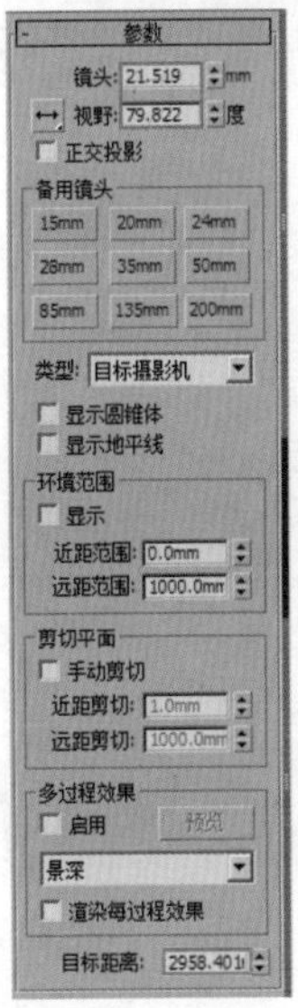

图 11–28

图 11–29

（6）进入【修改面板】，在【参数】卷展栏下设置【镜头】为 13.864mm，【视野】为 104.79 度，【目标距离】为 1657.705，如图 11-30 所示。

（7）按快捷键【C】切换到摄影机视图，如图 11-31 所示。

图 11–30

图 11–31

（8）此时配合使用【推拉摄影机】工具、【视野】工具和【环游摄影机】工具，将摄影机视图进行调整，如图 11-32 所示。

图 11–32

求生秘籍 —— 软件技能：手动调整摄影机的视图

在摄影机视图被激活的情况下，在 3ds Max 右下角可以看到如图 11–33 所示的 6 个工具。

图 11–33

（1）（推拉摄影机）：可以将摄影机视野进行推拉，如图 11–34 所示。

图 11–34

（2）▷（视野）：可以调整视口中可见的场景数量和透视张角量，如图 11–35 所示。

图 11–35

（3）▽（透视）：增加了透视张角量，同时保持场景的构图，如图 11–36 所示。

图 11–36

（4）✋（平移摄影机）：可以沿着平行于视图平面的方向移动摄影机，如图 11–37 所示。

 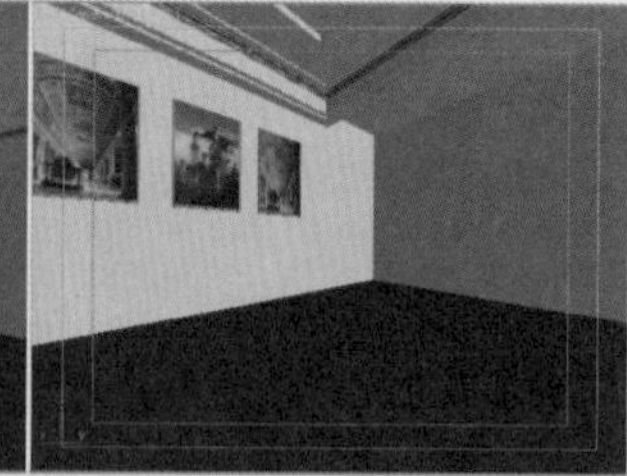

图 11–37

（5）Ω（侧滚摄影机）：围绕其视线旋转目标摄影机，围绕其局部 Z 轴旋转自由摄影机，如图 11–38 所示。

图 11–38

（6）（环游摄影机）：使目标摄影机围绕其目标旋转，如图 11–39 所示。

图 11–39

（9）最终渲染效果如图 11-40 所示。

图 11–40

11.3 自由摄影机

自由摄影机在摄影机指向的方向查看区域。创建自由摄影机时，看到一个图标，该图标表示摄影机和其视野。摄影机图标与目标摄影机图标看起来相同，但是不存在要设置动画的、单独的目标图标。当摄影机的位置沿一个路径被设置动画时，可以使用自由摄影机。

单击（创建）|（摄影机）| 标准 | 自由 按钮，如图 11-41 所示。在场景中拖拽鼠标可以创建一台自由摄影机，可以观察到自由摄影机只包含【摄影机】一个部件，如图 11-42 所示。

图 11–41

图 11–42

其具体的参数与目标摄影机基本一致，如图 11-43 所示。

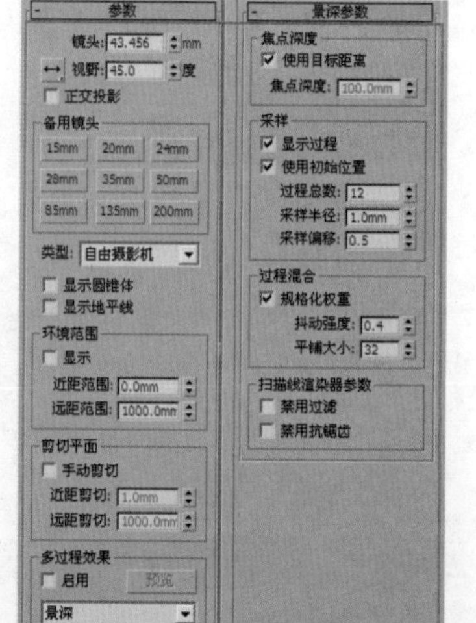

图 11–43

求生秘籍——软件技能：目标摄影机和自由摄影机可以切换

在目标摄影机和自由摄影机的参数中可以在【类型】选项组下选择需要的摄影机类型，如图 11-44 所示。

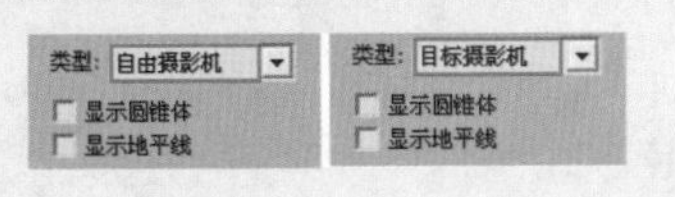

图 11-44

11.4　VR 穹顶摄影机

VR 穹顶摄影机不仅可以为场景固定视角，而且可以制作出类似鱼眼的特殊镜头效果。【VR 穹顶摄影机】常用于渲染半球圆顶效果，其参数设置面板如图 11-45 所示。

- 翻转 X：让渲染的图像在 x 轴上翻转。
- 翻转 Y：让渲染的图像在 y 轴上翻转。
- fov：设置视角的大小。

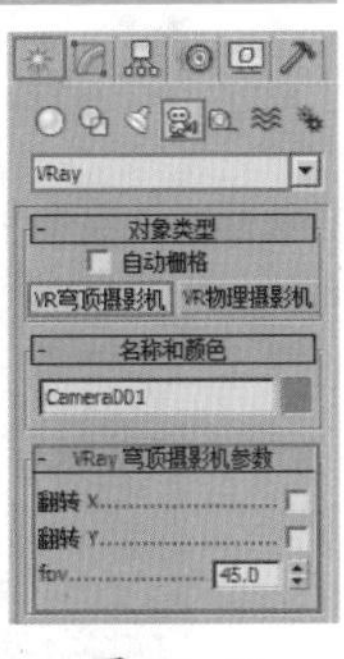

图 11-45

11.5　VR 物理摄影机

VR 物理摄影机是较为常用的摄影机类型之一，比起目标摄影机来说 VR 物理摄影机更为灵活，参数更多、更全，可以控制光圈、快门、曝光、ISO 等。单击（创建）|（摄影机）| VRay | VR物理摄影机按钮，如图 11-46 所示。用户通过【VR 物理摄影机】能制作出更真实的效果图。其设置面板包括基本参数、散景特效、采样、失真、其他，如图 11-47 所示。

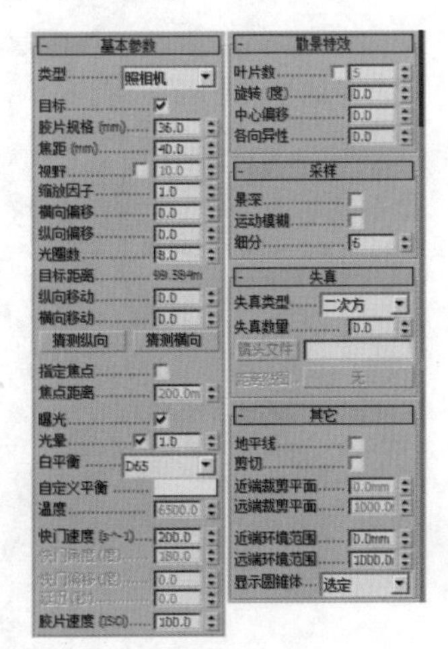

图 11-46　图 11-47

11.5.1　基本参数

- 类型：利用 VR 物理摄影机内置了以下 3 种类型的摄影机。
- 照相机：用来模拟一台常规快门的静态画面照相机。
- 摄影机（电影）：用来模拟一台圆形快门的电影摄影机。
- 摄像机（DV）：用来模拟带 CCD 矩阵的快门摄像机。
- 目标：当勾选该选项时，摄影机的目标点将放在焦平面上；当关闭该选项时，可以通过下面的【目标距离】选项来控制摄影机到目标点的位置。
- 胶片规格（mm）：控制摄影机所看到的景色范围。值越大，看到的景越多。图 11-48 所示为胶片规格大数值和小数值的对比效果。

图 11-48

- 焦距（mm）：控制摄影机的焦长。图 11-49 所示为焦距大数值和小数值的对比效果。

图 11-49

- 视野：该参数控制视野的数值。
- 缩放因子：控制摄影机视图的缩放。值越大，摄影机视图拉得越近。图 11-50 所示为缩放因子大数值和小数值的对比效果。

图 11-50

- 横向 / 纵向偏移：该选项控制摄影机产生横向 / 纵向的偏移效果。
- 光圈数：设置摄影机的光圈大小，主要用来控制最终渲染的亮度。数值越小，图像越亮；数值越大，图像越暗。图 11-51 所示为光圈数大数值和小数值的对比效果。

图 11–51

- 目标距离：摄影机到目标点的距离，默认情况下是关闭的。当关闭摄影机的【目标】选项时，就可以用【目标距离】来控制摄影机的目标点的距离。
- 纵向 / 横向移动：控制摄影机的扭曲变形系数。
- 指定焦点：开启这个选项后，可以手动控制焦点。
- 焦点距离：控制焦距的大小。
- 曝光：当勾选这个选项后，【利用 VR 物理摄影机】中的【光圈】、【快门速度】和【胶片感光度】设置才会起作用。
- 光晕：模拟真实摄影机里的光晕效果，勾选【光晕】可以模拟图像四周黑色光晕效果。
- 白平衡：和真实摄影机的功能一样，控制图像的色偏。图 11-52 所示为【中性】类型和【日光】类型的对比效果。

图 11–52

- 自定义平衡：该选项控制自定义摄影机的白平衡颜色。
- 温度：该选项只有在设置白平衡为温度方式时才可以使用，控制温度的数值。
- 快门速度（s^ -1）：控制光的进光时间，值越小，进光时间越长，图像就越亮；值越大，进光时间就越小。图 11-53 所示为快门速度设置小数值和大数值的对比效果。

图 11–53

- 快门角度（度）：当摄影机选择【摄影机（电影）】类型的时候，该选项才被激活，其作用和上面的【快门速度】的作用一样，主要用来控制图像的亮暗。
- 快门偏移（度）：当摄影机选择【摄影机（电影）】类型的时候，该选项才被激活，主要用来控制快门角度的偏移。
- 延迟（秒）：当摄影机选择【摄像机（DV）】类型的时候，该选项才被激活，作用和上面的【快门速度】的作用一样，主要用来控制图像的亮暗，值越大，表示光越充足，图像也越亮。
- 胶片速度（ISO）：该选项控制摄影机 ISO 的数值。

11.5.2　散景特效

【散景特效】卷展栏下的参数主要用于控制散景效果，当渲染景深的时候，或多或少都会产生一些散景效果，这主要和散景到摄影机的距离有关，图 11-54 所示为使用真实摄影机拍摄的散景效果。

图 11-54

- 叶片数：控制散景产生的小圆圈的边，默认值为 5 表示散景的小圆圈为正五边形。
- 旋转（度）：散景小圆圈的旋转角度。
- 中心偏移：散景偏移源物体的距离。
- 各向异性：控制散景的各向异性，值越大，散景的小圆圈拉得越长，即变成椭圆。

11.5.3　采样

- 景深：控制是否产生景深。如果想要得到景深，就需要开启该选项。
- 运动模糊：控制是否产生动态模糊效果。
- 细分：控制景深和动态模糊的采样细分，值越高，杂点越大，图的品质就越高，但是会减慢渲染时间。

11.5.4　失真

- 失真类型：该选项控制失真的类型，包括二次方、三次方、镜头文件、纹理四种方式。
- 失真数量：该选项可以控制摄影机产生失真的强度。
- 镜头文件：当失真类型切换为镜头文件时，该选项可用。可以在此处添加镜头的文件。
- 距离贴图：当失真类型切换为纹理时，该选项可用。

11.5.5　其他

- 地平线：勾选该选项后，可以使用地平线功能。
- 剪切：勾选该选项后，可以使用摄影机剪切功能，可以解决摄影机由于位置原因而无法正常显示的问题。
- 近端 / 远端裁剪平面：可以设置近端 / 远端裁剪平面的数值，控制近端 / 远端的数值。图 11-55 所示为不设置和正确设置【近端 / 远端裁剪平面】数值的对比渲染效果。

图 11-55

- 近端 / 远端环境范围：可以设置近端 / 远端环境范围的数值，控制近端 / 远端的数值，多用来模拟雾效。
- 显示圆锥体：该选项控制显示圆锥体的方式，包括选定、始终、从不。

重点 进阶案例——用 VR 物理摄影机的光圈调整亮度

场景文件	02.max
案例文件	进阶案例——使用 VR 物理摄影机的光圈调整亮度 .max
视频教学	多媒体教学 /Chapter11/ 进阶案例——使用 VR 物理摄影机的光圈调整亮度 .flv
难易指数	★★☆☆☆
技术掌握	掌握 VR 物理摄影机的应用

在这个场景中，主要掌握 VR 物理摄影机，最终渲染效果如图 11-56 所示。

图 11–56

（1）打开本书配套资源中的【场景文件/Chapter11/02.max】文件，如图 11-57 所示。

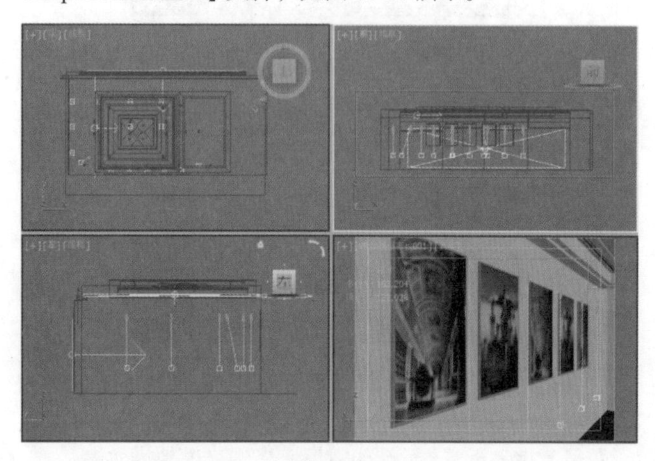

图 11–57

（2）单击（创建）|（摄影机）| VRay | VR物理摄影机按钮，如图 11-58 所示。

图 11–58

（3）在场景中拖拽创建一盏【VR 物理摄影机】，如图 11-59 所示。

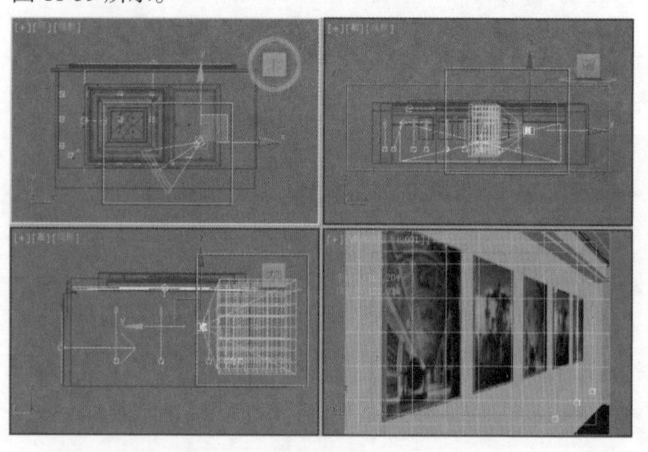

图 11–59

（4）单击进入修改面板，设置【光圈数】为 1.0，【目标距离】为 4010.42，如图 11-60 所示。

（5）按快捷键【F9】进行渲染，此时效果如图 11-61 所示。

图 11–60

图 11–61

（6）单击进入修改面板，设置【光圈数】为 2.0，【目标距离】为 4010.42，如图 11-62 所示。

（7）按快捷键【F9】进行渲染，此时效果如图 11-63 所示。由此可见，【光圈数】越大，渲染效果越暗。

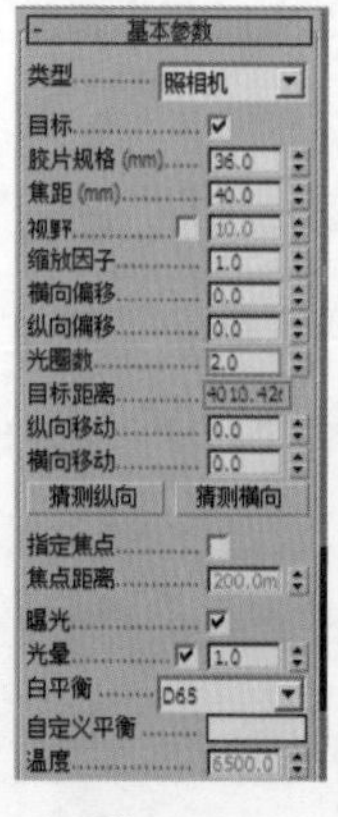

图 11–62

图 11–63

重点 进阶案例——用 VR 物理摄影的光晕调整黑边效果

场景文件	03.max
案例文件	进阶案例——使用 VR 物理摄影的光晕调整黑边效果 .max
视频教学	多媒体教学 /Chapter11/ 进阶案例——使用 VR 物理摄影的光晕调整黑边效果 .flv
难易指数	★★☆☆☆
技术掌握	掌握 VR 物理摄影机的应用

在这个场景中，主要掌握 VR 物理摄影机调整光晕参数，最终渲染效果如图 11-64 所示。

图 11-64

（1）打开本书配套资源中的【场景文件 /Chapter11/03.max】文件，如图 11-65 所示。

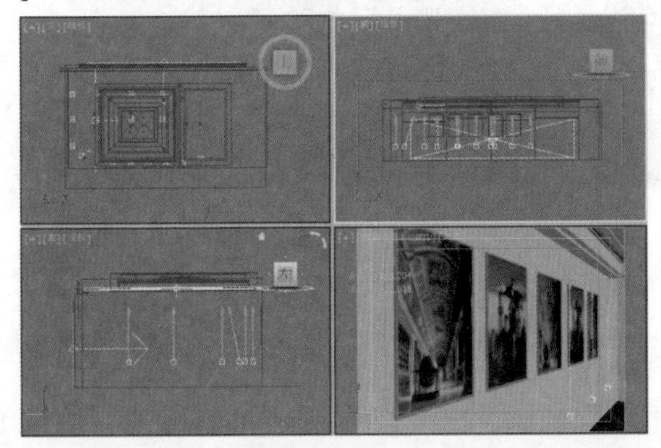

图 11-65

（2）单击（创建）|（摄影机）| VRay | VR物理摄影机按钮，如图 11-66 所示。

图 11-66

（3）在场景中拖拽创建一盏【VR 物理摄影机】，如图 11-67 所示。

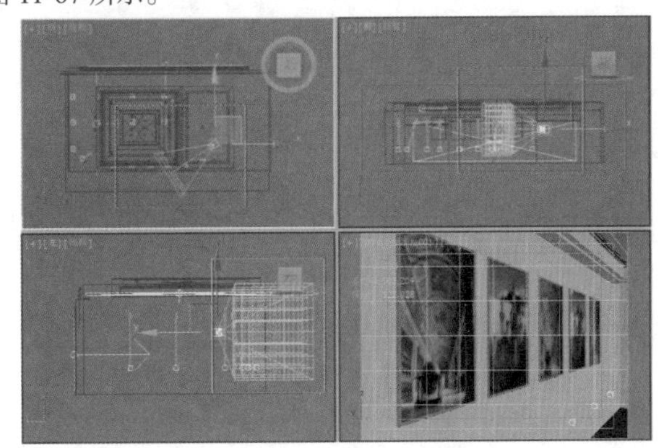

图 11-67

（4）单击进入修改面板，设置【目标距离】为 4010.42，取消勾选【光晕】，如图 11-68 所示。

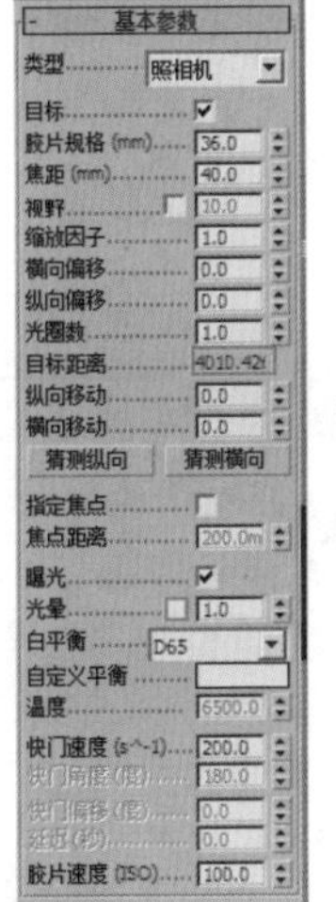

图 11-68

（5）按快捷键【F9】进行渲染，此时效果如图 11-69 所示。

图 11-69

（6）单击进入修改面板，设置【目标距离】为 4010.42，勾选【光晕】，设置【光晕数】为 3.0，如图 11-70 所示。

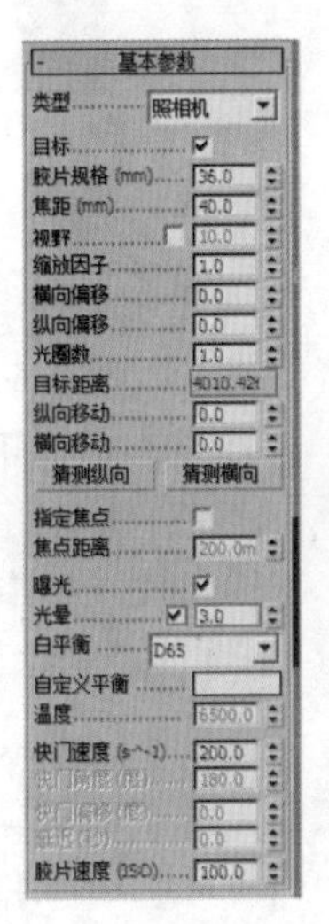

图 11-70

（7）按快捷键【F9】进行渲染，此时效果如图 11-71 所示。

图 11-71

第 12 章 VRay 渲染综合实战

12.1 综合实战 —— 简约客厅

场景文件	01.max
案例文件	综合实战 —— 简约客厅 .max
视频教学	多媒体教学 /Chapter12/ 综合实战 —— 简约客厅 .flv
难易指数	★★★☆☆
灯光类型	目标灯光、VR 灯光
材质类型	VRayMtl
程序贴图	衰减贴图
技术掌握	掌握家装场景灯光的制作

实例介绍

本例是一个简约客厅场景，室内明亮灯光表现主要使用了目标灯光、VR 灯光来制作，使用 VRayMtl 制作本案例的主要材质，制作完毕之后渲染的效果，如图 12-1 所示。

图 12–1

操作步骤

1. 设置 VRay 渲染器

（1）打开本书配套资源中的【场景文件 /Chapter12/01.max】文件，此时场景效果如图 12-2 所示。

（2）按【F10】键，打开【渲染设置】对话框，选择【公用】选项卡，在【指定渲染器】卷展栏下单击...按钮，在弹出的【选择渲染器】对话框中选择【V-RayAdv2.40.03】，单击“确定”按钮如图 12-3 所示。

（3）此时在【指定渲染器】卷展栏，【产品级】后面显示了【V-RayAdv2.40.03】，【渲染设置】对话框中出现了【V-Ray】、【间接照明】和【设置】选项卡，如图 12-4 所示。

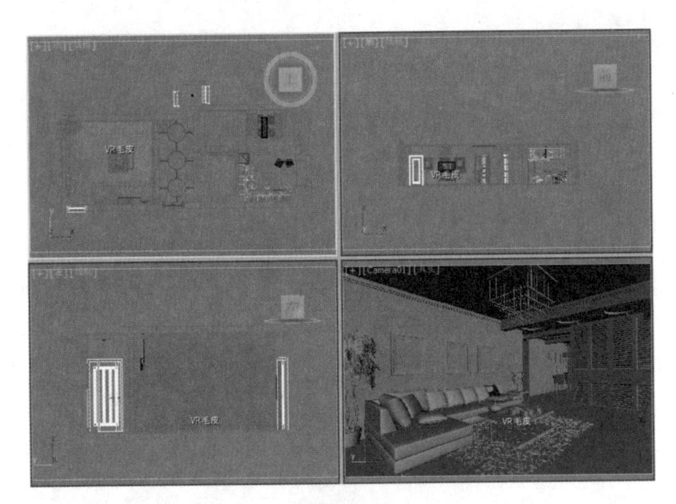

图 12-2

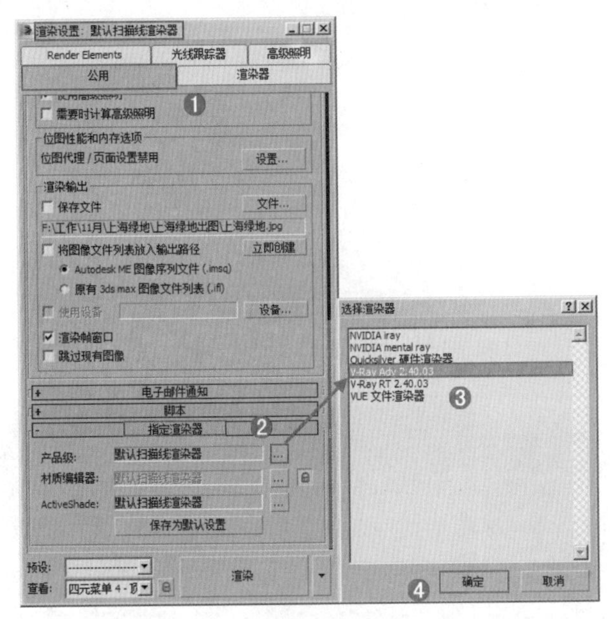

图 12-3

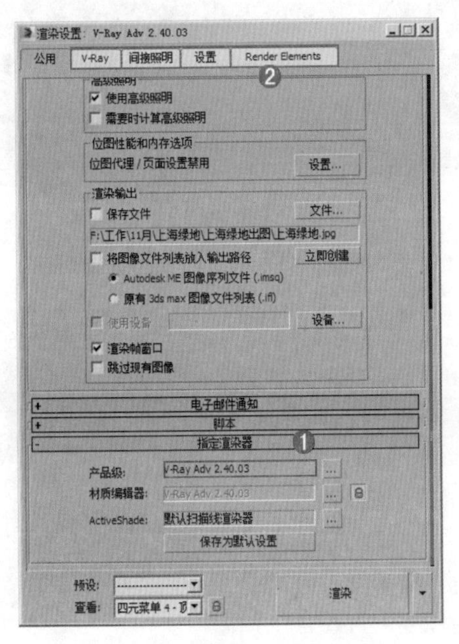

图 12-4

2. 材质的制作

下面就来讲述场景中的主要材质的调节方法，包括木地板、地毯、墙面、沙发、白色柜子材质等，如图 12-5 所示。

图 12-5

（1）木地板材质的制作

1）按【M】键，打开【材质编辑器】对话框，选择第一个材质球，单击 Standard （标准）按钮，在弹出的【材质／贴图浏览器】对话框中选择【VRayMtl】，如图 12-6 所示。

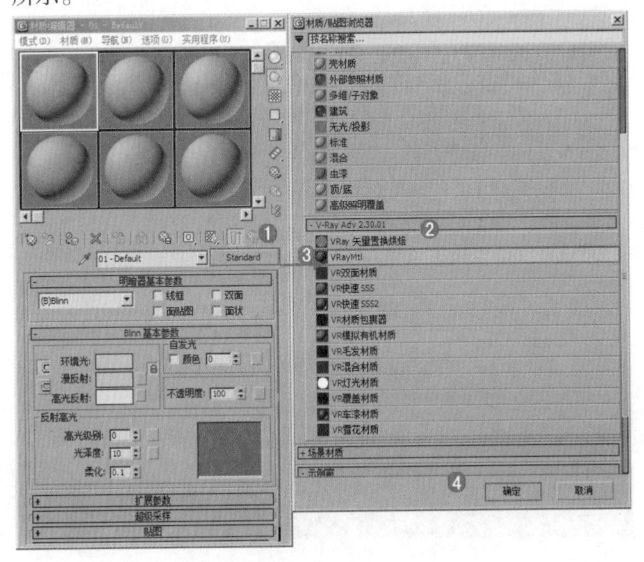

图 12-6

2）将其命名为【木地板】，在【漫反射】后面的通道上加载【3Fbr7MCNGHF9gyg0IwC9new.jpg】贴图文件，展开【坐标】卷展栏，设置【角度 W】为 90.0，在【反射】后面的通道上加载【衰减】程序贴图，展开【衰减参数】卷展栏，设置【颜色 2】颜色为浅蓝色（红：163，绿：229，蓝：254），设置【衰减类型】为 Fresnel，设置【高光光泽度】为 0.65，【反射光泽度】为 0.85，【细分】为 20，如图 12-7 所示。

3）展开【贴图】卷展栏，在【凹凸】后面的通道上加载【3Fbr7MCNGHF9gyg0IwC9new.jpg】贴图文件，展开【坐标】卷展栏，设置【角度 W】为 90.0，设置【凹凸】为 30.0，如图 12-8 所示。

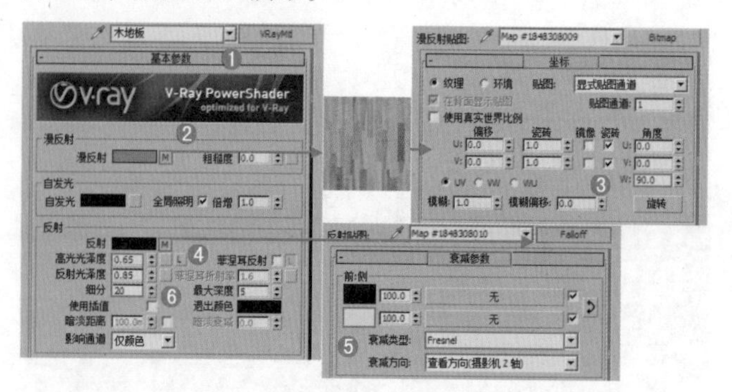

图 12-7

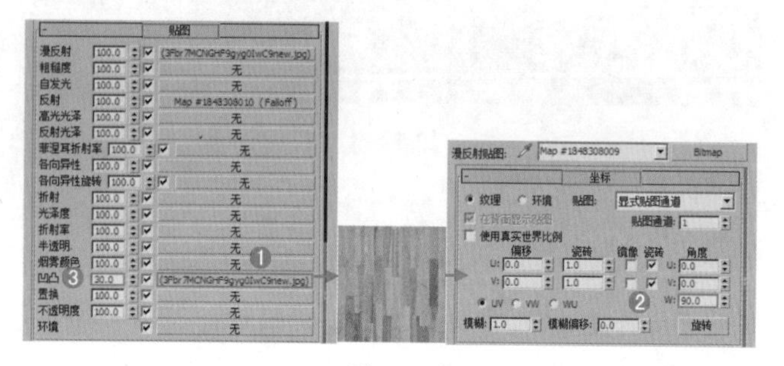

图 12-8

4）将制作完毕的木地板材质赋给场景中的木地板部分的模型，如图 12-9 所示。

图 12-9

（2）地毯材质的制作

1）按【M】键，打开【材质编辑器】对话框，选择第一个材质球，单击 Standard（标准）按钮，在弹出的【材质 / 贴图浏览器】对话框中选择【VRayMtl】，如图 12-10 所示。

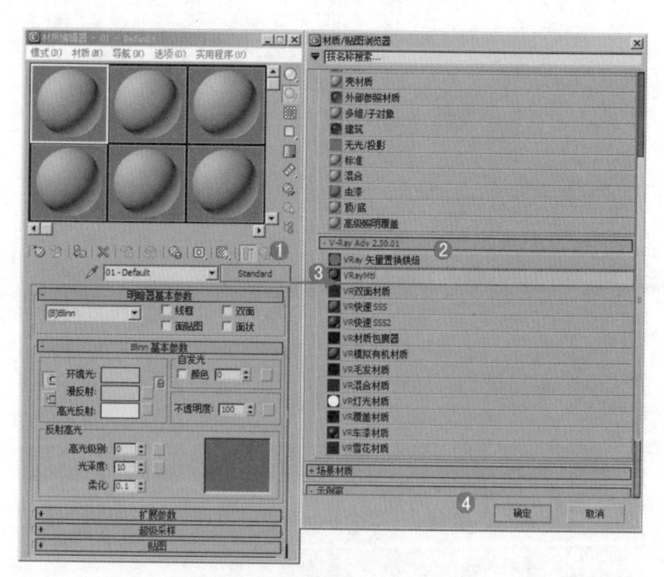

图 12-10

2）将其命名为【地毯】，设置【漫反射】颜色为灰色（红：100，绿：88，蓝：82），如图 12-11 所示。

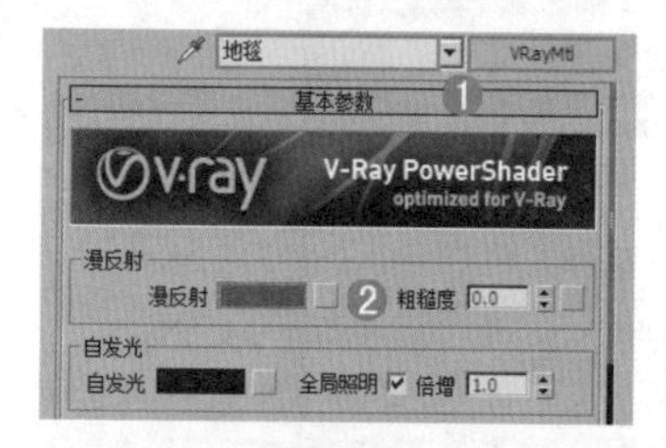

图 12-11

3）将制作完毕的地毯材质赋给场景中的地毯部分的模型，如图 12-12 所示。

图 12-12

（3）墙面材质的制作

1）选择一个空白材质球，将【材质类型】设置为【VRayMtl】，将其命名为【墙面】，设置【漫反射】颜色为浅黄色（红：213，绿：200，蓝：185），【反射】颜色为黑色（红：8，绿：8，蓝：8），设置【高光光泽度】为 0.25、【反射光泽度】为 0.65、【细分】为 20，如图 12-13 所示。

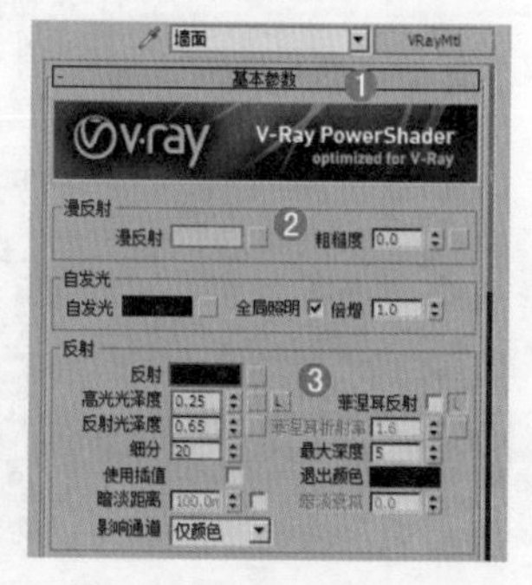

图 12-13

2）将制作完毕的墙面材质赋给场景中的墙面部分的模型，如图 12-14 所示。

图 12–14

（4）沙发材质的制作

1）选择一个空白材质球，将【材质类型】设置为【VRayMtl】，将其命名为【沙发】，在【漫反射】后面的通道上加载【衰减】程序贴图，展开【衰减参数】卷展栏，在【颜色 1】后面的通道上加载【天鹅绒布料 2.jpg】贴图文件，设置【衰减类型】为 Fresnel，如图 12-15 所示。

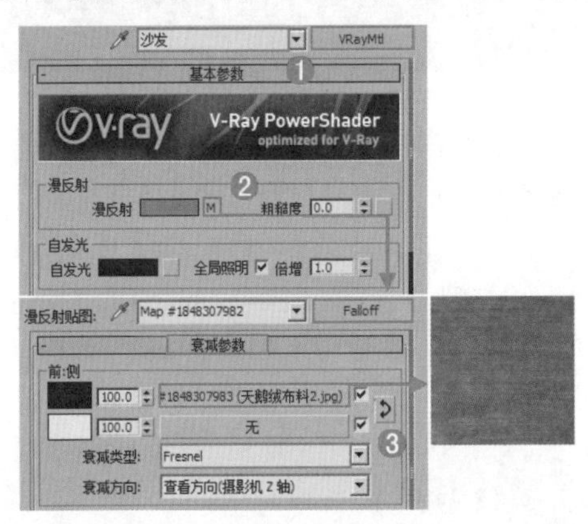

图 12–15

2）将制作完毕的沙发材质赋给场景中的沙发部分的模型，如图 12-16 所示。

图 12–16

（5）白色柜子材质的制作

1）选择一个空白材质球，将【材质类型】设置为【VRayMtl】，将其命名为【白色柜子】，设置【漫反射】颜色为白色（红：255，绿：255，蓝：255），【反射】颜色为灰色（红：100，绿：100，蓝：100），勾选【菲涅耳反射】选项，设置【菲涅耳折射率】为 2.0，设置【反射光泽度】为 0.85，如图 12-17 所示。

图 12–17

2）将制作完毕的白色柜子材质赋给场景中的白色柜子部分的模型，如图 12-18 所示。

图 12–18

至此场景中主要模型的材质已经制作完毕，其他材质的制作方法就不再详述了。

3. 设置摄影机

（1）单击（创建）|（摄影机）| 目标按钮，单击在顶视图中拖拽创建摄影机，如图 12-19 所示。

（2）选择刚创建的摄影机，单击进入【修改面板】，设置【镜头】为 20.0、【视野】为 83.974，设置【目标距离】为 6707.417mm，如图 12-20 所示。

（3）此时的摄影机视图效果，如图 12-21 所示。

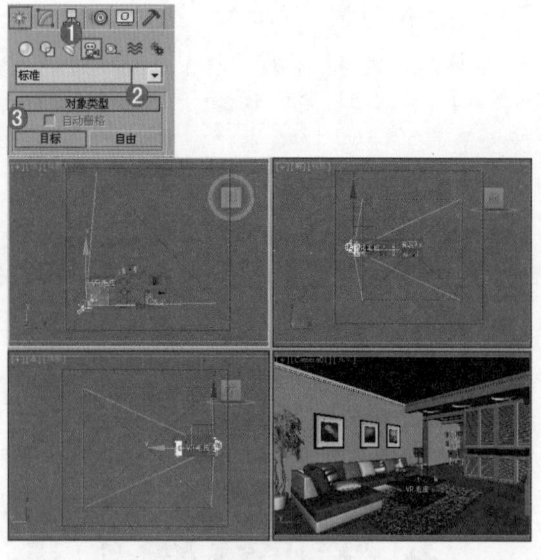

图 12-19

图 12-20

图 12-21

4. 设置灯光并进行草图渲染

在简约客厅场景中，使用两部分灯光照明来表现，一部分使用环境光效果，另外一部分使用室内灯光的照明。也就是说想得到好的效果，必须配合室内的一些照明，最后设置一下辅助光源就可以了。

（1）设置目标灯光

1）在【创建面板】下单击【灯光】按钮，设置【灯光类型】为光度学，单击 目标灯光 按钮，如图 12-22 所示。

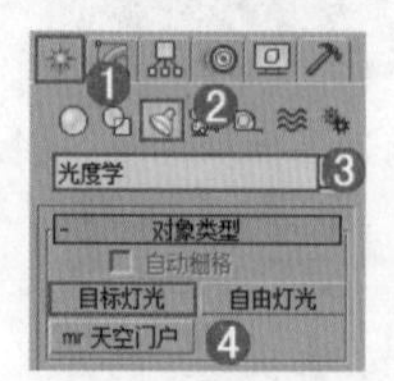

图 12-22

2）使用【目标灯光】在前视图中创建 13 盏目标灯光，如图 12-23 所示。

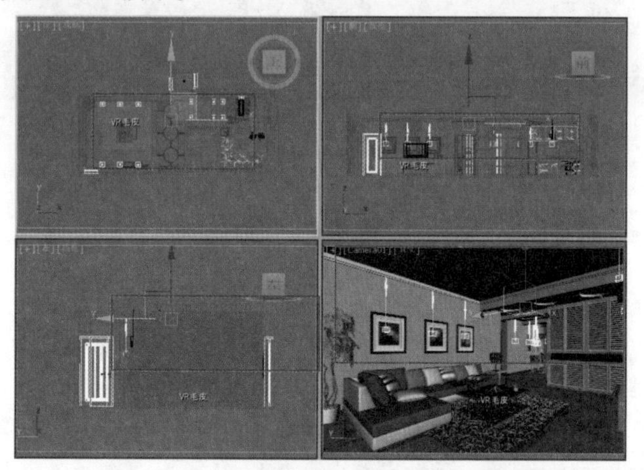

图 12-23

3）选择上一步创建的目标灯光，在【阴影】选项组下勾选【启用】，设置【阴影类型】为 VRay 阴影，设置【灯光分布（类型）】为光度学 Web，展开【分布（光度学 Web）】卷展栏，在通道上加载【中间亮 .IES】文件。展开【强度 / 颜色 / 衰减】卷展栏，调节【颜色】为黄色（红：251，绿：188，蓝：107），设置【结果强度】为 3400.0，如图 12-24 所示。

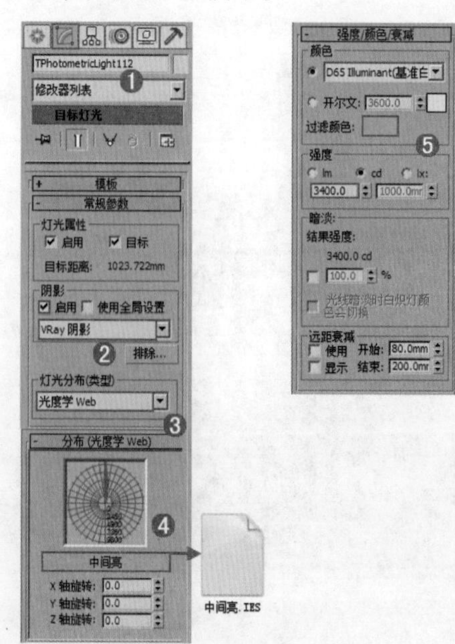

图 12-24

4）按【F10】键，打开【渲染设置】对话框。设置一下【VRay】和【间接照明】选项卡下的参数，刚开始设置的是一个草图设置，目的是进行快速渲染，来观看整体的效果，参数设置面板如图 12-25 所示。

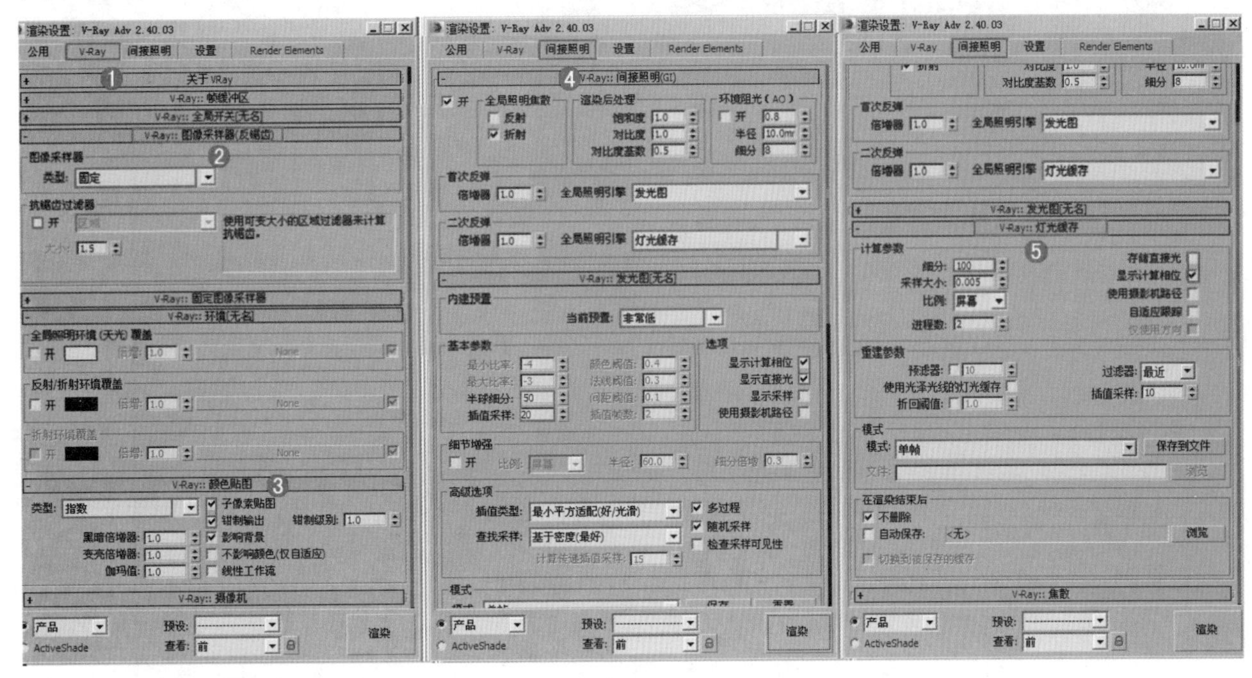

图 12-25

5）按【Shift+Q】组合键，快速渲染摄影机视图，其渲染效果如图 12-26 所示。

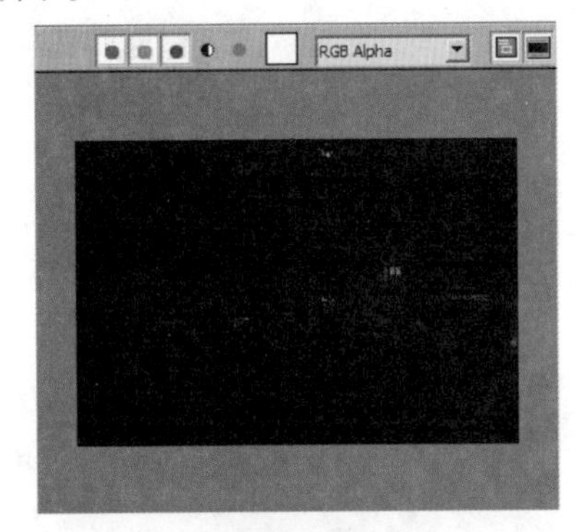

图 12-26

（2）设置 VR 灯光

1）在【创建面板】下单击【灯光】按钮，设置【灯光类型】为【VRay】，单击 VR灯光 按钮，如图 12-27 所示。

图 12-27

2）在顶视图中拖拽并创建一盏 VR 灯光，如图 12-28 所示。

3）选择上一步创建的 VR 灯光，在【常规】选项组下设置【类型】为平面，在【强度】选项组下设置【倍增器】为 6.0，调节【颜色】为黄色（红：242，绿：136，蓝：50），在【大小】选项组下设置【1/2 长】为 1315.571mm，【1/2 宽】为 30.0mm。在【选项】选项组下勾选【不可见】选项，如图 12-29 所示。

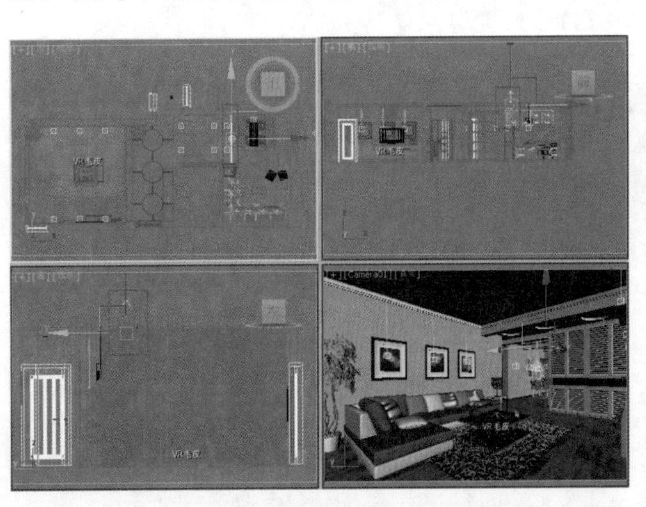

图 12-28

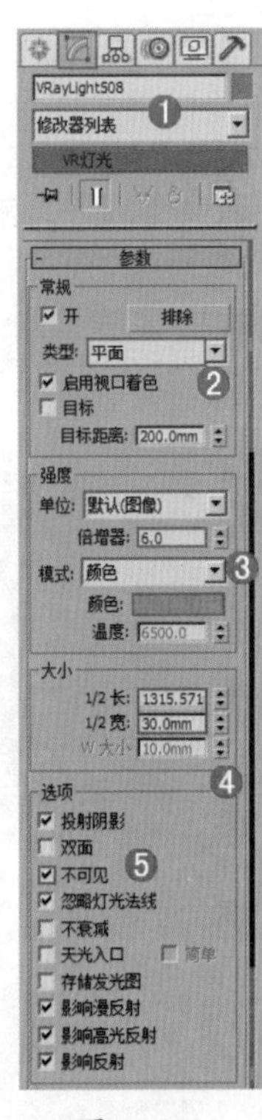

图 12-29

4）在顶视图中拖拽并创建 4 盏 VR 灯光，如图 12-30 所示。

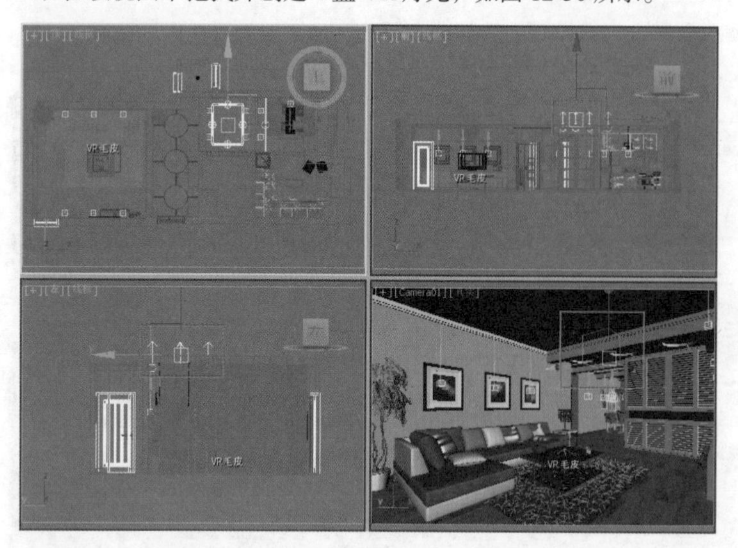

图 12-30

5）选择上一步创建的 VR 灯光，在【常规】选项组下设置【类型】为平面，在【强度】选项组下设置【倍增器】为 5.0，调节【颜色】为黄色（红：242，绿：136，蓝：50），在【大小】选项组下设置【1/2 长】为 1315.571mm，【1/2 宽】为 30.0mm。在【选项】选项组下勾选【不可见】选项，如图 12-31 所示。

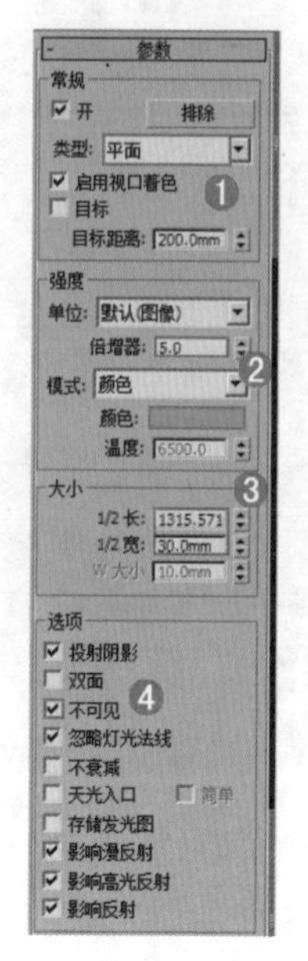

图 12-31

6）在前视图中拖拽并创建一盏 VR 灯光，如图 12-32 所示。

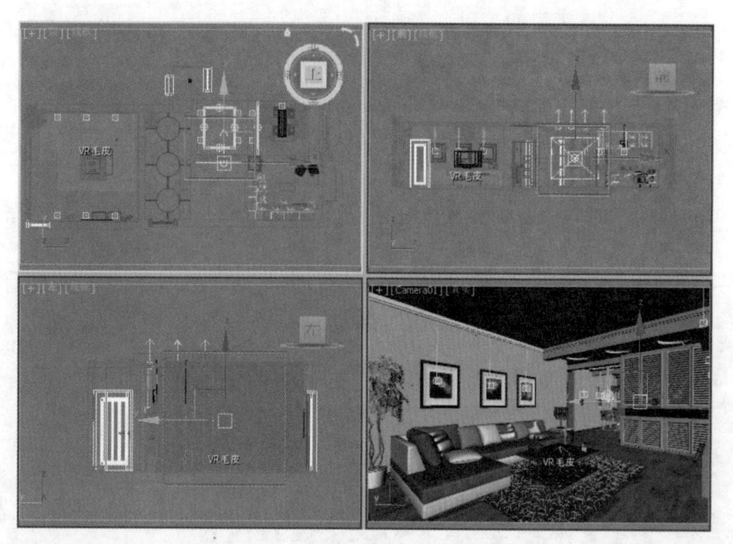

图 12-32

7）选择上一步创建的 VR 灯光，在【常规】选项组下设置【类型】为平面，在【强度】选项组下设置【倍增器】为 2.0，调节【颜色】为白色（红：254，绿：238，蓝：218），在【大小】选项组下设置【1/2 长】为 972.0mm，【1/2 宽】为 875.0mm。在【选项】选项组下勾选【不可见】选项，在【采样】组下设置【细分】为 24，如图 12-33 所示。

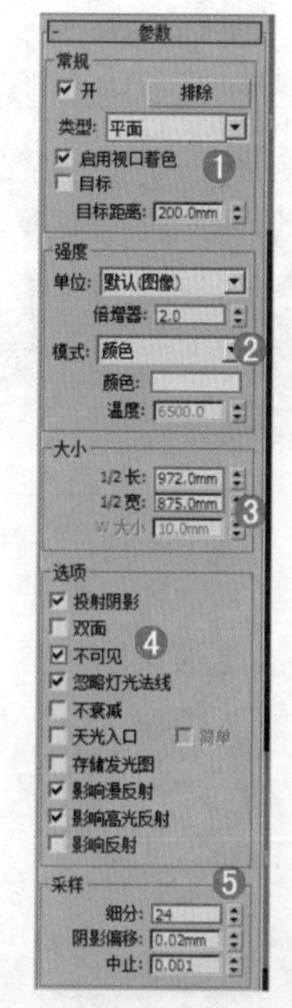

图 12-33

8）在顶视图中拖拽并创建 2 盏 VR 灯光，如图 12-34 所示。

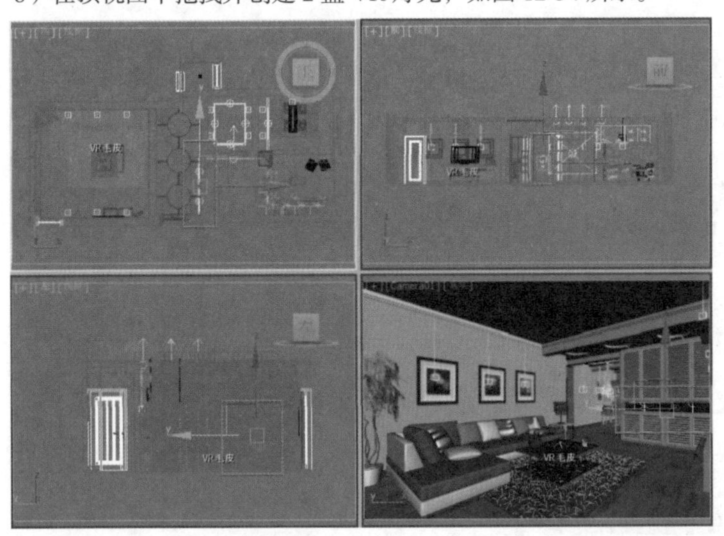

图 12-34

图 12-35

9）选择上一步创建的 VR 灯光，在【常规】选项组下设置【类型】为平面，在【强度】选项组下设置【倍增器】为 5.0，调节【颜色】为黄色（红：251，绿：199，蓝：117），在【大小】选项组下设置【1/2 长】为 724.003mm，【1/2 宽】为 30.0mm。在【选项】选项组下勾选【不可见】选项，如图 12-35 所示。

10）在顶视图中拖拽并创建一盏 VR 灯光，如图 12-36 所示。

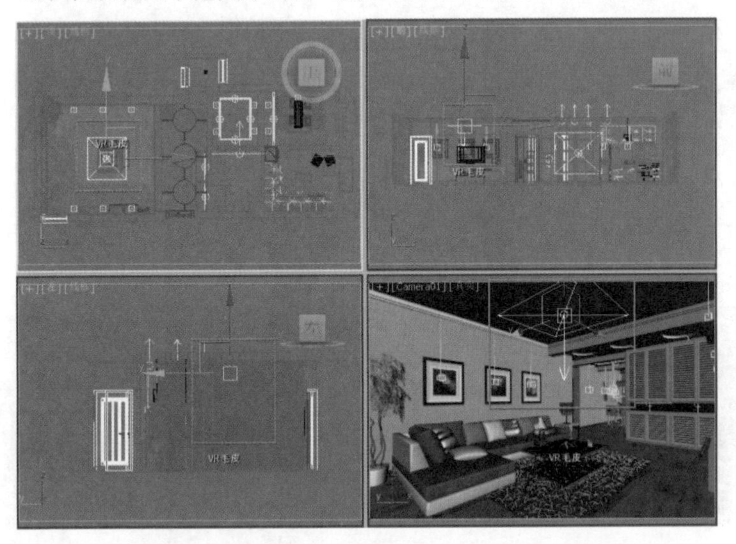

图 12-36

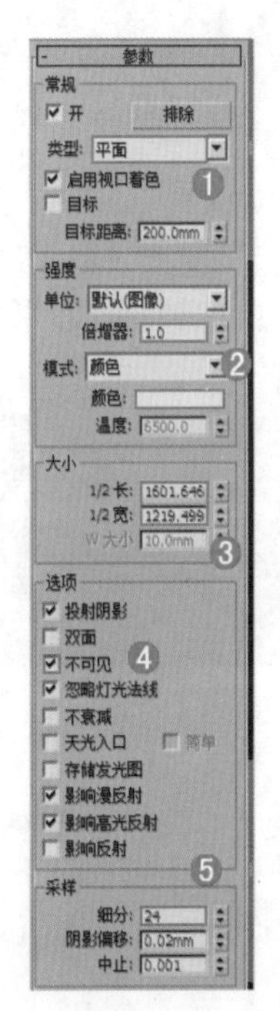

图 12-37

11）选择上一步创建的 VR 灯光，在【常规】选项组下设置【类型】为平面，在【强度】选项组下设置【倍增器】为 1.0，调节【颜色】为白色（红：254，绿：247，蓝：237），在【大小】选项组下设置【1/2 长】为 1601.646mm，【1/2 宽】为 1219.499mm。在【选项】选项组下勾选【不可见】选项，在【采样】选项组下设置【细分】为 24，如图 12-37 所示。

12）在左视图中拖拽并创建一盏 VR 灯光，如图 12-38 所示。

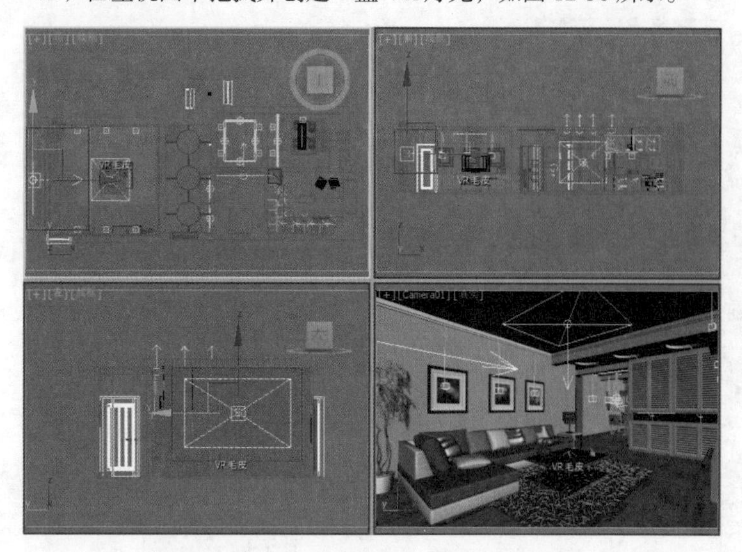

图 12-38

13）选择上一步创建的 VR 灯光，在【常规】选项组下设置【类型】为平面，在【强度】选项组下设置【倍增器】为 3.0，调节【颜色】为白色（红：255，绿：255，蓝：255），在【大小】选项组下设置【1/2 长】为 972.0mm，【1/2 宽】为 875.0mm。在【选项】选项组下勾选【不可见】选项，在【采样】选项组下设置【细分】为 24，如图 12-39 所示。

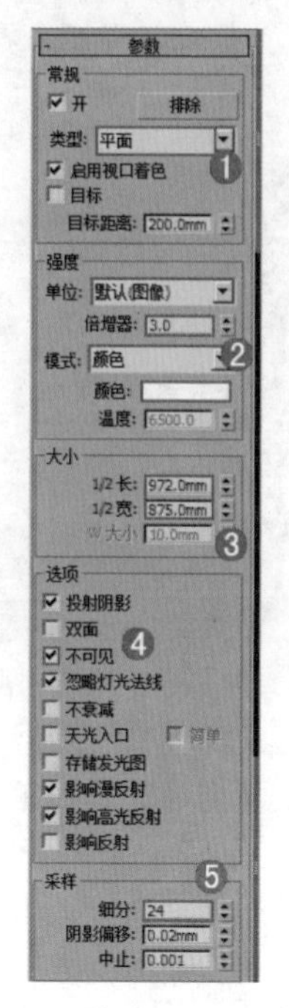

图 12-39

14）在左视图中拖拽并创建一盏 VR 灯光，如图 12-40 所示。

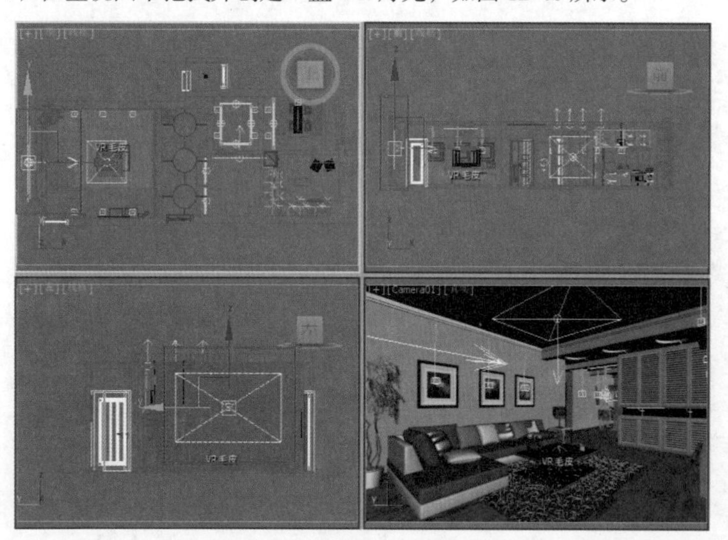

图 12-40

15）选择上一步创建的 VR 灯光，在【常规】选项组下设置【类型】为平面，在【强度】选项组下设置【倍增器】为 4.5，调节【颜色】为蓝色（红：76，绿：131，蓝：183），在【大小】选项组下设置【1/2 长】为 972.0mm，【1/2 宽】为 875.0mm。在【选项】选项组下勾选【不可见】选项，在【采样】选项组下设置【细分】为 24，如图 12-41 所示。

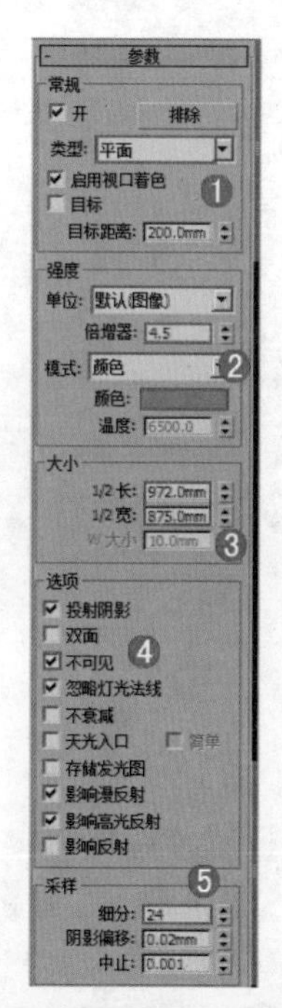

图 12-41

16）在顶视图中拖拽并创建 36 盏 VR 灯光，如图 12-42 所示。

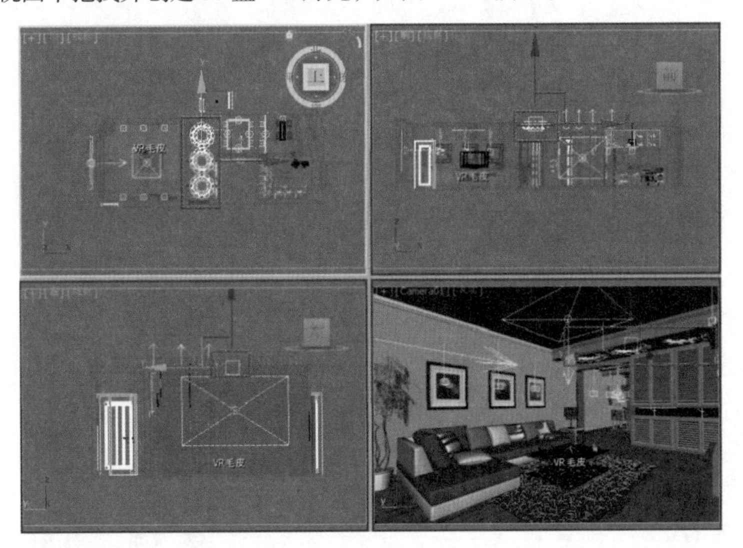

图 12-42

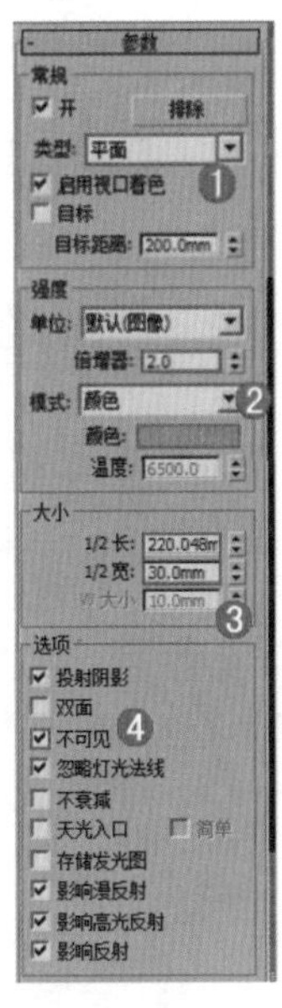

图 12-43

17）选择上一步创建的 VR 灯光，在【常规】选项组下设置【类型】为平面，在【强度】选项组下设置【倍增器】为 2.0，调节【颜色】为黄色（红：242，绿：136，蓝：50），在【大小】选项组下设置【1/2 长】为 220.048mm，【1/2 宽】为 30.0mm。在【选项】选项组下勾选【不可见】选项，如图 12-43 所示。

5. 设置成图渲染参数

经过了前面的操作，已经将大量烦琐的工作做完了，下面需要做的就是把渲染的参数设置高一些，再进行渲染输出。

（1）重新设置一下渲染参数，按【F10】键，在打开的【渲染设置】对话框中，选择【V-Ray】选项卡，展开【图形采样器（反锯齿）】卷展栏，设置【类型】为自适应确定性蒙特卡洛，在【抗锯齿过滤器】选项组下勾选【开】选项，选择【Catmull-Rom】，展开【V-Ray：：自适应 DMC 图像采样器】卷展栏，设置【最小细分】为 1、【最大细分】为 4，展开【颜色贴图】卷展栏，设置【类型】为指数，勾选【子像素映射】和【钳制输出】选项，如图 12-44 所示。

（2）选择【间接照明】选项卡，展开【发光图】卷展栏，设置【当前预置】为低，设置【半球细分】为 50，【插值采样】为 20，勾选【显示计算相位】和【显示直接光】选项，展开【灯光缓存】卷展栏，设置【细分】为 1000，勾选【存储直接光】和【显示计算相位】选项，如图 12-45 所示。

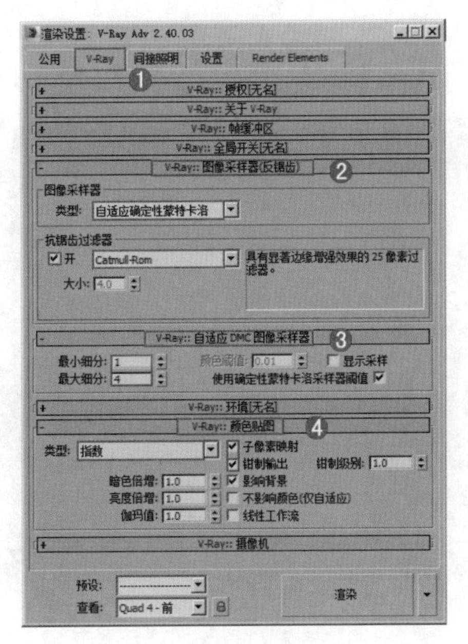

图 12-44

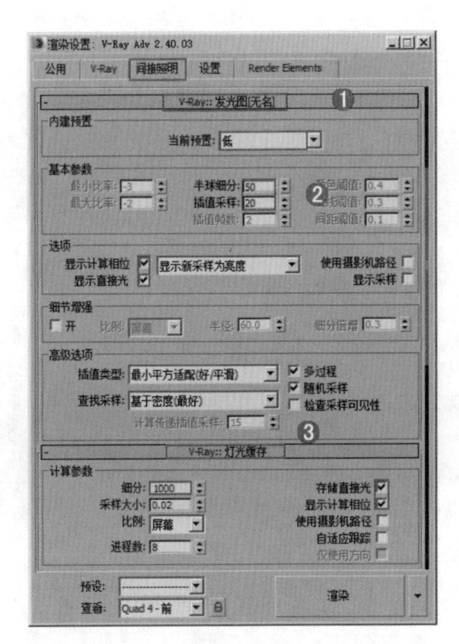

图 12-45

（3）选择【设置】选项卡，展开【系统】卷展栏，设置【区域排序】为三角剖分，取消勾选【显示窗口】选项，如图 12-46 所示。

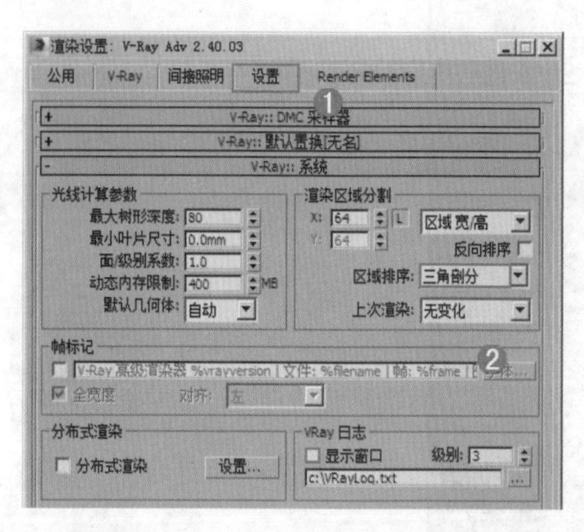

图 12-46

（4）单击【公用】选项卡，展开【公用参数】卷展栏，设置输出的尺寸宽度为 1200、高度为 800，如图 12-47 所示。

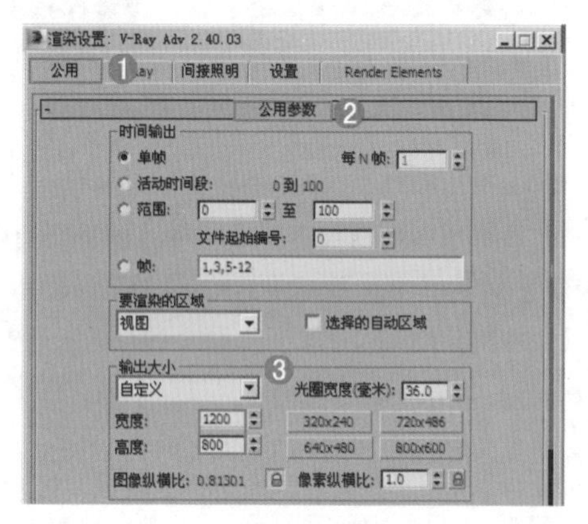

图 12-47

（5）等待一段时间后就渲染完成了，最终的效果如图 12-48 所示。

图 12-48

12.2 综合实战 —— 美式风格客厅

场景文件	02.max
案例文件	综合实战 —— 美式风格客厅 .max
视频教学	多媒体教学 /Chapter12/ 综合实战 —— 美式风格客厅 .flv
难易指数	★★★★☆
灯光类型	目标灯光、自由灯光、VR 灯光
材质类型	VRayMtl
程序贴图	衰减贴图
技术掌握	掌握家装场景灯光的制作

实例介绍

本例是一个美式风格客厅场景，室内明亮灯光表现主要使用了目标灯光、自由灯光、VR 灯光来制作，使用 VRayMtl 制作本案例的主要材质，制作完毕之后渲染的效果，如图 12-49 所示。

图 12-49

操作步骤

1. 设置 VRay 渲染器

（1）打开本书配套资源中的【场景文件 / Chapter12/02.max】文件，此时场景效果如图 12-50 所示。

图 12-50

（2）按【F10】键，打开【渲染设置】对话框，选择【公用】选项卡，在【指定渲染器】卷展栏下单击 ... 按钮，在弹出的【选择渲染器】对话框中选择【V-RayAdv2.40.03】，如图 12-51 所示。

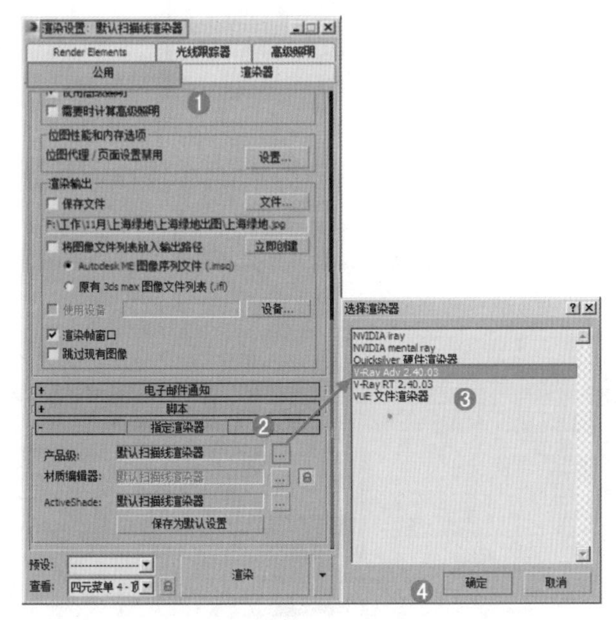

图 12–51

（3）此时在【指定渲染器】卷展栏，【产品级】后面显示了【V-RayAdv2.40.03】，【渲染设置】对话框中出现了【V-Ray】、【间接照明】、【设置】选项卡，如图 12-52 所示。

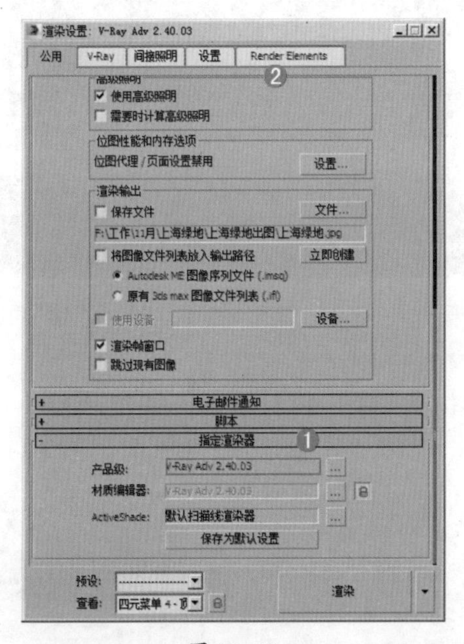

图 12–52

2. 材质的制作

下面就来讲述场景中主要材质的调节方法，包括大理石地面、沙发、乳胶漆、电视墙软包、茶镜材质等，如图 12-53 所示。

图 12–53

（1）大理石地面材质的制作

1）按【M】键，打开【材质编辑器】对话框，选择第一个材质球，单击 Standard （标准）按钮，在弹出的【材质 / 贴图浏览器】对话框中选择【VRayMtl】，如图 12-54 所示。

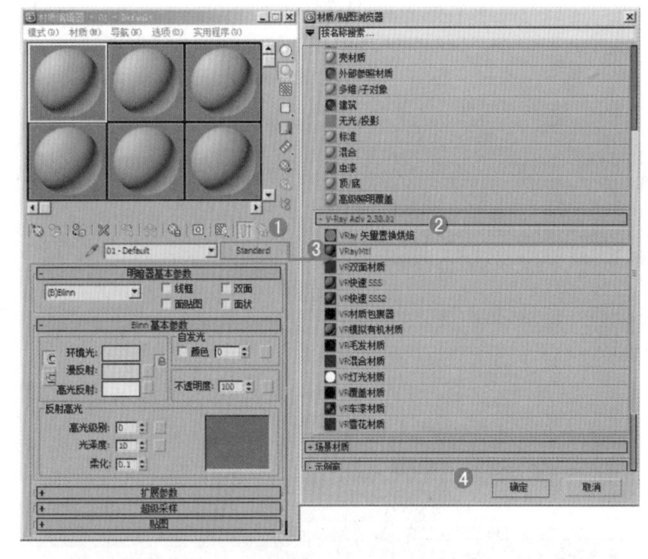

图 12–54

2）将其命名为【大理石地面】，在【漫反射】后面的通道上加载【玛雅米黄石副本 .jpg】贴图文件，设置【反射】颜色为深灰色（红：32，绿：32，蓝：32），设置【高光光泽度】为 0.9，如图 12-55 所示。

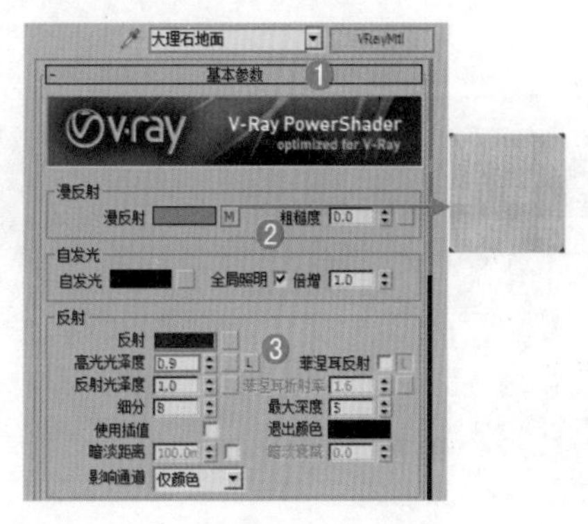

图 12–55

3）将制作完毕的大理石地面材质赋给场景中的大理石地面部分的模型，如图 12-56 所示。

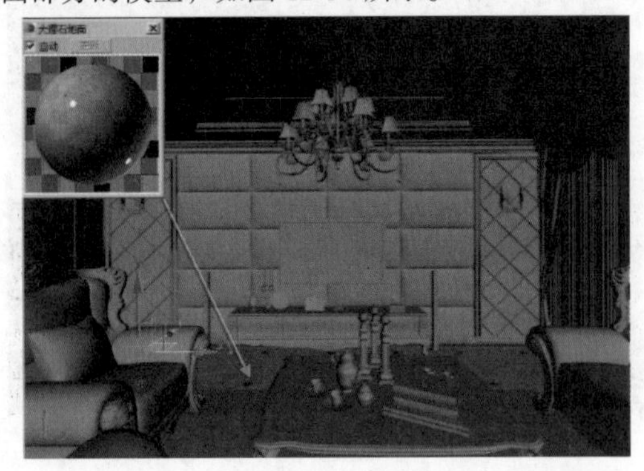

图 12–56

（2）沙发材质的制作

1）按【M】键，打开【材质编辑器】对话框，选择第一个材质球，单击 Standard （标准）按钮，在弹出的【材质 / 贴图浏览器】对话框中选择【VRayMtl】，如图 12-57 所示。

图 12–57

2）将其命名为【沙发】，在【漫反射】后面的通道上加载【2006_8_5_11_47_57.jpg】贴图文件，展开【坐标】卷展栏，设置【模糊】为 0.01，设置【反射】颜色为黑色（红：15，绿：15，蓝：15），设置【高光光泽度】为 0.45，【细分】为 30，如图 12-58 所示。

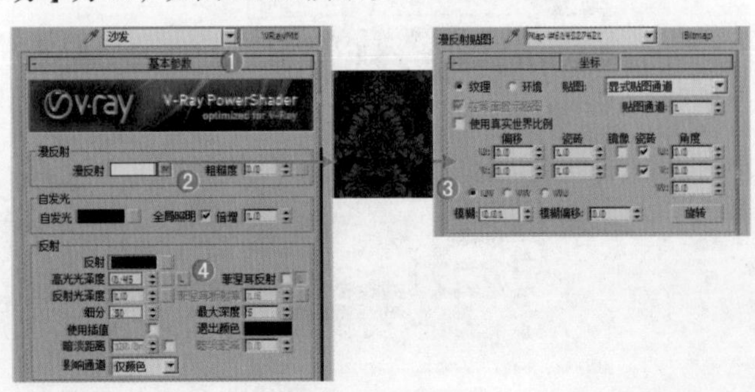

图 12–58

3）展开【选项】卷展栏，取消勾选【跟踪反射】选项，如图 12-59 所示。

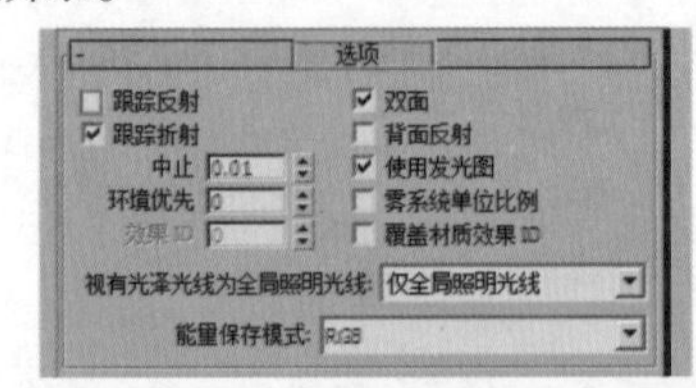

图 12–59

4）展开【贴图】卷展栏，在【凹凸】后面的通道上加载【2006_8_5_11_47_57.jpg】贴图文件，展开【坐标】卷展栏，设置【模糊】为 0.01，设置【凹凸】为 15，如图 12-60 所示。

图 12–60

5）将制作完毕的沙发材质赋给场景中的沙发部分的模型，如图 12-61 所示。

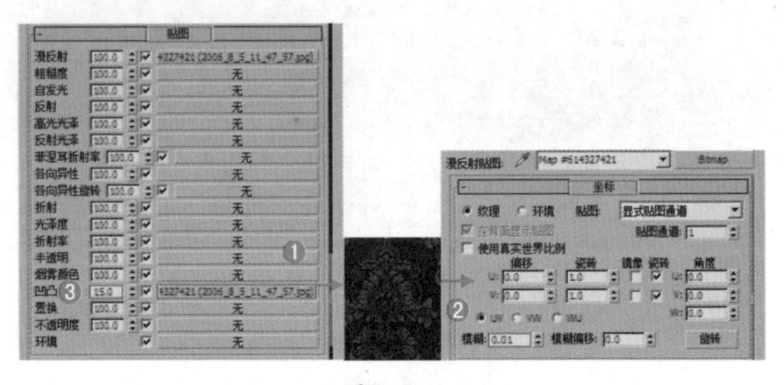

图 12–61

（3）乳胶漆材质的制作

1）选择一个空白材质球，将【材质类型】设置为【VRayMtl】，将其命名为【乳胶漆】，设置【漫反射】颜色为白色（红：255，绿：255，蓝：255），【反射】颜色为黑色（红：7，绿：7，蓝：7），设置【高光光泽度】为 0.25，【反射光泽度】为 0.65，【细分】为 20，如图 12-62 所示。

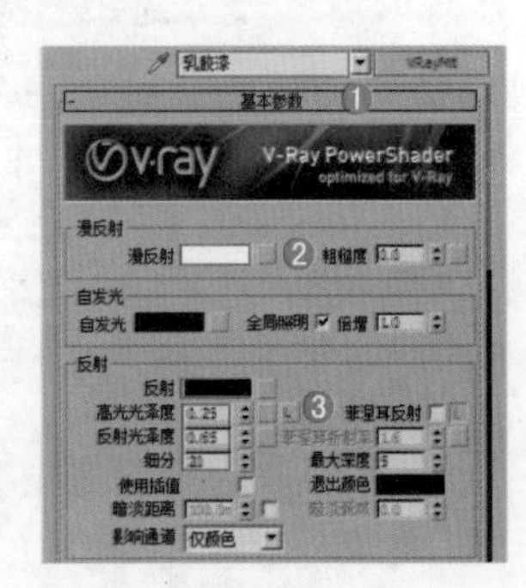

图 12–62

2）展开【选项】卷展栏，取消勾选【跟踪反射】选项，如图 12-63 所示。

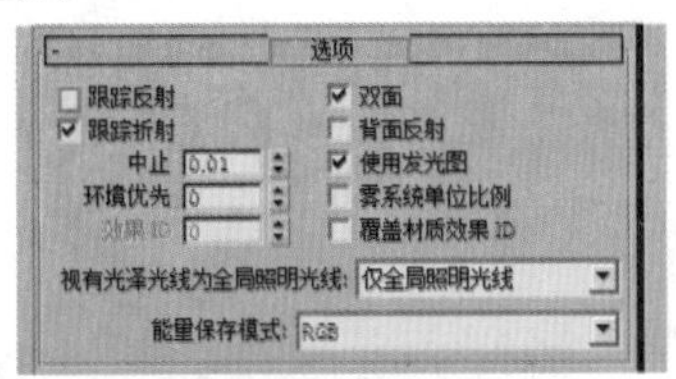

图 12-63

3）将制作完毕的乳胶漆材质赋给场景中的乳胶漆部分的模型，如图 12-64 所示。

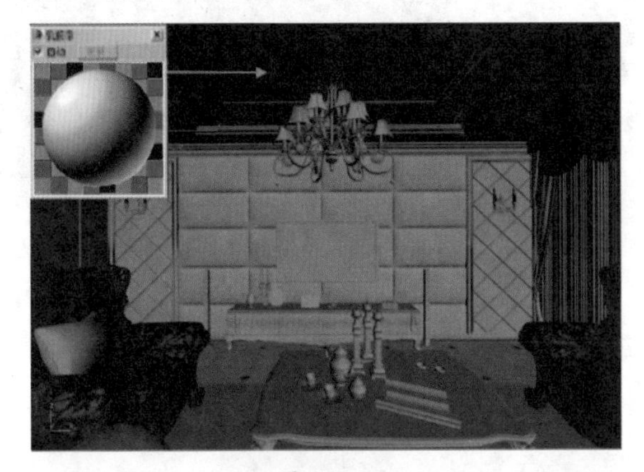

图 12-64

（4）电视墙软包材质的制作

1）选择一个空白材质球，将【材质类型】设置为【VRayMtl】，将其命名为【电视墙软包】，在【漫反射】后面的通道上加载【衰减】程序贴图，展开【衰减参数】卷展栏，在【颜色 1】后面的通道上加载【799095-008-embed.jpg】贴图文件，设置【颜色 2】颜色为浅黄色（红：255，绿：231，蓝：189），设置【反射】颜色为深灰色（红：255，绿：255，蓝：255），设置【高光光泽度】为 0.65，【反射光泽度】为 0.85，如图 12-65 所示。

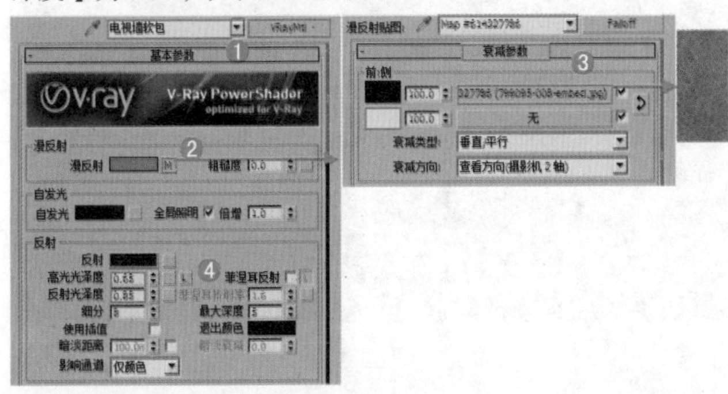

图 12-65

2）展开【双向反射分布函数】卷展栏，设置【类型】为沃德，如图 12-66 所示。

3）展开【贴图】卷展栏，在【凹凸】后面的通道上加载【799095-008-embed.jpg】贴图文件，设置【凹凸】为 30，如图 12-67 所示。

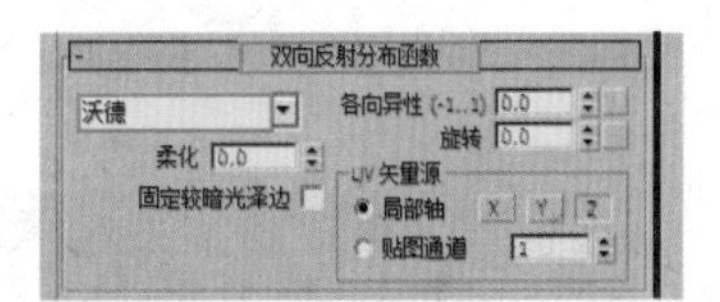

图 12-66

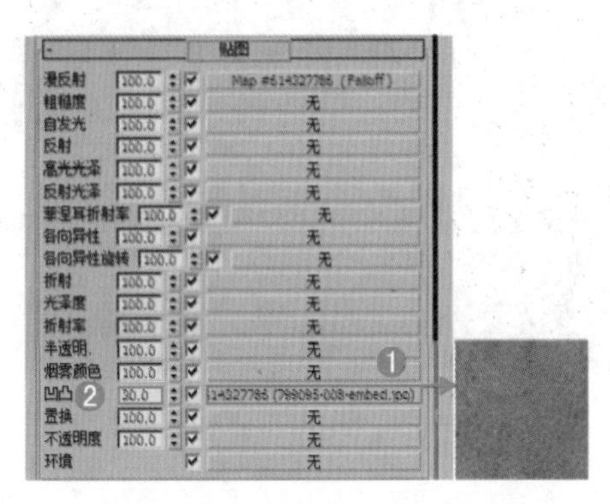

图 12-67

4）将制作完毕的电视墙软包材质赋给场景中的电视墙软包部分的模型，如图 12-68 所示。

图 12-68

（5）茶镜材质的制作

1）选择一个空白材质球，然后将【材质类型】设置为【VRayMtl】，将其命名为【茶镜】，设置【漫反射】颜色为棕色（红：44，绿：14，蓝：0），【反射】颜色为黄色（红：255，绿：161，蓝：109），如图 12-69 所示。

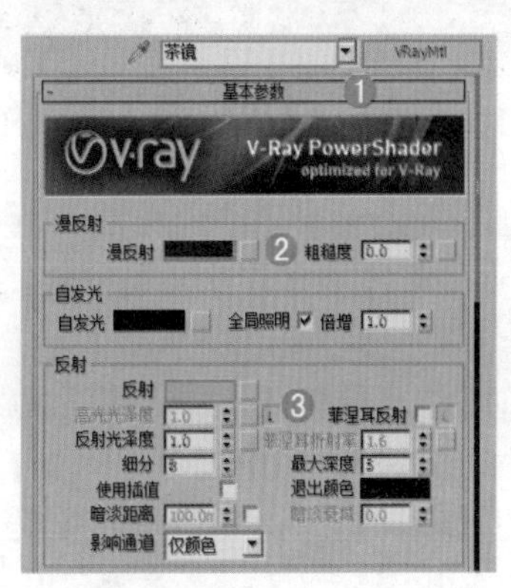

图 12-69

2）将制作完毕的茶镜材质赋给场景中的茶镜部分的模型，如图 12-70 所示。

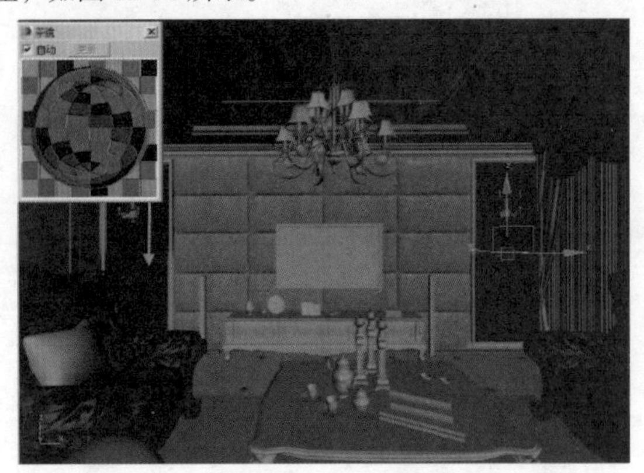

图 12-70

至此场景中主要模型的材质已经制作完毕，其他材质的制作方法就不再详述了。

3. 设置摄影机

（1）单击 （创建）| （摄影机）| 目标 按钮，单击在顶视图中拖拽创建摄影机，如图 12-71 所示。

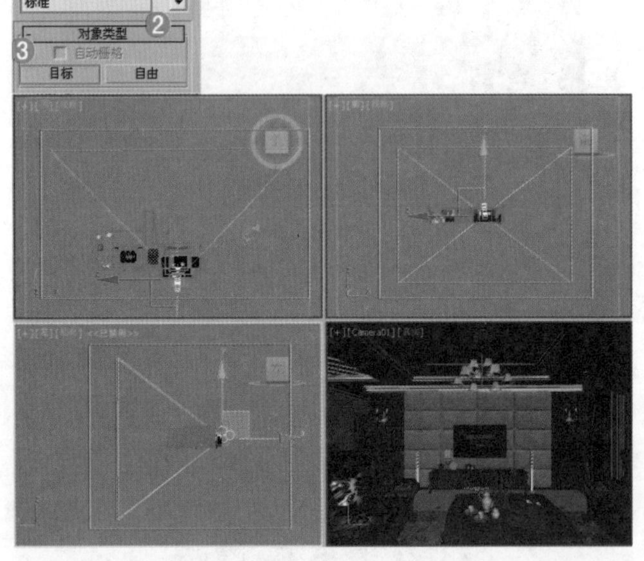

图 12-71

（2）选择刚创建的摄影机，单击进入修改面板，设置【镜头】为 18.0，【视野】为 90.0，设置【目标距离】为 4269.6mm，如图 12-72 所示。

（3）此时的摄影机视图效果，如图 12-73 所示。

4. 设置灯光并进行草图渲染

在这个美式风格客厅场景中，使用两部分灯光照明来表现，一部分使用了环境光效果，另外使用了室内灯光的照明。也就是说想得到好的效果，必须配合室内的一些照明，最后设置一下辅助光源就可以了。

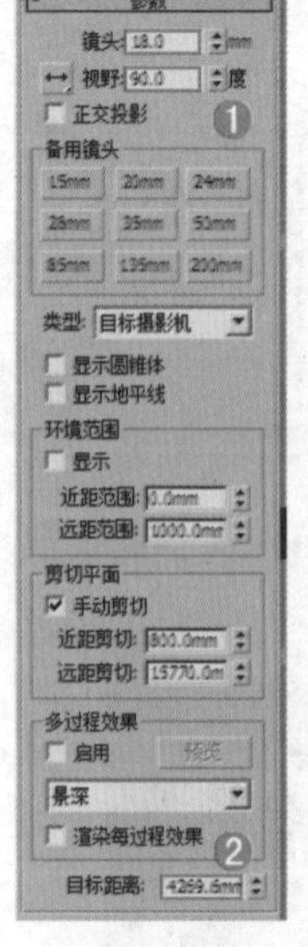

图 12-72　　图 12-73

（1）设置目标灯光

1）在【创建面板】下单击 【灯光】按钮，设置【灯光类型】为光度学，单击 目标灯光 按钮，如图 12-74 所示。

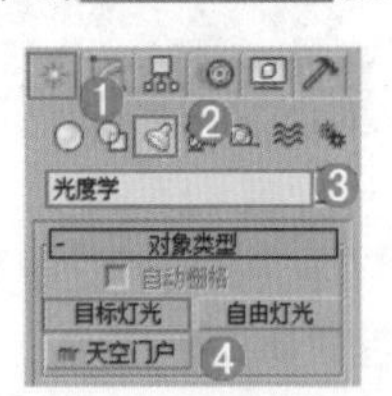

图 12-74

2）使用【目标灯光】在前视图中创建 13 盏目标灯光，如图 12-75 所示。

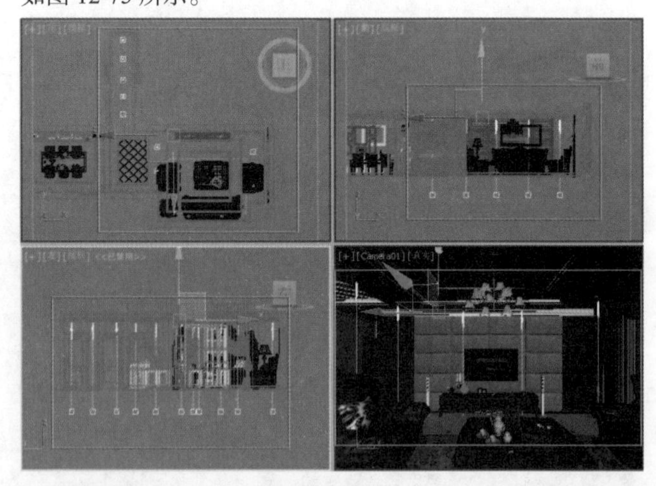

图 12-75

3）选择上一步创建的目标灯光，在【阴影】选项组下勾选【启用】，设置【阴影类型】为 VRay 阴影，设置【灯光分布（类型）】为光度学 Web，展开【分布（光度学 Web）】卷展栏，在通道上加载【中间亮 .IES】文件。展开【强度 / 颜色 / 衰减】卷展栏，调节【颜色】为黄色（红：251，绿：168，蓝：60），设置【强度】为 12000，展开【VRay 阴影参数】卷展栏，设置【细分】为 20，如图 12-76 所示。

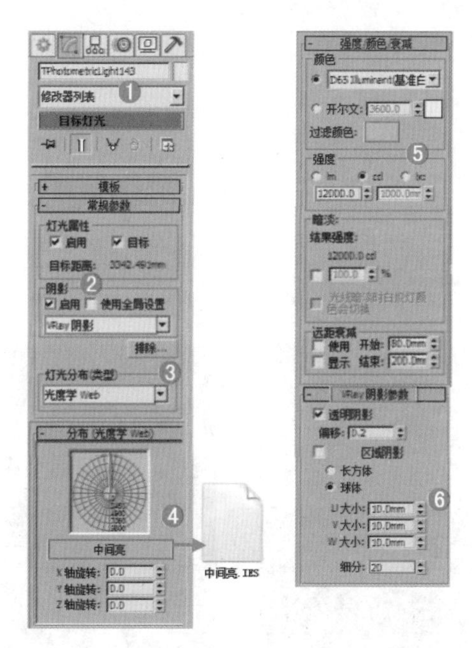

图 12–76

4）按【F10】键，打开【渲染设置】对话框。首先设置一下【VRay】和【间接照明】选项卡下的参数，刚开始设置的是一个草图设置，目的是进行快速渲染，来观看整体的效果，参数设置面板如图 12-77 所示。

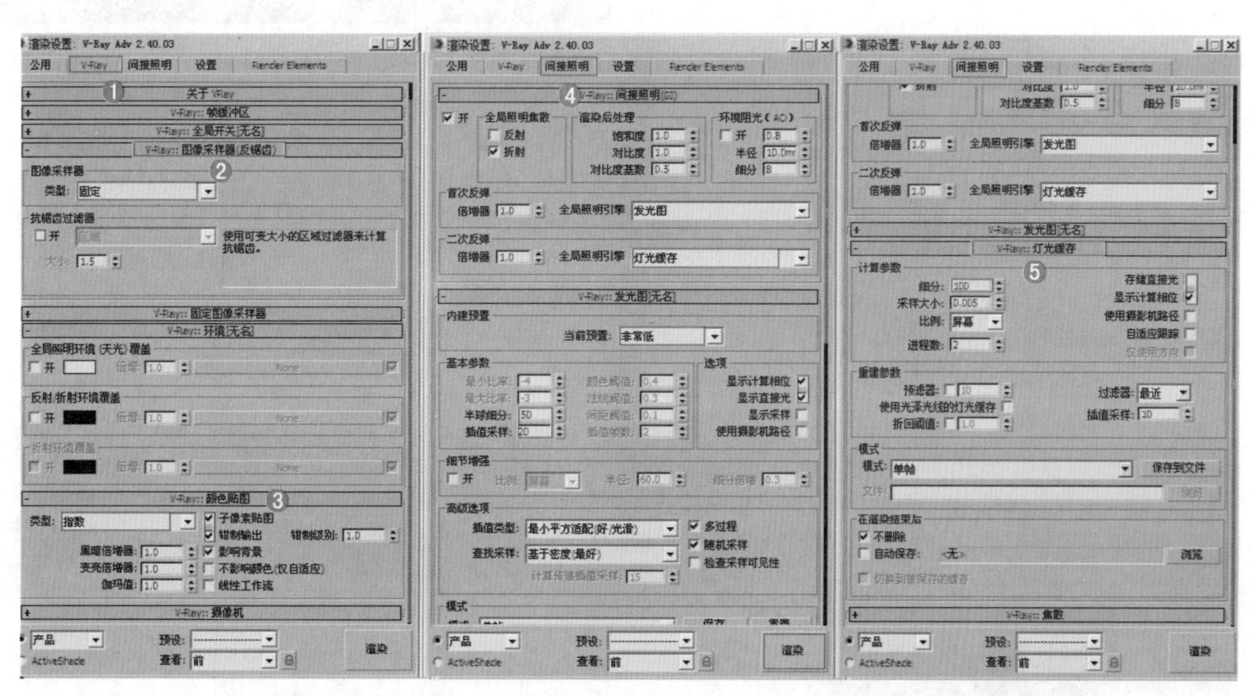

图 12–77

5）按【Shift+Q】组合键，快速渲染摄影机视图，其渲染效果如图 12-78 所示。

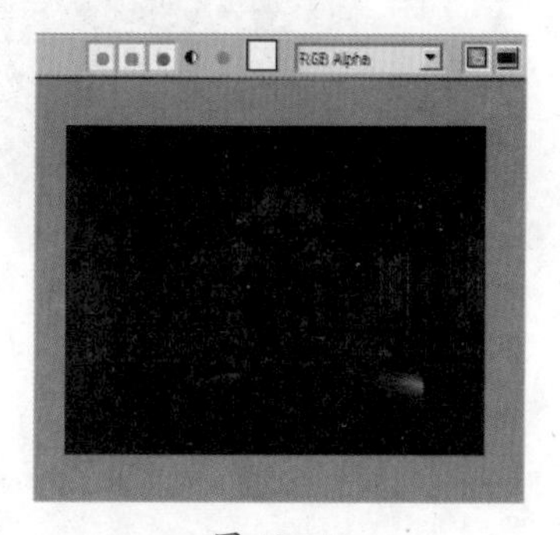

图 12–78

（2）设置自由灯光

1）在【创建面板】下单击【灯光】按钮，设置【灯光类型】为光度学，单击 自由灯光 按钮，如图 12-79 所示。

2）使用【自由灯光】在前视图中创建 10 盏自由灯光，如图 12-80 所示。

3）选择上一步创建的自由灯光，在【修改面板】下展开【常规参数】卷展栏，在【阴影】选项组下勾选【启用】，设置【阴影类型】为 VRay 阴影，设置【灯光分布（类型）】为统一球形，展开【强度 / 颜色 / 衰减】卷展栏，调节【颜色】为黄色（红：252，绿：200，蓝：158），设置【强度】为 30，如图 12-81 所示。

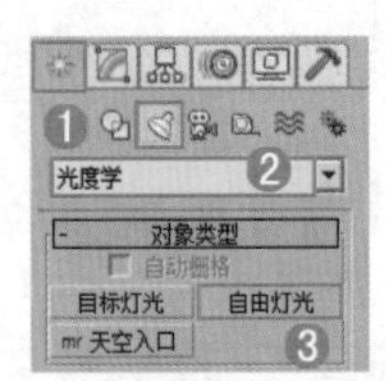

图 12-79

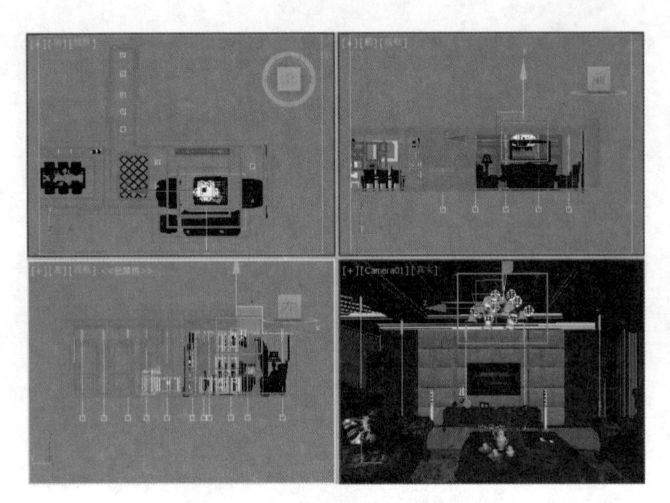

图 12-80

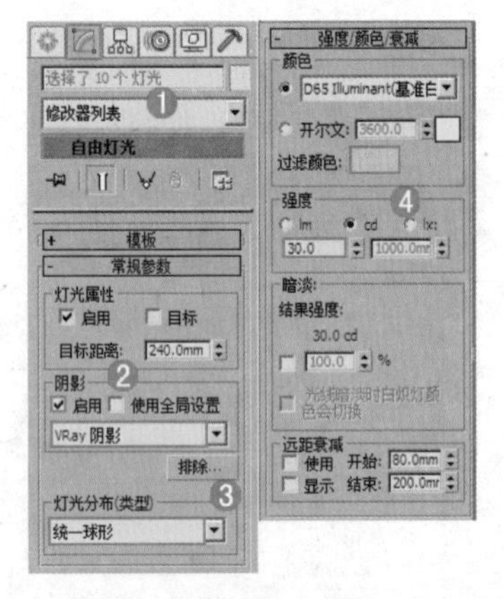

图 12-81

4）按【Shift+Q】组合键，快速渲染摄影机视图，其渲染效果如图 12-82 所示。

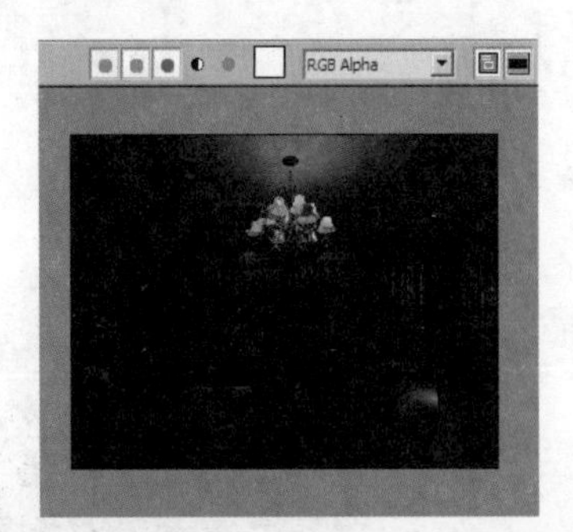

图 12-82

（3）设置 VR 灯光

1）在【创建面板】下单击【灯光】按钮，设置【灯光类型】为 VRay，单击 VR灯光 按钮，如图 12-83 所示。

图 12-83

2）在顶视图中拖拽并创建 4 盏 VR 灯光，如图 12-84 所示。

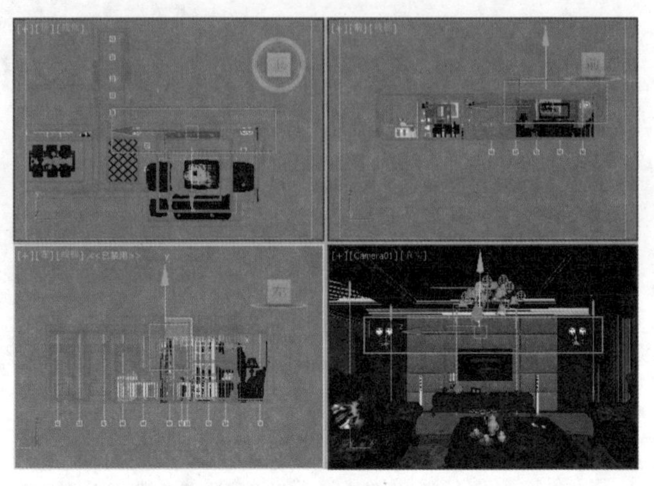

图 12-84

3）选择上一步创建的 VR 灯光，在【常规】选项组下设置【类型】为球体，在【强度】选项组下设置【倍增器】为 10，调节【颜色】为黄色（红：255，绿：193，蓝：104），在【大小】选项组下设置【半径】为 50mm，在【选项】选项组下勾选【不可见】选项，在【采样】选项组下设置【细分】为 30，如图 12-85 所示。

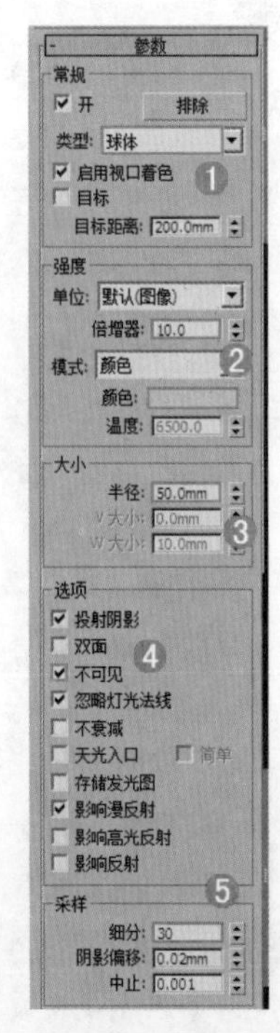

图 12-85

4）在左视图中拖拽并创建一盏 VR 灯光，如图 12-86 所示。

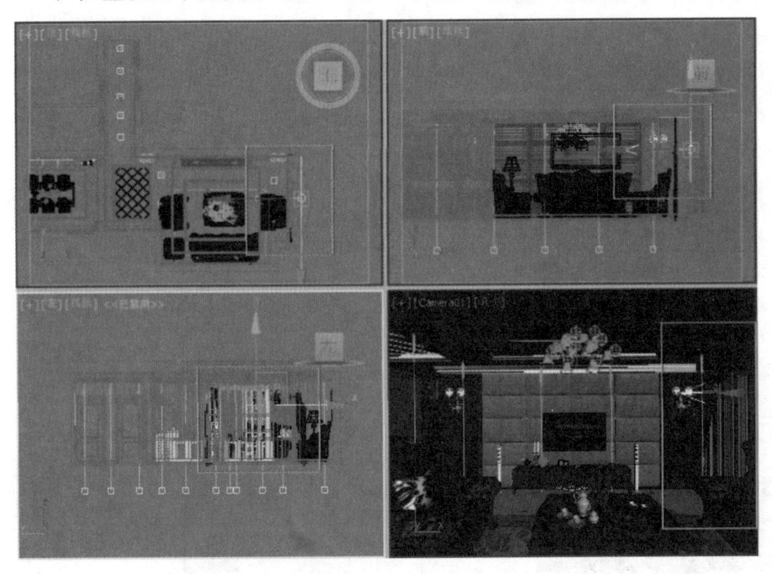

图 12-86

5）选择上一步创建的 VR 灯光，在【常规】选项组下设置【类型】为平面，在【强度】选项组下设置【倍增器】为 4，调节【颜色】为浅蓝色（红：146，绿：202，蓝：255），在【大小】选项组下设置【1/2 长】为 972.0mm，【1/2 宽】为 875.0mm。在【选项】选项组下勾选【不可见】选项，在【采样】选项组下设置【细分】为 24，如图 12-87 所示。

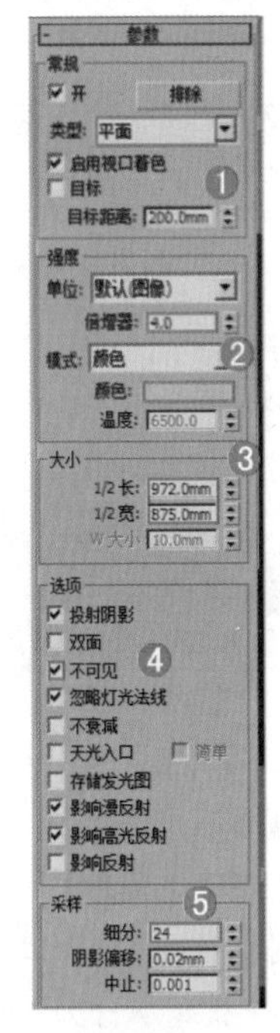

图 12-87

6）在顶视图中拖拽并创建一盏 VR 灯光，使用【选择并移动】工具调整位置，此时 VR 灯光的位置，如图 12-88 所示。

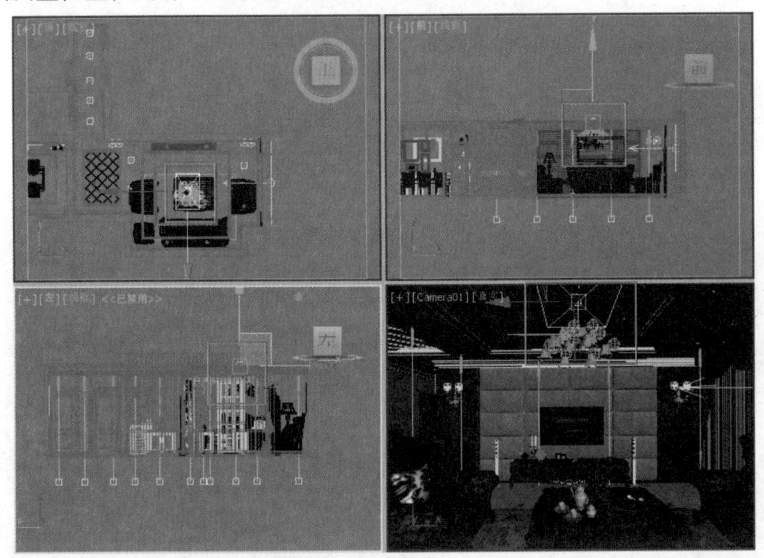

图 12-88

7）选择上一步创建的 VR 灯光，在【修改面板】下展开【参数】卷展栏，在【常规】选项组下设置【类型】为平面，在【强度】选项组下设置【倍增器】为 2，调节【颜色】为白色（红：255，绿：255，蓝：255），在【大小】选项组下设置【1/2 长】为 453.775mm，【1/2 宽】为 638.646mm。在【选项】选项组下勾选【不可见】选项，在【采样】选项组下设置【细分】为 24，如图 12-89 所示。

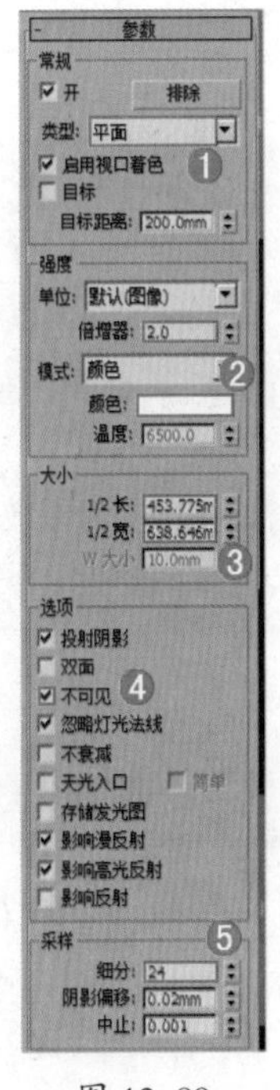

图 12-89

8）在顶视图中拖拽并创建一盏 VR 灯光，使用【选择并移动】工具复制一盏，调整位置，此时 VR 灯光的位置，如图 12-90 所示。

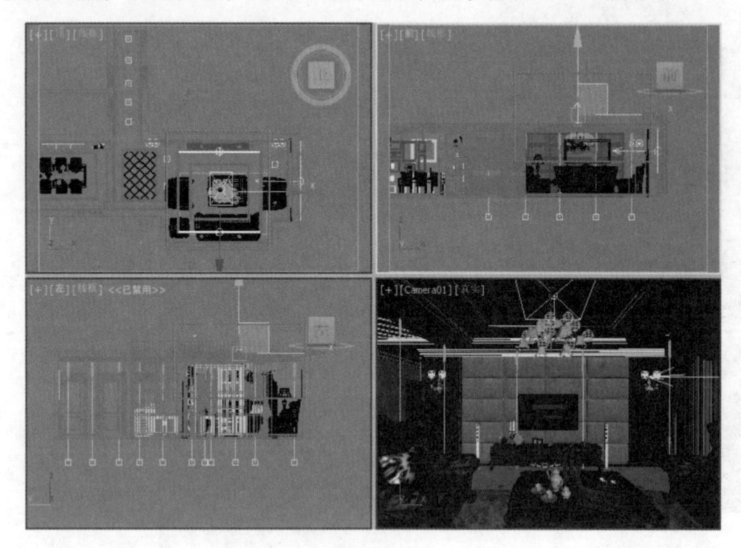

图 12-90

9）选择上一步创建的 VR 灯光，在【修改面板】下展开【参数】卷展栏，在【常规】选项组下设置【类型】为平面，在【强度】选项组下设置【倍增器】为 6.0，调节【颜色】为黄色（红：251，绿：178，蓝：99），在【大小】选项组下设置【1/2 长】为 1807.418mm，【1/2 宽】为 30.0mm。在【选项】选项组下勾选【不可见】选项，如图 12-91 所示。

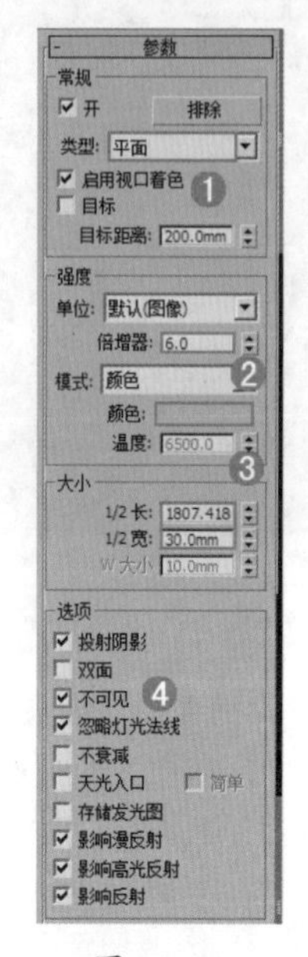

图 12-91

10）在顶视图中拖拽并创建一盏 VR 灯光，使用【选择并移动】工具复制一盏，调整位置，此时 VR 灯光的位置，如图 12-92 所示。

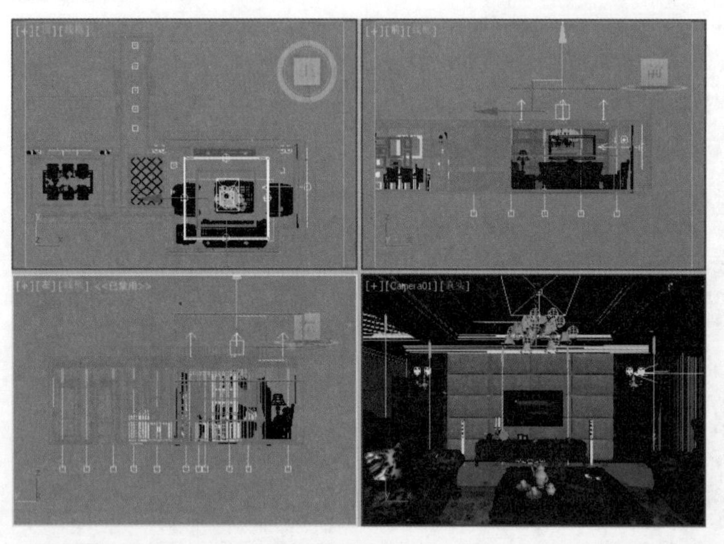

图 12-92

11）选择上一步创建的 VR 灯光，在【修改面板】下展开【参数】卷展栏，在【常规】选项组下设置【类型】为平面，在【强度】选项组下设置【倍增器】为 6.0，调节【颜色】为黄色（红：251，绿：178，蓝：99），在【大小】选项组下设置【1/2 长】为 1798.418mm，【1/2 宽】为 30.0mm。在【选项】选项组下勾选【不可见】选项，如图 12-93 所示。

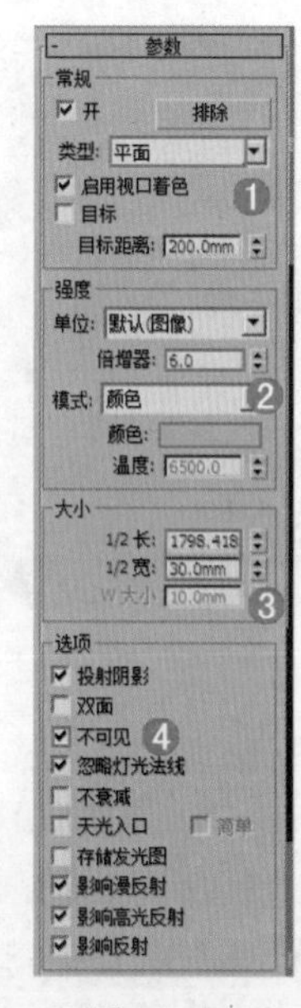

图 12-93

12）在顶视图中拖拽并创建一盏 VR 灯光，使用【选择并移动】工具调整位置，此时 VR 灯光的位置，如图 12-94 所示。

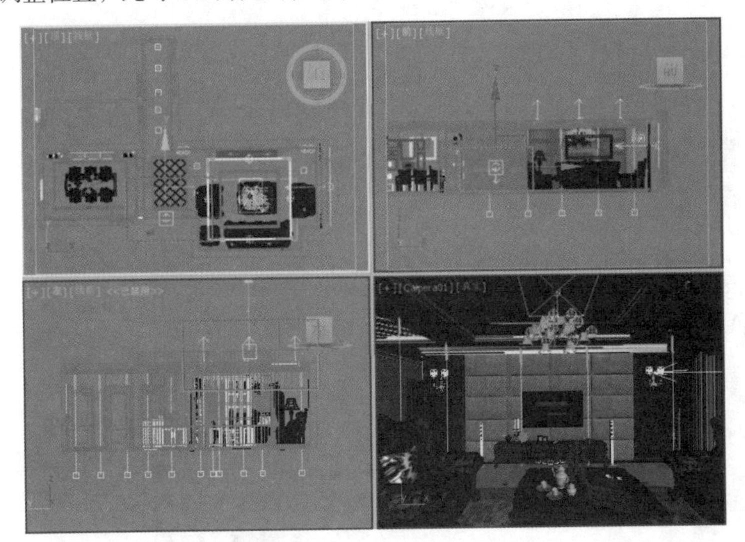

图 12–94

13）选择上一步创建的 VR 灯光，在【修改面板】下展开【参数】卷展栏，在【常规】选项组下设置【类型】为平面，在【强度】选项组下设置【倍增器】为 4.0，调节【颜色】为黄色（红：251，绿：178，蓝：99），在【大小】选项组下设置【1/2 长】为 1251.908mm，【1/2 宽】为 30.0mm。在【选项】选项组下勾选【不可见】选项，如图 12-95 所示。

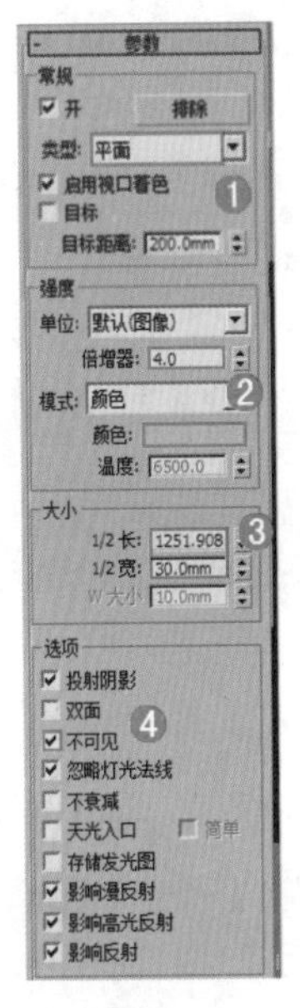

图 12–95

14）在顶视图中拖拽并创建一盏 VR 灯光，使用【选择并移动】工具调整位置，此时 VR 灯光的位置，如图 12-96 所示。

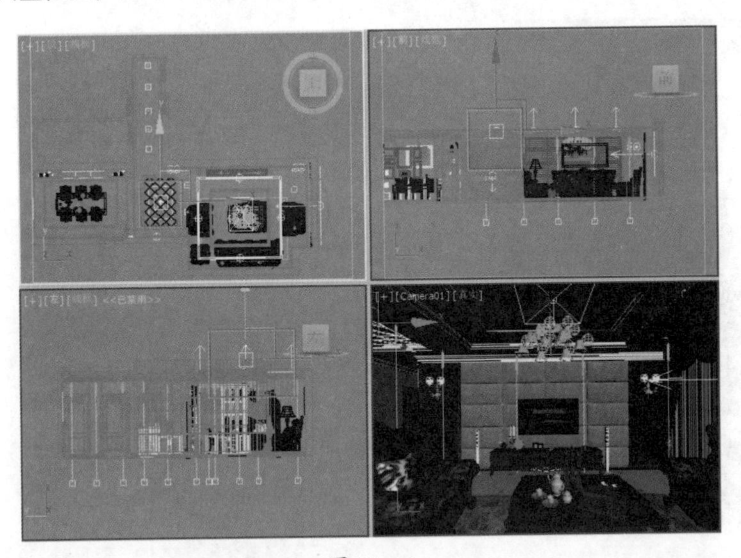

图 12–96

15）选择上一步创建的 VR 灯光，在【修改面板】下展开【参数】卷展栏，在【常规】选项组下设置【类型】为平面，在【强度】选项组下设置【倍增器】为 2.0，调节【颜色】为白色（红：255，绿：255，蓝：255），在【大小】选项组下设置【1/2 长】为 453.775mm，【1/2 宽】为 638.646mm。在【选项】选项组下勾选【不可见】选项，在【采样】选项组下设置【细分】为 24，如图 12-97 所示。

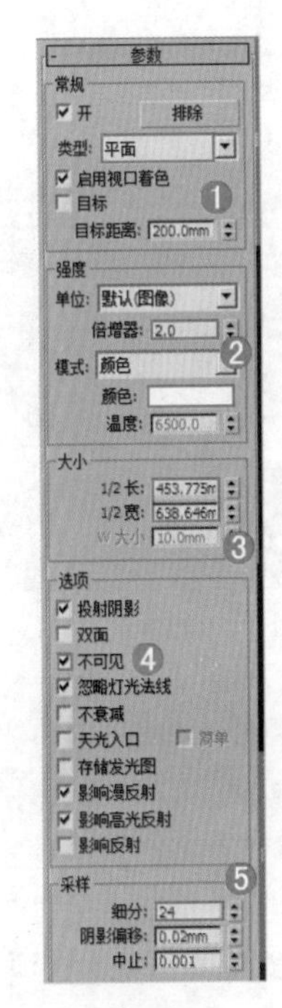

图 12–97

16）在顶视图中拖拽并创建一盏 VR 灯光，使用【选择并移动】工具复制一盏，调整位置，此时 VR 灯光的位置，如图 12-98 所示。

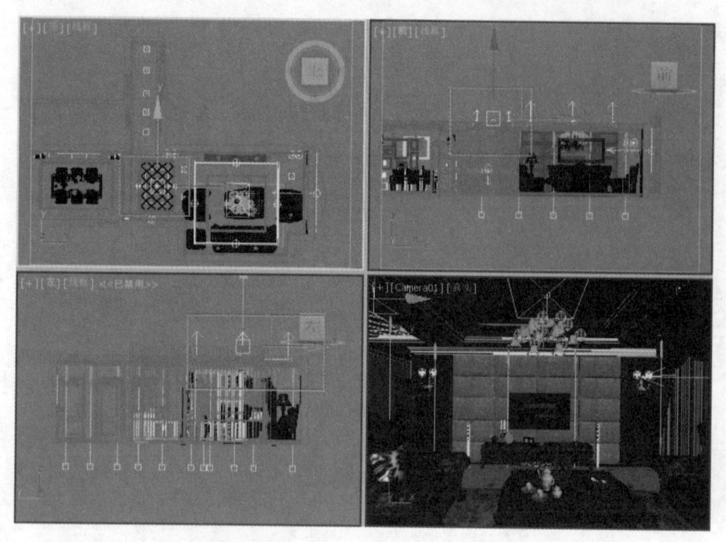

图 12–98

17）选择上一步创建的 VR 灯光，在【修改面板】下展开【参数】卷展栏，在【常规】选项组下设置【类型】为平面，在【强度】选项组下设置【倍增器】为 6.0，调节【颜色】为黄色（红：251，绿：178，蓝：99），在【大小】选项组下设置【1/2 长】为 1033.843mm，【1/2 宽】为 30.0mm。在【选项】选项组下勾选【不可见】选项，如图 12-99 所示。

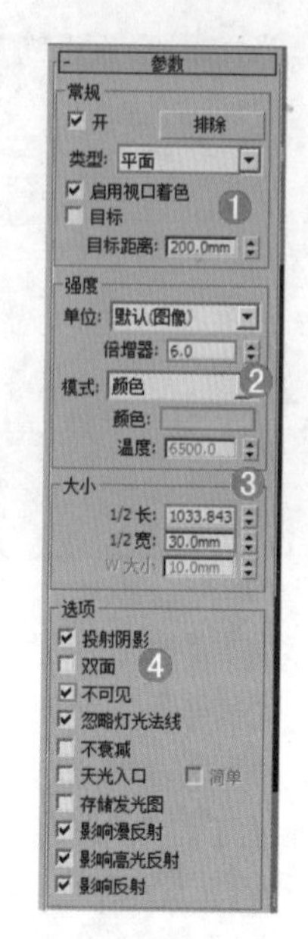

图 12–99

18）在顶视图中拖拽并创建一盏 VR 灯光，使用【选择并移动】工具复制一盏，调整位置，此时 VR 灯光的位置，如图 12-100 所示。

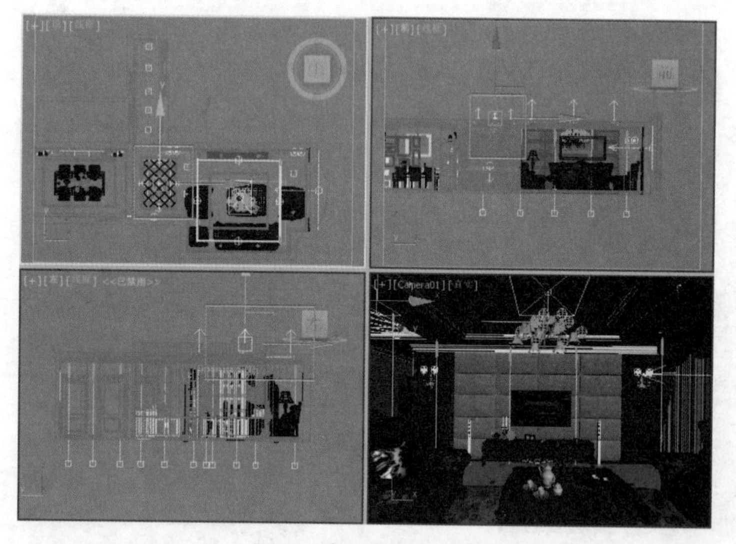

图 12–100

19）选择上一步创建的 VR 灯光，在【修改面板】下展开【参数】卷展栏，在【常规】选项组下设置【类型】为平面，在【强度】选项组下设置【倍增器】为 6.0，调节【颜色】为黄色（红：251，绿：178，蓝：99），在【大小】选项组下设置【1/2 长】为 722.967mm，【1/2 宽】为 30.0mm。在【选项】选项组下勾选【不可见】选项，如图 12-101 所示。

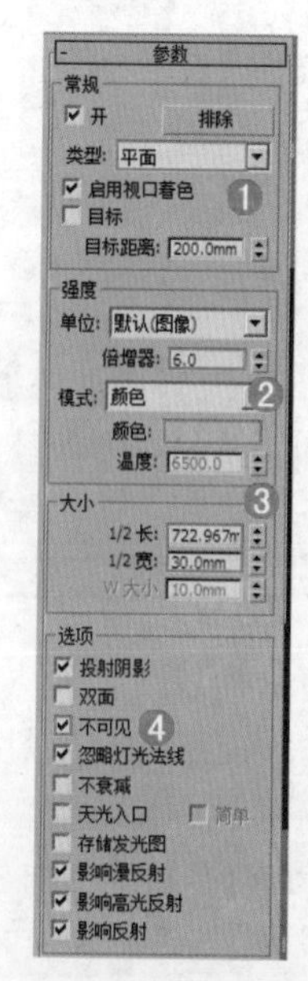

图 12–101

20）在顶视图中拖拽并创建一盏 VR 灯光，使用【选择并移动】工具调整位置，此时 VR 灯光的位置，如图 12-102 所示。

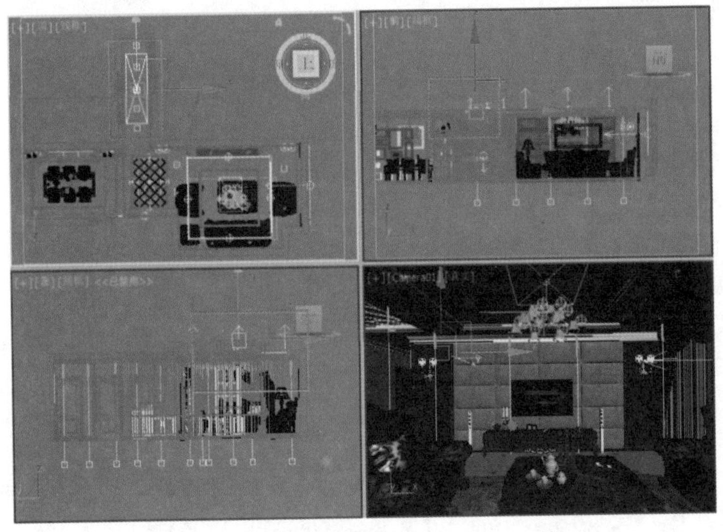

图 12-102

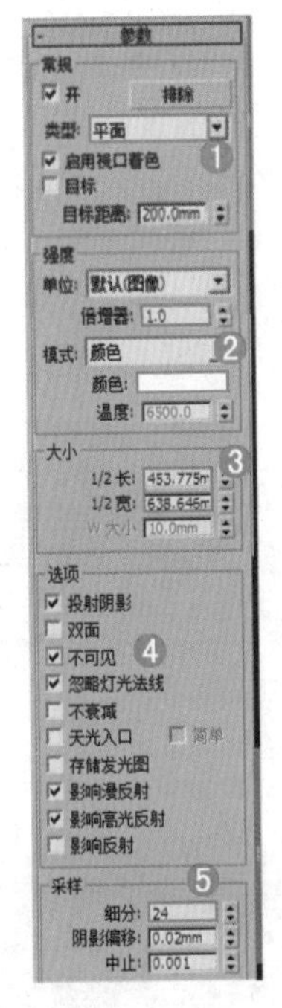

图 12-103

21）选择上一步创建的 VR 灯光，然后在【修改面板】下展开【参数】卷展栏，在【常规】选项组下设置【类型】为平面，在【强度】选项组下设置【倍增器】为 1，调节【颜色】为白色（红：255，绿：255，蓝：255），在【大小】选项组下设置【1/2 长】为 453.775mm，【1/2 宽】为 638.646mm。在【选项】选项组下勾选【不可见】选项，在【采样】选项组下设置【细分】为 24，如图 12-103 所示。

22）在前视图中拖拽并创建一盏 VR 灯光，使用【选择并移动】工具调整位置，此时 VR 灯光的位置，如图 12-104 所示。

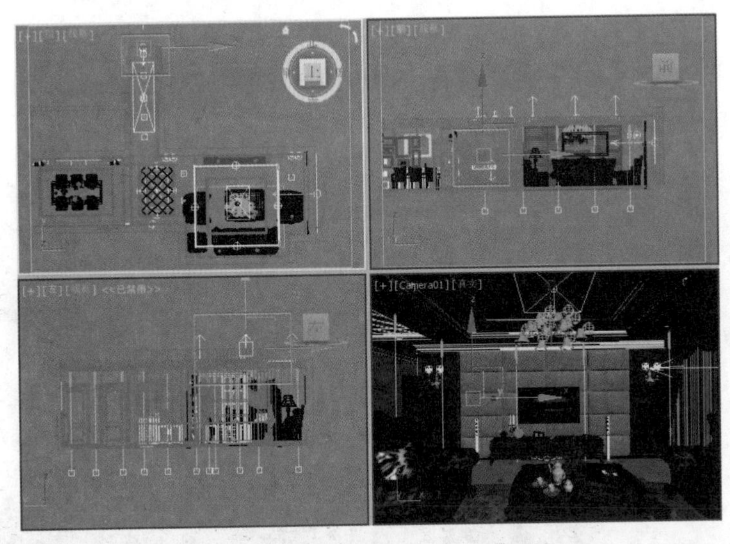

图 12-104

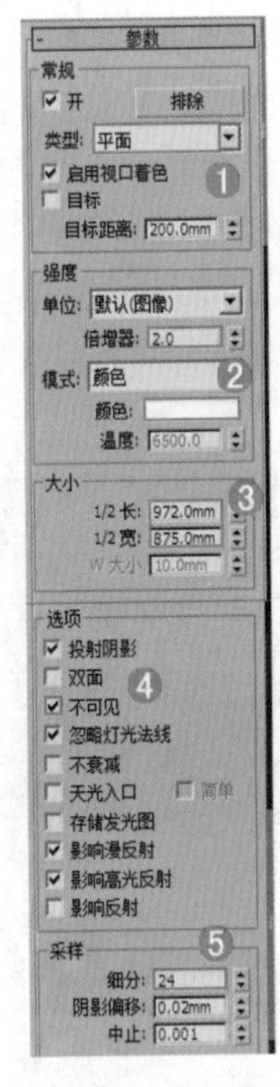

图 12-105

23）选择上一步创建的 VR 灯光，在【修改面板】下展开【参数】卷展栏，在【常规】选项组下设置【类型】为平面，在【强度】选项组下设置【倍增器】为 2.0，调节【颜色】为白色（红：255，绿：254，蓝：253），在【大小】选项组下设置【1/2 长】为 972.0mm，【1/2 宽】为 875.0mm。在【选项】选项组下勾选【不可见】选项，在【采样】选项组下设置【细分】为 24，如图 12-105 所示。

5. 设置成图渲染参数

经过了前面的操作，已经将大量烦琐的工作做完了，下面需要做的就是把渲染的参数设置高一些，再进行渲染输出。

（1）重新设置一下渲染参数，按【F10】键，在打开的【渲染设置】对话框中，选择【V-Ray】选项卡，展开【图形采样器（反锯齿）】卷展栏，设置【类型】为自适应确定性蒙特卡洛，在【抗锯齿过滤器】选项组下勾选【开】选项，选择【Catmull-Rom】，展开【V-Ray：：自适应 DMC 图像采样器】卷展栏，设置【最小细分】为 1，【最大细分】为 4，展开【颜色贴图】卷展栏，设置【类型】为指数，勾选【子像素映射】和【钳制输出】选项，如图 12-106 所示。

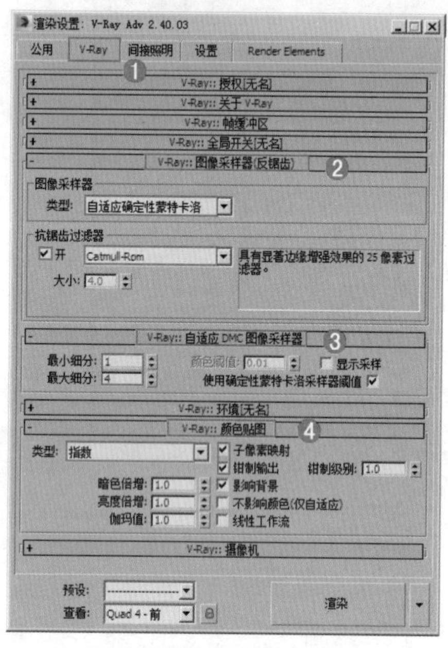

图 12–106

（2）选择【间接照明】选项卡，展开【发光图】卷展栏，设置【当前预置】为低，设置【半球细分】为 50，【插值采样】为 20，勾选【显示计算相位】和【显示直接光】选项，展开【灯光缓存】卷展栏，设置【细分】为 1000，勾选【存储直接光】和【显示计算相位】选项，如图 12-107 所示。

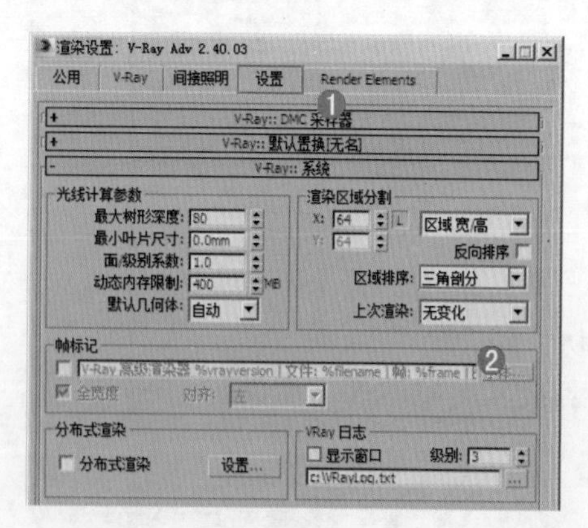

图 12–107

（3）选择【设置】选项卡，展开【系统】卷展栏，设置【区域排序】为三角剖分，取消勾选【显示窗口】选项，如图 12-108 所示。

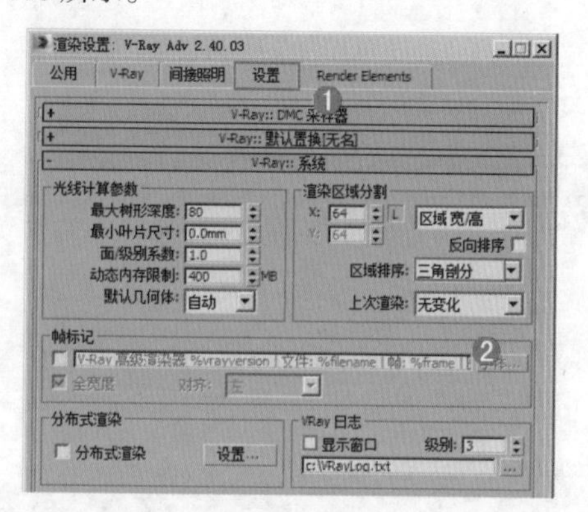

图 12–108

（4）单击【公用】选项卡，展开【公用参数】卷展栏，设置输出的尺寸宽度为 1200、高度为 900，如图 12-109 所示。

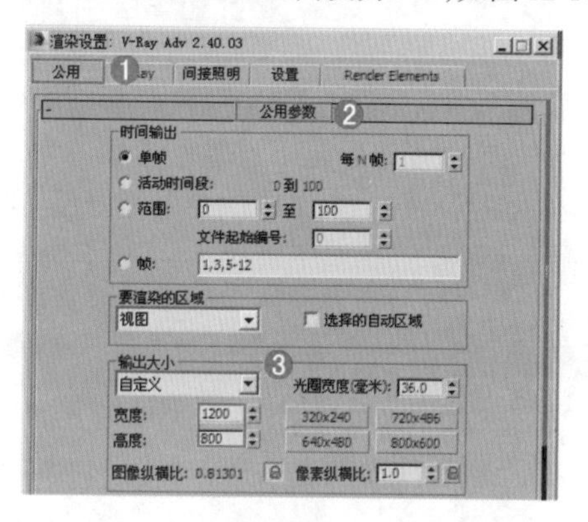

图 12–109

（5）等待一段时间后就渲染完成了，最终效果如图 12-110 所示。

图 12–110

12.3 综合实战——洗手间

场景文件	03.max
案例文件	综合实战——洗手间.max
视频教学	多媒体教学/Chapter12/综合实战——洗手间.flv
难易指数	★★★☆☆
灯光类型	目标灯光、VR 灯光
材质类型	VRayMtl
程序贴图	衰减贴图
技术掌握	掌握家装场景灯光的制作

实例介绍

本例是一个洗手间场景，室内明亮灯光表现主要使用了目标灯光、VR 灯光来制作，使用 VRayMtl 制作本案例的主要材质，制作完毕之后渲染的效果，如图 12-111 所示。

图 12-111

操作步骤

1. 设置 VRay 渲染器

（1）打开本书配套资源中的【场景文件/Chapter12/03.max】文件，此时场景效果如图 12-112 所示。

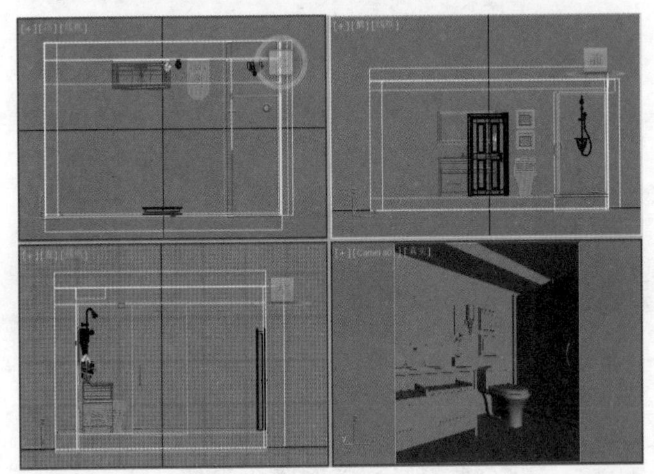

图 12-112

（2）按【F10】键，打开【渲染设置】对话框，选择【公用】选项卡，在【指定渲染器】卷展栏下单击 按钮，在弹出的【选择渲染器】对话框中选择【V-RayAdv2.40.03】，如图 12-113 所示。

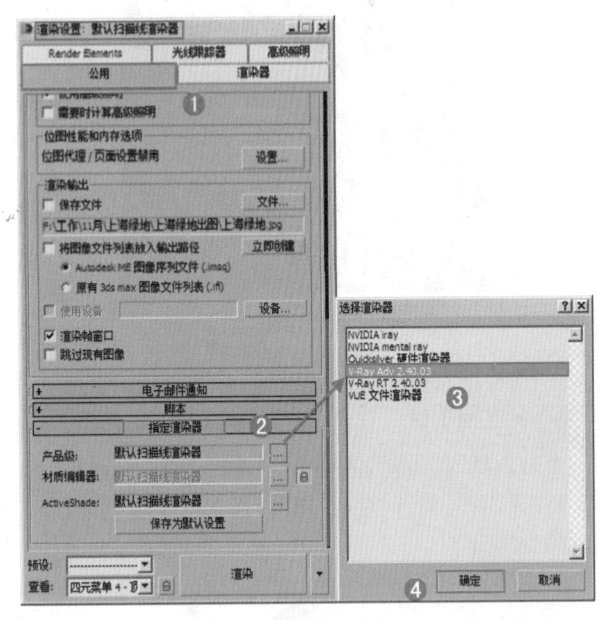

图 12-113

（3）此时在【指定渲染器】卷展栏，【产品级】后面显示了【V-RayAdv2.40.03】，【渲染设置】对话框中出现了【V-Ray】、【间接照明】、【设置】选项卡，如图 12-114 所示。

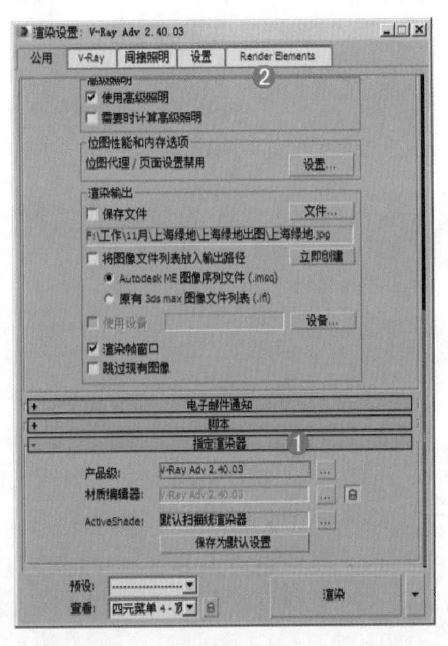

图 12-114

2. 材质的制作

下面就来讲述场景中的主要材质的调节方法，包括瓷砖、柜子、马桶、玻璃、墙面材质等，如图 12-115 所示。

图 12-115

（1）瓷砖材质的制作

1）按【M】键，打开【材质编辑器】对话框，选择第一个材质球，单击 Standard （标准）按钮，在弹出的【材质 / 贴图浏览器】对话框中选择【VRayMtl】，如图 12-116 所示。

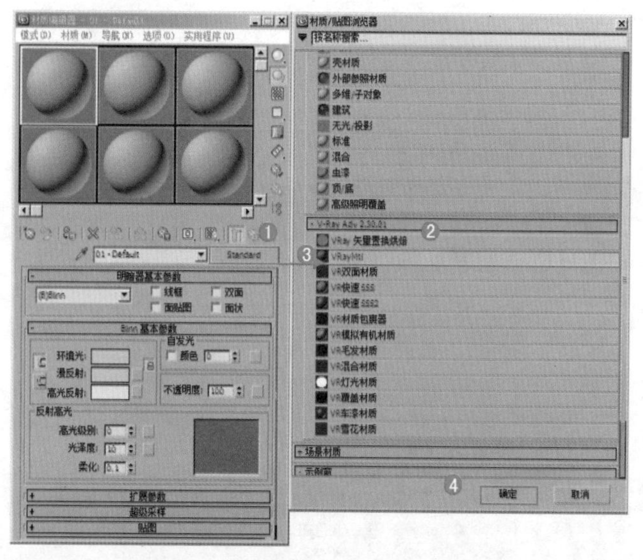

图 12-116

2）将其命名为【瓷砖】，在【漫反射】后面的通道上加载【平铺】程序贴图，展开【高级控制】卷展栏，在【平铺设置】下，在【纹理】后面的通道上加载【RenderStuff_Marble_floor_and_socket_Kit_Vol.1_Marble.jpg】贴图文件，展开【坐标】卷展栏，设置【偏移 U】为 11.56，【偏移 V】为 − 10，【瓷砖 U、V】分别为 6.0。设置【水平数】为 2.0，【垂直数】为 2.0，在【砖缝设置】下，设置【纹理】颜色为灰色（红：130，绿：130，蓝：130），设置【水平间距】为 0.3，【垂直间距】为 0.3，在【杂项】下设置【随机种子】为 6378，如图 12-117 所示。

3）在【反射】下设置【反射】颜色为黑色（红：39，绿：39，蓝：39），设置【反射光泽度】为 0.9，【细分】为 20，如图 12-118 所示。

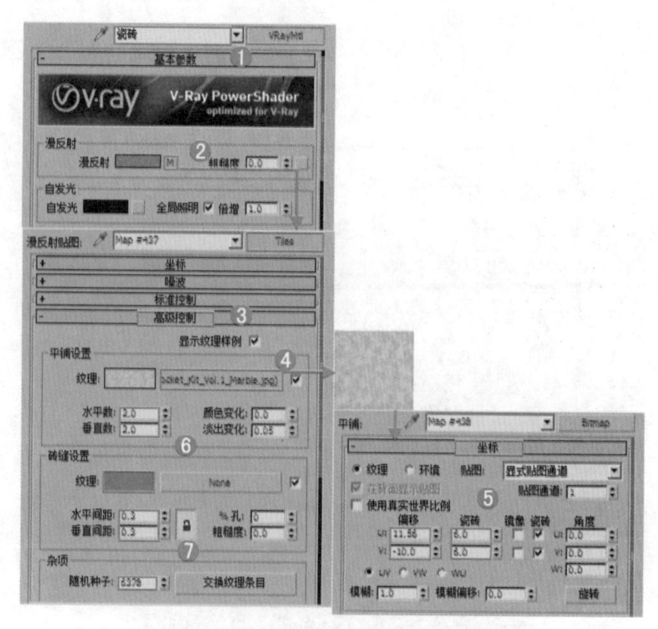

图 12-117

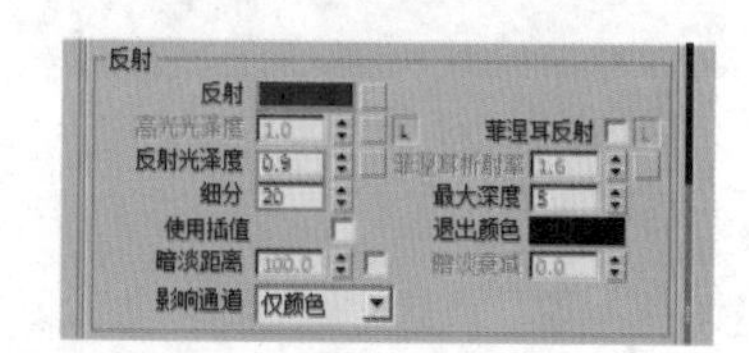

图 12-118

4）展开【贴图】卷展栏，鼠标左键拖拽【漫反射】后面的通道，粘贴到【凹凸】后面的通道上，在弹出的【对话框】中选择【实例】，单击【确定】按钮，设置【凹凸】为 50.0，如图 12-119 所示。

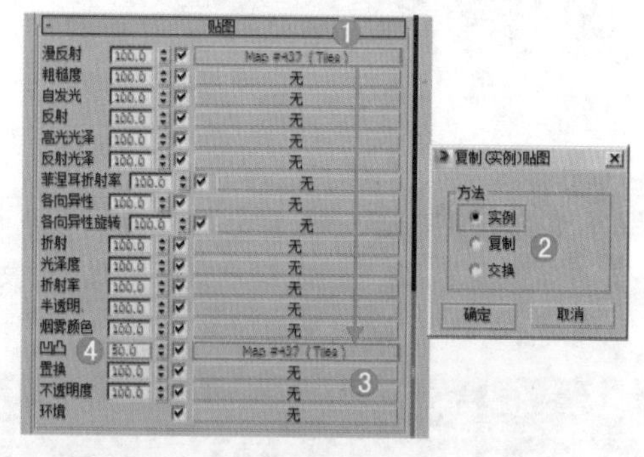

图 12-119

5）将制作完毕的瓷砖材质赋给场景中的瓷砖部分的模型，如图 12-120 所示。

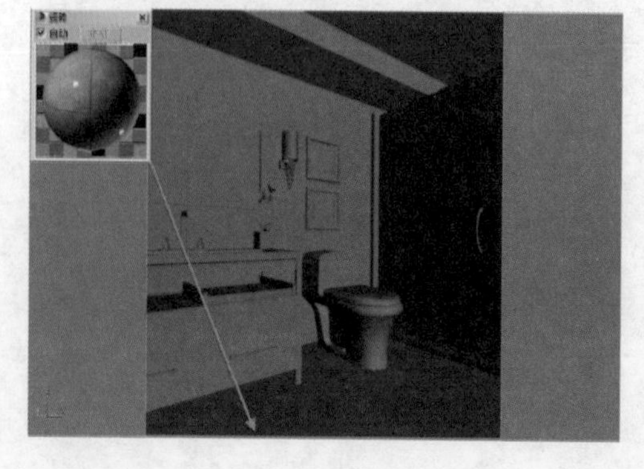

图 12-120

（2）柜子材质的制作

1）按【M】键，打开【材质编辑器】对话框，选择第一个材质球，单击 Standard（标准）按钮，在弹出的【材质/贴图浏览器】对话框中选择【VRayMtl】，如图 12-121 所示。

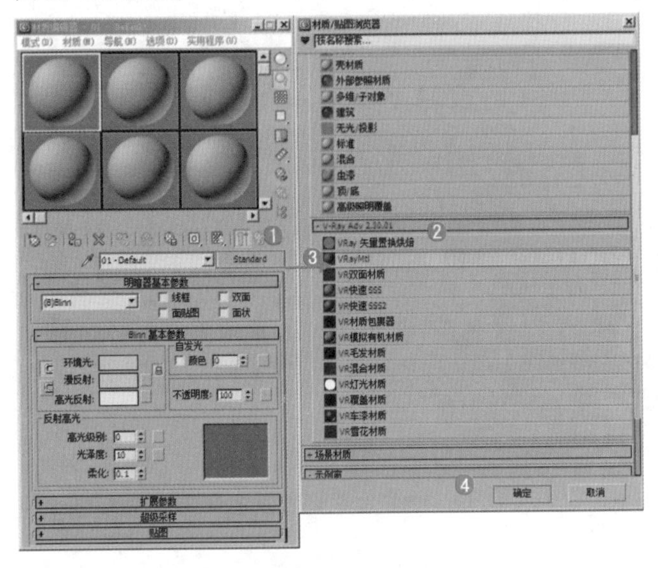

图 12-121

2）将其命名为【柜子】，设置【漫反射】颜色为黑色（红：20，绿：20，蓝：20），【反射】颜色为浅灰色（红：191，绿：191，蓝：191），勾选【菲涅耳反射】，设置【细分】为 20，如图 12-122 所示。

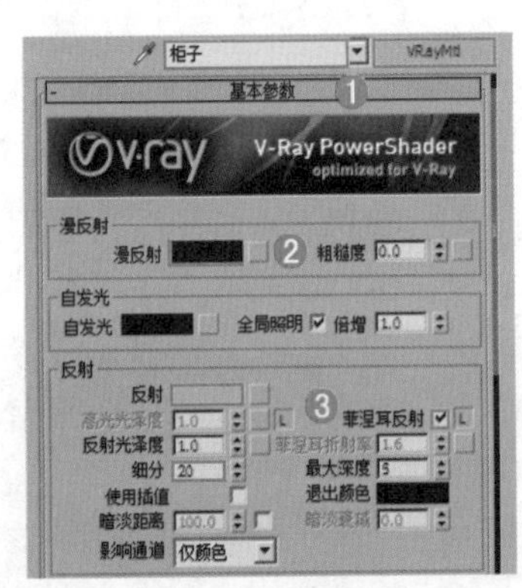

图 12-122

3）将制作完毕的柜子材质赋给场景中的柜子部分的模型，如图 12-123 所示。

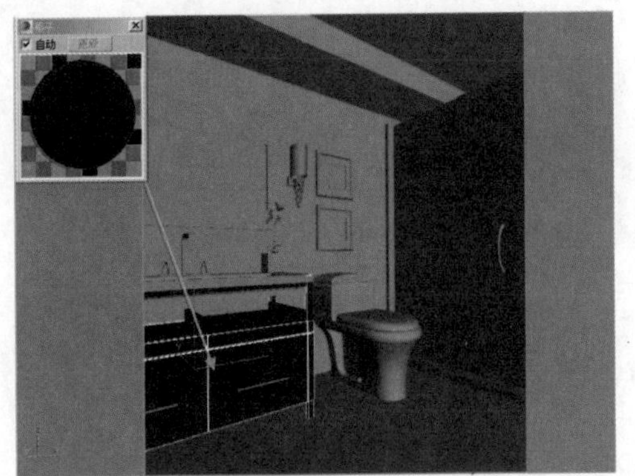

图 12-123

（3）马桶材质的制作

1）选择一个空白材质球，将【材质类型】设置为【VRayMtl】，将其命名为【马桶】，设置【漫反射】颜色为白色（红：255，绿：255，蓝：255），在【反射】后面的通道上加载【衰减】程序贴图，展开【衰减参数】卷展栏，设置【颜色 1】颜色为黑色（红：31，绿：31，蓝：31），【颜色 2】颜色为白色（红：248，绿：248，蓝：250），设置【反射光泽度】为 0.9，【细分】为 20，如图 12-124 所示。

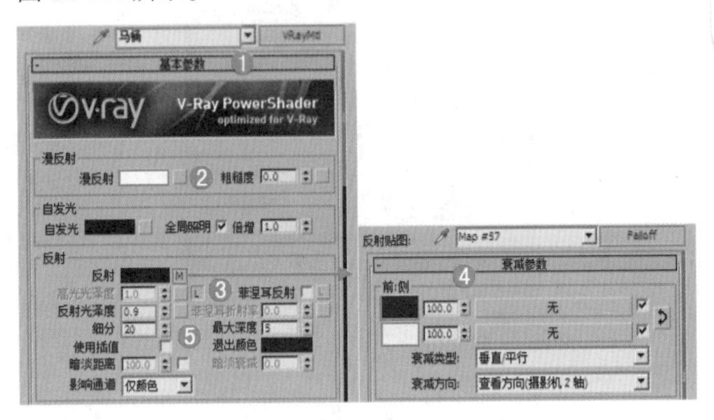

图 12-124

2）展开【双向反射分布函数】卷展栏，设置【类型】为多面，如图 12-125 所示。

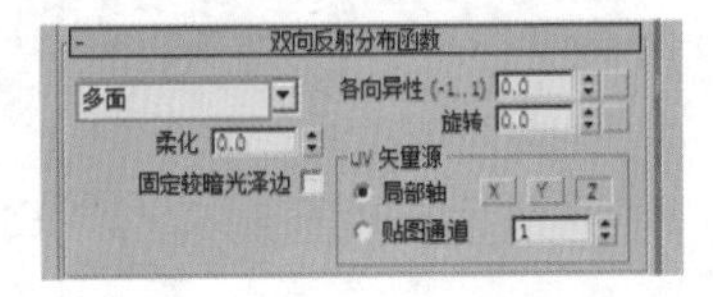

图 12-125

3）将制作完毕的马桶材质赋给场景中的马桶部分的模型，如图 12-126 所示。

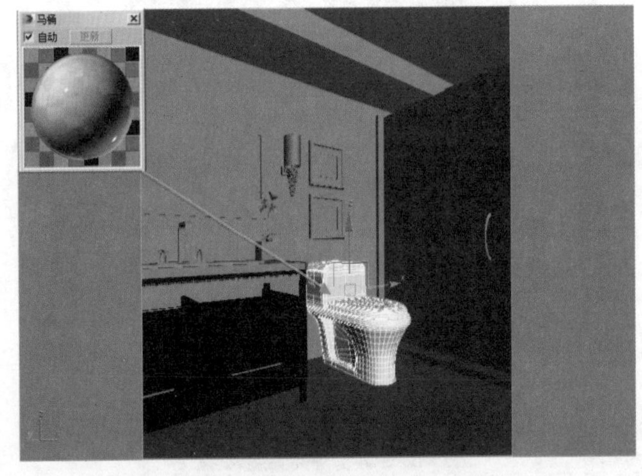

图 12-126

（4）玻璃材质的制作

1）选择一个空白材质球，将【材质类型】设置为【VRayMtl】，将其命名为【玻璃】，设置【漫反射】颜色为白色（红：255，绿：255，蓝：255），【反射】颜色为黑色（红：17，绿：17，蓝：17），【折射】颜色为白色（红：255，绿：255，蓝：255），如图 12-127 所示。

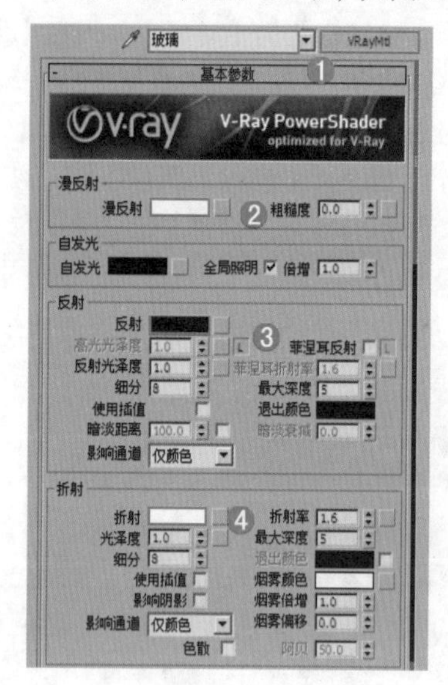

图 12-127

2）将制作完毕的玻璃材质赋给场景中的玻璃部分的模型，如图 12-128 所示。

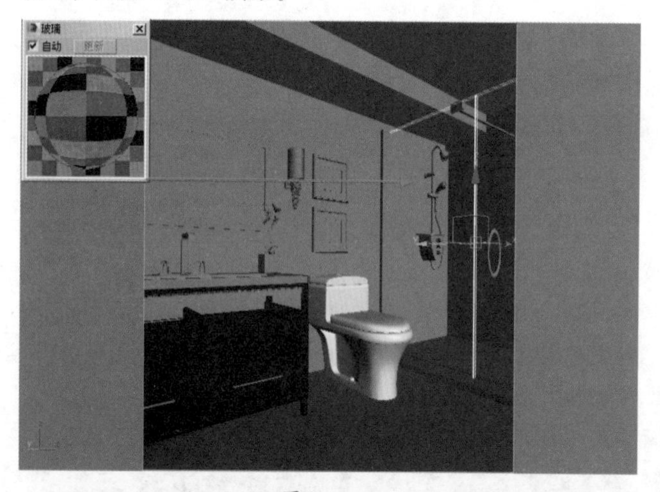

图 12-128

（5）墙面材质的制作

1）选择一个空白材质球，将【材质类型】设置为【VRayMtl】，将其命名为【墙面】，设置【漫反射】颜色为黄色（红：255，绿：227，蓝：190），如图 12-129 所示。

图 12-129

2）将制作完毕的墙面材质赋给场景中的墙面部分的模型，如图 12-130 所示。

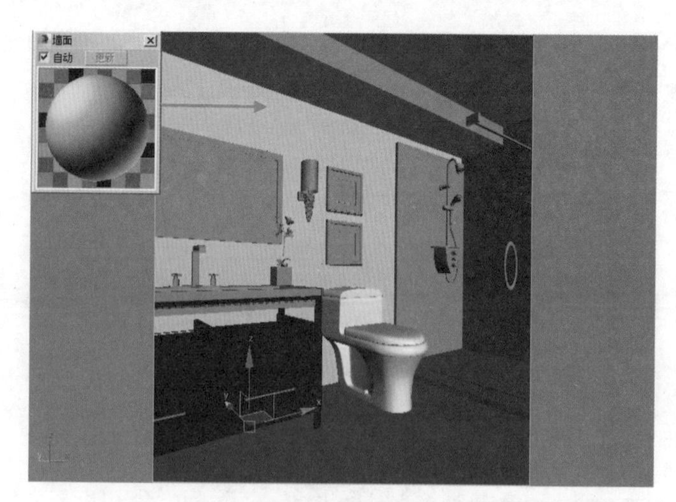

图 12-130

至此场景中主要模型的材质已经制作完毕，其他材质的制作方法就不再详述了。

3. 设置摄影机

1）单击 （创建）|（摄影机）| 目标 按钮，如图 12-131 所示。单击在顶视图中拖拽创建摄影机，如图 12-132 所示。

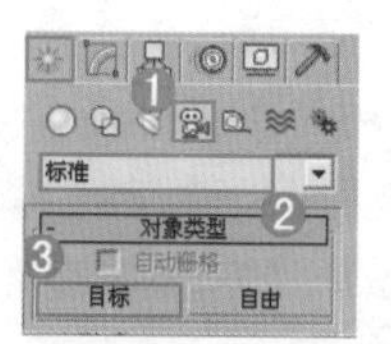

图 12-131

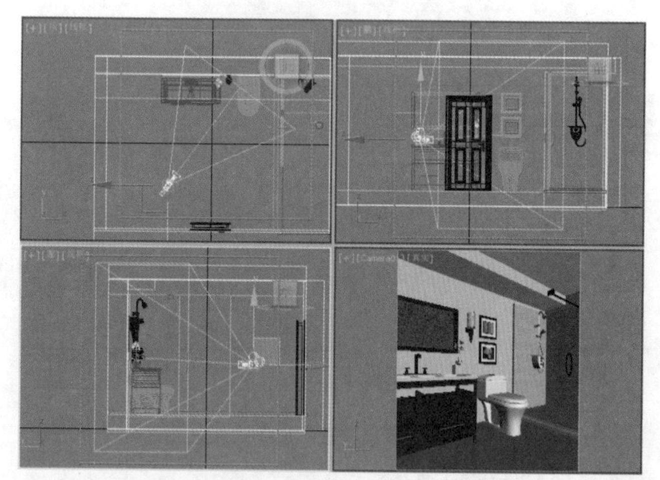

图 12-132

2）选择刚创建的摄影机，单击进入修改面板，设置【镜头】为 31.569，【视野】为 59.382，设置【目标距离】为 3509.003mm，图 12-133 所示。

3）此时选择刚创建的摄影机，单击右键，选择【应用摄影机校正修改器】，如图 12-134 所示。

4）此时看到【摄影机校正】修改器被加载到了摄影机上，设置【数量】为 – 1.636，【角度】为 90.0，如图 12-135 所示。

图 12-133

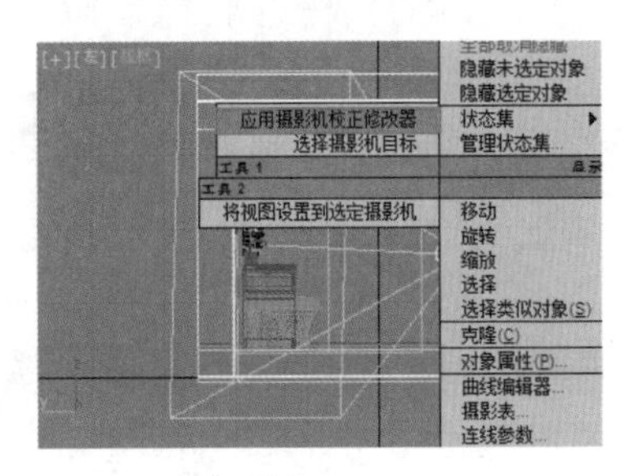

图 12-134

图 12-135

5）此时的摄影机视图效果，如图 12-136 所示。

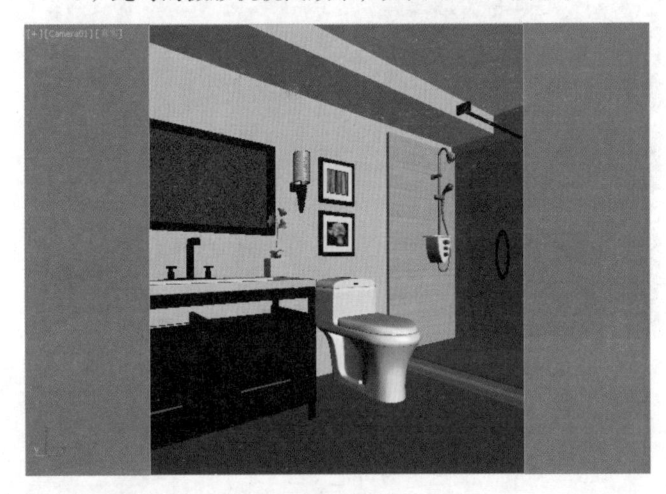

图 12-136

4. 设置灯光并进行草图渲染

在洗手间场景中，使用两部分灯光照明来表现，一部分使用了环境光效果，另外一部分使用了室内灯光的照明。也就是说想得到好的效果，必须配合室内的一些照明，最后设置一下辅助光源就可以了。

（1）设置目标灯光

1）在【创建面板】下单击【灯光】按钮，设置【灯光类型】为光度学，单击 目标灯光 按钮，如图 12-137 所示。

2）使用 目标灯光 在前视图中创建 15 盏目标灯光，如图 12-138 所示。

图 12-137

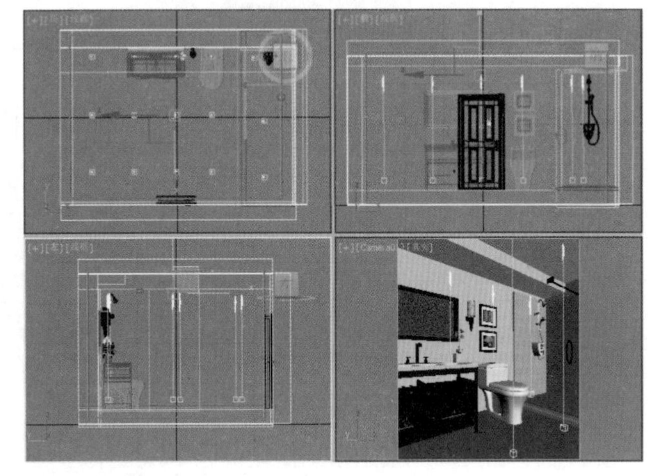

图 12-138

3）选择上一步创建的目标灯光，在【阴影】选项组下勾选【启用】，设置【阴影类型】为 VRay 阴影，设置【灯光分布（类型）】为光度学 Web，展开【分布（光度学 Web）】卷展栏，在通道上加载【小射灯 .IES】文件。展开【强度 / 颜色 / 衰减】卷展栏，调节【颜色】为浅黄色（红：251，绿：234，蓝：213），设置【强度】为 10000000，展开【VRay 阴影参数】卷展栏，勾选【区域阴影】选项，设置【UVW 大小】为 100.0，【细分】为 20，如图 12-139 所示。

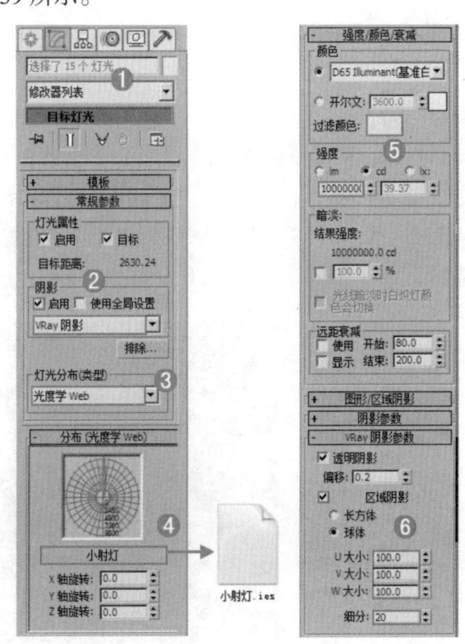

图 12-139

4）按【F10】键，打开【渲染设置】对话框。首先设置一下【VRay】和【间接照明】选项卡下的参数，刚开始设置的是一个草图设置，目的是进行快速渲染，来观看整体的效果，参数设置面板如图 12-140 所示。

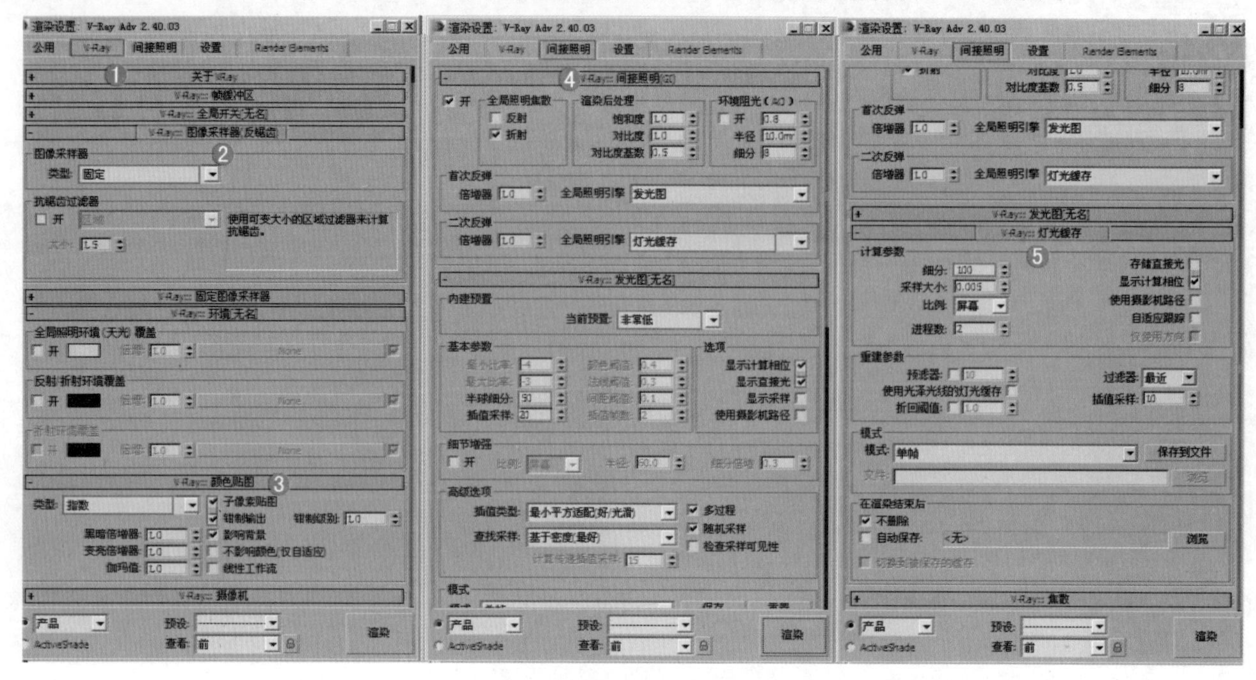

图 12-140

5）按【Shift+Q】组合键，快速渲染摄影机视图，其渲染效果如图 12-141 所示。

图 12-141

（2）设置 VR 灯光

1）在【创建面板】下单击【灯光】按钮，设置【灯光类型】为 VRay，单击 VR灯光 按钮，如图 12-142 所示。

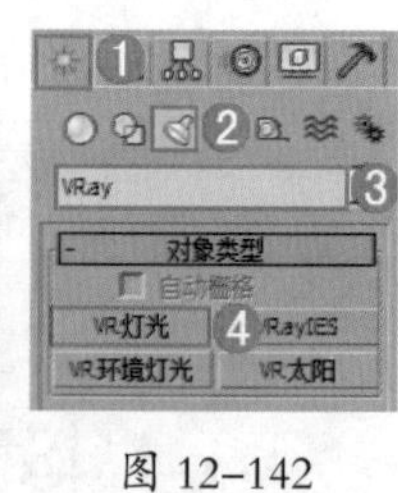

图 12-142

2）在顶视图中拖拽并创建一盏 VR 灯光，使用【选择并移动】工具调整位置，此时 VR 灯光的位置，如图 12-143 所示。

3）选择上一步创建的 VR 灯光，在【修改面板】下展开【参数】卷展栏，在【常规】选项组下设置【类型】为球体，在【强度】选项组下设置【倍增器】为 50.0，调节【颜色】为黄色（红：252，绿：220，蓝：191），在【大小】选项组下设置【半径】为 40mm。在【选项】选项组下勾选【不可见】选项，在【采样】选项组下设置【细分】为 15，如图 12-144 所示。

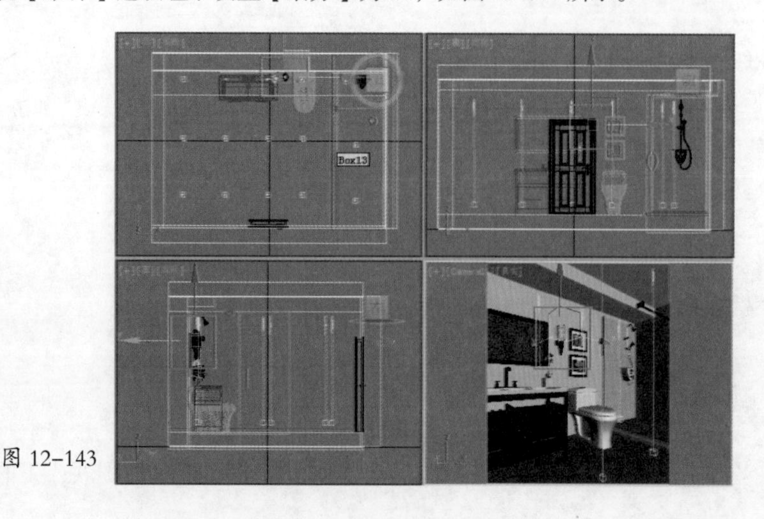

图 12-143

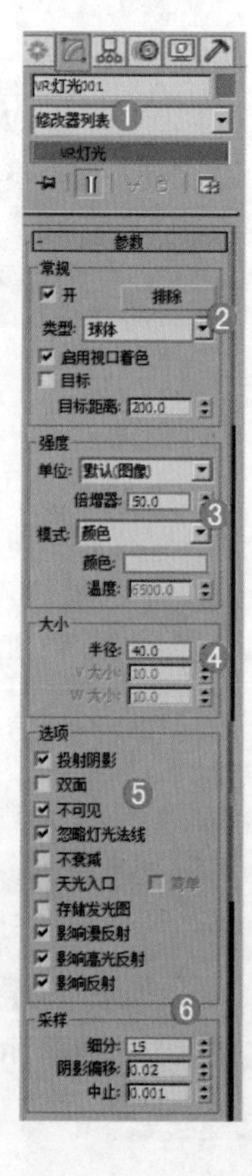

图 12-144

4）在前视图中拖拽并创建一盏 VR 灯光，使用【选择并移动】工具调整位置，此时 VR 灯光的位置，如图 12-145 所示。

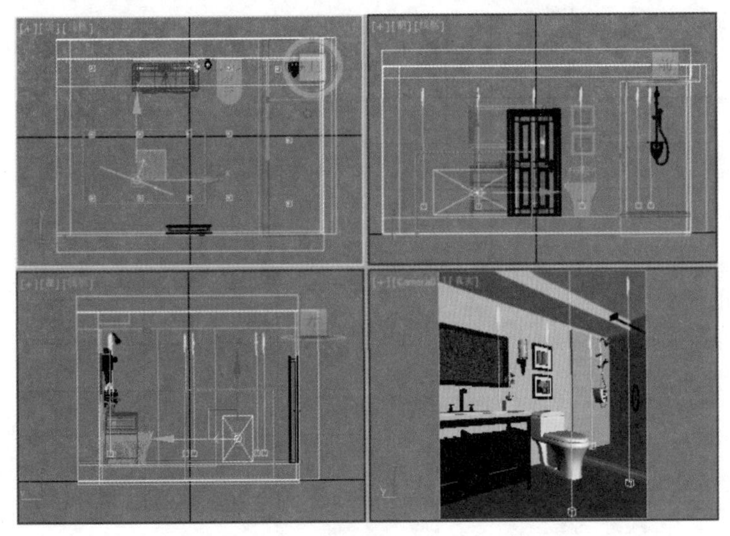

图 12–145

5）选择上一步创建的 VR 灯光，在【修改面板】下展开【参数】卷展栏，在【常规】选项组下设置【类型】为平面，在【强度】选项组下设置【倍增器】为 3，调节【颜色】为黄色（红：252，绿：220，蓝：191），在【大小】选项组下设置【1/2 长】为 1000.0mm，【1/2 宽】为 500.0mm。在【选项】选项组下勾选【不可见】选项，在【采样】选项组下设置【细分】为 15，如图 12-146 所示。

图 12–146

6）在左视图中拖拽并创建一盏 VR 灯光，使用【选择并移动】工具调整位置，此时 VR 灯光的位置，如图 12-147 所示。

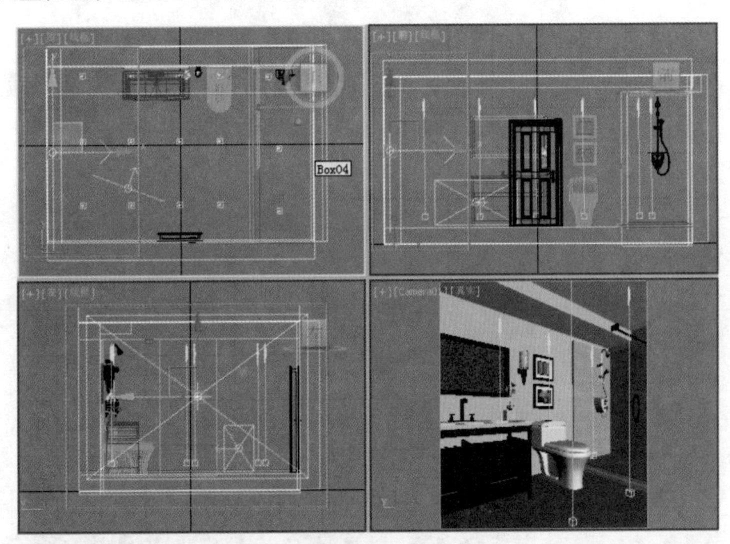

图 12–147

7）选择上一步创建的 VR 灯光，在【修改面板】下展开【参数】卷展栏，在【常规】选项组下设置【类型】为平面，在【强度】选项组下设置【倍增器】为 5.0，调节【颜色】为黄色（红：252，绿：220，蓝：191），在【大小】选项组下设置【1/2 长】为 2500.0mm，【1/2 宽】为 1800.0mm。在【选项】选项组下勾选【不可见】选项，在【采样】选项组下设置【细分】为 15，如图 12-148 所示。

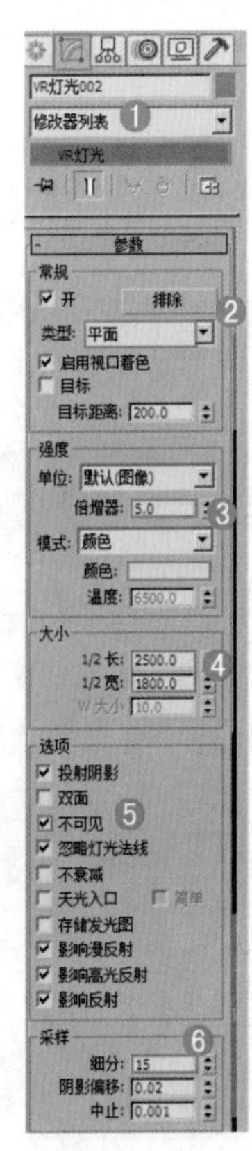

图 12–148

5. 设置成图渲染参数

经过了前面的操作，已经将大量烦琐的工作做完了，下面需要做的就是把渲染的参数设置高一些，再进行渲染输出。

（1）重新设置一下渲染参数，按【F10】键，在打开的【渲染设置】对话框中，选择【V-Ray】选项卡，展开【图像采样器（反锯齿）】卷展栏，设置【类型】为自适应确定性蒙特卡洛，在【抗锯齿过滤器】选项组下勾选【开】选项，选择【Catmull-Rom】，展开【V-Ray：：自适应 DMC 图像采样器】卷展栏，设置【最小细分】为 1、【最大细分】为 4，展开【颜色贴图】卷展栏，设置【类型】为指数，勾选【子像素映射】和【钳制输出】选项，如图 12-149 所示。

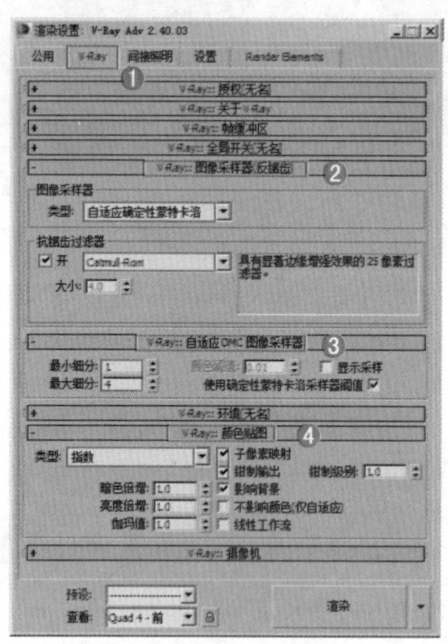

图 12–149

（2）选择【间接照明】选项卡，展开【发光图】卷展栏，设置【当前预置】为低，设置【半球细分】为 50，【插值采样】为 20，勾选【显示计算相位】和【显示直接光】选项，展开【灯光缓存】卷展栏，设置【细分】为 1000，勾选【存储直接光】和【显示计算相位】选项，如图 12-150 所示。

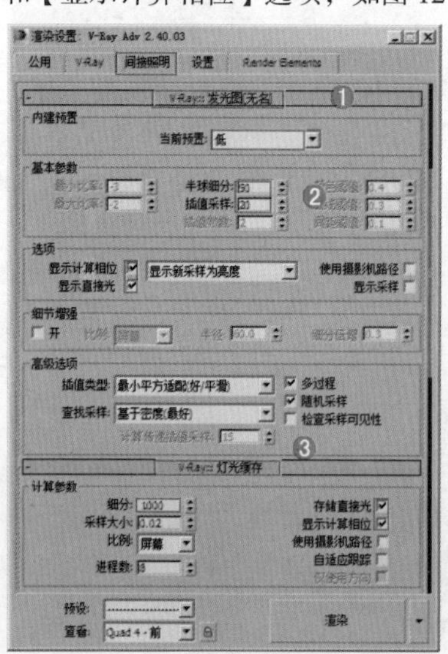

图 12–150

（3）选择【设置】选项卡，展开【系统】卷展栏，设置【区域排序】为三角剖分，取消勾选【显示窗口】，如图 12-151 所示。

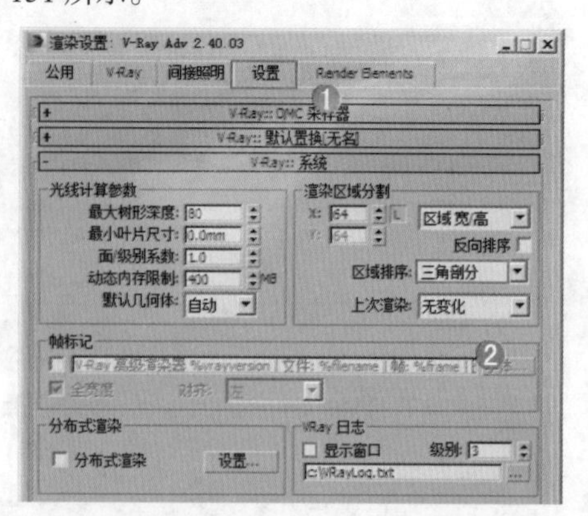

图 12–151

（4）单击【公用】选项卡，展开【公用参数】卷展栏，设置输出的尺寸宽度为 857、高度为 1000，如图 12-152 所示。

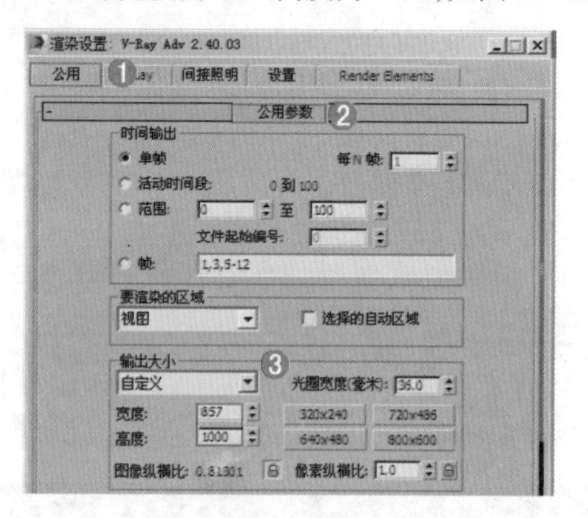

图 12–152

（5）等待一段时间后就渲染完成了，最终效果如图 12-153 所示。

图 12–153

12.4　综合实战 —— 别墅日景表现

场景文件	04.max
案例文件	综合实战 —— 别墅日景表现 .max
视频教学	多媒体教学 /Chapter12/ 综合实战 —— 别墅日景表现 .flv
难易指数	★★★☆☆
灯光类型	VR 太阳
材质类型	VRayMtl、VR 灯光材质、多维子对象材质
程序贴图	衰减贴图
技术掌握	掌握室外场景灯光的制作

实例介绍

本例是一个别墅场景，室外明亮灯光表现主要使用了 VR 太阳来制作，使用 VRayMtl、VR 灯光材质和多维子对象材质制作本案例的主要材质，制作完毕之后渲染的效果，如图 12-154 所示。

图 12-154

操作步骤

1. 设置 VRay 渲染器

（1）打开本书配套资源中的【场景文件 /Chapter12/04.max】文件，此时场景效果如图 12-155 所示。

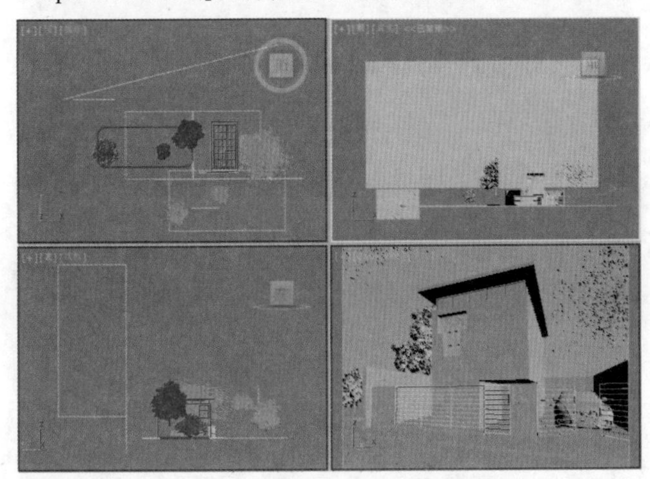

图 12-155

（2）按【F10】键，打开【渲染设置】对话框，选择【公用】选项卡，在【指定渲染器】卷展栏下单击 ... 按钮，在弹出的【选择渲染器】对话框中选择【V-RayAdv2.40.03】，如图 12-156 所示。

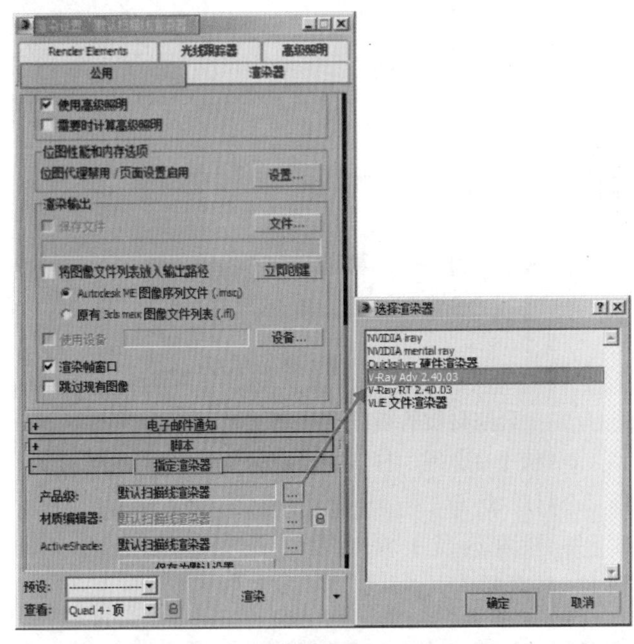

图 12-156

（3）此时在【指定渲染器】卷展栏，【产品级】后面显示了【V-RayAdv2.40.03】，【渲染设置】对话框中出现了【V-Ray】、【间接照明】、【设置】选项卡，如图 12-157 所示。

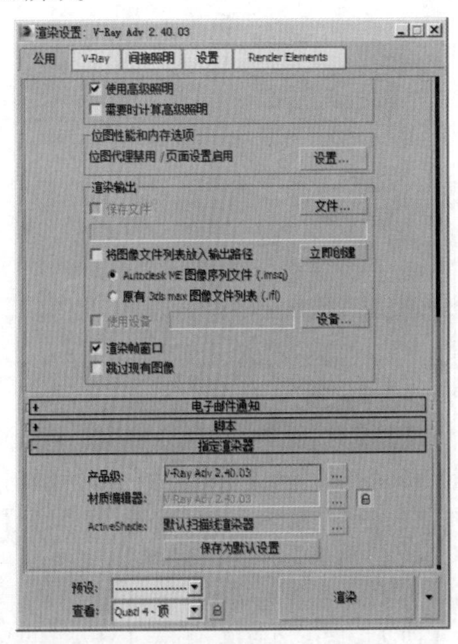

图 12-157

2. 材质的制作

下面就来讲述场景中的主要材质的调节方法，包括公路、砖石地面、白色砖墙、白色墙面、玻璃、树、汽车车漆、背景、栅栏材质等，如图 12-158 所示。

图 12–158

（1）公路材质的制作

1）按【M】键，打开【材质编辑器】对话框，选择第一个材质球，单击 Standard（标准）按钮，在弹出的【材质 / 贴图浏览器】对话框中选择【VRayMtl】，如图 12-159 所示。

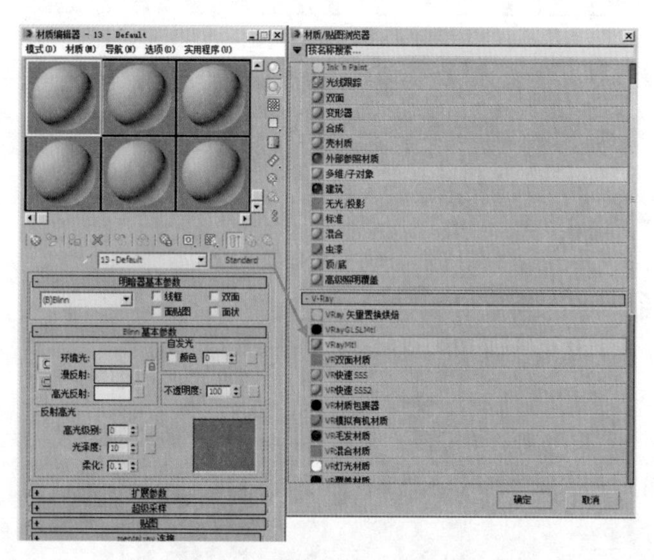

图 12–159

2）将其命名为【公路】，在【漫反射】后面的通道上加载【05 公路贴图 .jpg】贴图文件，在【反射】后面的通道上加载【16 公路贴图 .jpg】贴图文件，设置【反射光泽度】为 0.7，【细分】为 20，如图 12-160 所示。

3）展开【贴图】卷展栏，设置【反射】数量为 10.0，在【凹凸】后面的通道上加载【15 公路贴图 .jpg】贴图文件，设置【凹凸】数量为 30.0，如图 12-161 所示。

4）将制作完毕的公路材质赋给场景中的公路部分的模型，如图 12-162 所示。

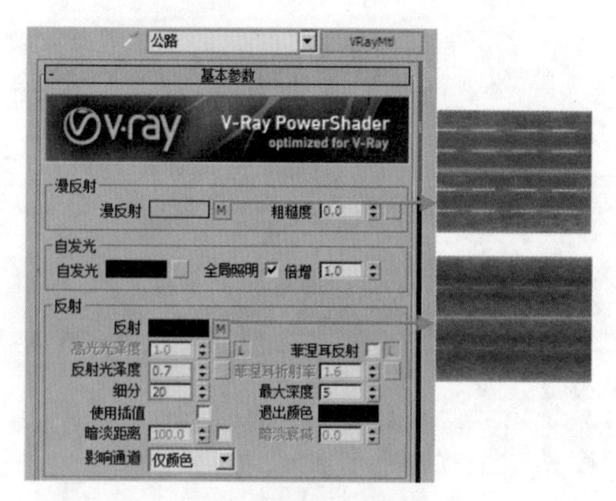

图 12–160

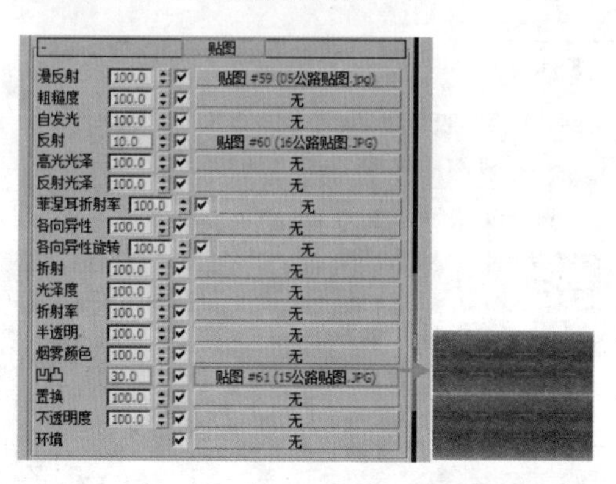

图 12–161

图 12–162

（2）砖石地面材质的制作

1）选择一个空白材质球，将【材质类型】设置为【VRayMtl】，将其命名为【砖石地面】，在【漫反射】后面的通道上加载【414 地面砖 1.jpg】贴图文件，展开【坐标】卷展栏，设置【瓷砖 U、V】分别为 10.0，设置【模糊】为 0.5。在【反射】后面的通道上加载【衰减】程序贴图，展开【衰减参数】卷展栏，设置【颜色 2】颜色为灰色（红：72，绿：72，蓝：72），设置【衰减类型】为 Fresnel。设置【反射光泽度】为 0.95，【细分】为 20，如图 12-163 所示。

2）展开【贴图】卷展栏，在【凹凸】后面的通道上加载【414 地面砖 .jpg】贴图文件，展开【坐标】卷展栏，设置【瓷砖 U、V】分别为 10.0，设置【模糊】为 0.5。设置【凹凸】数量为 60.0，如图 12-164 所示。

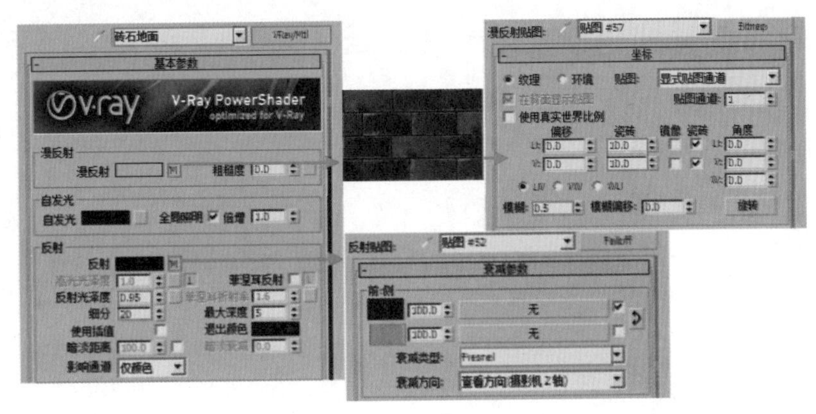

图 12–163

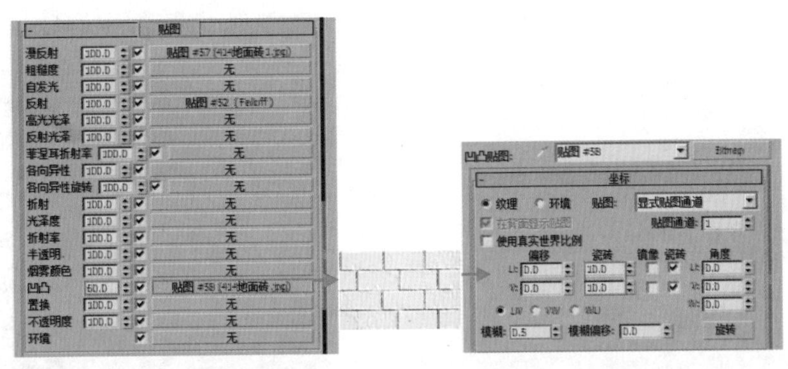

图 12–164

3）选择【砖石地面】模型，在修改面板下加载【VRay 置换模式】命令，在【纹理贴图】下加载【414 地面砖 .jpg】贴图文件，设置【数量】为 2.0，如图 12-165 所示。

4）将制作完毕的砖石地面材质赋给场景中的砖石地面部分的模型，如图 12-166 所示。

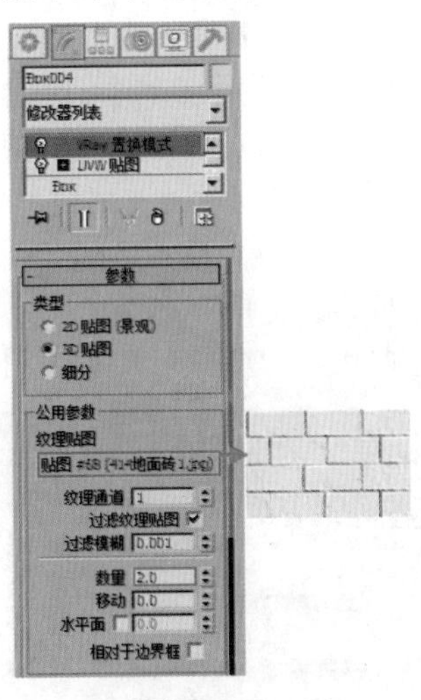

图 12–165

图 12–166

（3）白色砖墙材质的制作

1）选择一个空白材质球，将【材质类型】设置为【VRayMtl】，将其命名为【白色砖墙】，在【漫反射】后面的通道上加载【Archinteriors_25_010_diffuse_wall.jpg】贴图文件，如图 12-167 所示。

图 12–167

2）展开【贴图】卷展栏，在【凹凸】后面的通道上加载【Archinteriors_25_010_reflect_wall.jpg】贴图文件，展开【坐标】卷展栏，设置【模糊】为 0.5。设置【凹凸】为 100.0，如图 12-168 所示。

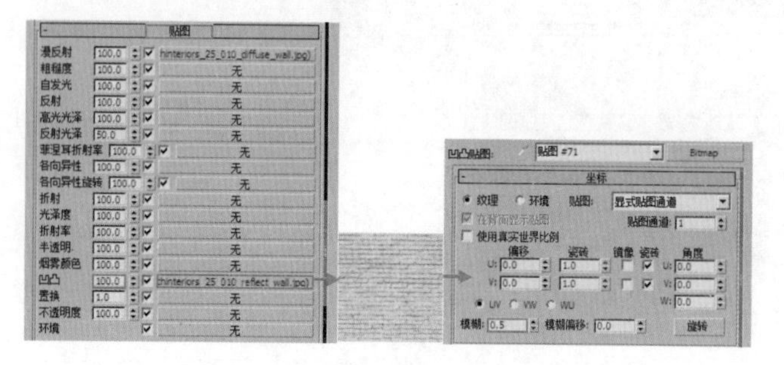

图 12–168

3）将制作完毕的白色砖墙材质赋给场景中的白色砖墙部分的模型，如图 12-169 所示。

图 12–169

（4）白色墙面材质的制作

1）选择一个空白材质球，将【材质类型】设置为【VRayMtl】，将其命名为【白色墙面】，设置【漫反射】颜色为白色（红：230，绿：230，蓝：230），设置【反射光泽度】为 0.8，【细分】为 12，如图 12-170 所示。

图 12–170

2）展开【贴图】卷展栏，在【凹凸】后面的通道上加载【archexteriors13_003_ceiling_spec.jpg】贴图文件，展开【坐标】卷展栏，设置【凹凸】为 – 10，如图 12-171 所示。

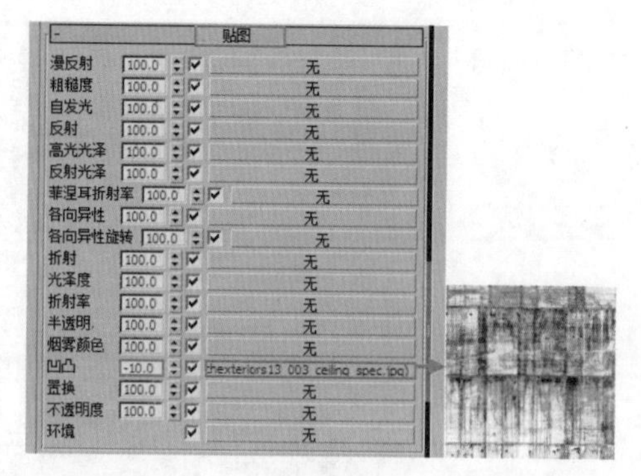

图 12–171

3）将制作完毕的白色墙面材质赋给场景中的白色墙面部分的模型，如图 12-172 所示。

图 12–172

（5）玻璃材质的制作

1）选择一个空白材质球，将【材质类型】设置为【VRayMtl】，将其命名为【玻璃】，设置【漫反射】颜色为黑色（红：0，绿：0，蓝：0），【反射】颜色为灰色（红：22，绿：22，蓝：22），设置【高光光泽度】为 0.75，【细分】为 20。【折射】颜色为黑色（红：3，绿：3，蓝：3），【折射率】为 1.5，【烟雾颜色】为灰色（红：30，绿：30，蓝：30），勾选【影响阴影】复选框，如图 12-173 所示。

图 12–173

2）将制作完毕的玻璃材质赋给场景中的玻璃部分的模型，如图 12-174 所示。

图 12–174

（6）树材质的制作

1）按【M】键，打开【材质编辑器】对话框，选择第一个材质球，单击 Standard（标准）按钮，在弹出的【材质 / 贴图浏览器】对话框中选择【多维 / 子对象】，如图 12-175 所示。

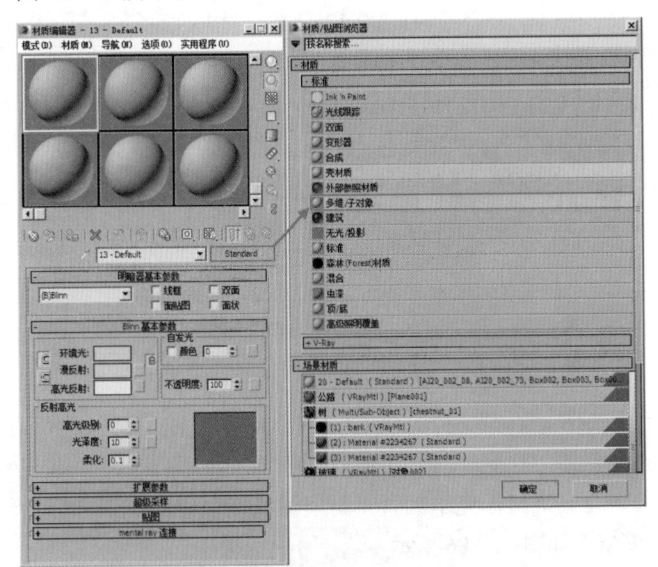

图 12–175

2）将其命名为【树】，设置【设置数量】为 3，在【ID1】后面的通道上加载【VRayMtl】，【ID2、3】后面的通道分别为默认标准材质，如图 12-176 所示。

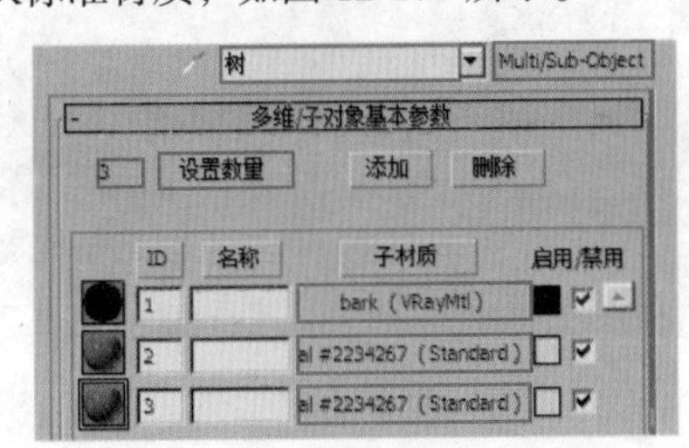

图 12–176

3）单击进入【ID1】后面的通道中，设置【漫反射】颜色为黑色（红：0，绿：0，蓝：0），设置【高光光泽度】为 0.67，如图 12-177 所示。

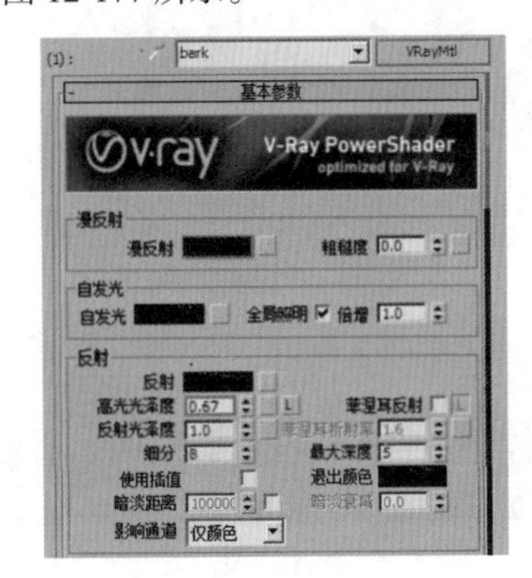

图 12–177

4）展开【选项】卷展栏，取消勾选【跟踪反射】、【跟踪折射】和【雾系统单位比例】，如图 12-178 所示。

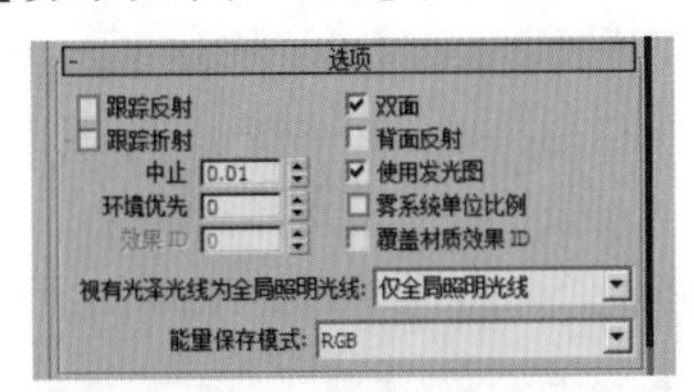

图 12–178

5）单击进入【ID2】后面的通道中，在【漫反射】后面的通道上加载【archexteriors13_001_lime_leaf.jpg】贴图文件，在【不透明度】后面的通道上加载【archexteriors13_001_lime_leaf_opacity.jpg】贴图文件，设置【高光级别】为 30，【光泽度】为 58，【柔化】为 0.1，如图 12-179 所示。

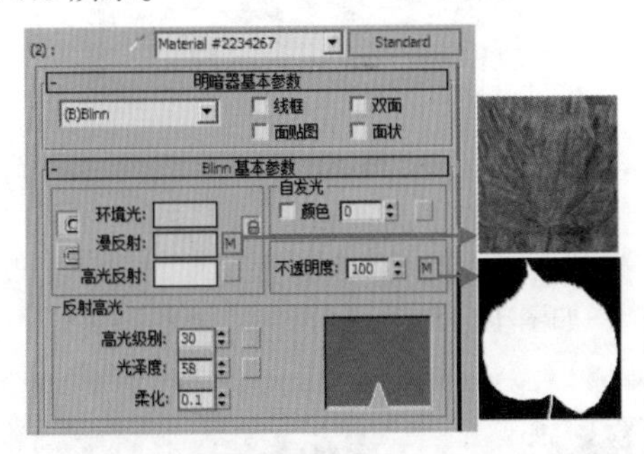

图 12–179

6）返回到【多维 / 子对象】材质，右键单击复制【ID2】后面通道的材质粘贴到【ID3】后面的通道上，如图 12-180 所示。

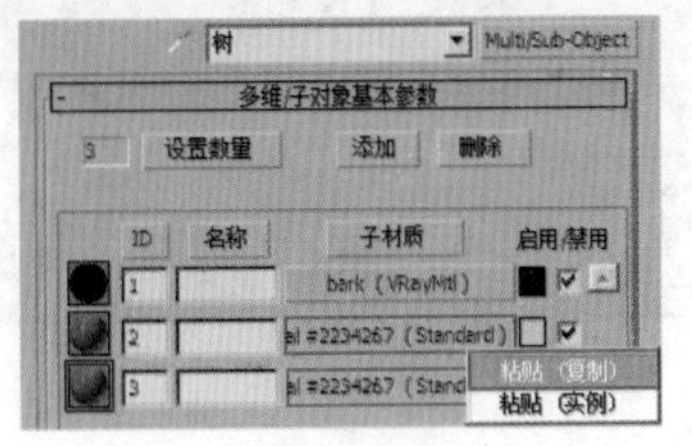

图 12–180

7）将制作完毕的树材质赋给场景中的树部分的模型，如图 12-181 所示。

图 12–181

（7）汽车车漆材质的制作

1）选择一个空白材质球，将【材质类型】设置为【VRayMtl】，将其命名为【汽车车漆】，设置【漫反射】颜色为黑色（红：0，绿：0，蓝：0），【反射】颜色为深灰色（红：8，绿：8，蓝：8），设置【反射光泽度】为 0.95，【细分】为 20，如图 12-182 所示。

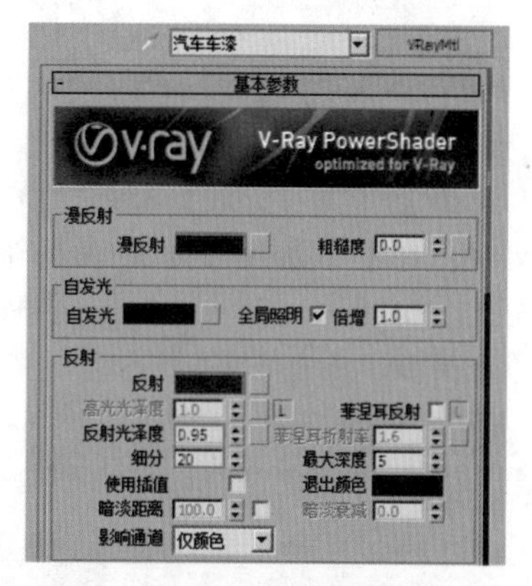

图 12–182

2）将制作完毕的汽车车漆材质赋给场景中的汽车部分的模型，如图 12-183 所示。

图 12–183

（8）背景材质的制作

1）按【M】键，打开【材质编辑器】对话框，选择第一个材质球，单击 Standard （标准）按钮，在弹出的【材质 / 贴图浏览器】对话框中选择【VR 灯光材质】，如图 12-184 所示。

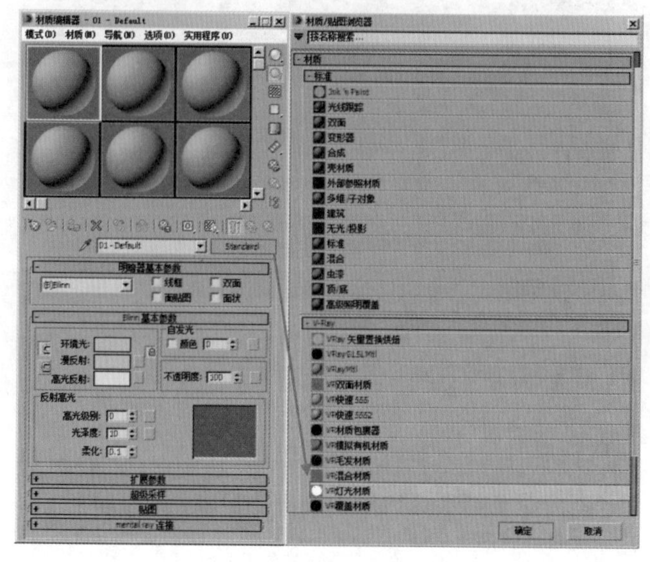

图 12–184

2）将其命名为【背景】，在【颜色】后面的通道上加载【292-11012312511072.jpg】贴图文件，如图 12-185 所示。

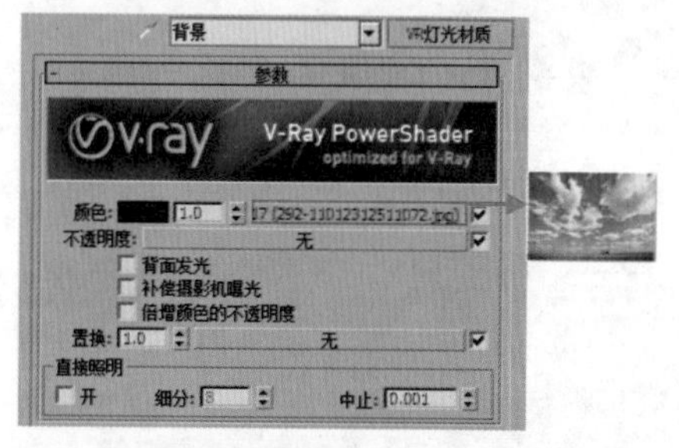

图 12–185

3）将制作完毕的背景材质赋给场景中的背景部分的模型，如图 12-186 所示。

图 12–186

（9）栅栏材质的制作

1）选择一个空白材质球，将【材质类型】设置为

【VRayMtl】，将其命名为【栅栏】，设置【漫反射】颜色为黄色（红：243，绿：154，蓝：0），【反射】颜色为白色（红：255，绿：255，蓝：255），勾选【菲涅耳反射】选项，设置【反射光泽度】为 0.96，【细分】为 20，如图 12-187 所示。

图 12-187

2）将制作完毕的栅栏材质赋给场景中的栅栏部分的模型，如图 12-188 所示。

图 12-188

至此场景中主要模型的材质已经制作完毕，其他材质的制作方法就不再详述了。

3. 设置摄影机

（1）单击（创建）|（摄影机）|目标（目标）按钮，单击在顶视图中拖拽创建摄影机，如图 12-189 所示。

图 12-189

（2）选择刚创建的摄影机，单击进入【修改面板】，设置【镜头】为 24.77，【视野】为 72.012，设置【目标距离】为 6.86mm，如图 12-190 所示。

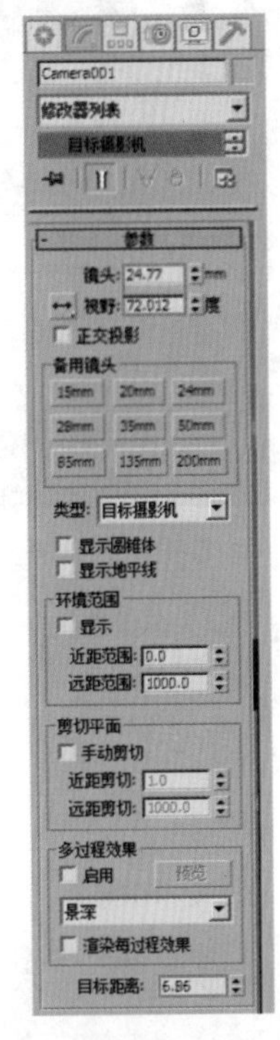

图 12-190

（3）此时选择刚创建的摄影机，单击右键，选择【应用摄影机校正修改器】，如图 12-191 所示。

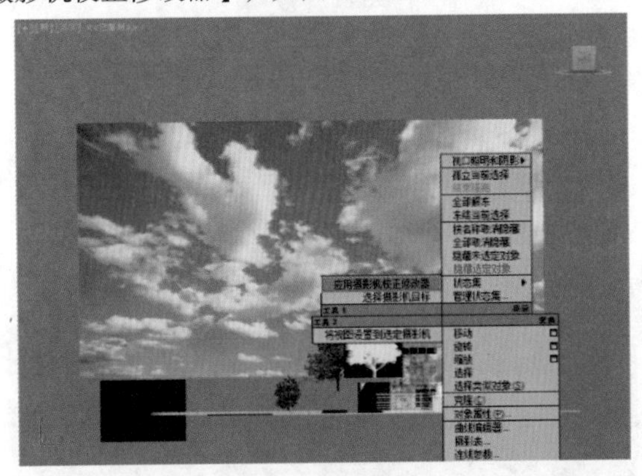

图 12-191

（4）此时看到【摄影机校正】修改器被加载到了摄影机上，设置【数量】为 - 5.948，【角度】为 90.0，如图 12-192 所示。

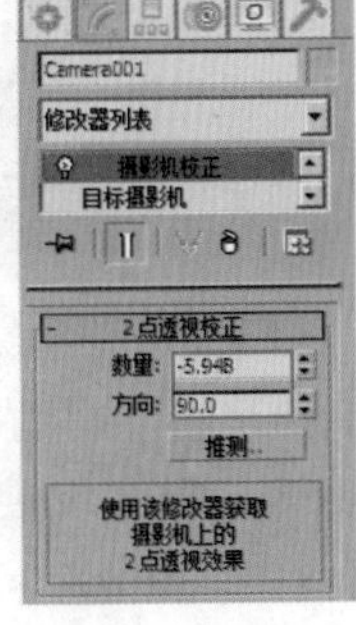

图 12-192

（5）此时的摄影机视图效果，如图 12-193 所示。

图 12-193

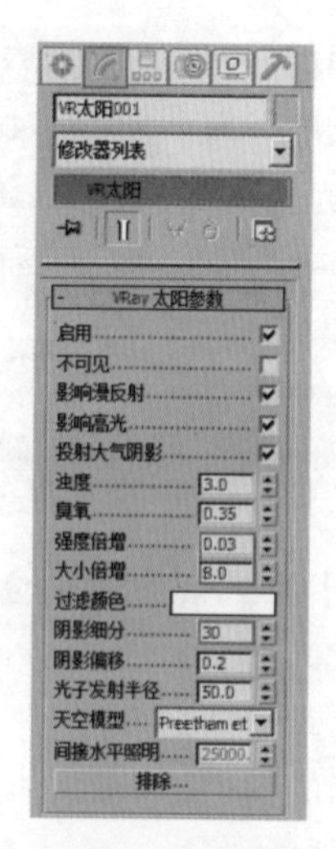

图 12-196

4. 设置灯光并进行草图渲染

在这个别墅场景中，使用 VR 太阳模拟室外灯光的照明。

设置 VR 太阳

（1）在【创建面板】下单击【灯光】按钮，设置【灯光类型】为 VRay，单击 VR太阳 按钮，如图 12-194 所示。

图 12-194

（2）在前视图中拖拽并创建一盏 VR 太阳，使用【选择并移动】工具调整位置，此时 VR 太阳的位置，如图 12-195 所示。

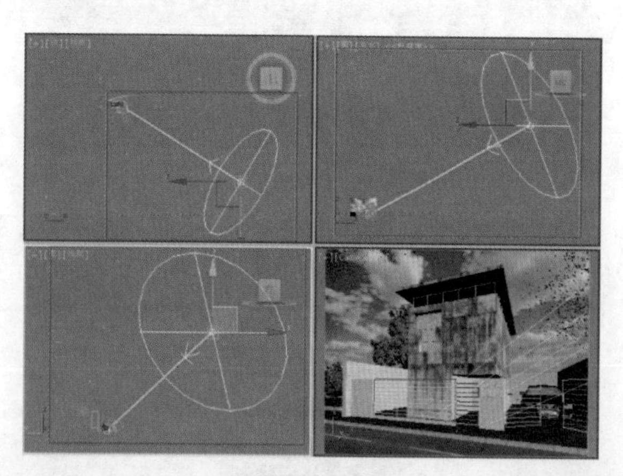

图 12-195

（3）选择上一步创建的 VR 太阳，在【修改面板】下展开【VRay 太阳参数】卷展栏，设置【强度倍增】为 0.03，【大小倍增】为 8.0，【阴影细分】为 30，如图 12-196 所示。

5. 设置成图渲染参数

经过了前面的操作，已经将大量烦琐的工作做完了，下面需要做的就是把渲染的参数设置高一些，再进行渲染输出。

（1）重新设置一下渲染参数，按【F10】键，在打开的【渲染设置】对话框中，选择【V-Ray】选项卡，展开【图像采样器（反锯齿）】卷展栏，设置【类型】为自适应确定性蒙特卡洛，在【抗锯齿过滤器】选项组下勾选【开】选项，选择【Catmull-Rom】，展开【V-Ray：：自适应 DMC 图像采样器】卷展栏，设置【最小细分】为 1，【最大细分】为 4，展开【颜色贴图】卷展栏，设置【类型】为指数，勾选【子像素映射】和【钳制输出】选项，如图 12-197 所示。

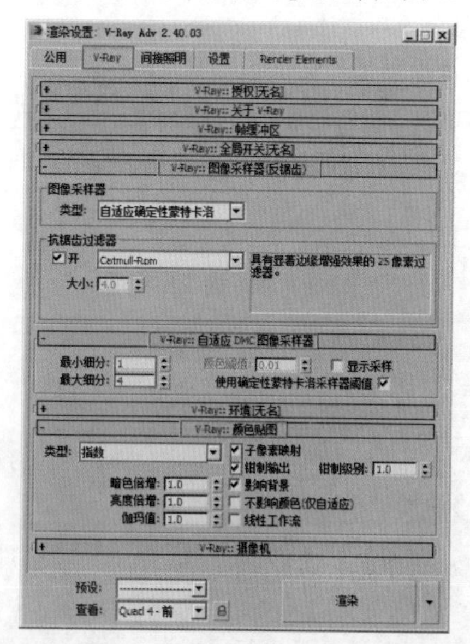

图 12-197

（2）选择【间接照明】选项卡，展开【发光图】卷展栏，设置【当前预置】为低，设置【半球细分】为 50，【插值采样】为 20，勾选【显示计算相位】和【显示直接光】选项，展开【灯光缓存】卷展栏，设置【细分】为 1000，勾选【存储直接光】和【显示计算相位】选项，如图 12-198 所示。

（3）选择【设置】选项卡，展开【系统】卷展栏，设置【区域排序】为三角剖分，取消勾选【显示窗口】，如图 12-199 所示。

（4）单击【公用】选项卡，展开【公用参数】卷展栏，设置输出的尺寸宽度为 1300、高度为 975，如图 12-200 所示。

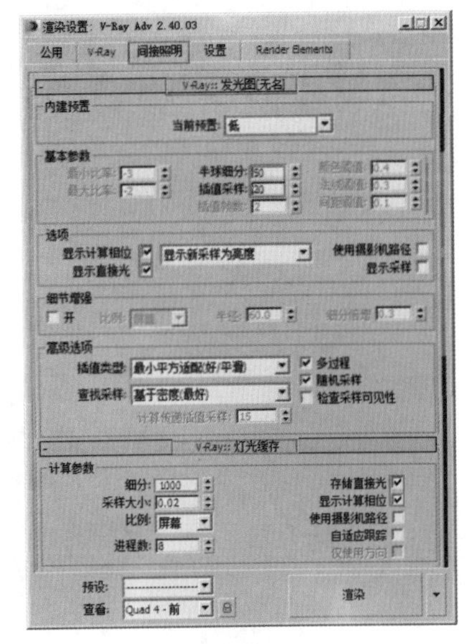

图 12-198

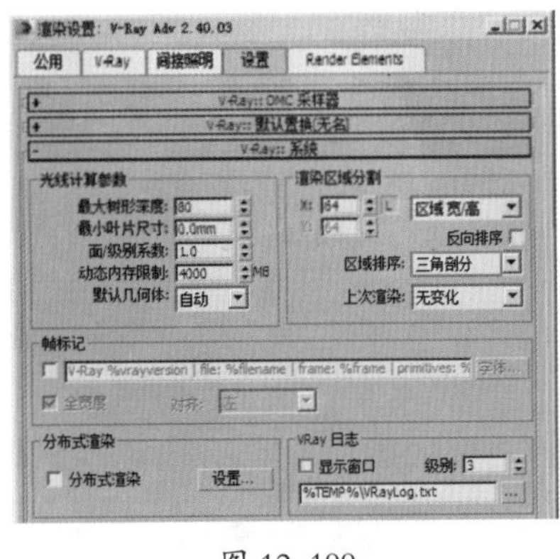

图 12-199

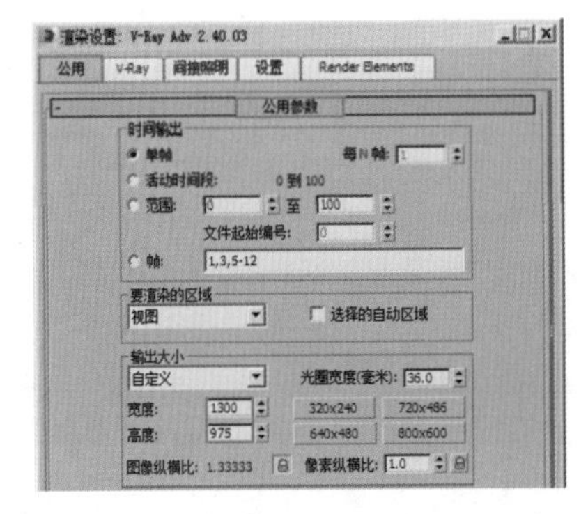

图 12-200

（5）选择【RenderElements】选项卡，展开【渲染元素】卷展栏，单击 添加... 按钮，在弹出的【渲染元素】对话框中选择【VRayWireColor】，单击【确定】按钮，如图 12-201 所示。

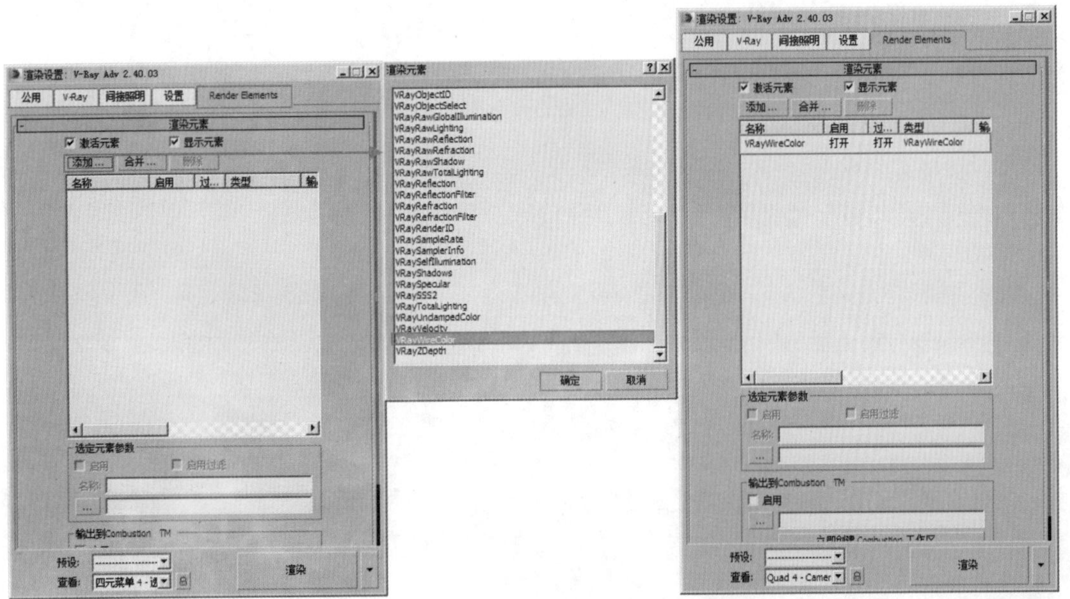

图 12-201

（6）等待一段时间后就渲染完成了，最终效果如图 12-202 所示。

图 12-202